AF533805

Marek

Simulation und Modellierung mit Scilab

Rudi Marek

Simulation und Modellierung mit Scilab

Eine Einführung in die Ingenieuranalyse

Mit 286 Abbildungen, 79 Tabellen, 87 Beispielen und 317 Übungsaufgaben

Autor:

Prof. Dr.-Ing. Rudi Marek
Technische Hochschule Deggendorf
Fakultät Bauingenieurwesen und Umwelttechnik

Bibliografische Information der Deutschen Nationalbibliothek:
Die Deutsche Nationalbibliothek verzeichnet diese Publikation in der Deutschen Nationalbibliografie; detaillierte bibliografische Daten sind im Internet über http://dnb.d-nb.de abrufbar.

Internet: www.hanser-fachbuch.de

Lektorat: Dipl.-Ing. Natalia Silakova-Herzberg
Herstellung: Anne Kurth
Covergestaltung: Max Kostopoulos
Titelbild: © Prof. Dr.-Ing. Rudi Marek
Coverkonzept: Marc Müller-Bremer, www.rebranding.de, München
Satz: Prof. Dr.-Ing. Rudi Marek
Druck und Bindung: Hubert & Co. GmbH & Co. KG BuchPartner, Göttingen
Printed in Germany

Print-ISBN 978-3-446-46906-8
E-Book-ISBN 978-3-446-46936-5

Vorwort

> »The purpose of computing is insight, not numbers.«
>
> (Richard Wesley Hamming [1])

Wissenschaftliches Rechnen und Simulation nehmen in Technik und Naturwissenschaft längst einen festen Platz ein. Scientific Computation, Computational Science oder Computational Engineering sind dabei etablierte Begriffe. Zweifelsfrei hat die Computertechnologie mit immer leistungsstärkeren Personalcomputern einerseits und Hochleistungsrechnern andererseits dazu einen wesentlichen Beitrag geleistet. Aber auch die den Rechnern vorgelegten Aufgaben sind in Umfang und Komplexität gewachsen. Schöne bunte Bilder sind heute mit Computern schnell und einfach generierbar. Allerdings besteht kein Grund, sich technophil tiefentspannt zurück zu lehnen und dem „Elektronengehirn" blind zu vertrauen. Vielmehr ist eine auf soliden Grundlagen und gesundem Verstand basierende kritische Interpretation und Plausibilisierung der Ergebnisse angezeigt.

Die benötigten Algorithmen, Programme und Modelle sind eine interdisziplinäre Schnittmenge aus Numerischer Mathematik, Informatik und spezifischem Fachwissen. Zwar ist der Stellenwert der Informatik in der Schul- und Hochschulausbildung in der Vergangenheit gestiegen, allerdings sind gleichzeitig tiefgreifende Defizite in der mathematischen Ausbildung der Studienanfänger zu beklagen. Auf sicheren Grundlagen basierendes übergreifendes Verständnis, solide Rechenfertigkeiten und analytisches Denken sind vielfach einer vom „Knöpfchendrücken" geprägten Bedienungskompetenz gewichen, die für die erfolgreiche Lösung praktischer Problemstellungen bei weitem nicht ausreicht. Desweiteren erfordert die für die Lösung mittels „Rechnern" notwendige Modellierung der zu simulierenden Vorgänge ein hohes Maß an vernetztem Denken und fachlicher Kompetenz. Trotz verbessertem Bedienkomfort und leichteren Eingabemöglichkeiten interpretieren Computer nach wie vor nur das, was die Nutzer digital kommunizieren und nicht was sie sich dabei analog gedacht haben.

Die in den Ingenieurwissenschaften in den Anfangssemestern meist getrennt erfolgende Ausbildung in Mathematik, Informatik und den fachlichen Grundlagen ist zur Überwindung der genannten Defizite nicht förderlich. Wünschenswert ist eine Bündelung der erworbenen Einzelkompetenzen in einer übergreifenden Veranstaltung, die Modellierung, Numerik und Algorithmik sowie Programmierung gleichermaßen Rechnung trägt.

Das vorliegende Buch basiert auf meinen Lehrveranstaltungen „Computernumerik" und „Ingenieuranalyse und Modellierung" an der Technischen Hochschule Deggendorf. Das eingesetzte freie Softwarepaket Scilab/Xcos `http://www.scilab.org` ist weitgehend zu MATLAB®/Simulink® kompatibel. Behandelt und programmiert werden die wichtigsten Algorithmen der Numerischen Mathematik, unabhängig davon, ob Scilab hierzu interne Funktionen zur Verfügung stellt. Die analysierten praktischen Fragestellungen stammen aus der Mathematik, der Statik, der Dynamik, der Strömungsmechanik, der Thermodynamik, der Vermessung, der Bauphysik, der Elektrotechnik, der Wärmeübertragung und der Regelungstechnik. Die getroffene Auswahl erhebt dabei in keinster Weise Anspruch auf Vollständigkeit.

Mein Dank gilt Frau Dipl-Ing. *Natalia Silakova-Herzberg*, ihrer Assistentin *Christina Kubiak* und Frau *Anne Kurth* vom Carl Hanser Verlag für die gute und angenehme Zusammenarbeit sowie den Studenten der Technischen Hochschule Deggendorf für ihre Programmcodes und ihr Feedback. Den Leserinnen und Lesern wünsche ich viele Erkenntnisgewinne auf dem teilweise dornigen Weg der Programmierung. Für Fehlermeldungen, konstruktive Anregungen sowie Verbesserungsvorschläge bin ich dankbar.

Deggendorf, Januar 2021 — *Rudi Marek*

Inhalt

Als Zusatzmaterial zu diesem Buch erhalten Sie unter der Webadresse `plus.hanser-fachbuch.de` **ausführliche Lösungen der Aufgaben sowie Downloadlinks rund um Scilab/Xcos.**

1 Einführung

»The most dangerous phrase
in the language is,
'We've always done it this way.'«

(Grace B. Murray Hopper)

Lernziele

Anhand eines Beispiels lernen wir praktische naturwissenschaftliche und ingenieurtechnische Fragestellungen zu abstrahieren und geeignet zu modellieren, um sie einer späteren mathematischen Lösung zugänglich zu machen.

Wir verschaffen uns einen Überblick über wichtige Begriffe der Systemsimulation und lernen exemplarisch deren interdisziplinäre Anwendung in den Bilanzen der Thermodynamik, Wärmeübertragung, Mechanik und Strömungsmechanik kennen.

Betrachtungen zur Normierung von Systemen in Bezug auf die Verallgemeinerung der Simulationsergebnisse schließen das Kapitel ab.

1.1 Das Knödelproblem

1.1.1 Problemstellung

Wir wollen uns der Systemsimulation anschaulich anhand der (scheinbar) einfachen Fragestellung aus Beispiel 1.1 nähern und daran die typische Vorgehensweise bei der Ingenieuranalyse und Modellierung kennenlernen.

Beispiel 1.1:
Susi Sorglos erhitzt aus frischem Kloßteig geformte Knödel in einem großen Topf mit Wasser. Wie tief tauchen die Knödel in das Wasser ein?

Bild 1.1: *Wie tief tauchen die im Wasser schwimmenden Knödel ein?*

1.1.2 Lösung durch Modellierung

⌘ Die Beantwortung dieser Frage erfordert eine physikalische Modellierung, wodurch das reale System „Topf mit Knödel" (Bild 1.1) in ein idealisiertes Ersatzsystem übergeführt wird. Wir beschränken uns dabei auf das System „Einzelknödel", da wir vereinfacht davon ausgehen, dass eine gegenseitige Beeinflussung der Knödel wegen der Topfgröße ausscheidet. Ferner idealisieren wir die Geometrie, indem wir exakt kugelförmige Knödel mit Radius R betrachten.

Erfahrungsgemäß schwimmen Körper im Wasser oder sie gehen unter. Kramen wir in unseren (eventuell verstaubten) Physik-Erinnerungen, verbinden wir „Schwimmen" mit Hydrostatik, Auftrieb und Archimedes. In einem Nachschlagewerk der Physik [2] finden wir unter dem Stichwort „Auftrieb" das Prinzip von Archimedes:

> »*Beim Eintauchen in eine Flüssigkeit erfährt jeder Körper eine nach oben gerichtete Auftriebskraft. Diese ist dem Betrag nach gleich der Gewichtskraft der vom Körper verdrängten Flüssigkeit.*«

$$F_A = V \cdot \varrho \cdot g = V_F \cdot \varrho_F \cdot g \tag{1.1}$$

☞ In Gl. (1.1) bezeichnet V_F das Volumen der vom schwimmenden Knödel verdrängten Flüssigkeit, ϱ_F die Dichte der Flüssigkeit und g die Schwerebeschleunigung.

Zur Vermeidung von Verwechslungen fügen wir in Gl. (1.1) den Index „F" zur Kennzeichnung der Flüssigkeit an.

Weiterhin gilt für einen in der Flüssigkeit schwimmenden (schwebenden) Körper die **Schwimmbedingung**:

$$G_K = F_A \tag{1.2}$$

☞ In Gl. (1.2) bezeichnet G_K die Gewichtskraft des schwimmenden Körpers.

In Gl. (1.2) kennzeichnen wir den Knödel mit dem Index „K". Durch Gleichsetzen von Gl. (1.1) und Gl. (1.2) können wir die Auftriebskraft F_A eliminieren:

$$G_K = V_F \cdot \varrho_F \cdot g \tag{1.3}$$

Anschaulich hängt die gesuchte Eintauchtiefe, für die wir das Symbol h einführen, vom Volumen V_F ab und muss zwischen den Grenzfällen Ⓘ und Ⓘⓘ liegen (Bild 1.2). Fall Ⓘ $h_I = 0$ entspricht einer auf der Flüssigkeitsoberfläche aufsitzenden gewichtslosen Kugel (z. B. Seifenblase), während Fall Ⓘⓘ $h_{II} = 2R$ eine gerade vollständig eingetauchte Kugel beschreibt. Eintauchtiefen $h > h_{II}$ sind (im Gleichgewicht) nicht möglich, da der Knödel dann absinken und untergehen würde. Insofern muss h im Intervall $[0;2R]$ liegen.

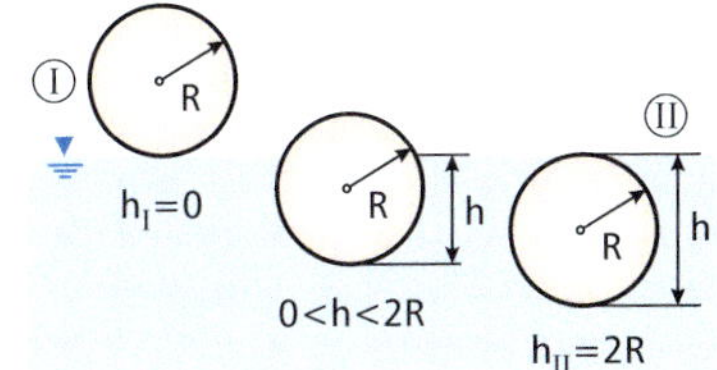

Bild 1.2: *Grenzfälle der Eintauchtiefe h im idealisierten Ersatzsystem „sphärischer Einzelknödel".*

Eine Vereinfachung von Gl. (1.3) ist möglich, wenn wir für die Gewichtskraft G_K des Knödels das Produkt aus Knödelmasse $m_K = V_K \cdot \varrho_K$ und Schwerebeschleunigung g einführen:

$$V_K \cdot \varrho_K \cdot g = V_F \cdot \varrho_F \cdot g \tag{1.4}$$

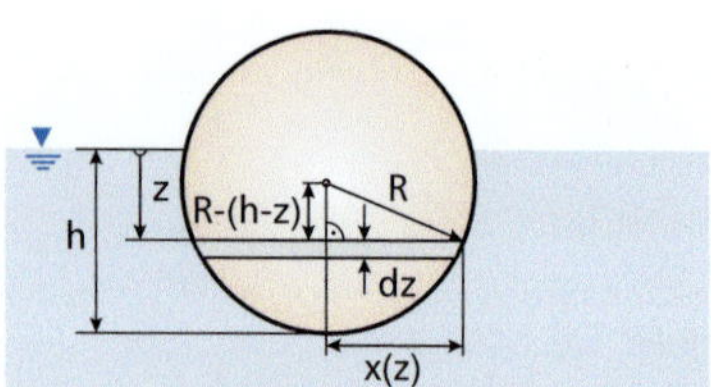

Bild 1.3: *Geometrische Zusammenhänge zur Ermittlung der Eintauchtiefe h.*

Mit dem bekannten Kugelvolumen $V_K = \frac{4}{3} \cdot \pi \cdot R^3$ und Kürzen von g erhalten wir aus Gl. (1.4):

$$\frac{4}{3} \cdot \pi \cdot R^3 \cdot \varrho_K = V_F \cdot \varrho_F \tag{1.5}$$

Zur Weiterverwertung von Gl. (1.5) wird die Abhängigkeit von V_F von der Eintauchtiefe h (Bild 1.3) benötigt. V_F ist ein Kugelabschnitt, dessen Volumen durch Integration bestimmbar ist. Dazu führen wir von der Flüssigkeitsoberfläche nach unten weisend die Koordinate z und als infinitesimales Volumenelement dV_F in der Tiefe z eine Kreisscheibe der Dicke dz mit Radius $x = x(z)$ ein. Gemäß Infinitesimalrechnung können wir das Scheibenvolumen dV_F als geraden Kreiszylinder mit Grundkreisfläche $A(x)$ und Höhe dz interpretieren:

$$dV_F = A(x) \cdot dz = x(z)^2 \cdot \pi \cdot dz \tag{1.6}$$

Das gesuchte Volumen V_F folgt durch Integration des differenziellen Volumens dV_F von der Flüssigkeitsoberfläche $z=0$ bis zur Eintauchtiefe $z=h$:

$$V_F = \int_{z=0}^{z=h} dV_F = \int_{z=0}^{z=h} A(x)\,dz = \int_{z=0}^{z=h} x^2(z) \cdot \pi\,dz \tag{1.7}$$

Zur Lösung des bestimmten Integrals in Gl. (1.7) benötigen wir die Kenntnis der funktionalen Abhängigkeit $x = x(z)$. Hier hilft uns der Satz des Pythagoras weiter:

$$R^2 = x^2(z) + (R - h + z)^2 \quad \Rightarrow \quad x^2(z) = R^2 - (R - h + z)^2 \tag{1.8}$$

Es wäre unvorteilhaft, in Gl. (1.9) die Quadratwurzel zu ziehen, da wir in Gl. (1.7) nicht $x(z)$, sondern das Quadrat $x^2(z)$ benötigen.

Mit der zweiten binomischen Formel erhalten wir nach kurzer algebraischer Umformung aus Gl. (1.8):

$$x^2(z) = R^2 - \left[(R-h)^2 + 2(R-h) \cdot z + z^2\right] = 2Rh - h^2 - 2(R-h) \cdot z - z^2 \tag{1.9}$$

Durch direktes Einsetzen von Gl. (1.9) in Gl. (1.7) erhalten wir ein leicht lösbares bestimmtes Integral:

$$\begin{aligned} V_F &= \int_{z=0}^{z=h} \left[2Rh - h^2 - 2(R-h) \cdot z - z^2\right] \cdot \pi \cdot dz \\ &= \pi \cdot \int_{z=0}^{z=h} \left[2Rh - h^2 - 2(R-h) \cdot z - z^2\right] dz \\ &= \pi \cdot \left[(2Rh - h^2) \cdot z - 2(R-h) \cdot \frac{z^2}{2} - \frac{z^3}{3}\right]_{z=0}^{z=h} \\ &= \pi \cdot \left[(2Rh - h^2) \cdot h - 2(R-h) \cdot \frac{h^2}{2} - \frac{h^3}{3}\right] \\ &= \pi \cdot \left[2Rh^2 - h^3 - Rh^2 + h^3 - \frac{h^3}{3}\right] = \frac{1}{3} \cdot \pi \cdot h^2 \cdot (3R - h) \end{aligned} \tag{1.10}$$

Alternativ kann V_F auch direkt aus einer mathematischen Formelsammlung entnommen werden (z. B. [3]).

Mit Gl. (1.10) folgt aus Gl. (1.5) eine Beziehung, in der neben bekannten Größen nur noch die gesuchte Eintauchtiefe h vorkommt:

$$\frac{4}{3} \cdot \pi \cdot R^3 \cdot \varrho_K = \frac{1}{3} \cdot \pi \cdot h^2 \cdot (3\,R - h) \cdot \varrho_F \tag{1.11}$$

Die Vereinfachung von Gl. (1.11) liefert folgende Beziehung für die Eintauchtiefe h:

$$h^3 - 3\,R\,h^2 + 4\,\frac{\varrho_K}{\varrho_F}\,R^3 = 0 \tag{1.12}$$

Aus Gl. (1.12) ziehen wir die Erkenntnis, dass die Eintauchtiefe h nur vom Knödelradius R sowie den Dichten der Flüssigkeit ϱ_F und des Knödels ϱ_K abhängt.

Allerdings gelingt es uns nicht ohne weiteres, diese **kubische** (d. h. nichtlineare) Gleichung nach der gesuchten Variable h aufzulösen. Hierzu werden wir in Abschnitt 4.12 weitere Überlegungen anstellen. Insofern freuen wir uns momentan nur über einen Teilerfolg.

⌘

1.1.3 Gewonnene Erkenntnisse

Fassen wir die aus der Lösung des Knödelproblems gewonnenen Erkenntnisse in allgemeiner Form zusammen:

1. Als Basis unseres Modells haben wir ein reales System geeignet idealisiert, was in der Praxis zugegebenermaßen etwas Erfahrung erfordert.

2. Das idealisierte System haben wir mit bekannten physikalischen Prinzipien beschrieben und die dabei auftretenden Größen gezielt nach der gesuchten Variable entwickelt.

3. Zur Ermittlung der geometrischen Kenngröße Flüssigkeitsvolumen unseres Systems haben wir uns der Integration bedient, die uns die Mathematik in der Infinitesimalrechnung zur Verfügung stellt.

4. Durch geschicktes Verknüpfen der einzelnen Beziehungen haben wir schließlich mit Gl. (1.12) eine mathematische Beziehung erhalten, die das Verhalten des untersuchten Systems im Rahmen unserer Modellbildung geeignet beschreibt. Dabei konnten wir verschiedene Systemparameter identifizieren, von denen die gesuchte Größe abhängt.

5. Zur Problemlösung waren mehrere Schritte erforderlich, die uns Kenntnisse aus verschiedenen Disziplinen abverlangten.

6. Insgesamt haben wir ein reales System simuliert.

Im nächsten Abschnitt wollen wir die Erkenntnisse aus dem Knödelproblem gewonnenen Erkenntnisse auf eine breitere Basis stellen.

1.2 Grundbegriffe der Systemsimulation

1.2.1 Simulation

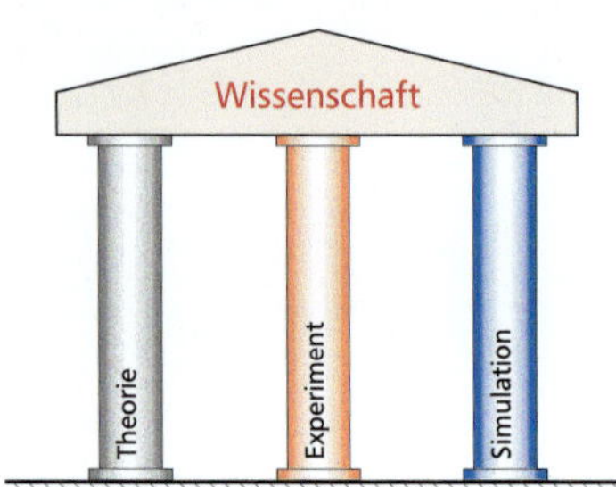

Bild 1.4: *Etablierte Säulen der Wissenschaft.*

Neben den klassischen Säulen „Theorie" und „Experiment" hat sich nicht nur in den Ingenieurwissenschaften in den letzten Jahrzehnten auch die „**Simulation**" als tragendes Element etabliert. Es sind mehrere Begriffsdefinitionen gebräuchlich:

Simulation ist die Darstellung oder Nachbildung physikalischer, technischer, biologischer, psychologischer oder ökonomischer Prozesse oder Systeme durch mathematische und/oder physikalische **Modelle**. Die Untersuchung des Modells ist häufig einfacher, kostengünstiger oder ungefährlicher als die des Originals. Die gewonnenen Erkenntnisse erlauben Rückschlüsse auf die Eigenschaften des Originals.

Simulation bedeutet vielfach Experimentieren an einem Modell durch Nachbildung eines technischen oder nichttechnischen **Systems** auf einem Computer mit dem Ziel des Erkenntnisgewinns und der Übertragung der Ergebnisse auf das in Frage stehende reale System.

„**simulare**" (1) vortäuschen, vorgeben
⤳ Simulant
(2) nachahmen, nachbilden
⤳ Simulierer

Die lateinische Sprache kennt diesbezüglich zwei grundsätzlich unterschiedliche Bedeutungen, wobei wir uns natürlich den „Simulierern" und nicht den „Simulanten" anschließen wollen.

Shannon: »*Simulation is the process of designing a model of a real system and conducting experiments with this model for the purpose either of understanding the behavior of the system and its underlying causes or of evaluating various designs of an artificial system or strategies for the operation of the system.*« [4]

VDI 3633: »*Simulation*
Nachbilden eines Systems mit seinen dynamischen Prozessen in einem experimentierbaren Modell, um zu Erkenntnissen zu gelangen, die auf die Wirklichkeit übertragbar sind; insbesondere werden die Prozesse über die Zeit entwickelt.« [5]

Bild 1.5: *Eisenbahnbrücke aus Stahl als Beispiel für das komplexe reale System eines Fachwerks.*

Als Vorteile der Simulation sind beispielsweise zu nennen:

- schneller als Experiment
- Verkürzung der Projektdauer
- Reduktion der Kosten
- Anschaulichkeit des jeweiligen Prozesses durch Computeranimation
- ungefährlicher als Experiment
- Test des realen Systems in unbekannten Parameterbereichen
- Zeitkonstanten oft sehr klein/groß und daher schwierig messbar
- keine Störung des realen Systems
- Unterdrückung von am realen System unvermeidbaren Störungen („Schmutzeffekte") am Modell

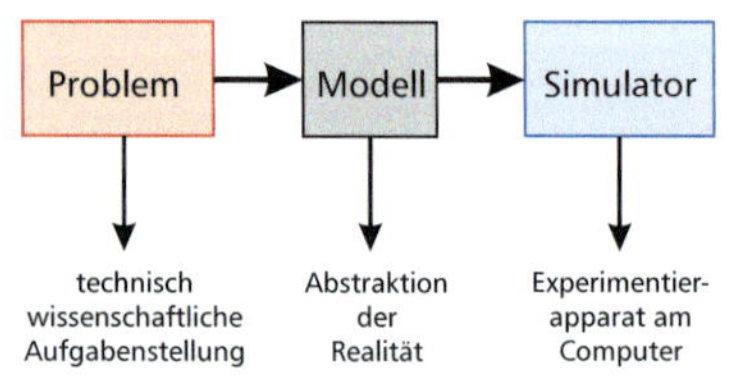

Bild 1.6: *Prinzip einer Simulation.*

Beispiele: Flugsimulator, Fahrsimulator
Wettervorhersage
Wachstum von Populationen
Anlagensimulation (z. B. Energiebedarf einer Klimaanlage)

Bei dem in Bild 1.5 dargestellten System „Brücke" ist sofort anschaulich klar, dass die Auslegung nicht experimentell über gebaute Prototypen erfolgen kann, sondern durch Systemsimulation am Computer.

1.2.2 Modelle und Modellbildung

Jede Simulation erfordert eine **Modellierung** bzw. **Modellbildung**. Ein Modell ist dabei ein mehr oder weniger genaues Abbild der Realität. Modellierung ist das zielgerichtete Überführen der komplexen Realität (reales System) in eine einfachere Virtualität (virtuelles Modell) durch Abstraktion, wobei wichtige Effekte möglichst naturgetreu nachgebildet und unwichtige Effekte vernachlässigt werden. Jedes Modell hat Defekte (Modelldefekte) und setzt entsprechende Erfahrung und Verständnis der beteiligten Mechanismen voraus. Daher kommt der sicheren Beherrschung der physikalischen und mathematischen Grundlagen bei der Modellierung eine zentrale Bedeutung zu.

Als Ergebnis von Modellen erhalten wir Kennlinien, Kennfelder, lineare Gleichungen, nichtlineare Gleichungen, gewöhnliche oder partielle Differenzialgleichungen (Dgln.), die das System hinreichend genau beschreiben.

Zur theoretischen Modellbildung nutzen wir bekannte physikalische Gesetze, wie z. B.:

- Erhaltungssätze für Masse, Impuls und Energie
- Ohm'sches Gesetz sowie Kirchhoff'sche Knoten- und Maschenregel
- universelle Bilanzgleichung (Badewannen-/Kontogleichung [8])
- zweites Newton'sches Axiom (Kraft = Masse × Beschleunigung)
- dynamisches Gleichgewicht nach d'Alembert

Der Aufwand der Modellierung muss dabei in Grenzen gehalten werden, wozu man Vereinfachungen und im Rahmen der jeweiligen Fragestellung sinnvolle Modellannahmen trifft:

- Systeme mit konzentrierten statt mit verteilten Parametern:

  freie Schwingung Einzelmasse $\ddot{x} + \frac{k}{m}\dot{x} + \frac{c}{m} = 0$ (gewöhnliche Dgl.)

  freie Balkenschwingung $\frac{\partial^4 w}{\partial x^4} + \frac{\varrho A}{EI}\frac{\partial^2 w}{\partial t^2} = 0$ (partielle Dgl.)
- starre statt elastische Körper:

  starr gelagerter Balken $\frac{d^4 w}{dx^4} = \frac{q(x)}{EI}$ (integrierbare Dgl.)

  elastisch gelagerter Balken $\frac{d^4 w}{dx^4} + \frac{K}{EI}w = \frac{q(x)}{EI}$ (Exponentialansatz)
- statische und dynamische Modelle:

  stationäre 1D-Wärmeleitung $\frac{d^2\vartheta}{dx^2} = 0$ (gewöhnliche Dgl.)

  instationäre 1D-Wärmeleitung $\frac{\partial\vartheta}{\partial t} = a\frac{\partial^2\vartheta}{\partial x^2}$ (partielle Dgl.)
- eindimensionale statt mehrdimensionale Systeme:

  1D-Wärmeleitung $\frac{\partial\vartheta}{\partial t} = a\frac{\partial^2\vartheta}{\partial x^2}$ (Funktion von 2 Variablen)

  3D-Wärmeleitung $\frac{\partial\vartheta}{\partial t} = a\left[\frac{\partial^2\vartheta}{\partial x^2} + \frac{\partial^2\vartheta}{\partial y^2} + \frac{\partial^2\vartheta}{\partial z^2}\right]$ (Funktion von 4 Variablen)
- masselose anstelle massebehafteter Teilsysteme
- adiabate statt diabate Teilsysteme

Bild 1.7: *Überführen eines realen Systems in ein simulierbares Modell.*

Five Don'ts of Mathematical Modeling (S.W. Golomb, 1968 [6], [7]):

1. Don't believe that the model is the reality.
2. Don't extrapolate beyond the region of fit.
3. Don't distort reality to fit the model.
4. Don't retain a discredited model.
5. Don't fall in love with your model.

Wir behandeln nichtlineare Gleichungen in Abschnitt 6, lineare Gleichungssysteme in Abschnitt 7 und Differenzialgleichungen in Abschnitt 10.

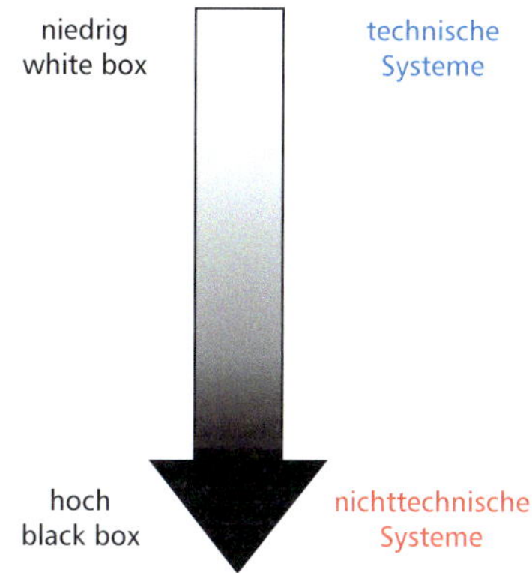

Bild 1.8: *Schwierigkeitsgrade bei der Modellierung.*

»Eine korrekte, wahrheitsgemäße Berechnung ist aufgrund der existierenden Praxis kaum möglich.«

(Studentische Antwort in einer Prüfung)

Ein Modell sollte so nur genau wie nötig sein:

»Man sollte alles so einfach wie möglich sehen, aber auch nicht einfacher.«

(Albert Einstein)

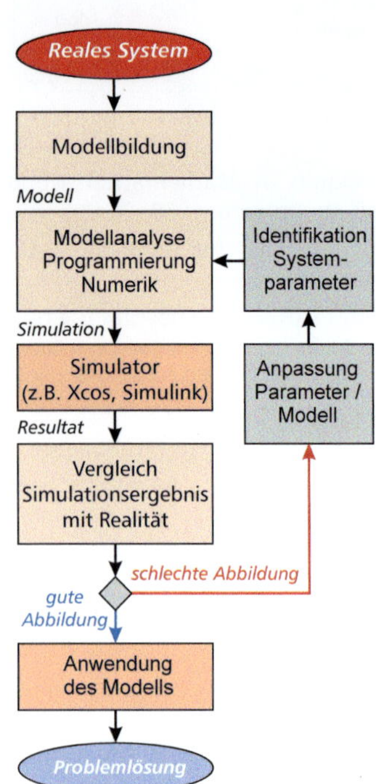

Bild 1.9: *Typischer Ablauf einer Simulation.*

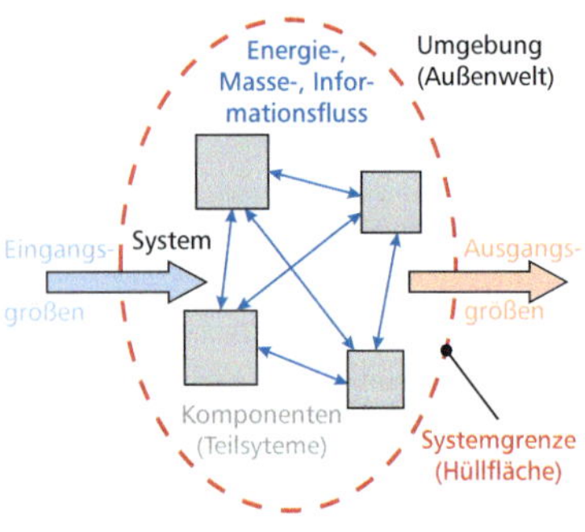

Bild 1.10: *Prinzipieller Aufbau eines Systems (nach [11]).*

1.2.3 Validierung

Nach erfolgter Modellierung werden die **Systemparameter** durch Systemidentifikation bestimmt. Im nächsten Schritt ist eine Überprüfung der Modells (Modellvalidierung) notwendig, um die Übereinstimmung des Modells mit der Realität zu gewährleisten. Ggf. ist eine Nachbesserung des Modells (Vernachlässigungen zu umfangreich, Anpassung der Systemparameter etc.) erforderlich (Bild 1.9). Je nach vorhandener Modellgüte und gestellten Genauigkeitsanforderungen sind ggf. mehrere Iterationen innerhalb des Simulationskreislaufs nötig.

1.2.4 Systeme

Systeme sind wie in der Thermodynamik ein zentraler Begriff der Modellierung. Das existierende breite Spektrum der Begriffsdefinitionen ist meist von der fachlichen Ausrichtung der jeweiligen Wissensgebiete geprägt. Wir wollen später Algorithmen auch als Systeme (black box, vgl. Bild 1.8) auffassen, weshalb wir den Begriff präzisieren.

Hsu: „A system is a mathematical model of a physical process that relates the input (or excitation) signal to the output (or response) signal." [9]

DIN IEC 60050-351: Ein **System** ist eine „Menge miteinander in Beziehung stehender Elemente, die in einem bestimmten Zusammenhang als Ganzes gesehen und als von ihrer Umgebung abgegrenzt betrachtet werden. ... Elemente eines Systems können natürliche oder künstliche Gegenstände ebenso wie Arten von Denkvorgängen und deren Ergebnisse (zum Beispiel Organisationsformen, mathematische Verfahren, Programmiersprachen) sein. ... Das System wird als von der Umgebung und von den anderen äußeren Systemen durch eine gedachte Hüllfläche abgegrenzt betrachtet, durch welche die Verbindungen zwischen diesen Systemen und dem betrachteten System hindurchgehen." [10]

DIN IEC 60050-351: Die **Eingangsgröße** (input variable) eines Systems ist eine „variable Größe, die von außen auf ein System wirkt und die von den anderen variablen Größen des Systems unabhängig ist."

Dagegen ist die **Ausgangsgröße** (output variable) eine „erfassbare von einem System erzeugte variable Größe, die nur von dem System und über das System von dessen Eingangsgrößen beeinflusst wird." [10]

Wir können ein **System** daher als einen durch die Systemgrenze geeignet von der Umgebung abgegrenzten Bereich mit Elementen (Komponenten, Bauteilen, Bausteinen, Subsystemen) mit diskreten Eigenschaften (Funktionen, Merkmalen, Attributen) auffassen (Bild 1.10), der über Ein- und Ausgänge mit der Umgebung gekoppelt ist [12]. Dabei ergibt sich die Systemgrenze häufig aus der jeweiligen Fragestellung und weniger aus der physikalischen Grenze [13]. Zwischen den Komponenten des Systems tritt ein Energie-, Masse- oder Informationsfluss auf. Die Methode der **Bondgraphen** nach Paynter [14] zielt auf eine **einheitliche** Beschreibung physikalischer Systeme aus unterschiedlichen Disziplinen ab und wird vor allem in der Mechatronik eingesetzt [13]–[17].

1.2.5 Zustandsgrößen und Bilanzgrößen

Systeme werden durch **Zustandsgrößen** (ZG) beschrieben [11]:

- **flow** (Fluss, Durchfluss, Strom, Symbol **f**)
- **effort** (Aufwand, Potentialdifferenz, Symbol **e**)

In Systemen können Bilanzgrößen (BG) gespeichert (akkumulierte Größen, Quantitätsgrößen, Index **a**) und durch Quellen erzeugt werden. Mit der zeitlichen Änderung $\frac{\mathrm{d}}{\mathrm{d}t}$ gilt:

$$\frac{\mathrm{d}}{\mathrm{d}t}\left(\text{Bilanzgröße}\right) = \sum_j \text{Zustandsgrößen} + \text{Quellen} \tag{1.13}$$

Eine Darstellung von Bilanz- und Zustandsgrößen ist im Paynter'schen Viereck möglich (Bild 1.12) [11], [14]:

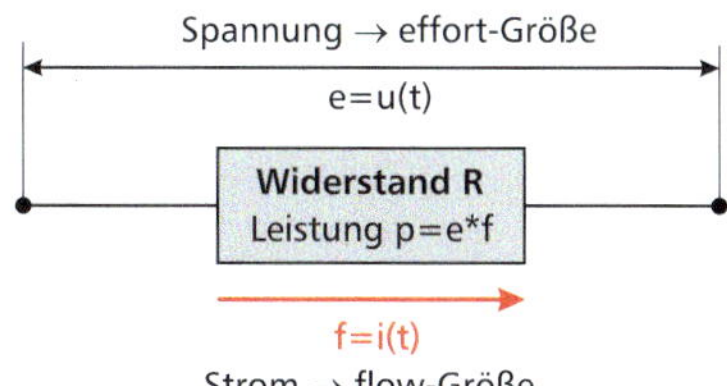

Bild 1.11: *flow- und effort-Größen an einem elektrischen Widerstand.*

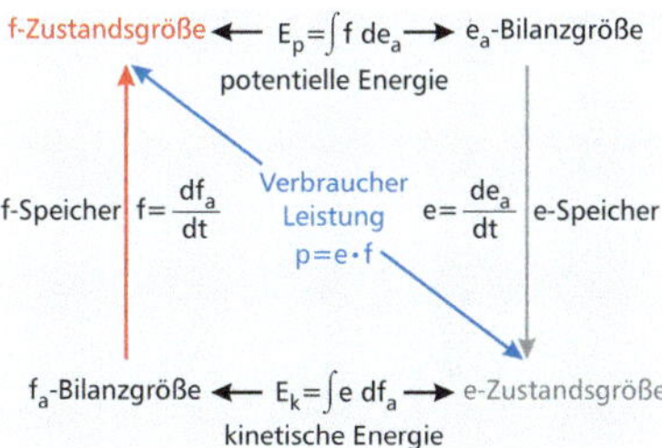

Bild 1.12: *Paynter'sches Viereck zur Darstellung von Bilanz- und Zustandsgrößen [11].*

Tabelle 1.1: *Beispiele von Bilanz- und Zustandsgrößen verschiedener Systeme.*

System	elektrisch	mechanisch translatorisch	mechanisch rotatorisch	hydraulisch	thermisch
f-ZG	Strom	Kraft	Drehmoment	Volumenstrom	Wärmestrom
f-Speicher	Kapazität	Masse	Trägheitsmoment	Behälter	Wärmekapazität
f_a-BG	Ladung	Impuls	Drehimpuls	Volumen	Wärme
Verbraucher	Ohm'scher Widerstand	Dämpfer	Reibungskupplung	Blende	thermischer Widerstand
e_a-BG	magnetischer Fluss	lineare Auslenkung	Winkel-auslenkung	Druckimpuls	– –
e-Speicher	Induktivität	Feder	Torsionsfeder	lange Leitung	–
e-ZG	Spannung	Geschwin-digkeit	Winkelgeschwin-digkeit	Druck	Temperatur

Bondgraphen dienen der Beschreibung des Energieflusses in miteinander verbundenen (Sub-)Systemen mithilfe gerichteter Halbpfeile (bond = Verbindung). Tab. 1.2 zeigt in der Kopfzeile das Symbol für ein **R-Element** (Resistor), für das der universelle Zusammenhang gilt:

$$e = R \cdot f \tag{1.14}$$

Im elektrischen System erhält man mit $e = u$ und $f = i$ aus Gl. (1.14) das bekannte Ohm'sche Gesetz, im mechanischen System das für niedrige Geschwindigkeiten gültige Modell des viskosen Dämpfers mit Dämpfungskonstante k und im hydraulischen Fall das Gesetz für die laminare Rohrströmung (Tab. 1.2). Die dargestellten Modelle besitzen Anwendungsgrenzen, so ist bei hohen Geschwindigkeiten die Dämpfungskraft $F \sim v^2$ und bei turbulenter Rohrströmung gilt $\Delta p \sim \dot{V}^2$.

Tabelle 1.2: *Beispiele für R-Elemente [13].*

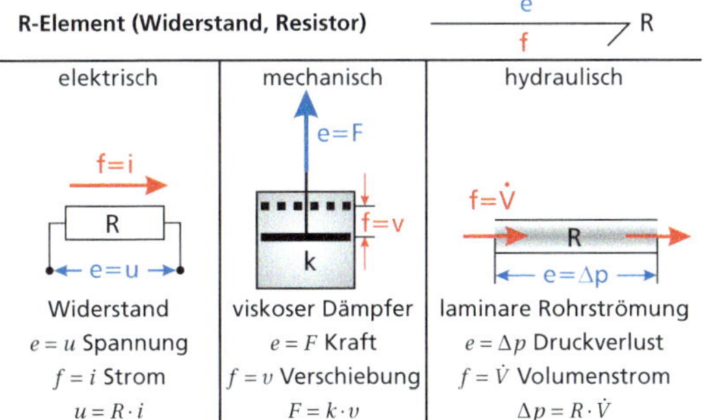

Während R-Elemente die dissipierte Leistung

$$p = e \cdot f \tag{1.15}$$

in Wärmeenergie umwandeln und somit nicht verlustlos sind, verkörpert das **C-Element** (Nachgiebigkeit, Compliance, Capacity, Capacitor) einen verlustlosen Energiespeicher (Tab. 1.3). Mit der Verschiebung q gelten die elementaren Zusammenhänge:

$$e = \frac{q}{C} \quad \text{und} \quad f = C \cdot \frac{de}{dt} \tag{1.16}$$

Tabelle 1.3: *Beispiele für C-Elemente [13].*

C-Element (Nachgiebigkeit, Compliance, Capacity) — e, $f=\frac{dq}{dt}$, C

elektrisch	mechanisch	hydraulisch
C, $i=\frac{dq}{dt}$, e=u	e=F, c, e=F, q=x	V, e=Δp, $f=\dot{V}$
Kondensator	elastische Feder	Fluidtank
$e = u$ Spannung	$e = F$ Kraft	$e = \Delta p$ Druckdifferenz
$f = i = \frac{dq}{dt}$ Strom	$f = v$ Geschwindigkeit	$f = \dot{V}$ Volumenstrom
$u = \frac{1}{C}\int i\,dt$	$F = c \cdot x$	$\Delta p = R \cdot V$

Im elektrischen System erhalten wir die bekannte Beziehung zwischen Spannung u und Strom i an einer Kapazität C [18]. Das Federsystem wird mithilfe des Hooke'schen Gesetzes $F = c \cdot x$ beschrieben.
Mit dem Impuls p gelten für das **I-Element** (Trägheit, Inertia, Inertance, Inductance), das ebenfalls einen verlustlosen Energiespeicher darstellt, die Beziehungen (Tab. 1.4):

$$p = I \cdot f \quad \text{und} \quad e = I \cdot \frac{df}{dt} \tag{1.17}$$

Tabelle 1.4: *Beispiele für I-Elemente [13].*

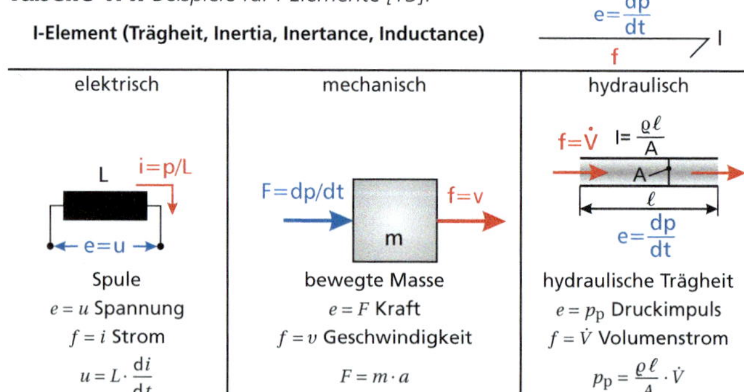

I-Element (Trägheit, Inertia, Inertance, Inductance) — $e=\frac{dp}{dt}$, f, I

elektrisch	mechanisch	hydraulisch
L, i=p/L, e=u	F=dp/dt, m, f=v	$f=\dot{V}$, $I=\frac{\varrho\ell}{A}$, A, ℓ, $e=\frac{dp}{dt}$
Spule	bewegte Masse	hydraulische Trägheit
$e = u$ Spannung	$e = F$ Kraft	$e = p_p$ Druckimpuls
$f = i$ Strom	$f = v$ Geschwindigkeit	$f = \dot{V}$ Volumenstrom
$u = L \cdot \frac{di}{dt}$	$F = m \cdot a$	$p_p = \frac{\varrho \ell}{A} \cdot \dot{V}$

Im elektrischen System erhalten wir die bekannte Beziehung zwischen Spannung u und zeitlicher Stromänderung $\frac{di}{dt}$ an einer Induktivität L [18]. Die Bewegung der Masse m wird mithilfe des 2. Newton'schen Axioms beschrieben. Die hydraulische Trägheit I ergibt sich aus dem Produkt von Dichte ϱ und Länge ℓ des durchströmten Rohres dividiert durch die Querschnittsfläche A.

Als **Quellen** (source) stehen in Bondgraphen in elektrischen Systemen Spannungs- und Stromquellen für effort und flow zur Verfügung. In mechanischen Systemen stellt die Schwerkraft beispielsweise eine Quelle dar, in hydraulischen Systemen sind dies Pumpen und Ventilatoren.

Neben diesen 1-Port-Elementen existieren auch 2-Port-Bauelemente (z.B. Transformer, Gyrator) und 3-Port-Bauelemente (z.B. Junctions). Details findet man in [13]–[17].

Bild 1.13: *Hebelgesetz von Archimedes (Titelbild [19]): „Gib mir einen Punkt, wo ich hintreten kann, und ich bewege die Erde (δοζ μοι που στω και κινω την γην)". [20]*

1.3 Bilanzierung

1.3.1 Allgemeine Aspekte

Das Verhalten vieler technischer, wirtschaftlicher und biologischer Systeme lässt sich durch Zustands- und Bilanzgrößen mithilfe von **Bilanzen** beschreiben. **Grundlagen** dafür sind u.a.:

- Erhaltungssätze für Masse (Kontinuitätsgleichung), Impuls (Impulssatz, Drallsatz, Navier-Stokes-Gleichungen), Energie (1. Hauptsatz der Thermodynamik, Bernoulli-Gleichung der Strömungsmechanik)
- Kräftegleichgewichte
- Momentengleichgewichte
- Minimierung der potentiellen und kinetischen Energie (Finite Elemente-Methode)

in Kombination mit den **physikalischen Prinzipien von**

- Archimedes (Auftrieb, Hebelgesetze)
- Newton (Trägheitsprinzip, Kraft=Impulsänderung; actio=reactio)
- d'Alembert ($\sum$ äußere Kräfte + $\sum$ Zwangskräfte + Trägheitskraft $= 0$)
- Euler (Freischneiden von Systemen)
- Lagrange (virtuelle Arbeiten)

Bild 1.14: *Sir Isaac Newton (1643–1727).*

und den **empirischen**

- Wärmetransportgesetzen (Leitung, Konvektion, Strahlung)
- Zustandsgleichungen (ideales Gas, reales Fluid, Hooke'sches Gesetz)

Die **universelle Bilanzgleichung** lässt sich wie folgt verbalisieren:

$$\text{Speicherung} = \text{Zufluss} - \text{Abfluss} + \text{Quellen} \qquad (1.18)$$

Bild 1.15: *Jean-Baptiste le Rond d'Alembert (1717–1783).*

Im Ergebnis führen Bilanzen meist auf **nichtlineare Gleichungen** oder **Differenzialgleichungen**, so dass deren Lösung zur Beschreibung des Systemverhaltens erforderlich ist. Hierbei kommen häufig numerische Methoden zur Anwendung, wie wir in den Kapiteln 6 und 10 noch im Detail sehen werden.

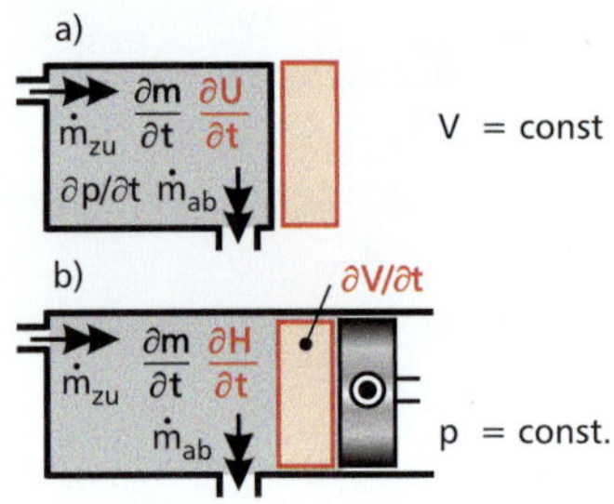

Bild 1.16: *Zeitveränderliche Zustandsgrößen in einem offenen System bei a) V = const. und b) p = const..*

Bild 1.17: *Jean Baptiste Joseph Fourier (1768–1830).*

Bild 1.18: *Josef Stefan (1835–1893, links) und Ludwig Eduard Boltzmann (1844–1906, rechts).*

1.3.2 Energiebilanzen und Wärmetransport

Zur Veranschaulichung von Gl. (1.13) und der konkreten Form von Bilanzen wollen wir zunächst den **Transport von Wärme** in technischen Systemen betrachten. Als Bilanzgröße im System (akkumulierte Größe) tritt die innere Energie U oder die Enthalpie H auf, je nachdem ob das Systemvolumen V oder der Systemdruck p konstant ist. Als Ströme (flow-Größen) sind Enthalpieströme $\dot{H}_j$ und Wärmeströme $\dot{Q}_j$ über die Systemgrenze von Bedeutung. Als Quellterme (source-Größen) können im System die technische Leistung P_t von Strömungsmaschinen (z. B. Turbinen, Verdichter) sowie die Leistung von inneren Wärmequellen $\dot{E}_q$ auftreten. Als Potentialunterschiede (effort-Größen), die die jeweiligen Wärmetransportvorgänge antreiben, sind Temperaturdifferenzen zu nennen, die in den Formulierungen der betreffenden Ströme formelmäßig in Erscheinung treten.

Energie kann weder erzeugt noch vernichtet, sondern lediglich in eine andere Form umgewandelt werden. Die Energieerhaltung lässt sich durch den **1. Hauptsatz** beschreiben [8]:

$$\frac{\partial U}{\partial t} = \dot{H}_{zu} - \dot{H}_{ab} + \dot{Q}_{zu} - \dot{Q}_{ab} + P_t + \dot{E}_q \quad (V = \text{const.}, p \text{ variabel}) \tag{1.19}$$

$$\frac{\partial H}{\partial t} = \dot{H}_{zu} - \dot{H}_{ab} + \dot{Q}_{zu} - \dot{Q}_{ab} + P_t + \dot{E}_q \quad (p = \text{const.}, V \text{ variabel}) \tag{1.20}$$

Im stationären Fall verschwinden die Zeitableitungen $\mathrm{d}/\mathrm{d}t$ auf den linken Seiten der Gln. (1.19) und (1.20), da dann keine zeitlichen Änderungen vorliegen.

Je nach Wärmetransportmechanismus erhalten wir auch verschiedene Beziehungen für die Flüsse über die Systemgrenze [8].

Massebedingte Energieströme infolge von Konvektion werden über den Enthalpiestrom $\dot{H}$ beschrieben, der vom Massenstrom $\dot{m}$, der spezifischen isobaren Wärmekapazität c_p und der Temperatur ϑ abhängt:

$$\dot{H} = \dot{m} \cdot h = \dot{m} \cdot c_p \cdot \vartheta = \varrho \cdot \dot{V} \cdot c_p \cdot \vartheta \tag{1.21}$$

Ein Wärmestrom infolge von Wärmeleitung ergibt sich aus dem **Fourier'schen Wärmeleitungsansatz** mit der Wärmeleitfähigkeit λ, dem durchflossenen Querschnitt A und dem Temperaturgradienten $\frac{\mathrm{d}\vartheta}{\mathrm{d}x}$:

$$\dot{Q}_\lambda = \dot{q}_\lambda \cdot A = -\lambda \cdot A \cdot \frac{\mathrm{d}\vartheta}{\mathrm{d}x} \tag{1.22}$$

Im Falle eines Wärmeübergangs zwischen einer Festkörperoberfläche (Index W) und einem Fluid (Index ∞) gilt das **Newton'sche Abkühlungsgesetz** mit dem Wärmeübergangskoeffizienten α:

$$\dot{Q}_\alpha = \dot{q}_\alpha \cdot A = \alpha \cdot A \cdot (\vartheta_W - \vartheta_\infty) \tag{1.23}$$

Die Wärmeübertragung durch Strahlung zwischen zwei Oberflächen ① und ② lässt sich durch das **Stefan-Boltzmann'sche Strahlungsgesetz** mit der Strahlungskonstante der Anordnung σ_{12} beschreiben:

$$\dot{Q}_{\epsilon 12} = \dot{q}_{\epsilon 12} \cdot A = \sigma_{12} \cdot A_1 \cdot \left(T_1^4 - T_2^4\right) \tag{1.24}$$

Während in den Gln. (1.21)–(1.23) die Celsius-Temperatur ϑ (in °C) auftritt, ist in Gl. (1.24) die absolute Temperatur T (in K) einzusetzen.

Zur Vereinfachung stationärer Wärmetransportvorgänge verwendet man gemäß Bild 1.11 die **Elektrische Analogie** mit thermischen Widerständen R_{th} bzw. spezifischen thermischen Widerständen R_{th}^* [8] (Bilder 1.19 und 1.20):

$$R_{th} = \frac{\vartheta_1 - \vartheta_2}{\dot{Q}} \qquad \text{bzw.} \qquad R_{th}^* = \frac{\vartheta_1 - \vartheta_2}{\dot{q}} \tag{1.25}$$

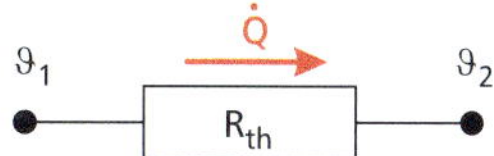

Bild 1.19: *Definition des thermischen Widerstands R_{th} in der Elektrischen Analogie.*

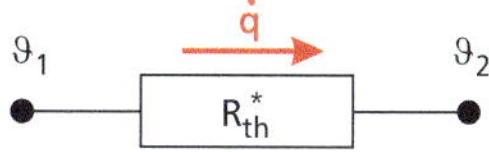

Bild 1.20: *Definition des spezifischen thermischen Widerstands R_{th}^* in der Elektrischen Analogie.*

Beispiel 1.2:
Wir wollen das eindimensionale Temperaturprofil $\vartheta(x)$ in einer ebenen Wand der Dicke L, Breite B, Höhe H und der Wärmeleitfähigkeit λ im stationären Fall ermitteln.

⌘ Wir schneiden dazu gemäß Bild 1.21 ein in Wärmestromrichtung (x-Richtung) differenzielles Kontrollvolumen an der Stelle x aus der Wand heraus. In den anderen Koordinatenrichtungen behalten wir die Abmessungen B und H bei, da in diese Richtungen kein Wärmefluss erfolgt. An der Stelle x tritt der Wärmestrom $\dot{Q}_x(x)$ in das Kontrollvolumen ein, der mit der Querschnittsfläche $A = B \cdot H$ aus Gl. (1.22) folgt:

$$\dot{Q}_x(x) = -\lambda \cdot A \cdot \left.\frac{d\vartheta}{dx}\right|_x = -\lambda \cdot B \cdot H \cdot \left.\frac{d\vartheta}{dx}\right|_x \tag{1.26}$$

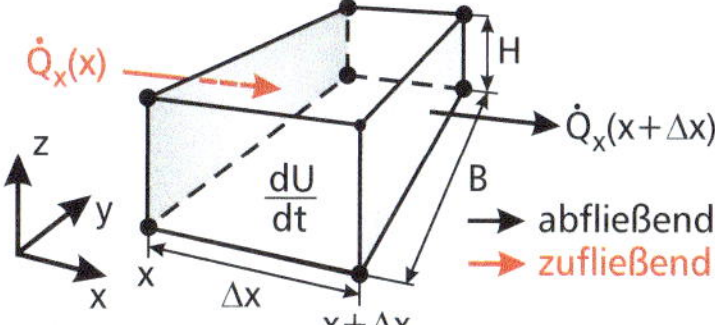

Bild 1.21: *Energiebilanz am infinitesimalen Kontrollvolumen der Wand.*

Bei differenziellen Bilanzen werden die austretenden Quantitätsströme als Taylor-Reihe der eintretenden dargestellt, die nach dem ersten Term abgebrochen wird [8]:

$$\dot{Q}_x(x+\Delta x) \approx \dot{Q}_x(x) + \frac{d\dot{Q}_x(x)}{dx}\cdot\Delta x = -\lambda\cdot A\cdot\left.\frac{d\vartheta}{dx}\right|_x + \frac{d\left(-\lambda\cdot A\cdot\left.\frac{d\vartheta}{dx}\right|_x\right)}{dx}\cdot\Delta x$$

$$= -\lambda\cdot A\cdot\left.\frac{d\vartheta}{dx}\right|_x - \lambda\cdot A\cdot\left.\frac{d^2\vartheta}{dx^2}\right|_x\cdot\Delta x \tag{1.27}$$

Für die zeitliche Änderung der inneren Energie U gilt wegen des betrachteten stationären Falls:

$$\frac{dU}{dt} = \frac{d\left(\varrho\cdot\Delta V\cdot c_p\cdot\vartheta\right)}{dt} = 0 \tag{1.28}$$

Da keine Wärmequellen in der Wand vorhanden sind, gilt weiter:

$$\dot{E}_q = \dot{e}_q \cdot \Delta V = 0 \tag{1.29}$$

Aus der universellen Bilanzgleichung (1.18) erhalten wir konkret:

$$\frac{dU}{dt} = \dot{Q}_x(x) - \dot{Q}_x(x+\Delta x) + \dot{E}_q \tag{1.30}$$

Einsetzen der Gleichungen (1.26)–(1.29) in Gl. (1.30) ergibt:

$$0 = \cancel{-\lambda\cdot A\cdot\left.\frac{d\vartheta}{dx}\right|_x} \cancel{+\lambda\cdot A\cdot\left.\frac{d\vartheta}{dx}\right|_x} + \lambda\cdot A\cdot\left.\frac{d^2\vartheta}{dx^2}\right|_x\cdot\Delta x + 0 \tag{1.31}$$

Nach Kürzen des Produkts $\lambda \cdot A$ und der differenziellen Länge Δx folgt:

$$0 = \left.\frac{d^2\vartheta}{dx^2}\right|_x \tag{1.32}$$

☞ Gl. (1.32) kann geometrisch so interpretiert werden, dass die Krümmung des Temperaturfelds null ist, wie es bei einer Geraden der Fall ist.

Die zweimalige unbestimmte Integration der Differenzialgleichung (1.32) liefert als Ergebnis ein **lineares Temperaturprofil** in der Wand:

$$\vartheta(x) = C_1 \cdot x + C_2 \tag{1.33}$$

⌘

☞ Zur Berechnung der Integrationskonstanten C_1 und C_2 wären zwei Randbedingungen notwendig, die allerdings nicht vorliegen. Daher können wir das Temperaturprofil in Gl. (1.33) nur als allgemeine konstantenbehaftete Lösung angeben.

Bild 1.22: *Mehrkörpersystem im statischen Gleichgewicht.*

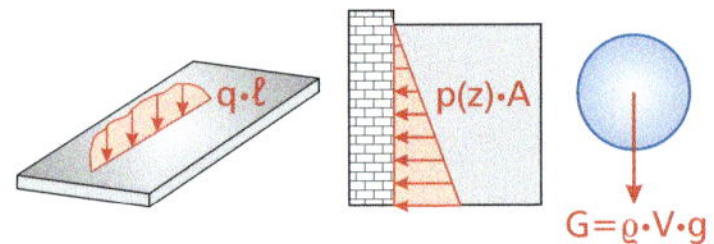

Bild 1.23: *Kraftarten in der Statik.*

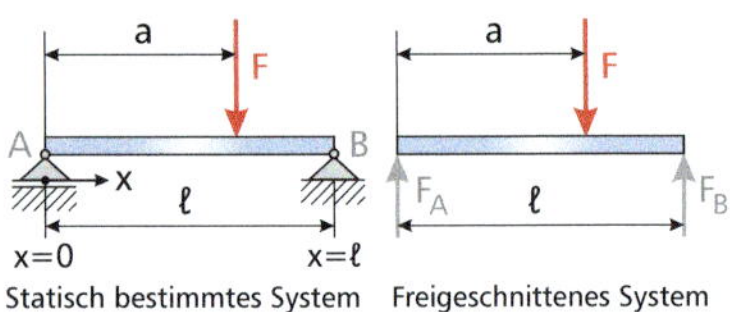

Bild 1.24: *Bestimmen von Auflagerreaktionen durch Freischneiden des Systems.*

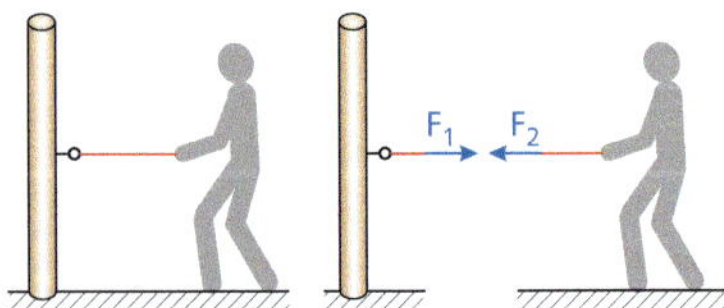

Bild 1.25: *Veranschaulichung des Wechselwirkungsgesetzes beim Ziehen an einem an einem Pfosten verankerten Seil.*

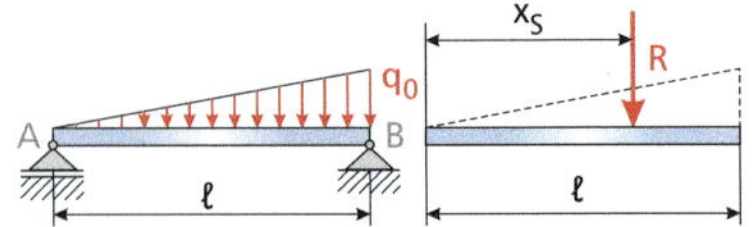

Bild 1.26: *Ersetzen einer Streckenlast durch eine statisch äquivalente Einzelkraft.*

1.3.3 Statisches Gleichgewicht

Das 1. Newton'sche Axiom ist für die Statik von zentraler Bedeutung: Ein Körper verharrt in Ruhe (oder in gleichförmiger geradliniger Bewegung), wenn keine Kräfte auf ihn einwirken (vgl. Bild 1.22).
Ein Starrkörper ist beim Wirken ebener Kräfte (Koordinaten x, y) im (statischen) **Gleichgewicht** (GG), wenn gilt [21]:

$$\sum_{\mathrm{j}} F_{\mathrm{x,j}} = 0 \qquad \text{horizontales Kräftegleichgewicht} \qquad (1.34)$$

$$\sum_{\mathrm{j}} F_{\mathrm{y,j}} = 0 \qquad \text{vertikales Kräftegleichgewicht} \qquad (1.35)$$

$$\sum_{\mathrm{j}} M_{\mathrm{j}}^{\mathrm{B}} = 0 \qquad \text{Momentengleichgewicht} \qquad (1.36)$$

Zweckmäßigerweise führen wir zur Aufstellung der Gleichgewichtsbedingungen (1.34)–(1.36) ein Koordinatensystem ein und zählen in Koordinatenrichtung weisende Kräfte positiv und entgegengesetzt gerichtete negativ. Kräfte, die in einem Winkel α zu einer Koordinatenachse wirken, zerlegen wir durch Projektion in entsprechende achsenparallele Komponenten. Das Momentengleichgewicht (1.36) können wir um einen beliebigen Bezugspunkt B formulieren. Vorteilhaft ist allerdings ein Punkt, durch den die Wirkungslinie möglichst vieler (unbekannter) Kräfte verläuft, da sich das Moment als Produkt von Kraft und zugehörigem Hebelarm ergibt, und die betreffenden Kräfte dann entfallen.
Als Kraftarten unterscheiden wir [21]:

- Linienkräfte (Streckenlasten, z. B. Schneidkraft einer Schere, Schlittschuhkufen; Bild 1.23 links)
- Flächenkräfte (z. B. Schneelast, Windlast, Wasserdruck, Erddruck; Bild 1.23 Mitte)
- Volumenkräfte (z. B. Gewichtskraft, elektrische und magnetische Kräfte; Bild 1.23 rechts)

Schnittkräfte (Reaktionskräfte) treten als innere Kräfte nur nach dem „Freischneiden" eines Systems auf, wenn man es von seinen geometrischen Bindungen gelöst hat (Bild 1.24). Da sich die Schnittkräfte nach dem Zusammenfügen der Teilsysteme wieder aufheben, treten sie an den jeweiligen Schnittufern mit umgekehrten Vorzeichen auf. Ziehen wir an einem an einem Pfosten befestigten Seil, spürt der Pfosten die Zugkraft des Seils und wir spüren den Gegenzug des Pfostens (Bild 1.25). Beide Kräfte sind nicht im Gesamtsystem, sondern erst in den freigeschnittenen Teilsystemen sichtbar (Bild 1.25 rechts). Sie sind nach dem 3. Newton'schen Axiom gleich groß ($F_1 = F_2$), aber entgegengesetzt gerichtet („actio = reactio").

In der statischen Analyse werden **Streckenlasten** häufig in resultierende Einzellasten umgewandelt, die in der Schwerpunktskoordinate des jeweiligen Belastungsverlaufs angreifen. In Bild 1.26 ist dies bei $x_{\mathrm{S}} = \frac{2}{3} \cdot \ell$ der Fall, da der Schwerpunkt eines Dreiecks auf $^2/_3$ der Höhe liegt. Die Größe der Resultierenden $R = \frac{1}{2} \cdot q_0 \cdot \ell$ ergibt sich dabei als Fläche des skizzierten Belastungsverlaufs (Dreiecksfläche = $^1/_2$ Grundlinie × Höhe).

⌘ Im Freischnittbild 1.24 rechts sind nur vertikale Kräfte zu erkennen. Horizontale Kräfte treten nicht auf, so dass die Gleichgewichtsbedingung (1.34) eine triviale Gleichung liefert. Führen wir die nach oben gerichteten Kräfte F_A und F_B mit positiver Zählrichtung ein, folgt aus (1.35):

$$F_A + F_B - F = 0 \tag{1.37}$$

(1.37) stellt eine Gleichung für 2 Unbekannte dar, die erst durch Hinzunahme des Momentengleichgewichts (1.36) lösbar ist. Als Bezugspunkt für die Momente wählen wir vorteilhaft ein Auflager, da dann die betreffende Auflagerreaktion aufgrund des fehlenden Hebelarms verschwindet. Zählen wir die um A linksdrehenden Momente positiv, erhalten wir aus Gl. (1.36):

$$\sum_j M_j^A = F_B \cdot \ell - F \cdot a = 0 \tag{1.38}$$

Auflösen nach F_B liefert:

$$F_B = F \cdot \frac{a}{\ell} \tag{1.39}$$

Durch Einsetzen von F_B in Gl. (1.37) finden wir für die Reaktionskraft am linken Auflager:

$$F_A + F \cdot \frac{a}{\ell} - F = 0 \qquad \Rightarrow \qquad F_A = F \cdot \left(1 - \frac{a}{\ell}\right) = F \cdot \frac{\ell - a}{\ell} \tag{1.40}$$

⌘

Beispiel 1.3:
Wir wollen die in Bild 1.24 eingetragenen Lagerreaktionen bestimmen, welche die im Abstand a vom Lager A angreifende Einzellast F beim Lagerabstand ℓ hervorruft.

1.3.4 Bewegung und dynamisches Gleichgewicht

Bewegungsgleichungen (Bgln.) beschreiben in der Mechanik insbesondere die Bewegung von Massenpunkten, Starrkörpern und Mehrkörpersystemen. Sie führen auf Zusammenhänge von Beschleunigungen $a(t)$, Geschwindigkeiten[1] $v(t)$ und Wegen (Strecken) $s(t)$.
Dabei gilt **allgemein**:

$$a(t) = \frac{dv(t)}{dt} \qquad \text{und} \qquad v(t) = \int a(t)\,dt \tag{1.41}$$

$$v(t) = \frac{ds(t)}{dt} \qquad \text{und} \qquad s(t) = \int v(t)\,dt \tag{1.42}$$

Damit können wir die Beschleunigung als die zeitliche Änderung der Geschwindigkeit interpretieren und die Geschwindigkeit als die zeitliche Änderung des Weges.

Das **Newton'sche Bewegungsgesetz** (2. Newton'sches Axiom) lautet mit dem Impuls[2] (Bewegungsgröße) $\vec{p}$:

$$\sum_j \vec{F}_j = \frac{d\vec{p}}{dt} = \frac{d(m \cdot \vec{v})}{dt} \tag{1.46}$$

Bei konstanter Masse m folgt:

$$\sum_j \vec{F}_j = m \cdot \frac{d\vec{v}}{dt} = m \cdot \vec{a} \tag{1.47}$$

Die aus der Physik bekannten einfachen Zusammenhänge [2] gelten nur unter besonderen Voraussetzungen:

$$v = a \cdot t + v_0 \qquad a = \text{const.} \tag{1.43}$$

$$s = v \cdot t + s_0 \qquad v = \text{const.}, a = 0 \tag{1.44}$$

$$s = a \cdot \frac{t^2}{2} + v_0 \cdot t + s_0 \qquad a = \text{const.} \tag{1.45}$$

Je nach Art der Bewegung können Geschwindigkeit v und Beschleunigung a **gleichsinnig** oder **gegensinnig** gerichtet sein:

- beschleunigte Bewegung: $a \uparrow\uparrow v$
- verzögerte Bewegung: $a \uparrow\downarrow v$

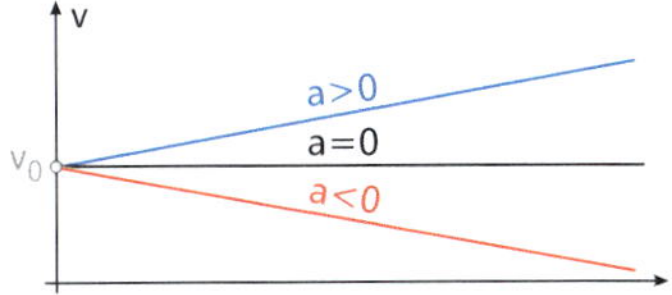

***Bild 1.27:** Möglicher Verlauf der Geschwindigkeit bei konstanter Beschleunigung.*

[1] Zur Vermeidung von Verwechslungen mit dem spezifischen Volumen v wird die Geschwindigkeit teilweise auch mit w oder c notiert.

[2] Der Impuls p ist hier nicht zu verwechseln mit dem Druck p.

Im physikalischen Sinn treten Trägheits- und Scheinkräfte nur in beschleunigten Bezugssystemen auf, während sie in Inertialsystemen, wo kräftefreie Körper in Ruhe sind oder sich geradlinig gleichförmig bewegen, fehlen. Hier gilt das Newton'sche Trägheitsgesetz.

Die Summe der äußeren Kräfte ergibt sich als Produkt von Masse und Beschleunigung („Kraft = Masse × Beschleunigung“).

Durch formales Einführen der **d'Alembert'schen Trägheitskraft**

$$\vec{F_T} = -m \cdot \vec{a} \tag{1.48}$$

kann das Newton'sche Bewegungsgesetz auf eine Gleichgewichtsbedingung zurückgeführt werden [22]. Da diese für bewegte Systeme gilt, spricht man in Analogie zur Statik vom **dynamischen Gleichgewicht**:

$$\sum_j \vec{F_j} - m \cdot \vec{a} = \vec{0} \Rightarrow \sum_j \vec{F_j} + \vec{F_T} = \vec{0} \tag{1.49}$$

Für das dynamische Gleichgewicht eines Massenpunkts gilt somit, dass die angreifenden Kräfte und die Trägheitskraft im Gleichgewicht sind. Im Newton'schen Sinne ist die d'Alembert'sche Trägheitskraft keine Kraft, da für sie keine Gegenkraft existiert („actio = reactio“). Man bezeichnet sie daher als Scheinkraft. Sie ist der Beschleunigung entgegengerichtet (Bild 1.28), wie am Minuszeichen in Gl. (1.48) zu erkennen ist.

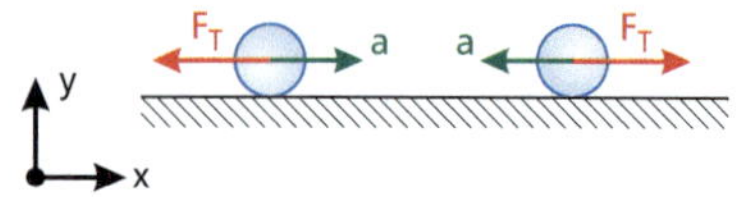

Bild 1.28: *Zur Beschleunigung entgegengesetzt wirkende Trägheitskraft.*

Wir können also die Bewegungsgleichung(en) eines dynamischen Systems leicht dadurch finden, dass wir es nach den Prinzipien der Mechanik freischneiden, die einwirkenden Kräfte einzeichnen, die Trägheitskraft einführen und die Summe aller Kräfte null setzen.

Alternativ zur Berücksichtigung der Trägheitskraft können wir auch das Newton'sche Bewegungsgesetz verwenden.

Bei **ebener Starrkörperbewegung** (Index S = Schwerpunkt) gilt das Newton'sche Bewegungsgesetz in skalarer Form:

$$m \cdot \ddot{x}_S = \sum_j F_{x,j} \tag{1.50}$$

$$m \cdot \ddot{y}_S = \sum_j F_{y,j} \tag{1.51}$$

$$\Theta_S \cdot \ddot{\varphi} = \sum_j M_{S,j} \tag{1.52}$$

Dabei ist Θ_S das (Massen-)Trägheitsmonent[3] und $\ddot{\varphi}$ die Winkelbeschleunigung (zweite Ableitung des Winkels φ nach der Zeit), wie sie bei Bewegungen mit Rotation auftritt.

Für die entsprechenden Trägheitskräfte bzw. das Trägheitsmoment (Scheinmoment) gilt [22]:

$$F_{T,x} = -m \cdot \ddot{x}_S \tag{1.53}$$

$$F_{T,y} = -m \cdot \ddot{y}_S \tag{1.54}$$

$$M_{T,S} = -\Theta_S \cdot \ddot{\varphi} \tag{1.55}$$

Das dynamische Gleichgewicht von ebenen Starrkörpern kann in unterschiedlicher Weise notiert werden:

- vektoriell gemäß Gl. (1.49)
- skalar gemäß Gln. (1.56)–(1.58)

Die dynamischen Gleichgewichtsbedingungen lauten damit komponentenweise:

$$\sum_j F_{x,j} + F_{T,x} = 0 \tag{1.56}$$

$$\sum_j F_{y,j} + F_{T,y} = 0 \tag{1.57}$$

$$\sum_j M_{S,j} + M_{T,S} = 0 \tag{1.58}$$

[3] Gelegentlich wird das (Massen-)Trägheitsmoment auch mit J notiert.

⌘ Zur Analyse führen wir in Bild 1.29 ein Koordinatensystem mit nach oben weisender y-Achse ein. Die Gewichtskraft G wirkt infolge der Schwerebeschleunigung g nach unten, d. h. in negative y-Richtung. Die Trägheitskraft $F_{T,y}$ ist der Beschleunigung entgegengerichtet und wird daher nach oben angetragen. Da der Ball senkrecht geworfen wird, greifen an ihm keine Kräfte in x-Richtung an. Nach Gl. (1.56) und $F_{T,x} = -m \cdot \ddot{x}$ erfährt der Ball in x-Richtung keine Beschleunigung:

$$0 + F_{T,x} = 0 \quad \Rightarrow \quad \ddot{x} = 0 \tag{1.59}$$

Aus Gl. (1.57) folgt unter Berücksichtigung der Kraftrichtungen und der Vorzeichenkonvention, dass Kräfte in Koordinatenrichtung positiv und entgegengesetzt negativ gezählt werden:

$$-G + F_{T,y} = 0 \tag{1.60}$$

Einsetzen der Beträge der Kräfte $G = m \cdot g$ und $F_{T,y} = -m \cdot \ddot{y}$ (wegen $\ddot{y} < 0 \;\Rightarrow\; -m \cdot \ddot{y} > 0$) liefert das plausible Ergebnis, dass die Schwerebeschleunigung den Ball in negative y-Richtung beschleunigt:

$$-m \cdot g - m \cdot \ddot{y} = 0 \quad \Rightarrow \quad \ddot{y} = -g \tag{1.61}$$

Zweimalige unbestimmte Integration von (1.59) nach der Zeit t liefert:

$$\dot{x}(t) = C_1 \quad \Rightarrow \quad x(t) = C_1 \cdot t + C_2 \tag{1.62}$$

Mit den Anfangsbedingungen

$$x(t{=}0) = 0 \quad \text{und} \quad \dot{x}(t{=}0) = 0 \tag{1.63}$$

ergeben sich die Integrationskonstanten C_1 und C_2 in Gl. (1.62) zu null. Der resultierenden trivialen Lösung zufolge findet in x-Richtung daher keine Bewegung statt:

$$x(t) = 0 \tag{1.64}$$

Analog ergibt die zweimalige unbestimmte Integration von Gl. (1.61) nach der Zeit t:

$$\dot{y}(t) = -g \cdot t + C_3 \quad \Rightarrow \quad y(t) = -\frac{1}{2} \cdot g \cdot t^2 + C_3 \cdot t + C_4 \tag{1.65}$$

Mit den Anfangsbedingungen

$$y(t{=}0) = s_0 \quad \text{und} \quad \dot{y}(t{=}0) = v_0 \tag{1.66}$$

erhalten wir $C_3 = v_0$ und $C_4 = s_0$ und damit die gesuchten **Verläufe der Geschwindigkeit und des Weges**:

$$v(t) = \dot{y}(t) = -g \cdot t + v_0 \tag{1.67}$$

$$s(t) = y(t) = -\frac{1}{2} \cdot g \cdot t^2 + v_0 \cdot t + s_0 \tag{1.68}$$

Aus Gl. (1.67) erkennen wir, dass die Steiggeschwindigkeit des Balls mit der Zeit linear abnimmt. Sie erreicht am Umkehrpunkt den Wert null, so dass wir die **Steigzeit** t_S gemäß Gl. (1.69) berechnen können:

$$v(t_S) \stackrel{!}{=} 0 = -g \cdot t_S + v_0 \quad \Rightarrow \quad t_S = \frac{v_0}{g} \tag{1.69}$$

Einsetzen von t_S in Gl. (1.68) ergibt die **maximale Steighöhe** h_{max}:

$$h_{max} = s(t_S) = -\frac{1}{2} \cdot g \cdot t_S^2 + v_0 \cdot t_S + s_0 = \frac{v_0^2}{2\,g} + s_0 \tag{1.70}$$

⌘

Beispiel 1.4:

Wir wollen die Bewegungsgleichung für einen mit der Anfangsgeschwindigkeit v_0 bei $y = s_0$ senkrecht nach oben geworfenen Ball (Masse m) im reibungsfreien Fall aufstellen und daraus seine Geschwindigkeit $v(t)$ und seinen Weg $s(t)$ bestimmen.

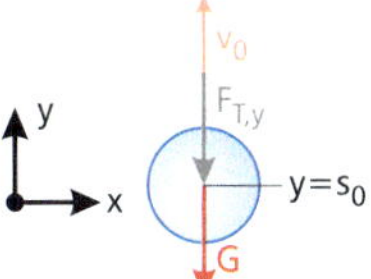

Bild 1.29: *Ball im x,y-Koordinatensystem.*

In Gl. (1.60) benutzen wir den **vorzeichenrichtigen Ansatz** der Kräfte, d.h. wir setzen diese mit den Beträgen (positiv) an und berücksichtigen die Richtung im Vorzeichen („+" in, „–" entgegen Koordinatenrichtung).
Alternativ führt der **definitionsgemäße Ansatz** der d'Alembert'schen Trägheitskraft gemäß Gl. (1.54) $F_{T,y} = -m \cdot \ddot{y}$ in Gl. (1.57) zum selben Ergebnis:

$$-G + \left(-m \cdot \ddot{y}\right) = 0 \;\Rightarrow\; \ddot{y} = -g \tag{1.71}$$

Auf weitere Alternativen, die Trägheitskräfte stets entgegen der Koordinatenrichtung [23] oder entgegen der Bewegungsrichtung anzutragen [24], wird an dieser Stelle nicht eingegangen.

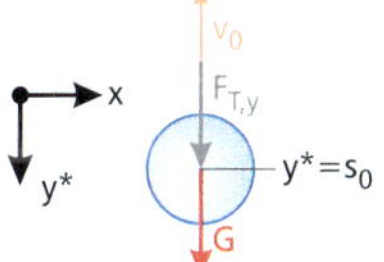

Bild 1.30: *x,y^*-Koordinatensystem.*

Die Verwendung der y^*-Koordinate gemäß Bild 1.30 entspricht der Multiplikation der Bgl. in y-Richtung mit -1:

$$\ddot{y}^* > 0 \;\Rightarrow\; m \cdot \ddot{y}^* > 0$$

$$G - F_{T,y^*} = 0 \;\Rightarrow\; m \cdot g - (+m \cdot \ddot{y}^*) = 0$$

$$\ddot{y}^* = -\ddot{y} = +g \tag{1.72}$$

Nach Erreichen des Umkehrpunkts bewegt sich der Ball im freien Fall nach unten. Die entsprechenden Bewegungsgleichungen (vgl. z. B. [2]) erhalten wir aus den Gln. (1.67) und (1.68), indem wir g durch $-g$ ersetzen:

$$v(t) = \dot{y}(t) = g \cdot t + v_0 \tag{1.73}$$

$$s(t) = y(t) = \frac{1}{2} \cdot g \cdot t^2 + v_0 \cdot t + s_0 \tag{1.74}$$

1.3.5 Fluidtechnische Bilanzen

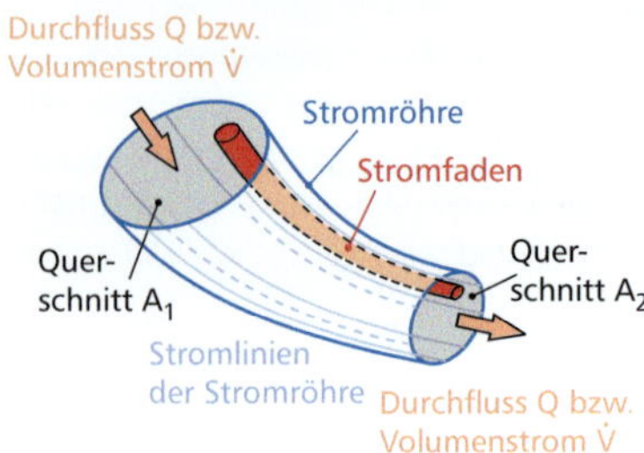

Bild 1.31: *Stromröhre mit Stromlinien und Stromfaden (nach [25]).*

Die Geschwindigkeit ist im Gegensatz zur Temperatur eine vektorielle Größe, sie besitzt also Betrag und Richtung. Stromlinien zeigen in einem Strömungsfeld durch an einzelne Feldpunkte angelegte Tangenten die Strömungsrichtung an. Umfassen wir mehrere Stromlinien mit einer geschlossenen Kurve, erhalten wir die in Bild 1.31 dargestellte Stromröhre bzw. bei sehr kurzer Berandung den Stromfaden. Der Durchfluss[4] Q bzw. der Volumenstrom $\dot{V}$ ergibt sich aus der mit der (mittleren) Geschwindigkeit v durchströmten Querschnittsfläche A:

$$Q = \dot{V} = v \cdot A \tag{1.75}$$

Tritt in einer Stromröhre kein Zufluss von außen oder infolge innerer Quellen auf, bleibt der Durchfluss bei inkompressibler Strömung (dichtebeständiges Fluid mit $\varrho = \text{const.}$) aus Gründen der Massenerhaltung konstant. Zwischen zwei Querschnitten ① und ② gilt dann wegen Zufluss = Abfluss die **Kontinuitätsgleichung** (Kontigleichung):

$$Q = v_1 \cdot A_1 = v_2 \cdot A_2 = \text{const.} \tag{1.76}$$

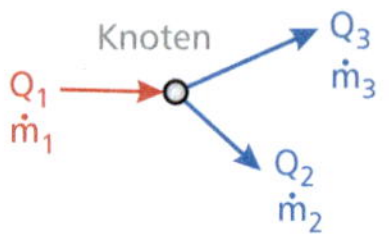

Bild 1.32: *Verzweigung von Massen- und Volumenströmen an einem Knotenpunkt.*

An einem Verzweigungspunkt (Knoten), an dem sich der Massenstrom $\dot{m}_1$ in die Masseströme $\dot{m}_2$ und $\dot{m}_3$ aufteilt, gilt bei dichtebeständigen Fluiden ($\varrho = \text{const.}$) entsprechend der Kirchhoff'schen Knotenregel der Elektrotechnik durch die Gleichheit der Summe der Zu- und Abflüsse die **Knotenpunktsgleichung**:

$$\dot{m}_1 = \dot{m}_2 + \dot{m}_3 \tag{1.77}$$

$$Q_1 = Q_2 + Q_3 \quad \text{bzw.} \quad \dot{V}_1 = \dot{V}_2 + \dot{V}_3 \tag{1.78}$$

Formuliert man entlang eines Stromfadens die **Energiegleichung**, erhält man die **Bernoulli'sche Gleichung**. Sie lautet im stationären und reibungsfreien (verlustfreien) Fall:

Bild 1.33: *Daniel Bernoulli (1700–1782).*

$$H_1 = H_2 \tag{1.79}$$

$$\frac{v_1^2}{2g} + \frac{p_1}{\varrho \cdot g} + z_1 = \frac{v_2^2}{2g} + \frac{p_2}{\varrho \cdot g} + z_2 \tag{1.80}$$

Dabei bezeichnet H die **Energiehöhe,** $\frac{v^2}{2g}$ die **Geschwindigkeitshöhe,** $\frac{p}{\varrho \cdot g}$ die **Druckhöhe** und z die **geodätische Höhe** (zu einem festen Bezugshorizont gemessen, z. B. NN = Normalnull). (1.80) stellt deswegen die **Höhenform** der Bernoulli'schen Gleichung dar, in der die Energieanteile als Höhen erscheinen (Bild 1.34).

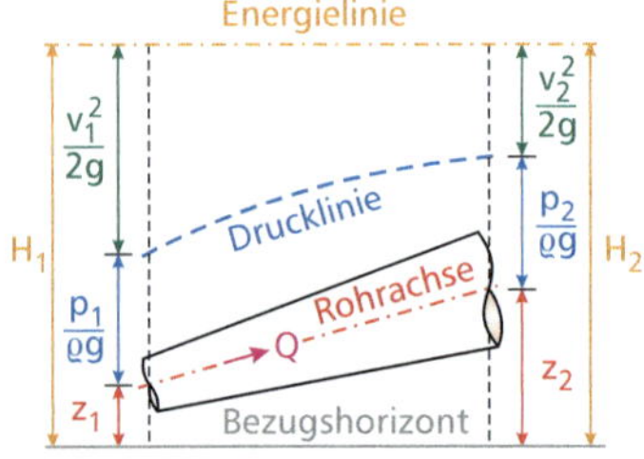

Bild 1.34: *Energieanteile bei der Rohrströmung als Höhen (nach [25]).*

Eine alternative Notation **(Druckform)** von Gl. (1.80) folgt durch Multiplikation mit dem Produkt Dichte ϱ mal Schwerebeschleunigung g:

$$p_{\text{ges},1} = p_{\text{ges},2} \tag{1.81}$$

$$\frac{\varrho \cdot v_1^2}{2} + p_1 + \varrho \cdot g \cdot z_1 = \frac{\varrho \cdot v_2^2}{2} + p_2 + \varrho \cdot g \cdot z_2 \tag{1.82}$$

p_{ges} ist dabei der Gesamtdruck (Totaldruck) in der Strömung. Division von Gl. (1.82) durch die Dichte ϱ liefert mit der spezifischen Gesamt-

[4] In der Hydraulik ist das Symbol Q zur Kennzeichnung des Durchflusses üblich, während in der Thermodynamik, Verfahrenstechnik und Wärmeübertragung das Symbol $\dot{V}$ Verwendung findet, da Q dort für die Wärme reserviert ist.

energie (Totalenergie) e_{ges} der Strömung die **Energieform** der Bernoulli'schen Gleichung, in der die einzelnen Terme spezifische (massebezogene) Energien darstellen:

$$e_{ges,1} = e_{ges,2} \tag{1.83}$$

$$\frac{v_1^2}{2} + \frac{p_1}{\varrho} + g \cdot z_1 = \frac{v_2^2}{2} + \frac{p_2}{\varrho} + g \cdot z_2 \tag{1.84}$$

In technischen Rohr- und Kanalsystemen sind oft **energieverändernde Komponenten** (z. B. Pumpen, Ventilatoren, Turbinen) eingebaut, die dem strömenden Fluid Energie zuführen oder ihm Arbeit entziehen. Diese Zu- oder Abfuhr von Arbeit lässt sich in der **erweiterten** Bernoulli'schen Gleichung durch ein passendes Arbeitsglied berücksichtigen [26]. So ist in Gl. (1.84) auf der linken Seite formal der Term $\Delta e_a = \frac{\Delta E_a}{m}$ zu addieren. Δe_a besitzt bei Arbeitszufuhr einen positiven ($\Delta e_a > 0$), bei Arbeitsabfuhr einen negativen Wert ($\Delta e_a < 0$).

Ferner wird der Strömung infolge der **Viskosität** (Zähigkeit) des Fluids[5] und seines Haftens an der festen Rohr- oder Kanalwand (Haftbedingung) Energie entzogen, die als Druckabfall Δp_V gemessen werden kann. Die abgeführte Energie geht natürlich nicht verloren, sondern wird in Streuarbeit (Dissipation) umgewandelt.

Die Dissipation in reibungsbehafteten Strömungen wird durch einen vom **Widerstandsbeiwert** (Druckverlustbeiwert) ζ abhängigen Verlustterm auf der rechten Seite der Bernoulli'schen Gleichung berücksichtigt [26].

In Gl. (1.80) ist dabei die **Verlusthöhe** $h_V = \zeta \cdot \frac{v^2}{2g}$ zu addieren (Bild 1.35), in Gl. (1.82) der Druckverlust[6] $\Delta p_V = \zeta \cdot q = \zeta \cdot \frac{\varrho}{2} \cdot v^2$ und in Gl. (1.84) der spezifische Energieverlust $\Delta e_V = \frac{\Delta E_V}{m} = \zeta \cdot \frac{v^2}{2}$.

Die Verluste der reibungsbehafteten Rohr- und Kanalströmung können in Reibungsverluste der geraden Rohr- und Kanalstücke (kontinuierliche Verluste) und örtliche Verluste durch Einbauten, Umlenkungen, Verzweigungen, Ein- und Ausströmen etc. unterteilt werden.

Die **Reibungsverluste in geraden Rohren und Kanälen** können ebenfalls durch den Widerstandsbeiwert ζ_R beschrieben werden, der von der **Rohrreibungszahl** λ, vom Rohrdurchmesser D und der Leitungslänge L abhängt:

$$\zeta_R = \lambda \cdot \frac{L}{D} \tag{1.88}$$

Bei nichtkreisförmigen Querschnitten ist in Gl. (1.88) der **hydraulische Durchmesser** D_H zu verwenden, der gemäß Gl. (1.89) vom benetzten Umfang U und vom Strömungsquerschnitt A abhängt:

$$D_H = \frac{4\,A}{U} \tag{1.89}$$

Die Gln. (1.80)–(1.84) sind **gleichwertige Darstellungen** der Energieerhaltung in einem strömenden Fluid. In Abhängigkeit der jeweiligen Fragestellung ist die eine günstiger als die andere in der Handhabung.

Für verlustbehaftete Strömungen lauten die jeweiligen Fassungen der Bernoulli'schen Gleichung:

$$\frac{v_1^2}{2g} + \frac{p_1}{\varrho \cdot g} + z_1 = \frac{v_2^2}{2g} + \frac{p_2}{\varrho \cdot g} + z_2 + h_V \tag{1.85}$$

$$\frac{\varrho \cdot v_1^2}{2} + p_1 + \varrho \cdot g \cdot z_1 = \frac{\varrho \cdot v_2^2}{2} + p_2 + \varrho \cdot g \cdot z_2 + \Delta p_V \tag{1.86}$$

$$\frac{v_1^2}{2} + \frac{p_1}{\varrho} + g \cdot z_1 = \frac{v_2^2}{2} + \frac{p_2}{\varrho} + g \cdot z_2 + \Delta e_V \tag{1.87}$$

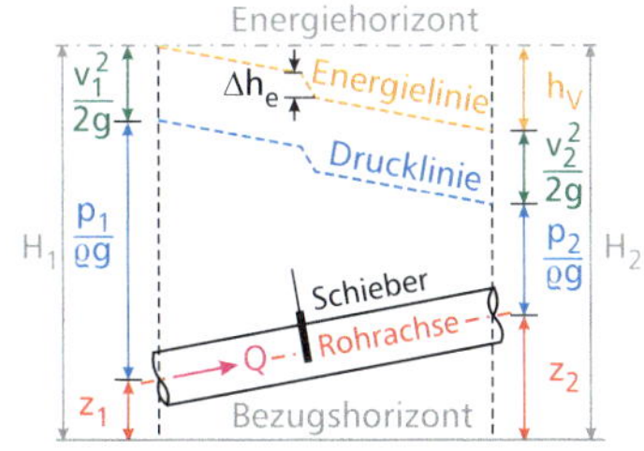

Bild 1.35: *Energieanteile bei verlustbehafteter Rohrströmung als Höhen (nach [25]).*

[5] Die Viskosität eines Fluids kann durch die kinematische Zähigkeit ν oder die dynamische Viskosität η beschrieben werden, wobei $\eta = \nu \cdot \varrho$ gilt.

[6] Die Bezugsgröße q bezeichnet dabei den **Staudruck**, der die Druckerhöhung angibt, wenn die gesamte Geschwindigkeitsenergie einer Strömung durch Abbremsen auf die Geschwindigkeit $v=0$ in Druckenergie umgewandelt wurde.

Die Rohrreibungszahl λ hängt von der Rauigkeit k_s (Sandrauigkeit) der durchströmten Rohre und Kanäle sowie von der Strömungsform (laminar/turbulent) ab, die durch die Reynolds-Zahl Re beschrieben wird:

$$Re = \frac{v \cdot D}{\nu} = \frac{\dot{m} \cdot D}{A \cdot \eta} \quad (1.90)$$

Der Umschlag zwischen laminarer und turbulenter Strömung ist formal durch die kritische Reynolds-Zahl Re_{krit} festgelegt. Der Umschlag erfolgt in glatten Rohren bei $Re_{krit} = 2320$, in rauen Rohren zwischen $2160 < Re_{krit} < 2410$ [27].

Tabelle 1.5: *Strömungsformen in Abhängigkeit der Reynolds-Zahl.*

Reynolds-Zahl	Strömungsform
$Re < Re_{krit}$	laminar
$Re = Re_{krit}$	Strömungsumschlag
$Re > Re_{krit}$	turbulent

Die Rohrreibungszahl λ kann entweder grafisch (mit entsprechenden Ungenauigkeiten) aus dem Moody-(Colebrook-)Diagramm bestimmt oder aus den in Tab. 1.6 zusammengestellten (teilweise nichtlinearen) Beziehungen berechnet werden.

Tabelle 1.6: *Übersicht über Gleichungen zur Berechnung der Rohrreibungszahl λ.*

Strömung	Gleichung	Bemerkung
laminar	$\lambda = \frac{64}{Re}$	$Re \le Re_{krit}$
turbulent	$\frac{1}{\sqrt{\lambda}} = -2 \lg\left(\frac{2{,}51}{Re \cdot \sqrt{\lambda}}\right)$	$Re > Re_{krit}$, hydraulisch glatt (Prandtl, von Kármán) $Re \cdot \sqrt{\lambda} \cdot k_s / d < 10$
	$\frac{1}{\sqrt{\lambda}} = -2 \lg\left(\frac{2{,}51}{Re \cdot \sqrt{\lambda}} + \frac{k_s / d}{3{,}71}\right)$	$Re > Re_{krit}$, Übergangsbereich (Colebrook, White) $10 \le Re \cdot \sqrt{\lambda} \cdot k_s / d \le 200$
	$\frac{1}{\sqrt{\lambda}} = -2 \lg\left(\frac{k_s / d}{3{,}71}\right)$	$Re > Re_{krit}$, hydraulisch rau (Nikuradse) $Re \cdot \sqrt{\lambda} \cdot k_s / d > 200$

Beispiel 1.5:

Wie groß ist Druckverlust Δp in einer Kapillare ($D = 4$ mm; $L = 1$ m), wenn Wasser ($\nu = 1{,}307 \cdot 10^{-6}$ m²/s; $\varrho = 999{,}7$ kg/m³) mit der Geschwindigkeit $v = 0{,}5$ m/s hindurchfließt?

⌘ Zunächst prüfen wir mithilfe der Reynolds-Zahl aus Gl. (1.90) die Strömungsform[7]:

$$Re = \frac{v \cdot D}{\nu} = \frac{0{,}5 \cdot 4 \cdot 10^{-3}}{1{,}307 \cdot 10^{-6}} \approx 1530 < 2320 \quad (1.91)$$

Wegen $Re < Re_{krit}$ liegt laminare Strömung vor. Die Rohrreibungszahl folgt aus der ersten Zeile von Tabelle 1.6:

$$\lambda = \frac{64}{Re} = \frac{64}{1530} \approx 0{,}04183 \quad (1.92)$$

Aus Gl. (1.88) folgt der zugehörige Widerstandsbeiwert:

$$\zeta_R = \lambda \cdot \frac{L}{D} = \frac{0{,}04183 \cdot 1}{4 \cdot 10^{-3}} \approx 10{,}46 \quad (1.93)$$

Daraus erhalten wir den gesuchten Druckverlust zu:

$$\Delta p = \zeta_R \cdot \frac{\varrho}{2} \cdot v^2 = 10{,}46 \cdot \frac{999{,}7}{2} \cdot 0{,}5^2 \approx 1307 \text{ Pa} \quad (1.94)$$

⌘

[7] Bei den folgenden Berechnungen werden die Einheiten vereinfachend weggelassen, da wir alle Größen in SI-Einheiten einsetzen.

1.4 Normierte Systeme

Blicken wir auf das in Beispiel 1.1 behandelte Knödelproblem zurück. Neben der bereits erkannten Nichtlinearität von Gl. (1.12) stellen wir fest, dass es sich um eine dimensionsbehaftete Beziehung mit der Dimension m^3 handelt.

Wegen des enthaltenen Terms $\frac{\varrho_\mathrm{K}}{\varrho_\mathrm{F}}$ kommt es nicht auf die absoluten Werte der Dichte an, sondern nur auf ihr Verhältnis. Es handelt sich dabei um eine dimensionslose Größe, für die wir gemäß Gl. (1.95) die Abkürzung η einführen wollen[8]:

$$\eta = \frac{\varrho_\mathrm{K}}{\varrho_\mathrm{F}} \tag{1.95}$$

Um insgesamt eine **dimensionslose** bzw. **entdimensionierte** (d. h. **normierte) Gleichung** für die Eintauchtiefe h zu erhalten, müssen wir Gl. (1.12) durch eine Bezugslänge L_0 in der 3. Potenz mit der Dimension m^3 dividieren. Außer dass es sich dabei um eine Länge handeln muss, brauchen wir keine weiteren Anforderungen an L_0 zu stellen. Wir können die Bezugslänge also frei wählen, z. B. $1\ \mathrm{m}$ oder $1\ \mathrm{cm}$.

Es ist allerdings vorteilhaft, eine frei wählbare Bezugsgröße günstig zu wählen, so dass man eine Vereinfachung der jeweiligen Gleichung erzielen kann. Dies gelingt im vorliegenden Fall mit $L_0 = R$:

$$\left(\frac{h}{R}\right)^3 - 3\left(\frac{h}{R}\right)^2 + 4\eta = 0 \tag{1.96}$$

Da die auf den Knödelradius R bezogene Eintauchtiefe h in Gl. (1.96) eine dimensionslose Eintauchtiefe darstellt, führen wir dafür die neue Bezeichnung ξ ein:

$$\xi = \frac{h}{R} \tag{1.97}$$

Durch Einsetzen von Gl. (1.97) in Gl. (1.96) erhalten wir eine normierte Beziehung für die Eintauchtiefe, in der nur noch dimensionslose Größen vorkommen:

$$\xi^3 - 3\xi^2 + 4\eta = 0 \tag{1.98}$$

Der Vorteil von Gl. (1.98) gegenüber Gl. (1.12) ist, dass alle Koeffizienten konstant sind und nicht von der Größe von R abhängen. $\xi = 0{,}5$ bedeutet unabhängig vom tatsächlichen Wert des Knödelradius R, dass der Knödel zur Hälfte ins Wasser eintaucht. Gl. (1.98) gilt damit sowohl für sehr kleine als auch für sehr große Knödel.

Die Nichtlinearität der Gleichung sind wir durch die Normierung allerdings nicht losgeworden. Es handelt sich nach wie vor um eine kubische Gleichung.

Vielfach lassen sich durch die Normierung **einfachere** sowie **allgemeingültige** Gleichungen gewinnen. Frei wählbare Bezugsgrößen sind dabei möglichst vorteilhaft zu wählen. Mathematisch entspricht die Normierung einer Koordinaten- bzw. Variablentransformation. Die Normierung ist keineswegs auf algebraische Gleichungen beschränkt, sie kann auch auf Differenzialgleichungen angewendet werden.

[8] Nicht zu verwechseln mit der dynamischen Viskosität.

Beispiel 1.6:
*Als weiteres Beispiel normierter Systeme betrachten wir den in Bild 1.36 dargestellten **Träger auf zwei Stützen** der Länge L und der Biegesteifigkeit EI mit Gleichlast q_0.*

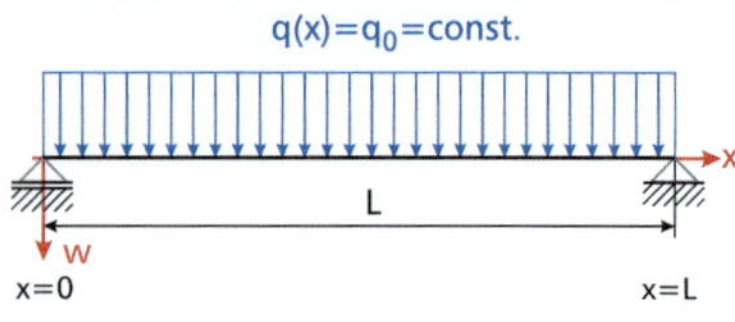

Bild 1.36: *Statisch bestimmt gelagerter Träger mit Gleichlast.*

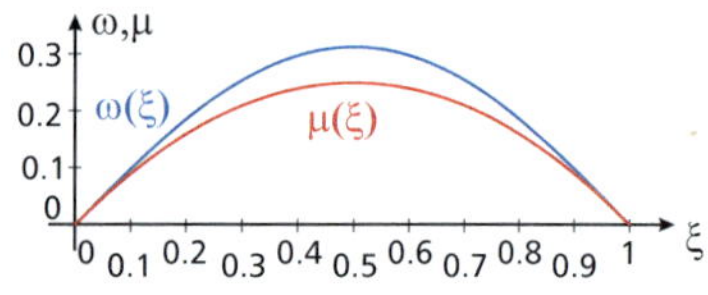

Bild 1.37: *Verlauf der normierten Durchsenkung und des normierten Biegemoments über der normierten Ortskoordinate.*

⌘ Die Trägerenden lassen sich durch die Koordinaten $x=0$ und $x=L$ beschreiben. Für die Durchsenkung w erhalten wir aus der elastischen Theorie durch Integration und Berücksichtigung der Randbedingungen die Beziehung

$$w(x) = \frac{q_0}{24\,E\,I} \cdot \left[x^4 - 2\,L \cdot x^3 + L^3 \cdot x\right] \tag{1.99}$$

und für das Biegemoment:

$$M(x) = -\frac{q_0}{2} \cdot (x^2 - L \cdot x) \tag{1.100}$$

Mit der normierten Koordinate

$$\xi = \frac{x}{L} \tag{1.101}$$

lässt sich das linke Trägerende mit $\xi=0$ beschreiben, das rechte Trägerende mit $\xi=1$. Die Längskoordinate bewegt sich damit sehr anschaulich zwischen $0\ \%$ und $100\ \%$. $\xi=0{,}5=50\ \%$ markiert damit unabhängig von der tatsächlichen Trägerlänge L stets die Mitte des Trägers.

Führen wir die **normierte Durchsenkung**

$$\omega = \frac{24\,E\,I}{q_0\,L^4} \cdot w \tag{1.102}$$

und das **normierte Biegemoment**

$$\mu = \frac{2}{q_0\,L^2} \cdot M \tag{1.103}$$

ein, dann erhalten wir die dimensionslosen Beziehungen:

$$\omega(\xi) = \xi^4 - 2\,\xi^3 + \xi \tag{1.104}$$

und

$$\mu(\xi) = -\xi^2 + \xi \tag{1.105}$$

Diese sind in Bild 1.37 veranschaulicht. ⌘

1.5 Aufgaben zum Selbststudium

▶ Aufgabe 1.1:

Die Eintauchtiefe h des in der Flüssigkeit F (Dichte ϱ_F) skizzierten schwimmenden zylindrischen Körpers Z (Dichte ϱ_Z, Radius R, Länge L) soll bestimmt werden.

(a) Leiten Sie aus dem Archimedischen Prinzip mithilfe der Kreissegmentfläche A eine Gleichung (1) für den zur Eintauchtiefe h gehörigen Zentriwinkel φ in Abhängigkeit des Dichteverhältnisses $\epsilon = \frac{\varrho_Z}{\varrho_F}$ ab und klassifizieren Sie (1).

(b) Notieren Sie einen Zusammenhang (2) zwischen der Eintauchtiefe h und dem Zentriwinkel φ.

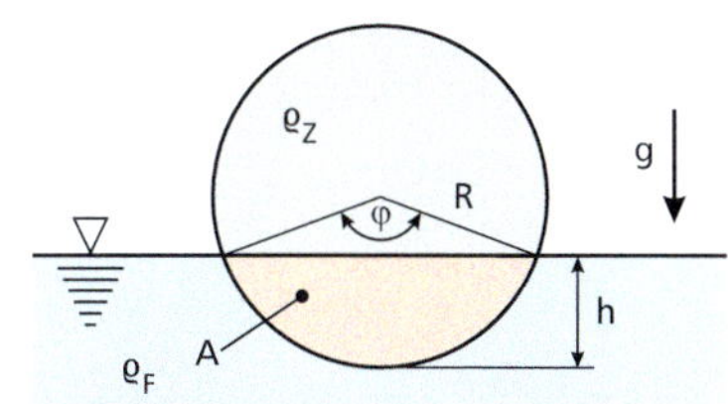

Bild 1.38: *Geometrie des schwimmenden Zylinders.*

▶ Aufgabe 1.2:

Baggerfahrer Bertram Bodenlos (Masse $m = 75\,\text{kg}$, Widerstandsbeiwert $c_W = 0{,}25\ \text{kg/m}$, Schwerebeschleunigung $g = 9{,}81\ \text{m/s}^2$) ist begeisterter Bungee-Springer. Während des freien Falls wirkt neben der Gewichtskraft F_G die von der Geschwindigkeit v abhängige Widerstandskraft $F_W = c_W \cdot v^2$ und die von der Beschleunigung $a = \frac{dv}{dt}$ abhängige Trägheitskraft F_T auf ihn (Bild 1.39). Seine Anfangsgeschwindigkeit ist null.

(a) Leiten Sie aus einer Kräftebilanz eine Gleichung (1) für die Beschleunigung $\frac{dv}{dt}$ von Bertram ab und klassifizieren Sie (1).

(b) Berechnen Sie aus (1) die analytische Lösung $v_{ex}(t)$.

Hinweis: $\int \frac{dx}{b^2 - x^2} = \frac{1}{b} \cdot \operatorname{artanh}\left(\frac{x}{b}\right) + C$

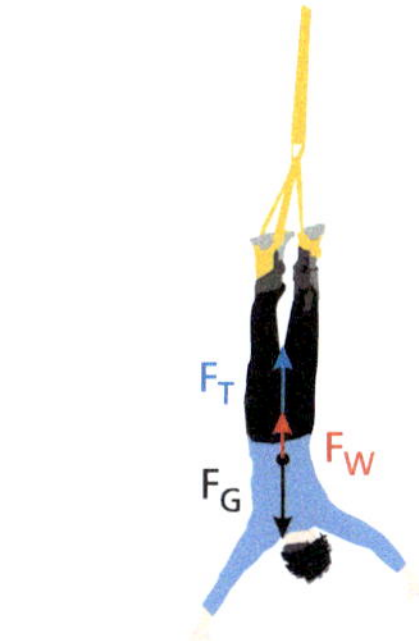

Bild 1.39: *Auf den Bungee-Springer einwirkende Kräfte.*

▶ Aufgabe 1.3:

Eine Kanonenkugel der Masse m wird unter dem Winkel α_0 im Punkt $(x_0; y_0)$ mit der Geschwindigkeit v_0 abgefeuert. Die Geschwindigkeit $\vec{v}$ besitzt die Komponenten $v_x = \dot{x}$ und $v_y = \dot{y}$. Neben der Trägheitskraft $\vec{F}_T = -m \cdot \vec{a}$ wirkt die Gewichtskraft $\vec{F}_G = m \cdot \vec{g}$ auf die Kugel.

(a) Leiten Sie die Bewegungsgleichungen $\ddot{x}(t)$ und $\ddot{y}(t)$ der Kugel ab.

(b) Berechnen Sie daraus die Flugbahn $(x(t); y(t))$ der Kanonenkugel unter Beachtung der Anfangsbedingungen.

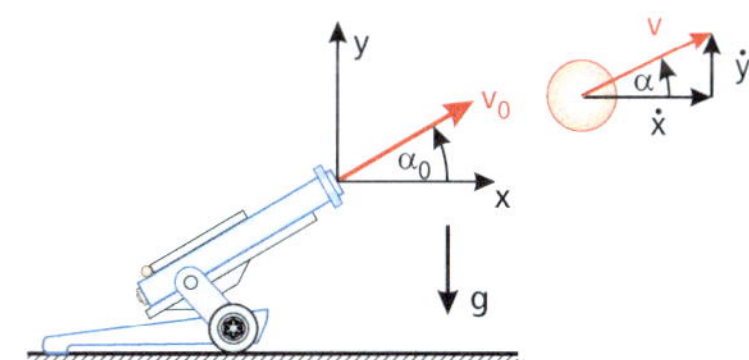

Bild 1.40: *Geschwindigkeitskomponenten an der Kanonenkugel.*

▶ Aufgabe 1.4:

Die Kranvorrichtung in Bild 1.41 ($\alpha = 45°$, $\beta = 30°$) wird von der Last $L = 25$ kN beansprucht. Vorbereitend hat Fabian F. Reischneid bereits die Lagerreaktionen $A_x = 0$, $A_y = -\sqrt{3} \cdot L$ und $B_y = (1 + \sqrt{3}) \cdot L$ ermittelt.

(a) Schneiden Sie das System geeignet frei und stellen Sie mittels geeigneter Kräftebilanzen ein lineares Gleichungssystem für die unbekannten Stabkräfte $\vec{S} = (S_1, S_2, S_3, S_4, S_5)^T$ auf.

(b) Bringen Sie das lineare Gleichungssystem auf die Form $\mathbf{K} \cdot \vec{S} = \vec{F}$ und identifizieren Sie $\mathbf{K}$ und $\vec{F}$.

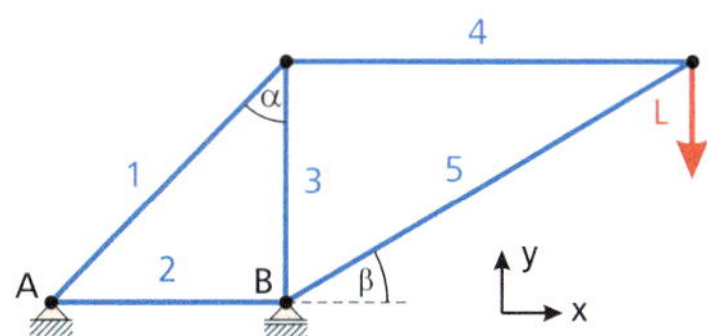

Bild 1.41: *Geometrie der Kranvorrichtung.*

Bild 1.42: *Space Shuttle mit Trägerraketen.*

► Aufgabe 1.5:

Die Masse der Trägerraketen des Space Shuttles ändert sich beim Start mit der Zeit t gemäß $m(t) = m_0 \cdot (1 - \alpha \cdot t)$ (Anfangsmasse $m_0 = 2$ kt; $\alpha = 4{,}8 \cdot 10^{-3}\ \mathrm{s}^{-1}$). An den synchron gesteuerten Raketen greift neben der konstanten Schubkraft $F_S = 24$ MN die Gewichtskraft F_G und die Trägheitskraft F_T an. Die Schwerebeschleunigung beträgt $g = 9{,}81\ \mathrm{m/s^2}$, die Anfangsgeschwindigkeit $v_0 = v(t_0 = 0) = 0$.

(a) Leiten Sie aus einer Kräftebilanz eine Gleichung (1) für die Beschleunigung $a = \frac{\mathrm{d}v}{\mathrm{d}t}$ der Raketen ab und klassifizieren Sie (1).

(b) Berechnen Sie aus (1) die analytische Lösung $v_{ex}(t)$ für die Geschwindigkeit der Raketen.

Hinweis: $\int \frac{\mathrm{d}x}{1 - a\,x} = -\frac{1}{a} \cdot \ln(1 - a\,x) + C$

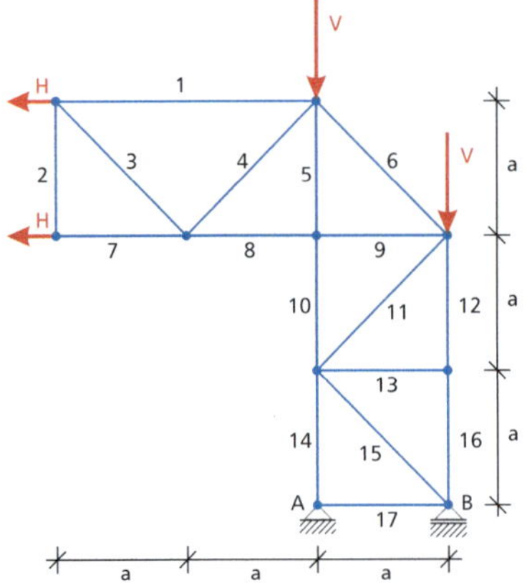

Bild 1.43: *Statisch bestimmtes Fachwerk mit Einzellasten.*

► Aufgabe 1.6:

Das in Bild 1.43 dargestellte ideale, gewichtslose Fachwerk wird durch die Knotenkräfte $V = 20$ kN und $H = 10$ kN beansprucht.

(a) Schneiden Sie die einzelnen Knoten des Fachwerks und auch die Lager frei. Stellen Sie aus geeigneten Kräfte- und Momentengleichgewichten unter Einführung des Winkels $\alpha = 45°$ und der Länge $a = 2$ m entsprechende Gleichungen für die Lagerreaktionen A_H, A_V und B_V sowie die Stabkräfte $S_1 \ldots S_{17}$ auf.

(b) Formulieren Sie allgemein ein lineares Gleichungssystem $\mathbf{A} \cdot \vec{S} = \vec{F}$ und identifizieren Sie die Koeffizientenmatrix $\mathbf{A}$, den Lösungsvektor der Schnittlasten $\vec{S}$ und den Lastvektor $\vec{F}$ geeignet.

Hinweis: Für die 20 unbekannten Schnittgrößen (17 Stabkräfte, 3 Auflagerkräfte) sind insgesamt 20 Gleichungen nötig. Vermeiden Sie redundante Gleichungen!

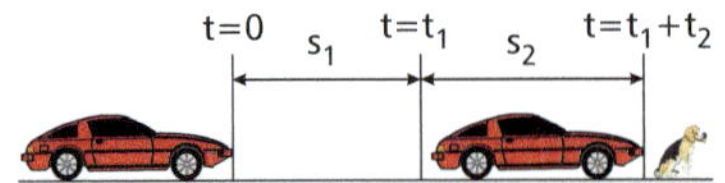

Bild 1.44: *Bremsweg des Deborean.*

► Aufgabe 1.7:

Susi Sorglos fährt mit ihrem Deborean mit der konstanten Geschwindigkeit $v_0 = 54$ km/h durch Blanketvillage, als in einer Entfernung von 40 m der Hund von Bertram Blindgänger auf die Fahrbahn läuft. Nach einer Schrecksekunde ($t_1 = 1$ s) bremst Susi mit der konstanten Verzögerung 5 m/s^2 in der Zeit t_2 in den Stillstand ab (vgl. Skizze).

(a) Bestimmen Sie den Geschwindigkeitsverlauf $v_1(t)$ für $0 \le t \le t_1$.

(b) Berechnen Sie in nachvollziehbarer Weise den Verlauf der Geschwindigkeit $v_2(t)$ für $t_1 \le t \le t_1 + t_2$.

(c) Nach welcher Bremszeit t_2 kommt das Auto zum Stillstand?

(d) Berechnen Sie den Weg $s(t)$ des Deborean in Abhängigkeit der Zeit ($0 \le t \le t_1 + t_2$).

▶ Aufgabe 1.8:

Der Zweischlag mit den in A und B gelenkig gelagerten Stäben ① und ② wird im Knoten C von der unter dem Winkel γ zur Vertikalen angreifenden Kraft F beansprucht. Die Winkel α und β der Stäbe ① und ② zur Vertikalen sind bekannt.

(a) Schneiden Sie das Stabwerk geeignet frei und tragen Sie die entsprechenden Schnittlasten (Lagerreaktionen A_x, A_z, B_x, B_z sowie Stabkräfte S_1, S_2) an.

(b) Stellen Sie mittels geeigneter Kräftegleichgewichte ein lineares Gleichungssystem der Form $\mathbf{A} \cdot \vec{x} = \vec{b}$ für die unbekannten Kräfte $\vec{x} = (A_x, A_z, B_x, B_z, S_1, S_2)^T$ auf und identifizieren Sie $\mathbf{A}$ und $\vec{b}$.

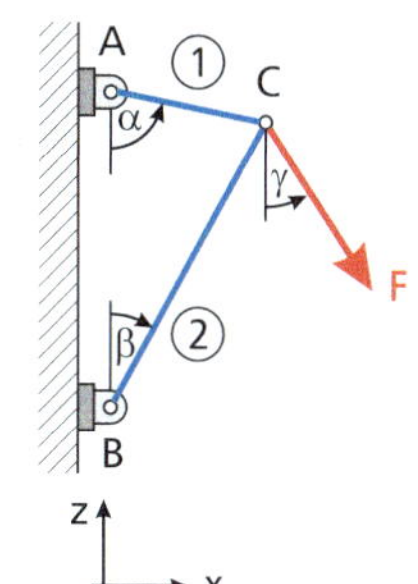

Bild 1.45: *Statisch bestimmter Zweischlag.*

▶ Aufgabe 1.9:

Die in Bild 1.46 skizzierte Scheibe (Masse m, Radius R) ist mit 2 Federn (Federkonstanten c_1 und c_2) gelagert, die in der Gleichgewichtslage $x_0 = 0$ entspannt sind. Die Scheibe dreht sich bei ihrer Bewegung um den Mittelpunkt M (Schwerpunkt), ohne zu gleiten, d. h. es gilt die Rollbedingung:

$$x = R \cdot \varphi \tag{1.106}$$

Das Trägheitsmoment einer um den Schwerpunkt rotierenden Scheibe beträgt [2]:

$$\Theta^{M} = \frac{1}{2} \cdot m \cdot R^2 \tag{1.107}$$

Die Rollbewegung der Scheibe kann als reine Rotation um den Momentanpol P (s. z. B. [22]) aufgefasst werden (vgl. Bild 1.47).

(a) Leiten Sie die Bewegungsgleichung der Scheibe als Funktion des Winkels φ her.

(b) Bestimmen Sie die Eigenkreisfrequenz ω_0.

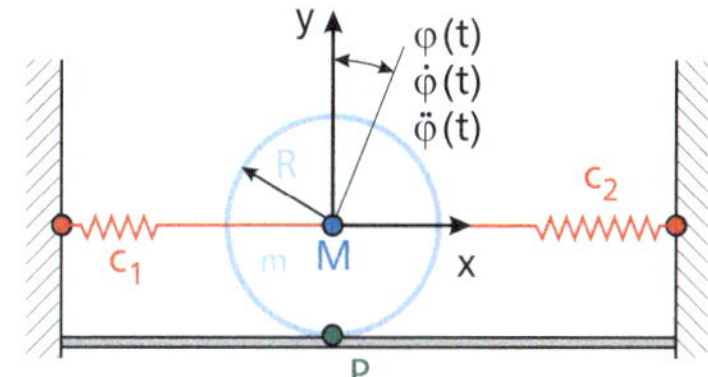

Bild 1.46: *Zwischen zwei Federn rollende Scheibe.*

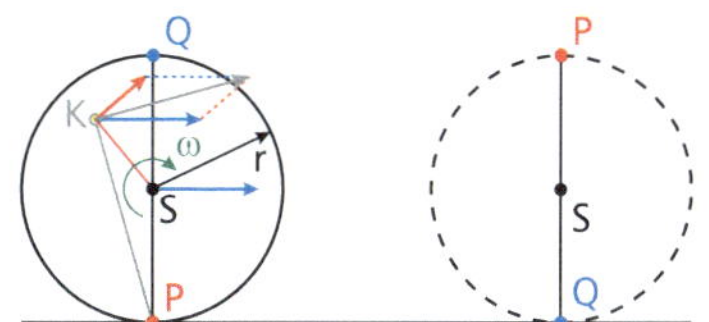

Bild 1.47: *Momentanpol P bei einem rollenden Rad.*

▶ Aufgabe 1.10:

Die kleine Zora Zornbeiß ist zornig, weil ihre Puppe nicht mit ihr spricht. Sie wirft die Puppe ($m_P = 300$ g) auf einer ebenen Gefällestrecke mit Neigungswinkel $\beta = 15°$ unter dem Winkel α (zum Boden gemessen) mit der Anfangsgeschwindigkeit $v_0 = 1$ m/s in die Luft und lässt dabei ihren Puppenwagen ($m_W = 5$ kg) los, der reibungsfrei die Ebene hinab rollt.
Der Abwurfwinkel α ist so zu bestimmen, dass die Puppe immer im Puppenwagen landet.

(a) Leiten Sie aus dem Newton'schen Bewegungsgesetz Gleichungen für die Bewegungen der Puppe und des Kinderwagens ab.

(b) Bestimmen Sie mithilfe des Ergebnisses von Teilaufgabe (a) die zeitlichen Verläufe der Geschwindigkeit der Puppe $\vec{v_P}(t)$ und der des Kinderwagens $\vec{v_W}(t)$.

(c) Bestimmen Sie mithilfe des Ergebnisses von Teilaufgabe (b) die zeitlichen Verläufe des Weges der Puppe $\vec{s_P}(t)$ und des Kinderwagens $\vec{s_W}(t)$.

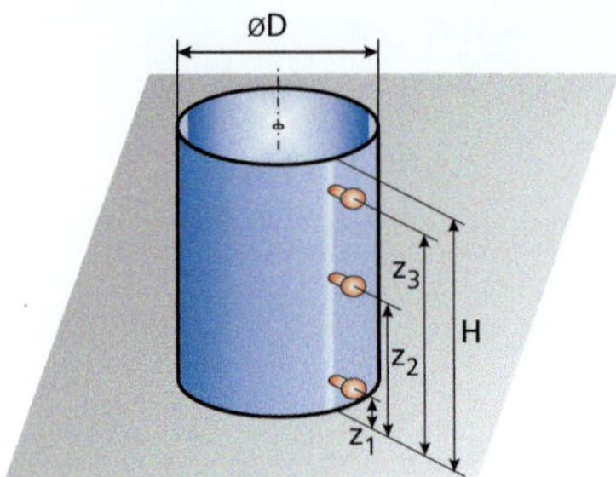

Bild 1.48: *Zylindrisches Wasserfass mit 3 Stöpseln.*

▶ Aufgabe 1.11:

Als besondere Attraktion sollen die Besucher eines Campusfests einen von drei Stöpseln (Höhen $z_1 = 0{,}1\,H$, $z_2 = 0{,}5\,H$ und $z_3 = 0{,}9\,H$ über dem Boden) aus dem Mantel eines großen zylindrischen Wasserfasses (Durchmesser D, Höhe H) ziehen. Der heraus spritzende Wasserstrahl beschreibt die Bahn eines waagrechten Wurfs. Nach Torricelli gilt für die Ausflussgeschwindigkeit aus einem Behälter $v(z) = \sqrt{2\,g \cdot z}$.

(a) Ermitteln Sie aus dem Newton'schen Bewegungsgesetz die Wurfweite s des waagrechten Wurfs als Funktion der Abwurfhöhe h_0 und der Abwurfgeschwindigkeit v_0.

(b) Bestimmen Sie rechnerisch den Stöpsel, dessen Wasserstrahl am weitesten spritzt.

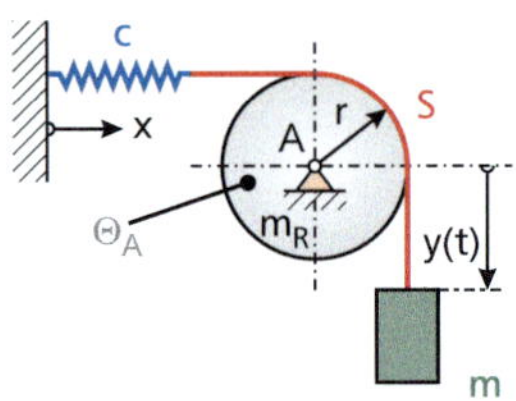

Bild 1.49: *Schwingungen einer translatorisch bewegten Masse.*

▶ Aufgabe 1.12:

Das System in Bild 1.49 besteht aus einer in y-Richtung translatorisch bewegten Masse $m = 5$ kg und einer sich um das Auflager A reibungsfrei drehenden Rolle R mit Masse $m_R = 7{,}5$ kg und Radius $r = 25$ cm. Die Masse m hängt an einem über die Rolle geführten und an einer Feder F der Härte $c = 3{,}5$ kN/m befestigten gewichtslosen Seil S. Es bewegt sich mit der Rolle, ohne darauf zu gleiten.

(a) Bestimmen Sie die Gleichgewichtslage y_0 von m unter Berücksichtigung des Umstands, dass das die Feder und die Masse verbindende Seil nur eine Änderung der Kraftrichtung bewirkt.

(b) Leiten Sie für Schwingungen um die Gleichgewichtslage die Bewegungsgleichung für die Vertikalbewegung der Masse m ab.

(c) Transformieren Sie die Bewegungsgleichung aus Teilaufgabe (b) auf den Drehwinkel φ der Scheibe.

(d) Bestimmen Sie die Schwingungsdauer $T = \dfrac{\omega_0}{2\pi}$ des Systems.

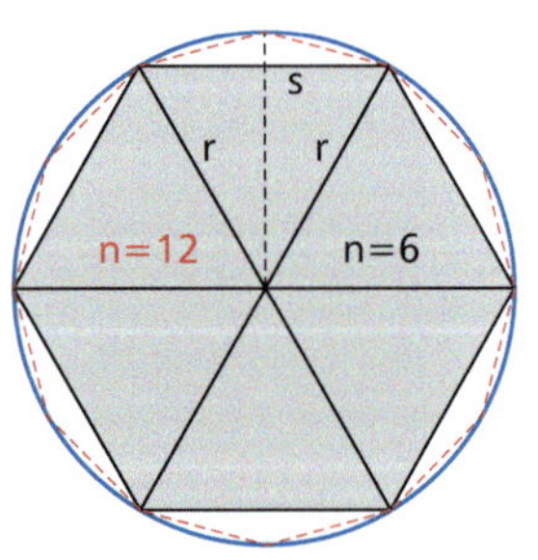

Bild 1.50: *In den Einheitskreis einbeschriebenes Sechs- und Zwölfeck.*

▶ Aufgabe 1.13:

Zur näherungsweisen Berechnung der Kreiszahl π hat Archimedes ca. 250 v. Chr. folgende Methode vorgeschlagen: In den Einheitskreis wird ein reguläres Sechseck ($n = 6$) einbeschrieben, dessen Umfang U als erste Näherung für den Kreisumfang $U_0 = 2\pi$ dient. Durch fortlaufende Verdoppelung der Anzahl der Ecken $n \to 2\,n$ wird eine immer bessere Approximation des Kreisumfangs und damit der Kreiszahl $\pi = \dfrac{U}{2}$ erreicht. Dabei wird zwischen zwei Eckpunkten eines n-Ecks mittig ein weiterer Eckpunkt auf der Kreislinie eingefügt (Bild 1.50).

(a) Leiten Sie eine Gleichung (1) für die Berechnung der Sehnenlänge s_{12} (Abstand zweier Eckpunkte) des Zwölfecks aus der Sehnenlänge s_6 des Sechsecks ab.

(b) Geben Sie mithilfe von (1) eine erste Näherung für die Kreiszahl π an.

(c) Verallgemeinern Sie (1) für den generellen Fall eines $2\,n$-Ecks dahingehend, dass Sie eine rekursive Beziehung für die Kreiszahl π in Abhängigkeit des Umfangs des vorhergehenden n-Ecks und dessen Eckenanzahl n erhalten.

2 Grundlagen von Scilab

»Denn es ist eines ausgezeichneten Mannes nicht würdig, wertvolle Stunden wie ein Sklave im Keller der einfachen Rechnungen zu verbringen. Diese Aufgaben könnten ohne Besorgnis abgegeben werden, wenn wir Maschinen hätten.«

(Gottfried Wilhelm Leibniz)

Lernziele

Die Ausführungen im vorhergehenden Kapitel haben gezeigt, dass wir bei der Analyse ingenieur- und naturwissenschaftlicher Fragestellungen auf mathematische Probleme stoßen, zu deren Lösung wir ein geeignetes Werkzeug benötigen.

In diesem Abschnitt lernen wir das frei verfügbare Softwarepaket Scilab kennen. In unseren ersten Gehversuchen setzen wir es erfolgreich als Taschenrechner, Funktionsplotter und Gleichungssystemlöser sowie als Hilfsmittel für einfachere Problemstellungen ein.

2.1 Programmpaket Scilab

2.1.1 Historie

Scilab ist ein umfangreiches und sehr leistungsfähiges Softwarepaket für numerische Berechnungen in Wissenschaft und Technik, dessen Funktionalität und Syntax weitgehend zu MATLAB®kompatibel ist. Es wurde von 1990-2003 als MATLAB-Clone am Institut national de recherche en informatique et en automatique (INRIA) in Frankreich entwickelt. Von 2003–2012 wurde es vom Scilab Konsortium weiterentwickelt, das 2008 Mitglied der Digiteo Foundation wurde. Ab Juli 2012 wurde Scilab durch Scilab Enterprises, das 2017 in die ESI Group integriert wurden, entwickelt und herausgegeben. Scilab ist **frei verfügbar** (GPL Licence) und steht für verschiedene Betriebssysteme (Windows Vista, 7, 8, 10, Linux, Mac OS X) zur Verfügung.

2.1.2 Funktionalität

Der Deutlichkeit halber werden Scilab-Befehle, Ein- und Ausgaben sowie andere EDV-Spezifika im folgenden in `blauer Schreibmaschinenschrift` hervorgehoben.

Scilab umfasst u. a. die Bereiche Lineare Algebra, Statistik, Programmierung und grafische Darstellung. Im Gegensatz zu Compilersprachen, wie Fortran, C oder Pascal, entfällt beim **Interpreter** Scilab die Übersetzung des Programmcodes. Scilab ist eine interaktive mathematische Shell, die bei der Eingabeaufforderung (Prompt) `-->` Befehle und Anweisungen entgegennimmt. Ein Blättern (Scrollen) in der Konsole, in die wir nach dem Programmstart gelangen (Bild 2.1), ist mit den Pfeiltasten möglich.

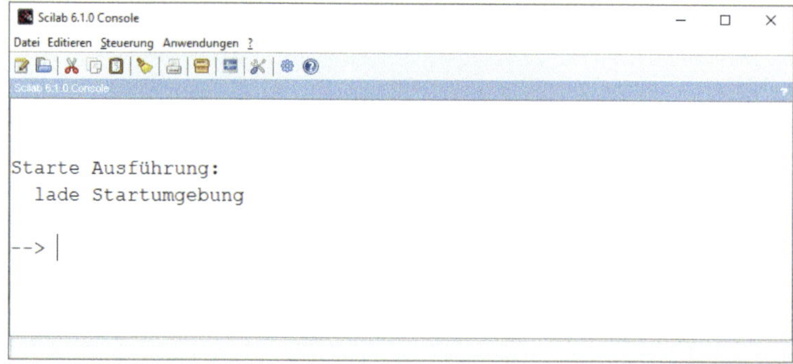

Bild 2.1: *Startbildschirm der Konsole von Scilab 6.1.0.*

2.1.3 Bezug und Dokumentation

Die folgenden Ausführungen beziehen sich überwiegend auf die derzeit aktuelle **Windows-Version 6.1.0** von Scilab, so dass diese oder ggf. eine neuere auf Ihrem Computer installiert sein sollte. Auf relevante Unterschiede zur Vorgängerversion 6.0.2. wird in den mit ❻.❶ markierten Bereichen eingegangen.

Scilab kann kostenlos und unbegrenzt auf dem eigenen Computer (Rechner[9]) als 32- bzw. 64-Bit-Version installiert werden (Download unter `https://www.scilab.org`).

Die Dokumentation von Scilab ist in Englisch, wobei allerdings für die meisten Menüs eine deutsche Übersetzung vorliegt[10]. Auf der Scilab-Homepage `https://www.scilab.org` stehen neben einer ausführlichen Online-Hilfe [28] auch Tutorien[11] [29]–[32] zur Verfügung.

[9] Natürlich gehen heutige Computer weit über diese Funktionalität hinaus.

[10] Stellenweise finden sich noch nicht übersetzte englische Bezeichnungen.

[11] Diese nicht mehr ganz aktuellen Texte eignen sich insbesondere zum Einstieg.

2.1.4 Bestandteile

Scilab umfasst u. a. die in Tab. 2.1 zusammengestellten Komponenten.

Tabelle 2.1: *Tools und Bestandteile von Scilab.*

SciNotes	Editor zur Erstellung und Bearbeitung von Scilab-Scriptdateien
	Hervorheben der Scilab-Syntax
	automatisches Identifizieren von Funktionen
	automatisches Einrücken
	Autovervollständigen (z. B. Klammern, Schlüsselwörter)
	Zeilennummerierung
	Kommentarfunktion für Zeilen und Absätze
	direktes Ausführen von Scripten in Scilab
	Registernavigation (Tabbed Browsing)
	umfangreiche Hilfefunktion
ATOMS	AutomaTic mOdules Management for Scilab
	automatische Installation und Updates weiterer zusätzlicher Programmpakete
Xcos	Nachfolger des früheren Scicos
	ähnlich dem MATLAB-Tool Simulink®
	grafische Modellierung und Simulation dynamischer Systeme

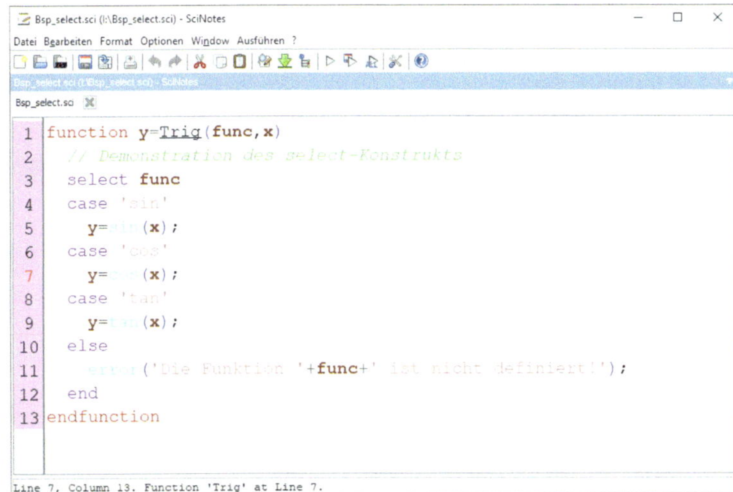

Bild 2.2: *Syntax-Highlighting im Editor SciNotes von Scilab.*

Gemäß Bild 2.2 werden Schlüsselwörter, Variablen, Kommentare etc. im Editor SciNotes[12] farbig hervorgehoben, was die Übersichtlichkeit erhöht und die Fehlersuche erleichtert. Die Farben können individuell angepasst werden. Die Nummer der Zeile, in der sich der Cursor befindet (hier Zeile 7) wird am linken Rand rot hervorgehoben.

Bild 2.3 zeigt das regelungstechnische Modell eines dynamischen Systems in Xcos.

[12] SciNotes kann in der Konsole über `Anwendungen - SciNotes` gestartet werden.

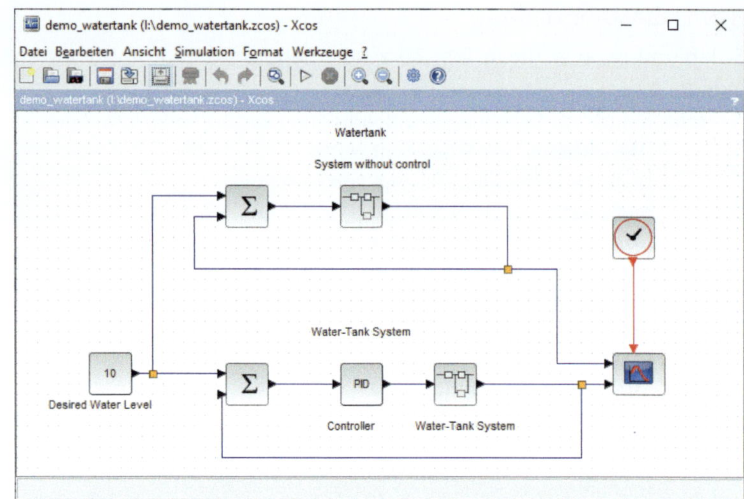

Bild 2.3: *Regelungstechnisches Modell eines Wassertanks in Xcos als Blockschaltbild.*

2.1.5 Hilfefunktion in Scilab

Mit `help keyword` lässt sich die Scilab-interne Hilfefunktion von der Konsole aus aufrufen. Alternativ steht hierfür auch das Fragezeichensymbol in der Iconleiste der Konsole zur Verfügung. Beispielsweise öffnet `help case` den in Bild 2.4 dargestellten Hilfebildschirm. Die Querverweise sind unterstrichen.

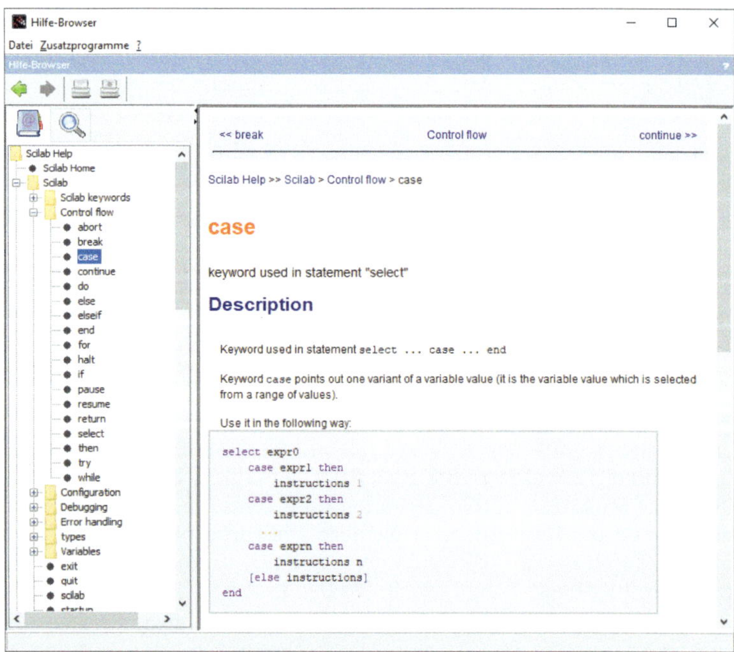

Bild 2.4: *Hilfebildschirm zum Scilab-Befehl* **case**.

2.2 Erste Schritte mit Scilab

2.2.1 Scilab als einfacher Taschenrechner

Wir starten Scilab, um unsere erste Eingabe in der Konsole zu tätigen. Wir sind neugierig, ob Scilab ebenso richtig wie unser Taschenrechner rechnen kann und geben ein:

```
--> 1 + 1   Enter
 ans =

   2.
```

Mit dem (System-)Prompt --> zeigt Scilab seine Bereitschaft an, die Eingaben, die wir mit Enter[13] abschicken, zu interpretieren. Scilab ist kein Compiler, der unseren Programmcode in einem Stück in ausführbaren Maschinencode übersetzt, sondern ein **Interpreter**, der eine zeilenweise Übersetzung der Anweisungen vornimmt.

Die uns in Scilab zur Verfügung stehenden arithmetischen Operationen sind in Abschnitt 2.2.4 zusammengestellt. Zweifelsohne rechnet Scilab richtig, aber es gibt im Unterschied zum Taschenrechner das Ergebnis nicht direkt aus, sondern benutzt dazu die **Standardausgabevariable** ans. Diese wird immer verwendet, wenn wir das Ergebnis nicht in eine Variable ablegen.

2.2.2 Zuweisungen und Variablen

Wie arbeitet denn Scilab nun mit **Variablen**[14]? Während in manchen Programmiersprachen (z. B. VBA) Variablen vor ihrer Verwendung deklariert werden müssen, erfolgt Deklaration und Zuweisung in Scilab in einem Schritt:

```
variable = expression
```

Geben wir beispielsweise

```
--> a=5   Enter
 a =

   5.
```

ein, definiert Scilab die Variable a und weist ihr den Wert 5 zu. Geben wir dagegen

```
--> A=4;   Enter
```

ein, dann erfolgt keine Ausgabe, weil das am Ende eingefügte Semikolon (Strichpunkt) das **Konsolenecho unterdrückt**.

Wie können wir nun feststellen, ob der Interpreter unsere Anweisung richtig verstanden hat? Wir fragen einfach den Wert der Variable A durch Aufruf ab:

```
--> A   Enter
 A =

   4.
```

Unsere soeben definierten Variablen können wir mit arithmetischen Operationen verknüpfen, z. B. :

```
--> b=a+A   Enter
 b =

   9.
```

[13] Das Symbol Enter zeigt im folgenden an, dass wir die jeweilige Eingabe mit der Enter-Taste (Return; antiquiert: Carriage-Return, Wagenrücklauf) abschließen müssen.

[14] Damit werden wir uns in den Abschnitten 4.1.1–4.1.3 näher beschäftigen.

Trotz immenser Fortschritte in der Computertechnologie erledigt ein Computer auch heute immer noch das, was man ihm mitteilt bzw. eingibt und nicht das, was man denkt, meint oder einzugeben glaubt.

In der Regel sind alle in Scilab definierten Variablen **Matrizen**, d. h. auch eine skalare wie a=5 ist eine (1,1)-Matrix. Dies eröffnet uns große Möglichkeiten hinsichtlich der Vektorisierung von Programmen, birgt aber leider auch Fehlerpotenziale.

Zur Vermeidung von Missverständnissen kennzeichnen wir **explizite Leerzeichen** im Code mit dem Symbol ␣.

Scilab ist **„case sensitive"**, d. h. es unterscheidet Groß- und Kleinschreibung streng, was dem Nutzer[15] einerseits vielfältige Möglichkeiten eröffnet und andererseits eine gewisse Fehlerquelle darstellt.

Mit `clear` können wir alle **benutzerdefinierten** Variablen[16] löschen, mit `clear variable1` nur die Variable `variable1`. So erhalten wir z. B.:

```
--> clear a  Enter

--> a  Enter
Undefinierte Variable: a
```

2.2.3 Konstanten

In Scilab sind mehrere mathematische Konstanten fest implementiert, wie z. B. die Euler'sche Zahl e oder die Kreiszahl π. Als **Systemvariablen** sind sie durch ein vorangestelltes **Prozentzeichen** gekennzeichnet:

```
--> %e  Enter
 %e =

    2.7182818
--> %pi  Enter
 %pi =

    3.1415927
-->%␣e  Enter
Undefinierte Variable: %
```

Die Eingabe eines Leerzeichens (blank) führt also zu einer Fehlermeldung, da das Leerzeichen in Scilab als **Trennzeichen** fungiert.
Wir können Systemvariablen zwar nicht ändern, aber auf benutzerdefinierte Variablen umspeichern, z. B.:

```
--> e=%e  Enter
 e =

    2.7182818
```

2.2.4 Rechenoperationen

Für Rechenoperationen stehen in Scilab die arithmetischen Operatoren in Tab. 2.2 zur Verfügung mit den aus der Mathematik bekannten Rechenregeln, also „Punkt vor Strich" und „Potenz vor Punkt".

Tabelle 2.2: *Übersicht über die Rechenoperatoren von Scilab.*

Operator	Bedeutung	Operation	Operator	Bedeutung	Operation
+	plus	Addition	*	mal	Multiplikation
-	minus	Subtraktion	/	geteilt	Division
^	hoch	Potenzieren	**	hoch	Potenzieren

Die mathematische Notation, den Malpunkt zwischen Koeffizienten wegzulassen, ist nicht erlaubt, sie ist für Anfänger eine Fehlerquelle:

```
--> y=3;  Enter
--> z=2y  Enter
Fehler: syntax error, unexpected identifier, expecting end of file
```

[15]Die Verwendung der männlichen Form erfolgt nur aus Gründen der Vereinfachung. Selbstverständlich ist „die Nutzerin" ebenso angesprochen.

[16]Die scilabinternen Variablen (Systemvariablen) können wir nicht löschen.

Richtig ist:

```
--> z=2*y  Enter
 z =

    6.
```

2.2.5 Funktionen

Bei den Funktionen in Scilab sind zu unterscheiden:

– Systemfunktionen (intrinsic functions)
– benutzerdefinierte Funktionen (user-defined functions)

Alle Funktionen müssen **mit Argumenteklammer** aufgerufen werden:

```
--> sin(45)  Enter
 ans =

    0.8509035
```

Zu unserem Erstaunen wird nicht der aus der Mathematik bekannte Wert $1/2\sqrt{2} \approx 0{,}7071068$ ausgegeben, was daran liegt, dass die Funktion sin ein Argument im **Bogenmaß** erwartet. Mit

```
--> sin(%pi/4)  Enter
 ans =

    0.7071068
```

erhalten wir hingegen den gewünschten Wert[17].
Ohne Argumenteklammer erhalten wir eine Fehlermeldung:

```
--> sin␣45  Enter
in builtin           sin
Function not defined for given argument type(s),
  check arguments or define function %c_sin for overloading.
```

Unsere Versuche, eine benutzerdefinierte Funktion in naheliegender Weise zu definieren, scheitern zunächst:

```
--> y(x)=sin(x)+cos(2*x)  Enter
Undefinierte Variable: x
```

Die Fehlermeldung legt nahe, die Variable x vorher zu definieren:

```
--> x= %pi;  Enter
--> y(x)=sin(x)+cos(2*x)  Enter
 y =

     0.
     0.
     1.
```

Das Ergebnis wird mit der vektororientierten Arbeitsweise von Scilab verständlich. Wegen der Belegung von x mit %pi kann die rechte Seite der Zuweisung berechnet werden. Sie ergibt mit $\sin\pi=0$ und $\cos 2\pi=1$ den Wert 1, der an dritter Stelle der Ausgabevektors y steht. Die linke Seite der Zuweisung ist allerdings keine Funktion, sondern wegen $\pi \approx 3$ das dritte Element eines Spaltenvektors. Da wir dessen erste beiden Elemente y(1) und y(2) nicht belegen, werden sie mit null ausgegeben.

☞ Zu den Systemfunktionen gehören u. a. sin für den Sinus, cos für den Cosinus, log für den natürlichen Logarithmus (nicht ln!), log10 für den dekadischen Logarithmus (Zehnerlogarithmus) und exp für die Exponentialfunktion.

[17] Scilab stellt ferner mit sind (d = degree) eine Sinusfunktion zur Verfügung, die ein Argument im Gradmaß erwartet.

Bei Eingabe der rechten Seite in der angegebenen Art in einen Taschenrechner bekämen wir als Ergebnis 1 angezeigt. Scilab würde bei alleiniger Eingabe der rechten Seite das Ergebnis in der Variable `ans` ausgeben, d. h. wir müssen einen Variablennamen anstelle eines Funktionsaufrufs verwenden:

```
--> x= %pi;   Enter
--> y=sin(x)+cos(2*x)   Enter
 y =

    1.
```

2.2.6 Vektoren und Matrizen

Matrizen sind als zweidimensionale Gebilde aus Zeilen- und Spaltenvektoren aufgebaut. Durch **Transposition** (Vertauschen von Zeilen und Spalten) können wir beide Vektortypen ineinander überführen, was in Scilab durch das gerade Apostroph ' erfolgt (auf der Raute-Taste).

Vektoren und Matrizen werden in Scilab zur Unterscheidung von Funktionen mit eckigen Klammern eingegeben. Als **Trennzeichen zwischen einzelnen Spalten** dient das **Komma oder Leerzeichen**, als **Trennzeichen zwischen einzelnen Zeilen** das **Semikolon oder** der **Zeilenumbruch** (Return):

```
--> x=[1␣2␣3]   Enter
   x =

    1.   2.   3.
--> x'   Enter
 ans =

    1.
    2.
    3.
```

Eine Matrix `A` können wir analog eingeben:

```
--> A=[1␣2␣3; 4␣5␣6; 7␣8␣9]   Enter
  A =

    1.   2.   3.
    4.   5.   6.
    7.   8.   9.
```

Die Inverse von `A` erhalten wir mit dem Befehl `inv(A)`:

```
--> inv(A)   Enter
Warnung:
Matrix ist nahe an Singular oder schlecht skaliert. rcond = 2.2028E-18

  ans =

      3.153D+15   - 6.305D+15    3.153D+15
    - 6.305D+15     1.261D+16   -6.305D+15
      3.153D+15    -6.305D+15    3.153D+15
```

Die vermeintlich einfache Matrix bereitet Probleme! Ihre Determinante können wir mit `det(A)` berechnen:

```
--> det(A)   Enter
  ans =

   -9.516D-16
```

Die Determinante ist sehr klein. Bei der Berechnung der inversen Matrix erfolgt eine Division durch die Determinante (s. z. B. [3]). Im vorliegenden Beispiel bestimmt der Kehrwert `1/det(A)=-1.051D+15` die inverse Matrix nachhaltig. Das Produkt aus Matrix und Inverser muss mathematisch die Einheitsmatrix ergeben. Dies trifft bei unserem Beispiel nicht zu, woraus wir die Erkenntnis gewinnen, dass Mathematik und Numerik offenbar **nicht dasselbe** sind, auch wenn es in beiden Disziplinen um Zahlen geht[18]:

```
--> A*inv(A)    Enter

  ans  =

    2.    0.   2.
    8.    0.   0.
    16.   0.   8.
```

Die Matrix weist zwar keine „krummen" Zahlenwerte mehr auf, ist aber sehr weit von der dreireihigen Einheitsmatrix entfernt.

2.2.7 Punkt-Operator

Mit dem **Punkt-Operator** stellt Scilab bei Vektoren **elementweise Operationen** zur Verfügung. Dabei wird ein Punkt . vor den jeweiligen Operator gesetzt:

Tabelle 2.3: *Übersicht über Operationen mit Punkt-Operator in Scilab.*

Operator	Operation
.*	elementweise Multiplikation
./	elementweise Division
.^	elementweises Potenzieren

Als Beispiel zur Anwendung einer elementweisen Division berechnen wir für die bereits definierte Matrix A:

```
--> A./A    Enter

  ans  =

    1.   1.   1.
    1.   1.   1.
    1.   1.   1.
```

Es wird also jedes Element der Matrix A durch sich selbst dividiert, weshalb wir im Ergebnis eine Matrix mit lauter Einsen erhalten.

2.2.8 Lineare Gleichungssysteme und Links-Division

Lineare Gleichungssysteme können in Matrixnotation (vgl. Abschnitt 7.1) als

$$\mathbf{A} \cdot \vec{x} = \vec{b} \tag{2.1}$$

geschrieben werden, wobei $\mathbf{A}$ die Koeffizientenmatrix, $\vec{x}$ den Lösungsvektor und $\vec{b}$ den Lastvektor, d. h. die rechte Seite des linearen Gleichungssystems, repräsentieren. Formal folgt die Lösung $\vec{x}$ durch Multiplikation mit der Inversen $\mathbf{A}^{-1}$:

$$\vec{x} = \mathbf{A}^{-1} \cdot \vec{b} \tag{2.2}$$

Die inverse Koeffizientenmatrix können wir gemäß Abschnitt 2.2.6 mit dem Befehl `inv(A)` leicht mit Scilab berechnen.

[18]Mathematisch kann leicht gezeigt werden, dass der Rang von A nicht 3, sondern nur 2 ist, und A somit singulär und nicht invertierbar ist.

Auf der deutschen Tastatur kann der Backslash durch die Tastenkombination AltGr + ß (Alt-German) oder Strg + Alt + ß eingegeben werden.

Mit der **Links-Division**, die in Scilab mittels Backslash (Antislash) \ erreicht wird, ist die Lösung von Gl. (2.1) ebenfalls leicht berechenbar:

```
--> x=A\b  Enter
```

2.2.9 Bereichsvariablen

Bei **Bereichsvariablen** handelt es sich um Vektoren mit konstantem Inkrement (Zuwachs). Sie können durch die Zuweisung

```
variable = initial_value : increment : final_value
```

erzeugt werden, wobei `initial_value` den Anfangswert, `increment` den Zuwachs und `final_value` den Endwert bedeuten. Allgemein können wir den nachfolgenden Wert x_{i+1} eines Vektors $\vec{x}$ aus dem vorherigen x_i durch Addition des Inkrements berechnen:

$$x_{i+1} = x_i + \frac{x_n - x_1}{n-1} \tag{2.3}$$

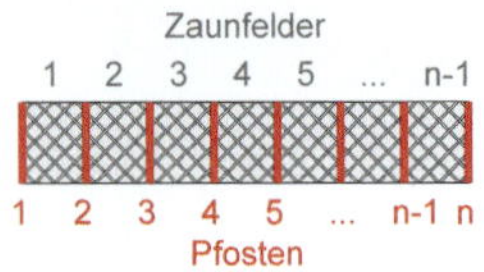

Bild 2.5: *Zaunfeld-Pfosten-Problem: Da ein Zaunfeld stets von zwei Pfosten begrenzt wird, das erste Feld einen linken Eckpfosten und das letzte Feld einen rechten Eckpfosten hat, benötigen wir stets einen Pfosten mehr, als der Zaun Felder besitzt.*

Das Inkrement ergibt sich aus der Differenz zwischen letztem und erstem Wert dividiert durch die Anzahl der Werte[19].

Beispielsweise definiert

```
--> y=0:0.3:1  Enter
 y =

   0   0.3   0.6   0.9
```

einen Zeilenvektor `y`. Da der Endwert `1` kein Vielfaches des Inkrements ist, endet der Vektor bei `0.9`.

Alternativ kennt Scilab zur Definition von Bereichsvariablen die Anweisung:

```
linspace(initial_value, final_value, number_of_points)
```

Beispielsweise liefert

```
--> x=linspace(0,1,11)  Enter
 x =

   0  0.1  0.2  0.3  0.4  0.5  0.6  0.7  0.8  0.9  1.
```

einen Zeilenvektor mit 11 Elementen im Abstand von 0,1 von $x_1 = 0$ bis $x_{11} = 1$, wie er beispielsweise als Vektor von Stützstellen zur Erzeugung von Funktionsgraphen vorteilhaft eingesetzt werden kann.

2.2.10 Scriptdateien

Die Konsole von Scilab ist für schnelle und einfache interaktive Eingaben geeignet, das Erstellen komplexer Programmcodes ist damit aber mühevoll. Die eingegebenen Befehle stehen beim nächsten Programmstart über die von Scilab gespeicherte Befehlshistorie zur Verfügung und müssen nicht neu erneut eingegeben werden. Nachteilig ist allerdings die unhandliche Bearbeitbarkeit. Man kann mit den Pfeiltasten in der Befehlshistorie blättern und die bereits eingegebenen einzeln Befehle editieren.

[19] Tatsächlich ist durch $n-1$ und nicht durch n zu dividieren, da zwischen n Werten stets $n-1$ Schritte liegen (vgl. Bild 2.5).

Wesentlich komfortabler sind **Scriptdateien**, in denen Scilab-Kommandos mithilfe des Editors SciNotes übersichtlich eingegeben werden können. Farbige Elemente erleichtern dabei die Lesbarkeit des Programmcodes. Die eingetragenen Befehle sind speicherbar, wiederverwendbar und nachträglich bearbeitbar.

Der Editor SciNotes wird über das Menü `Anwendungen - SciNotes` von der Konsole aus oder alternativ durch Eingabe von `editor` aufgerufen. Die erstellten Programmdateien können als `*.sce` oder `*.sci` gespeichert werden. Dabei ist die Extension `sci` für Dateien mit einer oder mehrerer Funktionen reserviert, während die Extension `sce` die übliche Endung für Scriptdateien darstellt.

Mit der **Tastenkombination Strg + L** kann der in der Scriptdatei enthaltene **Code von SciNotes in die Konsole geladen** (L=load) und interpretiert werden.
Weiterhin ist es möglich, Konsolen- und Editorfenster aneinander **anzudocken**, so dass wir bequem zwischen beiden hin und her wechselt können. Dazu klicken wir mit der Maus auf den blauen Balken des Editorfensters unterhalb der Symbolleiste (mit Titel `SciNotes`) und ziehen das Fenster bei gedrückter linker Maustaste in das Konsolenfenster, bis ein grauer Rahmen erscheint. Ziehen wir das Fenster in die obere Hälfte des Konsolenfensters, teilt der graue Rahmen das Konsolenfenster horizontal, bei Ziehen ins rechte untere Drittel vertikal. Das Andocken erfolgt durch Loslassen der Maustaste. Durch den Pfeil links neben dem Kreuz zum Schließen des Editorfensters können wir das Docking wieder aufheben.

2.2.11 Kommentare

Ein guter Programmcode lebt von der Kommentierung. Eine **zeilenweise** Kommentierung ist in Scilab mittels **Doppel-Slash** `//` möglich. Nach dem Kommentarzeichen werden alle Einträge der betreffenden Zeile ignoriert. So liefert

```
// Das ist eine Kommentarzeile.
//
```

eine Kommentarzeile mit nachfolgender Leerzeile ohne Kommentar[20].

Demgegenüber ergibt

```
i = i+1; // Inkrementieren des Zählers
```

einen Kommentar in einer Zeile nach der entsprechenden Anweisung.

Ab Version 6.0 stehen in Scilab auch **Blockkommentare** für größere Bereiche mit Beginn `/*` und Ende `*/` zur Verfügung. Im folgenden Code ist die `if`-Verzweigung zur temporären Deaktivierung heraus kommentiert:

```
y=f1(x);
/* if (y>0) then
    positiv=%t;
else
    positiv=%f;
end */
z=y*sin(x);
```

2.2.12 Benutzerdefinierte Funktionen

Benutzerdefinierte Funktionen bestehen aus dem Schlüsselwort (keyword) `function`, dem Funktionsnamen `function_name`, einer in runden Klammern angegebenen, kommaseparierten Liste der Eingabeparameter (`input_vars`) sowie ggf. einer in eckigen Klammern angegebenen kommaseparierten Liste von Rückgabeparametern (`return_vars`). Das Schlüsselwort `endfunction` schließt die Funktion ab. Es wird von SciNotes per Voreinstellung automatisch eingefügt ebenso wie die runden Klammern der Parameterliste.

```
function [return_var1, return_var2,. . . ] = function_name
        (input_var1, input_var2,. . . )
    return_var1 = . . .
    return_var2 = . . .
    . . .
endfunction
```

Wichtig ist, dass den Rückgabevariablen **in** der Funktion Werte zugewiesen werden. Besitzt die Funktion nur einen Rückgabewert, dann ist auch die Variable, der ein derartiger Funktionswert zugewiesen wird, ein Skalar. Bei mehreren Rückgabevariablen ist die Variable, der der Funktionswert zugewiesen wird, ein Vektor.

Damit können wir unsere Funktion, die wir in Abschnitt 2.2.5 zu erstellen versucht haben, nun folgendermaßen definieren:

[20] Der besseren Lesbarkeit wegen werden im folgenden Kommentare wie im Editor SciNotes *kursiv* gesetzt.

```
function [y]=MySinCos(x)
     y=sin(x)+cos(2*x)
endfunction
```

Wir übergeben der Funktion die Variable `x`, berechnen in der ersten Anweisungszeile den gewünschten Wert und geben ihn in der Variable `y` zurück. Die Funktion können wir folgendermaßen aufrufen:

```
x=%pi;
FWert=MySinCos(x)
```

2.2.13 x,y-Diagramme

Beispiel 2.1:

⌘ *Der folgende Scilab-Code zeichnet 2 Kurven mit entsprechender Beschriftung und exportiert sie in die Pdf-Datei „sinus_cosinus.pdf":*

```
clf(); // Grafikfenster löschen
x=linspace(0,2*%pi,201);
// x-Werte definieren
y1=sin(x); // Kurve 1
y2=cos(x); // Kurve 2
plot(x,y1,'b',x,y2,'r');
// Grafik zeichnen
xtitle('Sinus und Cosinus','x','y');
// Beschriftung
legend('sin(x)','cos(x)');
// Legende
xs2pdf(0,'sinus_cosinus.pdf');
```
⌘

x,y-Diagramme lassen sich mit dem Scilab-Befehl `plot` erstellen, der in der einfachsten Form

plot(xdata, xdata)

lautet. Zum Plotten mehrerer Kurven ist der Aufruf zu modifizieren:

plot(xdata1, ydata1, xdata2, ydata2, . . . , xdataN, ydataN)

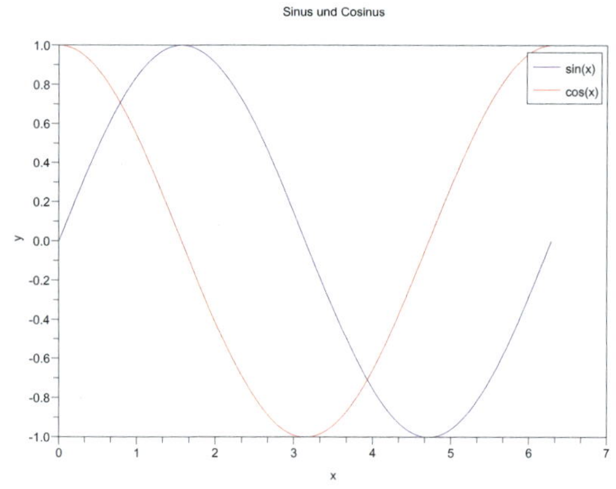

Bild 2.6: *Grafik-Ausgabe zu Beispiel 2.1.*

Weitere Befehle für Diagramme lernen wir in Abschnitt 4.12 kennen.

2.2.14 Variablen-Browser und Variablen-Editor

Beispiel 2.2:

⌘ *Der folgende Scilab-Code legt mehrere Variablen an:*

```
a=1;
A=zeros(10,10);
global b; // globale Variable
b=3;
z=a+b*%i;
MyText='Das ist mein Text.';
```
⌘

Der Scilab-interne Variablen-Browser, der alle benutzerdefinierten Variablen als übersichtliche Liste präsentiert, ist bereits per Voreinstellung aktiviert und kann mit `browsevar()` in der Konsole bzw. über den Menüpunkt `Anwendungen - Variablen-Browser` aufgerufen werden. Dabei werden Name, Wert, Typ und Sichtbarkeit der Variablen angezeigt.

Die in Beispiel 2.1 definierten Variablen sind im Variablen-Browser gemäß Bild 2.7 sichtbar. `A` wurde als 10×10-Matrix des Typs `double` angelegt. Bei den Variablen `a`, `b` und `z` wird der zugewiesene Wert angezeigt, bei der Matrix `A` und der Zeichenkette `MyText` die jeweilige Dimension. Bis auf die globale Variable `b` sind alle angelegten Variablen lokal sichtbar.

Mit Doppelklick bzw. Rechtsklick und `Modify '...'` kann eine lokale Variable editiert werden[21]. Alternativ kann in der Konsole `editvar varname` eingegeben werden. Das beispielsweise für die Variable `a` resultierende Fenster des Variablen-Editors (Bild 2.8) zeigt, dass Scilab alle Variablen intern als Matrizen führt. `a` ist als 1×1-Matrix ein Skalar. Durch Eintragen des Werts `2` in die Zelle (1,1) bei markiertem Zellinhalt (Bild 2.10 links) und anschließendem Betätigen des Refresh-Symbols (blau-weißer Doppelpfeil links in der Symbolleiste) bzw. Verlassen der Zelle wird der Wert von `a` auf 2 geändert. Bei markierter Zelle (Bild 2.10 rechts) wird die eingegebene Ziffer an die vorhandenen angehängt. Durch Eingabe von `a` in der Konsole können wir uns leicht von der erfolgten Änderung überzeugen. Der zuvor mithilfe von `a` zugewiesene Wert der komplexen Variablen `z` wird aber nicht geändert. Hierzu wäre z. B. ein erneuter Aufruf der Zuweisung in der Konsole notwendig.

Um die skalare Variable in einen Vektor zu ändern, reicht es aus, die betreffenden Zelleneinträge im Variablen-Editor vorzunehmen. Beispielsweise bewirkt der Eintrag `3` in Zelle (1,3) eine Erweiterung des Skalars `a=2` in einen Zeilenvektor und ist gleichwertig zur Zuweisung `a=[2,0,3]`. Der nicht zugewiesene Wert `a(1,2)` wird von Scilab automatisch mit `0` belegt. Um die Erweiterung wieder rückgängig zu machen, reicht es nicht, die Zellinhalte zu löschen, da hier lediglich Nullen eingetragen werden. Vielmehr sind die Spalten 2 und 3 durch Bewegen des Mauszeigers im Spaltenkopf bei gedrückter linker Taste zu markieren und anschließend mittels rechter Maustaste über `Remove columns` zu löschen.

Anstelle des Befehls `clear varname` kann eine Variable auch durch Rechtsklick und Auswahl von `Löschen '...'` im Variablen-Browser gelöscht werden. Weiter besteht die Möglichkeit, Variablen mit Zahlen als Matrixelementen durch Rechtsklick auf die Variable und Auswahl von `Plot the matrix` und eines entsprechenden Plotformats (z. B. `plot2d`, `contour2d`) aus dem sich öffnenden Untermenü zu plotten. Mit Rechtsklick und `Export to CSV` ist ein Export einer Variable in eine CSV-Datei (comma-separated values) möglich.

Im Variablen-Editor können auch Ausdrücke ausgewertet, aber nicht gespeichert werden. Beispielsweise kann `%pi/2` in eine Zelle eingetragen werden. Eine Gruppenauswahl bestimmter Zellen ist mit gedrückt gehaltener `STRG`-Taste möglich. Mittels rechter Maustaste kann auch ein Plotten der Selektion durchgeführt werden.

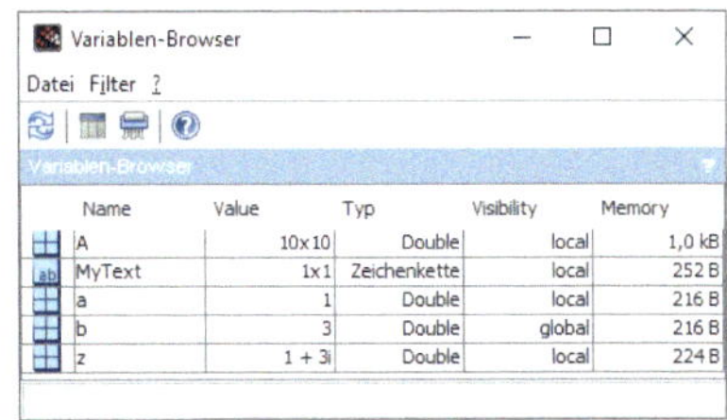

Bild 2.7: *Angelegte Variablen im Variablen-Browser.*

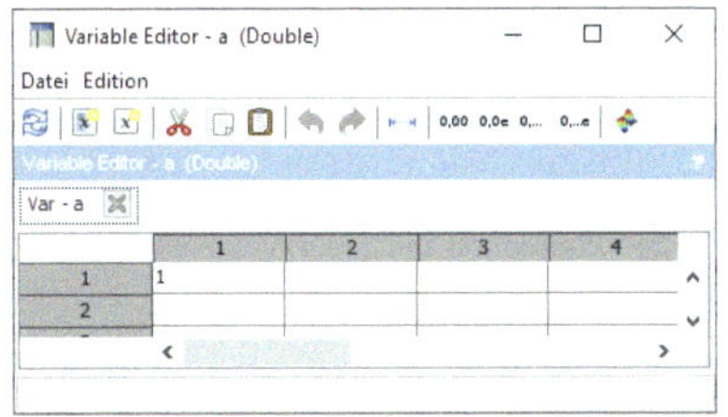

Bild 2.8: *Anzeige der Variable* `a` *im Variablen-Editor.*

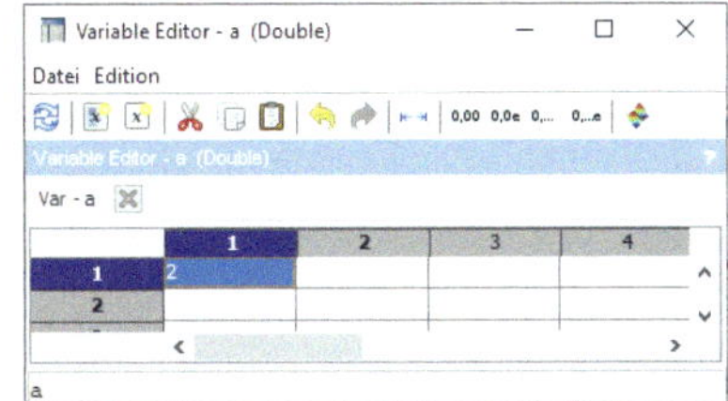

Bild 2.9: *Ändern der Variable* `a` *im Variablen-Editor.*

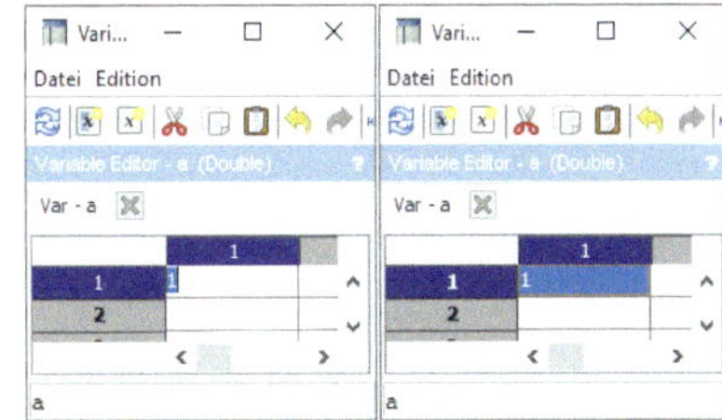

Bild 2.10: *Auswahl des Zellinhalts (links) und Auswahl der Zelle (rechts).*

2.2.15 Abfangen von Fehlern

Der `try-catch`-Block kann zum Abfangen von Fehlern verwendet werden, indem der kritische Programmteil wie in Beispiel 2.3 zwischen den Fehlerbehandlungsblock `try-catch` gesetzt wird.

Tritt kein Fehler auf, werden nur die zwischen `try` und `catch` stehenden Anweisungen ausgeführt. Bei Auftreten eines Fehlers erfolgt kein Programmabbruch, sondern die zwischen `catch` und `end` stehenden Anweisungen werden ausgeführt, während die nach dem Fehler im `try`-Block folgenden Anweisungen einfach übersprungen werden. Auf

[21] Globale Variablen können nicht im Variablen-Editor verändert werden. Ihre Änderung muss durch Wertzuweisung (z. B. in der Konsole) erfolgen.

Beispiel 2.3:

⌘ *Der folgende Scilab-Code zeigt die Anwendung des `try-catch`-Konstrukts zum Abfangen von Fehlern.*

```
function y=divi(a,b)
  ieee(0); // Fehler floating point
           // exception
  try
    y=a/b;
  catch
    y=%nan; // Dummy-Rückgabewert
    mprintf('Ein Fehler ist ' ..
          +'aufgetreten!');
    disp(lasterror());
  end
endfunction
Quotient1=divi(1,2)
Quotient2=divi(0,0)
```
⌘

diese Weise kann eine eigene Fehlermeldung erzeugt werden (wie in Beispiel 2.3), eine Datei geschlossen oder eine sonstige sinnvolle Aktion ausgeführt werden. Im Beispiel wird der tatsächlich aufgetretene Fehler mittels `lasterror()` und `disp` am Bildschirm ausgegeben.

Der Aufruf `Quotient1=divi(1,2)` liefert die Ausgabe:

```
Quotient1 =
  0.5
```

Dagegen erzeugt `Quotient2=divi(0,0)` die Ausgabe:

```
  "Ein Fehler ist aufgetreten!"
  "Division durch Null..."
Quotient2 =
  Nan
```

Beispiel 2.4:

⌘ *Der folgende Scilab-Code zeigt die Anwendung von* `pause` *und* `return` *als einfache Elemente des Debuggings. Die in der Funktion* `foo` *verwendeten lokalen Variablen* `temp1` *und* `temp2` *sind außerhalb der Funktion nicht sichtbar und können daher nicht abgefragt werden. Wurde der Rückgabewert* `y` *falsch berechnet, kann die entsprechende Berechnung auf der Unterebene* `-1->` *überprüft werden.*

```
function y=foo(a,b)
  temp1=a+b;
  temp2=a-b;
  mprintf('Nun ist Pause!');
  pause;
  y=temp1*temp2;
endfunction
c=foo(2,1)
```

Das Erreichen der Unterebene wird uns nach Betätigen von [Enter] durch den Prompt `-1->` angezeigt. Eingabe von `temp1` und `temp2` zeigt uns, dass `temp1` den Wert `3` und `temp2` den Wert `1` hat. Geben wir `temp2=4` und anschließend `return` ein, wird die Funktion auf der übergeordneten Ebene mit diesem Wert fortgesetzt und wir erhalten als Ergebnis `12`. Ohne Änderung des Werts von `temp2` hätten wir `c=3` erhalten. ⌘

2.2.16 Debugging

Einfaches Debugging von Programmcodes ist mithilfe der Kommandos `pause`, `return` und `abort` möglich[22]. `pause` speichert alle Variablen, unterbricht die Programmausführung an der betreffenden Stelle und verzweigt auf eine Unterebene, die im Prompt als `-1->` angezeigt wird. Hier können lokale Variablen abgefragt, Variablen gesetzt oder Anweisungen modifiziert werden. Mit `return` erfolgt die Rückkehr zur übergeordneten Ebene, wobei Änderungen an Variablen mitgenommen werden. Die Ausführung des Programmcodes wird an der Verzweigungsstelle fortgesetzt. Sollen die Änderungen nicht übernommen werden, können die geänderten Variablen `var1, var2,...` mit `[locvar1, locvar2, ...]=return(var1, var2, ...)` in lokale Variablen `locvar1, locvar2, ...` übergeben werden, so dass die ursprünglichen Werte erhalten bleiben. Alternativ kann mit `abort` zur Verzweigungsstelle zurückgekehrt werden, wobei damit allerdings die nachfolgende Ausführung des übergeordneten Codes abgebrochen wird.

Tabelle 2.4: *Übersicht über die Kommandos im Debug-Modus von Scilab.*

Kurzbezeichnung / Schlüsselwort	Bedeutung
`h`	Anzeige der Debug-Kommandos in der Konsole
`help`	Debug-Dokumentation in der Online-Hilfe
`(q)uit`	Beenden des Debug-Modus
`(w)here` oder `bt`	Anzeigen des Aufrufstapels
`(e)xec cmd` oder `(r)un cmd`	Ausführen des Kommandos `cmd`
`(d)isp var` oder `(p)rint var`	Anzeigen der Variable `var`
`(c)continue`	Ausführung fortsetzen
`(a)bort`	Ausführung abbrechen
`step(n)ext` oder `next`	Ausführen bis zur nächsten Anweisung
`step(i)n` oder `in`	Hineinspringen in eine Funktion
`step(o)ut` oder `out`	Herausspringen aus einer Funktion
`(b)reakpoint` oder `break func [line ["cond"]]`	Setzen eines Breakpoints in der Funktion `func` in der Zeile `line` unter der Bedingung `cond`
`(del)ete`	alle Breakpoints löschen
`(del)ete n`	Breakpoint Nr. `n` löschen
`enable`	alle Breakpoints aktivieren
`enable n`	Breakpoint Nr. `n` aktivieren
`(s)show`	alle Breakpoints anzeigen
`(s)how n`	Breakpoint Nr. `n` anzeigen

[22] Da der Debugger der Version 6.1.0 fehlerhaft ist, empfiehlt sich für die folgenden Beispiele die Verwendung der Version 6.0.2 von Scilab.

Wird `pause` in einer Schleife gesetzt, dann kann mit `resume` der nächste Durchlauf erreicht werden. Mit `whereami` bzw. `whereami()` erhält man Auskunft darüber, wo man sich gerade in der jeweiligen Aufruf-Hierarchie befindet. Mit `[zeile,funktion]=where()` werden die jeweiligen Zeilennummern an die Variable `zeile` und die Funktionsnamen an `funktion` übergeben.

In der Konsole kann mit `debug()` der **Debug-Modus** gestartet werden, der das Setzen und Verwalten von Breakpoints (Haltepunkten)[23], die schrittweise Ausführung des Codes, das Setzen und Abfragen von Variablen etc. gestattet. Der Prompt ändert sich dabei auf `debug>`. Tabelle 2.4 zeigt die im Debug-Modus verfügbaren Kommandos, die über Schlüsselwörter bzw. Kurzbezeichnungen aktiviert werden.

⑥.① Gegenüber der Version 6.0.2 führen `resume`, `return` und `abort` in der Version 6.1.0 in eine Endlosschleife, die mit dem Menüpunkt `Steuerung - Unterbrechen` der Konsole wieder verlassen werden kann. Die Rückkehr zur übergeordneten Ebene ist mit `quit` möglich.

Beispiel 2.5:

⌘ *Der Debug-Modus soll am folgenden Scilab-Code aus der Scilab-Hilfe [28] demonstriert werden.*

```
function v=compute(val)
  v = 1;
  for i=1:val
    v = v * i;
  end
endfunction
```

Hierzu sind die im links stehenden Text näher beschriebenen Schritte erforderlich:

1. Laden des Programmcodes
2. Starten des Debuggers
3. Setzen eines Haltepunkts
4. Ausführen des Programmcodes
5. Anzeige bzw. Setzen von Variablen bzw. Ausdrücken
6. Beenden des Debuggers

Der in der Datei `pfad\compute.sce` eingetragene Code wird mit dem Befehl `exec("pfad\compute.sce")` in die Konsole geladen[24]. Dann wird der Debug-Modus mit `debug()` bzw. `debug` gestartet. Mit `break compute 4 "i==5"` wird in Zeile `4` der Funktion `compute` ein Haltepunkt gesetzt, der aktiviert wird, sobald der Zähler `i` den Wert `5` erreicht hat. In der Konsole wird dies wie folgt bestätigt:

```
num  enable            function     file  condition
  0    true           compute:4           "i == 5"
```

Der gesetzte Breakpoint hat die Nummer `0` und ist aktiviert. Im nächsten Schritt wird die Funktion mittels `exec compute(10)` ausgeführt. Das Erreichen des Breakpoints wird in der Konsole bestätigt und durch den in `break>` geänderten Prompt signalisiert:

```
debugger stop on breakpoint (0) in function compute line 4
>> v = (v * i)
break>
```

Mit `disp val` bzw. `d val` wird der Wert `10` des übergebenen Parameters `val` abgefragt. Mit `i` mit `disp i` oder `d i` wird der Wert `5` von `i` angezeigt. Analog zeigt uns `disp v` oder `d v` den Wert `24` der Variable `v` an. Es erfolgten 5 Schleifendurchläufe, allerdings wurde die im Haltepunkt stehende Anweisung noch nicht ausgeführt. Mit dem Startwert `1` besitzt `v` damit nach 4 Schleifendurchläufen den Wert `1 * 1 * 2 * 3 * 4 = 24`. Setzen wir die Ausführung mit `stepnext`, `next` oder `n` bis zur nächsten Anweisung fort, wird die Anweisung `v = v * i` ausgeführt und `v` erreicht den Wert `1 * 1 * 2 * 3 * 4 * 5 = 120`, wie wir durch Abfrage mittels `disp v` bzw. `d v` feststellen können. Ein nochmaliges Ausführen des nächsten Schritts mit `stepnext`, `next` oder `n` führt die Zuweisung zum sechsten Mal aus, `v` hat dann den Wert `5040`. Mit `continue` oder `c` kann der Breakpoint-Modus wieder verlassen und in den normalen Debug-Modus zurückgekehrt werden (Prompt `debug>`). Mit `quit` oder `q` wird der Debugger beendet. ⌘

⑥.① Gegenüber der Version 6.0.2 ist die Version 6.1.0 hinsichtlich der breakpoints fehlerhaft, so dass diese nicht ausgeführt werden (Bugs # 16363 und 16384).

[23] »*Unterbrechungspunkt; Stelle im ▷ Quellcode eines Programms, an welcher die Ausführung (z. B. durch den ▷ Debugger) zwecks Untersuchung des Zustands der Variablen unterbrochen werden kann*« [33].

[24] Das aktuelle Arbeitsverzeichnis kann mit `pwd` (print working directory) angezeigt und mit `cd pfad` auf den in der Zeichenkette `pfad` eingegebenen Wert geändert werden.

2.3 Aufgaben zum Selbststudium

▶ Aufgabe 2.1:

Plotten Sie mit Scilab die Funktionen $y_1(x) = f(x) = e^{-2x} \cdot \sin 6x$ und $y_2(x) = g(x) = e^{-3x} \cdot \cos 12x$ im Intervall $[0;2\pi]$ unter Verwendung von $n = 201$ Stützpunkten.

▶ Aufgabe 2.2:

(a) Prüfen Sie mithilfe von Scilab, ob die bekannte binomische Formel $(\mathbf{A}+\mathbf{B})^2 = \mathbf{A}^2 + 2\mathbf{A}\cdot\mathbf{B} + \mathbf{B}^2$ auch für die Matrizen $\mathbf{A} = \begin{pmatrix} 1 & 2 \\ 3 & 4 \end{pmatrix}$ und $\mathbf{B} = \begin{pmatrix} 3 & 1 \\ -1 & -4 \end{pmatrix}$ allgemein bzw. elementweise gilt.

(b) Berechnen Sie mit Scilab die Inverse von $\mathbf{C} = \begin{pmatrix} \frac{3}{5} & -\frac{4}{5} & 0 \\ \frac{4}{5} & \frac{3}{5} & 0 \\ 0 & 0 & 1 \end{pmatrix}$.

(c) Lösen Sie das lineare Gleichungssystem $\mathbf{C}\cdot\vec{x} = \vec{b}$ mithilfe von Scilab für die rechte Seite $\vec{b} = (1,3,2)^{\mathrm{T}}$.

(d) Berechnen Sie mit Scilab die transponierte Matrix $\mathbf{C}^{\mathrm{T}}$.

(e) Prüfen Sie mithilfe von Scilab, ob die Matrix $\mathbf{C}$ orthogonal ist.
Hinweis: Für orthogonale Matrizen gilt: $\mathbf{C}\cdot\mathbf{C}^{\mathrm{T}} = \mathbf{E}$

Wolfgang Sartorius von Waltershausen [34] überliefert die Herkunft der Gauß'schen Summenformel

$$\sum_{i=1}^{n} i = \frac{n\cdot(n+1)}{2} \qquad (2.4)$$

folgendermaßen:

> »*Der junge Gauss war kaum in die Rechenclasse eingetreten, als Büttner die Summation einer arithmetischen Reihe aufgab. Die Aufgabe war indess kaum ausgesprochen als Gauss die Tafel mit den im niedern Braunschweiger Dialekt gesprochenen Worten auf den Tisch wirft:*
> *»Ligget se'.« (Da liegt sie.)*
> *. . .*
> *Am Ende der Stunde wurden darauf die Rechentafeln umgekehrt; die von Gauss mit einer einzigen Zahl lag oben und als Büttner das Exempel prüfte, wurde das seinige zum Staunen aller Anwesenden als richtig befunden, während viele der übrigen falsch waren und alsbald mit der Karwatsche[25] rectificirt wurden.*«

Bild 2.11: *Namenszug des 17-jährigen C.F. Gauß in einem seiner Bücher.*

▶ Aufgabe 2.3:

(a) Berechnen Sie mithilfe des in Scilab zur Berechnung der Summe der Elemente einer Matrix $\mathbf{A}$ zur Verfügung gestellten Befehls `sum(A)` und der Verwendung einer geeigneten Bereichsvariablen die Summe der Zahlen von 1 bis 100.

(b) Überprüfen Sie das Ergebnis von Teilaufgabe (a) mithilfe der in der Randspalte angegebenen Gauß'schen Summenformel (2.4).

▶ Aufgabe 2.4:

Die Fakultät einer natürlichen Zahl n ist bekanntlich definiert als $n! := 1\cdot 2\cdot 3\cdot\ldots\cdot n$. Erstellen Sie eine benutzerdefinierte Scilab-Funktion `MyFactorial(n)`, die die Fakultät der natürlichen Zahl `n` mithilfe der in Scilab implementierten Funktion `prod(A)` zur Berechnung des Produkts der Elemente einer Matrix `A` ermittelt und testen Sie diese für $n = 6$ und $n = 12$.

▶ Aufgabe 2.5:

Für die Bahnkurve des reibungsfreien waagrechten Wurfs mit der Anfangsgeschwindigkeit v_0 gilt die Wurfparabel $y(x) = \frac{g}{2v_0^2}\cdot x^2$ [2]. Stellen Sie diesen Zusammenhang grafisch für die Anfangsgeschwindigkeiten $v_{0,1} = 1$ m/s und $v_{0,2} = 2$ m/s und die Schwerebeschleunigung $g = 9{,}807$ m/s^2 im Intervall $0 \le x \le 5$ m dar.

[25] = Karbatsche: starke Peitsche, Hetzpeitsche, aus Riemen geflochten [35].

► Aufgabe 2.6:

Für die Schallgeschwindigkeit c in einem Gas mit dem Isentropenexponenten κ und der speziellen Gaskonstanten R_g gilt in Abhängigkeit der absoluten Temperatur $T = \theta \cdot \frac{\text{K}}{°\text{C}} + 273{,}15$ K:

$$c = \sqrt{\kappa \cdot R_g \cdot T} \qquad (1)$$

Für Luft beträgt $\kappa = 1{,}402$ und $R_g = 287$ J/(kg K). In [2] findet sich folgende Näherungsgleichung für die Schallgeschwindigkeit in Luft:

$$c^* = \left(331{,}6 + 0{,}6 \frac{\theta}{°\text{C}}\right) \text{ m/s} \qquad (2)$$

(a) Stellen Sie den Verlauf der Schallgeschwindigkeit in Luft gemäß der Gln. (1) und (2) im Temperaturbereich $-20\ °\text{C} \leq \theta \leq 60\ °\text{C}$ mithilfe eines geeigneten Scilab-Codes in einem Diagramm dar.

(b) Stellen Sie die prozentuale relative Abweichung zwischen den Gln. (1) und (2) in einem weiteren Diagramm dar.

Hinweis: Mithilfe der Scilab-Befehle `subplot(121)` (linke Hälfte) und `subplot(122)` (rechte Hälfte) kann das Grafikfenster in der Mitte unterteilt werden, wobei die entsprechenden `plot`-Befehle nach den jeweiligen `subplot`-Kommandos einzugeben sind.

► Aufgabe 2.7:

Für den Normluftdruck $p_n = 1013{,}25$ mbar findet man die in Tab. 2.5 dargestellte Abhängigkeit der Dichte ϱ von flüssigem Wasser von der Temperatur ϑ [2]. Stellen Sie mithilfe eines geeigneten Scilab-Codes die Temperaturabhängigkeit der Dichte grafisch dar.

Tabelle 2.5: *Dichte von Wasser als Funktion der Temperatur [2].*

θ (°C)	ϱ (kg/m³)	θ (°C)	ϱ (kg/m³)	θ (°C)	ϱ (kg/m³)
0	999,840	20	998,206	40	992,22
1	999,899	21	997,994	41	991,83
2	999,940	22	997,772	42	991,44
3	999,964	23	997,540	43	991,04
4	999,972	24	997,299	44	990,63
5	999,964	25	997,047	45	990,22
6	999,940	26	996,786	46	989,80
7	999,902	27	996,516	47	989,37
8	999,849	28	996,236	48	988,93
9	999,781	29	995,948	49	988,49
10	999,700	30	995,650	50	988,04
11	999,605	31	995,344	55	985,69
12	999,498	32	995,030	60	983,20
13	999,378	33	994,705	65	980,55
14	999,245	34	994,373	70	977,76
15	999,101	35	994,036	75	974,84
16	998,944	36	993,686	80	971,79
17	998,776	37	993,331	85	968,61
18	998,597	38	992,968	90	965,30
19	998,407	39	992,598	95	961,89
				100	958,35

► Aufgabe 2.8:

Schreiben Sie den Scilab-Code einer Funktion `arithmMittel(a,b)`, die das arithmetische Mittel zweier Zahlen `a` und `b` berechnet.

► Aufgabe 2.9:

(a) Schreiben Sie den Code einer Scilab-Funktion `Sarrus(A)`, die zu einer 3×3-Matrix $\mathbf{A}$ die zugehörige Determinante mit der Regel von Sarrus berechnet.

$$\mathbf{A} = \begin{pmatrix} a_{11} & a_{12} & a_{13} \\ a_{21} & a_{22} & a_{23} \\ a_{31} & a_{32} & a_{33} \end{pmatrix} \quad |\mathbf{A}| = \det(\mathbf{A}) = a_{11} \cdot a_{22} \cdot a_{33} + a_{12} \cdot a_{23} \cdot a_{31} + a_{13} \cdot a_{21} \cdot a_{32} - a_{31} \cdot a_{22} \cdot a_{13} - a_{32} \cdot a_{23} \cdot a_{11} - a_{33} \cdot a_{21} \cdot a_{12}$$

(b) Überprüfen Sie die Funktionsfähigkeit Ihres Codes mithilfe der Scilab-internen Funktion `det(A)` an mehreren Matrizen.

► Aufgabe 2.10:

Erstellen Sie eine Scilab-Routine `AKreis(r)`, die die Kreisfläche A in Abhängigkeit des Radius r berechnet.

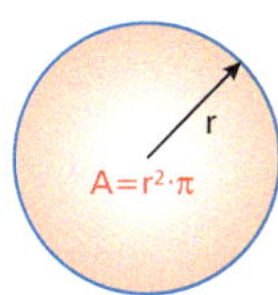

Bild 2.12: *Kreisfläche* $A = r^2 \cdot \pi$.

► Aufgabe 2.11:

Erstellen Sie die benutzerdefinierte Scilab-Funktion `Brutto(Netto)`, die zum Nettobetrag `Netto` den um den Mehrwertsteuersatz $p = 19\ \%$ höheren Bruttobetrag `Brutto` ermittelt.

Aufgabe 2.12:

In der Thermodynamik sind häufig verschiedene Stoffwerte anhand von Tabellenwerten linear zu interpolieren.

(a) Schreiben Sie eine Scilab-Routine `linInterpol(x,y,x0)`, die mithilfe der Vektoren $\vec{x}$ und $\vec{y}$ den zu `x0` linear interpolierten Wert `y0` berechnet.

(b) Berechnen Sie mit der Routine aus Teilaufgabe (a) die Temperatur von gesättigtem Wasserdampf bei $p_0 = 11$ bar mithilfe der Punkte $(10;15)$ bar und $(179{,}89;198{,}30)$ °C [36].

(c) Berechnen Sie mit der Routine aus Teilaufgabe (a) den Druck, der zu einer Sättigungstemperatur von $\theta_0 = 190$ °C gehört.

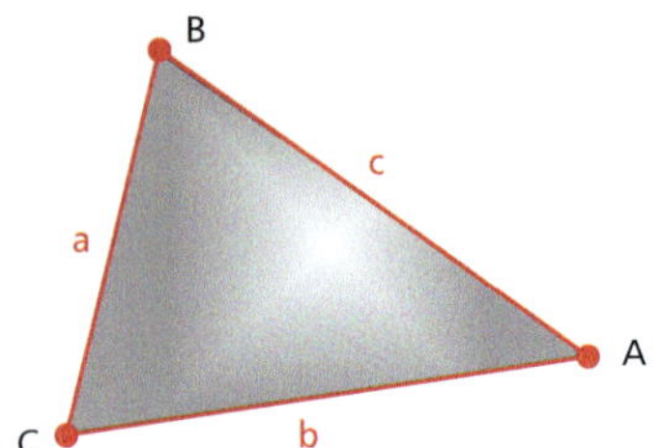

***Bild 2.13:** Nomenklatur für das schiefwinkelige Dreieck von Aufgabe 2.13.*

Aufgabe 2.13:

In [3] findet man die Heron'sche Formel zur Berechnung des Flächeninhalts A eines allgemeinen Dreiecks mit den Seitenlängen a, b und c und dem halben Umfang $s = \dfrac{a+b+c}{2}$:

$$A = \sqrt{s\cdot(s-a)\cdot(s-b)\cdot(s-c)}$$

Schreiben Sie eine Scilab-Routine `A3Eck(a,b,c)`, die die Fläche A aus den Seitenlängen a, b und c berechnet.

Aufgabe 2.14:

Erstellen Sie für Aufgabe 1.7 eine kommentierte Scilab-Routine `v(t)`, die die Geschwindigkeit von Susis Deborean in Abhängigkeit der Zeit ($0 \le t \le t_1 + t_2$) berechnet.

Aufgabe 2.15:

Wir betrachten nochmals Aufgabe 1.10.

(a) Plotten Sie die Verläufe der Geschwindigkeiten $v_P(t)$ und $v_W(t)$ für $0 \le t \le 10$ s und $\alpha = 45°$ in einem geeigneten Diagramm.

(b) Plotten Sie die Verläufe der Wege $s_P(t)$ und $s_W(t)$ für $0 \le t \le 10$ s und $\alpha = 45°$ in einem Diagramm.

(c) Variieren Sie den Abwurfwinkel α von $15°-90°$ in $15°$-Schritten und stellen Sie die jeweiligen Wegverläufe $s_{P,\alpha}(t)$ der Puppe sowie den Weg des Kinderwagens $s_W(t)$ für $0 \le t \le 10$ s in einem gemeinsamen Diagramm dar. Was stellen Sie bezüglich α fest?

(d) Bestimmen Sie den gesuchten Abwurfwinkel α rechnerisch.

Aufgabe 2.16:

Lösen Sie das lineare Gleichungssystem $\mathbf{A}\cdot\vec{x} = \vec{b}$ mit Koeffizientenmatrix $\mathbf{A} = \begin{pmatrix} 180 & 70 \\ 18 & 7 \end{pmatrix}$ und Lastvektor $\vec{b} = (250, 25)^T$ in Scilab durch Links-Division. Was stellen Sie fest?

Aufgabe 2.17:

```
A=rand(5,5);    b=rand(5,1);    x=A\b;    r=b-A*x
```

Was berechnet dieser Programmcode? Welche Ausgabe erzeugt er?

▸ Aufgabe 2.18:

Das Gauß-Krüger-Meridianstreifensystem (s. z. B. [37]) erlaubt mit den in der Mitte der $3°$ breiten Meridianstreifen liegenden Bezugsmeridianen L_0 eine winkel-, aber nicht längentreue Abbildung des Erdellipsoids in die Ebene. Für Deutschland sind die Bezugsmeridiane $L_0 = 6°$, $L_0 = 9°$ und $L_0 = 12°$ östlich von Greenwich (Nullmeridian) maßgeblich.

Die ebenen orthogonalen Gauß-Krüger-Koordinaten (GKK) bestehen aus einem Rechtswert R, der die Lage zum Bezugsmeridian angibt, und einem Hochwert H, der die Entfernung des Ordinatenfußpunkts auf dem Bezugsmeridian zum Äquator angibt. Es gilt:

$$R = R_0 + Y = \left(\frac{L_0}{3°} + 0{,}5\right) \cdot 10^6 \text{ m} + Y \tag{2.5}$$

R_0 ist dabei die Ordinate des Bezugsmeridians und Y der Abstand (Lotlänge) des betrachteten Punktes P vom Bezugsmeridian. Für Punkte östlich des Bezugsmeridians ist $Y > 0$, für Punkte westlich des Bezugsmeridians ist $Y < 0$.

(a) Erstellen Sie ein kommentiertes Scilab-Programm, das aus den Parametern L_0, Y und H die Gauß-Krüger-Koordinaten eines Punkts P berechnet und diese auf dem Bildschirm ausgibt.

(b) Testen Sie Ihr Programm für den geodätischen Referenzpunkt in Deggendorf am Donau-Panoramaweg, der sich $69\,529{,}49$ m östlich vom Bezugsmeridian $L_0 = 12°$ befindet, wenn dessen Ordinatenfußpunkt $5\,410\,898{,}81$ m nördlich vom Äquator liegt.

▸ Aufgabe 2.19:

Berechnen Sie mit einem geeigneten Scilab-Code die Summe der Quadrate der natürlichen Zahlen von 1 bis k und vergleichen Sie das Ergebnis mit der analytischen Lösung (z. B. aus [3]).

▸ Aufgabe 2.20:

Betrachtet wird ein kreisrundes Stahlrohr mit dem Außendurchmesser $D_a = 42{,}4$ mm, der Wandstärke $s = 2{,}5$ mm und der Dichte $\varrho = 7850$ kg/m^3. Erstellen Sie unter Einführung geeigneter Parameter und Variablen jeweils einen Scilab-Code, der

(a) den Innendurchmesser $D_i = D_a - 2\,s$,

(b) den Rohrquerschnitt $A = \frac{D_a^2 - D_i^2}{4} \cdot \pi$,

(c) die auf den lfd. Meter Rohr bezogene Masse $m = \varrho \cdot A$,

(d) das Flächenträgheitsmoment $I = \frac{D_a^4 - D_i^4}{64} \cdot \pi$,

(e) das Widerstandsmoment $W = \frac{D_a^4 - D_i^4}{32\,D_a} \cdot \pi$

berechnet und das jeweilige Ergebnis am Bildschirm ausgibt.

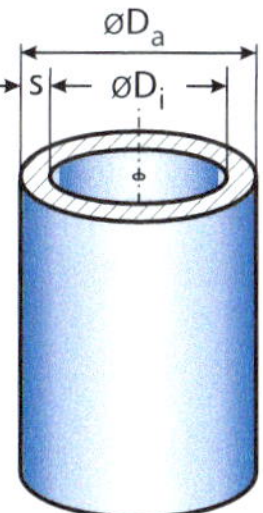

Bild 2.14: *Abmessungen des Stahlrohrs aus Aufgabe 2.20.*

► Aufgabe 2.21:

Für die monatliche Rückzahlungssumme R_{mon} einer Darlehenssumme S gilt mit dem Zinsfuß p und der Laufzeit n (in a):

$$R_{\text{mon}} = S \cdot \frac{\frac{p}{1200} \cdot \left(1 + \frac{p}{1200}\right)^{12n}}{\left(1 + \frac{p}{1200}\right)^{12n} - 1} \tag{2.6}$$

Erstellen Sie einen Scilab-Code der R_{mon} bei gegebenen Werten für S, p und n berechnet.

► Aufgabe 2.22:

Bild 2.15: *Statisch bestimmt gelagerter Träger unter dem Einfluss einer Gleichlast q_0.*

Das Biegemoment eines mit der Gleichlast q_0 beaufschlagten statisch bestimmt gelagerten Trägers der Länge L (Bild 2.15) beträgt gemäß [38] mit $\xi = \frac{x}{L}$ und $\bar{\xi} = 1 - \xi$:

$$M(\xi) = \frac{\xi \cdot \bar{\xi}}{2} \cdot q_0 \cdot L^2 \tag{2.7}$$

Entwickeln Sie mithilfe der kommentierten Scilab-Funktion `Gleichlast-Traeger(xi,q0,L)`, die das Biegemoment $M(x)$ nach Gl. (2.7) berechnet, ein Diagramm, das dessen Verlauf für $q_0 = 20$ kN/m und $L = 8$ m zeigt.

► Aufgabe 2.23:

Für den Wärmedurchgangskoeffizienten U eines homogenen Bauteils gilt mit den Wärmeübergangswiderständen R_{si} und R_{se} sowie dem Wärmedurchlasswiderstand R:

$$U = \frac{1}{R_{\text{si}} + R + R_{\text{se}}} \tag{2.8}$$

Bei Außenwänden muss zur Einhaltung des Mindestwärmeschutzes nach DIN 4108-2 [39] $R \geq R_{\min}$ sein. Erstellen Sie mit Scilab ein Diagramm, das für $R_{\text{si}} = 0{,}13$ m^{2}K/W und $R_{\text{se}} = 0{,}04$ m^{2}K/W den Verlauf des Wärmedurchlasswiderstands $R(U)$ von Außenwänden für $0{,}20$ W/m^{2}K $\leq U \leq 2{,}0$ W/m^{2}K und gleichzeitig den Verlauf den Mindestwärmedurchlasswiderstands $R_{\min} = 1{,}2$ m^{2}K/W ausweist.

► Aufgabe 2.24:

In der Geotechnik gilt nach [38] (S. 11.27) für den zur Berechnung der horizontalen Erddruckkraft erforderlichen Erddruckbeiwert K_{agh} mit dem Wandneigungswinkel α, dem Geländeneigungswinkel β, dem aktiven Erddruckneigungswinkel δ_{a} und dem Reibungswinkel φ des Bodens:

$$K_{\text{agh}} = \frac{\cos^2(\varphi - \alpha)}{\cos^2\alpha \cdot \left[1 + \sqrt{\frac{\sin(\varphi + \delta_{\text{a}}) \cdot \sin(\varphi - \beta)}{\cos(\alpha - \beta) \cdot \cos(\alpha + \delta_{\text{a}})}}\right]^2} \tag{2.9}$$

Berechnen Sie mithilfe von Scilab den Erddruckbeiwert K_{agh} für $\alpha = 5°$, $\beta = 12°$, $\delta_{\text{a}} = 20°$ und $\varphi = 30°$.

3 Grundlagen der Programmierung

»To err is human,
but to really foul things up
requires a computer.«

(Murphy's Law of Unreliability)

Lernziele

Nachdem wir im vorhergehenden Kapitel bereits erste programmtechnische Erfolge mit Scilab erzielt haben, wollen wir die gewonnenen Erkenntnisse nun auf eine breitere Basis stellen und mit den Grundlagen der Programmierung vertraut werden.
In diesem Abschnitt behandeln wir zunächst Algorithmen als geregelte Verfahren zur zielgerichteten und schrittweisen Problemlösung.
Dann lernen wir ausgehend von den Grundsätzen der strukturierten Programmierung deren 3 Kontrollstrukturen kennen und behandeln Struktogramme als wichtiges Bindeglied zwischen Algorithmen und Programmcode.

3.1 Algorithmen

3.1.1 Definition und Eigenschaften

Viele praktische Tätigkeiten in unserer technisierten Welt erfordern eine präzise und eindeutige Beschreibung von Vorgängen und Verfahren, was uns meist als selbstverständlich erscheint. Beispielsweise wird in einem Kochrezept ein bestimmter Ablauf von Handlungen und Vorgängen beschrieben mit dem Ziel eines möglichst wohlschmeckenden Gerichts. In der Schule haben Generationen von Schülerinnen und Schülern die **„Mitternachtsformel"** als Lösungsmethode einer quadratischen Gleichung gelehrt bekommen. „Howtos" geben als kurze Anleitungen insbesondere Laien gezielte Hinweise zur Lösung eines eng begrenzten Problems. Aus übergeordneter Sicht handelt es sich dabei in allen Fällen um „Algorithmen".

Ein **Algorithmus** (Lösungsverfahren, Berechnungsvorschrift) ist eine genau definierte Prozedur zur systematischen und schrittweisen Lösung eines bestimmten Problems. Er besteht aus endlich vielen Einzelanweisungen (Regeln), die nacheinander ausgeführt bzw. angewendet und meist nach bestimmten Bedingungen wiederholt werden.

Ein **Programm** ist ein für eine Maschine (einen Computer) verständlich codierter Algorithmus, d. h. eine präzise Arbeitsanleitung.

Typische **Kennzeichnen** von Algorithmen sind:

- eindeutige und widerspruchsfreie Beschreibung der Lösung eines gegebenen Problems (**Eindeutigkeit**)
- Lösung nicht nur eines speziellen Problems, sondern einer ganzen Klassen von Problemen mit dem gleichen Schema (**Parametrisierbarkeit**)
- definierte Abfolge einzelner Arbeitsschritte bzw. elementarer Operationen (**Diskretheit**)
- Fehlen von prinzipiell nicht ausführbaren bzw. widersprüchlichen Anweisungen (**Ausführbarkeit**)
- Erreichen des Endergebnisses nach endlich vielen Schritten mit anschließendem gesteuertem Abbruch (**Terminierung**)
- endliche Zahl an Schritten und endlicher Speicherplatz (**Finitheit**)
- eindeutige Bestimmung der Folgeschritte an jeder Stelle, d. h. nur eine Möglichkeit zur Fortsetzung (**Determinismus**)
- stets Erzielen des gleichen Ergebnisses mit gleichen Parametern und Startbedingungen (**Determiniertheit**)

Praktisch bedeutsame Eigenschaften von Algorithmen sind:

- Erreichen des Ergebnisses mit möglichst wenig Ressourcen und so schnell wie möglich (**Effizienz**)
- prinzipieller Einsatz auf verschiedenen Systemen und Computern (**Portabilität**)
- möglichst knappe Beschreibung ohne Beschränkung der Lesbarkeit und Verständlichkeit (**Speicherbedarf**)
- leichte Anpassbarkeit an veränderte Anforderungen ohne großen Aufwand (**Erweiterbarkeit**)
- Nutzbarkeit zur Lösung von ähnlichen, aber leicht veränderten Teilproblemen (**Wiederverwendbarkeit**)
- korrekte und vollständige Lösung des Problems unter Beachtung von Ausnahmen und Grenzfällen (**Zuverlässigkeit**)

Zum Ursprung des Begriffs „Mitternachtsformel" existieren zahlreiche Mutmaßungen, u. a. dass Prof. Wilhelm Schweizer zum Lernen der Lösungsformel für quadratische Gleichungen eine Klasse mit Fackeln um Mitternacht vor die Schule bestellte und diese in einem feierlichen Akt mehrfach aufsagen ließ. Allerdings existiert in der Mathematik eine Vielzahl ähnlich wichtiger elementarer Beziehungen, für deren Einübung selbst die „Geisterstunde" nicht ausreichen würde.

Bild 3.1: *Gedenkmarke der Russischen Post von 1983 zum 1200. Geburtstag von Muhammad Al-Khwarizmi.*

Der Name **Algorithmus** entstand aus der latinisierten Transkription „Algorismi" des Namens „Al-Khwarizmi" des Persischen Mathematikers Abu Ja' far Muhammad Ibn Musa Al-Khwarizmi (Bild 3.1).

Das Lexikon der Informatik [33] definiert **Algorithmus** wie folgt:

> *»Problemlösungsverfahren mittels einer endlichen Folge von eindeutig bestimmten und tatsächlich durchführbaren Teilhandlungen; wird ein A. in eine für Maschinen verständliche Folge von Anweisungen codiert, dann liegt ein ▷ Programm vor; A. lassen sich eindeutig ▷ Komplexitätsklassen zuteilen und haben Eigenschaften wie u. a. ▷ Determiniertheit oder ▷ Finitheit; der Name soll auf das lateinische Pseudonym eines arabischen Mathematikers zurückgehen; auch gebüldete Leute sprechen fälschlicherweise immer wieder von Algorüthmen . . . »*

In der Regel sind folgende Schritte zur Lösung eines Problems mit einem Computer erforderlich (vgl. Bild 3.2):

- Genaue Definition des Problems (Was ist zu lösen?)
- Problemanalyse (Ist das Problem richtig verstanden? Betrachtung von Aufgabenstellung, Randbedingungen und Einflussparametern; ggf. fehlende Informationen; Umsetzung)
- Spezifikation (Vorgabe für Programmfunktionalität; Lasten- und Pflichtenheft)
- Modellierung und Entwurf (Algorithmus, Lösungsplan)
- Programmierung (Umsetzung des Algorithmus in einen ausführbaren Programmcode im Editor bzw. in einer Entwicklungsumgebung mit Syntaxprüfung)
- Ausführbares und lauffähiges Programm (Executable)
- Umfangreiche Tests sowie ggf. Modifikationen (u. a. Abfangen von Falscheingaben und Fehlbedienung; Vergleich zwischen Simulation und Realität; Debugging)
- Gebrauchsfertiges und einsetzbares Programm

Die einzelnen Schritte besitzen einen unterschiedlichen Schwierigkeitsgrad. Beispielsweise ist es einfacher, Syntaxfehler zu finden als logische Fehler zur Laufzeit aufzuspüren. In der Regel erfolgt die Programmentwicklung iterativ, d. h. es sind Rücksprünge zu vorangegangenen Schritten notwendig. Das Überspringen einzelner Schritte ist grundsätzlich möglich, aber meist nicht zielführend. Wertvolle Hilfen bei der Programmentwicklung sind u. a. Pseudocodes (s. Abschnitt 3.1.5) und Struktogramme (s. Abschnitt 3.3.3).

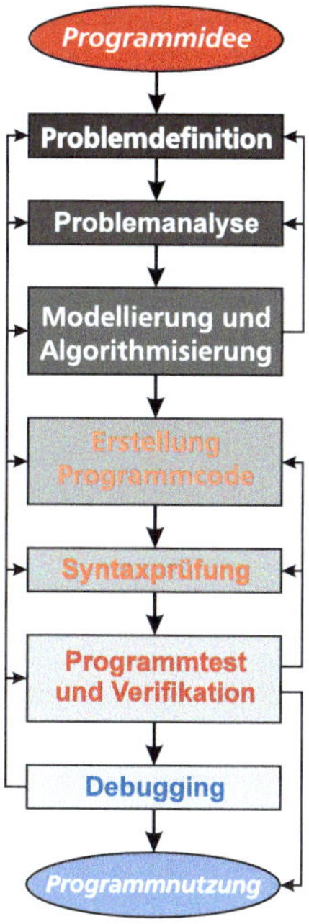

Bild 3.2: *Typische Schritte der Programmentwicklung.*

☞ »*Real programmers don't write application programs, they program right down on the bare metal.*« [40]

3.1.2 Ein alltäglicher Algorithmus

Beispiel 3.1:
Als anschauliches Beispiel für einen Algorithmus kann das Rezept für die Zubereitung der aus Abschnitt 1.1 bekannten Knödel dienen.

⌘

Zutaten: 500 g Mehl
3 Eier
1 Teelöffel Salz
$^1/_4\ \ell$ lauwarmes Wasser
2 in Würfel geschnittene Semmeln[26] vom Vortag

Der **Algorithmus** der Knödelherstellung umfasst folgende Schritte:

1. Mehl und Salz in eine Schüssel geben.
2. Etwa die Hälfte des Wassers nach und nach dazu gießen.
3. Mit den Eiern zu einem festen Teig verarbeiten.
4. Das restliche Wasser nach und nach dazu geben, falls nötig.
5. Die gewürfelten Semmeln gleichmäßig untermischen.
6. ½ Stunde ruhen lassen.
7. Mit angefeuchteten Händen kugelförmige Knödel formen.
8. Mit 1 Teelöffel Salz versetztes Wasser in einem großen Topf aufkochen.
9. Die Hitzezufuhr drosseln, bis das Wasser nur noch ganz leicht sprudelt.
10. Nun die Knödel einlegen und etwa 15 – 20 Minuten ziehen lassen.

⌘

[26] Ersatzweise können wir dafür auch Brötchen verwenden.

3.1.3 Ein sehr alter Algorithmus

⌘ Im Vergleich zum Kochrezept der Knödel aus dem vorherigen Beispiel ist der mathematische Algorithmus von Euklid zur ggT-Bestimmung weit weniger anschaulich. Dennoch gelingt auch hier eine „kochrezeptartige" Beschreibung. Nennen wir die beiden nicht teilerfremden Zahlen m und n, wobei wir $m > n$ voraussetzen. Dann können wir den Euklid'schen Algorithmus wie folgt formulieren:

1. Berechne den Rest $r = m - n$.
2. Ist $r = 0$, dann ist n der ggT und wir sind fertig.
3. Setze $m = n$ und $n = r$.
4. Falls $m < n$ ist, vertausche m und n.
5. Wiederhole Schritt 1.

Insgesamt ist die Differenzbildung in der Regel mehrfach auszuführen, so dass eine **Iteration** entsteht. Das Abziehen der „kleineren von der größeren Länge" erfordert ggf. ein Vertauschen dieser Größen. Bleibt schließlich kein Rest übrig, haben wir den größten gemeinsamen Teiler gefunden. Wir verdeutlichen uns den Euklid'schen Algorithmus am Beispiel der Zahlen $m = 147$ und $n = 105$:

1. $r = m - n = 147 - 105 = 42$
2. $r = 42 \neq 0$; deshalb Schritt 3;
3. $m = n = 105$; $n = r = 42$;
4. $m = 105 > n = 42$; Vertauschung entfällt;

1. $r = m - n = 105 - 42 = 63$
2. $r = 63 \neq 0$; deshalb Schritt 3;
3. $m = n = 42$; $n = r = 63$;
4. $m = 42 < n = 63$; deshalb Vertauschung: $m = 63$; $n = 42$;

1. $r = m - n = 63 - 42 = 21$
2. $r = 21 \neq 0$; deshalb Schritt 3;
3. $m = n = 42$; $n = r = 21$;
4. $m = 42 > n = 21$; Vertauschung entfällt;

1. $r = m - n = 42 - 21 = 21$
2. $r = 21 \neq 0$; deshalb Schritt 3;
3. $m = n = 21$; $n = r = 21$;
4. $m = 21 = n = 21$; Vertauschung entfällt;

1. $r = m - n = 21 - 21 = 0$
2. $r = 0$; ggT$= n = 21$; fertig;

Die Handrechnung ist zwar einfach, aber langweilig, wir wollen sie daher gerne im Sinne von Leibniz dem „Rechensklaven" Computer überlassen. Für das grundlegende Verständnis des Algorithmus ist das Hinschreiben der Einzelschritte allerdings wertvoll. ⌘

Beispiel 3.2:

Einprägsames Beispiel dafür, dass Algorithmen nicht zwingend dem Computerzeitalter entspringen müssen, ist der ***Euklid'sche Algorithmus*** *(gegenseitige Wechselwegnahme), der um 300 v. Chr. vom griechischen Mathematiker Euklid in seinem Werk „Die Elemente" beschrieben wurde. Euklid führt den größten gemeinsamen Teiler (ggT) auf die geometrische Bestimmung eines gemeinsamen Maßes für die Längen zweier Linien zurück, indem er wiederholt die kleinere der beiden Längen von der größeren abzieht:*

*»**VII.2. Zu zwei Zahlen, die nicht teilerfremd sind, den größten gemeinsamen Teiler finden.***

Es soll der größte gemeinsame Teiler von AB und CD, die nicht teilerfremd sind, bestimmt werden.

Wenn CD Teiler von AB ist, ist CD, weil auch Teiler von sich selbst, gemeinsamer Teiler. CD ist dann auch der größte Teiler, denn größer als CD kann ein Teiler von CD nicht sein.

Wenn CD nicht Teiler von AB ist, subtrahiert man, von den beiden Zahlen AB und CD ausgehend, immer die kleinere von der größeren bis die entstandene Zahl Teiler der ihr vorhergehenden ist, der dann der größte Teiler von AB und CD ist. Da AB und CD nicht teilerfremd sind, wird der Rest nicht Eins sein, denn dies widerspräche der Annahme, sondern eine Zahl wird gefunden werden, die Teiler der ihr vorhergehenden ist.« [41]

Bild 3.3: *Euklid von Alexandria (ca. 300 v. Chr.).*

3.1.4 Erweiterte Backus-Naur-Form

Zur Beschreibung der Syntax einer Programmiersprache (Menge der erlaubten Zeichenketten) findet in der Praxis die erweiterte Backus-Naur-Form (EBNF) Verwendung, die in ISO/IEC 14977 [42] genormt ist.

Tabelle 3.1: *Metazeichen der erweiterten Backus-Naur-Form.*

Metazeichen	Bedeutung	Beispiel
`<Konstrukt>`	Sprachkonstrukt der Programmiersprache	`<Variable>`, `<Ausdruck>`
`<left>::=<right>`	Definition des linken Teils `<left>` durch den rechten Teil `<right>`	`<Zeichenkette> ::= 'abcd'` `<Zeichenkette> ::= "abcd"`
`|`	Alternative (oder)	`<posZiffer> ::= 1|2|3|4|5|6|7|8|9`
`[...]`	Option	`<Null> ::= [-,+] 0`
`{...}n`	n-fache Wiederholung (auch 0mal)	`<VierMinusZeichen> ::= {-}4`
`{...}*`	beliebige Wiederholung (auch 0mal)	`<Ziffer> ::= <posZiffer> | 0` `<Zahl> ::= [ Ziffer {Ziffer|0}* ] | 0`

3.1.5 Darstellung von Algorithmen durch Pseudocode

Das Verständnis eines Algorithmus anhand des Programmcodes wird durch die Eigenheiten der jeweiligen Programmiersprache und deren Syntax erschwert. Beispielsweise werden Felder (Arrays) in manchen Sprachen (z. B. Pascal) von 1 an indiziert, in anderen (z. B. C) von 0 an.

Zur Vermeidung dieser Nachteile werden Algorithmen teilweise in **Pseudocode** notiert, der eine Mischung aus natürlicher Sprache und Programmiersprache darstellt und dabei leichter verständlich ist als der reine Programmcode. Häufig lehnt sich der verwendete Pseudocode an eine bestimmte Programmiersprache an (z. B. Pascal, C). Durch Einrückungen und entsprechende Zeilenumbrüche kann die Übersichtlichkeit des Pseudocodes erhöht werden.

Häufig verwendete **Schlüsselwörter** (keywords) in Pseudocodes sind unter Verwendung der EBNF-Notation:

1. Module

```
program Programmname
   <Anweisungssequenz>
end Programmname

<Typ> procedure Prozedurname (<Par-1>, ..., <Par-n>)
   <Anweisungssequenz>
end Prozedurname

<Typ> function Funktionsname (<Par-1>, ..., <Par-n>)
   <Anweisungssequenz>
end Funktionsname
```

Blöcke in den Anweisungssequenzen erhöhen die Übersichtlichkeit weiter.

```
begin
   <Anweisung-1>
   <Anweisung-2>
   <...>
   <Anweisung-n>
end
```

```
start
   <Anweisung-1>
   <Anweisung-2>
   <. . . >
   <Anweisung-n>
ende
```

2. Fallunterscheidungen (Verzweigungen)

```
if (Bedingungsausdruck) then
   <Anweisungssequenz-1>
[else
   <Anweisungssequenz-2>]
end if

wenn (Bedingungsausdruck) dann
   <Anweisungssequenz-1>
[sonst
   <Anweisungssequenz-2>]
wenn_ende

falls (Bedingungsausdruck) dann
   <Anweisungssequenz-1>
[falls_nicht
   <Anweisungssequenz-2>]
falls_ende
```

3. Schleifen (Iterationen)

```
while (Bedingungsausdruck)
   do <Anweisungssequenz>
end while

solange (Bedingungsausdruck)
   <Anweisungssequenz>
end_solange

repeat
   <Anweisungssequenz>
until (Bedingungsausdruck)
end repeat

wiederhole
   <Anweisungssequenz>
solange/bis (Bedingungsausdruck)>
wiederhole_ende

for <Zählvariable> in (Ausdruck) .. (Ausdruck)
   <Anweisungssequenz>
end for

for <Zählvariable> to <Zähler_Ende> step <Schrittweite>
   <Anweisungssequenz>
next
```

4. Kommentare

```
// Kommentar
/* Kommentar */
```

⌘

Beispiel 3.3:
Wollen wir nun den Euklid'schen Algorithmus mithilfe eines Pseudocodes notieren und Verzweigungen und Schleifen einsetzen.

```
1. r = 1000 // Vorbelegung mit Wert ungleich null
2. solange (r != 0)        // ggT noch nicht gefunden
     r = m - n              // Rest berechnen
     m = n
     n = r
     falls (m < n) dann     // m und n vertauschen
       dummy = m            // m auf Hilfsvariable umspeichern
       m = n                // n auf m umspeichern
       n = dummy            // Hilfsvariable auf n umspeichern
     ende_falls
   ende_solange
3. ggT = m // m ist der ggT
```

In einem Pseudocode kann das **Ungleichheitszeichen** durch `!=` oder `<>` ausgedrückt werden.

Damit haben wir die verbale Formulierung des Euklid'schen Algorithmus von S. 60 fast schon in ein Programm übergeführt, wir müssen nur noch unseren Pseudocode in eine Programmiersprache umsetzen, was allerdings nicht mehr sehr schwierig ist.

Durch Verwendung der `solange`-Schleife haben wir Schritt 2 der verbalen Formulierung aufgelöst und in die Berechnung mit integriert, wodurch sich der Code vereinfacht hat. Solange der Rest `r` noch nicht null ist, werden die in der `solange`-Schleife enthaltenen Anweisungen abgearbeitet. Den Einsprung in die Schleife erreichen wir durch Vorbelegung von `r` mit einem beliebigen von null verschiedenen Wert. Sobald `r=0` ist, wird die Anweisung nach der `solange`-Schleife ausgeführt und dem ggT der Wert von `m` zugewiesen.

Desweiteren haben wir uns zur verbalen Formulierung überlegen müssen, wie wir das Umspeichern der Variablen `m` und `n` konkret bewerkstelligen. Das verwendete Verfahren mit einer Hilfsvariable `dummy` haben wir eventuell schon mal im Alltag angewendet, wenn wir einen Getränketräger mit vollen und leeren Flaschen umsortiert haben. Um in einer Reihe voller Flaschen eine leere Flasche zu ersetzen, müssen wir diese herausnehmen und an einer freien Stelle zwischenlagern[27]. Dann setzen wir die ausgewählte volle Flasche in die freie Stelle und setzen die zwischengelagerte Flasche auf deren Platz. Auf Variablenebene läuft der Tausch analog ab. ⌘

Algorithmus für den Tausch zweier Variablen `a` und `b`:

```
dummy = a
a = b
b = dummy
```

Programmierung[28] ist ein **iterativer Prozess** (Bild 3.2), d. h. auch bei geübten Programmierern sind Rücksprünge notwendig. Die „Kunst" des Programmierens erlernt man nicht durch Starten fertiger Programme oder Sammeln und Abheften fremder Programmcodes, vielmehr ist „Learning by Doing" und kontinuierliches Sich-Auseinandersetzen mit der Materie gefragt! Deswegen wollen wir im folgenden Kapitel unsere bisherigen Kenntnisse der Programmierung weiter vertiefen.

[27] Für den Fall, dass der Träger keine freien Plätze besitzt, können wir die entnommene Flasche in einer Hand halten und auf diese Weise zwischenspeichern.

[28] Den Konventionen der „Thermodramatik" folgend könnte man geneigt sein, zu glauben, dass die „Programmierung" eine spezifische Irrung im Sinne einer „Pro-Gramm-Irrung" sei. Tatsächlich werden gerade Anfänger den ein oder anderen Irrpfad beim Programmieren nicht vermeiden können.

3.2 Grundbegriffe der Programmierung

3.2.1 Top-Down-Methode

Top-Down-Methode:
»*Methode, bei der man schrittweise von allgemeinen, umfassenden Strukturen zu immer spezielleren Details übergeht*« [43]

Programme werden häufig nach der **Top-Down-Methode** bzw. im **Top-Down-Design** entwickelt, wobei der zugrunde liegende Algorithmus in geeignete Abschnitte unterteilt und hinsichtlich seiner Funktionalität zunächst verbal beschrieben wird. Da der Fokus auf Planung und Verständnis des Gesamtsystems liegt, bleiben Details in der Regel außer Acht. Der Weg geht im Gegensatz zum Bottom-Up-Design vom Allgemeinen schrittweise zum Speziellen (stepwise refinement) bzw. von übergeordneten zu untergeordneten Strukturen.

Tabelle 3.2: *Typische Stufen der Softwareentwicklung (nach [44]).*

Stufe	Tätigkeit	Werkzeug bzw. Methode
0	Programmplanung (Erstellen des Algorithmus)	Struktogramm (Nassi-Shneiderman-Diagramm)
1	Eingabe des Quellprogramms	Editor bzw. Entwicklungs-/Programmierumgebung
2	Übersetzen des Programms	Compiler
3	Fehlerbeseitigung (Debugging)	Schreibtischtest, Debugger
4	Zusammenbinden des Programms mit externen Modulen zur lauffähigen Version (Executable)	Linker
5	Programmstart	Kommandointerpreter

Tab. 3.2 zeigt in Analogie zu Bild 3.2 die typischen Stufen der Programmentwicklung.

Black Box:
»*(Kybernetik) Teil eines kybernetischen Systems, dessen Aufbau und innerer Ablauf erst aus den Reaktionen auf eingegebene Signale erschlossen werden können*« [43]

Bild 3.4: *Algorithmus als Black Box.*

Bild 3.5: *Mikrorechnergesteuerter Fahrkartenautomat der Deutschen Reichsbahn.*

3.2.2 Black-Box-Darstellung

In der Systemtheorie und Kybernetik betrachtet man mit der Black-Box-Darstellung bei einem komplexen System nur dessen äußeres Verhalten. Das innere Verhalten (Struktur, Komponenten, Funktionalität etc.) ist eventuell auch bekannt, wird aber quasi in der Black Box versteckt, um den Blick auf die wesentlichen Interaktionen mit der Umgebung zu lenken.

Während den Nutzer eines Programms in der Regel die Black-Box-Darstellung interessiert, d. h. die Funktionsweise der Black Box, ist für den Programmierer des Programms der Inhalt und die innere Funktionalität von Bedeutung.

Ein sehr anschauliches Beispiel für die Black-Box-Darstellung ist ein Fahrkartenautomat. Den Nutzer interessiert weniger der innere Aufbau, sondern vielmehr die Bedienung (Algorithmus der Fahrkartenlösung; Schritte 1–3 in Bild 3.5) und die äußere Funktionalität, d. h. mit welchem Input er zu welchem Output kommt. Dagegen weiß ein Techniker, der den Automaten wartet, natürlich auch über die äußere Anbindung Bescheid und nutzt diese eventuell auch zum Testen der Funktionsfähigkeit, ist aber Experte in Bezug auf die innere Struktur.

Die Black-Box-Darstellung trägt auch dem Geheimnisprinzip (information hiding) im Modulkonzept (s. Abschnitt 3.2.8) von D. L. Parnas [46] Rechnung, das in der objektorientierten Programmierung Daten und Informationen durch Verbergen (Kapselung) vor externen Zugriffen schützt.

3.2.3 EVA-Prinzip

Das EVA-Prinzip[29] (Eingabe – Verarbeitung – Ausgabe) ist ein Grundschema der Datenverarbeitung, das sowohl für die Hardware als auch für die Software gilt. Programme nehmen die Parameter (E) entgegen, verarbeiten sie entsprechend im Rahmen eines Algorithmus (V) und geben das Ergebnis der Berechnung aus (A). Dieses Schema korrespondiert mit der Black-Box-Darstellung in Bild 3.4.

Da der verarbeitenden Einheit keine „Eigenintelligenz" zugrunde liegt, gilt nach J. D. Clark [45] auch das GIGO-Prinzip:

»... and when you feed questionable data into the machine, questionable results come out at the other end. As the computer boys say, 'Garbage in – garbage out.'

...

Everyone who uses a computer frequently has had, from time to time, a mad desire to attack the precocious abacus with an axe.«

Es unterstreicht anschaulich die Wichtigkeit der Plausibilisierung und Verifikation der Ergebnisse durch den Ingenieur bzw. Programmierer.

3.2.4 Unterprogramm (Subroutine, Routine)

Ein **Unterprogramm** kennzeichnet einen Teil eines (Haupt-)Programms (Main Routine), der aus einem oder eventuell mehreren Programmen oder Programmteilen heraus aufgerufen werden kann. Es kehrt nach seiner Terminierung jeweils wieder in das aufrufende Programm zurück.

Je nach vorliegendem Zusammenhang können unter dem Begriff Unterprogramm auch die Begriffe Prozedur, Funktion, Methode und Modul subsumiert werden.

Unterprogramme können entsprechend den Grundsätzen der modularen Programmierung als in sich logisch geschlossene Funktionseinheiten in den Quellcode eines Programms als „inline code" integriert sein. Alternativ können sie zur Laufzeit dynamisch geladen werden (z. B. als DLL, Dynamically Linked Library).

3.2.5 Prozedur

Eine **Prozedur** bezeichnet eine Folge von Anweisungen, der möglicherweise Parameter übergeben werden, zur Erledigung bestimmter wiederkehrender Aufgaben. Diese sind allerdings nicht auf die Datenverarbeitung beschränkt, wie der weithin bekannte Ausspruch „The same procedure as last year, Miss Sophie?" in „Dinner for one" zeigt.

Prozeduren können eine offene Struktur (Makros) oder eine geschlossene Struktur (Unterprogramme) besitzen. **Makros** sind in der Regel kurze Programmcodes, die von einem Interpreter oder Preprocessor durch einen größeren Programmcode ersetzt werden. Beispielsweise kann das Makro „MfG" in einer Textverarbeitung als Textbaustein programmiert werden, um die längere Grußformel „Mit freundlichen Grüßen" zu ersetzen. Makros dienen daher der Vereinfachung wiederkehrender Programmstrukturen.

Unter Microsoft Windows® erfolgt die Automatisierung der Benutzeroberfläche mit Makros. Zur Vereinfachung der Arbeitsabläufe gestatten viele Anwendungsprogramme die Aufzeichnung typischer Bedienschritte und Befehlssequenzen mit einem Makrorekorder. Die meisten Anwendungen unter Microsoft Windows® verwenden Visual Basics for Applications (VBA) als Makrosprache.

3.2.6 Funktion

Programmtechnisch liefert eine **Funktion** im Gegensatz zu einer Prozedur ein Ergebnis in Form eines **Funktionswerts** zurück. Funktionen können daher im Inneren von Ausdrücken und bei Wertzuweisungen verwendet werden, wie wir dies bereits aus der Mathematik kennen. Als Beispiel sei die Zuweisung `y=sin(x)` genannt. Die Funktion `sin(x)` berechnet zum übergebenen Wert `x` den zugehörigen Funktionswert. Die mit dem Aufruf der Funktion verbundene Zuweisung überträgt ihn dann in die Variable `y`.

[29] Das EVA-Prinzip der Datenverarbeitung ist nicht zu verwechseln mit dem Buch „Das Eva-Prinzip" einer Autorin mit gleich lautendem Vornamen.

3.2.7 Methode

Die **Methode** wird teilweise als Sammelbegriff, teilweise auch synonym für Prozedur und Funktion verwendet. In der objektorientierten Programmierung (OOP) versteht man unter einer Methode ein Programmkonstrukt, welches das gesamte dynamische Verhalten eines Objekts beschreibt und mit diesem vererbt wird.

3.2.8 Modul

Ein **Modul** ist eine in sich abgeschlossene funktionale Einheit eines Programms. Es besteht aus einer Sequenz von Verarbeitungsrichtlinien und Datenstrukturen, um mehrfach wiederkehrende Bearbeitungen von Daten oder Berechnungen zu ermöglichen. Durch eine Kapselung ist eine Trennung zwischen Schnittstellen (Ein- und Ausgabe im EVA-Prinzip) und Implementierung des Codes möglich.

3.2.9 Iteration

Iteration: »*wiederholte Anwendung derselben Anweisung, Funktion oder desselben Programmteils*« [43]

In der Mathematik bezeichnet eine **Iteration** (lat. iterare = wiederholen) ein schrittweises Rechenverfahren zur Annäherung an die exakte Lösung (z. B. im Newton-Raphson-Verfahren oder der Regula Falsi). Dieser Gedanke ist auch auf die Datenverarbeitung übertragbar. Gemäß Beispiel 3.3 lassen sich Iterationen über Schleifen realisieren, die solange durchlaufen werden, bis ein bestimmtes Kriterium (Abbruchkriterium) erfüllt ist. Allgemein können wir eine Iteration als **Wiederholung durch Aneinanderreihung** auffassen.

3.2.10 Rekursion

In der Programmierung kennzeichnet eine **Rekursion** (lat. recurrere = zurücklaufen) eine Technik, bei der eine Funktion durch sich selbst definiert wird. Dabei wird eine allgemeine Aufgabe auf eine einfachere Aufgabe derselben Kategorie zurückgeführt. Dies erinnert etwas an den Baron von Münchhausen, der sich im Widerspruch zu den Gesetzen der Mechanik an den eigenen Haaren aus dem Sumpf zog (Bild 3.6). Allerdings hat die Rekursion nichts mit Lügengeschichten zu tun, sondern stellt ein sehr mächtiges Instrument der Programmierung in Bezug auf Effizienz und Speicherbedarf dar.

Bild 3.6: *(Lügen-)Baron Münchhausen zieht sich an den eigenen Haaren aus dem Sumpf.*

Auch hier können wir auf die Mathematik zurückgreifen, wo zahlreiche Rekursionsformeln bekannt sind, wie z. B. [3]:

$$\int \sin^n ax \, \mathrm{d}x = -\frac{\sin^{n-1} ax \cdot \cos ax}{n \cdot a} + \frac{n-1}{n} \int \sin^{n-2} ax \, \mathrm{d}x \qquad (3.1)$$

Damit wird das Integral $\int \sin^n ax \, \mathrm{d}x$ auf das Integral $\int \sin^{n-2} ax \, \mathrm{d}x$ zurückgeführt. Die nochmalige Anwendung der Rekursion führt es auf das Integral $\int \sin^{n-4} ax \, \mathrm{d}x$ zurück etc. Anschaulich klar ist, dass diese Rekursion nicht beliebig weit geführt werden kann.

Allgemein können wir eine Rekursion als eine **Wiederholung durch Schachtelung** (vgl. Babuschka-Puppen) verstehen.

3.2.11 Implementierung

Unter **Implementierung** versteht man die Umsetzung eines bestimmten Algorithmus in ein Computerprogramm.

3.2.12 Compiler

Compiler übersetzen den in einer bestimmten Programmiersprache (z. B. Pascal, C) geschriebenen Quellcode eines Programms in ein semantisch gleichwertiges verlinkbares Objektprogramm oder direkt in ausführbaren Code. Maschinencode ist direkt vom Prozessor ausführbar, aber im Gegensatz zu Assemblercode sehr schwer lesbar. Bytecode kennzeichnet eine hardwareunabhängige Sammlung von Befehlen für eine Virtuelle Maschine. Java erzeugt z. B. Bytecode, der zur Laufzeit von einer Java Virtual Machine in hardwareabhängige Maschinensprache übersetzt wird. Linker binden einzelne Programmmodule zu einem ausführbaren Programm zusammen.

3.2.13 Interpreter

Interpreter lesen als Sprachübersetzer den Quellcode eines Programms zur Laufzeit ein, analysieren und führen ihn umgehend aus (Interpretation). Im Gegensatz zu Compilern wird keine auf dem System abspeicherbare und direkt ausführbare Datei erzeugt. Da einzelne Programmteile immer wieder neu übersetzt werden müssen, resultieren deutlich langsamere Ausführungsgeschwindigkeiten als bei compilierten Programmen . Vorteilhaft ist, dass der Programmcode leichter editiert und getestet werden kann. Interpretersprachen sind u. a. Basic, HTML und PHP.

3.2.14 Programmfehler

Programmfehler werden in der Fachsprache **Bugs** (Bild 3.7) genannt und kennzeichnen generell fehlerhaftes Programmverhalten. **Debugging** ist die Suche nach den Fehlerursachen, wobei in der Praxis **Debugger** zur schrittweisen Ausführung des Programms (Tracing) und zur gleichzeitigen Anzeige von Variableninhalten eingesetzt werden. Ab einer gewissen Komplexität ist eine völlige Fehlerfreiheit von Programmen weder zu erreichen noch nachzuweisen. Daher spricht man statt Fehlerfreiheit von Robustheit und Stabilität eines Programms.

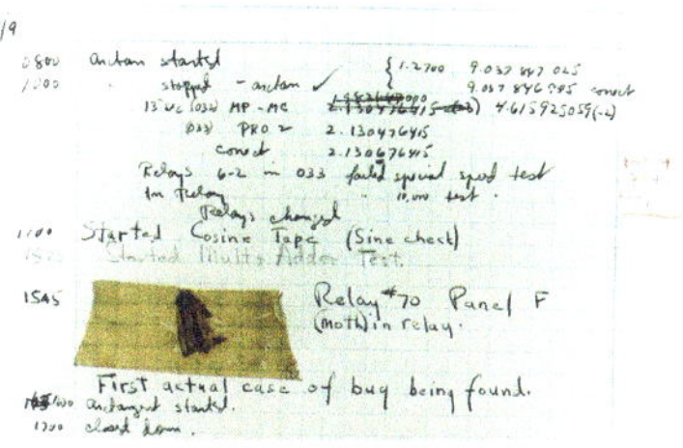

Bild 3.7: *Der erste Computer „Bug" war eine Motte und wurde am 09.09.1947 in einem Relais des Mark II Aiken Relay Calculator an der Harvard University gefunden.*

☞ Mit dem Debugger in der Hand kommt man durch das ganze Land!

☞ *»If you document it, it's not a bug – it's a feature.«*
(nach einem Programmierer bei Mattel, 1981)

Die **Syntax** einer Programmiersprache umfasst ein System von Satzbauregeln, nach denen erlaubte Konstrukte (z. B. Variablen) aus dem grundlegenden Zeichenvorrat des Alphabets gebildet werden. In der Compilationsphase wird der Quellcode auf lexikalische (Scanner) und syntaktische (Parser) Richtigkeit überprüft. Code mit lexikalischen Fehlern (Rechtschreibfehlern) und Syntaxfehlern wird von Compilern und Interpretern bei der Prüfung der einzelnen Anweisungen zurückgewiesen und mit entsprechenden Fehlermeldungen quittiert. Erst ein diesbezüglich richtiges Programm wird fehlerfrei und vollständig compiliert bzw. interpretiert.

Dies bietet aber keine Gewähr, dass das Programm lauffähig ist und nicht durch Laufzeitfehler (runtime errors, z. B. Division durch Null) vorzeitig abgebrochen wird (Absturz). Auch syntaktisch richtige Programme können durch **semantische**[30] Fehler (z. B. Verwendung nicht definierter Variablen) oder Programmierfehler (z. B. „+" statt „–" in einer Zuweisung) Abstürze oder unsinnige Ergebnisse produzieren.

Beispiel 3.4:
⌘ *Der Satz „Nachts scheint in meinem Keller die Sonne." ist syntaktisch richtig, aber semantisch falsch und völlig unsinnig, weil nachts in Kellern keine Sonne scheint.* ⌘

[30] Die Semantik betrachtet die Beziehungen von Zeichen untereinander und deren Bedeutung in Bezug auf die Programmlogik und den Programmcode.

Böse Zungen behaupten sogar, dass Fluchen die einzige Sprache sei, die weltweit von allen Programmierern verstanden wird.

3.2.15 Fehlersuche

Die Suche nach lexikalischen und syntaktischen Fehlern kann sich in der Programmierpraxis als mühsam und aufwändig erweisen. Prinzipiell sollte die vom Compiler bzw. Interpreter ausgegebene Fehlermeldung genau studiert werden. Sie beinhaltet meist neben der Angabe der jeweiligen Zeilennummer auch eine (mehr oder weniger) detaillierte Beschreibung des Fehlers im Klartext oder als **Fehlercode** (Errorcode). Bei der Hilfesuche in Foren oder bei Hotlines empfiehlt sich die Wiedergabe des genauen Wortlauts der Fehlermeldung (digitale Übernahme durch Copy & Paste statt Abtippen).

Lexikalische Fehler sind meist systematischer Art und mit „Suchen und Ersetzen" leicht zu beseitigen. Häufig halten gerade Anfänger Groß- und Kleinschreibung von Variablen nicht streng auseinander. Der folgende Scilab-Code verwendet neben der eigentlichen Variablen `xend` auch die Variable `xEnd`:

```
xend=100
...
for i=1:xEnd
  <Anweisungssequenz1>
end
A(xEnd)=<Anweisung>
b(xEnd)=<Anweisung>
for i=1:xEnd
  <Anweisungssequenz2>
end
```

Da `xEnd` nicht zugewiesen wurde, erzeugt die Verwendung von `xEnd` die Fehlermeldung `Undefinierte Variable: xEnd`.

Ohne Anspruch auf Vollständigkeit treten folgende lexikalische und syntaktische Fehler besonders im Anfangsstadium gerne auf:

1. Unvollständige Klammerung
   Oft werden schließende Klammern `)`, `]` bzw. `}` oder schließende Schlüsselwörter (key words) wie `end` oder `endfunction` vergessen.
2. Vermischen von Groß- und Kleinschreibung
3. Dezimalkomma (meist Trennzeichen von Argumenten) statt Dezimalpunkt
   z. B. `1,234` statt `1.234`
4. Verwechseln von Eins und kleinem L
   `x1` sieht `xl` sehr ähnlich.
5. Verwechseln von Null und kleinem/großen O
   `x0` sieht `xo` und `xO` sehr ähnlich.
6. Verwechseln von Semikolon (Strichpunkt) und Komma
   `x=[1,2]` sieht `x=[1;2]` sehr ähnlich.
7. Verwenden des Semikolons als Trennzeichen bei Argumenten
   z. B. `f(x;y)` statt `f(x,y)`
8. Zuweisung und logische Gleichheit verwechselt
   z. B. `i=1` ist von `if (i==1)` zu unterscheiden.
9. Fehlende Hochkommata bei Zeichenketten (Strings)
   z. B. `ZKette=123` statt `ZKette='123'`
10. Fehlende Operatoren
    z. B. `2x` statt `2*x`

3.2.16 Folgen von Programmfehlern

In der Praxis machten sich Programmfehler schon mehrfach sehr negativ bemerkbar, wie die folgenden Beispiele zeigen [47]–[54]:

1. Verlust der Venus-Sonde Mariner 1 (1962)
   Grund: Fehler in Fortran-Programmcode (Punkt statt Komma in Do-Schleife)
   Kosten: 18,5 Mio. Dollar
2. Vancouver Stock Exchange (1983)
   Aktienindex sinkt fortwährend anstatt dem Kursanstieg der Aktien folgend zu steigen.
   Grund: Abschneiden statt Runden der 4. Dezimalstelle und Aufschaukeln des Fehlers bei ca. 3 000 Berechnungen pro Tag
3. Fehler in Patriot-Rakete (1991)
   Amerikanische Patriot-Rakete verfehlt nahende irakische Scud-Rakete, die in eine Kaserne einschlägt.
   Grund: Akkumulation von Rundungsfehlern in einem 24bit-Register
   Bilanz: 28 tote Soldaten, ca. 100 Verletzte
4. Intel Pentium® FDIV-Bug (1994)
   Falsche Ergebnisse bei Gleitkomma-Division mit bestimmten Werten
   Grund: Fehler in einer For-Schleife verhindert die Aufnahme von 5 Look-Up-Tabelleneinträgen in den Prozessor.
   Kosten: 464 Mio. Dollar für Austauschaktion
5. Explosion der Ariane 5 Trägerrakete (1996)
   Grund: Overflow bei der Umrechnung von 64 bit float-Darstellung in 16 bit signed integer
   Kosten: 50 Mio. Dollar für Satelliten und Raketen; 7 Mrd. Dollar Entwicklungskosten und 10 Jahre Entwicklungszeit
6. Verlust des Mars Climate Orbiters (1999)
   Grund: Steuersoftware rechnet im metrischen Einheitensystem mit Newton, Ground-Crew gibt Korrekturen im amerikanischen Einheitensystem in Pound-Force ein (Metric Mixup)
7. Jahr 2000-Problem
   Die Repräsentation der Jahreszahl mit nur zwei Stellen, z. B. 26.05.99 statt 26.05.1999 führte im Jahr 2000 auf das Datenambiguitätsproblem, da sowohl der 26.05.1900 als auch der 26.05.2000 als 26.05.00 dargestellt wird. Während der Mensch aufgrund seiner alltäglichen Erfahrung entscheiden kann, welches Jahr (1900 oder 2000) gemeint ist, fehlt Computern diese Heuristik. Tatsächlich fiel das Jahr 2000-Problem glimpflicher aus als befürchtet.
   Probleme traten beispielsweise im Computersystem der Deutschen Oper Berlin zum Jahreswechsel 1999/2000 auf. In den Gehaltsabrechnungen für Januar 2000 war das Kindergeld nicht berechnet worden, da das Alter der Kinder auf das Jahr 1900 rückgerechnet wurde, wodurch diese zu alt für die Auszahlung des Kindergelds waren. Das Rücksetzen des Datums auf Dezember 1999 führte nur zu einer partiellen Lösung des Problems, da das Kindergeld zum 01.01.2000 von 250 DM auf 270 DM erhöht worden war.
8. Multiplikationsfehler in Microsoft Excel 2007®
   In Microsoft Excel 2007® führt die Multiplikation $77{,}1 \cdot 850$ nicht auf den richtigen Wert 65535, vielmehr wird der falsche Wert 100000 angezeigt. Dagegen führt $77{,}1 \cdot 850 + 2$ auf das richtige Ergebnis 65537, während $77{,}1 \cdot 850 + 1$ wieder das falsche Ergebnis 100001 führt. Der Fehler ist allerdings nicht in der Mathematik-Engine von Microsoft Excel 2007® begründet, sondern tritt nur bei der Ergebnisdarstellung auf.
9. Jahr 2010-Problem
   Aufgrund eines Programmierfehlers konnte die Jahreszahl 2010 bei 30 Millionen EC- und Kreditkarten mit EMV-Chips eines bestimmten Produktionstyps nicht richtig verarbeitet werden, was in Deutschland zu entsprechenden Beeinträchtigungen zum Jahresbeginn 2010 führte.
10. Hypo Real Estate bzw. FMS Wertmanagement (2011)
    Bilanzierungsfehler führen zu Fehlbetrag
    Grund: 55,5 Mrd. Euro wurden fälschlicherweise im Minus statt im Plus verbucht, was den Schuldenstand der Bundesrepublik Deutschland „quasi über Nacht“ um 55,5 Mrd. Euro verminderte.

☞ Auszug aus dem fehlerhaften Fortran-Code der Steuerung der Trägerrakete Atlas-Agena B der Venus-Sonde Mariner 1:

```
  DO 5 K = 1. 3
  T(K) = W0
  Z = 1.0/(X**2)*B1**2+3.0977E-4*B0**2
  D(K) = 3.076E-2*2.0*(1.0/X*B0*
 *B1+3.0977E-4*(B0**2-X*B0*B1))/Z
  E(K) = H**2*93.2943*W0/SIN(W0)*Z
  H = D(K)-E(K)
5 CONTINUE
```

Richtig wäre hingegen gewesen:

```
  DO 5 K = 1, 3
  ...
5 CONTINUE
```

Bild 3.8: *Darstellung des Mars Climate Orbiters (NASA).*

3.3 Strukturierte Programmierung

3.3.1 Ziele und Grundsätze

Bild 3.9: *Niklaus Wirth (∗1934, links) und Edsger W. Dijkstra (1930–2002, rechts).*

Ziel der strukturierten Programmierung ist, dass der Ablauf von Programmen und Algorithmen einfach zu verstehen und leicht zu verändern ist. Weiterhin soll der Programmcode möglichst fehler- und nebenwirkungsfrei, redundanzfrei, gut lesbar und modular sein.

Strukturierte Programmierung verfolgt daher den Ansatz, Programme baumartig in kleinere Teilprogramme (Prozeduren) aufzuspalten, weshalb man von **prozeduraler Programmierung** spricht. Im Vergleich zur funktionalen Programmierung besitzen Prozeduren im Gegensatz zu Funktionen keinen Rückgabewert[31].

Die prozedurale Programmierung zielt auf die Wiederverwendbarkeit von Quellcode ab, was zu einer generellen Vereinfachung und zu einer verminderten Fehleranfälligkeit führt. Universelle Prozeduren brauchen nur einmal programmiert zu werden, die zerkleinerten Probleme sind entsprechend einfacher zu lösen. Als klassische strukturierte Programmiersprache gilt das von Niklaus Wirth eingeführte Pascal. Als weiterer Pioneer ist Edsger W. Dijkstra zu nennen.

Bild 3.10: *Spaghetti: Anfang und Ende sind nur schwer erkennbar.*

Wesentliche Aspekte der strukturierten Programmierung sind:

- hierarchische Programmorganisation
- Bildung logischer Programmeinheiten
- zentrale Programmsteuerung
- Beschränkung der Ablaufsteuerung und Datenverfügbarkeit

3.3.2 Kontrollstrukturen

Eine Konsequenz der strukturierten Programmierung ist dabei die Vermeidung bzw. die standardisierte und nur eingeschränkte Verwendung der absoluten Sprunganweisung (GOTO-Statement), deren häufiger Einsatz zu „Spaghetticode" führt (Dijkstra, 1968 [55]). Stattdessen greift die strukturierte Programmierung nur auf **3 Kontrollstrukturen** (Strukturblöcke) zurück (Böhm und Jacopini, 1966 [56]):

1. **Sequenz** (Folge, Anweisungsblock, hintereinander auszuführende Programmanweisungen, ggf. Aufruf einer Funktion oder Prozedur)
2. **Verzweigung** (Auswahl, Alternative)
   - einseitige Alternative (`If - then`)
   - zweiseitige Alternative (`If - then - else`)
   - mehrseitige Alternative (`If - then - elseif - . . . - else`)
   - Fallauswahl (Selektion; `Select - case`)
3. **Schleife** (Wiederholung, Iteration)
   - abweisend (Solange-Schleife, kopfgesteuert; `While - do`)
   - nichtabweisend (Wiederhol-Schleife, fußgesteuert; `Repeat - until`)
   - verallgemeinerter Zyklus (Zählschleife mit fester Zahl an Durchläufen; `For - to - do`)

[31] In Scilab ist eine `function` sowohl als Funktion als auch als Prozedur verwendbar.

3.3.3 Struktogramme (Nassi-Shneiderman-Diagramme)

Die Umsetzung von Algorithmen in einen strukturierten Programmcode wird durch **Struktogramme** (**Nassi-Shneiderman-Diagramme**, NSD, structure charts; Nassi und Shneiderman, 1973 [57]) erleichtert, die den Programmablauf unabhängig von der jeweiligen Programmiersprache in einer linearen Struktur (von oben nach unten, top-down, vgl. Abschnitt 3.2.1) visualisieren. Sie sind in DIN 66261 [58] genormt.

Nachteilig ist, dass Sprunganweisungen in Struktogrammen aufgrund der linearen Struktur nicht darstellbar sind. Diese sind jedoch bei strukturierter Programmierung nicht notwendig. Alternativ kann der Ablauf eines Programms in Programmablaufplänen (PA, PAP, Flusspläne, flow charts; DIN 66001 [59]) dargestellt werden, die jedoch schon bei mittelgroßen Algorithmen schnell unübersichtlich werden und für maschinennahe Sprachen anwendbar sind.

Bild 3.11: *Ben Shneiderman (∗1947).*

Tabelle 3.3: *Grundsymbole von Nassi-Shneiderman-Diagrammen und deren Bedeutung (1).*

Art	Grundsymbol	Bedeutung
Sequenz (Folge)	Anweisung 1 Anweisung 2 Anweisung 3 Anweisung 4	lineares Abarbeiten einzelner Anweisungen – rechteckiger Strukturblock je Anweisung – Strukturblöcke von oben nach unten durchlaufend (Einsprung oben, Aussprung unten) – leere Blöcke nur in Verzweigungen zulässig
Verzweigung (einseitig)	Bedingung erfüllt ? JA | NEIN Anweisungssequenz für erfüllte Bedingung | --/--	Abarbeiten der Anweisungssequenz bei Erfüllung der Bedingung kein Abarbeiten von Anweisungen bei Nichterfüllung der Bedingung
Verzweigung (zweiseitig)	Bedingung erfüllt ? JA | NEIN Anweisungssequenz A für erfüllte Bedingung | Anweisungssequenz B für nicht erfüllte Bedingung	Abarbeiten der Anweisungssequenz A bei Erfüllung der Bedingung Abarbeiten der Anweisungssequenz B bei Nichterfüllung der Bedingung
Verzweigung (mehrseitig)	Bedingung erfüllt ? Bed 1 | Bed 2 | ... | n | sonst Anweisungen 1 | Anweisungen 2 | ... | Anweisungen n | Anweisungen s	Abarbeiten der Anweisungssequenz 1 bei Erfüllung der Bedingung 1 Abarbeiten der Anweisungssequenz 2 bei Erfüllung der Bedingung 2 ... Abarbeiten der Anweisungssequenz s bei Erfüllung keiner der Bedingungen 1 ... n
Selektion	Falls Selektor ? Wert 1 | Wert 2 | ... | n | sonst Anweisungen 1 | Anweisungen 2 | ... | Anweisungen n | Anweisungen s	Abarbeiten der Anweisungssequenz 1 bei Wert 1 des Selektors Abarbeiten der Anweisungssequenz 2 bei Wert 2 des Selektors ... Abarbeiten der Anweisungssequenz s bei keinem der Werte 1 ... n des Selektors
Schleife (endlos)	**Wiederhole** Anweisungssequenz	Wiederholungsstruktur mit unendlicher Anzahl an Schleifendurchläufen – Verlassen nur durch Aussprung (break) möglich – Entstehen durch nicht definierte oder erreichbare Abbruchbedingung (Programmierfehler)

Tabelle 3.3: *Grundsymbole von Nassi-Shneiderman-Diagrammen und deren Bedeutung (2).*

Art	Grundsymbol	Bedeutung
Schleife (abweisend)	**Solange** Bedingung erfüllt Anweisungssequenz	Wiederholungsstruktur mit vorheriger Bedingungsprüfung – Durchlauf des Schleifenblocks, nur wenn und solange Bedingung wahr (zutreffend) – Überspringen der Schleife, wenn Bedingung anfangs falsch (abweisende Schleife) – Verändern der Bedingung in der Schleife, sonst kein Abbruch (Endlos-Schleife!)
Schleife (nichtabweisend)	**Wiederhole** Anweisungssequenz **bis** Bedingung erfüllt	Wiederholungsstruktur mit nachfolgender Bedingungsprüfung für Schleifenabbruch – Durchlauf des Schleifenblocks mindestens einmal – Durchlauf der Schleife, auch wenn Bedingung anfangs falsch (nichtabweisende Schleife) – Verändern der Bedingung in der Schleife, sonst kein Abbruch (Endlos-Schleife!)
Schleife (zählend)	**Für** Zähler := Anfang **bis** Ende Anweisungssequenz	Wiederholungsstruktur mit fester Anzahl an Schleifendurchläufen – Ausführen der Anweisungen im Schleifenblock in Abhängigkeit des Schleifenzählers – automatisches Erhöhen (Inkrementierung) des Schleifenzählers (Zählschleife) – automatischer Abbruch bei Erreichen des Endwerts des Schleifenzählers
Unterverarbeitung	**Unterprogrammaufruf** Funktions- bzw. Prozedurname mit evtl. Parametern	Verweis auf Unterverarbeitung (Prozedur, Funktion, Subroutine) – erhöht Übersichtlichkeit eines Struktogramms durch Verweis auf anderes Struktogramm – nach Abarbeiten Rücksprung zur aufrufenden Stelle und Fortsetzung mit nächstem Block
Block (Modul)	**Block (Modul)**	Zusammenfassen mehrerer Anweisungen unter einem Namen (Block, Modul) – erhöht Übersichtlichkeit eines Struktogramms durch Verbinden von Programmcode in einem Block ohne Angabe von Details (black box)
Aussprung	**Werterückgabe aus Funktion** (return) **Abbruchanweisung** (termination)	geregeltes Beenden einer Wiederholung oder Werterückgabe aus einer Funktion – sollte nicht als Sprunganweisung missbraucht werden
Rücksprung	**Rücksprung aus Prozedur** **Programmende**	geregeltes Beenden einer Prozedur oder eines Programms

⌘

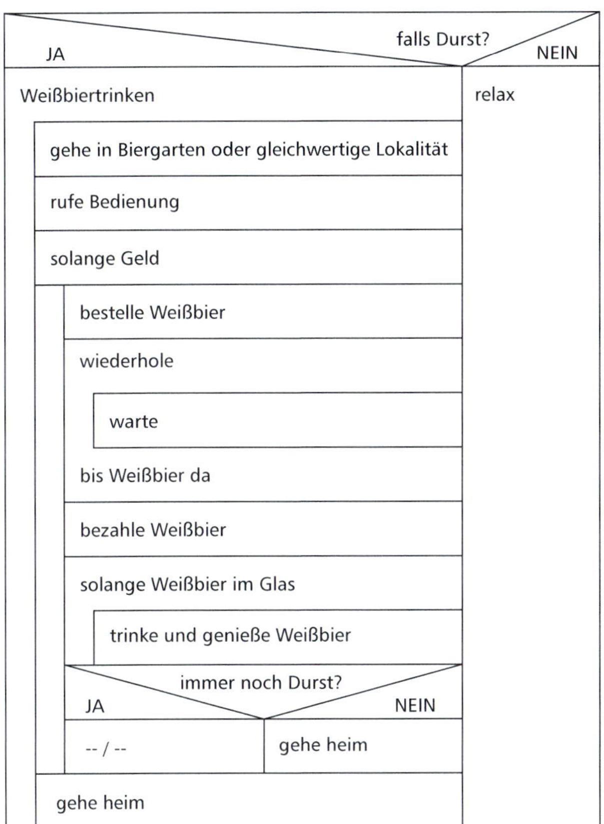

Bild 3.12: *Nassi-Shneiderman-Diagramm für das Weißbiertrinken.*

Beispiel 3.5:

Wir wollen die grundlegenden Elemente eines Nassi-Shneiderman-Diagramms (Sequenz, Verzweigung, Schleife) nun am Beispiel des „Weißbiertrinkens[32]" anwenden.

Dieser Vorgang wird nur bei Durst ausgelöst, wobei man in einen Biergarten oder eine gleichwertige Lokalität geht und die Bedienung ruft. Hat man kein Geld bei sich, geht man wieder heim. Im anderen Falle bestellt man ein Weißbier und wartet bis dieses von der Bedienung gebracht wird. Der einsetzende Trink- und Genussvorgang wird solange fortgesetzt, wie sich Weißbier im Glas befindet. Ist danach der Durst gestillt, kehrt man nach Hause zurück, anderenfalls prüft man erneut die finanzielle Lage und bestellt ggf. ein weiteres Weißbier.
Die limitierenden Faktoren des Weißbiertrinkens sind damit das Geld einerseits und der Durst andererseits.

Das Struktogramm in Bild 3.12 geht von einem hinlänglich erfahrenen Weißbiertrinker aus, der stets so viel Geld bei sich führt, dass er zumindest ein Getränk käuflich erwerben kann. Für einen unerfahrenen Weißbiertrinker wäre die Anweisung `rufe Bedienung` in die Solange-Schleife vor die Anweisung `bestelle Weißbier` zu verschieben. Das Herbeirufen der Bedienung ohne ausreichende Liquidität könnte bei dieser nämlich eine nachhaltige pH-Verschiebung bewirken und zu einem ungewollten und ggf. schmerzhaften Programmabbruch führen. Auf die Wiedergabe eventueller muttersprachlicher Fachausdrücke der Bedienung in einem solchen Fall wird an dieser Stelle verzichtet. Derartigen Aktionen wird durch die Modifikation des Codes nachhaltig vorgebeugt, da die Bedienung nur bei entsprechenden finanziellen Potenzialen gerufen wird. Sonderfälle, wie Stammgäste, die anschreiben lassen können oder Bedienungen, die im Rahmen einer Promo-Aktion Freibier servieren, sind im vorliegenden Struktogramm nicht inkludiert, könnten aber bei Bedarf von interessierten Lesern noch eingebaut werden. ⌘

[32] Nicht-Weißbiertrinker können alternativ ein Struktogramm für ein anderes Getränk, z. B. Минеральная Вода (Mineralnaja Woda), erstellen.

3.4 Aufgaben zum Selbststudium

► Aufgabe 3.1:

Erstellen Sie ein Struktogramm zu Aufgabe 2.8.

► Aufgabe 3.2:

Erstellen Sie ein Nassi-Shneiderman-Diagramm zu Aufgabe 2.10.

► Aufgabe 3.3:

Betrachtet wird die abschnittsweise definierte Funktion

$$h(x) = \begin{cases} \sin(4x) & \text{für } x \in [0;1[\\ \dfrac{x+1}{x+2} & \text{für } x \in [1;2[\\ \sqrt{x^2+1} & \text{für } x \in [2;3] \\ 0 & \text{sonst} \end{cases} \tag{3.2}$$

Erstellen Sie ein Nassi-Shneiderman-Diagramm sowie den Pseudocode einer entsprechenden Funktion `h_von_x`.

► Aufgabe 3.4:

Erstellen Sie das Nassi-Shneiderman-Diagramm und den Pseudocode einer Funktion `CheckSignum(x)`, die das Vorzeichen einer übergebenen Zahl `x` wie folgt prüft:

$x < 0$ Ausgabe „`x ist negativ.`"

$x = 0$ Ausgabe „`x ist null.`"

$x > 0$ Ausgabe „`x ist positiv.`"

► Aufgabe 3.5:

Erstellen Sie ein Nassi-Shneiderman-Diagramm und einen Pseudocode zur iterativen Berechnung des Zahlenwerts des Goldenen Schnitts (sectio aurea) mit $x = \sqrt{1+x}$ ausgehend vom Startwert $x_0 = 3$.

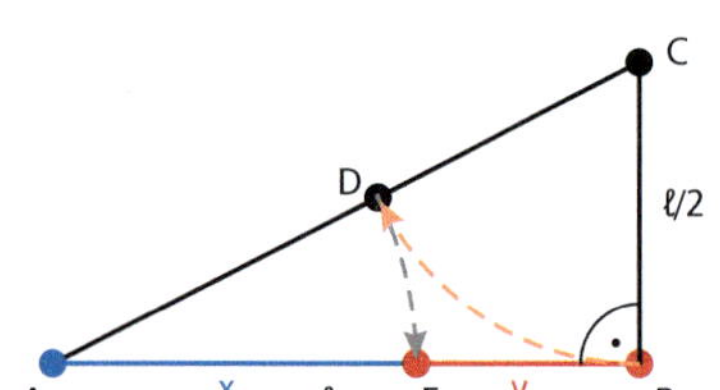

Bild 3.13: *Geometrische Konstruktion des Goldenen Schnitts nach Euklid.*

► Aufgabe 3.6:

Notieren Sie den Pseudocode einer Funktion „`MittelwertStandardabweichung`", die zu einem als Parameter übergebenen Datensatz `data` den Mittelwert und die Standardabweichung berechnet. Es gilt [3]:

$$\overline{x} = \frac{1}{n} \cdot \sum_{i=1}^{n} x_i \qquad \text{Mittelwert} \tag{3.3}$$

$$\sigma = \sqrt{\frac{1}{n-1} \cdot \sum_{i=1}^{n} (\overline{x} - x_i)^2} \qquad \text{Standardabweichung} \tag{3.4}$$

► Aufgabe 3.7:

(a) Erstellen Sie den Pseudocode einer Funktion „`MyFactorial1(x)`", die die Fakultät einer ganzen Zahl x iterativ berechnet. Die Fälle $x < 0$ und $x = 0$ sind dabei gesondert zu behandeln.

(b) Erstellen Sie den Pseudocode einer Funktion „`MyFactorial2(x)`", die die Berechnung aus Teilaufgabe (a) rekursiv ausführt.

▶ Aufgabe 3.8:

(a) Erstellen Sie für die Berechnung des Skalarprodukts $\vec{c} = \vec{a} \cdot \vec{b}$ ein Nassi-Shneiderman-Diagramm.

(b) Setzen Sie das Diagramm in ein geeignetes Scilab-Programm um und testen Sie dieses mit verschiedenen Vektoren.

▶ Aufgabe 3.9:

(a) Erstellen Sie für die Berechnung des Matrizenprodukts $\mathbf{C} = \mathbf{A} \cdot \mathbf{B}$ ein Nassi-Shneiderman-Diagramm.

(b) Setzen Sie das Diagramm in einen geeigneten Scilab-Code um und testen Sie diesen mit mehreren Matrizen.

▶ Aufgabe 3.10:

Das Nassi-Shneiderman-Diagramm in Bild 3.14 zeigt den Bubble Sort-Algorithmus, der ein Feld `array` in aufsteigender Richtung sortiert. Erstellen Sie daraus eine Scilab-Funktion `BubbleSort(Array)`, die das übergebene Feld `Array` sortiert.

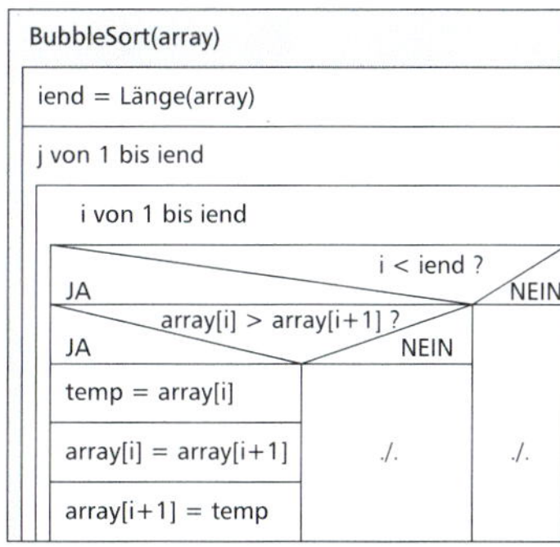

Bild 3.14: *Nassi-Shneiderman-Diagramm des Bubble Sort-Algorithmus.*

▶ Aufgabe 3.11:

Definieren Sie in Scilab eine Zahl x durch eine beliebige Wertzuweisung. Programmieren Sie anschließend ein Konstrukt, das mithilfe des Befehls `mprintf('...')` die Meldungen `x ist negativ.`, `x ist null.` und `x ist positiv.` am Bildschirm ausgibt, wenn $x < 0$, $x = 0$ und $x > 0$ ist.

▶ Aufgabe 3.12:

Erstellen Sie zum folgenden Scilab-Code ein Nassi-Shneiderman-Diagramm:

```
function bw=Bewertung(Note)
     select Note
     case 1, 1.3
         bw='sehr gut'
     case 1.7, 2, 2.3
         bw='gut'
     case 2.7, 3, 3.3
         bw='befriedigend'
     case 3.7, 4
         bw='ausreichend'
     case 5
         bw='nicht bestanden'
     else
         bw='unzulässige Eingabe'
     end
endfunction
```

▶ Aufgabe 3.13:

Studentin Vera Vergesslig findet in ihrem Ordner »Kopieren – Lochen – Abheften« das in Bild 3.15 dargestellte Struktogramm eines Programmcodes, weiß aber nicht mehr, was dieser berechnet.

(a) Analysieren Sie das Struktogramm und erläutern Sie in nachvollziehbarer Weise, was der Code berechnet.

(b) Welche Ausgabe liefert `MyTopSecretCode(Z)` für `Z=[1 2; 3 -4; -5 6; 7 8; 9 0]`?

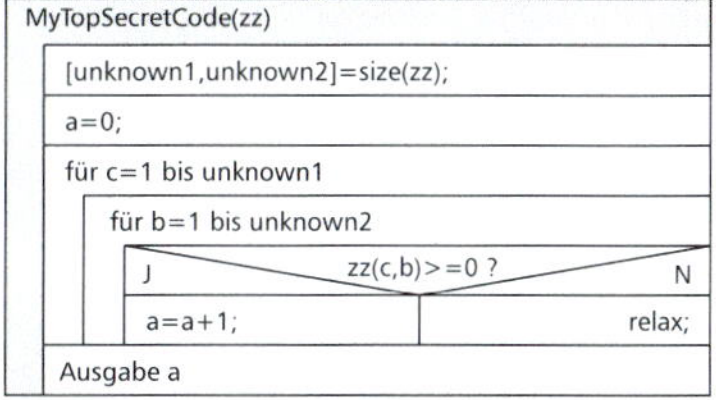

Bild 3.15: *Struktogramm von Veras „geheimem" Programmcode.*

Aufgabe 3.14:

Theo Trixer will testen, ob die Zufallsgenerator-Funktion `rand(...)` von Scilab „fair" ist, d.h. gleichverteilte Ziffern `0 ... 9` erzeugen kann. Er führt dazu $n=1000$ Tests mit folgendem Algorithmus durch:

1. Die von `rand(...)` gelieferte reelle Zahl zwischen 0 und 1 wird mit 10 multipliziert.
2. Der ganzzahlige Anteil wird mit der Scilab-Funktion `int(...)` abgeschnitten und in der Variable `zufallszahl` gespeichert.
3. Die Auswertung erfolgt nach dem Wert von `zufallszahl` geeignet.

Erstellen Sie ohne Verwendung von `If`-Strukturen einen kommentarlosen Scilab-Code, der die Anzahl der beim Zufallstest erhaltenen Ziffern $0\ldots9$ in die Variablen `n0, n1, n2, ..., n9` schreibt und auf dem Bildschirm unformatiert ausgibt.

Aufgabe 3.15:

Anton Ahnungslos findet beim Aufräumen seines Arbeitsplatzes einen von ihm verfassten Programmcode, weiß aber nicht mehr, was dieser berechnet:

```
function [Y]=Geheim(A,x)
   [m,n]=size(A);
   Y=zeros(m,1);
   for i=1:m
     Y(i)=A(i,:)*x;
   end;
endfunction
```

(a) Erläutern Sie in nachvollziehbarer Weise, was der Code berechnet.

(b) Welche Ausgabe liefert `Geheim(A,x)` für `A=[1,2,3;4,5,6]` und `x=[7,8,9]'`?

Aufgabe 3.16:

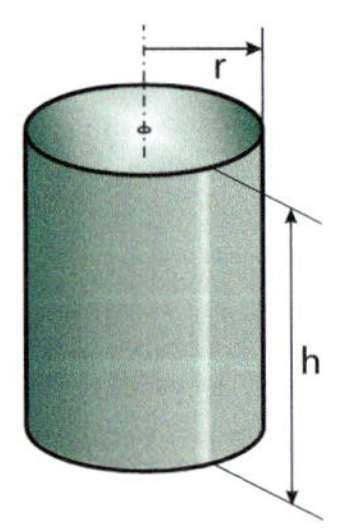

Bild 3.16: *Zylinder mit Radius r und Höhe h.*

Erstellen Sie die Scilab-Funktion `Zylinder(r,h,KENN)`, die für einen Kreiszylinder mit Radius `r` und Höhe `h` je nach Kennstring `KENN` den Umfang $U=2\pi\cdot r$ (`KENN`=1), die Grundfläche $A_\mathrm{G}=\pi r^2$ (`KENN`=2), die Mantelfläche $A_\mathrm{M}=2\pi r\cdot h$ (`KENN`=3), die Oberfläche $A_\mathrm{O}=2\pi r\cdot(r+h)$ (`KENN`=4) und das Volumen $V=\pi r^2\cdot h$ (`KENN`=5) berechnet.

Aufgabe 3.17:

(a) Erzeugen Sie die 3×3-Matrix $\mathbf{A}=(a_{\mathrm{i,j}})$ mit $a_{\mathrm{i,j}}=3\cdot(i-1)+j$ mithilfe geeigneter Schleifen und geben Sie ihre Einträge auf dem Bildschirm aus.

(b) Berechnen Sie in Scilab `A*A` und `A.*A` und erklären Sie den Unterschied.

(c) Berechnen Sie in Scilab `A^2` und `A.^2`. Worin besteht der Unterschied zu Teilaufgabe (b)?

(d) Erzeugen Sie eine 6×9-Matrix $\mathbf{B}$ und belegen Sie diese mit 0 vor.

(e) Erzeugen Sie eine 4×8-Matrix $\mathbf{C}$ und belegen Sie diese mit 1 vor.

► Aufgabe 3.18:

Erstellen Sie die Scilab-Funktion `KreuzProdukt(a,b)`, die den Produktvektor `c` als $\vec{c} = \vec{a} \times \vec{b}$ der Vektoren $\vec{a}$ und $\vec{b}$ berechnet. Für das Kreuzprodukt (Vektorprodukt) gilt die bekannte Beziehung [3]:

$$\vec{a} \times \vec{b} = \begin{pmatrix} a_x \\ a_y \\ a_z \end{pmatrix} \times \begin{pmatrix} b_x \\ b_y \\ b_z \end{pmatrix} = \begin{pmatrix} a_y \cdot b_z - a_z \cdot b_y \\ a_z \cdot b_x - a_x \cdot b_z \\ a_x \cdot b_y - a_y \cdot b_x \end{pmatrix} \tag{3.5}$$

Testen Sie Ihren Code für $\vec{a} = (1,2,1)^T$ und $\vec{b} = (-2,0,4)^T$.

► Aufgabe 3.19:

Erstellen Sie mithilfe der Funktion `KreuzProdukt` aus Aufgabe 3.18 eine Scilab-Funktion `IsDInEbene(A,B,C,D)`, die prüft, ob der Punkt `D` in der von den Punkten `A`, `B` und `C` (als Spaltenvektoren übergeben) aufgespannten Ebene `E` liegt und das Ergebnis über die Boole'sche Variable `flag` zurückgibt. Der Normalenvektor $\vec{n} = \vec{a} \times \vec{b}$ von `E` ist das Kreuzprodukt zweier, die Ebene aufspannenden Vektoren $\vec{a}$ und $\vec{b}$. Die Gleichung der Ebene `E` lautet mit dem Aufpunktvektor $\vec{p}$:

$$\vec{n} \cdot (\vec{x} - \vec{p}) = 0 \tag{3.6}$$

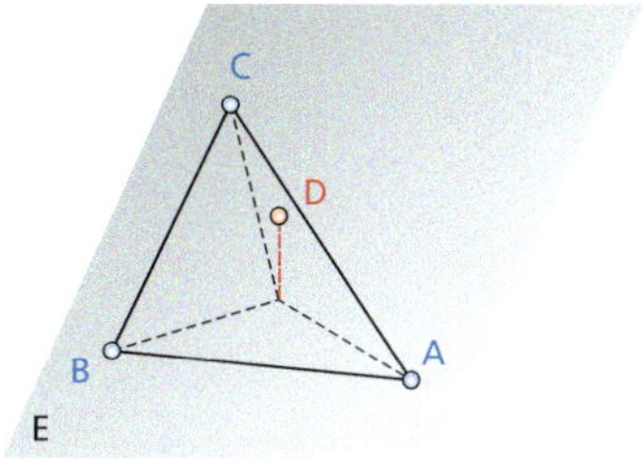

Bild 3.17: *Nicht in der Ebene E liegender Punkt D.*

► Aufgabe 3.20:

Die Fläche `Area` des von den vier als Zeilenvektoren übergebenen Punkten `A`, `B`, `C` und `D` gebildeten Vierecks $ABCD$ soll mit der Scilab-Funktion `ViereckFlaeche(A,B,C,D)` mithilfe des Vektorprodukts (vgl. Aufgabe 3.18) berechnet werden. Der Algorithmus soll folgende Punkte berücksichtigen:

1. Falls die Punkte `A`, `B`, `C` und `D` nicht in einer gemeinsamen Ebene liegen, soll die Berechnung mit einer Fehlermeldung terminiert und `Area=%nan` zurückgegeben werden.
2. Im Falle eines Parallelogramms soll eine vereinfachte Berechnung erfolgen.
3. Anderenfalls soll eine geschickte Unterteilung des Vierecks erfolgen.

Testen Sie Ihren Code mit den Punkten $A(1;2)$, $B(2;0)$, $C(3;1)$ und $D(2;6)$.

► Aufgabe 3.21:

Für den Schwerpunkt $S(x_S; y_S)$ einer aus n Einzelflächen A_i mit Schwerpunkten $S_i(x_{S,i}; y_{S,i})$ zusammengesetzten Fläche A gilt nach [38], S. 4.27:

$$x_S = \frac{\sum_{i=1}^{n} A_i \cdot x_{S,i}}{\sum_{i=1}^{n} A_i} \quad \text{und} \quad y_S = \frac{\sum_{i=1}^{n} A_i \cdot y_{S,i}}{\sum_{i=1}^{n} A_i} \tag{3.7}$$

Erstellen Sie die Scilab-Function `Schwerpunkt_zusges (xi,yi,Ai)`, die die Schwerpunktskoordinaten für die übergebenen Schwerpunktskoordinaten `xi, yi` und die Einzelflächen `Ai` berechnet und im Vektor `S` zurückgibt. Kommentieren Sie diese entsprechend.

► Aufgabe 3.22:

In [3] findet man zur Berechnung des Flächeninhalts A eines ebenen Vierecks mit den Seitenlängen a, b, c und d, der Diagonale $f=\overline{BD}$, dem halben Vierecksumfang $s=\frac{a+b+c+d}{2}$ und dem aus den Innenwinkeln $\alpha=\measuredangle(BAD)$ und $\gamma=\measuredangle(BCD)$ berechneten Winkel $\epsilon=\frac{\alpha+\gamma}{2}$ die Gleichung:

$$A=\sqrt{(s-a)\cdot(s-b)\cdot(s-c)\cdot(s-d)-a\cdot b\cdot c\cdot d\cdot\cos^2\epsilon} \tag{3.8}$$

Fertigen Sie eine Skizze an und schreiben Sie eine Scilab-Routine `A4Eck(a,b,c,d,f)`, die die Fläche A aus den Seitenlängen a, b, c und d und der Diagonale f berechnet.

► Aufgabe 3.23:

Nach dem Sonnenkalender dauert ein astronomisches Jahr (Umlaufdauer der Erde um die Sonne) $365{,}242\,190\,52$ d. Die gegenüber dem normalen Kalenderjahr mit 365 d etwas größere Länge wird alle 4 Jahre durch einen zusätzlichen Tag im Kalenderjahr am 29. Februar ausgeglichen. Da der Ausgleich von $0{,}25$ d jedoch etwas zu groß ausfällt, wird alle 100 Jahre auf den Schalttag verzichtet, wobei der 29. Februar alle 400 Jahre doch ins Kalenderjahr eingefügt wird.

Im Einzelnen gelten folgende Schaltregeln:

1. Ein Jahr ist ein Schaltjahr, wenn es ohne Rest durch 4 teilbar ist.
2. Lässt sich die Jahreszahl durch 100 ohne Rest teilen (Säkularjahr), liegt kein Schaltjahr vor.
3. Ist auch eine Teilung durch 400 ganzzahlig möglich, wird das Jahr als Schaltjahr geführt.

(a) Zeichnen Sie ein zu den Schaltregeln passendes Nassi-Shneiderman-Diagramm.

(b) Erstellen Sie auf Basis dieses Struktogramms eine kommentierte Scilab-Funktion `IsLeapYear(year)` des Typs `Boolean`, die prüft, ob es sich beim übergebenen Jahr `year` um ein Schaltjahr handelt.

► Aufgabe 3.24:

Die Fläche A eines beliebigen Dreiecks mit den Seitenlängen a, b und c lässt sich mit der 1841 von A. Cayley [60] angegebenen Cayley-Menger-Determinante berechnen:

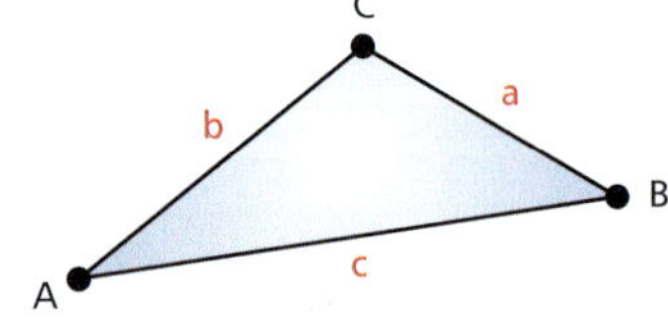

Bild 3.18: *Allgemeines Dreieck* ΔABC.

$$A^2=-\frac{1}{16}\cdot\begin{vmatrix}0&1&1&1\\1&0&a^2&b^2\\1&a^2&0&c^2\\1&b^2&c^2&0\end{vmatrix} \tag{3.9}$$

Erstellen Sie zur Berechnung der Dreiecksfläche `A` den kommentierten Scilab-Code `Cayley(a,b,c)`.

4 Programmierung mit Scilab

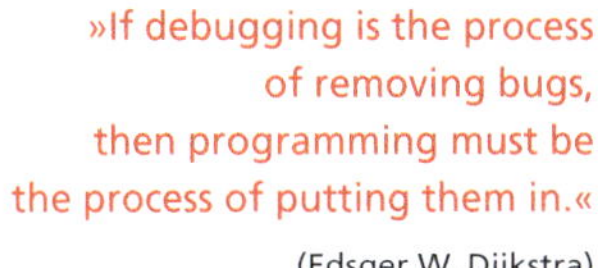

»If debugging is the process
of removing bugs,
then programming must be
the process of putting them in.«

(Edsger W. Dijkstra)

Lernziele

Ausgehend von den erlernten programmtechnischen Grundlagen aus Kapitel 3 und der Einführung in Scilab aus Kapitel 2 wollen wir uns nun weitere Grundlagen und Elemente der Programmierung mit Scilab erarbeiten, um auch komplexere Pseudocodes und Struktogramme in Scilab-Code sicher umsetzen zu können.
Wir beschränken uns dabei auf die wichtigsten Elemente, da uns eine ausführliche Beschreibung [28] zur Verfügung steht und wir stets auch die Online-Hilfe zu Rate ziehen können.

4.1 Bezeichner und Namenskonventionen

4.1.1 Variablen und Konstanten

Das Hochzählen eines Zählers lässt sich grundsätzlich mit einer while-Schleife erreichen:

```
i = 0; // Initialisierung
while (i < iend)
  i = i+istep; // Inkrementierung
  <Anweisungssequenz>
end
```

Einfacher ist jedoch eine for-Schleife:

```
for i = 1 : istep : iend
  <Anweisungssequenz>
end
```

Wir erstellen Programme mithilfe von **Bezeichnern** (identifier), wobei in Scilab grundsätzlich **Variablen** und **Konstanten** zu unterscheiden sind:

Variable: Veränderliche, die in einem Programm über einen Bezeichner mit einem bestimmten Datentyp definiert und mit einem sich im Programmablauf ergebenden veränderlichen Wert belegt wird.
Beispielsweise stellt ein Schleifenzähler `i` eine Variable (in der Regel des Typs Integer) dar, der beim Schleifendurchlauf ausgehend von seinem Anfangswert solange um die Schrittweite erhöht (inkrementiert) wird, bis er seinen Endwert erreicht hat.

Konstanten werden üblicherweise im Deklarationsteil von Programmen bzw. Funktionen zugewiesen, z. B.:

```
g = 9.80665; // Schwerebeschleunigung
```

Konstante: Bezeichner mit einem festen Wert, der an einer Stelle des Programms festgelegt und dann im weiteren Programmverlauf nicht mehr verändert wird.
So ist `%pi` in Scilab eine symbolische Konstante für die Kreiszahl π. Vielfach werden auch die Parameter eines Problems als Konstanten definiert, z. B. `R=5`, um den Radius eines Körpers festzulegen.

Konstanten sind praktisch Variablen, die ihren Wert nicht ändern. Deshalb sind die **Syntaxregeln**[33] für Variablen auch für Konstanten anzuwenden. Gleiches gilt auch für die Namen von Funktionen[34].

4.1.2 Syntaxregeln und Programmierstil

Das Lexikon der Informatik [33] definiert **Syntax** wie folgt:

> »*Lehre vom Satzbau (griech.) einer ▷ Sprache*«

Zum Begriff der **Semantik** findet man dort die Definition [33]:

> »*Bedeutungslehre (griech.); Bedeutungsinhalt von sprachlichen Gebilden, z. B. der in einem Programmcode zum Ausdruck kommende Wille des ▷ Programmierers; eigentlich: die inhaltliche Bedeutung der im Programmcode verwendeten ‚Begriffe'; die S. unterscheidet sich somit von der ▷ Syntax und ▷ Grammatik*«

Syntaxregeln: Namen von Variablen, Konstanten und Funktionen **müssen** mit einem Buchstaben oder einem der Sonderzeichen `%`, `_`, `#`, `!`, `$` bzw. `?` beginnen. Alle nachfolgenden Zeichen dürfen Buchstaben, Ziffern oder folgende Sonderzeichen `_`, `#`, `!`, `$` bzw. `?` sein.
Groß- und Kleinschreibung wird unterschieden (case sensitive), d. h. `A` und `a` sind unterschiedliche Variablen. Bezeichner können aus beliebig vielen Zeichen bestehen. Die frühere Berücksichtigung nur der ersten 24 Zeichen wurde ab Scilab Version 6.0 aufgehoben.

Bezeichner dienen der **Verbalisierung** unserer programmtechnischen Gedanken und Vorstellungen im Rahmen des Programmcodes. Sie müssen einerseits den Syntaxregeln der jeweiligen Programmiersprache genügen und übernehmen andererseits eine wichtige semantische Funktion in Bezug auf die Verständlichkeit des Codes. Selbst strenge Syntaxregeln erlauben immer noch ein weites Spektrum an möglichen Bezeichnern.

Kurze Bezeichner besitzen häufig wenig Aussagekraft, es sei denn ihr Name leitet sich unmittelbar aus der mathematischen oder physikali-

[33] Regeln, gemäß derer korrekte Konstrukte bzw. Ausdrücke aus einem grundlegenden Zeichenvorrat zu bilden sind.

[34] Der Name einer Funktion stellt eine Konstante dar, deren Zuweisung bei der Deklaration der Funktion erfolgt.

schen Beschreibung der jeweiligen Problemstellung ab. Während Variablennamen, wie a, b und c ohne nähere Beschreibung nicht klar sind, bedürfen Bezeichner, wie L für eine Länge, B für eine Breite und T für eine Tiefe in der Regel keiner weiteren Erläuterung.

Wegen der geringen Redundanz sind kurze Bezeichner anfälliger für Verwechslungen und Tippfehler. Gerade von Programmieranfängern können Variablen wie l1 und l2 sowie i1 und i2 leicht verwechselt werden. Ebenso verwechslungsträchtig sind Bezeichner wie l0 und lO.

Demgegenüber bieten **lange** Bezeichner eine höhere Redundanz und eine größere Aussagekraft. Noch klarer als die Bezeichner L, B und T sind Namen, wie Laenge, Breite und Tiefe. So wäre ja bei T eine Verwechslung mit der absoluten Temperatur (thermodynamische Temperatur) denkbar. Jedoch sind zu lange Variablennamen sowie eine zu extensive Verwendung von Sonderzeichen in Bezug auf eine möglichst geringe Fehleranfälligkeit nicht zu empfehlen.

Leerzeichen sind in Bezeichnern für Variablen, Konstanten und Funktionen nicht erlaubt, sie können durch Unterstrich _ ersetzt werden. Seit Scilab Version 6.0 werden UTF-8-Zeichen[35] in Bezeichnern akzeptiert. **Umlaute** müssen also nicht mehr transkribiert werden (ae für ä, oe für ö etc.), d.h statt Laenge kann Länge verwendet werden, ebenso kann das scharfe S (Eszett) eingesetzt werden, z.B. Maßstab.

Der **Bindestrich** (hyphen) - ist in Bezeichnern nicht erlaubt, da beispielsweise Laenge-a die „Länge a" (Variable) oder auch die Differenz Laenge - a (Ausdruck) bezeichnen könnte.
Da die Schreibweise Laengea schwer lesbar ist und Laenge_a möglicherweise nicht jedermanns Geschmack trifft, ist eventuell die Schreibweise mit **Binnenmajuskeln** (Großbuchstaben im Wortinneren) LaengeA ein akzeptabler Kompromiss.

Unter **Programmierstil** (code conventions, coding standards) versteht man einen Satz von Konventionen, nach denen der Quellcode in einer Programmiersprache geschrieben wird. Diese Regeln unterstützen generell die schnellere und leichtere Lesbarkeit, Verständlichkeit und Wartbarkeit des Programmcodes und vereinfachen die Teamarbeit. Bei größeren Projekten werden häufig entsprechende Richtlinien festgelegt, die beispielsweise programmtechnisch erlaubte, aber unsaubere und fehlerträchtige Konstrukte verbieten oder einschränken.

Zutreffend sprechen wir in der Praxis von „**quick-and-dirty–**" (qd) bzw. „**quick-straight-and-dirty–Programmierung**" (qsd), wenn primär aus zeitlichen Zwängen anstatt in einer sauberen und umfassenden Änderung des Gesamtkonzepts nur eine schnelle Implementierung einer Programmänderung erfolgt, die im Rahmen der späteren Nutzung oder Wartung wahrscheinlich zu Problemen führen wird.

Die Beachtung a priori definierter Nomenklaturen für Variablen, Konstanten und Funktionsnamen kann die Lesbarkeit und die Verständlichkeit eines Quellcodes nachhaltig verbessern. Gleichzeitig ist ein Programmierstil immer etwas Individuelles, der sich zwischen strengen Konventionen einerseits und schnellen, ineffizienten und unschönen Lösungen andererseits seinen Weg bahnt.

4.1.3 Variablenarten

Folgende **Variablenarten** werden unterschieden:

global: Sie sind im gesamten Programm ab ihrer Definition gültig und vorteilhaft, wenn sie in mehreren Programmteilen benötigt werden.

lokal: Sie gelten nur im jeweiligen Teilprogramm (Funktion, Prozedur) und sind vorteilhaft, wenn sie nur lokal benötigt werden, z. B. als Hilfsgrößen.

dynamisch: Sie werden im Gegensatz zu statischen Variablen im Programmlauf kreiert und sind vorteilhaft, um Speicherplatz zu sparen. In Scilab sind sie kaum von Bedeutung.

[35] 8-Bit Unicode (Universal Coded Character Set) Transformation Format

Zwischen den Bezeichnern und dem Gleichheitszeichen können zur besseren Lesbarkeit des Programmcodes Leerzeichen stehen, d. h. `var = value` ist ebenso möglich.

„=" (Zuweisung mit einfachem Gleichheitszeichen) und „==" (logische Gleichheit mit doppeltem Gleichheitszeichen) sind streng zu unterscheiden.

Die Taste „Strg" auf deutschen Computertastaturen hat nichts mit einer Zeichenkette (string) zu tun. Die Abkürzung steht für „Steuerung" und entspricht dem englischen „Control" (Ctrl).

Zu beachten ist, dass bei Gleitkommazahlen anstelle des Dezimalkommas der **Dezimalpunkt** zu verwenden ist, da das Komma in Scilab Trennzeichen (z. B. bei den Argumenten einer Funktion) ist.

Da Scilab ist kein Compiler, sondern ein **Interpreter** ist, brauchen Variablen vor ihrer Verwendung nicht deklariert zu werden. Ihre **Definition** erfolgt automatisch durch **Zuweisung**, z. B. weist `var=value` der Variable `var` den Wert `value` zu.

4.1.4 Datentypen

In Scilab sind alle Variablen und Konstanten **Matrizen**[36] (Felder, Arrays), wobei Skalare 1×1-Matrizen sind.

Tabelle 4.1: *Übersicht über die verschiedenen Datentypen von Scilab.*

Bezeichnung	Bedeutung	Scilab-Beispiel
real	Gleitkommazahl (floating point)	`x=4.2`
integer	Ganzzahl	`y=1`
complex	komplexe Zahl	`z=3+%i`
string	Zeichenkette	`s='Name'` bzw. `s="Name"`
boolean	Wahrheitswert	`Aussage=%t` bzw. `Aussage=%T` `Aussage=%f` bzw. `Aussage=%F`
polynomial	Polynom	`s=poly(0,"s"); p=1+s+2*s^2+3*s^3`

4.1.5 Gleitkommazahlen

In Scilab werden **Gleitkommazahlen** (floating point numbers) mit **doppelter Genauigkeit** (double precision) nach IEEE 754 [61] dargestellt, d. h. mit einer Mantisse von 53 bit (bit=binary digit), was rund 15 gültigen Dezimalen entspricht.

Die Anweisung `format(q)` legt die Stellenzahl von Gleitkommazahlen für die Anzeige und die Ausgabe fest. $q = 20$ gibt bei einstelligen Zahlen 17 Dezimalstellen aus. 1 Stelle wird für das Vorzeichen der Zahl benötigt, 1 Stelle für den ganzen Teil und 1 Stelle für den Dezimalpunkt (d. h. $20-1-1-1=17$). `format("v",10)` wählt das variable Format mit 7 Dezimalstellen. Demgegenüber gibt `format("e",10)` eine Exponentialdarstellung mit 3 Dezimalen aus, da 4 von den 7 verfügbaren Stellen für die Angabe des Exponenten benötigt werden (z. B. `D-03`). Die Eingabe kann mit `E` (exponential) oder `D` (display) erfolgen (z. B. `x=2.E-4` oder `x=2.D-4`), die Ausgabe erfolgt seitens Scilab mit `D` (z. B. `2.D-04`).

4.1.6 Ganzzahlen

Tabelle 4.2: *Übersicht über die verschiedenen Integer-Typen von Scilab.*

Typ	Art	Wertebereich
`int8`	8 bit signed integer	$[-128, 127]$
`int16`	16 bit signed integer	$[-32768, 32767]$
`int32`	32 bit signed integer	$[-2147483648, 2147483647]$
`int64`	64 bit signed integer	$[-9223372036854775808, 9223372036854775807]$
`uint8`	8 bit unsigned integer	$[0, 255]$
`uint16`	16 bit unsigned integer	$[0, 65535]$
`uint32`	32 bit unsigned integer	$[0, 4294967295]$
`uint64`	64 bit unsigned integer	$[0, 18446744073709551615]$

[36] Listen und andere komplexe Strukturen (`tlists`, `mlists`) sind keine Matrizen.

Scilab kennt seit Version 6.0 die in Tab. 4.2 angegebenen 8 **Integer-Typen**. Zur **Typzuweisung** stehen die Funktionen `int8(arg)`, `uint8(arg)`, `...`, `uint64(arg)` zur Verfügung. Zum Beispiel definiert `x = int8(1)` die Variable `x` als vorzeichenbehaftete 8 bit Integer-Zahl.

Die **Umwandlung der Integer-Typen** untereinander erfolgt in Scilab mit der Funktion `iconvert(arg, itype)`. Für `itype=0` wird die Ganzzahl `arg` in eine Gleitkommazahl umgewandelt (Tab. 4.3).

Tabelle 4.3: *Parameter `itype` zur Umwandlung der Integer-Typen von Scilab.*

Wert von `itype`	Integer-Typ	Wert von `itype`	Integer-Typ
0	Gleitkommazahl	–	–
1	`int8`	11	`uint8`
2	`int16`	12	`uint16`
4	`int32`	14	`uint32`
8	`int64`	18	`uint64`

Mit `double(arg)` kann die Ganzzahl `arg` in eine Gleitkommazahl umgewandelt werden.

4.1.7 Boole'sche Variablen

Boole'sche Variablen (Wahrheitswerte) spielen bei logischen Bedingungen und Abfragen eine Rolle und sind entweder wahr (`%t` oder `%T`) oder falsch (`%f` oder `%F`).

4.1.8 Strings (Zeichenketten)

Strings (Zeichenketten) werden in einfache (single quotes) oder doppelte Anführungszeichen (double quotes) eingeschlossen:

```
s='Zeichenkette'   bzw.   s="Zeichenkette"
```

4.1.9 Listen

Matrizen und Vektoren sind in Scilab auf **Daten desselben Typs** beschränkt. So ist `A=[1 2 3 4]` ein Zeilenvektor aus Zahlen und `B=["a" "b" "c" "d"]` ein Zeilenvektor aus Zeichen. Eine Mischung beider Typen, z. B. `C=[1 2 "c" "d"]`, ist nicht möglich. Abhilfe schaffen hier **Listen** `L=list(a1, a2, a3, ..., an)`, die als sequentielle Datenstrukturen aus Matrizen (d. h. auch Skalaren) unterschiedlichen Typs sowie weiteren Listen bestehen können, was komplexe Strukturen ermöglicht.

`L=list([1 2 3 4], ["a" "b" "c" "d"])` erzeugt eine Variable `L` aus dem aus Zahlen bestehenden Zeilenvektor `[1 2 3 4]` und dem aus Zeichen bestehenden Zeilenvektor `["a" "b" "c" "d"]`. Auf das erste Element der Liste, d. h. den Zahlenvektor, kann mit `L(1)`, auf das zweite Element der Liste, d. h. den Zeichenvektor, mit `L(2)` zugegriffen werden. `L(1)(i)` erlaubt den Zugriff auf das i-te Element des Zeilenvektors, d. h. `L(1)(1)` hat den Wert `1`, `L(1)(2)` den Wert `2`, `L(1)(3)` den Wert `3` und `L(1)(4)` hat den Wert `4`, während `L(2)(2)` das Zeichen `b` liefert.

Listen sind beliebig erweiterbar, Listenelemente leicht entfernbar. So fügt `L($+1)=C` das Element `C=[11; 12; 13; 14; 15]` am Ende von `L` ein. Das i-te Element von `L` kann mit `L(i)=null()` gelöscht werden, d. h. `L(2)=null()` löscht den Zeichenvektor `["a" "b" "c" "d"]` aus der Liste `L`, so dass der zuvor eingefügte Spaltenvektor `C` nun an die zweite Position rückt. Mit `L(0)=B` kann das Element `B` am Anfang der Liste `L` eingefügt werden, wodurch sich alle Listenindizes um 1 erhöhen.

6.0 Ab Version 6.0 führen Kombinationen einfacher und doppelter Anführungszeichen zu Fehlermeldungen: `Fehler: Heterogeneous string detected, starting with " and ending with '.` bzw. `Fehler: Heterogeneous string detected, starting with ' and ending with ".`

☞ Listen können `lstcat` aneinandergereiht (konkateniert) werden. So verbindet der Befehl `L3=lstcat(L1,L2)` die Listen `L1` und `L2` zu einer neuen Liste `L3`, indem der Anfang der Liste `L2` an das Ende der Liste `L1` gesetzt wird.

Die Anzahl der Elemente in einer Liste `L` kann mit `size(L)` oder `length(L)` ermittelt werden. Mit der Sequenz

```
for e=L
   <Anweisung 1>
   <Anweisung 2>
end
```

wird die Liste `L` von den Indizes 1 bis `length(L)` durchlaufen, wobei das jeweilige Listenelement `L(i)` in der Schleifenvariablen `e` zur Verfügung steht.

☞ Das i-te Element einer Liste `L(i)` kann mit `getfield(i,L)` extrahiert werden. `setfield(i, wert, L)` belegt das Listenelement `L(i)` mit dem Wert `wert`.

4.1.10 Strukturen

Strukturen (Verbunde, Records) sind komplexe Objekte, die wie Listen aus Variablen verschiedenen Typs bestehen können, z. B. Zeichenketten und Zahlen. Im Unterschied zu Listen werden ihre Elemente aber nicht über Indizes, sondern über Bezeichner (Namen) angesprochen.

`S = struct(feld1, wert1, feld2, wert2, ... , feldn, wertn)` legt die Struktur `S` mit den Feldern `feld1, feld2, ... , feldn` mit Werten `wert1, wert2, ... , wertn` an. Sollen zunächst keine Werte festgelegt werden, können wir diese mit `[]` leer lassen. Beispielsweise kann mit `Student = struct('Name', [], 'Vorname', [], 'Matrikel', [], 'Studiengang', [], 'Ort', [], 'Straße', [], 'HausNr', [], 'Telefon', [])` eine Struktur `Student` angelegt werden, die neben `Name, Vorname, Matrikel, Studiengang, Ort, Straße` und `HausNr` auch die `TelNr` enthält.

Auch wenn die Namen der Felder als Zeichenketten deklariert werden, sind hier die für Variablennamen gültigen Konventionen bezüglich der Syntax (vgl. S. 80) einzuhalten.

Die Zuweisung von Werten in die fraglichen Feldern kann direkt erfolgen, z. B.

```
Student.Name='Sorglos';
Student.Vorname='Susi';
Student.Matrikel=123456;
Student.Studiengang='UIW';
Student.Ort='Wolkenkuckucksheim';
Student.Straße='Auf Wolke';
Student.HausNr='7';
Student.TelNr='k.A.';
```

`Student.Geburtstag='28.11.82'` fügt das neue Feld `Geburtstag` mit Wert `'28.11.82'` in die Struktur `Student` ein, so dass auch Strukturen im Programmverlauf dynamisch gestaltet werden können.

Mit `getfield(i+2,Student)` kann auf das i-te Feld[37] der Struktur `Student` zugegriffen werden. Mit `setfield(i+2,Student)` kann alternativ zum direkten Zugriff über den Feldnamen das i-te Feld der Struktur `Student` verändert werden.

Die Abfrage `Student.dims` liefert den Hinweis, dass die Struktur Student intern als 1×1-Feld im Speicher abgelegt ist. Die gespeicherten Feldelemente befinden sich damit auf `Student(1)`. Dies eröffnet über eine entsprechende Indizierung die Möglichkeit, weitere Strukturelemente in einem struct-Array anzufügen, z. B. mit

```
Student(2).Name='Alles';
Student(2).Vorname='Erkan';
Student(2).Matrikel=123457;
Student(2).Studiengang='BIW';
Student(2).Ort='Blanketvillage';
Student(2).Straße='Im Hinterhof';
Student(2).HausNr='17';
Student(2).TelNr='0815 424242';
Student(3).Name='Ha-noi';
Student(3).Vorname='Hanna von';
Student(3).Matrikel=123454;
Student(3).Studiengang='MB';
Student(3).Ort='Schdueged';
Student(3).Straße='Königstraße';
Student(3).HausNr='4';
Student(3).TelNr='0711 117022';
```

[37] Auf der Position 1 ist der Feldaufbau der Struktur gespeichert, auf der Position 2 die Dimension `dims` der Struktur, so dass die Felder ab Position 3 beginnen.

Die Definition einer neuen Komponente einer Struktur kann auch dazu benutzt werden, diese zu erzeugen und dann mit weiteren Feldelementen zu ergänzen, z. B. liefert `Datum.Tag=15`

```
--> Datum =
Tag: 15
```

Später werden noch die Komponenten Monat und Jahr hinzugefügt.

```
Datum.Monat='Jul';
Datum.Jahr=2020;
```

Weisen wir einer Komponente einer Struktur den Wert `null()` zu, wird diese gelöscht, z.B. löscht `Student.HausNr=null()` das Feld `HausNr` in der Struktur `Student`.

☞ Die Feldnamen einer Struktur `S` können mit dem Befehl `fieldnames(S)` abgefragt werden.

4.1.11 Dynamische Variablen

Die Verwendung **dynamischer Variablen** ist in Scilab insofern möglich, als jederzeit der Typ der Variable gewechselt werden kann:

```
--> x=1; x+1
 ans =
        2.
--> x='foo'
 x =
        foo
```

☞ „**foo**" bezeichnet in der Informatik Platzhalter und Beispielnamen für Verzeichnisse, Dateien, Routinen, Funktionen, Variablennamen etc. und ist dabei je nach Programm durch einen bestehenden oder durch einen beliebigen Namen zu substituieren.
Der Name leitet sich von Foo-Fighter ab, einer Bezeichnung für von alliierten Piloten gesichtete, unbekannte Erscheinungen im Zweiten Weltkrieg.

4.1.12 Abfrage der Variablenart

Scilab gestattet die Abfrage der Variablenart mithilfe des Befehls `typeof(variable_name)`. So ergibt die Abfrage für das letzte Beispiel:

```
--> typeof(x)
 ans =
        string
```

4.1.13 Bereichsvariablen

Zum Zeichnen von Funktionen ist es vorteilhaft, einen gewissen Bereich für die x-Werte zu reservieren, was mit **Bereichsvariablen** (range variables) geschehen kann, die Scilab intern als Vektoren speichert.

Die Definition einer Bereichsvariable erfolgt auf einfache Weise mit dem **Doppelpunkt** (Kolon). Beispielsweise definiert

```
x = n1 : n2
```

die Variable `x` als Vektor, der alle ganzen Zahlen von `n1` bis `n2` enthält.

```
x = n1 : inc : n2
```

ergibt eine Stufung zwischen `n1` und `n2` mit dem Inkrement `inc`.

Auf Gleitkommaebene wird dies durch den Befehl

```
linspace(x1, x2 [,n])
```

erreicht, der das Intervall zwischen den Zahlen `x1` und `x2` in `n-1` gleiche Teile aufteilt und das Ergebnis in der zugewiesenen Variable speichert. Ohne die optionale Angabe von `n` wird das Intervall per default (Voreinstellung `n=100`) in 99 gleiche Teile geteilt.

☞ Zur Teilung des Intervalls $[0;10]$ in 99 **gleiche** Teile genügt daher die Anweisung:

```
x=linspace(0,10)
```

Allerdings wird damit keine Teilung in Zehntelschritten erreicht, sondern das Inkrement (der Zuwachs) beträgt $\Delta x = 0{,}1010101\ldots = 0{,}\overline{10}$. Um einen Zuwachs von $\Delta x = 0{,}10$ zu erhalten, muss $n = 101$ betragen (vgl. Pfosten-Zaun-Problem[38]):

```
x = linspace(0, 10, 101)
```

Um eine **logarithmische Teilung** zu erhalten, bietet Scilab den Befehl

```
logspace(d1, d2, [n])
```

an, wobei `n` mit 50 voreingestellt ist. Dadurch wird eine logarithmische Teilung zwischen den Punkten 10^{d1} und 10^{d2} erreicht. Für den Sonderfall `d2=%pi` erfolgt die Teilung zwischen 10^{d1} und π.

Der Befehl

```
--> logspace(1,2,11)
```

liefert beispielsweise:

```
ans =
10.  12.589254  15.848932  19.952623
25.118864    31.622777    39.810717
50.118723 63.095734 79.432823 100.
```

4.1.14 Voreingestellte Variablen (Systemvariablen)

Scilab verfügt über mehrere voreingestellte Variablen, die mit einem `%` als erstem Zeichen beginnen:

Tabelle 4.4: *Übersicht über die Systemvariablen von Scilab.*

Variable	Bedeutung
`%i`	imaginäre Einheit $i=\sqrt{-1}$
`%e`	Euler'sche Zahl $e=2{,}71828\ldots$
`%pi`	Kreiszahl π
`%t, %T`	logisch wahr
`%f, %F`	logisch falsch
`%eps`	Maschinengenauigkeit $\epsilon=2{,}20\cdot 10^{-16}$ (rechnerabhängig)
`%inf`	unendlich
`%nan`	not a number (undefiniert)
`%s, %z`	Polynomvariablen

Alle Systemvariablen sind schreibgeschützt und können nicht überschrieben werden. Allerdings können sie in geeignete benutzerdefinierte Variablen umgespeichert werden, z. B. speichert `e=%e` die Systemvariable `%e` in die Variable `e` um.

Werden Ausdrücke nicht zugewiesen, dann wird ihr Ergebnis automatisch in der Systemvariable `ans` (answer) gespeichert.

`ans` enthält immer den letzten nicht einem Bezeichner zugewiesenen Ausdruck. Damit ist es möglich, Scilab als Taschenrechner zu nutzen.

```
--> 1 + 2 + 3
 ans =
      6.
```

4.1.15 Übersicht über definierte Variablen

```
who
```

listet die benutzerdefinierten Variablen sowie systeminterne globale Variablen am Bildschirm auf.

```
who('local', 'sorted')
```

listet nur die lokalen Benutzervariablen in sortierter Reihenfolge auf. Demgegenüber erhält man mit

```
whos
```

eine vollständige Liste aller definierten Variablen mit Name, Typ, Größe und Speicherplatzbedarf.

```
whos -type typ
```

listet alle Variablen des Typs `typ` auf.

```
whos -name token
```

listet alle Variablen, deren Name mit `token` beginnt.

[38] Um bei einem Zaun n Felder zwischen den Pfosten zu erhalten, sind $n+1$ Pfosten notwendig (vgl. Bild 2.5).

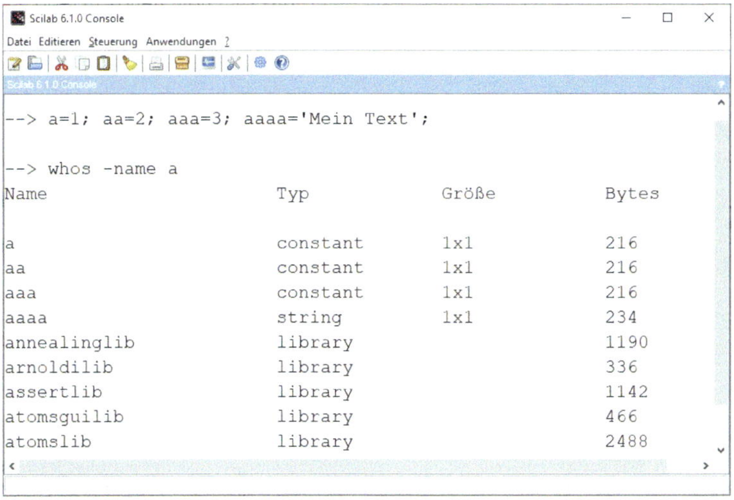

```
Scilab 6.1.0 Console
Datei Editieren Steuerung Anwendungen ?

--> a=1; aa=2; aaa=3; aaaa='Mein Text';

--> whos -name a
Name                    Typ          Größe        Bytes

a                       constant     1x1          216
aa                      constant     1x1          216
aaa                     constant     1x1          216
aaaa                    string       1x1          234
annealinglib            library                   1190
arnoldilib              library                   336
assertlib               library                   1142
atomsguilib             library                   466
atomslib                library                   2488
```

Bild 4.1: *Beispiel für eine Variablenabfrage mittels* `whos`.

Eine Alternative zu `whos` zur Auflistung der benutzerdefinierten Variablen und der systeminternen globalen Variablen stellt der Menüpunkt `Anwendungen - Variablen-Browser` in der Konsole dar.

4.1.16 Löschen von Variablen

Die durch Zuweisung definierten Variablen bleiben bis zur Beendigung von Scilab im Speicher und behalten ihre aktuellen Werte. Mit

```
clear a
```

wird die zuvor erzeugte Variable `a` gelöscht,

```
clear a, b, c
```

löscht die Variablen `a, b` und `c`. Wird

```
clear
```

alleine eingegeben, werden alle benutzerdefinierten Variablen aus dem Speicher gelöscht. Dies kann beispielsweise am Beginn eines Programmcodes zur Vermeidung unvorhergesehener Effekte sinnvoll sein.

4.2 Operatoren

4.2.1 Arithmetische Operatoren

Scilab kennt die in Tabelle 4.5 zusammengestellten arithmetischen Operatoren.

Tabelle 4.5: *Übersicht über die arithmetischen Operatoren von Scilab.*

Operator	Bedeutung	Scilab-Beispiel	Mathematische Notation
`+`	Addition	`z = x + y`	$z = x + y$
`-`	Subtraktion	`c = a - b`	$c = a - b$
`*`	Multiplikation	`y = 2*x`	$y = 2x$
`/`	(Rechts-)Division	`z = x/y`	$z = x \cdot y^{-1}$
`\`	Links-Division	`z = x\y`	$z = x^{-1} \cdot y$
`^`	Potenz (Hat-Operator)	`z = x^2`	$z = x^2$
`**`	Potenz (Exponentation)	`z = x**2`	$z = x^2$
`'`	(Konjugierte) Transponierte	`B = A'`	$B = A^{\mathrm{T}}$

Zwischen Koeffizient und Variable ist **stets** ein `*`-Operator zu setzen, d. h. wir schreiben `2*x` und nicht `2x`.

Die Links-Division kann elegant zur Lösung linearer Gleichungssysteme (Koeffizientenmatrix `A`, Lastvektor `b`, Lösungsvektor `x`) verwendet werden:

```
x=A\b
```

Potenzen können wir in Scilab alternativ mit `^` oder `**` notieren.

4.2.2 Vergleichsoperatoren

In Scilab sind die in Tabelle 4.6 dargestellten Vergleichsoperatoren definiert, die `%t` bzw. `%T` für wahre und `%f` bzw. `%F` für falsche Aussagen zurückgeben.

Tabelle 4.6: *Übersicht über die Vergleichsoperatoren von Scilab.*

Operator	Bedeutung	Scilab-Beispiel	Mathematische Notation
`<`	kleiner	`a < b`	$a < b$
`>`	größer	`c > d`	$c > d$
`<=`	kleiner oder gleich	`a <= b`	$a \leq b$
`>=`	größer oder gleich	`c >= d`	$c \geq d$
`==`	gleich (identisch)	`a == b`	$a \equiv b$
`~=`	ungleich	`a ~= b`	$a \neq b$
`<>`	(verschieden)	`a <> b`	$a \neq b$

Für die Prüfung auf Ungleichheit stehen uns `~=` und `<>` zur Verfügung.

Als Warnungs-Beispiel diene der folgende, auf eine Endlos-Schleife führende Scilab-Code:

```
x = 0.0;
while x  ~= 1.0
    x = x + 0.1;
    disp([x, sqrt(x)])
end
```

Bei Gleitkommazahlen ist der `==`-Operator **mit Vorsicht** zu verwenden. Beispielsweise ist `0.1` **binär periodisch** (0,00011 0011 0011 0011 0011 0011 0011 0011 0011 0011 0011 0011 0011...), d. h. dieser Wert kann auf dem Computer nicht exakt dargestellt werden.

4.2.3 Logische Operatoren (Boole'sche Operatoren)

Scilab verfügt über die in Tabelle 4.7 zusammengestellten logischen Operatoren.

Tabelle 4.7: *Übersicht über die logischen Operatoren von Scilab.*

Operator	Bedeutung	Scilab-Beispiel	Mathematische Notation
`&`	AND	`a & b`	$a \wedge b$
`|`	OR	`a | b`	$a \vee b$
`~`	NOT	`~a`	$\overline{a}$

4.2.4 Punkt-Operator und elementweise Operationen

Mit dem **Punkt-Operator** (Dot-Operator) sind bei Matrizen **elementweise** Operationen (Vektoroperationen) möglich:

Tabelle 4.8: *Übersicht über die elementweisen Operationen von Scilab.*

Operator	Bedeutung
`.*`	elementweise Multiplikation
`./`	elementweise (Rechts-)Division
`.\`	elementweise Links-Division
`.^`	elementweise Exponentiation
`.'`	elementweise Transponierte

Während

```
C = A*B
```

das Produkt der Matrizen `A` und `B` berechnet und dies in die Matrix `C` schreibt, werden die Einträge der beiden Matrizen mit

```
C = A.*B
```

elementweise multipliziert, d. h. in der Ergebnismatrix `C` steht bei c_{11} das Produkt $a_{11} \cdot b_{11}$ etc.

Folgt der Punkt-Operator auf eine Zahl, wird der Punkt als zur Zahl gehörig betrachtet, d. h.

```
2.*x
```

wird als `2.0*x` interpretiert, während das Einfügen eines Leerzeichens (blanks)[39] ␣ die gewünschte Vektoroperation ergibt:

```
2␣.*x
```

4.3 Elemente der Codegestaltung

4.3.1 Kommentare

Kommentare haben wir bereits in Abschnitt 2.2.11 behandelt.

4.3.2 Fortsetzungszeilen

Bei sehr langen Anweisungen ist es erforderlich, diese mithilfe von `..` (Double dot) als Fortsetzungszeilen fortzuführen. Beispielsweise erzeugt:

```
--> x = 1 ..
+2 ..
+3;
x
x =
       6.
```

Allerdings stellt sich im konkreten Falle die Frage, ob in Bezug auf die Übersichtlichkeit des Codes nicht besser entsprechende Hilfsvariablen eingeführt werden.

4.3.3 Automatische Formatierung des Codes

Durch die vom Editor SciNotes automatisch vorgenommenen Einrückungen bei Code-Blöcken, wie Funktionsdeklarationen, Verzweigungen und Schleifen, wird bereits ein weitgehend übersichtlicher Programmcode erreicht. Die Einrücktiefe ist mit 4 Zeichen voreingestellt und kann in SciNotes unter dem Menüpunkt `Optionen - Preferences - Scinotes General settings - Scinotes - Display - Tabulation size` verändert werden. Die automatische Formatierung von SciNotes kann über den Menüpunkt `Optionen - Preferences - Scinotes General settings - Scinotes - Display - Enable auto indentation` ein- und ausgeschaltet werden.

4.3.4 Automatische Syntaxvervollständigung

SciNotes nimmt eine automatische Klammerung vor, d. h. bei Eingabe einer öffnenden Klammer `(`, `[` bzw. `{` wird das entsprechende schließende Element `)`, `]` bzw. `}` selbsttätig eingefügt. Dieser Automatismus beugt gerade im Anfängerstadium Syntaxfehlern vor. Analog werden schließende Elemente bei Hochkommata in Strings, Funktionsdeklarationen, Verzweigungen und Schleifen eingefügt.

[39] Leerzeichen werden zur Hervorhebung üblicherweise als ␣ geschrieben.

Diese automatische Vervollständigung des Programmcodes kann in SciNotes über den Menüpunkt `Optionen - Auto-completion on (,[,...` bzw. `Optionen - Auto-completion on if,function,...` ein- und ausgeschaltet werden.

4.3.5 Abschalten des Konsolenechos

Zuweisungen von Variablen und Konstanten werden in der Konsole zur Information am Bildschirm wiederholt. Beispielsweise ergibt:

```
--> a=2
 a =
     2.
```

Das Abschalten des Bildschirmechos ist insbesondere bei umfangreichen Eingaben sinnvoll. Das Echo kann aber im Zuge der Fehlersuche durchaus hilfreich sein.

Durch Abschließen einer Zuweisung mit einem **Semikolon** (Strichpunkt) wird das **Bildschirmecho unterdrückt**. So ergibt:

```
--> a=2;
-->
```

4.4 Matrizen und Vektoren

Wie bereits in Abschnitt 4.1.4 erwähnt, werden die meisten Variablen in Scilab intern als **Matrizen** (Felder, arrays) gespeichert. Vektoren (Matrix mit einer Zeile bzw. einer Spalte) sind dabei Spezialfälle von Matrizen, ebenso wie Skalare (1×1-Matrizen).
Matrizen sind aus **Zeilenvektoren** ($n\times 1$-Matrix) und aus **Spaltenvektoren** ($1\times m$-Matrix) aufgebaut und gekennzeichnet durch

- ihre Zeilenzahl n (rows),
- ihre Spaltenzahl m (columns),
- ihren Datentyp (real, integer, boolean, string, polynomial).

4.4.1 Eingabe von Matrizen

Matrizen werden in Scilab grundsätzlich mit **eckigen Klammern** notiert. Die Elemente der einzelnen Spalten einer Zeile werden durch **Leerzeichen oder Komma** getrennt. Die Trennung der einzelnen Zeilen voneinander erfolgt durch **Semikolon** (Strichpunkt) **oder Zeilenumbruch** im Editor.
Die 2×3-Matrix `A` wird beispielsweise so eingegeben:

```
--> A = [1, 2, 3; 4, 5, 6]
 A =
   1. 2. 3.
   4. 5. 6.
```

Bei der Eingabe einer Matrix oder eine Vektors ist darauf zu achten, dass Zeilen und Spalten richtig eingegeben, insbesondere **nicht vertauscht** werden.

Alternativ ist auch diese Eingabe möglich:

```
--> A = [1 2 3
4 5 6]
 A =
   1. 2. 3.
   4. 5. 6.
```

Eine nachträgliche **Vertauschung von Zeilen und Spalten** einer Matrix bzw. eines Vektors ist durch den **Transpositions-Operator** `'` möglich, wie die folgenden Beispiele zeigen:

```
--> A = [1 2 3; 4 5 6] // Definition von A als (2,3)-Matrix
 A =
    1. 2. 3.
    4. 5. 6.
--> A = A' // Umwandlung von A in eine (3,2)-Matrix, die ursprüngliche Matrix
           // A geht dadurch verloren!
 A =
    1. 4.
    2. 5.
    3. 6.
--> b = [ 1 2 3] // Definition von b als Zeilenvektor
 b =
    1. 2. 3.
--> b = b' // Umwandlung von b in einen Spaltenvektor
 b =
    1.
    2.
    3.
```

Im jeweiligen Fall ist zu beachten, ob die ursprünglichen Matrizen und Vektoren durch die Transposition **überschrieben** werden können. Sie können durch nochmalige Transposition wiederhergestellt werden, sofern zwischenzeitlich keine Änderungen an den Einträgen erfolgt sind.

4.4.2 Besondere Matrizen

Scilab kann mit speziellen Befehlen besondere Matrizen anlegen.

Tabelle 4.9: *Scilab-Befehle für besondere Matrizen.*

Befehl	Bedeutung	Scilab-Beispiel
eye	Einheitsmatrix	A = eye(3,3)
ones	Matrix mit Einsen	B = ones(2,3)
zeros	Null-Matrix	C = zeros(2,3)
rand	Matrix mit Zufallszahlen	D = rand(2,3)
[]	leere Matrix	E = []

Beispiele hierfür sind:

```
--> A = eye(3,3)
 A =
    1. 0. 0.
    0. 1. 0.
    0. 0. 1.

--> B=ones(2,3)
 B =
    1. 1. 1.
    1. 1. 1.

--> C=zeros(2,3)
 C =
    0. 0. 0.
    0. 0. 0.

--> D=rand(2,3)
 D =
    0.2113249 0.0002211 0.6653811
    0.7560439 0.3303271 0.6283918

--> E=[]
 E =
    []
```

4.4.3 Abfrage und Modifikation von Matrizen

Scilab stellt gemäß Tabelle 4.10 Funktionen zur Abfrage und Modifikation von Matrizen zur Verfügung.

Tabelle 4.10: *Scilab-Befehle zur Abfrage und Modifikation von Matrizen.*

Befehl	Bedeutung	Scilab-Beispiel
`size`	Größe einer Matrix	`[Anz_Z, Anz_S] = size(A)` `Anz_Z`: Zeilenzahl; `Anz_S`: Spaltenzahl
`length`	Anzahl der Elemente eines Vektors	`n = length(b)`
`matrix`	Ändern der Form einer Matrix	`AA = matrix(A, 1, 6)` Umwandeln von `A` in Zeilenvektor
`resize_matrix`	Ändern der Dimension einer Matrix	`resize_matrix(mat, newRow, newCol [, typeOfMat])`

Beispiele hierfür sind:

```
--> [Anz_Z,Anz_S] = size(A) // Abfrage der Dimension von A
 Anz_S =
   3.
 Anz_Z =
   2.

--> Anz_Z = size(A,sel="r") // nur Zeilenzahl ermitteln
 Anz_Z =
   2.

--> Anz_S = size(A,sel="c") // nur Spaltenzahl ermitteln
 Anz_S =
   3.

--> Anz_Elts = size(A,sel="*") // Anzahl der Einträge ermitteln
 Anz_Elts =
   6.

--> AA = matrix(A,1,6) // Erzeugen eines Zeilenvektors aus A
 AA =
   1.  1.  1.  1.  1.  1.

--> AAA = matrix(A,6,1) // Erzeugen eines Spaltenvektors aus A
 AAA =
   1.
   1.
   1.
   1.
   1.
   1.
```

4.4.4 Zugriff auf Matrizen und Matrixelemente

Der Zugriff auf Matrizen und ihre Elemente erfolgt in Scilab auf:

- die gesamte Matrix durch den Matrixnamen (z. B. `A`)
- einzelne Elemente durch direkte Referenzierung (z. B. `A(2,3)` für das Element $a_{2,3}$)
- mehrere Elemente durch den Doppelpunkt-Operator (z. B. `A(i,:)` für die Zeile i)

Matrizen gleichen Typs können addiert und subtrahiert werden:

```
--> A = ones(2,3)
  A =
     1. 1. 1.
     1. 1. 1.

--> B = 4*ones(2,3)
  B =
     4. 4. 4.
     4. 4. 4.

--> C = A + B
  C =
     5. 5. 5.
     5. 5. 5.

--> D = A - B
  D =
     -3. -3. -3.
     -3. -3. -3.
```

Die **Addition und Subtraktion von Matrizen** wird **elementweise** ausgeführt. Ist einer der Summanden, der Subtrahend oder der Minuend ein Skalar (1×1-Matrix), dann erfolgt die entsprechende Verknüpfung ebenfalls elementweise, wie die folgenden Beispiele zeigen:

```
--> A=[1 2 3; 4 5 6] // Definition von A
  A =
     1. 2. 3.
     4. 5. 6.

--> A + 1 // Addition von 1 zu A
  ans =
     2. 3. 4.
     5. 6. 7.

--> 1 - A // Addition von 1 zu -A
  ans =
        0. - 1. - 2.
     - 3. - 4. - 5.

--> A - 2 // Subtraktion von 2 von A
  ans =
     - 1. 0. 1.
       2. 3. 4.
```

Der **Direktzugriff** auf einzelne Elemente setzt die Gültigkeit der jeweiligen Indizes voraus. Ungültige Indizes führen zu einer Fehlermeldung:

```
--> A = rand (2,3)
  A =
     0.8497452 0.8782165 0.5608486
     0.6857310 0.0683740 0.6623569

--> A(1,1)
  ans =
     0.8497452

--> A(1,5)
Ungültiger Index.

--> A(-1,0)
Ungültiger Index.
```

Der Scilab-Befehl `diag` liefert die **(Haupt-)Diagonale** einer Matrix zurück, wie folgendes Beispiel zeigt:

```
--> A = [1, 2, 3; 4, 5, 6; 7, 8, 9]; // Definition von A
diag(A) // Hauptdiagonale von A
 ans =
   1.
   5.
   9.
```

4.4.5 Doppelpunkt-Operator

Der **Doppelpunkt-Operator** (Kolon-Operator) `:` wird in Scilab für die Festlegung von **Bereichen** verwendet. Die Anweisung

```
range = start_index : step : end_index
        mit start_index ≤ end_index
```

erzeugt den Vektor:

```
[start_index, start_index+step, start_index+2*step, . . . , end_index]
```

Fehlt die Angabe der Schrittweite `step`, wird automatisch die Voreinstellung `1` verwendet. Beispiele hierfür sind:

```
--> v = 1:5
 v =
   1. 2. 3. 4. 5.

--> v = 5 : -1 : 1
 v =
   5. 4. 3. 2. 1.

--> v = 3 : 2 : 11 // letzter Index wird erreicht (ungeradzahlig)
 v =
   3. 5. 7. 9. 11.

--> v = 3 : 2 : 12 // letzter Index wird nicht erreicht (geradzahlig)
 v =
   3. 5. 7. 9. 11.
```

Mit einem **Vektor aus Indexwerten** ist damit der Zugriff auf mehrere Matrixelemente gleichzeitig möglich. In der allgemeinen Form erhält man damit folgende Syntax:

```
A(row_start : row_step : row_end, col_start : col_step : col_end)
```

Beispielsweise erhält man mit `A(1:2, 3:4)` die Elemente $a_{i,j}$ ($i = 1{,}2$ und $j = 3{,}4$) einer Matrix:

```
--> A = rand(5,5)
 A =
   0.7263507 0.2164633 0.2146008 0.4826472 0.2693125
   0.1985144 0.8833888 0.312642  0.3321719 0.6325745
   0.5442573 0.6525135 0.3616361 0.5935095 0.4051954
   0.2320748 0.3076091 0.2922267 0.5015342 0.9184708
   0.2312237 0.9329616 0.5664249 0.4368588 0.0437334

--> A(1:2, 3:4)
 ans =
   0.2146008 0.4826472
   0.312642  0.3321719
```

Zusammenfassend ergeben sich damit die in Tabelle 4.11 dargestellten Zugriffsmöglichkeiten auf die Elemente einer Matrix mithilfe des Doppelpunkt-Operators.

Tabelle 4.11: *Zugriff auf Matrixelemente mittels Doppelpunkt-Operator.*

Syntax	erfasste Elemente
`A`	gesamte Matrix
`A(:,:)`	gesamte Matrix
`A(i:j,k)`	Zeilenelemente i bis j in Spalte k
`A(i,j:k)`	Elemente der Zeile i der Spalten j bis k
`A(i,:)`	gesamte Zeile i
`A(:,j)`	gesamte Spalte j

4.4.6 Dollar-Operator

Der **Dollar-Operator** `$` erlaubt gemäß Tabelle 4.12 den Zugriff auf Matrixelemente vom **Ende** einer (n,m)-Matrix `A` aus.

Tabelle 4.12: *Zugriff auf Matrixelemente mittels Dollar-Operator.*

Syntax	erfasste Elemente
`A(i,$)`	Element der Zeile i in der Spalte m
`A($,j)`	Element der Spalte j in der Zeile n
`A($-i,$-j)`	Element in der Zeile $n-i$ und der Spalte $m-j$

Mit dem Dollar-Operator können am Ende einer Matrix leicht Elemente hinzugefügt werden. So wird durch den folgenden Scilab-Code der Lastvektor `b` an die Koeffizientenmatrix `A` zur erweiterten Koeffizientenmatrix `Ab` angehängt:

```
--> A = [11 12 13; 21 22 23; 31 32 33] // Definition von A
 A =
   11. 12. 13.
   21. 22. 23.
   31. 32. 33.

--> b = [1; 2; 3] // Definition von b
 b =
   1.
   2.
   3.

--> Ab = A; // Umspeichern der Matrix A

--> Ab(:,$+1) = b // Andocken des Lastvektors
 Ab =
   11. 12. 13. 1.
   21. 22. 23. 2.
   31. 32. 33. 3.
```

4.4.7 Elementweise Operationen

Mit dem Punkt-Operator `.` können bei Matrizen und Vektoren elementweise Operationen ausgeführt werden (vgl. Abschnitt 4.2.4). Während der normale Multiplikations-Operator `*` zum Matrizen- bzw. Skalarprodukt führt, liefert der entsprechende Punkt-Operator `.*` eine elementweise Multiplikation.

```
--> A = ones(2,2) // Definition der Matrix A
 A =
    1. 1.
    1. 1.

--> B = 3*ones(2,2) // Definition der Matrix B
 B =
    3. 3.
    3. 3.

--> A * B // Matrix-Produkt
 ans =
    6. 6.
    6. 6.

-->A .* B // elementweise Multiplikation
 ans =
    3. 3.
    3. 3.
```

4.4.8 Funktionen der Linearen Algebra

Scilab verfügt über zahlreiche implementierte Funktionen aus der **Linearen Algebra**, die den Umgang und das Rechnen mit Matrizen und Vektoren stark vereinfachen.

☞ Die Zusammenstellung in Tabelle 4.13 gibt lediglich eine Übersicht. Genauere Informationen sind in der Scilab-Hilfe [28] zu finden.

Tabelle 4.13: *Ausgewählte Funktionen der Linearen Algebra in Scilab.*

Befehl	Bedeutung	Scilab-Beispiel
chol	Cholesky-Zerlegung einer Matrix (A symmetrisch und positiv definit)	R = col(A)
cond	Konditionszahl einer Matrix mittels p-Norm (vgl. Abschnitt 5.4.3) Voreinstellung: 2-Norm	a = cond(A,p) a = cond(A)
det	Determinante einer Matrix (A muss quadratisch sein)	a = det(A)
inv	Inverse einer Matrix (A muss regulär sein)	A1 = inv(A)
linsolve	linearer Gleichungssystemlöser	[x0, kerA] = linsolve(A, b [,x0])
lsq	linearer Gleichungssystemlöser für unterbestimmtes LGS A*x=b	x = lsq(A,b [,tol])
lu	LU-Zerlegung einer Matrix	[L,U] = lu(A)
norm	Matrix- oder Vektor-Norm (je nach flag; Default: 2)	n = norm(x [,flag]) flag = 1, 2, 'inf', 'fro'
qr	QR-Zerlegung einer Matrix	[Q,R] = qr(X [,"e"])
rank	Rang einer Matrix	rang = rank(A)
rcond	inverse Konditionszahl einer Matrix	a = rcond(A)
sum	zeilenweise Matrix-/Vektorsumme	s = sum(x,'r')
	spaltenweise Matrix-/Vektorsumme	s = sum(x,'c')
spec	Eigenwerte (Spektrum) einer Matrix	lambda = spec(A)
svd	Einzelwert-Zerlegung einer Matrix	s = svd(A)
trace	Spur einer Matrix	spur = trace(A)

4.5 Verzweigungen (flow control)

Gemäß Abschnitt 3.3.2 stellen **Verzweigungen** elementare Programmkontrollstrukturen dar, weshalb im folgenden die wichtigsten Verzweigungen in Scilab vorgestellt werden.

4.5.1 If-Schleifen

If-Schleifen werden mit den (kleingeschriebenen) Schlüsselwörtern `if, else` und `elseif` gebildet. Sie sind stets mit einer `end`-Anweisung abzuschließen:

```
if (condition) [then]
    <Anweisungssequenz>
end
```

Dabei wird der Anweisungsblock `<Anweisungssequenz>` ausgeführt, falls `condition` wahr ist. Ansonsten wird die gesamte If-Schleife übersprungen. Das optionale Schlüsselwort `then` ist nicht unbedingt erforderlich.

Sollen in Abhängigkeit von **zwei Bedingungen A und B** zwei unterschiedliche Anweisungsblöcke ausgeführt werden, können wir dies folgendermaßen erreichen:

```
if (conditionA) [then]
    <AnweisungssequenzA>
elseif (conditionB) [then]
    <AnweisungssequenzB>
end
```

Da es zur Bedingung `conditionB` keine Alternative gibt, ist auch folgender einfacherer Code möglich:

```
if (conditionA) [then]
    <AnweisungssequenzA>
else
    <AnweisungssequenzB>
end
```

Somit wird `<AnweisungssequenzB>` ausgeführt, wenn die Bedingung `conditionA` falsch ist. Programmiertechnisch ist es am günstigsten, die **am schwierigsten** zu fassende Bedingung als `else` zu verarbeiten.

Beispiel 4.1:

⌘ *Die Anwendung des If-Konstrukts soll bei der Funktion* `signum` *gezeigt werden, die das Vorzeichen (Signum) einer Zahl* `x` *retourniert:*

```
function sgn = signum(x)
   if x > 0
        sgn = 1;
   elseif x < 0
        sgn = -1;
   else
        sgn = 0;
   end
endfunction
```
⌘

4.5.2 Select-Case-Verzweigung

Alternativ zu einer mehrfachen If-Verzweigung kann in vielen Fällen auch das **Select-Case-Konstrukt** verwendet werden, das eine entsprechende Verzweigung ausführt, wenn `expression` mit einem der `case`-Fälle übereinstimmt:

```
select (expression)
  case <value1>
    <Anweisungssequenz1>
  case <value2>
    <Anweisungssequenz2>
    :
  else
    <AnweisungssequenzN>
end
```

Beispiel 4.2:

⌘ *Das Select-Case-Konstrukt wird anhand der Funktion* `Trig`*, die in Abhängigkeit eines Kennstrings* `kstr` *Sinus, Cosinus oder Tangens zum Wert* `x` *berechnet oder ansonsten einen Fehler ausgibt, illustriert:*

```
function y = Trig(kstr,x)
  select kstr
   case 'sin'
     y=sin(x);
   case 'cos'
     y=cos(x);
   case 'tan'
     y=tan(x);
   else
     error('Die Funktion '+kstr+'
           ist nicht definiert!');
  end
endfunction
```
⌘

4.6 Schleifen (loops)

Neben Verzweigungen kommen auch **Schleifen** als zentrale Kontrollstrukturen in Programmen zur Anwendung. Hierfür stehen in Scilab While- und For-Schleifen zur Verfügung, während Repeat-Schleifen **nicht** möglich sind.

4.6.1 While-Schleifen

Der Block `<Anweisungssequenz_t>` der folgenden **While-Schleife** wird solange ausgeführt, wie die Bedingung `condition` wahr ist. Damit überhaupt ein Sprung in die Schleife erfolgt, muss die Schleifen-Bedingung bereits **vor** der Schleife wahr sein, was wir durch eine entsprechende Zuweisung sicherstellen können. Um einen gesteuerten Abbruch der Schleife zu erreichen, muss die Bedingung `condition` innerhalb des Anweisungsblocks `<Anweisungssequenz_t>` der Schleife geändert werden. Auch While-Schleifen sind mit einem `end`-Statement abzuschließen.

Die Schlüsselwörter `do` oder[40] `then` können entfallen, wenn sie durch einen Zeilenumbruch (Carriage Return) oder ein Komma ersetzt werden. Optional kann mit dem Schlüsselwort `else` auch der Anweisungsblock `<Anweisungssequenz_f>` ausgeführt werden, wenn `condition` falsch wird.

```
while (condition) [do | then]
      <Anweisungssequenz_t>
[else
      <Anweisungssequenz_f>]
end
```

While-Schleifen bieten sich immer dann an, wenn die Zahl der Schleifendurchläufe **a priori nicht bekannt** ist.

Beispiel 4.3:

⌘ *Die (zur Zeit eher wenig relevante) Frage, wann ein Grundkapital $GK = 2000$ € bei einem jährlichen Zinssatz von $z = 5$ % ein Endkapital $EK = 20000$ € übersteigt, ist mit einer While-Schleife lösbar:*

```
GK=2000;
z=5/100;
EK=20000;
Jahr=0; // Initialisieren Jahreszähler
while (GK < EK)
  Jahr=Jahr+1; // Inkrementieren
               // Jahreszähler
  GK=GK*(1+z); // Zinsgutschrift
end
Jahr // Ausgabe gesuchte Dauer
```

⌘

4.6.2 Ersatz für Repeat-Schleifen

Die in Scilab fehlende Repeat-Schleife kann durch geschickte Anwendung einer **While-Schleife** substituiert werden. Anstatt

```
repeat
   <Anweisungssequenz>
until (Bedingung)
```

kann die Ausführung der `<Anweisungssequenz>` durch folgenden Scilab-Code mit der Boole'schen Variable `Bedingung` erreicht werden:

```
<Bedingung> = %f;
while (~<Bedingung>)
   <Anweisungssequenz>
end
```

Alternativ ist auch folgender Code mit `break`-Anweisung möglich (Abbruchanweisung):

```
while %t;
   <Anweisungssequenz>
   if (Bedingung) then
     break;
   end
end
```

[40] Die Oder-Verknüpfung wird im folgenden Code durch das Pipe-Symbol | ausgedrückt.

4.6.3 For-Schleifen

Im Gegensatz zu While-Schleifen weisen **For-Schleifen** eine **vorab definierte Anzahl an Schleifendurchläufen** auf. Dabei wird die Anzahl der Schleifendurchläufe mithilfe eines Schleifenzählers `count` mitgezählt. Anfangswert `n1` und Endwert `n2` des Zählers sind mit der Schrittweite `step` dabei im Ausdruck `expression` in der Form `n1:step:n2` definiert:

```
for <count> = (expression) [do]
     <Anweisungssequenz>
end
```

Um eine rückwärts zählende Schleife zu erstellen, muss `step` negativ und `n1 > n2` sein.

In Bezug auf die Rechenzeit sind For-Schleifen **deutlich langsamer** als direkte Vektorisierungen (Vektoranweisungen).

4.6.4 Break-Anweisung

While- und For-Schleifen können mithilfe der `break`-Anweisung abgebrochen werden, wobei die Programmausführung dann nach der `end`-Anweisung der jeweiligen Schleife fortgesetzt wird.

4.6.5 Continue-Anweisung

Die Anweisung `continue` fährt in einer Schleife mit der nächsten Iteration fort, ohne die Anweisungen der gegenwärtigen Iteration auszuführen.

4.6.6 Return-Anweisung

`return` erzwingt den Rücksprung zum aufrufenden Programmteil.

4.7 Benutzerdefinierte Funktionen

4.7.1 Allgemeine Aspekte

Funktionen sind ein wichtiges Instrument der strukturierten Programmierung. Gemäß Abschnitt 3.3.1 besitzen Prozeduren im Unterschied zu Funktionen keinen Rückgabewert. Damit werden **Prozeduren** in Scilab einfach als **Funktionen ohne Rückgabewert** definiert.

Alle in Scilab definierten Funktionen sind **vektorwertige Funktionen**, d. h. wenn sie mit einem Vektor als Argument aufgerufen werden, geben sie auch einen Vektor zurück. Dies erleichtert die Programmierung, indem auf explizite Schleifen verzichtet werden kann.

Benutzerdefinierte Funktionen (user-defined functions) lassen sich in SciNotes einfach erstellen und mit der Tastenkombination „Strg+L“[42] oder alternativ mit dem Menüpunkt `Ausführen - ... file with echo` in die Konsole laden, wo sie dann aufgerufen werden können. Umfangreichere Programmcodes lassen sich mit F5 bzw. mit dem Menüpunkt `Ausführen - Speichern und ausführen` laden und ausführen.

Beispiel 4.4:

⌘ *Die nachfolgende Schleife berechnet den Wert der Sinus-Funktion im Intervall* $[0;\pi/2]$ *in Schritten von* $\pi/10$*:*

```
for i = 0 : 5
  y(i+1)=sin(i*%pi/10);
end
```
⌘

Beispiel 4.5:

⌘ *Die Berechnung der Funktionswerte aus Beispiel 4.4 kann alternativ mittels direkter Vektoranweisung erfolgen:*

```
i = 0 : 5;
y = sin(i*%pi/10);
```
⌘

Beispiel 4.6:

⌘ *Die Funktion* `DeleteBlanks` *soll alle Leerzeichen aus dem Eingabestring* `s1` *entfernen und das Ergebnis im String* `s2` *zurückgeben:*

```
function s2 = DeleteBlanks(s1)
// löscht alle Leerzeichen aus dem Eingabe-
// string s1
s2=""; // Vorbelegung als Leerstring
for i=1:length(s1)
  if part(s1,i)==" " // Leerzeichen
   continue
  else // Konkatenation41
   s2=s2+part(s1,i);
  end // if
end // for-Schleife
endfunction
```
⌘

Beispiel 4.7:

⌘ *Zu einem mit* `linspace` *generierten Vektor von* x*-Werten sollen entsprechende* y*-Werte berechnet werden:*

```
x=linspace(0,2.0*%pi,101);
// Einteilen in 100 Teile
y=sin(x); // Berechnung y-Werte
```

Die Anweisung `linspace` legt einen Vektor `x` mit 101 Elementen `x(1)` bis `x(101)` an. Die Vektoranweisung `y=sin(x)` berechnet zu jedem `x`-Wert einen `y`-Wert. Die resultierenden Wertepaare `(x(i); y(i))` können wir als Stützpunkte an eine Plot-Routine übergeben, um die `sin`-Funktion im betreffenden Intervall grafisch darzustellen. ⌘

[41] Die Verkettung von Strings wird allgemein als Konkatenation bezeichnet.

[42] Wie bereits auf S. 82 dargelegt, bezeichnet Strg die Steuerungstaste Strg und hat mit „STRING“ nichts zu tun!

Beispiel 4.8:

⌘ *Die sehr einfache Prozedur* `Hallo` *ohne Eingabe- und Ausgabeparameter gibt die bekannte Bildschirmmeldung „Hello, world!" von Kernighan und Ritchie aus:*

```
function Hallo
    mprintf('Hello, world!');
endfunction
```
⌘

Beispiel 4.9:

⌘ *Die Funktion* `Mittelwert` *berechnet das arithmetische Mittel der beiden Eingabeparameter* `a` *und* `b`*:*

```
function y = Mittelwert(a,b)
    y = (a+b)/2;
endfunction
```

Der der Variable `y` zugewiesene Mittelwert wird als Funktionswert zurückgegeben. Würde der Mittelwert in eine andere Variable (z. B. `z`) gespeichert, würde keine Rückgabe erfolgen und der Aufruf der Funktion würde eine Fehlermeldung auslösen, falls die Variable `y` nicht bereits anderweitig außerhalb der Funktion definiert ist:

```
function y = Mittelwert(a,b)
    z = (a+b)/2;
endfunction
```
⌘

Beispiel 4.10:

⌘ *Während ein Vertauschen von* `a` *und* `b` *bei der in Beispiel 4.9 definierten Funktion* `Mittelwert` *nicht zu einem veränderten Ergebnis führt, weil in einer Summe die Summanden vertauscht werden dürfen, ist dies bei der folgenden Funktion* `Differenz` *nicht der Fall:*

```
function d = Differenz(a,b)
    d = a-b;
endfunction
```
⌘

Beim Aufrufen einer Funktion ist nicht nur bei den Eingabe-, sondern auch bei den Ausgabeparametern **strikt** auf die Reihenfolge der Argumente zu achten!

Es ist ferner vorteilhaft, benutzerdefinierte Funktionen in Scriptdateien (vgl. Abschnitt 2.2.10) zu speichern, damit sie auch nach Beendigung von Scilab zur Verfügung stehen.

In Scriptdateien gespeicherte Funktionen können in der Konsole auch über den Befehl

```
exec(path [,mode])
```

geladen werden, wobei der String `path` den vollständigen Pfad der betreffenden Funktion bezeichnet und `mode` den Ausführungsmodus angibt:

- `0` Voreinstellung (keine Bildschirmausgabe)
- `-1` keine Bildschirmausgabe
- `1` Bildschirmecho von jeder Programmzeile
- `2` Ausgabe von Leerzeilen mit abschließendem Prompt
- `3` Bildschirmecho und abschließender Prompt
- `4` Anhalten vor jedem Prompt und Fortsetzen der Ausführung nach einer Zeilenschaltung (Carriage Return)
- `7` zeilenweise Ausgabe mit Anhalten vor jedem Prompt und Fortsetzen mit Zeilenschaltung

4.7.2 Functions

Die benutzerdefinierte Funktion `FunctionName` kann über die nachfolgende Deklaration definiert werden. Dabei sind `InArgs` die **Eingabeparameter** und `OutArgs` die **Ausgabeparameter**. Der eigentliche Programmcode der Funktion ist im Block `FunctionStatements` enthalten[43]. Der Beginn der Deklaration `function` (öffnendes Schlüsselwort) muss mit `endfunction` (terminierendes Schlüsselwort) geschlossen werden:

```
function <OutArgs> = <FunctionName> <InArgs>
    <FunctionStatements>
endfunction
```

Die Liste der Eingabeparameter `inArgs` wird **Parameterliste** der Funktion genannt und besteht aus einer **in runde Klammern** eingeschlossenen durch Kommata separierten Folge von Variablennamen, z. B. `(x,y,z)`. Besitzt die Funktion keine Eingabeparameter (void function), dann kann die Liste leer sein `()` oder ganz entfallen, wie in Beispiel 4.8 dargestellt.

Die Parameterliste ist mit den Münzschlitzen eines Automaten vergleichbar (Bild 3.5), da wir die Funktion gemäß Abschnitt 3.2.2 als Block Box betrachten können. Für die korrekte Funktion des Automaten ist es erforderlich, dass die richtigen Münzen in die richtigen Schlitze eingeworfen werden. Für eine Funktion bedeutet dies, dass es bei deren Aufruf in der Regel auf die richtige Reihenfolge der Argumente in der Parameterliste ankommt.

Soll **mehr als ein Ausgabeparameter** zurückgegeben werden, so ist `OutArg` als Vektor der entsprechenden Argumente[44], gekennzeichnet durch eckige Klammern, zu definieren, wie Beispiel 4.11 zeigt.

[43] Die spitzen Klammern in der Notation deuten an, dass es sich entsprechend der erweiterten Backus-Naur-Form (EBNF) um eine Variable (Nichtterminalsymbol) handelt.

[44] Die Trennung der Argumente kann durch Leerzeichen (blank) oder Komma erfolgen.

Die Scilab-Funktionen `argn`, `varargin` und `varargout` ermöglichen darüberhinaus ein flexibles IO-Management bei Funktionen. Für Details wird auf die Scilab-Hilfe [28] verwiesen.

Es ist darauf hinzuweisen, dass es sich bei den Parametern der Eingabeliste um **formale Parameter** handelt, die bei Definition der jeweiligen Funktion noch nicht bekannt sein müssen. Sie stellen lediglich Platzhalter für die später beim Aufruf der Funktion zu übergebenden Werte dar. Die Funktion `DiffSum(a,b)` aus Beispiel 4.11 kann auf verschiedene Arten aufgerufen werden:

1. Vorherige Wertzuweisung an die gleichlautenden Übergabeparameter:

```
a=10; b=3;
y = DiffSum(a,b)
```

2. Vorherige Wertzuweisung an die anderslautenden Übergabeparameter:

```
c=10; d=3;
y = DiffSum(c,d)
```

3. Direkter Aufruf mit speziellen Werten ohne vorherige Wertzuweisung:

```
y = DiffSum(10,3)
```

Hingegen würde der Aufruf

```
y = DiffSum(z1,z2)
```

zu einer Fehlermeldung führen, wenn die Variablen `z1` und `z2` vorher nicht durch entsprechende Zuweisungen definiert wurden.

Es ist weiter anzumerken, dass Scilab beim Aufruf einer Funktion von jedem **Übergabeparameter** eine **lokale Kopie** angelegt und nur diese Kopie in der Funktion verwendet bzw. verändert. Deswegen besitzen die Übergabewerte nach dem Beenden der Funktion dieselben Werte wie vor dem Aufruf der Funktion, auch wenn sie in der Funktion verändert wurden.

Folgendes Beispiel illustriert diese Zusammenhänge:

```
function y=MyFunc1(x)
    x = 4*sin(x)+cos(x^2); // Berechnen der Variable x
   disp(x,'x='); // Ausgabe der veränderten Variable x
   y = x; // Umspeichern auf y zur Rückgabe
endfunction
```

Wird der Variable `x` nun der Wert `1` in der Konsole zugewiesen und anschließend die Funktion aufgerufen, dann bleibt der ursprüngliche Wert von `x` **erhalten**:

```
--> x=1
x =
  1.
--> MyFunc1(x)
x =
  3.9061862
ans =
  3.9061862
x
x =
  1.
```

Beispiel 4.11:

⌘ *Die Funktion* **`DiffSum`** *berechnet die Differenz und die Summe zweier Zahlen* `a` *und* `b`*:*

```
function [dif sum] = DiffSum(a,b)
    dif = a-b;
    sum = a+b;
endfunction
```

In welcher Reihenfolge `dif` und `sum` in der Funktion berechnet werden, hat keinen Einfluss auf das Ergebnis. Die Reihenfolge spielt allerdings bei der Zuweisung der Funktion für den Übergabeparameter eine Rolle. Weist man z. B.

```
y = DiffSum(10,3)
```

zu, wird der Differenzwert `dif` in `y(1)` übergeben, der Summenwert `sum` in `y(2)`.

Alternativ kann der Aufruf der Funktion auch über einen Vektor erfolgen:

```
[Differenz, Summe] = DiffSum(10,3)
```

Jetzt wird der Differenzwert `dif` in die Variable `Differenz` übergeben, der Summenwert `sum` in die Variable `Summe`.

Erfolgt der Aufruf der Funktion ohne Übergabevariable, benutzt Scilab die Standardvariable `ans` zur Aufnahme des Ergebnisvektors. ⌘

Auch wenn x **als Ausgabeparameter** vereinbart wird, bleibt die globale Variable x unverändert:

```
function x=MyFunc2(x)
    x = 4*sin(x)+cos(x^2); // Berechnen der Variable x
    disp(x,'x='); // Ausgabe der veränderten Variable x
endfunction
--> x=1
x =
  1.
--> MyFunc2(x)
x =
  3.9061862
ans =
  3.9061862
x
x =
  1.
```

Erst wenn die globale Variable x durch die Zuweisung der Funktion MyFunc1(x) **überschrieben** wird, ändert sich ihr Wert:

```
--> x=1
x =
  1.
--> x=MyFunc1(x)
x =
  3.9061862
x =
  3.9061862
```

Grundsätzlich ist auch eine **Verschachtelung von Funktionen** (nested functions) möglich:

```
function y = OuterFunc(x)
// Definition äußere Funktion
  a = sin(x) // Sinusfunktion
    function y = InnerFunc(x)
      // Definition innere Funktion
      y = x^2 // Quadratfunktion
    endfunction
    // Definitionsende innere Funktion
  y = InnerFunc(a)+1
endfunction
--> OuterFunc(%pi/3)
ans =
  1.75
```

Andererseits sind in Scilab-Funktionen stets **alle globalen Variablen bekannt**, ohne dass sie an die Funktion übergeben oder in der Funktion definiert wurden. Somit haben wir folgende Möglichkeiten, um Variablen an Funktionen zu übergeben:

1. **Übergabe mittels Parameterliste**
2. **Definition als globale Variable außerhalb der Funktion**
3. **Definition als lokale Variable in der Funktion**

4.7.3 On-line-Funktionen

Der Scilab-Befehl deff (define function) gestattet die **Definition einer Funktion in einer Zeile** (on-line), was bei kurzen Funktionen die Eingabe in der Konsole erleichtert, aber auch in Script-Dateien angewendet werden kann. Dabei wird deff mit den beiden String-Variablen fdef und fblock aufgerufen:

```
deff(fdef, fblock)
```

fdef definiert die jeweilige Funktion als '[o1, o2, ...]=FunctionName(i1, i2, ...)' mit Eingabeparametern i1, i2, ... und Ausgabeparametern o1, o2, ... Die Zeichenkette fblock enthält die jeweiligen Anweisungen des Funktionsblocks, wobei als Zeilentrennzeichen das Semikolon zu verwenden ist.

Beispiel 4.12:

⌘ *Die Funktion* Mittelwert *aus Beispiel 4.9 lässt sich auch mittels* deff *definieren:*

```
deff('y=Mittelwert(a,b)', ..
    'y=(a+b)/2')
```

⌘

4.8 Vordefinierte Funktionen (Systemfunktionen)

Scilab stellt eine Reihe vordefinierter Funktionen zur Verfügung, von denen die wichtigsten in Tabelle 4.14 zusammengestellt sind. Zur Vermeidung von Missverständnissen und Fehlern sollten die in Scilab vordefinierten Funktionen (intrinsic functions) nicht durch namensgleiche benutzerdefinierte Funktionen überschrieben werden.

Tabelle 4.14: *Übersicht über Scilab-interne Funktionen (1).*

Scilab-Name	Bedeutung	Besonderheit
	Arcusfunktionen	
`acos(arg)`	Arcuscosinus arccos(arg)	Rückgabewert im Bogenmaß
`acosd(arg)`		Rückgabewert im Gradmaß
`acot(arg)`	Arcuscotangens arccot(arg)	Rückgabewert im Bogenmaß
`acotd(arg)`		Rückgabewert im Gradmaß
`asin(arg)`	Arcussinus arcsin(arg)	Rückgabewert im Bogenmaß
`asind(arg)`		Rückgabewert im Gradmaß
`atan(arg)`	Arcustangens arctan(arg)	Rückgabewert im Bogenmaß
`atand(arg)`		Rückgabewert im Gradmaß
	Trigonometrische Funktionen	
`cos(arg)`	Cosinus cos(arg)	Argument im Bogenmaß
`cosd(arg)`		Argument im Gradmaß
`cot(arg)`	Cotangens cot(arg)	Argument im Bogenmaß
`cotd(arg)`		Argument im Gradmaß
`sin(arg)`	Sinus sin(arg)	Argument im Bogenmaß
`sind(arg)`		Argument im Gradmaß
`tan(arg)`	Tangens tan(arg)	Argument im Bogenmaß
`tand(arg)`		Argument im Gradmaß
	Areafunktionen	
`acosh(arg)`	Areacosinus hyperbolicus arcosh(arg)	
`acoth(arg)`	Areacotangens hyperbolicus arcoth(arg)	
`asinh(arg)`	Areasinus hyperbolicus arsinh(arg)	
`atanh(arg)`	Areatangens hyperbolicus artanh(arg)	
	Hyperbelfunktionen	
`cosh(arg)`	Cosinus hyperbolicus cosh(arg)	
`coth(arg)`	Cotangens hyperbolicus coth(arg)	
`sinh(arg)`	Sinus hyperbolicus sinh(arg)	
`tanh(arg)`	Tangens hyperbolicus tanh(arg)	
	Exponential- und Logarithmusfunktionen	
`exp(arg)`	Exponentialfunktion exp(arg)	
`log(arg)`	natürlicher Logarithmus ln(arg)	
`log2(arg)`	binärer Logarithmus lb(arg)	
`log10(arg)`	dekadischer Logarithmus lg(arg)	
	Wurzelfunktion	
`sqrt(arg)`	Quadratwurzel $\sqrt{\text{arg}}$	

Tabelle 4.14: *Übersicht über Scilab-interne Funktionen (2).*

Scilab-Name	Bedeutung	Besonderheit
	Maximums- und Minimumsfunktion	
`max(arg)`	Maximumsfunktion	größtes Vektor- oder Matrixelement
`min(arg)`	Minimumsfunktion	kleinstes Vektor- oder Matrixelement
	Betrags- und Signumfunktion	
`abs(arg)`	(Absolut-)Betrag $\lvert \text{arg} \rvert$	
`sign(arg)`	Vorzeichenfunktion $\operatorname{sgn}(\text{arg})$	
	Modulo- und Rundungsfunktionen	
`modulo(arg1,arg2)`	symmetrische Modulofunktion	Rest von `arg1/arg2` `=arg1-arg2.*fix(arg1./arg2)`
`pmodulo(arg1,arg2)`	positive Modulofunktion	positiver Rest von `arg1/arg2` `=arg1-arg2.*floor(arg1./arg2)`
`ceil(arg)`	Abrundungsfunktion	kleinste ganze Zahl ≥ `arg`
`floor(arg)`	Aufrundungsfunktion	größte ganze Zahl ≤ `arg`
`fix(arg)`	Ganzzahlfunktion	ganzzahliger Anteil von `arg` `=sign(arg).*floor(abs(arg))`
`round(arg)`	Rundungsfunktion	Rundung von `arg` auf ganze Zahl

4.9 Spezielle Befehle für Funktionen

4.9.1 Anzahl der Ein- und Ausgabeparameter

Mit der Scilab-Funktion `argn` kann die Anzahl der Ein- und Ausgabeparameter innerhalb einer Funktion ermittelt werden. Dabei liefert `argn(1)` die Anzahl der Ausgabeparameter und `argn(2)` die Anzahl der Eingabeparameter.

Die Funktion `argn` kann vorteilhaft genutzt werden, um fehlende Eingabeparameter durch Voreinstellungen im Code einer benutzerdefinierten Funktion zu ersetzen, wodurch wir eine entsprechende Flexibilität erreichen.

Der folgende Beispielcode zeigt die Funktion `DoIteration`, die eine Iteration durchführt und die Eingabeparameter `StartWert, MaxIter` und `Eps` für Startwert, maximale Iterationsanzahl und Abbruchgenauigkeit enthält. Das Ergebnis `ZielWert` wird als Ausgabeparameter übergeben. Wird nur der Eingabeparameter `StartWert` beim Aufruf übergeben, werden entsprechende Voreinstellungen für `MaxIter` und `Eps` verwendet. Werden `StartWert` und `MaxIter` übergeben, wird nur die Voreinstellung für `Eps` gesetzt:

```
function ZielWert = DoIteration(StartWert, MaxIter, Eps)
    [OutArg, InArg]=argn();
    select InArg
    case 1 // nur StartWert übergeben
        MaxIter = 500;
        Eps = 1e-9;
    case 2 // StartWert und MaxIter übergeben
        Eps = 1e-9;
    end
    <Anweisungssequenz>
endfunction
```

4.9.2 Ausgabe einer Fehlermeldung

Mittels `error(error_string)` können wir bei Auftreten eines Fehlers einen Rücksprung zum rufenden Programm und die Ausgabe der in `error_string` übergebenen Fehlermeldung am Bildschirm erreichen. Beispielsweise kann damit eine Division durch Null abgefangen werden:

```
if (x == 0) then
    error('Division durch Null!');
end
```

4.9.3 Ausgabe einer Warnmeldung

`warning(WarnString)` gibt die in der Zeichenkette `WarnString` übergebene Warnmeldung am Bildschirm aus.

4.9.4 Abbruch einer Schleife

Mit `break` kann die Ausführung einer Schleife abgebrochen werden.

4.9.5 Rücksprung zu übergeordneter Programmeinheit

Mit `resume` oder `return` ist ein (vorzeitiger) Rücksprung zur übergeordneten Umgebung sowie eine Übergabe lokaler Variablen möglich. Der folgende Code gibt die lokalen Variablen `lok1, lok2` als `glob1, glob2` an das übergeordnete Programm zurück:

```
[glob1, glob2] = return(lok1, lok2)
```

4.9.6 Anhalten der Programmausführung

Mit `pause` kann die Ausführung eines Programmcodes **angehalten** werden (Pausenmodus). Der Prompt zeigt dies mit `-1->` an. Es besteht damit Zugriff auf alle lokalen Variablen der Funktion, was für die Fehlersuche (Debugging) hilfreich sein kann. Ebenso können alle Scilab-Befehle eingegeben werden. Der Pausenmodus kann durch Eingabe von `resume` (fortsetzen) oder `abort` (abbrechen) verlassen werden, womit die Programmausführung fortgesetzt oder beendet wird.

Der nochmalige Aufruf des `pause`-Befehls führt mit `-2->` auf eine zweite Halteebene.

4.9.7 Haltepunkte

Haltepunkte (breakpoints) können mit `setbpt` gesetzt, mit `dispbpt` angezeigt und mit `delbpt` wieder gelöscht werden.

Die Anweisung

```
setbpt(FunctionName, LineNumber)
```

setzt von der Konsole aus in der Funktion `FunctionName`, deren Name als String zu übergeben ist, in der Zeile `LineNumber` einen Haltepunkt, der wie eine `pause`-Anweisung wirkt. Mit dem Befehl

```
dispbpt()
```

kann eine Liste der gesetzten Haltepunkte angezeigt werden. Mit

```
delbpt(FunctionName, LineNumber)
```

können wir den in der Zeile `LineNumber` der Funktion `FunctionName` zuvor gesetzten Haltepunkt wieder löschen.

Beispiel 4.13:

⌘ *Mit dem folgenden Code kann geprüft werden, ob eine Matrix quadratisch ist:*

```
[n, m] = size(A) // Dimension Matrix
                 // A ermitteln:
                 // n Zeilen, m Spalten
if m ~= n // Zeilenzahl = Spaltenzahl?
    error('A muss quadratisch sein!')
    // Ausgabe Fehlermeldung und
    // Programmende
end
```

⌘

4.10 Funktionen für Strings

4.10.1 Konkatenation von Strings

Die **Konkatenation** (Verkettung) von Strings (Zeichenketten) erfolgt mittels Plusoperator `+`:

```
--> s1="Der Anfang"; s2=" vom Ende!"; s3=s1+s2; s3
s3 =
   Der Anfang vom Ende!
```

Die Funktion

```
strcat(StringVektor [,EinfString])
```

fügt den String `EinfString` zwischen die einzelnen Elemente des Zeichenkettenvektors `StringVektor` ein.

Beispiel 4.14:
⌘ *Beispielsweise werden die Elemente* `1...10` *durch folgende Anweisung jeweils durch ein Komma voneinander getrennt:*

```
strcat(String(1:10),',')
```
⌘

4.10.2 Länge von Strings

Zur Ermittlung der **Länge einer Zeichenkette** dient die Scilab-Funktion:

```
length(String)
```

4.10.3 Teile von Strings

Teile von Zeichenketten können aus Strings mit der Funktion

```
part(String, pos1:pos2)
```

von der Position `pos1` bis zur Position `pos2` **extrahiert** werden.

Beispiel 4.15:
⌘ *Beispielsweise liefert der Scilab-Code*

```
TeilString='abc';
String='12345abcdef';
strindex(String, TeilString)
```

für die Position den Wert `6` *zurück, wo der Teilstring* `TeilString` *beginnt.* ⌘

4.10.4 Position von Teilstrings

```
strindex(String, TeilString)
```

gibt die Position des Teilstrings `TeilString` im String `String` zurück.

4.10.5 Ersetzen von Teilstrings

Die Scilab-Funktion

```
strsubst(String, SuchString, ErsatzString)
```

ersetzt im String `String` den Teilstring `SuchString` durch den Teilstring `ErsatzString`. Z. B. ersetzt

```
ErgString = strsubst('Morgen ist der 31. Juli 2020.', 'Juli', 'August')
```

den Teilstring `Juli` durch den Teilstring `August` und liefert als Ergebnis `Morgen ist der 31. August 2020.`

Beispiel 4.16:
⌘ *Im folgenden Scilab-Code wird der zuvor berechnete Wert der Summe* `sum` *als String mithilfe der Funktion* `mprintf` *am Bildschirm ausgegeben:*

```
a=1; b=3;
sum=a+b;
mprintf('Die Summe von a und b' ..
+'beträgt '+string(sum)+'.');
```
⌘

4.10.6 Umwandlung numerischer Werte in Strings

Bei der Ausgabe der Ergebnisse von numerischen Berechnungen ist es hilfreich, numerische Werte in Zeichenketten umzuwandeln, was wir in Scilab mit folgender Funktion erreichen können:

```
string(num_value)
```

4.10.7 Umwandlung von Strings in Zahlenwerte

Ein Zahlenwert `num_string` kann in Scilab mit der Funktion

```
evstr(num_string)
```

in eine Zeichenkette umgewandelt werden.

Beispiel 4.17:
⌘ *Der Scilab-Code*

```
Eins = '1';
Zwei = '2';
Drei = '3';
sum = evstr(Eins) + evstr(Zwei)..
      + evstr(Drei)
```

gibt als Wert der Summe `6` *aus.*

Demgegenüber gibt die Anweisung

```
evstr('sin(%pi/2)+12-1')
```

den Wert `12` *aus.* ⌘

4.10.8 Ausführen von Befehlen in Stringform

```
execstr(StringBefehl)
```

führt den in der Zeichenkette `StringBefehl` genannten Scilab-Befehl ohne Ausgabe am Bildschirm aus. Mehrere Anweisungen sind als String-Vektor zu übergeben, z. B.:

```
execstr(['a=1', 'b=2', 'c=a+b'])
```

4.11 Ein- und Ausgabe

4.11.1 Formatierte Ausgabe

Meist reicht das voreingestellte Zahlenausgabeformat, wie es z. B. bei der Variablenzuweisung ohne Semikolon verwendet wird, aus. Für Tabellen und andere übersichtliche Ausgaben ist jedoch ein klar definiertes Ausgabeformat (**formatierte Ausgabe**) wünschenswert.

Tabelle 4.15: *Strings für die formatierte Ausgabe in Scilab.*

Befehl	Bedeutung	Scilab-Beispiel
`\n`	Zeilenumbruch	`\n\n` (Leerzeile)
`\t`	Tabulator (horizontal)	`%3i \t %6.4f\n`
`%s`	Zeichenkette (String)	`%12s` (12 Zeichen)
`%c`	Zeichen (Character)	`%c` (1 Zeichen)
`%w.df`	Floating point-Notation (Gleitkommazahl) w: Stellenzahl gesamt (Vorzeichen, Stellen vor Dezimalpunkt, Dezimalpunkt, Stellen nach Dezimalpunkt) d: Stellen nach Dezimalpunkt	`%25.15f` (25 Stellen gesamt, 15 Nachkommastellen)
`%w.de`	Exponential-Notation (Gleitkommazahl) w: Stellenzahl gesamt (Vorzeichen, 1 Stelle vor Dezimalpunkt, Dezimalpunkt, Stellen nach Dezimalpunkt, 4 Stellen für Exponent) d: Stellen nach Dezimalpunkt	`%25.15e` (25 Stellen gesamt, 15 Nachkommastellen)
`%wi`	Integer-Notation (Ganzzahl)	`%9i`
`%wd`	Integer-Notation (Ganzzahl)	`%3d`

Der folgende Code illustriert verschiedene Ausgabemöglichkeiten:

```
--> a = %pi/3 // Gleitkommazahl: unformatierte Ausgabe (Scilab-Default)
a =
  1.0471976
--> mprintf('%25.15f\n',a) // Ausgabe als floating point, 15 Kommastellen
␣␣␣␣␣␣␣␣␣␣1.047197551196598
--> mprintf('%25.15e\n',a) // Ausgabe im Exponentialformat
␣␣␣␣1.047197551196598e+000
--> mprintf('%25.15f%25.15f\n',a,2*a) // 2 Werte in 1 Zeile
␣␣␣␣␣␣␣␣␣␣1.047197551196598␣␣␣␣␣␣␣␣␣␣2.094395102393195
--> mprintf('%25.15f\n%25.15f\n',a,2*a) // 2 Werte untereinander
␣␣␣␣␣␣␣␣␣␣1.047197551196598
␣␣␣␣␣␣␣␣␣␣2.094395102393195
--> mprintf('%25.15f\n\n%25.15f\n',a,2*a) // 2 Werte mit Leerzeile
␣␣␣␣␣␣␣␣␣␣1.047197551196598

␣␣␣␣␣␣␣␣␣␣2.094395102393195
```

Tab. 4.15 fasst die wichtigsten Regeln für die formatierte Ausgabe in Scilab, die sich an die Programmiersprache C anlehnen, zusammen. Die angegebenen Formate werden als **Formatierungsstring** (in single oder double quotes) in den Scilab-Befehlen `printf` (obsolet), `mprintf`, `sprintf` (obsolet), `msprintf` verwendet.

Beispiel 4.18:

⌘ *Der folgende Scilab-Code kombiniert die Formate einer Ganzzahl und einer Gleitkommazahl, deren Berechnung erst bei der Ausgabe erfolgt:*

```
--> tf = 120 // Temperatur Fahrenheit
tf =
  120.
--> msprintf('%3d °F = %5.2f '..
+'°C', tf, (5/9)*(tf-32))
ans =
  120 °F = 48.89 °C
```
⌘

Beispiel 4.19:

⌘ *Auch für Tabellen mit Kopfzeilen ist die formatierte Ausgabe hilfreich:*

```
--> x = linspace(0,1,11)';
// x-Werte definieren und transponieren
mprintf('x sin(x) cos(x)\n');
// Ausgabe Kopfzeile
mprintf('%3.1f%9.4f%9.4f\n',x, ..
sin(x),cos(x));
// Ausgabe Zahlenwerte
x   sin(x)  cos(x)
0.0 0.0000 1.0000
0.1 0.0998 0.9950
0.2 0.1987 0.9801
0.3 0.2955 0.9553
0.4 0.3894 0.9211
0.5 0.4794 0.8776
0.6 0.5646 0.8253
0.7 0.6442 0.7648
0.8 0.7174 0.6967
0.9 0.7833 0.6216
1.0 0.8415 0.5403
```
⌘

Das Lexikon der Informatik [33] definiert den Begriff **Datei** wie folgt:

> *»Abstraktion für ein in sich geschlossenes, mit einem Namen als Identifikation versehenes und in eine Ablagestruktur eingelegtes Datenpaket auf einem ▷ Datenträger: ein Programm, ein Text, eine Bildschirm-Grafik, eine Datenbank und vieles andere mehr;«*

Beispiel 4.20:

⌘ *Der nachfolgende Code speichert die zuvor erzeugte Matrix* `A` *in der Datei* `Matrix.sod`*:*

```
n=3;
for i=1:n
  for j=1:n
    A(i,j)=n*(i-1)+j;
  end
end
save("Matrix.sod", "A");
```

`sod` ist die Extension für das auf HDF5 (Hierarchical Data Format) basierende binäre Scilab Open Data-Format.

Ohne nähere Angabe wird die Ausgabedatei im aktuell eingestellten Verzeichnis, das mit `pwd` in der Konsole angezeigt und mit `cd pfad` geändert werden kann, angelegt. Die Änderung kann auch über das Dateimenü der Konsole erfolgen. ⌘

Beispiel 4.21:

⌘ *Der folgende Code speichert die Elemente der in Beispiel 4.20 erzeugten Matrix* `A` *in der Datei* `Matrix.csv`*:*

```
csvWrite(A, "Matrix.csv");
```

Da keine weiteren Parameter übergeben wurden, wird das Komma als Trennzeichen verwendet. Öffnet man die Datei `"Matrix.csv"` mit SciNotes erhält man:

```
1,2,3
4,5,6
7,8,9
```

Halbiert man vor der Ausgabe alle Matrixelemente mit `A=A./2;`, enthält die Datendatei die Einträge:

```
0.5,1,1.5
2,2.5,3
3.5,4,4.5
```

⌘

4.11.2 Datenausgabe in Dateien

Scriptdateien zur Speicherung von Scilab-Befehlen haben wir bereits in Abschnitt 2.2.10 kennengelernt. In analoger Weise können Daten in Datendateien gespeichert werden, wobei grundsätzlich zwischen Dateien im **Textformat** (z. B. ASCII[45], ANSI[46], UTF[47]) und im **Binärformat** zu unterscheiden ist. Während Textdateien darstellbare bzw. druckbare Zeichen und ggf. Steuerzeichen enthalten und somit lesbar sind, bestehen Binärdateien aus beliebigen Bitmustern (z. B. ausführbare Datei, Grafikdatei etc.).

Die einfachste Form, die Daten `data` in Scilab in der als Zeichenkette übergebenen Datei `filename` zu speichern, ist der `save`-Befehl:

```
save(filename, data)
```

Mit Komma als Separator kann auch eine Liste von Variablen gespeichert werden, z. B. `"A", "B", "C", "D"`. Eine bereits bestehende Datei gleichen Namens wird überschrieben. Durch den Zusatz `append"` können Daten an eine existierende Datei angehängt werden. Das Wiedereinlesen der Daten kann, wie in Abschnitt 4.11.3 beschrieben, mit `load()` erfolgen.

Mit dem Befehl

```
[names, typs, dims, vols] = listvarinfile(filename)
```

wird die Namensliste `names` der in der über den String `filename` angesprochenen Datei enthaltenen Variablen des Typs `typs`, ihre Größe `dims` und der dafür benötigte Speicherplatz `vols` in der Konsole ausgegeben.

Die in der Praxis häufig verwendeten `csv`-Dateien (comma-separated values) sind als Textdateien für die Speicherung und den Austausch einfach strukturierter Daten geeignet und beinhalten eine Tabelle der jeweiligen Datensätze als Zeilen mit Umbruch am Zeilenende. Die einzelnen Datenfelder (Spalten der Tabelle) sind meist durch Komma, Semikolon, Doppelpunkt (Kolon), Leerzeichen, Tabulator oder andere zu vereinbarende Zeichen getrennt. Die gängigen Tabellenkalkulationsprogramme können `csv`-Dateien einlesen und Daten in diesem Format abspeichern, was deren Portierung erleichtert.

Zur Ausgabe von Daten in eine `csv`-Datei dient der Scilab-Befehl:

```
csvWrite(matrix, filename, separator, decimal, precision, comments )
```

`matrix` sind dabei die als Feld gespeicherten Daten in Matrixform, `filename` bezeichnet als Zeichenkette den Dateinamen inklusive Pfad, `separator` bezeichnet das Trennzeichen der Zeilenelemente (z. B. `,`, `;`, `:`), `decimal` das Dezimaltrennzeichen (`,` oder `.`), `precision` das Ausgabeformat (z. B. `"%8.e"` und `comments` einen mehrzeiligen Kommentar, der an den Dateianfang geschrieben wird. Fehlende oder als Leermatrix `[]` übergebene Werte werden durch Voreinstellungen, die über `csvDefault()` angezeigt bzw. geändert werden können, ersetzt. Eine bereits vorhandene Datendatei wird überschrieben.

Umfassende Funktionen zum Dateimanagement bieten die Funktionen `mopen()` und `mclose()`.

---

[45] American Standard Code for Information Interchange

[46] American National Standards Institute

[47] Unicode Transformation Format, s. S. 81

Mit dem Befehl

```
[file, err] = mopen(filename [, mode])
```

wird die als String `filename` angegebene Datei im Modus `mode` geöffnet. Die Datei kann dann in der Folge unter der Variable (File-Deskriptor) `file` angesprochen werden.

Der Parameter `mode` legt den gewünschten Zugang zur Datei fest. `r` öffnet die Datei dabei zum Lesen, wozu die Datei existieren muss. `w` öffnet die Datei für Schreibzugriffe, wobei die Inhalte existierender Dateien verloren gehen. `a` öffnet eine Datei zum Anhängen (append) von Daten und legt sie neu an, falls sie nicht existiert. In der Datei bereits vorhandene Daten werden nicht überschrieben. `r+` bezeichnet einen kombinierten Lese- und Schreibzugriff, wozu die Datei existieren muss. `w+` öffnet eine Datei zum Lesen und Schreiben und löscht die Inhalte existierender Dateien, `a+` ermöglicht eine Öffnung zum Lesen und Anhängen von Informationen, wobei nicht existierende Dateien neu angelegt werden. Der Dateityp kann mit `t` auf Textdatei und mit `b` auf Binärdatei festgelegt werden. Voreinstellung für `mode` ist `'rb'`.

Der Fehlerindikator `err` enthält den Wert `0`, wenn kein Fehler beim Öffnen der Datei aufgetreten ist, `-1`, wenn keine logischen IO-Einheiten[48] mehr verfügbar sind, `-2`, wenn die Datei nicht geöffnet werden kann, `-3`, wenn nicht genügend Speicher verfügbar ist, `-4`, wenn der Dateiname ungültig ist und `-5`, wenn ein ungültiger Status auftritt.

Beispiel 4.22:

⌘ *Der folgende Code stellt die Datei* `Daten.dat` *unter der Variable* `outfile` *als Textdatei zum Schreiben zur Verfügung und schließt sie nach erfolgter Datenausgabe wieder:*

```
outfile = mopen('Daten.dat', 'wt');
...
<Datenausgabe>
...
mclose(outfile);
```

⌘

Mit dem Befehl

```
err = mclose(file)
```

wird eine geöffnete Datei, die mit `mopen()` unter dem Deskriptor `file` angelegt wurde, wieder geschlossen. Der Fehlerindikator `err` informiert über eventuell aufgetretene Fehler. Wird `mclose` ohne Datei-Parameter aufgerufen, wird die zuletzt geöffnete Datei geschlossen.

Der Scilab-Befehl

```
mfprintf(file, formatstring, data_1, ..., data_n)
```

gestattet eine flexible formatierte Ausgabe der Daten `data_1, ..., data_n` im Format `formatstring` in die zuvor geöffnete Datei `file`, wobei die in Tabelle 4.15 zusammengestellten Strings für die Formatierung Verwendung finden.

Beispiel 4.23:

⌘ *Der folgende Code schreibt eine Funktionstabelle (s. Tab. 4.16) der Exponentialfunktion mit positivem und mit negativem Argument mit entsprechender Kopfzeile (Header) in die Datei* `exp.txt`*:*

```
x0=0.0:0.1:0.9;
x1=1.0:0.1:1.9;
A0=[x0;exp(x0);exp(-x0)]';
A1=[x1;exp(x1);exp(-x1)]';
outf=mopen('exp.txt','wt');
mfprintf(outf,'%6s %12s %12s ..
  %6s %12s %12s\n','x','exp(x)',..
  'exp(-x)','x','exp(x)',..
  'exp(-x)');
mfprintf(outf,'%6.2f %12.8f ..
  %12.8f %6.2f %12.8f ..
  %12.8f\n',A0,A1);
mclose(outf);
```

⌘

Tabelle 4.16: *Inhalt der Datei* `exp.txt` *aus Beispiel 4.23.*

x	exp(x)	exp(-x)	x	exp(x)	exp(-x)
0.00	1.00000000	1.00000000	1.00	2.71828183	0.36787944
0.10	1.10517092	0.90483742	1.10	3.00416602	0.33287108
0.20	1.22140276	0.81873075	1.20	3.32011692	0.30119421
0.30	1.34985881	0.74081822	1.30	3.66929667	0.27253179
0.40	1.49182470	0.67032005	1.40	4.05519997	0.24659696
0.50	1.64872127	0.60653066	1.50	4.48168907	0.22313016
0.60	1.82211880	0.54881164	1.60	4.95303242	0.20189652
0.70	2.01375271	0.49658530	1.70	5.47394739	0.18268352
0.80	2.22554093	0.44932896	1.80	6.04964746	0.16529889
0.90	2.45960311	0.40656966	1.90	6.68589444	0.14956862

Mit dem Befehl

```
mdelete(filename)
```

wird die als Zeichenkette `filename` angegebene Datei gelöscht.

[48] `%io(1)` bezeichnet entsprechend der Einheit 5 die Standard-Eingabe (stdin), d. h. die Tastatur, `%io(2)` entsprechend der Einheit 6 die Standard-Ausgabe (stdout), d. h. den Bildschirm.

Beispiel 4.24:

⌘ *Um die in Beispiel 4.20 in die Datei* `Matrix.sod` *exportierte Matrix* `A` *nach zwischenzeitlichem Löschen mit* `clear A` *wieder einzulesen, dient folgender Code:*

```
clear A;
load("Matrix.sod", "A");
```
⌘

Beispiel 4.25:

⌘ *Um die in Beispiel 4.20 in der Datei* `Matrix.dat` *gespeicherte Matrix* `A` *mit dem Spaltentrenntzeichen* `,` *und dem Dezimaltrennzeichen* `.` *in die Matrix* `B` *einzulesen, dient der folgende Code:*

```
B=csvRead("Matrix.dat", ",", ".");
```
⌘

4.11.3 Einlesen von Daten

Mit dem Befehl `save()` binär abgespeicherte Daten lassen sich mittels

```
load(filename, data)
```

aus der Datei `filename` laden, wobei die Zeichenkette `data` nicht nur eine Variable, sondern auch eine Liste von Variablen sein kann.

Als Gegenstück zu `csvWrite()` dient für `csv`-Dateien der Befehl:

```
[matrix, comm] = csvRead(filename, separator, decimal, ..
   conversion, substitute, regexpcomments, range, header)
```

Die Daten werden dabei in die Variable `matrix` eingelesen. `filename` bezeichnet als String den Dateinamen inklusive Pfad, `separator` gibt das Trennzeichen der Zeilenelemente (z. B. `,`, `;`, `:`), `decimal` das Dezimaltrennzeichen (`,` oder `.`) an. `conversion` legt als Zeichenkette mit den Werten `'string'` und `'double'` den Datentyp der Variable `matrix` fest. `substitute` ermöglicht über eine m×2-String-Matrix die Ersetzung von Zeichen im Datensatz. Die Voreinstellung `[]` führt keine Ersetzungen durch. Die Zeichenkette `regexpcomments` dient dazu, übereinstimmende Zeilen als Kommentarzeilen zu entfernen. `range` legt den einzulesenden Bereich als `[row1 column1 row2 column2]` fest. Die Voreinstellung `[]` liest alle Zeilen und Spalten ein. Die Ganzzahl `header` dient zum Überspringen entsprechender Kopfzeilen (Header) in den Daten. Die Zeichenketten-Matrix `comm` enthält die mit `regexpcomments` übereinstimmenden Strings.

Mit der `mget`-Familie stellt Scilab weitere Befehle zum Einlesen von Daten zur Verfügung. Der Befehl

```
txt = mgetl(file [,m])
```

liest `m` **Zeilen** (l=line) aus der im File-Deskriptor `file` genannten Datei in den Zeichenkettenvektor `txt`. Demgegenüber liest

```
txt = mgetstr(n [,file])
```

`n` **einzelne Zeichen** als Zeichenkette aus der in der Variable `file` referenzierten Datei ein.

```
dnumber = mget([n, type, file])
```

liest `n` **Byte oder Worte** in dem als `type` definierten Binärformat ein und konvertiert sie ins Format `double`. Mögliche Bestandteile der Zeichenkette `type` sind `d` (double), `f` (float), `l` (long long int), `i` (int oder long int), `s` (short) und `c` (character). Als Zusatzzeichen sind `u..` (unsigned), `..l` (little endian[49]) und `..b` (big endian[50]) möglich.

Tabelle 4.17: *Größe der mit* `type` *bezeichneten Datentypen aus der Programmiersprache C.*

Typ	Größe (byte)
char	1
short	2
int	4
long int	4
float	4
double	8
long long int	8

```
inumber = mgeti([n, type, file])
```

wirkt wie `mget`, allerdings erfolgt die Konvertierung ins Format `integer`, weshalb die Typen `d`, `f` und `l` nicht zur Verfügung stehen.

Mit dem Befehl

```
err = meof(file)
```

kann geprüft werden, ob das Ende der im Deskriptor `file` genannten Datei erreicht wurde. In diesem Fall wird ein von Null verschiedener Wert für die Fehlervariable `err` zurückgegeben.

[49] Bei der Bytereihenfolge little endian wird das kleinstwertige Byte an der kleinsten Speicheradresse abgelegt.

[50] Bei der Bytereihenfolge big endian wird das höchstwertige Byte an der kleinsten Speicheradresse abgelegt.

4.12 Darstellung von Funktionen und Daten

Scilab kann verschiedene zwei- und dreidimensionale Grafiken von Kurven und Flächen am Bildschirm erzeugen und sowohl in verschiedenen Raster- als auch in Vektorgrafikformaten speichern. Im folgenden werden nur die wichtigsten Plot-Befehle vorgestellt. Weitere Details finden sich in der Scilab-Hilfe [28].

4.12.1 Raster- und Vektorgrafikformate

Rastergrafiken (Pixelgrafiken, Bitmaps) beruhen auf einem Pixelraster, in dem jedem Bildpunkt (Pixel) ein Farbwert zugeordnet ist. Die Hauptmerkmale sind daher die Bildgröße (Breite und Höhe in Pixeln (px), „Bildauflösung") und die Farbtiefe (8, 16, 24 bit). Rastergrafiken sind das Standardformat von Scannern, Digitalkameras und Bildbearbeitungssoftware. Von Scilab unterstütze Rastergrafikformate sind png (Portable Network Graphics), fig (TransFig Image Format), gif (Graphics Interchange Format), jpg (Joint Photographic Experts Group Format, JPEG), bmp (Windows Bitmap), ppm (Portable Pixmap) und emf (Windows Enhanced Metafile).

Kennzeichen von **Vektorgrafiken** ist eine klar definierte Beschreibung der Objekte, aus denen sich die betreffende Grafik zusammensetzt, was zu einer kompakten Speicherung führt. Ein Kreis wird beispielsweise exakt über seinen Mittelpunkt, seinen Radius sowie Linienstärke und Farbe beschrieben. Da die entsprechenden grafischen Grundelemente (Linien, Kreise, Polygone, Spline-Kurven etc.) skalierbar sind, tritt auch in vergrößerter Darstellung **kein** Treppeneffekt („Pixeligkeit") wie bei Rastergrafiken auf, so dass Vektorgrafikformate bei Kurven generell zu bevorzugen sind. Von Scilab unterstützte Vektorgrafikformate sind svg (Scalable Vector Graphics), pdf (Portable Document Format), eps (Encapsulated Postscript) und ps (Postscript).

Bild 4.2: *Pixelgrafik (links) und Vektorgrafik (rechts) in unterschiedlichen Vergrößerungsstufen.*

4.12.2 Grafikfenster in Scilab

In Scilab wird ein Grafikbefehl nicht im Hauptfenster, sondern in einem separaten **Grafikfenster** ausgeführt, das durch eine ganze Zahl beginnend bei der Voreinstellung 0 identifiziert wird. Ein Grafikbefehl, wie z. B. `plot`, erzeugt eine Grafik in einem neuen Fenster, das die Bezeichnung „Grafik-Fenster Nummer 0" trägt. Dabei können mehrere Grafikfenster gleichzeitig existieren und genutzt werden.

Tabelle 4.18 fasst die wichtigsten Befehle für Grafikfenster zusammen. Weitergehende Informationen bietet die Scilab-Hilfe [28].

☞ Alternativ zur Nummer `id` kann auch ein **Handle** `h` verwendet werden.
Ein **Handle** (Griff, Henkel) ist ein eindeutiger Referenzwert einer vom Betriebssystem verwalteten Systemressource, z. B. eines Fensters, eines Grafikobjekts (graphics entity) oder einer Datei. Der Aufruf einer entsprechenden Systemfunktion stellt den Referenzwert zur Verfügung, so dass alle weiteren Zugriffe auf das betreffende Objekt über den Handle erfolgen, unabhängig davon, wo sich das Objekt tatsächlich im System befindet.
Z. B. wird mit dem Befehl `h=scf(id)` der Handle des Grafikfensters `id` in die Variable `h` übergeben, so dass dieses als **Objekt** angesprochen werden kann.
Ein **Objekt** bezeichnet in der Programmierung ein Exemplar (eine Instanz) eines bestimmten **Datentyps** oder einer bestimmten **Klasse**. Es besteht aus eigenen **Datenstrukturen** sowie einem Vorrat von **Methoden**, d. h. auf das Objekt anwendbaren Routinen bzw. Operationen, und besitzt eine **Identität**, die es von anderen Objekten unterscheidet. Das Objekt wird durch Konstruktion aus einer Klasse als Instanz erzeugt und durch Destruktion wieder aufgelöst, wenn es nicht mehr benötigt wird. Durch **Vererbung** werden basierend auf bestehenden Klassen (Basisklasse, Elternklasse, parent) neue Klassen (Subklasse, Kindklasse, child) geschaffen. Ein eindeutig zu bestimmendes Objekt, von dem Informationen gesammelt oder ausgewertet werden sollen, wird als **Entity** (Entität, Informationsobjekt) bezeichnet.

Tabelle 4.18: *Scilab-Befehle für Grafikfenster.*

Befehl	Bedeutung
`scf(id), figure(id)`	Erzeugen eines neuen Grafikfensters mit der Nummer `id`
`scf(id)`	Fokus auf das Grafikfenster mit der Nummer `id` setzen
`show_window(),` `show_window(id)`	Anzeigen des aktuellen bzw. des Fensters `id`
`clf(), clf(id)`	Löschen der Grafikobjekte im aktuellen bzw. im Fenster `id`
`xdel(), xdel(id)`	Schließen des aktuellen bzw. des Fensters `id`
`close(), close(id)`	Schließen des aktuellen bzw. des Fensters `id`
`winsid()`	Liste aller Grafikfenster

Der Befehl `scf` (set current figure) aktiviert ein Grafikfenster und macht es gleichzeitig zum aktuellen Grafikfenster, so dass sich alle nachfolgenden Grafikbefehle darauf beziehen. `scf(id)` aktiviert das Fenster mit der Nummer `id`, wenn es existiert, anderenfalls wird es zuerst erzeugt und dann aktiviert. `scf()` erzeugt ein neues Grafikfenster, dessen Index um 1 höher ist als der höchste Index des aktuell existierenden Fensters, und aktiviert es.
`clf()` bzw. `clf('clear')` entfernt alle im aktuellen Grafikfenster enthaltenen Objekte, während `clf('reset')` zusätzlich alle Eigenschaften der Darstellung wieder auf die Ausgangswerte zurücksetzt.
Der Befehl `xdel(winsid())` schließt alle Grafikfenster.

Mit `subplot(m,n,p)` wird ein Grafikfenster in eine $m \times n$-Matrix aus Unterfenstern eingeteilt und das p-te Unterfenster ausgewählt, womit mehrere Diagramme in einem Grafikfenster erstellt werden können.

Tabelle 4.19: *Scilab-Befehle zur Anordnung von Grafiken in Unterfenstern.*

Zwei Diagramme untereinander	Zwei Diagramme nebeneinander

`subplot(2,1,1)`
`<Grafik-Befehl oberes Diagramm>`
`subplot(2,1,2)`
`<Grafik-Befehl unteres Diagramm>`
	`subplot(1,2,1)`
	`<Grafik-Befehl linkes Diagramm>`
	`subplot(2,2,2)`
	`<Grafik-Befehl rechtes Diagramm>`

4.12.3 Grafikobjekte (graphics entities)

Scilab unterscheidet u. a. die in Tabelle 4.20 zusammengestellten Grafikobjekte mit einer bestimmten Hierarchie. Die oberste Ebene bekleidet als Elterninstanz die Entität `Figure`, die mindestens eine Kindinstanz des Typs `Axes` definiert. Jede Achse enthält mehrere Zweigentitäten, die ihrerseits aus grundlegenden Grafikobjekten, wie Polylinien (Polylines), Rechtecken (Rectangles), Bögen (Arcs), Segmenten (Segs) etc. bestehen.

Tabelle 4.20: *Grafikobjekte (Entities) in Scilab.*

Ebene	Entität	Bedeutung
1	`Figure`	Elterninstanz von `Axes` enthält die Parameter des Diagramms sowie alle Parametervoreinstellungen für die Erzeugung der Kindinstanzen
2	`Axes`	Kindinstanz von `Figure` definiert die Parameter für die Änderung der Koordinaten und das Zeichnen der Achsen sowie alle Parametervoreinstellungen für die Erzeugung der Kindinstanzen
3	`Compound`	Vektor aus Kindinstanzen definiert Abhängigkeiten der Grafikentitäten untereinander und ihre globale Sichtbarkeit
	`Label`	Kindinstanz von `Axes` definiert die Parameter für das Zeichnen der Beschriftung (Achsenlabel, Titel)
	Zweiginstanzen der Grafikentität	
	`Axis`	definiert die Parameter für die Skalierung und das Erscheinen der Achse
	`Polyline`	definiert Polylinien in 2D- und 3D-Diagrammen und deren Parameter
	`Arc`	definiert Parameter für Ellipsen und Ellipsenteile
	`Rectangle`	definiert Parameter für Rechtecke und gefüllte Rechtecke
	`Segs`	definiert Parameter für farbige Segmente und Pfeile
	`Surface`	definiert Parameter für 3D-Oberflächenplots
	`Champ`	definiert Parameter für ein 2D-Vektorfeld (Pfeile)
	`Text`	definiert Parameter für das Zeichnen von Zeichenketten
	`Legend`	definiert Parameter für das Zeichnen von Legenden

Der **Zugriff** auf die Grafikentitäten von Scilab erfolgt über **Handles**, die eine eindeutige Identifikation ermöglichen. Die Eigenschaften der Entitäten können über die Befehle `get` und `set` abgefragt und verändert werden.

Mit `h=gce()` bzw. `h=get('current_entity')` wird der Handle der aktuellen Grafikentität in die Variable `h` übergeben. Beispielsweise liefert die Befehlsfolge

```
x=linspace(0,2*%pi,201); // x-Werte definieren
plot2d(x, sin(x), 2); // Sinuskurve zeichnen
h=get('current_entity') // Handle des aktuellen Grafikobjekts holen
```

die Konsolenausgabe

```
  h =

Handle of type "Compound"with properties:
==========================================
parent: Axes
children: "Polyline"
visible = "on"
user_data = []
tag = ""
```

und damit einen Handle auf die Entity `Axes`. Damit hat man Zugriff auf alle Eigenschaften dieses Grafikobjekts. Im folgenden greifen wir nur einige davon exemplarisch heraus. Einen detaillierten Überblick gibt die Scilab-Hilfe [28].

Mit dem Befehl `h.parent.axes_visible=['off' 'on' 'on']` können wir z. B. die x-Achse unsichtbar schalten, mit `h.parent.axes_visible= ['on' 'off' 'on']` die Anzeige der y-Achse abschalten.

`h.parent.axes_reverse=['off' 'on' 'off']` kehrt die Richtung der y-Achse um, während `h.parent.axes_reverse=['on' 'off' 'off']` die Richtung der x-Achse umkehrt.

Mit `h.parent.y_location='right'` können wir die y-Achse an den rechten Rand des Diagramms verschieben. Mögliche Werte sind hier `'left'` (links), `'right'` (rechts), `'middle'` (mittig) und `'origin'` (Ursprung). Über die Eigenschaft `x_location` können wir auf die Position der x-Achse zugreifen. Zulässige Werte sind hier `'bottom'` (unten), `'top'` (oben), `'middle'` (mittig) und `'origin'` (Ursprung).

Der Befehl `h.parent.font_size=3` ändert die Schriftgröße der Achsenlabels, möglich sind Werte von `1` bis `10`. Mit `h.parent.font_style=4` wird die Schriftart für die Achsen auf fett (bold) geändert. Mit dem Befehl `h.parent.x_label.text='x-Achsenbeschriftung'` erhält die x-Achse die Beschriftung „x-Achsenbeschriftung".

Möglich sind hier auch LaTeX- und MathML-Codes, so dass wir auch verschiedene Formelzeichen problemlos verwenden können. Die Eigenschaften `foreground`, `font_size` und `font_style` dienen zur Einstellung von Schriftfarbe, Schriftgröße und Schriftart. Die Beschriftung der y-Achse erfolgt über die Eigenschaft `y_label`.

Mit `h.parent.data_bounds=[xmin,ymin,zmin; xmax,ymax,zmax]` können wir die anzuzeigenden Grenzwerte für die x-, y- und z-Achse einstellen, wobei die Autoskalierung mit `h.parent.auto_scale='off'` abgeschaltet und die Achsengrenzen mit `h.parent.tight_limits='on'` angepasst sein müssen.

Mit `h.parent.title.text='Überschrift'` erhält das Diagramm eine Titelüberschrift. Mit den Eigenschaften `foreground`, `font_size` und `font_style` können wir Schriftfarbe, Schriftgröße und Schriftart ändern.

Über `h.children(1)` kann auf die **Eigenschaften der Kurve** (Polylinie) zugegriffen werden. So können wir mit `h.children(1).foreground=5` z. B. die Farbe der Kurve auf rot setzen. Über die Eigenschaft `mark_mode` können wir zusätzlich Symbole an den Datenpunkten eintragen. Mit `h.children(1).mark_mode='on'` werden die Symbole aktiviert, mit `h.children(1).mark_style=9` und `h.children(1).mark_foreground=2` können die Symbole sowie deren Farbe ausgewählt werden.

Insgesamt stehen 15 verschiedene Symbole zur Verfügung. Der Befehl `h.children(1).line_style=3` ändert die Linienart beispielsweise von durchgezogen auf gestrichelt. Als Werte sind Zahlen von `1` bis `10` möglich. Mit `h.children(1).thickness=3` können wir die Linienstärke auf 3 Pixel setzen.

Einfacher ist der Zugriff auf die Entity `Axes` über den Befehl `a=gca()` (get current axes) bzw. `a=get('current_axes')`. Beispielsweise können wir die x-Achse mit dem Befehl `a.x_location='middle'` in der Diagramm-Mitte anordnen, d. h. `h.parent` müssen wir in den obigen Befehlen durch `a` ersetzen.

Mit `gcf()` (get current figure) bzw. `get('current_figure')` ist ein Zugriff auf die Entität `Figure` möglich.

4.12.4 x,y-Diagramme

Die Möglichkeit, einfache x,y-Diagramme mit dem Befehl `plot` zu erstellen, haben wir bereits in Abschnitt 2.2.13 kennengelernt. Die folgenden Betrachtungen beziehen sich daher auf den Befehl `plot2d(x,[y y2],[opt1 opt2])`. Die Vektoren `x, y1` und `y2` müssen dieselbe Länge besitzen, da sie die zu zeichnenden Punktepaare darstellen.

Bild 4.3: *Grafik-Ausgabe zu Beispiel 4.26.*

Beispiel 4.26:

⌘ *Der folgende Scilab-Code dient zum Zeichnen von 2 Kurven mit entsprechender Beschriftung und Ausgabe in die Pdf-Datei* `sinus_cosinus.pdf`*:*

```
clf(); // alle Grafikfenster löschen
scf(1); // Grafikfenster 1 auswählen
x=linspace(0,2*%pi,201);
            // x-Werte definieren
y1=sin(x); // Kurve 1
y2=cos(x); // Kurve 2
plot2d(x, [y1' y2'], [2,5], ..
      strf='161', ..
      leg='sin(x)@cos(x)')
xtitle('Sinus und Cosinus', ..
      'x','y'); // Beschriftung
xs2pdf(1,'sinus_cosinus.pdf');
// Ausgabe von Grafikfenster 1 in pdf-Datei
```
⌘

`x` ist ein Zeilenvektor mit den x-Koordinaten der Stützpunkte (Stützstellen), `y1` und `y2` sind ebenfalls Zeilenvektoren mit den zugehörigen Stützwerten. In der an `plot2d` zu übergebenden Stützwerte-Matrix `[y1' y2']` sind die y-Vektoren als Spalten anzuordnen, weshalb sie transponiert werden. Der x-Vektor muss beim Aufruf von `plot2d` nicht in einen Spaltenvektor umgewandelt werden, da Scilab die Zuordnung der Werte automatisch vornimmt. Eine Umwandlung ist aber möglich, d. h. der Aufruf `plot2d(x', [y1' y2'], [2,5], strf='161', leg='sin(x)@cos(x)')` wird auch akzeptiert.

☞ Das Transponieren der y-Vektoren kann man sich ersparen, wenn man bereits den x-Vektor als Spaltenvektor erzeugt:

```
x=linspace(0,2*%pi,201)';
    // x-Vektor als Spaltenvektor
y1=sin(x); // y1-Vektor automatisch als
    // Spaltenvektor
y2=cos(x); // y2-Vektor automatisch als
    // Spaltenvektor
plot2d(x, [y1 y2], [2,5])
    // kein Transponieren erforderlich
```

Die Option `[2, 5]` legt die Farbzuordnung der Kurven fest, Kurve 1 wird mit der Farbe 2 (blau), Kurve 2 mit der Farbe 5 (rot) gezeichnet. Mit dem Befehl `getcolor()` kann die Farbzuordnung der aktuellen Farbpalette interaktiv abgefragt werden.

Die aus 3 Zeichen bestehende Zeichenkette `strf` (Voreinstellung `081`) legt mit dem ersten Zeichen die Art der Kurvenlegende fest (`0` = kein Text; `1` = die im optionalen Argument `leg` festgelegte Legende). Das zweite Zeichen legt den darzustellenden Wertebereich fest, die Voreinstellung `8` zeichnet die x- und y-Achse jeweils zwischen den in den Datenvektoren übergebenen Minimal- und Maximalwerten, in Beispiel 4.26 die x-Achse also zwischen 0 und 2π, die y-Achse zwischen -1 und $+1$. Die x-Achse wirkt damit beim Wert $2\pi \approx 6{,}28$ „abgeschnitten". Mit dem gewählten Wert `6` wird eine „schönere" Darstellung erreicht, die x-Achse wird nun bis zur nächsten ganzen Zahl, 7 in Beispiel 4.26, gezeichnet. Das dritte Zeichen des Strings legt die Umrahmung des Diagramms fest. Der gewählte Wert `1` zeichnet einen Rahmen um das Diagramm und ordnet die y-Achse links an.

Die Option `leg='sin(x)@cos(x)'` legt die Kurvenlegende als Zeichenkette fest, dabei ist `@` das Trennzeichen zwischen den einzelnen Beschriftungen. Im Unterschied zum Befehl `legend`, der bei `plot2d` ebenfalls möglich ist, wird die Legende nicht mehr rechts oben im Diagramm, sondern unterhalb davon angeordnet.

Die Option `rect=[xmin,ymin,xmax,ymax]` legt ein Rechteck fest, in dem die dargestellten Datenpunkte liegen. Die Option `frameflag=3` bewirkt eine isometrische Darstellung, d. h. x- und y-Achse besitzen dieselbe Skalierung. Die Option `axesflag` gibt an, wie die Achsen dargestellt werden, z. B. zeigt `axesflag=3` die y-Achse rechts an.

Mit `xgrid([color] [, thickness] [, style])` werden Gitterlinien mit der Farbe `color` (Voreinstellung `1` = schwarz), der Dicke `thickness` (Voreinstellung `1` = 1 Pixel) und dem Linienstil `style` (Voreinstellung `3` = gestrichelt) in das Diagramm gezeichnet, was das Ablesen von Werten erleichtert.

Mit `xstring(x, y,str,[angle,[box]])` erhalten wir eine Beschriftung mit der Zeichenkette `str` an einem bestimmten Punkt des Diagramms mit den Koordinaten `x,y`. Das optionale Argument `angle` gibt den Neigungswinkel in Grad der Zeichenkette gegen die Horizontale im Uhrzeigersinn an. Mit der Option `box` kann in Verbindung mit einem Neigungswinkel von $0°$ ein Rahmen um die Zeichenkette gezeichnet werden (`0` = kein Rahmen; `1` = Rahmen). Z. B. zeichnet `xstring(%pi/2-0.3, 0.82,'Maximum',0,1)` den gerahmten Text „Maximum" unter das Maximum der Sinuskurve. Mit `xtitle('Diagrammtitel', 'x-Achsenbeschriftung', 'y-Achsenbeschriftung')` werden der Titel des Diagramms sowie die Beschriftung von x- und y-Achse festgelegt.

4.12.5 3D-Diagramme

3D-Diagramme können mit dem Befehl `plot3d` gezeichnet werden, wie die folgenden Beispiele illustrieren.

Beispiel 4.27:

⌘ *Der folgende Scilab-Code dient zur dreidimensionalen Darstellung der Fläche* $z(x,y) = 2\cos(x) \cdot \sin(x + \pi/2)$:

```
clf();
x=linspace(0,2*%pi,51);
z=2*cos(x)'*sin(x+%pi/2);
plot3d(x,x,z,alpha=65,theta=20)
```
⌘

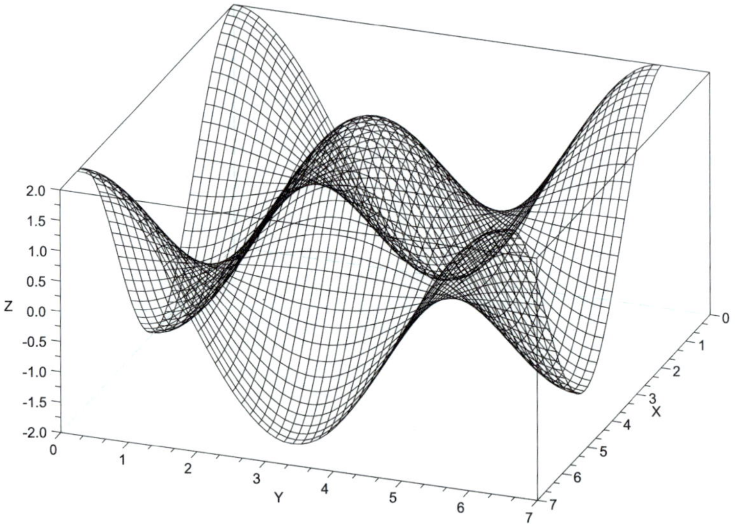

Bild 4.4: *Grafik-Ausgabe zu Beispiel 4.27.*

Die Bilder 4.5 und 4.6 zeigen mit den Scilab-Befehlen `surf` und `plot3d` erzeugte farbige 3D-Diagramme. Einzelheiten zu den Befehlen bietet die Scilab-Hilfe [28].

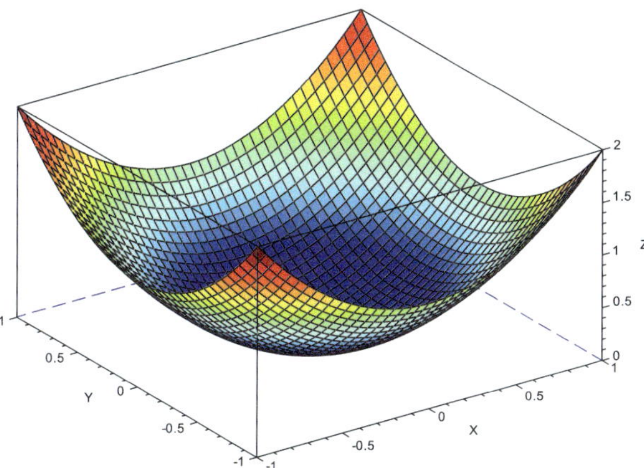

Bild 4.5: *Rotationsparaboloid als farbiges 3D-Diagramm.*

Beispiel 4.28:

⌘ *Der folgende Scilab-Code ermöglicht die in Bild 4.5 gezeigte dreidimensionale Darstellung des Rotationsparaboloids* $z(x,y) = x^2 + y^2$:

```
x=-1:0.05:1; // x-Werte
y=-1:0.05:1; // y-Werte
[X,Y]=meshgrid(x,y);
            // Punktegitter erzeugen
Z=X.^2+Y.^2; // z-Werte berechnen
xset("colormap",jetcolormap(128));
            // Farbpalette wählen
surf(X,Y,Z); // 3D-Diagramm zeichnen
xlabel('X'); ylabel('Y');
zlabel('Z'); // Achsenbeschriftungen
```
⌘

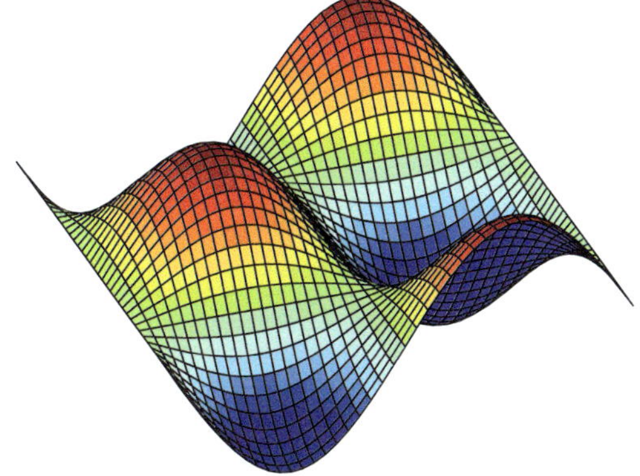

Bild 4.6: *Farbiges 3D-Diagramm ohne Achsen und Beschriftungen.*

Beispiel 4.29:

⌘ *Der folgende Scilab-Code ermöglicht die in Bild 4.6 gezeigte dreidimensionale Darstellung einer in Scilab vordefinierten Fläche:*

```
plot3d(); // Default-3D-Diagramm
          // zeichnen
h=gca(); // Handle auf die Achsen
h.box="off"; // Rahmen abschalten
h.axes_visible="off";
     // Achsen unsichtbar schalten
h.x_label.text="";
     // keine Achsenbeschriftung
h.y_label.text="";
h.z_label.text="";
```
⌘

Höhenliniendiagramme zweidimensionaler Funktionen $z = f(x,y)$ können mit dem Befehl `contour(x,y,z,level_values)` erstellt werden.

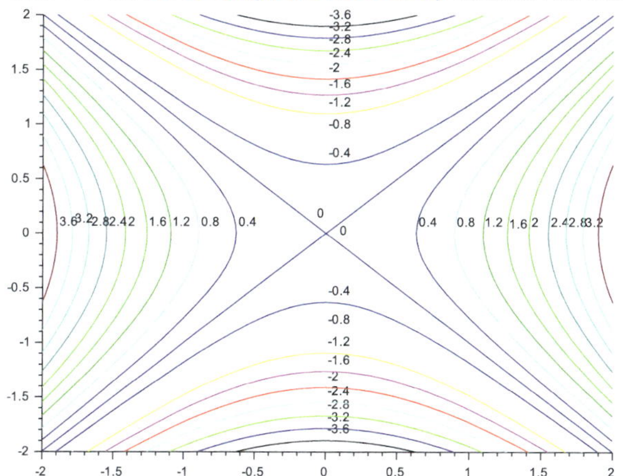

Bild 4.7: *Höhenliniendiagramm eines hyperbolischen Paraboloids.*

Beispiel 4.30:

⌘ *Der folgende Scilab-Code zeichnet das Höhenliniendiagramm eines hyperbolischen Paraboloids* $z = x^2 - y^2$ *(Bild 4.7).*

```
n=51; // Anzahl Datenpunkte + 1
x=linspace(-2,2,n); // x-Werte
y=x; // y-Werte
function z=f(x,y)
  z=x^2-y^2 // zu zeichnende Funktion
endfunction
z=feval(x,y,f); // z-Werte berechnen
contour(x,y,z,19) // Höhenlinien in 19
                  // Stufen
```
⌘

4.13 Aufgaben zum Selbststudium

► Aufgabe 4.1:

Die **Maschinengenauigkeit** (Maschinenepsilon) ϵ_M ist die kleinste positive Zahl, für die $1+\epsilon_M > 1$ gilt.

Schreiben Sie eine Scilab-Funktion, die die Maschinengenauigkeit mit einem geeigneten Algorithmus berechnet und vergleichen Sie den berechneten Wert mit dem Scilab-internen Wert `%eps`.

► Aufgabe 4.2:

Wir kommen noch einmal auf die in Aufgabe 1.13 von Archimedes vorgeschlagene Methode zur näherungsweisen Berechnung der Kreiszahl π zurück.

(a) Erstellen Sie eine Scilab-Funktion, die von einem Sechseck ausgehend 27-mal eine Eckenverdoppelung durchführt und geben Sie die Näherungswerte für die Kreiszahl π auf dem Bildschirm aus. Wie können Sie den dabei auftretenden Effekt erklären?

(b) Erstellen Sie einen verbesserten Algorithmus, der den in Teilaufgabe (a) aufgetretenen Nachteil nicht mehr besitzt.

► Aufgabe 4.3:

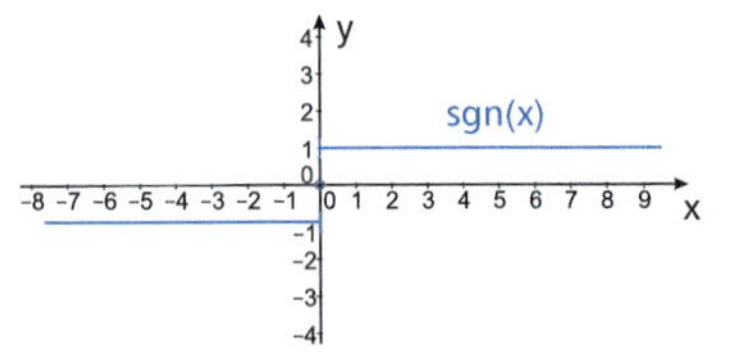

Bild 4.8: *Verlauf der Signum-Funktion.*

Das Signum einer Zahl ist deren Vorzeichen:

$$\operatorname{sgn}(x) := \begin{cases} +1 \text{ für } x > 0 \\ 0 \text{ für } x = 0 \\ -1 \text{ für } x < 0 \end{cases} \tag{4.1}$$

Erstellen Sie basierend auf der Definition von $\operatorname{sgn}(x)$ die Scilab-Funktion `signum(x)` zur Berechnung des Vorzeichens einer reellen Zahl `x`.

► Aufgabe 4.4:

(a) Erstellen Sie in der Datei `Hello.sci` die Funktion `Hello`, die den berühmten Begrüßungssatz `Hello, world!` von Brian Kernighan mit anschließendem Zeilenumbruch am Bildschirm ausgibt.

(b) Modifizieren Sie die Funktion aus Teilaufgabe (a) zu `Hello2` in der Datei `Hello2.sci` dahingehend, dass nun ein String als Parameter übergeben wird, der am Bildschirm mit jeweils einer Leerzeile davor und dahinter ausgegeben wird.

(c) Ändern Sie die Funktion aus Teilaufgabe (b) zu `Hello3` so, dass der Text `Geers rule!` am Bildschirm ausgegeben wird, falls der Übergabeparameter `Hello Engineers!` lautet, ansonsten der übergebene String. Speichern Sie diese als `Hello3.sci`.

► Aufgabe 4.5:

(a) Erstellen Sie einen kommentierten Scilab-Code, der die Funktion $y_1(x) = \arctan x$ für $-3\pi \le x \le 3\pi$ in einem x,y-Diagramm in rot zeichnet.

(b) Ergänzen Sie Ihren Code dahingehend, dass auch die Funktion $y_2(x) = \operatorname{arccot} x$ für $-3\pi \le x \le 3\pi$ in blau im Diagramm von Teilaufgabe (a) dargestellt wird.

▶ Aufgabe 4.6:

(a) Erstellen Sie mit Scilab eine 3D-Darstellung des Rotationsparaboloids $z = x^2 + y^2$ im Intervall $[-10;10] \times [-10;10]$.

(b) Erstellen Sie mit Scilab eine 3D-Darstellung des elliptischen Paraboloids $z = \frac{x^2}{a^2} + \frac{y^2}{b^2}$ im Intervall $[-10;10] \times [-10;10]$ für $a=2$ und $b=3$.

(c) Erstellen Sie eine 3D-Darstellung des hyperbolischen Paraboloids $z = \frac{x^2}{a^2} - \frac{y^2}{b^2}$ im Intervall $[-10;10] \times [-10;10]$ für $a=1$ und $b=3$.

(d) Erstellen Sie eine 3D-Darstellung des einschaligen Hyperboloids $1 = \frac{x^2}{a^2} + \frac{y^2}{b^2} - \frac{z^2}{c^2}$ im Intervall $[-10;10] \times [-10;10]$ für $a=1$, $b=3$ und $c=8$.

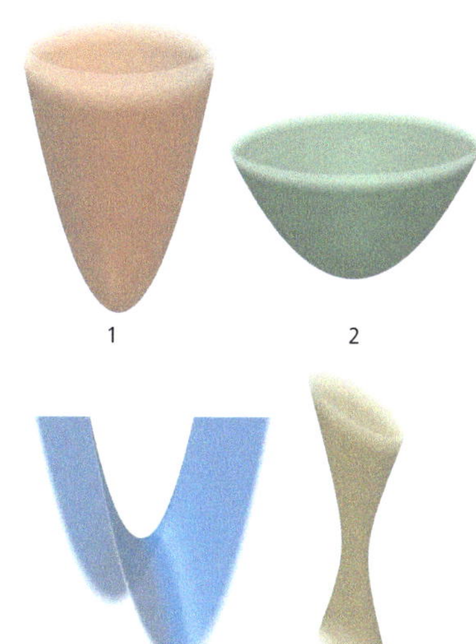

Bild 4.9: *Rotationsparaboloid (1), elliptisches Paraboloid (2), hyperbolisches Paraboloid (3) und einschaliges Hyperboloid (4).*

▶ Aufgabe 4.7:

Betrachtet wird noch einmal das Space-Shuttle aus Aufgabe 1.5.

(a) Notieren Sie den Scilab-Code der On-line-Funktion `v_ex(t)`, die die Geschwindigkeit der Raketen in Abhängigkeit der Zeit t berechnet, wenn `m0`, `g`, `alpha` und `FS` globale Variablen sind.

(b) Schreiben Sie eine Scilab-Funktion `a(t)`, die die Beschleunigung der Raketen in Abhängigkeit der Zeit t für die lokal definierten Größen `m0`, `g`, `alpha` und `FS` berechnet.

▶ Aufgabe 4.8:

Wir kommen noch einmal auf Bungee-Springer Bertram Bodenlos aus Aufgabe 1.2 zurück.

(a) Notieren Sie den Programmcode einer Scilab-Funktion `v_ex(t)`, die die Geschwindigkeit Bertrams in Abhängigkeit der Zeit t berechnet, wenn `m`, `cw` und `g` globale Variablen sind.

(b) Schreiben Sie eine Scilab-Funktion `acc(v)`, die die Beschleunigung Bertrams in Abhängigkeit seiner Geschwindigkeit v für die lokal definierten Größen `m`, `cw` und `g` berechnet.

▶ Aufgabe 4.9:

Zwischen der Celsius-Temperatur ϑ und der Temperatur θ_F auf der Fahrenheit-Skala besteht der Zusammenhang:

$$\vartheta = \frac{5\ °\mathrm{C}}{9\ °\mathrm{F}} \cdot \left(\theta_F - 32\ °\mathrm{F}\right) \tag{4.2}$$

Weiterhin gilt: $1\ \mathrm{Btu} = 1055{,}06\ \mathrm{J}$ (British thermal units)
$1\ \mathrm{lbm} = 0{,}453592\ \mathrm{kg}$ (pound mass)
$1\ \mathrm{R} = \frac{5}{9}\ \mathrm{K}$ (Rankine)

Erstellen Sie einen kommentierten Scilab-Code, der die in Tab. 4.21 stehenden Temperaturen θ_F in °C und die spezifischen Wärmekapazitäten c_p in kJ/kg K umwandelt und am Bildschirm formatiert ausgibt.

Tabelle 4.21: *Datensatz aus Temperaturen θ_F und spezifischen Wärmekapazitäten c_p.*

θ_F (°F)	c_p (Btu/lbm R)	θ_F (°F)	c_p (Btu/lbm R)
32	1,0085	140	1,0002
50	1,0027	158	1,0015
68	1,0000	176	1,0030
86	0,99900	194	1,0051
104	0,99890	212	1,0075
122	0,99937		

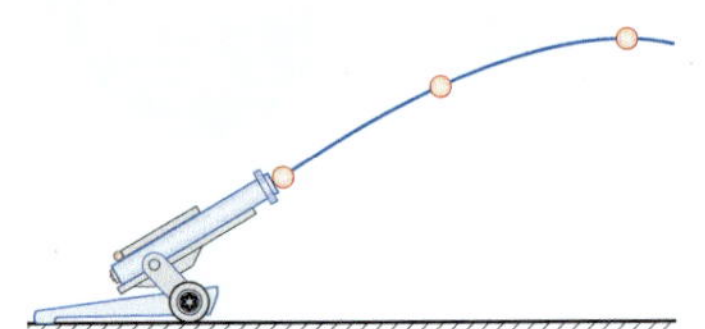

Bild 4.10: *Flugbahn der Kanonenkugel.*

► Aufgabe 4.10:

Programmieranfänger Anton Ahnungslos sind im folgenden Scilab-Code 5 Fehler unterlaufen. Geben Sie diese an und verbessern Sie sie!

```
format(16);
z=3*2**3; x=ln(z);
y=arctan(pi)*rand(1;1)
r=sqr(x^2+y^2)
if r>0 | r=0 then
   positiv=%t;
end;
```

► Aufgabe 4.11:

Wir kommen noch einmal auf die in Aufgabe 1.3 abgeschossene Kanonenkugel zurück.
Erstellen Sie die kommentierte Scilab-Routine `Flugbahn(alpha0, v0, x0, y0, tend)`, die die Flugbahn der Kanonenkugel berechnet und anschließend $x(t)$ und $y(t)$ im Zeitfenster `[0; tend]` in einem Diagramm darstellt.

► Aufgabe 4.12:

Zur Berechnung der beiden Lösungen x_1 und x_2 der allgemeinen quadratischen Gleichung $ax^2 + bx + c = 0$ sind die Scilab-Funktionen `QuadratischeGleichung♣(...)` zu erstellen, wobei das Joker-Zeichen $♣ = 1,2,3,4$ die Programmvariante bezeichnet. Dabei sollen die Koeffizienten a,b und c jeweils

- global definiert (Variante 1)
- lokal definiert (Variante 2)
- über die Parameterliste übergeben werden (Varianten 3 und 4).

Während in den Varianten 1–3 die Koeffizienten in den Variablen `a`, `b` und `c` und die Lösungen als `x1` und `x2` gespeichert werden, sollen in Variante 4 der Vektor `Koef` für die Koeffizienten und der Vektor `x` für die Lösungen verwendet werden.
In den Codes soll zunächst über den Wert von a geprüft werden, ob überhaupt eine quadratische Gleichung vorliegt. Ist dies nicht der Fall, soll das Programm mit einer Fehlermeldung terminieren. Die möglichen Fälle der Lösung sollen anhand der Diskriminante $D = b^2 - 4ac$ geprüft und mit einer einfachen Bildschirmmeldung `mprintf('...')` klassifiziert werden.
Der Test der Programmcodes soll mit folgenden Gleichungen erfolgen:

$$x - 2 = 0 \tag{4.3}$$

$$2x^2 - 3x - 2 = 0 \tag{4.4}$$

$$4x^2 + 4x + 5 = 0 \tag{4.5}$$

$$4x^2 - 4x + 1 = 0 \tag{4.6}$$

► Aufgabe 4.13:

Setzen Sie den Pseudocode der Funktion `MittelwertStandardabweichung` aus Aufgabe 3.6 in einen Scilab-Code um und testen Sie diesen an einem geeigneten Beispiel.

▶ Aufgabe 4.14:

Student Simon Siebenauge hat im nachfolgenden Scilab-Code 7 Fehler versteckt. Finden Sie diese und verbessern Sie sie!

```
z=ceil(2,34);
format(12);
def('y=F(x)','y=2x');
x=lb(2^2+4**4);
y=atand(75.0)-artanh(x); a=Sqrt(x^2+y^2+z^2)
if (a=0) | (a>0) then
  Negativ=%T
end;
```

▶ Aufgabe 4.15:

Die Dichte ϱ (in kg/m^3) von luftfreiem Wasser kann bei Umgebungsdruck nach Bettin und Spieweck [62] für Celsius-Temperaturen ϑ zwischen 0 °C und 40 °C aus Gl. (4.7) berechnet werden:

$$\varrho(\vartheta) = \sum_{\mathrm{n}=0}^{5} c_{\mathrm{n}} \cdot \vartheta^n \qquad (4.7)$$

Die Temperaturkoeffizienten $c_0 = 9{,}99839564 \cdot 10^2$, $c_1 = 6{,}7998613 \cdot 10^{-2}$, $c_2 = -9{,}1101468 \cdot 10^{-3}$, $c_3 = 1{,}0058299 \cdot 10^{-4}$, $c_4 = -1{,}1275659 \cdot 10^{-6}$ sowie $c_5 = 6{,}5985371 \cdot 10^{-9}$ sollen bei der Erstellung des Programmcodes in der notierten Reihenfolge global im Vektor `c` definiert werden, während alle weiteren Parameter lokal festgelegt werden.

(a) Erstellen Sie die kommentierte Scilab-Funktion `rho_H2O(theta)`, die prüft, ob die Temperatur `theta` (in °C) im angegebenen Gültigkeitsbereich liegt, die Dichte `rho` von Wasser berechnet und in kg/m^3 retourniert. Falls die Temperatur nicht im angegeben Temperaturbereich liegt, soll die Meldung `Temperatur liegt außerhalb des Gültigkeitsbereichs` ausgegeben und der Wert `NaN` zurückgegeben werden.

(b) Erstellen Sie einen unkommentierten Scilab-Code, der die Dichte von Wasser mithilfe der Routine aus Teilaufgabe (a) für Temperaturen zwischen 0 °C und 40 °C in Schritten von $0{,}1$ °C berechnet und mit einer Genauigkeit von 3 Nachkommastellen nach folgendem Muster (Leerzeichen als ␣ kennzeichnen) am Bildschirm ausgibt:

```
    ϑ       ρ in kg/m³
°C  0,0     0,1     0,2     0,3     0,4     ...     0,8     0,9
0   999,840 999,846 ...
 ...
40  992,210
```

▶ Aufgabe 4.16:

Für den Schwerpunkt $S(x_S; y_S; z_S)$ eines räumlichen Dreiecks $P_1P_2P_3$ mit $P_k(x_k; y_k; z_k)$ $(k = 1,2,3)$ gilt nach [3]:

$$x_S = \frac{x_1 + x_2 + x_3}{3}; \quad y_S = \frac{y_1 + y_2 + y_3}{3}; \quad z_S = \frac{z_1 + z_2 + z_3}{3} \qquad (4.8)$$

Erstellen Sie die Scilab-Function `Schwerpunkt_Dreieck(P1,P2,P3)`, die die Schwerpunktskoordinaten im Vektor `S` für die 3 übergebenen Punktvektoren `P1, P2` und `P3` berechnet.

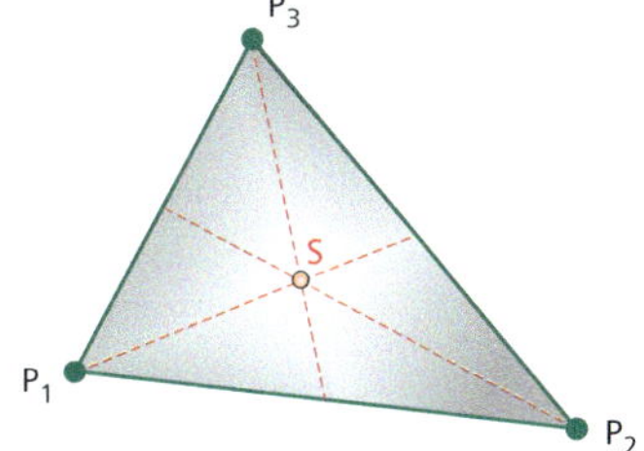

Bild 4.11: *Schwerpunkt S im räumlichen Dreieck $P_1P_2P_3$.*

▶ Aufgabe 4.17:

Erstellen Sie eine Scilab-Funktion, die über den Kennstring KENN das Volumen V verschiedener Körper in Abhängigkeit bestimmter geometrischer Größen berechnet, wobei gemäß Tab. 4.22 unterschiedlich viele Argumente zu übergeben sind.

Tabelle 4.22: *Daten zur Volumenberechnung verschiedener Körper.*

Körper	KENN	Geometrische Größen	Volumen V	Argumente
Kugel	–	Radius r	$\frac{4}{3}\pi r^3$	1
Zylinder	1	Radius r, Höhe h	$\pi r^2 h$	3
Kegel	2	Radius r, Höhe h	$\frac{\pi}{3} r^2 h$	3
Kugelabschnitt	3	Kugelradius r, Höhe h	$\frac{\pi}{6} h^2 (3r - h)$	3
Hohlzylinder	4	Radien r_1, r_2, Höhe h	$\pi (r_2^2 - r_1^2) h$	4
Kegelstumpf	5	Radien r_1, r_2, Höhe h	$\frac{\pi}{3} (r_1^2 + r_1 r_2 + r_2^2) h$	4
Kugelschicht	6	Radien ϱ_1, ϱ_2, Höhe h	$\frac{\pi}{6} (3\varrho_1^2 + 3\varrho_2^2 + h^2) h$	4

(a) Informieren Sie sich über die Verwendung optionaler Argumente mithilfe der Scilab-Funktion `argn()`.

(b) Erstellen Sie den Code der Scilab-Funktion `Volumen(arg1, arg2, arg3, arg4)`, die die Volumenberechnung entsprechend der Angaben in der Tabelle durchführt.

▶ Aufgabe 4.18:

Nach DIN 4108-3 [63] gilt für den Sättigungsdampfdruck $p_{s1}(\theta)$ von Wasser für Temperaturen $\theta \geq 0$ °C Gl. (4.9):

$$p_{s1}(\theta) = 610{,}5\ \text{Pa} \cdot \exp\left(\frac{17{,}269 \cdot \theta}{237{,}3\ ^\circ\text{C} + \theta}\right) \tag{4.9}$$

VDI 4670 Bl. 1 [64] gibt für Temperaturen $0{,}01\ ^\circ\text{C} \leq \theta \leq 60\ ^\circ\text{C}$ hingegen mit Gl. (4.10) eine abweichende Beziehung an:

$$p_{s2}(T) = p_t \cdot \exp\left\{\frac{T_t}{T} \cdot \left[a_1 \cdot \left(\frac{T}{T_t} - 1\right) + a_2 \cdot \left(\frac{T}{T_t} - 1\right)^{1{,}5}\right]\right\} \tag{4.10}$$

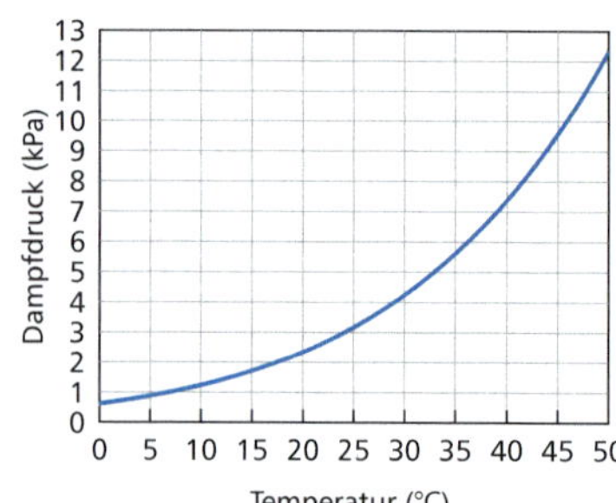

Bild 4.12: *Sättigungsdampfdruck von Wasser nach DIN 4108-3 [63].*

In Gl. (4.10) bezeichnen $T = \theta + T_0 = \theta + 273{,}15$ K die absolute Temperatur, $T_t = 273{,}16$ K die Temperatur und $p_t = 611{,}657$ Pa den Druck am Tripelpunkt. Die Koeffizienten a_1 und a_2 betragen:

$$a_1 = 20{,}10711 \quad \text{und} \quad a_2 = -1{,}59013 \tag{4.11}$$

(a) Erstellen Sie die beiden Scilab-Funktionen `psat_DIN4108(theta)` und `psat_VDI4670(theta)`, die den Sättigungsdampfdruck in Pa in Abhängigkeit der Celsius-Temperatur `theta` berechnen.

(b) Berechnen Sie die relative prozentuale Abweichung $\delta p = 1 - \frac{p_{s1}(\theta)}{p_{s2}(\theta)}$ im Temperaturintervall $0\ ^\circ\text{C} \leq \theta \leq 60\ ^\circ\text{C}$ mit einem geeigneten Scilab-Code in Schritten von $\Delta\theta = 1$ K und geben die diese zeilenweise in der Form $\theta \quad p_{s1}(\theta) \quad p_{s2}(\theta) \quad \delta p$ auf dem Bildschirm aus.

▶ Aufgabe 4.19:

Die Scilab-Funktion `U_Wert(Bauteil)` soll für ein n-schichtiges homogenes Bauteil den Wärmedurchgangskoeffizienten

$$U = \frac{1}{R_\mathrm{T}} = \left(R_\mathrm{si} + \sum_{j=1}^{n} \frac{d_j}{\lambda_j} + R_\mathrm{se} \right)^{-1} \tag{4.12}$$

ermitteln. Neben der Wärmestromrichtung (nach oben, horizontal, nach unten) soll auch die Bauteillage (innen, außen) berücksichtigt werden. Für Außenbauteilen gelten die Wärmeübergangswiderstände gemäß Tab. 4.23.

Tabelle 4.23: *Wärmeübergangswiderstände nach DIN EN ISO 6946 [65].*

Widerstand (m^2 K/W)	Richtung des Wärmestroms ↑ aufwärts ↑	← horizontal →	↓ abwärts ↓
R_si	0,10	0,13	0,17
R_se	0,04	0,04	0,04

Für Innenbauteile ist $R_\mathrm{se} = R_\mathrm{si}$. Erstellen Sie eine Scilab-Funktion mit einem `list`-Konstrukt der Form `list(['Lage', 'Wärmestromrichtung', 'Schichtdicke', 'Wärmeleitfähigkeit'], Lstr, Rstr, d, lambda)` für das zu übergebende Bauteil, wobei `Lstr` und `Rstr` Strings zur Kennzeichnung von Lage und Wärmestromrichtung und `d` und `lambda` Vektoren mit Schichtdicke d_j und Wärmeleitfähigkeit λ_j sind. Testen Sie diese mit geeigneten Bauteilaufbauten.

▶ Aufgabe 4.20:

Bretschneider [66] sowie Strehlke [67] veröffentlichten 1842 unabhängig voneinander eine Gleichung zur Berechnung der Fläche A eines beliebigen konvexen Vierecks $\square ABCD$ aus den Seitenlängen a, b, c und d sowie den zwei Innenwinkeln $\alpha = \measuredangle(DAB)$ und $\gamma = \measuredangle(BCD)$ (Bild 4.13):

$$A = \sqrt{(s-a)\cdot(s-b)\cdot(s-c)\cdot(s-d) - a\,b\,c\,d\cdot\cos^2\left(\frac{\alpha+\gamma}{2}\right)} \tag{4.13}$$

s stellt den halben Vierecksumfang U dar:

$$s = \frac{U}{2} = \frac{a+b+c+d}{2} \tag{4.14}$$

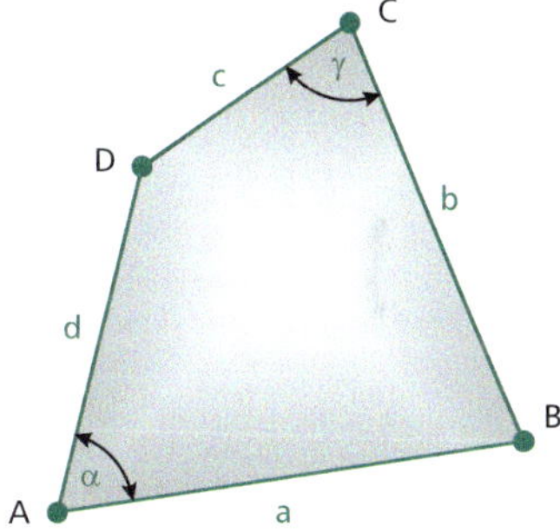

Bild 4.13: *Konvexes Viereck mit gegebenen Seitenlängen und Innenwinkeln.*

(a) Erstellen Sie einen kommentierten Scilab-Code, der für gegebene Werte von a,c,d sowie α und $\delta = \measuredangle(CDA)$ den Flächeninhalt A und den Umfang U berechnet und auf dem Bildschirm ausgibt.

(b) Testen Sie den Code für $a=40$, $c=25$, $d=75$, $\alpha=115°$ und $\delta=49°$.

(c) Zeigen Sie rechnerisch, dass die Fläche A auch mit den Diagonalen e und f berechnet werden kann als [66]:

$$A = \frac{1}{4}\sqrt{4\,e^2 f^2 - (b^2+d^2-a^2-c^2)^2} \tag{4.15}$$

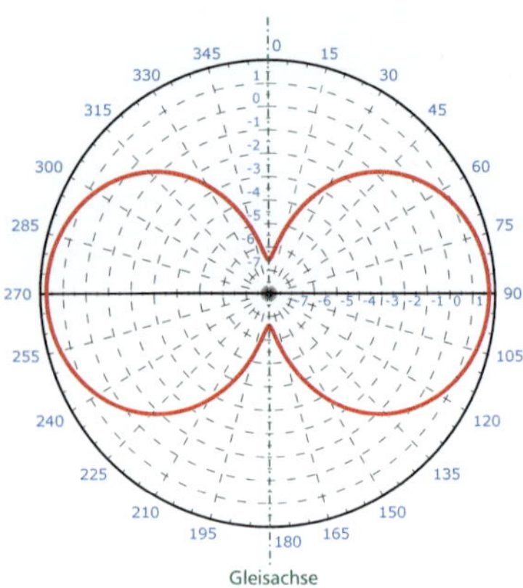

Bild 4.14: *Polardiagramm des Richtwirkungsmaßes* $D_{\mathrm{I,k_S}}$.

»Extant et ad Ciceronem, item ad familiares domesticis de rebus, in quibus, si qua occultius perferenda erant, per notas scripsit, id est sic structo litterarum ordine, ut nullum verbum effici posset: quae si qui investigare et persequi velit, quartam elementorum litteram, id est D pro A et perinde reliquas commutet.« [69]

»Auch Briefe von ihm an Cicero sind vorhanden, desgleichen an seine Vertrauten über häusliche Angelegenheiten, in denen er das, was geheimbleiben sollte, für den Fall, dass unterwegs der Brief von unbefugter Hand geöffnet würde, mit Zeichen geschrieben hat, d. h. nach einer solchen Folge des Alphabets, dass aus den Buchstaben kein Wort gebildet werden konnte. Will jemand sie entziffern und hintereinander lesen, so muß er immer den vierten Buchstaben des Alphabets, also D für A und so fort, an die Stelle des wirklich geschriebenen setzen.« [70]

► Aufgabe 4.21:

Gemäß Verkehrslärmschutzverordnung [68] berücksichtigt das Richtwirkungsmaß $D_{\mathrm{I,k_S}}$ (in dB(A)) von Teilstücken von Schienenstreckenabschnitten die mittlere Abstrahlung des Rollgeräusches bei Zugfahrten in beiden Richtungen in Abhängigkeit des Winkels $\delta_{\mathrm{k_S}}$ zwischen einem von der Schallquelle ausgehenden Schallstrahl und der Gleisachse:

$$D_{\mathrm{I,k_S}} = 10\,\mathrm{lg}\left(0{,}22 + 1{,}27\cdot\sin^2\delta_{\mathrm{k_S}}\right) \tag{4.16}$$

Erstellen Sie einen kommentierten Scilab-Code, der den Verlauf von $D_{\mathrm{I,k_S}}$ über $\delta_{\mathrm{k_S}}$ in einem Polardiagramm gemäß Bild 4.14 darstellt.

► Aufgabe 4.22:

Eine seltsame Kurve Γ ist durch die Gleichung

$$\begin{aligned} x(t) &= 4\cos\left(\frac{t}{4}\right) + \sin(3\,t) \\ y(t) &= 6\sin\left(\frac{t}{4}\right) + \cos t \end{aligned} \tag{4.17}$$

gegeben. Stellen Sie Γ mit Scilab in einem geeigneten Diagramm im Bereich $0 \le t \le 8\pi$ dar.

► Aufgabe 4.23:

Gaius Julius Cäsar benutzte das in der Randspalte beschriebene, von Sueton [69] überlieferte Verfahren zur Nachrichtenverschlüsselung (Cäsar-Chiffre). Erstellen Sie einen kommentierten Scilab-Code `Occultus(lesbar)`, der die übergebene Zeichenkette `lesbar` in den String `geheim` umwandelt. Dabei soll die Zeichenkette `lesbar` intern zunächst in Großbuchstaben konvertiert und vorhandene Leerzeichen sollen entfernt werden.

► Aufgabe 4.24:

Bei der Überlagerung der Schwingungen

$$\begin{aligned} y_1(t) &= A_1\cdot\sin\left(\frac{2\pi}{T_1}\cdot t\right) \quad \text{mit} \quad A_1 = 1\ \text{cm};\ T_1 = 0{,}10\ \text{s} \\ y_2(t) &= A_2\cdot\sin\left(\frac{2\pi}{T_2}\cdot t\right) \quad \text{mit} \quad A_2 = 2\ \text{cm};\ T_2 = 0{,}09\ \text{s} \end{aligned} \tag{4.18}$$

entsteht eine Schwebung $y_S(t) = y_1(t) + y_2(t)$. Erstellen Sie einen kommentierten Scilab-Code, der die Einzelschwingungen und deren Überlagerung für $0 \le t \le 4$ s in geeigneten Diagrammen darstellt.

► Aufgabe 4.25:

Unter Eigengewicht durchhängende Seile und Kabel besitzen die Form einer Kettenlinie $k(x) = a\cdot\cosh\left(\frac{x}{a}\right)$. In der Praxis wird die Kontur vielfach mit einer quadratischen Parabel $p(x) = x^2 + a$ angenähert. Um die Qualität dieser Näherung beurteilen zu können, soll die relative Abweichung $r(x)$ zwischen beiden Funktionen im Bereich $-L \le x \le L$ für $a=1$ und $L=3$ berechnet und grafisch dargestellt werden.

5 Numerische Grundlagen

»Die Mathematiker sind
eine Art Franzosen:
Redet man zu ihnen,
so übersetzen sie es
in ihre Sprache,
und dann ist es alsobald
ganz etwas anderes.«

(Johann Wolfgang von Goethe)

Die legendäre Z3 von Konrad Zuse als Rekonstruktion im Deutschen Museum München.

Lernziele

Die vorherigen Abschnitte zeigen uns, dass numerische Berechnungen stets mit Zahlen und damit mit Mathematik zu tun haben. In diesem Kapitel werden wir allerdings feststellen, dass es doch Unterschiede zwischen Mathematik und Numerik gibt und dass wir nicht alle Gleichungen und Gesetze aus der Mathematik ohne Probleme auf den Computer übertragen können.
Wir beschäftigen uns mit Fehlern, die bei numerischen Berechnungen auftreten können und lernen die Kondition als wichtige Eigenschaft von Algorithmen kennen. Normen ermöglichen uns eine Anwendung dieses Begriffs auf lineare Gleichungssysteme.

5.1 Allgemeines

5.1.1 Unterschiede Numerik – Analysis

Die **Numerische Mathematik** (Numerik) unterscheidet sich grundsätzlich von der uns bekannten klassischen Mathematik (Analysis):

Tabelle 5.1: *Unterschiede zwischen Numerik und Analysis.*

Numerik	Analysis
Zahlendarstellung auf **Computern**	**exakte** Darstellung von Zahlen
näherungsweise Rechnungen (fehlerbehaftet)	exakte Rechnungen
Lösung von Problemen, die analytisch nicht lösbar oder einer Handrechnung nicht zugänglich sind	nicht alle Probleme besitzen eine exakte Lösung[51] oder sind händisch lösbar
Algorithmen (Rechenvorschriften), Programme	Axiome, Logik, Beweise
Anweisungen $x = x+1$ zu dem in der Zelle (Variable) x gespeicherten Wert wird 1 addiert	**Gleichungen** $x = x+1 \rightsquigarrow 0 = 1$ ↯ gesucht werden die x-Werte, die diese Gleichung erfüllen (Lösungsmenge)
Menge $\mathbb{M}$ der **Maschinenzahlen** endlich **beschränkte** Stellenzahl	Menge $\mathbb{R}$ der **Reellen Zahlen** unendlich **unendliche** Stellenzahl
Reihenfolge der Berechnung spielt eine Rolle $(a+b)+c \neq a+(b+c)$ Assoziativgesetz gilt nicht	Vertauschung der Reihenfolge möglich $(a+b)+c = a+(b+c)$ Assoziativgesetz gilt
$a\cdot(b+c) \neq a\cdot b + a\cdot c$ Distributivgesetz gilt nicht	$a\cdot(b+c) = a\cdot b + a\cdot c$ Distributivgesetz gilt
$1+a = 1$ mit $a \neq 0$ bestimmte Zahlen, zu 1 addiert, ändern diesen Wert nicht	$1+a \neq 1$ mit $a \neq 0$ führt auf eine Ungleichung

Die kleinste positive auf einem Computer darstellbare Zahl ϵ_M mit $1+\epsilon_M \neq 1$ heißt **Maschinengenauigkeit** (Maschinenzahl, Maschinen-Epsilon, vgl. Aufgabe 4.1).

Nicht jede reelle Zahl ist exakt als Maschinenzahl darstellbar, z. B. $\frac{1}{3}$, π. Jede reelle Zahl, die selbst keine Maschinenzahl ist, muss somit durch eine Maschinenzahl in der Weise ersetzt werden, dass sie möglichst nahe an der betreffenden reellen Zahl liegt.

Interpretiert man z. B. die aus der Analysis bekannte Beziehung [3]

$$e = \lim_{n\to\infty}\left(1+\frac{1}{n}\right)^n$$

entsprechend, ist zu erwarten, dass die Genauigkeit der Berechnung der Euler'schen Zahl mit steigendem n kontinuierlich zunimmt (vgl. Aufgabe 5.1).

Zentrale Fragestellungen der Numerik sind daher:

- Entwicklung von Verfahren zur Konstruktion von Lösungen (in der Regel Näherungslösungen) mathematischer Aufgabenstellungen
- Auswahl geeigneter Verfahren und Algorithmen
- effiziente Implementierung dieser Verfahren auf Computern
- Abschätzung der Möglichkeiten und Fehler numerischer Verfahren und damit der Güte der Näherungen
- Erkennen und Vermeiden von Fehlerquellen

In der Numerik treten zahlreiche Effekte auf, die es in der exakten Mathematik nicht gibt. Ein blindes Vertrauen auf die mit Computern berechneten Ergebnisse ist daher nicht zielführend.

[51] Der Traum von David Hilbert, die Mathematik vollständig auf einem nachweislich widerspruchsfreien Axiomensystem aufzubauen und zu formalisieren (Hilbertprogramm) und damit die Lösbarkeit eines jeden mathematisch formulierbaren Problems zu zeigen, wurde durch den 1931 publizierten Unvollständigkeitssatz von Kurt Gödel zerstört. In jedem widerspruchsfreien System gibt es Sätze, die weder bewiesen noch widerlegt werden können. Unabhängig davon, wie viele Axiome man zu einem System hinzufügt, es gibt immer noch weitere Aussagen, die nicht beweisbar sind.

5.1.2 Rundungsfehler (round-off error, rounding error)

Beim Rechnen mit Maschinenzahlen auf Computern treten **Rundungsfehler** auf. Dies ist einerseits dadurch bedingt, dass nicht alle reellen Zahlen exakt als Maschinenzahlen darstellbar sind und andererseits dadurch, dass dies zum Teil auch für die berechneten Ergebnisse zutrifft.

Rundungsfehler können sich verstärken (akkumulieren). Sie können daher in der Realität verheerende Folgen haben, wie das folgende Beispiel zeigt (vgl. Abschnitt 3.2.16):
Im Zweiten Golfkrieg verfehlte am 25.02.1991 eine amerikanische Patriot-Rakete in Dharan in Saudi-Arabien eine nahende irakische Scud-Rakete. Die Scud-Rakete schlug in eine Kaserne ein, wobei 28 Soldaten ums Leben kamen und ca. 100 verletzt wurden.

Ursache war eindeutig ein **Rundungsfehler**. Die interne Uhr der Patriot-Rakete speicherte die seit dem Hochfahren des Systems verstrichene Zeit in Zehntelsekunden in einem 24-Bit-Register im Binärformat. Da eine Zehntelsekunde binär nicht exakt darstellbar ist, wurden nur die ersten 24 Stellen verwendet, woraus ein entsprechender Rundungsfehler resultiert:

$0{,}1\ \text{s} = (0.000\overline{1100})_2\ \text{s} = 0.00011001100110011001100\ \text{s}$

Der Rundungsfehler betrug ungefähr $9{,}5 \cdot 10^{-8}$ s. Nach dem letzten Einschalten war das System der Patriot-Rakete nicht mehr heruntergefahren worden. Nach 100 Betriebsstunden hatte sich der Rundungsfehler zu $100 \cdot 60 \cdot 60 \cdot 10 \cdot 9{,}5 \cdot 10^{-8}$ Zehntelsekunden $\approx 0{,}34$ s akkumuliert. In dieser Zeit hatte die Scud-Rakete mit einer Geschwindigkeit von 1676 m/s knapp 570 m zurückgelegt und konnte daher von den Sensoren der Patriot-Rakete nicht mehr aufgespürt werden [49].

5.1.3 Auslöschung (cancelation)

Werden zwei annähernd gleiche Zahlen voneinander subtrahiert, ist hierdurch eine Verstärkung der relativen Fehler möglich, was in der Numerik als **Auslöschung** (cancelation) bezeichnet wird (Bild 5.1).

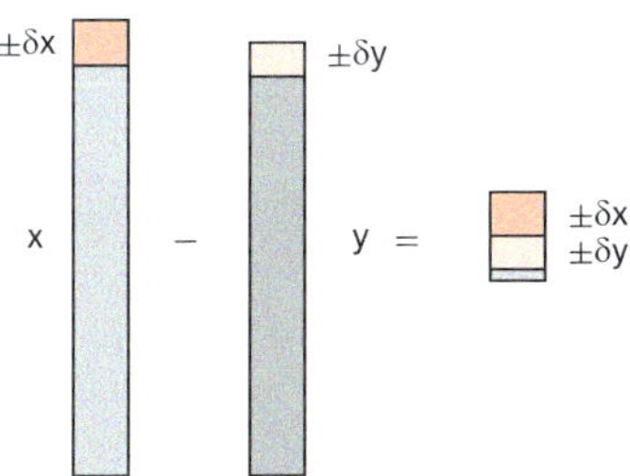

Bild 5.1: *Verstärkung der relativen Fehleranteile bei der Subtraktion.*

5.1.4 Überlauf (overflow) und Unterlauf (underflow)

Unter den endlich vielen Maschinenzahlen eines Rechensystems gibt es zwangsläufig eine **größte Zahl** $M_{\max}$, und eine **kleinste Zahl** $M_{\min}$.

Wird bei einer numerischen Berechnung ein Wert erreicht, der betragsmäßig größer ist als $M_{\max}$, dann tritt ein **Überlauf** (overflow) auf. In der Regel erfolgt dann ein Abbruch des Programmablaufs mit einer Fehlermeldung, es kann jedoch auch ein Systemabsturz auftreten.

Andererseits spricht man von einem **Unterlauf** (underflow), wenn eine Zahl berechnet wird, die betragsmäßig kleiner ist als $M_{\min}$. Häufig wird dann mit Null weiter gerechnet.

Wie verheerend ein Überlauf sein kann, zeigt folgendes Beispiel [48]: Am 04.06.1996 explodierte die Satellitenträgerrakete Ariane V knapp 40 s nach dem Start. Menschen kamen dabei zum Glück nicht zu Schaden, allerdings entstand ein Verlust von 500 Millionen US-$ bei Entwicklungskosten von rund 7 Milliarden US-$.
Der Bordcomputer stürzte 38,7 s nach dem Start beim Versuch, den Wert der Horizontalgeschwindigkeit von der 64 bit Gleitpunktdarstellung in 16 bit signed integer umzuwandeln (die entsprechende Zahl war größer als 32768, was einen Overflow zur Folge hatte und zum Zusammenbruch des Lenksystems führte). Nachdem die Kontrolle an eine zweite, identische Einheit abgegeben worden war, wurde der Selbstzerstörungsmechanismus ausgelöst, da die Triebwerke abzubrechen drohten.

Beispiel 5.1:

⌘ *Die Zahl 100 lässt sich in den einzelnen Zahlensystemen folgendermaßen darstellen:*

$x = 100 = 10^2$ *dezimal*
$= 1100100\text{b}$ *binär*
$= 144\text{o}$ *oktal*
$= 64\text{h}$ *hexadezimal*

$$100 = 1\cdot 10^2 + 0\cdot 10^1 + 0\cdot 10^0 = 100 + 0 + 0 = 100$$

$$1100100\text{b} = 1\cdot 2^6 + 1\cdot 2^5 + 0\cdot 2^4 + 0\cdot 2^3 + 1\cdot 2^2 + 0\cdot 2^1 + 0\cdot 2^0 = 64 + 32 + 4 = 100$$

$$144\text{o} = 1\cdot 8^2 + 4\cdot 8^1 + 4\cdot 8^0 = 64 + 32 + 4 = 100$$

$$64\text{h} = 6\cdot 16^1 + 4\cdot 16^0 = 96 + 4 = 100$$ ⌘

Beispiel 5.2:

⌘ 501 *besitzt die Binärdarstellung:*

$(+1)\cdot(111110101)_2$

$\frac{501}{2} = 250$ *Rest* 1 (d_0)

$\frac{250}{2} = 125$ *Rest* 0 (d_1)

$\frac{125}{2} = 62$ *Rest* 1 (d_2)

$\frac{62}{2} = 31$ *Rest* 0 (d_3)

$\frac{31}{2} = 15$ *Rest* 1 (d_4)

$\frac{15}{2} = 7$ *Rest* 1 (d_5)

$\frac{7}{2} = 3$ *Rest* 1 (d_6)

$\frac{3}{2} = 1$ *Rest* 1 (d_7)

$\frac{1}{2} = 0$ *Rest* 1 (d_8) ⌘

5.2 Zahlendarstellungen und Gleitpunktzahlen

5.2.1 Zahlensysteme

Jede Zahl $x \neq 0 \in \mathbb{R}$ ist darstellbar als [71]:

$$x = \pm\beta^e \cdot \left(\frac{d_1}{\beta^1} + \frac{d_2}{\beta^2} + \frac{d_3}{\beta^3} + \ldots\right) = \operatorname{sgn}(x)\cdot\left(d_1\cdot\beta^{e-1} + d_2\cdot\beta^{e-2} + d_3\cdot\beta^{e-3} + \ldots\right)$$
$$= \operatorname{sgn}(x)\cdot\left(d_{\beta-1}d_{\beta-2}\ldots d_2 d_1\right)_\beta \qquad (5.1)$$

mit $d_1, d_2 \ldots$ Ziffern $\in \{0,1,2,\ldots,\beta-1\}$
e Exponent $\in \mathbb{Z}$
β Basis (z. B. 2, 8, 10, 16 etc.)

Tabelle 5.2: *Übersicht über die gängigen Zahlensysteme.*

System	Basis β	Zifferndarstellung
dezimal	10	$0,1,2,\ldots,9$
binär	2	$0,1$
oktal	8	$0,1,2,\ldots,7$
hexadezimal	16	$0,1,2,\ldots,9,A,B,C,D,E,F$

Die Umwandlung einer β-Zahl in eine (ganze) Dezimalzahl s erfolgt über:

$$\begin{aligned} x &= \operatorname{sgn}(x)\cdot\left(d_{\beta-1}d_{\beta-2}\ldots d_2 d_1\right)_\beta \\ s_\text{n} &= d_{\beta-1} \\ s_\text{j} &= \beta\cdot s_{\text{j}+1} + d_\text{j} \quad j = \beta-2, \beta-3, \ldots, 1, 0 \end{aligned} \qquad (5.2)$$

Dann stellt $s = \operatorname{sgn}(x)\cdot s_0$ die betreffende Zahl im Dezimalsystem dar.
Eine (ganze) Dezimalzahl x lässt sich wie folgt in eine β-Zahl umwandeln:

$$\begin{aligned} s_0 &= |x| \\ \frac{s_\text{j}}{\beta} &= s_{\text{j}+1} \text{ mit Rest } d_\text{j} \quad (j = 0,1,\ldots,\beta-1) \end{aligned} \qquad (5.3)$$

$\operatorname{sgn}(x)\cdot(d_{\beta-1}d_{\beta-2}\ldots d_1 d_0)_\beta$ ist dann die β-Darstellung der Zahl x.

Für die Umwandlung einer echt gebrochenen Zahl x in einen β-Bruch gilt:

$c_0 = |x|$

$d_j = \mathrm{int}(\beta \cdot c_{j-1})$ ganzzahliger Anteil von $\beta \cdot c_{j-1}$ (5.4)

$c_j = \mathrm{int}(\beta \cdot c_{j-1}) - d_j$ echt gebrochener Anteil von $\beta \cdot c_{j-1}$

Dann ist $\mathrm{sgn}(x) \cdot (.d_1 d_2 d_3 \ldots)_\beta$ der β-Bruch der Zahl x.

Beispiel 5.3:

⌘ *Die Zahl $x = 0{,}1$ ist im Binärsystem periodisch, d. h. sie ist mit endlicher Stellenzahl nicht exakt darstellbar:*

$$\begin{aligned} 0{,}1 = {} & 0 \cdot 2^0 + 0 \cdot 2^{-1} + 0 \cdot 2^{-2} + 0 \cdot 2^{-3} \\ & + 1 \cdot 2^{-4} + 1 \cdot 2^{-5} + 0 \cdot 2^{-6} + 0 \cdot 2^{-7} \\ & + 1 \cdot 2^{-8} + 1 \cdot 2^{-9} + 0 \cdot 2^{-10} + 0 \cdot 2^{-11} \\ & + 1 \cdot 2^{-12} + 1 \cdot 2^{-13} + 0 \cdot 2^{-14} + 0 \cdot 2^{-15} \\ & + \ldots \\ = {} & (+1) \cdot (0.000110011001100\ldots)_2 \\ = {} & (+1) \cdot (0.0\overline{0011})_2 \end{aligned}$$

⌘

5.2.2 Festpunktdarstellung reeller Zahlen (fixed point)

Die Festpunktdarstellung einer reellen Zahl x lautet:

$$x = \underbrace{\pm}_{\text{Vorzeichen}} \underbrace{a_n a_{n-1} \ldots a_1 a_0}_{\text{ganzer Teil}} \underbrace{,}_{\text{Dezimalpunkt/-komma}} \underbrace{b_1 b_2 b_3 b_4 \ldots}_{\text{gebrochener Teil}}$$

$$= \pm \left(\sum_{j=0}^{n} a_j \cdot 10^j + \sum_{j=1}^{\infty} b_j \cdot 10^{-j} \right) \tag{5.5}$$

Nachteilig ist bei der Festpunktdarstellung von Zahlen der beschränkte Wertebereich mit festgelegter Anzahl von Bits. Zudem muss die Stelle des Dezimalpunkts allgemein festgelegt werden. Deshalb ist die Festpunktdarstellung in Rechnern auf Spezialfälle beschränkt.

5.2.3 Normierte Gleitpunktdarstellung reeller Zahlen (floating point)

In der normierten Gleitpunktdarstellung lässt sich eine reelle Zahl x schreiben als:

$$x = \underbrace{\pm}_{\text{Vorzeichen}} \underbrace{0,}_{\text{Dezimalpunkt/-komma}} \underbrace{b_1 b_2 b_3 b_4 \ldots}_{\text{Mantisse}} \underbrace{\cdot \beta^E}_{\text{Exponent}}$$

$$= \pm \sum_{j=i}^{n} b_j \cdot \beta^{E-1} \quad (0 \le b_j < 10);\ b_1 \ne 0, j \in \mathbb{Z} \tag{5.6}$$

Die normierte Gleitpunktdarstellung[52] ist die übliche Zahlendarstellung auf Rechnern. Die Mantissenlänge n und die Basis β sind systemabhängig und legen die Größe der Rundungsfehler fest. Demgegenüber ist der Exponent E für den zulässigen Zahlenbereich verantwortlich.

Beispiel 5.4:

⌘

$x = 345{,}6789012 = 0{,}3456789012 \cdot 10^3$

(10-stellige Mantisse)

$y = -0{,}0012345 = -0{,}12345 \cdot 10^{-2}$

(5-stellige Mantisse) ⌘

5.2.4 Rundung von Gleitpunktzahlen

Für die Gleitpunktdarstellung $x = 0{,}d_1 d_2 \ldots d_m d_{m+1} \ldots \cdot 10^j$, ($j \in \mathbb{Z}$) der reellen Zahl x ist $\tilde{x} = \mathrm{rd}(x)$ die Rundung von x auf m Stellen (m gültige Ziffern, sichere Ziffern).

Es gilt:

$$|\tilde{x} - x| \le \frac{1}{2} \cdot 10^{j-m} \tag{5.7}$$

[52] Man spricht vielfach auch von der **Gleitkommadarstellung**.

Damit hat man eine obere Schranke für den **absoluten Rundungsfehler**:

$$|\Delta x| = |\tilde{x} - x| \leq \frac{1}{2} \cdot 10^{j-m} \quad (5.8)$$

Für den **relativen Rundungsfehler** ergibt sich als obere Schranke:

$$|\delta x| = \frac{|\Delta x|}{|x|} = \frac{|\tilde{x} - x|}{|x|} \leq \frac{\frac{1}{2} \cdot 10^{j-m}}{0{,}10000\ldots \cdot 10^{j}} = \frac{10}{2} \cdot 10^{-m} = 5 \cdot 10^{-m} \quad (5.9)$$

5.2.5 IEEE-Standard 754

Das Institute of Electrical and Electronics Engineers (IEEE[53]) hat in seinem Standard 754 [61] die heute auf Rechnern übliche Art der Zahlenspeicherung festgelegt ($\beta = 2$).

Es ist zwischen single precision (float, 32 bit = 4 Byte) und double precision (double, 64 bit = 8 Byte) zu unterscheiden (Bild 5.2).

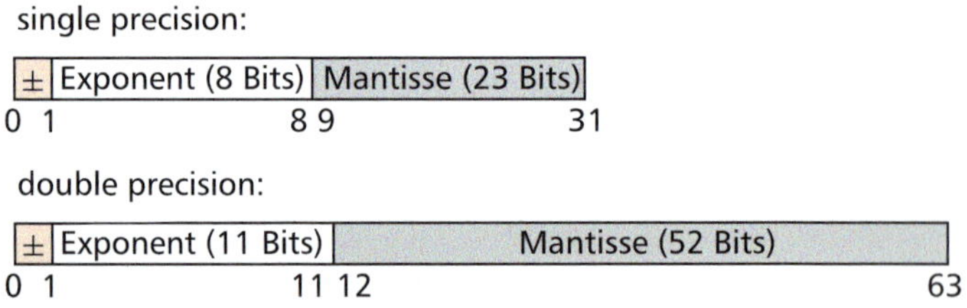

single precision:

±	Exponent (8 Bits)	Mantisse (23 Bits)
0	1 … 8	9 … 31

double precision:

±	Exponent (11 Bits)	Mantisse (52 Bits)
0	1 … 11	12 … 63

Bild 5.2: *Gleitpunktzahlen nach IEEE 754 [61].*

Tabelle 5.3: *Eigenschaften von Gleitpunktzahlen nach IEEE 754 [61].*

Typ	Mantisse	M_{max}	M_{min}	ϵ_M	gültige Dezimalen
single precision	(23) 24	$3{,}4 \cdot 10^{38}$	$1{,}2 \cdot 10^{-38}$	$2^{-23} \approx 1{,}2 \cdot 10^{-7}$	≈ 7
double precision	(52) 53	$1{,}8 \cdot 10^{308}$	$2{,}2 \cdot 10^{-308}$	$2^{-52} \approx 2{,}2 \cdot 10^{-16}$	≈ 15

Da die führende 1 in der Mantisse ergänzt wird, steht praktisch eine Stelle mehr zur Verfügung. Scilab verwendet double precision nach IEEE 754 [61].

5.3 Kondition von Algorithmen

5.3.1 Allgemeine Überlegungen

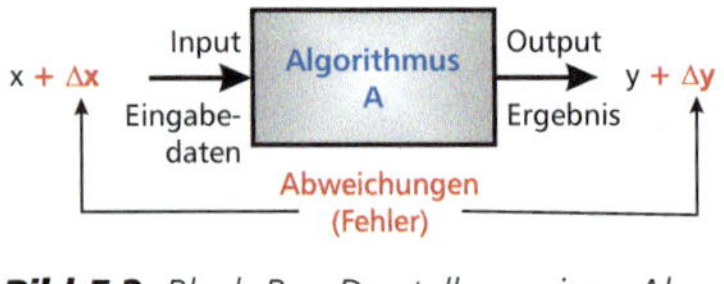

Bild 5.3: *Black-Box-Darstellung eines Algorithmus.*

Ein Algorithmus kann gemäß Abschnitt 3.2.2 sowie Bild 5.3 als Black Box betrachtet werden, die aus fehlerbehafteten Eingabedaten ein fehlerbehaftetes Ergebnis produziert. Auch wenn man versucht, die Fehler der Eingabedaten (z. B. Meßfehler) gering zu halten, so lassen sie sich doch nicht vermeiden.

Jeder Algorithmus verstärkt durch Fehlerfortpflanzung die Fehler der Eingabedaten. Ziel jeder numerischen Berechnung muss daher sein, ein möglichst genaues Ergebnis y mit möglichst geringen Fehlern Δy zu erhalten.

[53] gesprochen: „Ai-Triple-I".

Die Abhängigkeit der Lösung eines Problems von der Störung der Eingangsdaten wird als **Kondition** bezeichnet. Bei **gut konditionierten** Problemen führen kleine Störungen in den Eingabedaten auch nur zu kleinen Störungen in den Ausgabedaten. In Bild 5.4 oben ist die Änderung des Schnittpunkts S^* gegenüber dem wahren Schnittpunkt S von gleicher Größenordnung wie die Änderungen Δg und Δh der Geraden. Hingegen führen bei **schlecht konditionierten** Problemen kleine Störungen in den Eingabedaten zu großen Änderungen im Ergebnis. In Bild 5.4 unten fällt die Änderung des Schnittpunkts S^* deutlich größer aus als die Änderungen der Geraden.

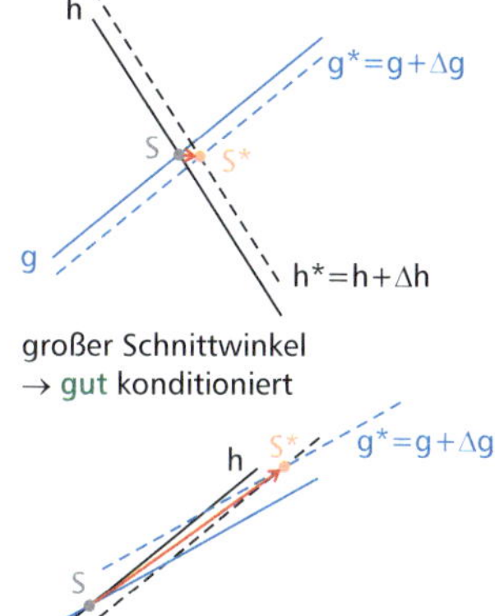

Bild 5.4: *Kondition des Schnitts zweier Geraden g und h.*

5.3.2 Konditionszahl eines Algorithmus

Für die praktische Bewertung der Kondition eines Algorithmus ist eine anschauliche Deutung wie in Bild 5.4 nur selten möglich, so dass eine entsprechende Maßzahl benötigt wird, die wir als **Konditionszahl** bezeichnen.

Allgemein kann ein Algorithmus A als Funktion $A(x)$ gedeutet werden, die aus den Eingangsdaten x ein Ergebnis y berechnet. Ein Fehler Δx in den Eingabedaten $\tilde{x} = x + \Delta x$ führt zu einem absoluten Fehler Δy im Ergebnis:

$$\Delta y = y(x+\Delta x) - y(x) = \Delta A(x) = A(x+\Delta x) - A(x) \tag{5.10}$$

Durch Entwicklung von $A(x+\Delta x)$ in eine Taylor-Reihe erhält man:

$$A(x+\Delta x) = A(x) + \frac{\partial A(x)}{\partial x}\cdot \Delta x + \ldots$$

$$\Rightarrow \Delta A(x) = A(x) + \frac{\partial A(x)}{\partial x}\cdot \Delta x + \ldots - A(x)$$

$$\approx \frac{\partial A(x)}{\partial x}\cdot \Delta x \underbrace{=}_{A = A(x)} \frac{\mathrm{d}A(x)}{\mathrm{d}x}\cdot \Delta x = A'(x)\cdot \Delta x \tag{5.11}$$

Für den relativen Fehler $\delta A(x)$ in den Ausgangsdaten (Ergebnis) folgt in Abhängigkeit des relativen Fehlers der Eingabedaten δx:

$$\delta A(x) = \frac{\Delta A(x)}{A(x)} \approx \frac{A'(x)\cdot \Delta x}{A(x)} = \frac{A'(x)\cdot \Delta x}{A(x)}\cdot \frac{x}{x}$$

$$= \frac{x\cdot A'(x)}{A(x)}\cdot \frac{\Delta x}{x} = \frac{x\cdot A'(x)}{A(x)}\cdot \delta x \tag{5.12}$$

$$|\delta A(x)| = \left|\frac{x\cdot A'(x)}{A(x)}\right|\cdot |\delta x| \tag{5.13}$$

$$\kappa_A = \kappa_A(x) := \left|\frac{x\cdot A'(x)}{A(x)}\right| \tag{5.14}$$

κ_A heißt **Konditionszahl des Algorithmus** (des Problems) und entspricht einem Fehlerverstärkungsfaktor. Für $\kappa_A \gg 1$ ist der Algorithmus **schlecht** konditioniert.

Beispiel 5.5:

⌘

Die quadratische Gleichung $x^2 - 2ax + 1 = 0$ mit $a > 1$ besitzt die Nullstellen:

$x_1 = a + \sqrt{a^2-1} > a;\quad x_2 = a - \sqrt{a^2-1} < a$

$x_2 = a - \sqrt{a^2-1}$ kann dabei als Algorithmus $A(a)$ betrachtet werden, der die Nullstelle x_2 (Ergebnis) als Funktion des Eingabedatums a (Input) berechnet.

Für die Konditionszahl gilt Gl. **(5.14)**:

$$\kappa_A(a) = \left|\frac{a\cdot A'(a)}{A(a)}\right|$$

$$A'(a) = 1 - \frac{1}{2\sqrt{a^2-1}}\cdot 2a = 1 - \frac{a}{\sqrt{a^2-1}} = \frac{\sqrt{a^2-1}-a}{\sqrt{a^2-1}}$$

$$\Rightarrow \kappa_A(a) = \left|\frac{a\cdot(\sqrt{a^2-1}-a)}{\sqrt{a^2-1}\cdot(a-\sqrt{a^2-1})}\right| = \left|\frac{-a}{\sqrt{a^2-1}}\right| = \frac{a}{\sqrt{a^2-1}}$$

Fall ①: $a \gg 1$

$\sqrt{a^2-1} \approx a \Rightarrow \kappa_A(a) \approx 1 \quad \rightsquigarrow$

Das Problem ist ***gut konditioniert****.*

Fall ②: $a \approx 1$

$\sqrt{a^2-1} \approx 0 \Rightarrow \kappa_A(a) \gg 1 \quad \rightsquigarrow$

Das Problem ist ***schlecht konditioniert****.*

⌘

Allerdings ist $A(a) = a - \sqrt{a^2-1}$ in Beispiel 5.5 ein **schlechter** Algorithmus, da die Gefahr der Auslöschung besteht, wenn $a \gg 1$ ist. Einen guten Algorithmus erhält man durch Erweitern mit dem **konjugierten** Term (Ziel: 3. binomische Formel):

$$A(a) = \left(a - \sqrt{a^2-1}\right) \cdot \frac{a + \sqrt{a^2-1}}{a + \sqrt{a^2-1}}$$

$$= \frac{a^2 - \sqrt{a^2-1} \cdot \sqrt{a^2-1}}{a + \sqrt{a^2-1}}$$

$$= \frac{a^2 - (a^2-1)}{a + \sqrt{a^2-1}} = \frac{1}{a + \sqrt{a^2-1}} \quad (5.15)$$

Für den Fall $a = 1$ erhält man die quadratische Gleichung $x^2 - 2x + 1 = 0$, die auf $(x-1)^2 = 0$, d. h. einen doppelten Berührpunkt, führt. Die schlechte Kondition lässt sich damit für $a \approx 1$ anschaulich geometrisch deuten.

Beispiel 5.6:

⌘ *Die Division*

$A(x) = \frac{1}{a} \cdot x = \frac{x}{a}$ *mit* $a \in \mathbb{R} \setminus \{0\}$

ist ***gut konditioniert.***

$$\Rightarrow A'(x) = \frac{1}{a} \quad \Rightarrow \quad \kappa_A(x) = \left| \frac{x \cdot \frac{1}{a}}{\frac{x}{a}} \right| = |1| = 1.$$

Es tritt keine Verstärkung relativer Fehler durch die Division auf. ⌘

Während der Betrag eines Vektors mit einfachen Vertikalstrichen $|.|$ gekennzeichnet wird, ist für eine Norm die **Notation mit Doppelstrichen** $\|.\|$ üblich.

Grundsätzlich sind **Vektornormen** von **Matrizennormen** zu unterscheiden.

In Scilab stehen gemäß Tabelle 4.13 für die 1-, 2- und ∞-Norm eines Vektors `vec` die Befehle `norm(vec,1)`, `norm(vec,2)` und `norm(vec,'inf')` zur Verfügung.

5.4 Normen

5.4.1 Vektorräume, Metriken und Normen

In der Analytischen Geometrie wird die Ebene durch 2, der Raum durch 3 linear unabhängige Basisvektoren aufgespannt. Bei der Betrachtung linearer Gleichungssysteme wird dieses geometrisch anschauliche Konzept auf n-dimensionale **Vektorräume** erweitert.

Vektoren sind durch ihre Richtung und ihre Länge (Betrag) eindeutig bestimmt. Um quantitative Angaben zu Abweichungen (Fehlern) in Vektorräumen treffen zu können, reicht der Betrag eines Vektors im allgemeinen nicht aus, so dass mit der **Metrik** eine mathematische Funktion definiert wird, die es gestattet, je zwei Elementen dieses (metrischen) Raumes eine nichtnegative reelle Zahl zuzuordnen, die wir als Abstand der beiden Elemente zueinander auffassen können. Somit verallgemeinert die **Norm** den geometrischen Begriff der Vektorlänge und ordnet jedem Element des Vektorraums eine nichtnegative reelle Zahl zu.

5.4.2 Vektornormen

In allgemeiner Form lässt sich eine **Vektornorm** mit dem Absolutbetrag $|x_i|$ der i-ten Komponente von $\vec{x}$ als Hölder'sche p-Norm schreiben:

$$\|\vec{x}\|_p = \left(\sum_{i=1}^{n} |x_i|^p\right)^{\frac{1}{p}} \quad \text{mit} \quad p \geq 1 \in \mathbb{R} \quad (5.16)$$

Spezielle Vektornormen sind:

$$\|\vec{x}\|_1 = \sum_{i=1}^{n} |x_i| \quad (5.17)$$

$p=1$: **Betragssummennorm** (1-Norm)

$$\|\vec{x}\|_2 = \sqrt{\sum_{i=1}^{n} |x_i|^2} = \sqrt{<\vec{x},\vec{x}>} = \sqrt{\vec{x} \cdot \vec{x}} \quad (5.18)$$

$p=2$: **Euklid'sche Norm** (2-Norm, Skalarproduktnorm, Frobenius-Norm)

$$\|\vec{x}\|_\infty = \max_i |x_i| \quad (5.19)$$

$p \to \infty$: **Maximumsnorm** (∞-Norm, Tschebyschow[54]-Norm)

Alle Vektornormen sind **submultiplikativ**:

$$\|\vec{a} \cdot \vec{b}\| \leq \|\vec{a}\| \cdot \|\vec{b}\| \quad (5.20)$$

Ferner gelten die folgenden Ungleichungen:

$$\frac{1}{\sqrt{n}} \cdot \|\vec{x}\|_2 \leq \|\vec{x}\|_\infty \leq \|\vec{x}\|_2 \leq \sqrt{n} \cdot \|\vec{x}\|_\infty \quad (5.21)$$

$$\frac{1}{n} \cdot \|\vec{x}\|_1 \leq \|\vec{x}\|_\infty \leq \|\vec{x}\|_1 \leq n \cdot \|\vec{x}\|_\infty \quad (5.22)$$

$$\frac{1}{\sqrt{n}} \cdot \|\vec{x}\|_1 \leq \|\vec{x}\|_2 \leq \|\vec{x}\|_1 \leq \sqrt{n} \cdot \|\vec{x}\|_2 \quad (5.23)$$

[54] Der Name Чебышёв wird ins Deutsche mit Tschebyschow transkribiert, wobei auch Tschebyscheff, Tschebyshev und Tschebyschew sowie im Englischen Chebyshev vorkommen.

5.4.3 Matrixnormen

Ausgehend von der Hölder'schen p-Norm erhält man für Matrizen:

$$\|\mathbf{A}\|_p = \left(\sum_{i=1}^{m}\sum_{j=1}^{n}|a_{ij}|^p\right)^{\frac{1}{p}} \quad (5.24)$$

Die wichtigsten **Normen für Matrizen** sind:

$$\|\mathbf{A}\|_1 = \|\mathbf{A}\|_S = \max_j \sum_{i=1}^{n}|a_{ij}| \quad (5.25)$$

$p=1$: **Spaltensummennorm** (1-Norm)

$$\|\mathbf{A}\|_F = \sqrt{\sum_{i=1}^{m}\sum_{j=1}^{n}|a_{ij}|^2} = \sqrt{\mathrm{Spur}(\mathbf{A}^T\cdot\mathbf{A})} \quad (5.26)$$

$p=F$: **Frobenius-Norm** (Schur-Norm)[55]

$$\|\mathbf{A}\|_2 = \max_i\left(\sqrt{|\mu_i|}\right) \quad (5.27)$$ bei unsymmetrischer Matrix $\mathbf{A} \neq \mathbf{A}^T$

μ_i: Eigenwerte von $\mathbf{A}^T\cdot\mathbf{A}$

$$\|\mathbf{A}\|_2 = \max_i(|\lambda_i|) \quad (5.28)$$ bei symmetrischer Matrix $\mathbf{A} = \mathbf{A}^T$

λ_i: Eigenwerte von $\mathbf{A}$

$p=2$: **Spektralnorm** (2-Norm, Euklid'sche Norm)[56]

$$\|\mathbf{A}\|_\infty = \|\mathbf{A}\|_Z = \max_i \sum_{j=1}^{n}|a_{ij}| \quad (5.29)$$

$p\to\infty$: **Zeilensummennorm** (Maximumsnorm, ∞-Norm)

$$\|\mathbf{A}\|_G = n\cdot\max_{i,j}|a_{ij}| \quad (5.30)$$

$p=G$: **Gesamtnorm**

Für die Matrizennormen gelten die folgenden Ungleichungen:

$$\frac{1}{n}\cdot\|\mathbf{A}\|_G \leq \|\mathbf{A}\|_{Z,S} \leq \|\mathbf{A}\|_G \leq n\cdot\|\mathbf{A}\|_{Z,S} \quad (5.31)$$

$$\frac{1}{n}\cdot\|\mathbf{A}\|_G \leq \|\mathbf{A}\|_F \leq \|\mathbf{A}\|_G \leq n\cdot\|\mathbf{A}\|_F \quad (5.32)$$

Wichtige **Eigenschaften von Matrizennormen** sind:

1. Positive Definitheit:

$\|\mathbf{A}\| \geq 0$, falls $\mathbf{A}\neq\mathbf{0}$ und $\|\mathbf{A}\| = 0$, nur falls $\mathbf{A}=\mathbf{0}$ (5.33)

2. Positive Skalierbarkeit (absolute Homogenität):

$\|c\cdot\mathbf{A}\| = |c|\cdot\|\mathbf{A}\|$ für $c\in\mathbb{R}$ und alle $\mathbf{A}$ (5.34)

3. Dreiecksungleichung:

$$\|\mathbf{A}+\mathbf{B}\| \leq \|\mathbf{A}\| + \|\mathbf{B}\| \quad (5.35)$$

4. Submultiplikativität:

$$\|\mathbf{A}\cdot\mathbf{B}\| \leq \|\mathbf{A}\|\cdot\|\mathbf{B}\| \quad (5.36)$$

In Scilab stehen gemäß Tabelle 4.13 für die 1-, 2-, Frobenius- und ∞-Norm einer Matrix `A` die Befehle `norm(A,1)`, `norm(A,2)` , `norm(A,'fro')` und `norm(A,'inf')` zur Verfügung.

Beispiel 5.7:

⌘ *Konkret erhalten wir für die Normen der 2×2-Matrix* $\mathbf{A} = \begin{pmatrix}-2 & 1\\ 4 & 1\end{pmatrix}$ *in der Konsole von Scilab folgende Ergebnisse:*

```
norm(A,1)  Enter
ans =

  6.

norm(A,2)  Enter
ans =

  4.4966148

norm(A,'fro')  Enter
ans =

  4.6904158

norm(A,'inf')  Enter
ans =

  5
```
⌘

[55] Die **Spur** (trace) einer reellen Matrix ist die Summe ihrer Eigenwerte.

[56] Der betragsgrößte Eigenwert einer Matrix wird **Spektralradius** genannt.

5.4.4 Verträglichkeit von Vektor- und Matrizennormen

Eine Matrixnorm $\|\mathbf{A}\|$ ist **kompatibel** (verträglich) zu einer Vektornorm $\|\vec{x}\|$, wenn folgende Ungleichung gilt:

$$\|\mathbf{A}\cdot\vec{x}\| \leq \|\mathbf{A}\|\cdot\|\vec{x}\| \tag{5.37}$$

Verträglich sind u.a. folgende Normen:

$$\|\mathbf{A}\|_G \quad \text{oder} \quad \|\mathbf{A}\|_Z \quad \text{mit} \quad \|\vec{x}\|_\infty \tag{5.38}$$

$$\|\mathbf{A}\|_G \quad \text{oder} \quad \|\mathbf{A}\|_S \quad \text{mit} \quad \|\vec{x}\|_1 \tag{5.39}$$

$$\|\mathbf{A}\|_G, \|\mathbf{A}\|_F \quad \text{oder} \quad \|\mathbf{A}\|_2 \quad \text{mit} \quad \|\vec{x}\|_2 \tag{5.40}$$

5.5 Konditionszahlen von Matrizen

Wir betrachten das inhomogene lineare Gleichungssystem (LGS):

$$\mathbf{A}\cdot\vec{x} = \vec{b} \quad \text{mit} \quad \vec{b} \neq \vec{0} \tag{5.41}$$

Die Lösung folgt mithilfe der inversen Koeffizientenmatrix $\mathbf{A}^{-1}$:

$$\vec{x} = \mathbf{A}^{-1}\cdot\vec{b} \tag{5.42}$$

Die rechte Seite beinhaltet als Lastvektor $\vec{\tilde{b}}$ die äußeren Einwirkungen auf ein System und sei fehlerhaft, woraus die absolute Abweichung

$$\overrightarrow{\Delta b} = \vec{\tilde{b}} - \vec{b} \tag{5.43}$$

resultiert. Die zugehörige relative Abweichung beträgt:

$$\overrightarrow{\delta b} = \frac{1}{\|\vec{b}\|}\cdot\overrightarrow{\Delta b} \tag{5.44}$$

Das LGS

$$\mathbf{A}\cdot\vec{\tilde{x}} = \vec{\tilde{b}} \tag{5.45}$$

hat die exakte Lösung:

$$\vec{\tilde{x}} = \mathbf{A}^{-1}\cdot\vec{\tilde{b}} \tag{5.46}$$

Die durch $\vec{\tilde{b}}$ verursachte absolute Abweichung $\overrightarrow{\Delta x}$ beträgt:

$$\overrightarrow{\Delta x} = \vec{\tilde{x}} - \vec{x} = \mathbf{A}^{-1}\cdot\vec{\tilde{b}} - \mathbf{A}^{-1}\cdot\vec{b} = \mathbf{A}^{-1}\cdot\left(\vec{\tilde{b}} - \vec{b}\right) = \mathbf{A}^{-1}\cdot\overrightarrow{\Delta b} \tag{5.47}$$

Die relative Abweichung $\|\overrightarrow{\delta x}\|$ des Lösungsvektors erhält man aus:

$$\|\overrightarrow{\delta x}\| = \frac{1}{\|\vec{x}\|}\cdot\|\mathbf{A}^{-1}\cdot\overrightarrow{\Delta b}\| \underbrace{\cdot}_{\text{Erweitern}} \frac{\|\vec{b}\|\cdot\|\overrightarrow{\Delta b}\|}{\|\vec{b}\|\cdot\|\overrightarrow{\Delta b}\|}$$

$$= \frac{\|\vec{b}\|\cdot\|\mathbf{A}^{-1}\cdot\overrightarrow{\Delta b}\|\cdot\|\overrightarrow{\Delta b}\|}{\|\vec{x}\|\cdot\|\overrightarrow{\Delta b}\|\cdot\|\vec{b}\|} \tag{5.48}$$

Aus $\vec{b} = \mathbf{A}\cdot\vec{x}$ folgt $\|\vec{b}\| = \|\mathbf{A}\cdot\vec{x}\|$. Unter Berücksichtigung von

$$\|\overrightarrow{\delta b}\| = \frac{\|\overrightarrow{\Delta b}\|}{\|\vec{b}\|} \tag{5.49}$$

erhält man für den relativen Fehler schließlich:

$$\|\overrightarrow{\delta x}\| = \frac{\|\mathbf{A}\cdot\vec{x}\|}{\|\vec{x}\|}\cdot\frac{\|\mathbf{A}^{-1}\cdot\overrightarrow{\Delta b}\|}{\|\overrightarrow{\Delta b}\|}\cdot\|\overrightarrow{\delta b}\| \tag{5.50}$$

Wegen der Verträglichkeit zwischen Vektor- und Matrizennorm gilt:

$$\frac{\|\mathbf{A}\cdot\vec{x}\|}{\|\vec{x}\|} \le \|\mathbf{A}\| \quad \text{und} \quad \frac{\|\mathbf{A}^{-1}\cdot\overrightarrow{\Delta b}\|}{\|\overrightarrow{\Delta b}\|} \le \|\mathbf{A}^{-1}\| \tag{5.51}$$

Somit folgt für die Norm des relativen Fehlers $\|\overrightarrow{\delta x}\|$:

$$\|\overrightarrow{\delta x}\| \le \|\mathbf{A}\|\cdot\|\mathbf{A}^{-1}\|\cdot\|\overrightarrow{\delta b}\| \tag{5.52}$$

Das Verhältnis $\frac{\|\overrightarrow{\delta x}\|}{\|\overrightarrow{\delta b}\|}$ stellt die Verstärkungsfunktion dar, mit der sich Störungen in der rechten Seite des linearen Gleichungssystems auf dessen Lösung auswirken. Daher definieren wir als **Konditionszahl der Matrix A**:

$$\kappa(\mathbf{A}) := \|\mathbf{A}\|\cdot\|\mathbf{A}^{-1}\| \tag{5.53}$$

Speziell mit der Spektralnorm (2-Norm) gilt **bei nichtsymmetrischer Matrix A**:

$$\kappa(\mathbf{A}) = \frac{\sqrt{\mu_{\max}}}{\sqrt{\mu_{\min}}} = \sqrt{\frac{\mu_{\max}}{\mu_{\min}}} \tag{5.54}$$

$\mu_{\max}$ der betragsgrößte, $\mu_{\min}$ der betragskleinste **Eigenwert** der Matrix $\mathbf{A}^{\mathrm{T}}\cdot\mathbf{A}$. Beide Eigenwerte können wir aus der **Eigenwertgleichung**

$$(\mathbf{A}^{\mathrm{T}}\cdot\mathbf{A} - \mu\cdot\mathbf{E})\cdot\vec{x} = \vec{0} \tag{5.55}$$

über die Bedingung

$$\det(\mathbf{A}^{\mathrm{T}}\cdot\mathbf{A} - \mu\cdot\mathbf{E}) \stackrel{!}{=} 0 \tag{5.56}$$

berechnen.

Bei **symmetrischer Matrix** $\mathbf{A}^{\mathrm{T}} = \mathbf{A}$ gilt:

$$\kappa(\mathbf{A}) = \frac{\lambda_{\max}}{\lambda_{\min}} \tag{5.57}$$

$\lambda_{\max}$ ist der betragsgrößte, $\lambda_{\min}$ der betragskleinste **Eigenwert** der Matrix **A**, die aus der Bedingung

$$\det(\mathbf{A} - \lambda\cdot\mathbf{E}) \stackrel{!}{=} 0 \tag{5.58}$$

ermittelt werden können.

Auch die **Hadamard'sche Konditionszahl** $\kappa_{\mathrm{H}}(\mathbf{A})$ gibt über die Kondition einer Matrix Auskunft [71]:

$$\kappa_{\mathrm{H}}(\mathbf{A}) = \frac{\alpha_1\cdot\alpha_2\cdot\ldots\cdot\alpha_n}{|\det(\mathbf{A})|} \quad \text{mit} \quad \alpha_i = \sqrt{a_{i1}^2 + a_{i2}^2 + \ldots + a_{in}^2} \quad \text{für} \quad i = 1,2,\ldots,n \tag{5.59}$$

Die Matrix **A** ist **gut konditioniert** für $\kappa_{\mathrm{H}}(\mathbf{A}) \approx 1$ und **schlecht konditioniert** für $\kappa_{\mathrm{H}}(\mathbf{A}) \gg 1$.

☞ Zur Berechnung der Konditionszahl einer Matrix `A` mittels Hölder'scher p-Norm steht gemäß Tabelle 4.13 die Funktion `cond(A,p)` zur Verfügung. Voreinstellung ist dabei `p=2`, d. h. es findet die Spektralnorm (Euklid'sche Norm) Anwendung.

Beispiel 5.8:

⌘ *Für die Matrix* `A` *von Beispiel 5.7 erhalten wir in der Konsole von Scilab folgende Konditionszahlen:*

```
cond(A,1) Enter
ans =

  5.

cond(A,2) Enter
ans =

  3.3699241

cond(A,'fro') Enter
ans =

  3.6666667

cond(A,'inf') Enter
ans =

  5
```

Da die Konditionszahlen in der Größenordnung von 1 liegen, ist die Matrix `A` *daher* ***gut konditioniert****.* ⌘

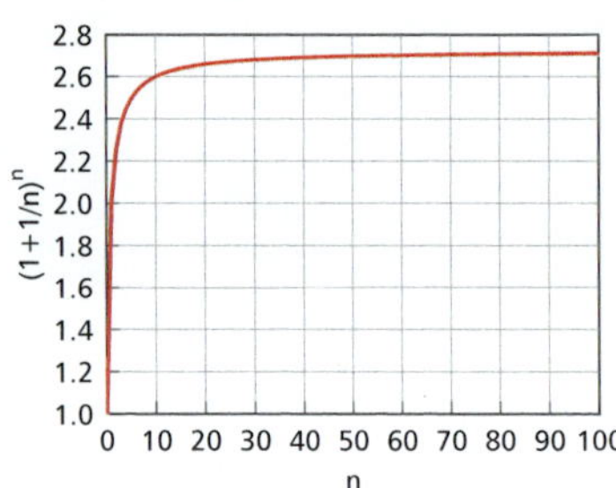

Bild 5.5: *Euler'sche Zahl e als Grenzwert* $\lim_{n\to\infty}\left(1+\frac{1}{n}\right)^n$.

5.6 Aufgaben zum Selbststudium

► Aufgabe 5.1:

Die Euler'sche Zahl e ergibt sich aus dem Grenzwert $e = \lim_{n\to\infty}\left(1+\frac{1}{n}\right)^n$.

Erstellen Sie eine Scilab-Funktion, die e mit $n = 10^1, 10^2, 10^3, \ldots, 10^{16}$ berechnet, und geben Sie neben den Ergebnissen jeweils auch die absoluten und relativen Abweichungen zum exakten Wert auf dem Bildschirm aus.

► Aufgabe 5.2:

(a) Berechnen Sie den Term $\cos(a)-1$ für $a = 10^{-7}$ mit einer geeigneten Scilab-Funktion direkt und implementieren Sie eine Berechnung, bei der keine Auslöschung auftritt.

(b) Berechnen Sie den Term $\log(a)-\log(b)$ für $a = 10^{13}+1$ und $b = 10^{13}$ mit einer passenden Scilab-Funktion direkt und implementieren Sie eine Berechnung ohne Auslöschung.

► Aufgabe 5.3:

(a) Bestimmen Sie die Konditionszahlen κ_p und κ_T für die Berechnung des spezifischen Volumens v aus der Gleichung des idealen Gases $p \cdot v = R \cdot T$, wenn der Druck p und die Temperatur T jeweils als Variablen betrachtet werden.

(b) Bei einer Messung wurde der Druck mit einer relativen Unsicherheit von $\delta p = \frac{\Delta p}{p} = \pm 1\ \%$ bestimmt. Mit welchem relativen Fehler $\delta v = \frac{\Delta v}{v}$ ist beim spezifischen Volumen zu rechnen, wenn die Temperatur als exakt angenommen wird ($\delta T = 0$)?

(c) Bestimmen Sie mithilfe der L_∞-Norm die Konditionszahl $\kappa(\mathbf{A})$ der Matrix $\mathbf{A} = \begin{pmatrix} 10^8 & 10^{-8} \\ 10^{-8} & 10^{-8} \end{pmatrix}$.

► Aufgabe 5.4:

Für welche Werte des Parameters $a \geq 0$ ist das LGS

$$x_1 + a\,x_2 = 1 \tag{5.60}$$

$$a\,x_1 + x_2 = 1 \tag{5.61}$$

schlecht konditioniert? Berechnen Sie hierzu die Konditionszahl $\kappa(a)$ mithilfe der Eigenwertgleichung $\det(\mathbf{A}-\lambda\,\mathbf{E}) = 0$.

► Aufgabe 5.5:

Betrachtet wird die Matrix $\mathbf{A} = \begin{pmatrix} 1+\epsilon & 1-\epsilon \\ 1 & 1 \end{pmatrix}$ mit $0 \leq \epsilon < 1$.

(a) Bestimmen Sie $\kappa(\mathbf{A})$ mittels Zeilensummennorm.

(b) Welchen Grenzwert erreicht $\kappa(\mathbf{A})$ für $\epsilon \to 0$?

► Aufgabe 5.6:

Erstellen Sie einen Scilab-Code, der die Potenz $P = a^n$ mit $n \in \mathbb{N}$ als fortgesetzte Multiplikation berechnet.

▶ Aufgabe 5.7:

Berechnen Sie in Scilab $r = \sqrt{x^2 + y^2}$ für $x = 1{,}2 \cdot 10^{308}$ und $y = 1{,}3 \cdot 10^{308}$
(a) direkt.
(b) so, dass kein Überlauf auftritt.

▶ Aufgabe 5.8:

Bei der numerischen Differenziation wird die Ableitung $f'(x)$ einer Funktion, die dem Differenzialquotient $f'(x) = \lim\limits_{\Delta x \to 0} \dfrac{f(x+\Delta x) - f(x)}{\Delta x}$ entspricht, durch den Differenzenquotienten $\dfrac{f(x+\Delta x) - f(x)}{\Delta x}$ mit kleinem Δx approximiert. Berechnen Sie numerisch die Ableitung der Funktion $y = f(x) = \exp(x)$ an der Stelle $x_0 = 0$, indem Sie Δx von 10^0 bis 10^{-16} variieren. Prüfen Sie anhand der relativen Abweichung zum exakten Wert $f'(x_0)$, ob die Genauigkeit der Ableitung tatsächlich mit kleiner werdendem Δx zunimmt.

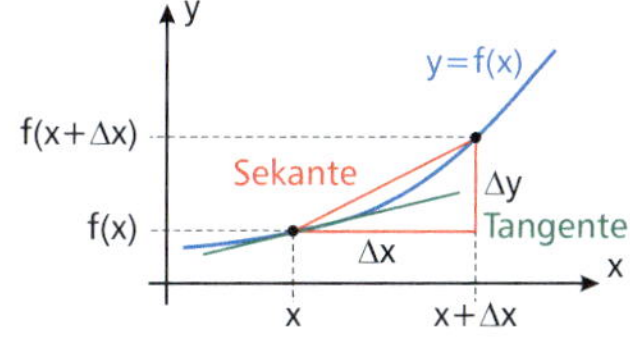

Bild 5.6: *Ersetzen der Tangentensteigung durch die Sekantensteigung.*

▶ Aufgabe 5.9:

Die Variable x soll in einem Scilab-Code in Schritten von $0{,}1$ von 1 bis -1 verringert werden, wobei bei Erreichen von $x = 0$ die Meldung `x ist Null.` ausgegeben werden soll.
(a) Warum ist die Abfrage `if (x==0)` wenig wirkungsvoll?
(b) Schlagen Sie eine verbesserte Modifikation der Abfrage vor, wenn die Bedingung als erfüllt betrachtet werden kann, falls x betragsmäßig kleiner als die Maschinengenauigkeit ϵ_M ist.

▶ Aufgabe 5.10:

Für die Exponentialfunktion gilt die global konvergente Reihe:

$$\exp(x) = \sum_{k=0}^{\infty} \frac{x^k}{k!} \tag{5.62}$$

Schreiben Sie eine kommentierte Scilab-Routine, die den relativen Fehler für $-20 \le x \le 20$ in Schritten von $\Delta x = 1$ und einer vorgebbaren Abbruchgenauigkeit `TOL` berechnet und ausgibt.

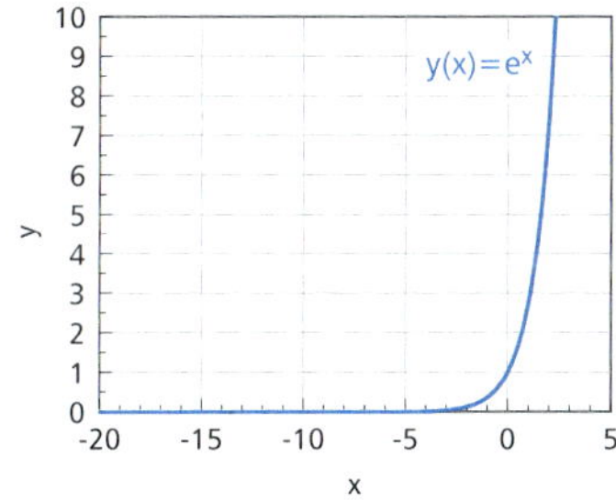

Bild 5.7: *Verlauf der Exponentialfunktion* $y = e^x = \exp(x)$.

▶ Aufgabe 5.11:

Ermitteln Sie die Konditionszahl $\kappa_A(a)$
(a) der Multiplikation $A(x) = a \cdot x$ ($a \in \mathbb{R}$).
(b) der Division $A(x) = \dfrac{x}{a}$.
(c) der Subtraktion $A(x) = x - a$ ($a \in \mathbb{R}$).

▶ Aufgabe 5.12:

Eine Zahl $x \in [0;1]$ wurde mit dem relativen Fehler $\delta x = 0{,}3\ \%$ bestimmt. Reicht diese Genauigkeit aus, um mit dem Algorithmus $A(x) = 1 - \exp(x)$ einen maximalen Fehler von $1\ \%$ einzuhalten? Berechnen Sie dazu die maximale Konditionszahl $\kappa_{A,\max}(x)$.

▶ Aufgabe 5.13:

Welcher Zahl im Dezimalsystem entspricht $(0{,}\overline{0011})_2$? Verwenden Sie bei Ihrer Überlegung die Binärzahlen $(0{,}0011)_2$ und $(0{,}00110011)_2$ etc.

► Aufgabe 5.14:

```
function [y]=f(x)
  y=(sqrt(1+x)-1)/sin(x)
endfunction

f(1E-12)
 ans =
  0.5000445
f(1E-16)
 ans =
  0.
```

Anton Ahnungslos hat nebenstehenden Scilab-Code geschrieben und erhält beim Aufruf der Funktion `f` in der Konsole die dargestellten Ergebnisse.

(a) Wie sind diese Ergebnisse zu erklären?

(b) Welcher Wert wird für $x=0$ analytisch erreicht?

(c) Erstellen Sie einen verbesserten Scilab-Code der Funktion `f(x)`, der das auftretende Problem umgeht.

► Aufgabe 5.15:

In der Konsole von Scilab gibt Karin Kurzweil die Anweisung

```
u=abs(3*(4/3-1)-1)
```

ein und erhält als Antwort:

```
ans =
  2.220D-16
```

Erklären Sie dieses Ergebnis!

► Aufgabe 5.16:

```
x=0.0;
while x~=1.0
    x=x+0.1;
    disp([x,sqrt(x)])
end
```

Bernie Bastscho hat den nebenstehenden Scilab-Code geschrieben:

(a) Welche Ausgabe erzeugt der Code?

(b) Wie viele Zeilen werden ausgegeben? (Begründung!)

► Aufgabe 5.17:

Der 1958 in Russland entwickelte Computer Setun (Сетунь) rechnete im Ternärsystem mit den Ziffern 0, 1 und 2 [72].

(a) Welcher Dezimalzahl entspricht die Zahl $Z_1 = (2102100)_3$?

(b) Rechnen Sie die Zahl $Z_2 = 4242$ in nachvollziehbarer Weise ins Ternärsystem um!

► Aufgabe 5.18:

Betrachtet wird der Algorithmus $A(x) = \sqrt{3x+1} - \sqrt{3x}$ für $x \gg 1$, z.B. $x = 10^6$.

(a) Bestimmen Sie die Konditionszahl κ_A.

(b) Prüfen Sie, ob $A(x)$ einen stabilen Algorithmus darstellt und schlagen Sie ggf. eine Modifikation vor.

► Aufgabe 5.19:

Erstellen Sie einen Scilab-Code, der die Zahl z mithilfe fortwährender Umformungen mit der Basis β in die normierte Gleitpunktdarstellung bringt.

► Aufgabe 5.20:

(a) Bestimmen Sie rechnerisch die Lösung $x_{1,2}$ der quadratischen Gleichung $x^2 + 2ax + 1 = 0$ mit $a > 1$.

(b) Beurteilen Sie die Kondition der Lösung, indem Sie die Fälle ① $a \gg 1$ und ② $a \approx 1$ unterscheiden.

▶ Aufgabe 5.21:

Betrachtet wird das lineare Gleichungssystem $\mathbf{A}\cdot\vec{x}=\vec{b}$ mit

$$\mathbf{A}=\begin{pmatrix}-4 & 1 & 1\\ 1 & -4 & 0\\ 1 & 0 & -4\end{pmatrix},\quad \vec{x}=\begin{pmatrix}x_1\\ x_2\\ x_3\end{pmatrix},\quad \vec{b}=\begin{pmatrix}-12\\ 0\\ -8\end{pmatrix}.$$

(a) Bestimmen Sie die Konditionszahl $\kappa(\mathbf{A})$ der Koeffizientenmatrix $\mathbf{A}$ bezüglich der Euklid'schen Norm (2-Norm).

(b) Berechnen Sie die Konditionszahl $\kappa(\mathbf{A})$ mithilfe der Eigenwerte der Produktmatrix $\mathbf{A}^{\mathrm{T}}\cdot\mathbf{A}$. Die Eigenwerte einer Matrix $\mathbf{M}$ können mithilfe der Scilab-Funktion `spec(M)` berechnet werden.

(c) Vergleichen Sie die Ergebnisse der Teilaufgaben (a) und (b) mit dem Ergebnis, das Sie mit der Scilab-Funktion `cond(A)` erhalten.

(d) Schreiben Sie eine Scilab-Routine, die die Hadamard'sche Konditionszahl zu einer übergebenen Matrix $\mathbf{A}$ berechnet und ermitteln Sie damit $\kappa_{\mathrm{H}}(\mathbf{A})$.

(e) Beurteilen Sie die Kondition der Matrix anhand der Konditionszahlen.

(f) Berechnen Sie die Lösung des LGS mithilfe der inversen Koeffizientenmatrix $\mathbf{A}^{-1}$.

(g) Berechnen Sie die Lösung des LGS durch geeignete Links-Division in Scilab.

▶ Aufgabe 5.22:

Das Produkt $P=a\cdot b$ mit $a,b\in\mathbb{N}$ kann mithilfe einer fortgesetzten Addition $P=\underbrace{a+a+\ldots a}_{b\text{-mal}}$ berechnet werden.

(a) Erstellen Sie basierend auf einem Nassi-Shneiderman-Diagramm einen Scilab-Code, der das Produkt $P=12\cdot 13$ als fortgesetzte Addition mittels Zählschleife berechnet.

(b) Modifizieren Sie den Code aus Teilaufgabe (a) dahingehend, dass eine Solange-Schleife zum Einsatz kommt.

▶ Aufgabe 5.23:

Studentin Katja Strophe hat die Gleichung $y(x)=x^2-10^6x+1=0$ in Scilab mit der Lösungsformel für quadratische Gleichungen gelöst und dabei die Ergebnisse $x_1=999999{,}999999$ und $x_2=0{,}0000010000076$ erhalten. Bei Ausführung der Probe erhält sie zwar $y(x_1)=0.$, aber auch $y(x_2)=-0{,}0000076144924$. Erklären Sie in nachvollziehbarer Weise, warum x_2 die quadratische Gleichung nicht erfüllt und schlagen Sie eine alternative Berechnung vor.

▶ Aufgabe 5.24:

Ausgehend von den bekannten kartesischen Koordinaten `x` und `y` eines Punktes $P(x;y)$ soll mithilfe einer geeigneten Scilab-Funktion `[r,phi]=KartesischPolar(x,y)` eine Umrechnung in Polarkoordinaten `r` und `phi` mittels $r=\sqrt{x^2+y^2}$ und $\varphi=\arctan\left(\frac{y}{x}\right)$ erfolgen. Dabei sollen einer Division durch Null für $x=0$ und der Lage des Punktes P bezüglich des Quadranten besonders Rechnung getragen werden.

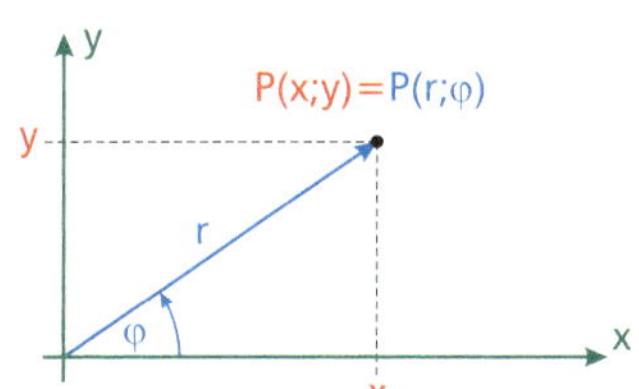

Bild 5.8: *Zusammenhang zwischen kartesischen und Polarkoordinaten.*

6 Lösung nichtlinearer Gleichungen

»If I have been able to see further,
it was only because I stood
on the shoulders of giants.«

(Isaac Newton)

Lernziele

Bei der Eintauchtiefe der Knödel aus Kapitel 1 stießen wir auf eine nichtlineare Gleichung, deren Lösung wir zunächst zurückgestellt haben. In den folgenden Abschnitten wenden wir uns entsprechenden Lösungsverfahren zu und behandeln zunächst die Fixpunktiteration. Als nächstes beschäftigen wir uns mit dem Newton-Raphson-Verfahren und übertragen diese Methode vom eindimensionalen auf den mehrdimensionalen Fall, um auch nichtlineare Gleichungssysteme lösen zu können.
Betrachtungen zur Scilab-Funktion `fsolve` schließen das Kapitel ab.

6.1 Nichtlineare Gleichungen

Viele nichtlineare Gleichungen sind nicht nach der gesuchten Variable auflösbar und erfordern daher eine numerische Lösung.
Allgemein lässt sich die Lösung einer nichtlinearen Gleichung als **Nullstellenproblem** formulieren:

$$f(x) \stackrel{!}{=} 0 \tag{6.1}$$

6.2 Fixpunktiteration

Vielfach gelingt es, die nichtlineare Gleichung (6.1) nach x aufzulösen, so dass auf der rechten Seite die **Iterationsfunktion** $F(x)$ als Restfunktion verbleibt:

$$x = F(x) \quad \texttt{mit} \quad f(x) = x - F(x) \tag{6.2}$$

Ziel ist es, im Intervall $[a,b]$ eine **Nullstelle** ξ so zu finden, dass $f(\xi) = 0$ bzw. $\xi = F(\xi)$ gilt.
Interpretiert man Gl. (6.2) **geometrisch**, dann bedeutet dies:

Wo schneidet die Winkelhalbierende $y = x$ die Kurve $y = F(x)$?

Die gesuchte Nullstelle ξ ergibt sich dabei als Schnittpunkt der Winkelhalbierenden mit der Iterationsfunktion $F(x)$.
Die Ausgangsgleichung (6.2) ist bereits ohne weitere Umformung für eine Iteration geeignet, da wir durch Einsetzen eines Startwerts x_0 in die rechte Seite eine verbesserte Näherung x_1 berechnen können. Verwenden wir diese wieder als Startwert auf der rechten Seite, dann lässt sich eine nochmals verbesserte Näherung x_2 gewinnen etc.:

$$x_1 = F(x_0)$$

$$x_2 = F(x_1)$$

$$x_3 = F(x_2)$$

$$\vdots$$

$$x_k = F(x_{k-1}) \tag{6.5}$$

Um die Iteration zu beenden, müssen wir anwenderseits ein entsprechendes **Abbruchkriterium** bereitstellen. Dieses kann darin bestehen, dass das **Residuum**[57] im k-ten Iterationsschritt betragsmäßig eine bestimmte Schranke ε unterschreitet bzw. erreicht:

$$|f(x_k)| \le \varepsilon \tag{6.6}$$

Andererseits kann die Iteration abgebrochen werden, wenn sich die **Werte zweier aufeinanderfolgender Iterationsschritte** absolut gesehen um weniger als eine vorgegebene Schranke ε unterscheiden:

$$\Delta x_k = |x_k - x_{k-1}| \le \varepsilon \tag{6.7}$$

Ebenso kann auch die **relative Abweichung** δx_k verwendet werden:

$$\delta x_k = \left| \frac{x_k - x_{k-1}}{x_k} \right| \le \varepsilon \tag{6.8}$$

[57] In der Numerik bezeichnet ein **Residuum** in der Regel die Größe, um die eine Gleichung nicht erfüllt ist.

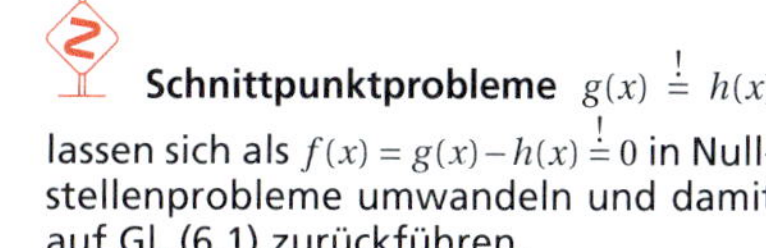

Schnittpunktprobleme $g(x) \stackrel{!}{=} h(x)$ lassen sich als $f(x) = g(x) - h(x) \stackrel{!}{=} 0$ in Nullstellenprobleme umwandeln und damit auf Gl. (6.1) zurückführen.

Beispiel 6.1:
⌘ *Die in Beispiel 1.1 abgeleitete kubische Gleichung* (1.12) *stellt eine nichtlineare Gleichung der Form $f(h) = 0$ dar.*
⌘

Gl. (6.2) wird als **Fixpunktform** der zugrunde liegenden nichtlinearen Gleichung bezeichnet.

☞ Die **Fixpunktiteration** wird teils auch als "functional iteration", "method of successive approximation" oder "method of successive substitution" bezeichnet.

Beispiel 6.2:
⌘ *Auflösen der kubischen Gleichung* (1.12) *aus Beispiel 1.1 nach h liefert die Fixpunktform:*

$$h = -\frac{4\varrho_K \cdot R^3}{\varrho_F \cdot (h^2 - 3Rh)} \tag{6.3}$$

*Diese ist jedoch **nicht eindeutig**, da z. B. auch folgende Auflösung von Gleichung* (1.12) *möglich ist:*

$$h = 3R - \frac{4\varrho_K \cdot R^3}{\varrho_F \cdot h^2} \tag{6.4}$$

⌘

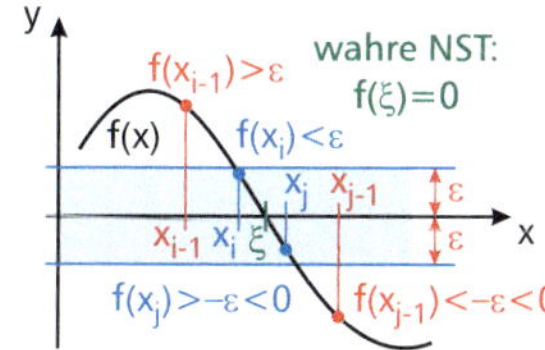

Bild 6.1: *Epsilon-Umgebung der Breite 2ε um die wahre Nullstelle ξ.*

☞ Die blauen Kurvenpunkte liegen innerhalb, die roten außerhalb der Epsilon-Umgebung in Bild 6.1. Da dabei auch negative Funktionswerte auftreten können, wird in Gl. (6.6) der Betrag verwendet.

Beispiel 6.3:

⌘ *Wir betrachten die nichtlineare Gleichung $f(x)=2-x^2-e^x \stackrel{!}{=} 0$ in $I=[0;1]$ mit der Fixpunktform $x ßeq F_1(x) = \ln(2-x^2)$ und der ersten Ableitung $F_1'(x)=-\frac{2x}{2-x^2}$.*

Wegen $f(0)\cdot f(1)<0$ existiert eine Nullstelle ξ in I. Die Iteration konvergiert mit dem Startwert $x_0=0{,}5$ gegen $\xi\approx 0{,}53727$ (Bild 6.3 links). Die Zahl der erforderlichen Iterationen hängt von der gewünschten Genauigkeit ab.

Dagegen konvergiert die ebenfalls mögliche Iterationsfunktion $F_2(x) = \sqrt{2-e^x}$ nicht (Bild 6.3 rechts), da wegen des Definitionsbereichs für $x_5\approx 0{,}87927$ mit F_2 kein Schnittpunkt mehr auftritt.

Gl. **(6.11)** *ist hinreichend, aber nicht notwendig. Für $x<\sqrt{3}-1$ ist $|F_1'(x)|<1$, für den Startwert wird Bedingung* **(6.11)** *mit $|F_1'(x_0)|=\frac{4}{7}<1$ erfüllt, während für die zweite Iterationsfunktion der Startwert x_0 die Konvergenzbedingung mit $|F_2'(x_0)|\approx 1{,}39>1$ verletzt. Das Nichterfüllen der Konvergenzbedingung* **(6.11)** *ist jedoch nicht gleichwertig mit der Divergenz der Fixpunktiteration. Für den Startwert $x_0^*=1$ konvergiert die Iteration trotz $|F_1'(x_0^*)|=2>1$.* ⌘

Ein Beispiel aus dem studentischen Alltag illustriert den Unterschied zwischen notwendig und hinreichend: Zum Bestehen einer Prüfung ist die Teilnahme an derselben eine notwendige, aber keine hinreichende Bedingung!

Die praktische Bedeutung von Gl. (6.11) liegt im vergleichsweise leicht prüfbaren Kriterium. Zum Auffinden eines kontrahierenden Fixpunktes genügt es, ein Intervall $[a;b]$ festzulegen, an dessen Rändern die Konvergenzbedingung (6.11) erfüllt und in dem $F'(x)$ streng monoton ist.

Konvergenzordnung p:

In einer Umgebung von ξ gilt für hinreichend große n und $C>0$:

$|x_{n+1}-\xi|\le C\cdot|x_n-\xi|^p$

$p=1$: lineare Konvergenz (mit $C<1$)
$p>1$: superlineare Konvergenz
$p=2$: quadratische Konvergenz

Die beschriebene Vorgehensweise gewährleistet jedoch nicht, dass die Folge $\langle x_k\rangle$ gegen die tatsächliche Nullstelle ξ **konvergiert**. Daher sind weitere Überlegungen notwendig.

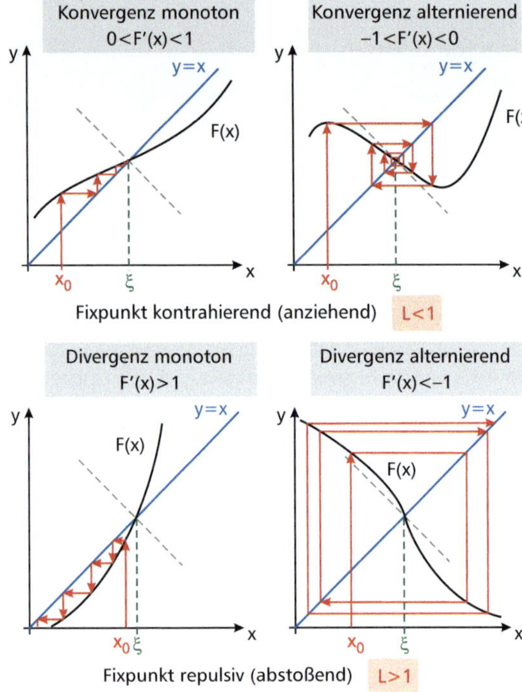

Bild 6.2: *Kontrahierende (oben) und repulsive (unten) Abbildung $F(x)$.*

Nach dem **Fixpunktsatz von Banach** ist eine Abbildung F Lipschitz-stetig mit der Lipschitz-Konstante L, falls gilt:

$$\|F(x_1)-F(x_2)\|\le L\cdot\|x_1-x_2\| \quad \text{mit } 0<L<\infty \;\; \forall x_1,x_2\in[a,b] \tag{6.9}$$

Im eindimensionalen Fall können die Normen in Gl. (6.9) durch Beträge ersetzt werden.

Die als Abbildung auffassbare Iterationsfunktion $F(x)$ und damit die **Fixpunktiteration** heißt **kontrahierend** (anziehend, Bild 6.2 oben), falls $L<1$ ist, ansonsten **repulsiv** (abstoßend, Bild 6.2 unten).

Lösen wir den Banach'schen Fixpunktsatz (6.9) nach der Lipschitz-Konstante L auf, erhalten wir im eindimensionalen Fall:

$$\frac{|F(x_1)-F(x_2)|}{|x_1-x_2|}\le L \tag{6.10}$$

Die linke Seite entspricht der ersten Ableitung der Funktion $F(x)$ an der Stelle x. Damit haben wir als **hinreichende Konvergenzbedingung** für die Fixpunktiteration:

$$|F'(x)|\le L<1 \tag{6.11}$$

Für Gl. (6.11) besitzt die Fixpunktiteration lineare Konvergenz ($p=1$).

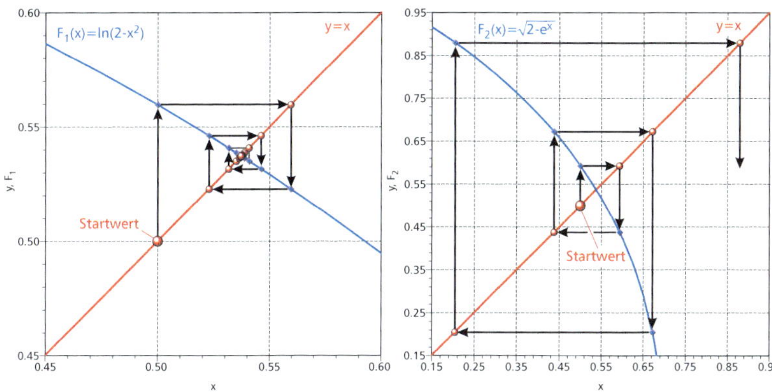

Bild 6.3: *Kontrahierendes Verhalten der Iterationsfunktion $F_1(x)$ (links) und repulsives Verhalten der Iterationsfunktion $F_2(x)$ (rechts).*

Als **Fehlerabschätzung bei der Fixpunktiteration** gilt allgemein [71]

– **a priori** (im Voraus) bei n Schritten:

$$\|x_n - \xi\| \le \frac{L^n}{1-L} \cdot \|x_1 - x_0\| = \epsilon_1 \tag{6.12}$$

– **a posteriori** (im Nachhinein) bei n Schritten ($\epsilon_2 \le \epsilon_1$):

$$\|x_n - \xi\| \le \frac{L}{1-L} \cdot \|x_n - x_{n-1}\| = \epsilon_2 \tag{6.13}$$

Die Zahl der **erforderlichen Iterationen** n für die gewünschte Genauigkeit ϵ beträgt mindestens:

$$n \ge \frac{\lg[\epsilon \cdot (1-L)] - \lg[\,\|x_1 - x_0\|\,]}{\lg L} \tag{6.14}$$

6.3 Newton-Raphson-Verfahren

Das **Newton-Raphson-Verfahren** (kurz **Newton-Verfahren**) löst die nichtlineare Gleichung $f(x) \stackrel{!}{=} 0$ und ist oft bereits aus der Mathematik [3] bekannt. Die Iterationsvorschrift lautet für den k-ten Schritt:

$$x_k = x_{k-1} - \frac{f(x_{k-1})}{f'(x_{k-1})} \tag{6.15}$$

Betrachtet man das Newton-Raphson-Verfahren als Fixpunktiteration, so lautet die Iterationsfunktion $F(x)$:

$$F(x) = x - \frac{f(x)}{f'(x)} \tag{6.16}$$

Unter Beachtung der Kettenregel folgt:

$$F'(x) = 1 - \frac{f'(x)\cdot f'(x) - f''(x)\cdot f(x)}{f'^2(x)} = 1 - 1 + \frac{f''(x)\cdot f(x)}{f'^2(x)} = \frac{f''(x)\cdot f(x)}{f'^2(x)} \tag{6.17}$$

Damit erhält man die bekannte **hinreichende Konvergenzbedingung** des Newton-Raphson-Verfahrens [3]:

$$|F'(x)| = \left|\frac{f''(x)\cdot f(x)}{f'^2(x)}\right| < 1 \tag{6.18}$$

Beispiel 6.3 (Iterationsverlauf):

⌘

Iteration i	x_i
1	0,559615787935423
2	0,522851128605001
3	0,546169619063046
4	0,531627015197373
5	0,540795632739194
6	0,535053787215218
7	0,538664955236433
8	0,536399837485597
9	0,537823020842571
10	0,536929765486145
11	0,537490783421198
12	0,537138576206046
13	0,537359749457433
14	0,537220883393615
15	0,537308080913861
16	0,537253330902306
17	0,537287708999395
18	0,537266123184875
19	0,537279677012639
20	0,537271166589718
21	0,537276510301780
22	0,537273154987206
23	0,537275261793041
24	0,537273938929318
25	0,537274769556473
26	0,537274248005359
27	0,537274575487632
28	0,537274369861356
29	0,537274498974213
30	0,537274417904184
31	0,537274468808100
32	0,537274436845504
33	0,537274456914835
34	0,537274444313292
35	0,537274452225808

⌘

☞ Das Newton-Raphson-Verfahren besitzt die Konvergenzordnung $p=2$.

Beispiel 6.4:

⌘ Der Schnitt des Kreises k: $x^2 + y^2 = 16$ und der Hyperbel h: $\frac{(x-4)^2}{9} - \frac{(y-1)^2}{4} = 1$ führt auf ein nichtlineares Gleichungssystem. ⌘

6.4 Nichtlineare Gleichungssysteme

In der Praxis treten auch meist nicht analytisch lösbare nichtlineare Gleichungssysteme mit n nichtlinearen Gleichungen für n Unbekannte auf (z. B. bei der Schnittpunktberechnung von Kegelschnitten, s. Beispiel 6.4). Grundsätzlich kann die Fixpunktiteration durch Einführen von Vektoren auch auf nichtlineare Systeme angewendet werden. Speziell ist das Newton-Raphson-Verfahren durch Verwendung vektorwertiger Funktionen und Einführung der **Jacobi-Matrix J** auf nichtlineare Gleichungssysteme übertragbar.

Tabelle 6.1: *Vergleich von ein- und mehrdimensionalem Newton-Raphson-Verfahren.*

Newton-Raphson-Verfahren	
eindimensional	**mehrdimensional**
$f(x) \overset{!}{=} 0$	$\vec{f}(\vec{x}) \overset{!}{=} \vec{0}$
$x_k = x_{k-1} - \frac{f(x_{k-1})}{f'(x_{k-1})}$	$\vec{x}_k = \vec{x}_{k-1} - \left[\vec{f}'(\vec{x}_{k-1})\right]^{-1} \cdot \vec{f}(\vec{x}_{k-1})$ $\vec{x}_k = \vec{x}_{k-1} - \mathbf{J}^{-1}\left(\vec{f}, \vec{x}_{k-1}\right) \cdot \vec{f}(\vec{x}_{k-1})$

In Tabelle 6.1 bezeichnet $\mathbf{J}^{-1}\left(\vec{f}, \vec{x}\right)$ die **inverse Jacobi-Matrix**.

Die Jacobi-Matrix $\mathbf{J}\left(\vec{f}, \vec{x}\right)$ enthält die ersten Ableitungen des Funktionsvektors $\vec{f}(\vec{x})$:

$$\vec{x} = \begin{pmatrix} x_1 \\ x_2 \\ x_3 \\ \vdots \\ x_n \end{pmatrix}; \quad \vec{f}(\vec{x}) = \begin{pmatrix} f_1(\vec{x}) \\ f_2(\vec{x}) \\ f_3(\vec{x}) \\ \vdots \\ f_n(\vec{x}) \end{pmatrix}; \quad \mathbf{J}\left(\vec{f}, \vec{x}\right) = \begin{pmatrix} \frac{\partial f_1}{\partial x_1} & \frac{\partial f_1}{\partial x_2} & \cdots & \frac{\partial f_1}{\partial x_n} \\ \frac{\partial f_2}{\partial x_1} & \frac{\partial f_2}{\partial x_2} & \cdots & \frac{\partial f_2}{\partial x_n} \\ \frac{\partial f_3}{\partial x_1} & \frac{\partial f_3}{\partial x_2} & \cdots & \frac{\partial f_3}{\partial x_n} \\ \vdots & \vdots & \cdots & \vdots \\ \frac{\partial f_n}{\partial x_1} & \frac{\partial f_n}{\partial x_2} & \cdots & \frac{\partial f_n}{\partial x_n} \end{pmatrix} \tag{6.19}$$

Das mehrdimensionale Newton-Raphson-Verfahren ist **kontrahierend** unter der hinreichenden Bedingung:

$$\left\| \mathbf{J}\left(\vec{f}, \vec{x}\right) \right\| \le L < 1 \tag{6.20}$$

6.5 Scilab-Funktion `fsolve`

Scilab stellt zur Lösung nichtlinearer Gleichungen und nichtlinearer Gleichungssysteme die Funktion `fsolve` zur Verfügung:

```
[x [,v [,info]]] = fsolve(x0, fct [,fjac] [,tol])
```

`x0` enthält den Startwert für die Iteration im eindimensionalen bzw. den Startvektor im mehrdimensionalen Fall. `fct` ist die zu iterierende Funktion bzw. der Vektor der zu iterierenden Funktionen. `fjac` ist die Ableitung der zu iterierenden Funktion im eindimensionalen bzw. die Jacobi-Matrix im mehrdimensionalen Fall. `tol` ist die Abbruchgenauigkeit, die mit `1.d-10` voreingestellt ist.

`x` ist die gesuchte Nullstelle im eindimensionalen bzw. der Lösungsvektor im mehrdimensionalen Fall. In `v` wird der Funktionswert an der Nullstelle bzw. die Funktionswerte an den Stellen des Lösungsvektors zurückgegeben. Die Variable `info` enthält Informationen über den Iterationsverlauf.

6.6 Aufgaben zum Selbststudium

► Aufgabe 6.1:

(a) Bestimmen Sie die Eintauchtiefe der Knödel aus Beispiel 1.1 in Scilab durch Plotten einer geeigneten Funktion $f(h) = 0$ gemäß Gl. (1.12) für die Zahlenwerte $\varrho_K = 750\ \text{kg/m}^3$, $\varrho_F = 1000\ \text{kg/m}^3$ und $R = 5$ cm im Intervall $[0; 2R]$.

(b) Überprüfen Sie die grafisch gefundene Lösung durch eine Scilab-Function mit der Lösungsformel von Cardano (vgl. Randspalte).

(c) Normieren Sie die Bestimmungsgleichung von Beispiel 1.1 mithilfe der dimensionslosen Variablen $\xi = \frac{h}{R}$ und $\eta = \frac{\varrho_K}{\varrho_F}$ und führen Sie die Lösungen der Teilaufgaben (a) und (b) erneut durch.

► Aufgabe 6.2:

Stellen Sie die Fixpunktiterationsvorschrift $F(x)$ des Newton-Raphson-Verfahrens auf und prüfen Sie, unter welchen Bedingungen diese kontrahierend ist.

► Aufgabe 6.3:

Die Gleichung $x^2 = \cos x$ soll mittels Fixpunktiteration gelöst werden.

(a) Schlagen Sie eine geeignete Iterationsvorschrift $F(x)$ vor und prüfen Sie, ob diese im Intervall $[0; 1]$ kontrahierend ist.

(b) Schreiben Sie eine Scilab-Routine zur Berechnung der Lösung ξ der Gleichung mit einer Genauigkeit von $\varepsilon = 10^{-10}$ ausgehend vom Startwert $x_0 = 0{,}5$.

(c) Wie viele Iterationsschritte sind dazu erforderlich?

(d) Skizzieren Sie die Funktion $y(x) = x$ und die Iterationsvorschrift $F(x)$ für $x \in [0; 1]$ und zeichnen Sie den Iterationsweg ausgehend von $x_0 = 0{,}5$ ein.

► Aufgabe 6.4:

(a) Prüfen Sie, ob $F(x) = \frac{1}{1+x}$ eine geeignete Fixpunktiteration für die Gleichung $x^2 + x - 1 = 0$ ist.

(b) Für welche Werte von x ist die Iterationsvorschrift kontrahierend?

(c) Schreiben Sie eine Scilab-Routine, die die Lösung ξ ausgehend vom Startwert $x_0 = 1$ mit einer Genauigkeit von $\varepsilon = 10^{-10}$ berechnet. Geben Sie dabei den Iterationsschritt, die verbesserte Lösung sowie die relative Genauigkeit aus.

(d) Prüfen Sie, ob $F^*(x) = 1 - x^2$ eine geeignete Fixpunktiterationsvorschrift ist. Modifizieren Sie die Scilab-Routine aus Teilaufgabe (c) entsprechend und berechnen Sie die Lösung ξ ausgehend vom Startwert $x_0 = 1$ mit maximal 100 Iterationsschritten.

► Aufgabe 6.5:

Berechnen Sie $\sqrt{5}$ mithilfe des Newton-Raphson-Verfahrens ausgehend vom Startwert $x_0 = 2$ mit der Genauigkeit 10^{-9}.

Bild 6.4: *Gerolamo Cardano (1501–1576).*

Lösungsformel von Cardano: [73]

Die allgemeine Gleichung 3. Grades $Ax^3 + Bx^2 + Cx + D = 0$ wird durch Division mit A in die **Normalform** übergeführt:

$x^3 + ax^2 + bx + c = 0$

Mit der **Substitution** $z = x + \frac{a}{3}$ folgt die **reduzierte Form**:

$z^3 + pz + q = 0$

mit $p = b - \frac{a^2}{3}$ und $q = \frac{2a^3}{27} - \frac{ab}{3} + c$

Die **Diskriminante** D beträgt:

$$D = \left(\frac{q}{2}\right)^2 + \left(\frac{p}{3}\right)^3$$

Die Lösungen der reduzierten Form lassen sich mit den Lösungen u und v der quadratischen Resolvente bestimmen:

$$u = \sqrt[3]{-\frac{q}{2} + \sqrt{D}}; \qquad v = \sqrt[3]{-\frac{q}{2} - \sqrt{D}}$$

Bezüglich des Werts der Diskriminante sind 3 Fälle zu unterscheiden:

Fall ①: $D > 0$ (1 reelle und 2 komplexe Lösungen)

$$z_1 = u + v; \qquad z_{2,3} = -\frac{u+v}{2} \pm \frac{u-v}{2} \cdot i \cdot \sqrt{3}$$

Fall ②: $D = 0$ (1 doppelte und 1 einfache reelle Lösung oder 1 dreifache reelle Lösung $z = 0$ für $p = q = 0$)

$$z_1 = 2u = \frac{3q}{p}; \qquad z_{2,3} = -u = -\frac{3q}{p}$$

Fall ③: $D < 0$ (casus irreducibilis)

$$z_1 = \sqrt{-\frac{4}{3}p} \cdot \cos\left[\frac{1}{3}\arccos\left(-\frac{q}{2}\sqrt{-\frac{27}{p^3}}\right)\right]$$

$$z_2 = -\sqrt{-\frac{4}{3}p} \cdot \cos\left[\frac{1}{3}\arccos\left(-\frac{q}{2}\sqrt{-\frac{27}{p^3}}\right) + \frac{\pi}{3}\right]$$

$$z_3 = -\sqrt{-\frac{4}{3}p} \cdot \cos\left[\frac{1}{3}\arccos\left(-\frac{q}{2}\sqrt{-\frac{27}{p^3}}\right) - \frac{\pi}{3}\right]$$

Die Lösungen x_1, x_2 und x_3 folgen durch die Rücksubstitution $x = z - \frac{a}{3}$.

Aufgabe 6.6:

Gesucht sind die Schnittpunkte $S_i(x_{S,i}; y_{S,i})$ des Kreises $k\colon\ x^2 + y^2 = 1$ mit der Normalparabel $p\colon\ y = x^2$. Erstellen Sie eine dazu Scilab-Routine `Newton_mehrdim(S)`, die die gesuchten Schnittpunkte ausgehend von den Startwerten $S_1^0 = (1; 1)$ und $S_2^0 = (-1; 1)$ mittels mehrdimensionalem Newton-Raphson-Verfahren berechnet.

Aufgabe 6.7:

Zu lösen ist das nichtlineare Gleichungssystem

$$\begin{aligned} x_1^2 + x_2^2 &= 50 \\ x_1 \cdot x_2 &= 25 \end{aligned} \qquad (6.21)$$

mittels Newton-Raphson-Verfahren mit den Startwerten $x_1^0 = 2;\ x_2^0 = 1$.

Aufgabe 6.8:

Für die Flugbahn eines am Punkt $P_0(x_0; y_0)$ mit der Anfangsgeschwindigkeit v_0 unter dem Winkel α abgeschossenen Projektils gilt mit der Schwerebeschleunigung $g = 9{,}81\ \mathrm{m/s^2}$:

$$y(x) = y_0 + \tan\alpha \cdot (x - x_0) - \frac{g}{2 v_0^2 \cdot \cos^2\alpha} \cdot (x - x_0)^2 \qquad (6.22)$$

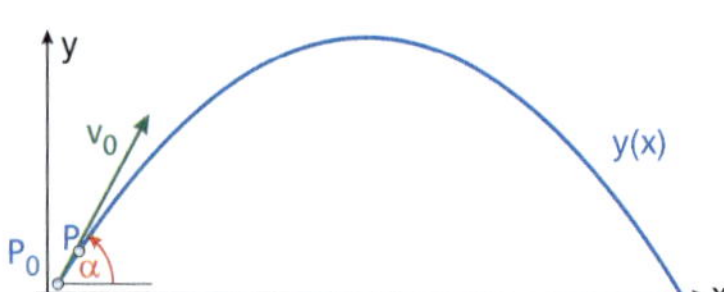

Bild 6.5: *Flugbahn des Projektils.*

Für $P_0(1; 1)$ und $v_0 = 25\ \mathrm{m/s}$ passiert das Projektil den Punkt $P(3; 4)$.

(a) Berechnen Sie den Winkel α mittels Newton-Raphson-Verfahren.

(b) Lösen Sie die Gleichung für den Abschusswinkel α mit der Scilab-internen Funktion `fsolve(startwert, funktion)`.

Aufgabe 6.9:

(a) Erstellen Sie ein Nassi-Shneiderman-Diagramm für das Newton-Raphson-Verfahren zur Berechnung der Nullstelle der Funktion $y = f(x)$.

(b) Setzen Sie das Diagramm in ein geeignetes Scilab-Programm um und testen Sie dieses.

Aufgabe 6.10:

In einem Talsperrensystem für Bewässerungsaufgaben fließt Wasser ($\nu = 1{,}3 \cdot 10^{-6}\ \mathrm{m^2/s}$) vom Oberbecken A in die tiefer liegenden Becken B und C. Näherungsweise ist von unveränderten Wasserspiegeln der Talsperren auszugehen. In Abhängigkeit der Reynolds-Zahl Re und der Rauigkeit k_s, die die örtlichen Verluste beinhaltet, gelten die Gleichungen aus Tabelle 1.6.

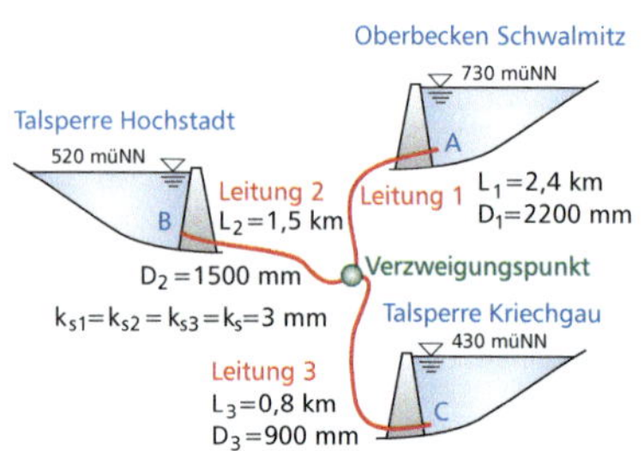

Bild 6.6: *Skizze des Talsperrensystems.*

(a) Erstellen Sie die Scilab-Funktion `lambda_it(Re,ks,D,lambda0)`, die die Rohrreibungszahl `lambda` mittels Fixpunktiteration in Abhängigkeit des Reynolds-Zahl `Re`, der Rauigkeit `ks`, des Durchmessers `D` und des Startwerts `lambda0` berechnet.

(b) Berechnen Sie iterativ die Abflüsse Q_j ($j = 1{,}2{,}3$) in den Leitungen.

(c) Der Durchmesser D_3 von Leitung 3 ist iterativ nun so zu bestimmen, dass sich in den Leitungen 2 und 3 gleiche Abflüsse einstellen. Wie groß sind diese?

▶ Aufgabe 6.11:

Betrachtet wird der schwimmende Zylinder aus Aufgabe 1.1.

(a) Geben Sie mit Definition der Funktion $F(\varphi)$ eine Gleichung (3) für die Lösung der dortigen Gleichung (1) mittels Fixpunktiteration an und prüfen Sie, für welche Werte φ diese kontrahierend ist.

(b) Notieren Sie eine Scilab-Funktion `F(phi)`, die für die lokalen Größen $\varrho_Z = 600\ \text{kg/m}^3$ und $\varrho_F = 1000\ \text{kg/m}^3$ den Wert $F(\varphi)$ zurückgibt.

(c) Erstellen Sie die Scilab-Funktion `Fixpunktiteration(F,phi0,tol)` mit geeigneten Kommentaren, die mit der Funktion `F(phi)` aus Teilaufgabe (b) ausgehend vom Startwert `phi0` und der absoluten Abweichung `tol` den Zentriwinkel `phi` und die Anzahl `n` der benötigten Iterationsschritte liefert.

(d) Erstellen Sie einen kommentierten Scilab-Programmcode mit unterdrücktem Bildschirmecho, der die Fixpunktiteration mit dem Startwert `phi0=` π und der Genauigkeit `tol=10e-9` ausführt. Berechnen Sie die normierte Eintauchtiefe $\zeta = \dfrac{h}{R}$ und erstellen Sie mit der Funktion `mprintf` beginnend mit einem Zeilenumbruch folgende formatierten Bildschirmausgaben:

Ausgabetext	Format
`Anzahl der Iterationen =`	Integerzahl mit 6 Stellen
`Eintauchwinkel (in Grad) =`	Festpunktzahl mit 2 Nachkommastellen
`normierte Eintauchtiefe =`	Festpunktzahl mit 2 Nachkommastellen

Leerzeichen sind dabei als ␣ darzustellen.

(e) Wie können Sie die Ausgabe der Meldung `Warnung: Neudefinition von Funktion: ...` am Bildschirm unterdrücken?

▶ Aufgabe 6.12:

Die bei Adam Ries [74] in dessen „Rechenung auff der linihen vnd federn" erwähnte Regel der falschen Zahlen ist auch zur Lösung nichtlinearer Gleichungen $f(x) = 0$ anwendbar. Im Intervall $I = [\alpha_0; \beta_0]$ liegt mindestens eine Nullstelle, wenn die Funktionswerte an den Rändern unterschiedliches Vorzeichen aufweisen ($f(\alpha_0) \cdot f(\beta_0) < 0$).
Der Algorithmus der Regel der falschen Zahlen lautet:

Gegeben $\alpha_0 < \beta_0$ **mit** $f(\alpha_0) \cdot f(\beta_0) < 0$.

Für $r = 0,1,2,\ldots$ **berechne** $x_r = \beta_0 - \dfrac{f(\beta_r) \cdot (\alpha_r - \beta_r)}{f(\alpha_r) - f(\beta_r)}$.

Setze $\alpha_{r+1} = x_r$ **und** $\beta_{r+1} = \beta_r$ **falls** $f(x_r) \cdot f(\alpha_r) > 0$,
$\alpha_{r+1} = \alpha_r$ **und** $\beta_{r+1} = x_r$ **anderenfalls.**

(a) Nennen Sie ein anderes Einschlussverfahren zur Berechnung von Nullstellen nichtlinearer Funktionen.

(b) Schreiben Sie ausgehend vom dargestellten Algorithmus die kommentierte Scilab-Funktion `FZ(f,alpha0,beta0,epsilon)`, die bei gegebener benutzerdefinierter Funktion `f(x)` die Nullstelle `xi` im Intervall `[alpha0; beta0]` mit der relativen Genauigkeit `epsilon` berechnet und diese zusammen mit der erforderlichen Iterationsanzahl `iter` zurückgibt.

Rechnung auff der linihen
gemacht durch Adam Riesen vonn Staffelsteyn/ in massen man es pflegt tzu lern in allen rechenschulen gruntlich begriffen anno 1518. vleysigklich vberlesen/ vnd zum andern mall in trugk vorfertiget.

Getruckt zu Erffordt zcum Schwartzen Horn.
1525.

Bild 6.7: *Titelseite des ersten Rechenbuchs von Adam Ries.*

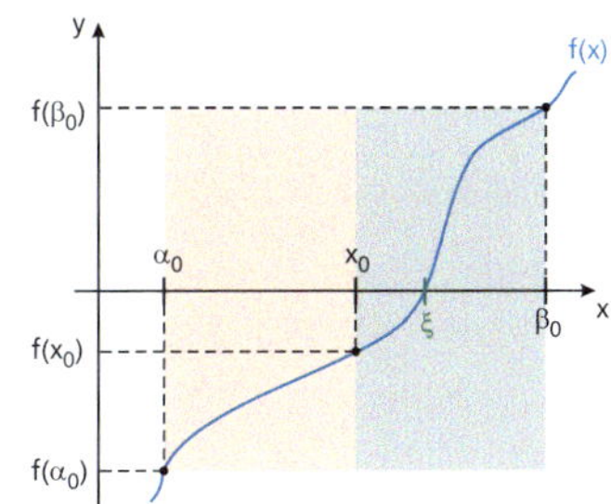

Bild 6.8: *Schema der Regel der falschen Zahlen.*

Das Heron'sche Verfahren war bereits bei den Babyloniern bekannt, es trägt daher auch den Namen „Babylonisches Wurzelziehen".

► Aufgabe 6.13:

Heron von Alexandria beschreibt in seinem Buch „Metrica III" eine Methode zur Berechnung von Quadratwurzeln $\sqrt{a}$ mit dem Startwert x_0:

$$x_{n+1} = \frac{1}{2} \cdot \left(x_n + \frac{a}{x_n} \right) \qquad n = 0,1,2,\ldots \tag{6.23}$$

(a) Berechnen Sie mit $x_0 = 3$ als Startwert die ersten drei Näherungen für $\sqrt{10}$ in Bruchform ohne Rundungen nach Gl. (6.23).

(b) Erstellen Sie das Struktogramm der Funktion `Heron(a,x0,eps)`, die die Quadratwurzel von `a` ausgehend vom Startwert `x0` mit der Genauigkeit `eps` berechnet.

(c) Erstellen Sie den kommentierten Scilab-Code `Heron(a,x0,eps)`, der das Ergebnis in der Variablen `sqr` zurückgibt.

► Aufgabe 6.14:

1694 publizierte Edmond Halley[58] [76], [77] ein Verfahren zur Berechnung der Nullstellen von Polynomen. Es kann als Berührung zweiter Ordnung der Kurve $y = f(x)$ mit einer Hyperbel und Bestimmung von deren Schnittpunkt mit der x-Achse interpretiert werden. Im Unterschied zum Newton-Raphson-Verfahren ist neben der ersten Ableitung $f'(x)$ auch die zweite Ableitung $f''(x)$ zu berechnen.

(a) Erstellen Sie die Funktionen `Newton(f, df, x0, tol, imax)` und `Halley (f, df, d2f, x0, tol, imax)`, die zur Funktion `f(x)` mit erster Ableitung `df(x)` und zweiter Ableitung `d2f(x)` die Nullstelle `x1` ausgehend vom Startwert `x0` mit der Genauigkeit `tol` aufeinanderfolgender Iterationen `abs(x1-x0)` in maximal `imax` Schritten berechnen.

(b) Berechnen Sie damit $x = \sqrt[3]{1000}$ für $x_0 = 1$ und vergleichen Sie die Ergebnisse hinsichtlich der Anzahl der erforderlichen Iterationen.

(c) Lösen Sie für die Startwerte $x_0 = -0{,}1$, $x_0 = 0{,}5$ und $x_0 = 2{,}2$ die Gleichung $x^3 - 3x^2 + 2 = 0$ mit den Funktionen aus (a). Vergleichen Sie die Ergebnisse mit den analytischen Lösungen und untereinander.

Bild 6.9: *Edmond Halley (1656–1742).*

Iterationsvorschrift des kubisch konvergenten Halley-Verfahrens [75]:

$$x_{i+1} = x_i - \frac{2\,f(x_i) \cdot f'(x_i)}{2\,f'(x_i)^2 - f''(x_i) \cdot f(x_i)} \tag{6.24}$$

mit $i = 0,1,2\ldots$

Für die Drehmoment-Schlupf-Kennlinie von Drehstromasynchronmotoren gilt die Kloß'sche Gleichung:

$$M(s) = \frac{2\,M_K}{\dfrac{s}{s_K} + \dfrac{s_K}{s}} \tag{6.25}$$

Der Schlupf s folgt mit der Synchrondrehzahl $n_S = 1500$ min^{-1} aus der Drehzahl n:

$$s = 1 - \frac{n}{n_S} \tag{6.26}$$

► Aufgabe 6.15:

Ein 4poliger Drehstromasynchronmotor mit Kippmoment $M_K = 285$ Nm und Kippschlupf $s_K = 0{,}185$ treibt eine Lastmaschine mit linearer Kennlinie $M_L = a + b \cdot n$ ($a = 82{,}5$ Nm; $b = 0{,}055$ Nm·min) an.

(a) Leiten Sie aus den Gln. (6.25) und (6.26) eine Beziehung für den Schlupf s_{AP} am Arbeitspunkt ab.

(b) Erstellen Sie die kommentierte Funktion `ASM()` zur Berechnung der Drehzahl `n_AP` am Arbeitspunkt mit der Genauigkeit $\varepsilon = 10^{-9}$.

► Aufgabe 6.16:

Die Funktion $f(x) = \frac{1}{6}x^3 - \frac{1}{4}x^2 - \frac{3}{4}x + \frac{3}{8}$ besitzt im Intervall $I = [0;2]$ eine Nullstelle ξ. Bestimmen Sie für die zugehörige Iterationsfunktion $F(x) = \frac{1}{6}x^3 - \frac{1}{4}x^2 + \frac{1}{4}x + \frac{3}{8}$ ein Intervall I^*, in dem bei der Fixpunktiteration sichere Konvergenz auftritt.

[58] Nach dem Astronomen E. Halley wurde u.a. der Halley'sche Komet benannt.

▶ Aufgabe 6.17:

Mittels Fixpunktiteration $x = F(x) = -\frac{1}{5}(x^2 - 3) + x$ soll die Lösung $\xi = \sqrt{3}$ der quadratischen Gleichung $x^2 = 3$ ausgehend vom Startwert $x_0 = 1{,}7$ auf $n = 6$ Nachkommastellen berechnet werden.

(a) Zeigen Sie, dass die Iteration im Intervall $I = [1; 2]$ kontrahierend ist und geben Sie den Wert der Lipschitz-Konstante L an.

(b) Geben Sie die Gleichungen an, mit denen eine a-priori- und eine a-posteriori-Fehlerabschätzung durchgeführt werden kann.

(c) Wie groß darf der absolute Fehler ε zur exakten Lösung sein, damit die geforderte Genauigkeit hinsichtlich der Nachkommastellen erreicht wird?

(d) Wieviele Iterationsschritte sind maximal erforderlich, um die gewünschte Genauigkeit zu erreichen?

(e) Überprüfen Sie mithilfe eines geeigneten Scilab-Codes, wieviele Iterationen tatsächlich erforderlich sind.

(f) Überprüfen Sie das Ergebnis von (e) mithilfe der a-posteriori-Abschätzung und erklären Sie mögliche Abweichungen.

▶ Aufgabe 6.18:

Rudi Radlos will ausgehend vom Schätzwert $x_0 = 0$ die Nullstellen von $p(x) = x^3 - x + 0{,}2$ bestimmen.

(a) Schlagen Sie dazu eine möglichst einfache Fixpunktiteration vor und überprüfen Sie deren Konvergenz im Intervall $[0; 0{,}3]$.

(b) Führen Sie mit einer Genauigkeit von 8 Dezimalstellen 8 Iterationsschritte ausgehend vom Startwert $x_0 = 0$ aus. Runden Sie dazu die iterierten Werte $x_i\,(i = 1,\ldots,8)$ jeweils vor dem nächsten Iterationsschritt auf 8 Dezimalen.

(c) Führen Sie eine a priori-Fehlerabschätzung durch.

(d) Führen Sie eine a posteriori-Fehlerabschätzung durch.

(e) Wie viele Schritte sind für die Genauigkeit $\varepsilon = 10^{-8}$ erforderlich?

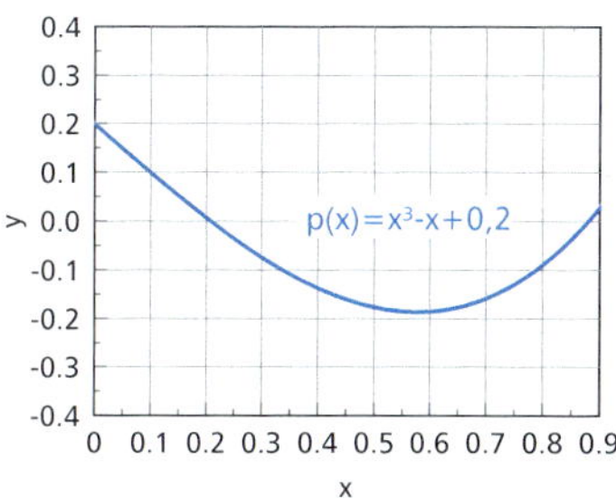

Bild 6.10: *Polynom $p(x) = x^3 - x + 0{,}2$ im Intervall $[0; 0{,}9]$.*

▶ Aufgabe 6.19:

Für die Ellipsen $E_1 : 4\,x^2 + 25\,y^2 = 100$ und $E_2 : 64 \cdot (x-5)^2 + 9\,y^2 = 144$ sollen die Schnittpunkte S_1 und S_2 bestimmt werden.

(a) Notieren Sie den kommentierten Scilab-Code `Zeichne_Ellipsen()`, mithilfe dessen die beiden Schnittpunkte S_1 und S_2 grafisch visualisiert werden können, um geeignete Startwerte für ein Iterationsverfahren zu gewinnen.

(b) Stellen Sie ein geeignetes Gleichungssystem für die Berechnung der Schnittpunkte $S_1(x_1; y_1)$ und $S_2(x_2; y_2)$ auf.

(c) Schreiben Sie ein Scilab-Programm `CalcSnp(S10,S20,eps)`, das ausgehend von den Startwerten `S10(x10;y10)` und `S20(x20;y20)` die Schnittpunkte S_1 und S_2 iterativ mit der maximalen Anzahl an Iterationen `itermax=100` und der Genauigkeit `eps` mittels mehrdimensionalem Newton-Verfahren berechnet. Eventuell erforderliche Funktionsdefinitionen sind mit der Scilab-Funktion `deff(...)` vorzunehmen.

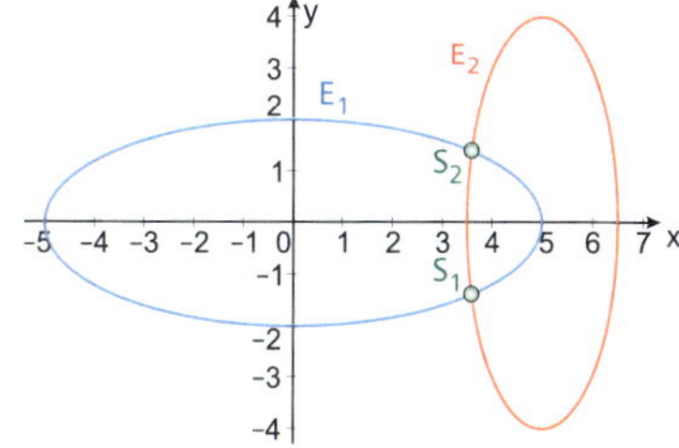

Bild 6.11: *Schnitt der Ellipsen E_1 und E_2.*

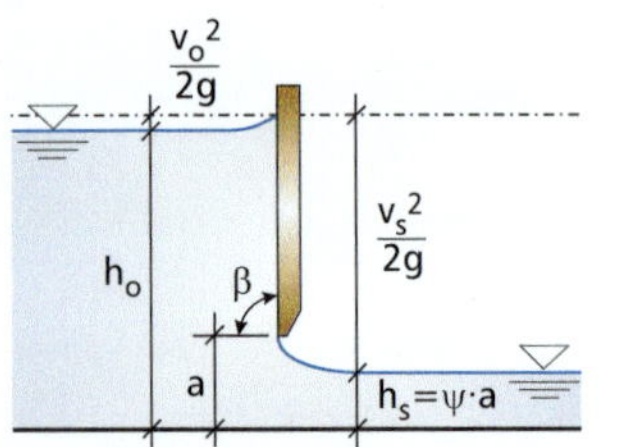

Bild 6.12: *Planschützgeometrie (nach [25]).*

Für den Ausflussbeiwert μ_A gilt mit dem Kontraktionsbeiwert ψ:

$$\mu_A = \frac{\psi}{\sqrt{1+\frac{\psi\cdot a}{h_o}}} \tag{6.28}$$

Tabelle 6.2: *Ausflussbeiwert μ_A in Abhängigkeit von Planschützneigung β und relativem Schützenhub a/h_o [25].*

μ_A	a/h_o						
β	0,10	0,20	0,30	0,40	0,50	0,60	0,70
30°	0,78	0,76	0,73	0,71	0,68	0,67	0,65
45°	0,72	0,70	0,68	0,66	0,64	0,63	0,62
60°	0,67	0,65	0,63	0,62	0,60	0,59	0,59
90°	0,60	0,58	0,57	0,57	0,56	0,56	0,57

► Aufgabe 6.20:

Ein Planschütz erzeugt als ebene Stauwand einen Aufstau in einem Gerinne (Bild 6.12). Durch die Kontraktion ψ des unter dem Schütz abfließenden Strahls steigt die oberwasserseitige Anströmgeschwindigkeit v_o auf die Strahlgeschwindigkeit v_s. Aus der Gleichung von Bernoulli folgt der Abfluss Q in Abhängigkeit des Ausflussbeiwerts μ_A, des Schützenhubs a, der Gerinnebreite b und der Oberwasserhöhe h_o [25]:

$$Q = \mu_A\cdot a\cdot b\cdot\sqrt{2\,g\cdot h_o} \tag{6.27}$$

Die Energiehöhen H_o und H_s stimmen entsprechend der Gleichung von Bernoulli überein:

$$H_o = h_o + \frac{v_o^2}{2\,g} = H_s = h_s + \frac{v_s^2}{2\,g} = \psi\cdot a + \frac{v_s^2}{2\,g} \tag{6.29}$$

Erstellen Sie für einen vertikalen Planschütz ($\beta = 90°$) in einem Rechteckgerinne (Breite $b = 2$ m; Hub $a = 0{,}5$ m) einen Scilab-Code, der die oberwasser- und unterwasserseitigen Größen h_o, v_o, H_o, a/h_o, μ_A, ψ, h_s, v_s und H_s für den Durchfluss $Q = 5$ m^3/s iterativ ermittelt und die Iteration beendet, wenn $|H_o - H_s| < \varepsilon = 10^{-6}$ ist. Als Startwert dient der Ausflussbeiwert $\mu_A^0 = 0{,}6$. Im weiteren Verlauf der Iteration sind die Tabellenwerte linear zu interpolieren, wozu der Code aus Aufgabe 2.12 verwendet werden kann.

► Aufgabe 6.21:

Der Zustand realer Gase (Druck p, spezifisches Volumen v, absolute Temperatur T) lässt sich mit der **van der Waals-Gleichung** beschreiben (Konstanten a und b):

$$\left(p + \frac{a}{v^2}\right)\cdot(v - b) = R\cdot T \tag{6.30}$$

Die Abweichung vom idealen Gasverhalten wird durch den Realgasfaktor Z wiedergegeben:

$$Z = \frac{p\cdot v}{R\cdot T} \tag{6.31}$$

Am kritischen Punkt (Index k) gilt:

$$v_k = 3\cdot b;\quad p_k = \frac{1}{27}\cdot\frac{a}{b^2};\quad T_k = \frac{8}{27}\cdot\frac{a}{b\,R} \tag{6.32}$$

(a) Eliminieren Sie die Parameter a und b und die Gaskonstante R in (6.30) mittels (6.32) und stellen Sie eine Zustandsgleichung (♡) in Abhängigkeit der kritischen Parameter v_k, p_k und T_k auf.

(b) Berechnen Sie iterativ das spezifische Volumen v_1, wenn eine mit CO_2 gefüllte Stahlflasche mit dem Volumen $V = 0{,}01$ m^3 unter dem Druck $p_1 = 10$ MPa die Temperatur $\vartheta_1 = 60$ °C aufweist.

(c) Berechnen Sie den Druck p_2, der sich in der Flasche einstellt, wenn diese auf die Temperatur $\vartheta_2 = 100$ °C erwärmt wird.

(d) Vergleichen Sie p_2 mit dem Druck p_2^* aus Gleichung (6.33) für das ideale Gas und geben Sie die relative Abweichung $\frac{p_2 - p_2^*}{p_2}$ an.

Bild 6.13: *Johannes Diderik van der Waals (1837–1923), der für seine 1873 aufgestellte Zustandsgleichung 1910 mit dem Nobelpreis für Physik ausgezeichnet wurde.*

Die kritischen Stoffwerte von CO_2 betragen:
$p_k = 7{,}39$ MPa; $v_k = 0{,}00214$ m^3/kg; $T_k = 304{,}19$ K

Für das ideale Gas ist $Z = 1$:

$$p^*\cdot v^* = R\cdot T^* \tag{6.33}$$

► Aufgabe 6.22:

In einem Rechteckgerinne (Oberwassersohle $z_1 = 0{,}5$ m; Unterwassersohle $z_2 = 0$ m; Breite $b = 10$ m) mit dem skizzierten rundkronigen Wehr (Höhe $w = 2{,}5$ m, Breite b) beträgt der Abfluss $Q = 20\ \text{m}^3/\text{s}$.

(a) Leiten Sie mithilfe der Kontinuitätsgleichung und der Gleichung von Bernoulli jeweils eine Gleichung (♡) und (♡♡) für die Oberwasserhöhe h_1 und die Unterwasserhöhe h_2 ab, vergleichen und klassifizieren Sie beide Beziehungen.

(b) Erstellen Sie zur Ermittlung von h_1 und h_2 einen Scilab-Code, der die Berechnung in Abhängigkeit der Variable `headwater` (`1` für Oberwasser, `sonst` Unterwasser) durchführt.

► Aufgabe 6.23:

Eine Trinkwasserleitung ($d = 800$ mm, $k = 0{,}08$ mm) weist den Durchfluss $\dot{V} = 1\ \text{m}^3/\text{s}$ mit Wasser der Temperatur $\vartheta = 10\ °\text{C}$ ($\nu = 1{,}31 \cdot 10^{-6}\ \text{m}^2/\text{s}$) auf. Ermitteln Sie die Rohrreibungszahl λ zunächst überschlägig aus dem Moody-Diagramm (z. B. [25]) und dann durch Iteration in Scilab.

► Aufgabe 6.24:

In der Praxis findet zur Berechnung von Gerinnen vielfach die Fließformel von Gauckler-Manning-Strickler (GMS) Anwendung:

$$v = k_{\text{St}} \cdot r_{\text{hy}}^{\frac{2}{3}} \cdot I_{\text{E}}^{\frac{1}{2}} \tag{6.37}$$

Der Strickler-Beiwert k_{St} beträgt mit der Gerinnewandrauigkeit k [25]:

$$k_{\text{St}} = 26 \cdot k^{-\frac{1}{6}} \tag{6.38}$$

Bei gleichförmiger Gerinneströmung ist das Energieliniengefälle I_{E} gleich dem Sohlgefälle I_{S} des Gerinnes. Das unsymmetrische Trapezgerinne in Bild 6.15 besitzt die Böschungsneigungen $m_1 = 1$ und $m_2 = 1{,}5$, die Sohlbreite $s = 3{,}25$ m, das Sohlgefälle $0{,}2\ \%$, den Abfluss $Q = 15\ \text{m}^3/\text{s}$ und die Wandrauigkeit $k = 10$ mm.

(a) Ermitteln Sie die durchströmte Fläche A, den benetzten Umfang U und die obere Gerinnebreite b in Abhängigkeit der Fließtiefe h.

(b) Leiten Sie eine Gleichung (♡) zur iterativen Berechnung der Fließtiefe h ab.

(c) Erstellen Sie zur Berechnung von h einen entsprechenden Scilab-Code. Berechnen Sie dabei auch die Ausbreitungsgeschwindigkeit $c = \sqrt{g \cdot h}$ sowie die Froude-Zahl $Fr = \frac{v}{c}$ zur Beurteilung, ob strömendes ($Fr < 1$) oder schießendes Fließverhalten ($Fr > 1$) vorliegt.

► Aufgabe 6.25:

Die von Aitken [78] vorgeschlagene Delta-Quadrat-Methode verbessert die Konvergenz einer Folge $X = \langle x_{\text{n}} \rangle$ und beschleunigt Iterationen:

$$x_{\text{n}}^* = \frac{x_{\text{n}} \cdot x_{\text{n}+2} - x_{\text{n}+1}^2}{x_{\text{n}+2} - 2\,x_{\text{n}+1} + x_{\text{n}}} = x_{\text{n}} - \frac{(x_{\text{n}+1} - x_{\text{n}})^2}{\Delta^2 x_{\text{n}}} = x_{\text{n}} - \frac{(\Delta x_{\text{n}})^2}{\Delta^2 x_{\text{n}}} \tag{6.40}$$

Wenden Sie Gl. (6.40) auf das Heron-Verfahren aus Aufgabe 6.13 an und erstellen Sie einen Scilab-Code, der $\sqrt{2}$ mit beiden Verfahren in maximal 100 Iterationen mit einer Genauigkeit von 10^{-12} berechnet.

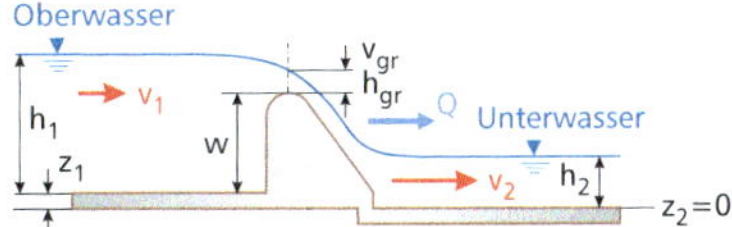

Bild 6.14: *Strömungsverhältnisse an einem Wehr.*

☞ Der Übergang Strömen–Schießen auf der Wehrkrone ist durch die Grenzgeschwindigkeit

$$v_{\text{gr}} = \sqrt{g \cdot h_{\text{gr}}} \tag{6.34}$$

und die Grenz(wasser)tiefe

$$h_{\text{gr}} = \sqrt[3]{\frac{Q^2}{g \cdot b^2}} \tag{6.35}$$

charakterisiert. Die minimale Energiehöhe an der Wehrkrone beträgt:

$$H_{\min} = h_{\text{gr}} + \frac{v_{\text{gr}}^2}{2\,g} = \frac{3}{2}\,h_{\text{gr}} \tag{6.36}$$

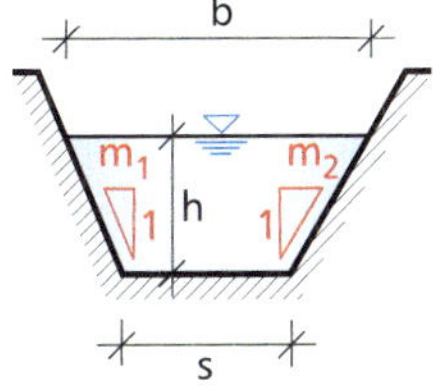

Bild 6.15: *Geometrie des unsymmetrischen Trapezgerinnes (nach [25]).*

☞ Der hydraulische Radius r_{hy} ist das Verhältnis von durchströmter Fläche A und benetztem Umfang U des Gerinnes:

$$r_{\text{hy}} = \frac{A}{U} \tag{6.39}$$

Bild 6.16: *Der „menschliche Computer" Alexander Craig Aitken (1895–1967).*

7 Lineare Gleichungssysteme

»Our society's values are being corrupted by advertising's insistence on the equation: Youth equals popularity, popularity equals success, success equals happiness.«

(John Arbuthnot Fisher)

Lernziele

Lineare Gleichungssysteme treten gemäß Kapitel 1 u. a. bei der statischen Analyse von Fachwerken auf.
In den folgenden Abschnitten beschäftigen wir uns zunächst mit direkten Lösungsverfahren für lineare Gleichungssysteme.
Danach wenden wir uns den iterativen Verfahren zu, die eine geschätzte Lösung als Startvektor schrittweise bis zu einer gewissen Genauigkeit verbessern.

7.1 Matrixnotation

Jedes lineare Gleichungssystem (LGS) lässt sich übersichtlich in Matrixnotation schreiben:

$$\mathbf{A} \cdot \vec{x} = \vec{b} \tag{7.1}$$

$\mathbf{A}$: Koeffizientenmatrix

$\vec{x}$: Lösungsvektor

$\vec{b}$: rechte Seite (Lastvektor)

In der Regel stehen in der Praxis n Gleichungen für n Unbekannte zur Verfügung. Ist $\vec{b} = \vec{0}$, spricht man von einem homogenen LGS, ansonsten von einem inhomogenen System.

Beispiel 7.1:

⌘ *Der Schnitt der Geraden $y_1 = 2x + 3$ und $y_2 = -4x - 3$ lässt sich als lineares Gleichungssystem mit 2 Gleichungen wie folgt schreiben:*

$$\begin{aligned} -2x + y &= 3 \\ 4x + y &= -3 \end{aligned} \tag{7.2}$$

Aus Gl. (7.2) lassen sich die Koeffizientenmatrix $\mathbf{A}$ und der Vektor der rechten Seite $\vec{b}$ ablesen:

$$\mathbf{A} = \begin{pmatrix} -2 & 1 \\ 4 & 1 \end{pmatrix} \tag{7.3}$$

$$\vec{b} = \begin{pmatrix} 3 \\ -3 \end{pmatrix} \tag{7.4}$$

⌘

7.2 Lösungsverfahren

Grundsätzlich unterscheiden wir gemäß Tabelle 7.1 **direkte** und **iterative Lösungsverfahren**.

Tabelle 7.1: *Zusammenstellung direkter und iterativer Lösungsverfahren für LGS.*

direkte Lösungsverfahren	Gauß'scher Algorithmus (GA)
	LU-Zerlegung (LU decomposition)
	Cholesky-Zerlegung (bei symmetrischen Matrizen)
iterative Lösungsverfahren	Jacobi-Iteration (JI)
	Gauß-Seidel-Iteration (GS)
	Sukzessive Überrelaxation (SOR)
	Konjugierte Gradienten (CG)

Während die direkten Verfahren die Lösung des LGS mit einer festen Anzahl an Rechenoperationen direkt berechnen, gehen die iterativen Verfahren von einem Startwert des Lösungsvektors aus und verbessern diesen schrittweise, so dass die Zahl der benötigten Rechenoperationen a priori nicht bekannt ist. Die jeweiligen Verfahren sind teilweise bereits aus der Mathematik (z. B. [3]) bekannt.

7.3 Gauß'scher Algorithmus

Beim Gauß'schen Algorithmus wird bei den Umformschritten durch die Hauptdiagonalelemente a_{ii} der Koeffizientenmatrix $\mathbf{A}$ dividiert. Die Division durch kleine Zahlen führt zur Akkumulation von Rundungsfehlern und ist deshalb zu vermeiden. Die Division durch null führt zu einem Laufzeitfehler (runtime error) und somit zum Programmabbruch und ist auszuschließen.

Als Strategie hat sich diesbezüglich die **Pivotisierung** (Spaltenpivotsuche) bewährt. Es werden in der erweiterten Koeffizientenmatrix $\mathbf{A}|\vec{b}$ Zeilenvertauschungen dahingehend vorgenommen, dass das betragsgrößte Element (Pivotelement) der jeweiligen Spalten von $\mathbf{A}$ in die betreffende Zeile kommt.

Bild 7.1: *Carl Friedrich Gauß (1777–1855).*

Der Gauß'sche Algorithmus besteht aus 2 Schritten (vgl. z. B. [3]):

- **Vorwärtselimination** durch Umformen der erweiterten Koeffizientenmatrix $A|\vec{b}$ auf **obere Dreiecksgestalt**
- sukzessive Berechnung des Lösungsvektors $\vec{x}$ durch **Rückwärtseinsetzen**

Beispiel 7.2:

⌘ *Über die Schritte beim Gauß'schen Algorithmus wollen wir uns anhand eines Zahlenbeispiels klar werden:*

1. Vorwärtselimination:

$$\left(\begin{array}{rrr|r} -1 & -1 & -3 & -5 \\ 2 & 3 & 2 & 2 \\ 3 & 5 & 5 & 3 \end{array}\right) \underset{\substack{Z2+2Z1 \\ Z3+3Z1}}{\longrightarrow}$$

$$\left(\begin{array}{rrr|r} -1 & -1 & -3 & -5 \\ 0 & 1 & -4 & -8 \\ 0 & 2 & -4 & -12 \end{array}\right) \underset{Z3-2Z2}{\longrightarrow}$$

$$\left(\begin{array}{rrr|r} -1 & -1 & -3 & -5 \\ 0 & 1 & -4 & -8 \\ 0 & 0 & 4 & 4 \end{array}\right)$$

2. Rückwärtseinsetzen:

$\Rightarrow 4x_3 = 4 \;\Rightarrow\; x_3 = 1$

$\Rightarrow x_2 - 4x_3 = -8$

$\Rightarrow x_2 = 4x_3 - 8 = 4\cdot 1 - 8 = -4$

$\Rightarrow -x_1 - x_2 - 3x_3 = -5$

$\Rightarrow x_1 = 5 - x_2 - 3x_3 = 5 - (-4) - 3\cdot 1$

$= 9 - 3 = 6$

$$\Rightarrow \vec{x} = \begin{pmatrix} 6 \\ -4 \\ 1 \end{pmatrix}$$

⌘

Der nebenstehende Scilab-Code führt die Lösung eines linearen Gleichungssystems mit Spaltenpivotisierung mittels Gauß'schem Algorithmus durch. Der Funktion `GAmSP` ist dabei die Koeffizientenmatrix `A` und die rechte Seite `b` zu übergeben.

```
// Gauß'scher Algorithmus mit Spaltenpivotsuche
function [x]=GAmSP(A,b)
    N=length(A(:,1)); // Größe des LGS
    // Prüfen, ob quadratische Matrix
    if (N~=length(A(1,:))) then
      mprintf('Koeffizientenmatrix ist nicht quadratisch!');
      break;
    end;
    // Zeilenlänge des Lastvektors prüfen
    if (N~=length(b)) then
      mprintf('Zeilenzahl der Koeffizientenmatrix und der rechten ' ..
      + 'Seite sind verschieden!');
      break;
    end;
    // Vorwärtselimination
    // Schleife der Eliminationsschritte k
    for k=1:N-1
    Max = 0; // Vorbelegen des Maximums
    p(k) = 0; // Vorbelegen des Pivotindexes
    // Schleife über alle Zeilen i der Matrix zur Pivotsuche
      for i=k:N
        Summe = 0;
        for j=k:N
          Summe = Summe + abs(A(i,j));
        end;
        Quotient = abs(A(i,k))/Summe;
        if (Quotient > Max) then // Pivotelement gefunden
          Max = Quotient; // Pivotelement merken
          p(k) = i; // Pivotindex merken
        end;
      end;
      if (abs(Max)<%eps) then // Matrixelement ungefähr Null
        mprintf('Matrixelement ungefähr Null!');
        break;
      end;
      if (p(k)~=k) then // Tausch der Matrixzeilen durchführen
        for j=1:N
          dummy=A(k,j); // Hilfselement zum Umspeichern
          A(k,j)=A(p(k),j);
          A(p(k),j)=dummy;
        end;
      end;
      for i=k+1:N
        A(i,k)=A(i,k)/A(k,k);
        // Schleife über alle Matrixspalten j
        for j=k+1:N
          A(i,j)=A(i,j)-A(k,j)*A(i,k);
        end; // j-Schleife
      end; // i-Schleife
    end; // k-Schleife
```

```
  // Vertauschungen in der rechten Seite durchführen
  for k=1:N-1
    if (p(k)~=k) then // Tausch der Vektorzeilen durchführen
      dummy=b(k); // Hilfselement zum Umspeichern
      b(k)=b(p(k));
      b(p(k))=dummy;
    end;
    for i=1:N
      c(i) = b(i);
      for j=1:i-1
        c(i) = c(i)-A(i,j)*c(j);
      end; // j-Schleife
    end; // i-Schleife
    if (i<>k) then
      A(i,k)=0; // Elemente unterhalb der Hauptdiagonale null setzen
    end;
  end; // k-Schleife
  // Rückwärtseinsetzen
  x=zeros(N,1); // Initialisierung des Lösungsvektors
  x(N)=c(N)/A(N,N);
  for i=N-1:-1:1
    Summe=0;
    for j=i+1:N
      Summe=Summe+A(i,j)*x(j);
    end; // j-Schleife
    x(i)=(c(i)-Summe)/A(i,i);
  end; // i-Schleife
endfunction
```

Das **Umspeichern zweier Zahlen** a und b erfolgt gemäß S. 63 vorteilhafterweise über ein Hilfselement (Zwischenspeicher) c und entspricht dem Vorgehen beim Umsortieren eines Getränketrägers mit leeren und vollen Flaschen:

```
// Vertauschen von a und b
c=a
a=b
b=c
```

Beispiel 7.3:

⌘ *Für die Matrix* **A** *aus Beispiel 5.7 erhalten wir mit der Funktion* **GAmSP** *die Matrix* $\mathbf{A}^*$ *in oberer Dreiecksgestalt und den zugehörigen modifizierten Lastvektor* $\vec{b}^*$*:*

$$\mathbf{A}^* = \begin{pmatrix} 4 & 1 \\ 0 & 1 \end{pmatrix} \tag{7.5}$$

$$\vec{b}^* = \begin{pmatrix} -3 \\ 1{,}5 \end{pmatrix} \tag{7.6}$$

⌘

7.4 LU-Zerlegung

Die **LU-Zerlegung**[59] der Koeffizientenmatrix $\mathbf{A} = (a_{ij})$ in eine untere (lower) Dreiecksmatrix $\mathbf{L} = (l_{ij})$ (mit Hauptdiagonalelementen 1) und eine obere (upper) Dreiecksmatrix $\mathbf{U} = (u_{ij})$ erfolgt in zwei Schritten.

Aus $\mathbf{A} = \mathbf{L}\cdot\mathbf{U}$ folgt $\mathbf{L}\cdot\mathbf{U}\cdot\vec{x} = \vec{b}$ und unter Einführung des Hilfsvektors $\vec{d} = \mathbf{U}\cdot\vec{x}$ die Gleichung $\mathbf{L}\cdot\vec{d} = \vec{b}$. Wegen der oberen Dreiecksgestalt von $\mathbf{U}$ ist $\vec{d} = \mathbf{U}\cdot\vec{x}$ rückwärts auflösbar.

1. Triangulierung (Vorwärtselimination):

$$\begin{aligned}
u_{1k} &= a_{1k} && \text{für} \quad k = 1,2,\ldots,n \\
l_{i1} &= \frac{a_{i1}}{u_{11}} && \text{für} \quad i = 2,3,\ldots,n \\
u_{ik} &= a_{ik} - \sum_{j=1}^{i-1} l_{ij}\cdot u_{jk} && \text{für} \quad i = 2,3,\ldots,k \\
& && \text{und} \quad k = 2,3,\ldots,n \\
l_{ik} &= \frac{1}{u_{kk}}\cdot\left(a_{ik} - \sum_{j=1}^{k-1} l_{ij}\cdot u_{jk}\right) && \text{für} \quad i = k+1,k+2,\ldots,n \\
& && \text{und} \quad k = 2,3,\ldots,n \\
l_{ii} &= 1 && \text{für} \quad i = 1,2,\ldots,n
\end{aligned} \tag{7.7}$$

[59] Es ist auch die Bezeichnung LR-Zerlegung (Links-Rechts-Zerlegung) üblich.

$$d_1 = b_1$$

$$d_i = b_i - \sum_{j=1}^{i-1} l_{ij} \cdot d_j \quad \text{für} \quad i = 2,3,\ldots,n \tag{7.8}$$

2. Rückwärtseinsetzen:

$$x_{nn} = \frac{d_n}{u_{nn}}$$

$$x_i = \frac{d_i - \sum_{j=i+1}^{n} u_{ij} \cdot x_j}{u_{ii}} \quad \text{für} \quad i = n-1, n-2, \ldots, 1 \tag{7.9}$$

7.5 Cholesky-Zerlegung

Bild 7.2: *Mathematiker und Offizier André-Louis Cholesky (1875–1918).*

Die Zerlegung nach Cholesky[60] ist anwendbar für **positiv definite symmetrische Matrizen.**
Es gelten folgende Zusammenhänge:

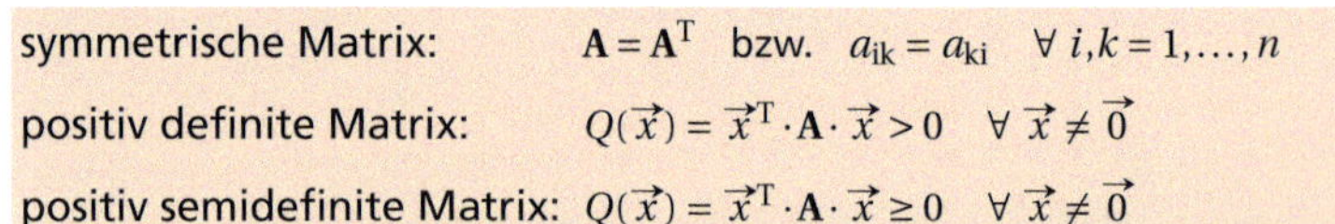

symmetrische Matrix:	$\mathbf{A} = \mathbf{A}^T$ bzw. $a_{ik} = a_{ki} \quad \forall\, i,k = 1,\ldots,n$
positiv definite Matrix:	$Q(\vec{x}) = \vec{x}^T \cdot \mathbf{A} \cdot \vec{x} > 0 \quad \forall\, \vec{x} \neq \vec{0}$
positiv semidefinite Matrix:	$Q(\vec{x}) = \vec{x}^T \cdot \mathbf{A} \cdot \vec{x} \geq 0 \quad \forall\, \vec{x} \neq \vec{0}$

Die positive Definitheit einer Matrix ist schwierig zu zeigen, allerdings existieren notwendige und hinreichende Bedingungen:

Tabelle 7.2: *Notwendige und hinreichende Bedingungen für positive Definitheit.*

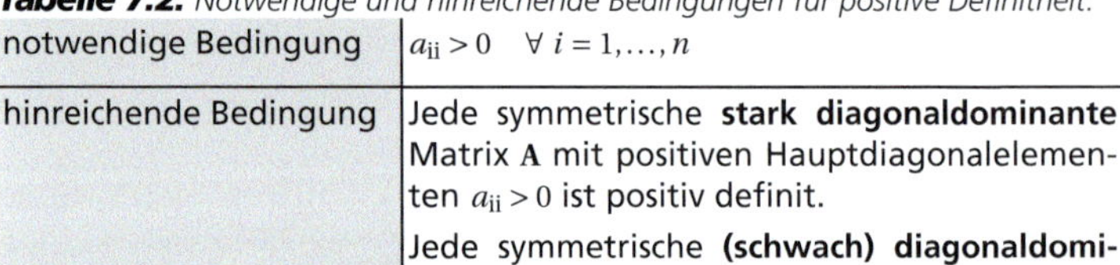

notwendige Bedingung	$a_{ii} > 0 \quad \forall\, i = 1,\ldots,n$
hinreichende Bedingung	Jede symmetrische **stark diagonaldominante** Matrix $\mathbf{A}$ mit positiven Hauptdiagonalelementen $a_{ii} > 0$ ist positiv definit.
	Jede symmetrische **(schwach) diagonaldominante** Matrix $\mathbf{A}$ mit positiven Hauptdiagonalelementen $a_{ii} > 0$ und $a_{ik} < 0$ ist positiv definit.

Eine Matrix $\mathbf{A}$ ist **stark diagonaldominant**, falls gilt:

$$|a_{ii}| > \sum_{\substack{k=1 \\ k \neq i}}^{n} |a_{ik}| \quad \forall\, i = 1,\ldots,n \tag{7.10}$$

Eine Matrix $\mathbf{A}$ ist **(schwach) diagonaldominant**, falls gilt:

$$|a_{ii}| \geq \sum_{\substack{k=1 \\ k \neq i}}^{n} |a_{ik}| \quad \forall\, i = 1,\ldots,n \quad \text{und}$$

$$|a_{ii}| > \sum_{\substack{k=1 \\ k \neq i}}^{n} |a_{ik}| \quad \text{für mindestens ein } i \tag{7.11}$$

Die positive Definitheit einer Koeffizientenmatrix $\mathbf{A}$ kann auch dadurch gezeigt werden, dass die Cholesky-Zerlegung zu einer Lösung führt, die das entsprechende LGS erfüllt.

[60] Der Name Cholesky kann aufgrund seiner Abstammung sowohl französisch „Scholeskie" als auch polnisch „Koleski" ausgesprochen werden.

Der **Cholesky-Algorithmus** gliedert sich in 3 Teile:

1. **Faktorisierung** (Zerlegung): $\mathbf{A} = \mathbf{U}^{\mathrm{T}} \cdot \mathbf{U}$

$u_{11} = \sqrt{a_{11}}$

Für $j = 2, 3, \ldots, n$:

$$u_{jj} = \sqrt{a_{jj} - \sum_{i=1}^{j-1} u_{ij}^2}$$

Für $k = j+1, j+2, \ldots, n$:

$$u_{jk} = \frac{1}{u_{jj}} \cdot \left(a_{jk} - \sum_{i=1}^{j-1} u_{ik} \cdot u_{ij} \right)$$

$$u_{nn} = \sqrt{a_{nn} - \sum_{i=1}^{n-1} u_{in}^2} \tag{7.12}$$

2. **Vorwärtselimination**: $\vec{b} = \mathbf{U}^{\mathrm{T}} \cdot \vec{d}$

$$d_1 = \frac{b_1}{u_{11}}$$

Für $j = 2, 3, \ldots, n$:

$$d_j = \frac{1}{u_{jj}} \cdot \left(b_j - \sum_{i=1}^{j-1} u_{ij} \cdot d_i \right) \tag{7.13}$$

3. **Rückwärtseinsetzen**: $\mathbf{U} \cdot \vec{x} = \vec{d}$

$$x_n = \frac{d_n}{u_{nn}}$$

Für $i = n-1, n-2, \ldots, 1$:

$$x_i = \frac{1}{u_{ii}} \cdot \left(d_i - \sum_{k=i+1}^{n} u_{ik} \cdot x_k \right) \tag{7.14}$$

Die Determinante der Koeffizientenmatrix $\mathbf{A}$ lässt sich nach Ausführen der Cholesky-Zerlegung leicht berechnen:

$$\det(\mathbf{A}) = \det(\mathbf{U}^{\mathrm{T}}) \cdot \det(\mathbf{U}) = (u_{11} \cdot u_{22} \cdot \ldots \cdot u_{nn})^2 \tag{7.15}$$

Lineare Gleichungssysteme $\mathbf{A} \cdot \vec{x} = \vec{b}$ mit **nichtsymmetrischer Koeffizientenmatrix** lassen sich durch Linksmultiplikation mit der transponierten Koeffizientenmatrix $\mathbf{A}^{\mathrm{T}}$ auf symmetrische lineare Gleichungssysteme zurückführen (Symmetrisierung), so dass die Zerlegung nach Cholesky angewandt werden kann:

$$(\mathbf{A}^{\mathrm{T}} \cdot \mathbf{A}) \cdot \vec{x} = \mathbf{A}^{\mathrm{T}} \cdot \vec{b} \tag{7.16}$$

Beispiel 7.4:

⌘ *Für die in Beispiel 7 betrachtete Matrix $\mathbf{A}$ erhalten wir durch Linksmultiplikation mit der Transponierten unter Beachtung des* ***Falk'schen Schemas*** *(„Zeile × Spalte"):*

$$\mathbf{A}^{\mathrm{T}} \cdot \mathbf{A} = \begin{pmatrix} -2 & 4 \\ 1 & 1 \end{pmatrix} \cdot \begin{pmatrix} -2 & 1 \\ 4 & 1 \end{pmatrix}$$

$$= \begin{pmatrix} 4+16 & -2+4 \\ -2+4 & 1+1 \end{pmatrix} = \begin{pmatrix} 20 & 2 \\ 2 & 1 \end{pmatrix}$$

⌘

7.6 Jacobi-Iteration (JI)

Bild 7.3: *Carl Gustav Jacob Jacobi (1804–1851).*

Die **Jacobi-Iteration** (JI, Iterationsverfahren in Gesamtschritten) ist ein iteratives Verfahren zur Lösung linearer Gleichungssysteme. Ausgehend von einem Startvektor $\vec{x}^{(0)}$ kann ein verbesserter Vektor $\vec{x}^{(1)}$ berechnet werden, aus dem wiederum ein verbesserter Lösungsvektor $\vec{x}^{(2)}$ berechnet wird etc.

Die **Iterationsvorschrift** der **Jacobi-Iteration** lautet für den k-ten Iterationsschritt:

$$\vec{x}^{(k+1)} = \mathbf{B}\cdot\vec{x}^{(k)} + \vec{c} \qquad k = 0,1,2,\ldots,k^* \tag{7.17}$$

Der **Abbruch der Iteration** erfolgt bei einem Wert k^*, wenn eine vorzugebende Genauigkeit erreicht ist, z. B. wenn die maximale absolute oder relative Abweichung der Lösungsvektorkomponenten zweier aufeinanderfolgender Iterationsschritte $(k+1)$ und (k) kleiner als eine bestimmte Schranke ε_{abs} bzw. ε_{rel} ist:

$$\max_i\left(\left|x_i^{(k+1)} - x_i^{(k)}\right|\right) \le \varepsilon_{abs} \quad \text{oder} \quad \max_i\left(\left|\frac{x_i^{(k+1)} - x_i^{(k)}}{x_i^{(k)}}\right|\right) \le \varepsilon_{rel} \tag{7.18}$$

Alternativ kann auch eine Vektornorm als Abbruchkriterium für die jeweiligen Vektoren der absoluten und relativen Abweichungen herangezogen werden.

Die Matrix $\mathbf{B}$ und der Hilfsvektor $\vec{c}$ berechnen sich dabei folgendermaßen:

$$b_{ij} := \begin{cases} 0 & \text{für } i = j \\ -\dfrac{a_{ij}}{a_{ii}} & \text{für } i \neq j \end{cases} \quad \text{sowie} \quad c_i := \frac{b_i}{a_{ii}} \qquad (i,j = 1,2,\ldots,n) \tag{7.19}$$

Die Jacobi-Iteration konvergiert bei (schwach oder stark) **diagonaldominanter** Koeffizientenmatrix $\mathbf{A}$.

7.7 Gauß-Seidel-Iteration (GS)

Bild 7.4: *Ritter Philipp Ludwig von Seidel (1821–1896).*

Um die Konvergenz der Jacobi-Iteration zur verbessern, können die berechneten Näherungen $x_i^{(k+1)}$ zur Berechnung der übrigen Komponenten des Lösungsvektors verwendet werden, **sobald sie vorliegen**. Das resultierende Verfahren wird als **Gauß-Seidel-Iteration** (GS, Iterationsverfahren in Einzelschritten) bezeichnet.

Die **Iterationsvorschrift** der Gauß-Seidel-Iteration lautet für die i-te Komponente des Lösungsvektors $\vec{x}$:

$$x_i^{(k+1)} = \underbrace{\sum_{j=1}^{i-1} b_{ij}\cdot x_j^{(k+1)}}_{\text{bereits verbesserte Lösungsvektorkomponenten aus dem Iterationsschritt (k+1)}} + \underbrace{\sum_{j=i+1}^{n} b_{ij}\cdot x_j^{(k)}}_{\text{noch nicht verbesserte Lösungsvektorkomponenten aus dem Iterationsschritt (k)}} + c_i \quad (i = 1,2,\ldots,n) \tag{7.20}$$

Die Gauß-Seidel-Iteration entspricht der sukzessiven Überrelaxation aus Abschnitt 7.8 mit $\omega = 1$.

7.8 Sukzessive Überrelaxation (SOR)

Bei der **sukzessiven Überrelaxation** (successive overrelaxation, SOR) erfolgt eine gewichtete Mittelung der Lösungsvektorkomponenten der Gauß-Seidel-Iteration und des vorherigen Iterationsschrittes mithilfe des Relaxationsfaktors $\omega \in \mathbb{R}$, wodurch eine Konvergenzverbesserung angestrebt wird. Für $\omega < 1$ spricht man von **Unterrelaxation**, für $\omega > 1$ von **Überrelaxation**. Der optimale Relaxationsfaktor ω_{opt} ist schwierig zu bestimmen.

$$x_{\mathrm{i}}^{(k+1)} = \omega \cdot \left(\sum_{\mathrm{j}=1}^{\mathrm{i}-1} b_{\mathrm{ij}} \cdot x_{\mathrm{j}}^{(k+1)} + \sum_{\mathrm{j}=\mathrm{i}+1}^{\mathrm{n}} b_{\mathrm{ij}} \cdot x_{\mathrm{j}}^{(k)} + c_{\mathrm{i}} \right) + (1-\omega) \cdot x_{\mathrm{j}}^{(k)} \qquad (7.21)$$

$$(i = 1, 2, \ldots, n)$$

Der folgende Scilab-Code implementiert das **SOR-Verfahren**:

```
function [x0, Delta, iter] = SOR(A, b, x0, omega, eps)
    N=length(A(:,1)); // Größe des LGS
    // Prüfen, ob quadratische Matrix
    if (N ~= length(A(1,:))) then
      mprintf('Koeffizientenmatrix ist nicht quadratisch!'); break;
    end;
    // Zeilenlänge des Lastvektors prüfen
    if (N ~= length(b)) then
      mprintf('Zeilenzahl der Koeffizientenmatrix und der rechten ' ..
      + 'Seite sind verschieden!'); break;
    end;
    Abbruch = %F; // Abbruchkriterium vorbelegen
    iter = 0; // Iterationszähler initialisieren
    itermax = 10000; // maximale Anzahl an Iterationsschritten
    // Iterationsmatrix und Iterationsvektor berechnen
    for i=1:N
      for j=1:N
        if (j ~= i) then
          B(i,j) = -A(i,j)/A(i,i);
        else
          B(i,j) = 0;
        end;
      end; // j-Schleife
      c(i) = b(i)/A(i,i);
    end; // i-Schleife
    while (Abbruch == %F) // Abbruchbedingung prüfen
      x00 = x0; // Startvektor umspeichern
      for i=1:N
        Summe = 0;
        if (i >= 2) then
          for j=1:i-1
            Summe = Summe+B(i,j)*x0(j);
          end;
        end;        Summe1 = 0;
        if (i <= N-1) then
          for j=i+1:N
            Summe1 = Summe1+B(i,j)*x00(j);
          end;
        end;
```

```
      x0(i) = omega*(Summe+Summe1+c(i)) + (1-omega)*x00(i);
    end; // i-Schleife
    Delta=abs(norm(x00-x0)); // Norm der Abweichung
    if (Delta < eps) then // Genauigkeit erreicht?
      Abbruch = %T;
    end;
    iter = iter+1; // Iterationszähler inkrementieren
    if (iter >= itermax) then // maximale Iterationsanzahl erreicht?
      Abbruch = %T;
    end;
  end; // while-Schleife
endfunction
```

7.9 Verfahren der konjugierten Gradienten (CG)

Das von M. R. Hestenes und E. Stiefel 1952 [79] entwickelte Verfahren der **konjugierten Gradienten** (conjugate gradients, cg, CG) ist für lineare Gleichungssysteme mit **symmetrischer und positiv definiter Koeffizientenmatrix** $\mathbf{A}$ anwendbar. Anstelle des linearen Gleichungssystems (7.1) wird dazu die äquivalente **Minimierungsaufgabe** der quadratischen Form

$$F(\vec{x}) = \frac{1}{2} \cdot \vec{x}^{\mathrm{T}} \cdot \mathbf{A} \cdot \vec{x} - \vec{x}^{\mathrm{T}} \cdot \vec{b} \tag{7.22}$$

iterativ gelöst. Mithilfe der Notation

$$\langle \vec{a}, \vec{b} \rangle = \vec{a}^{\mathrm{T}} \cdot \vec{b} \tag{7.23}$$

für das Euklid'sche Skalarprodukt lässt sich die quadratische Form $F(\vec{x})$ schreiben als:

$$F(\vec{x}) = \frac{1}{2} \cdot \langle \vec{x}, \mathbf{A} \cdot \vec{x} \rangle - \langle \vec{x}, \vec{b} \rangle \tag{7.24}$$

Die quadratische Form $F(\vec{x})$ ist minimal, wenn $\mathbf{A} \cdot \vec{x} - \vec{b} = \vec{0}$ ist, so dass das Auffinden des Minimums von $F(\vec{x})$ gleichwertig zur Lösung des LGS $\mathbf{A} \cdot \vec{x} = \vec{b}$ ist.

Die Richtung des stärksten Abstiegs einer Funktion ist durch ihren **negativen Gradienten** gegeben. Durch Differenziation von $F(\vec{v})$ einer Näherungslösung $\vec{v}$ folgt nämlich:

$$\mathbf{grad}\, F(\vec{v}) = \mathbf{A} \cdot \vec{v} - \vec{b} = \vec{r} \tag{7.25}$$

Zwei Vektoren $\vec{v} \neq \vec{0}$ und $\vec{w} \neq \vec{0}$ sind **konjugiert** (A-konjugiert, A-orthogonal) bezüglich einer symmetrischen positiv definiten Matrix $\mathbf{A}$, wenn gilt:

$$\vec{v}^{\mathrm{T}} \cdot \mathbf{A} \cdot \vec{w} = \langle \vec{v}, \mathbf{A} \cdot \vec{w} \rangle = 0 \tag{7.26}$$

Der Gradient von F entspricht dabei dem Residuumsvektor $\vec{r}$ des linearen Gleichungssystems, der gleich dem Nullvektor $\vec{0}$ ist, falls die Näherung $\vec{v}$ der gesuchten Lösung $\vec{x}$ entspricht. Zu suchen ist also der Punkt, an dem der Gradient verschwindet bzw. innerhalb einer vorzugebenden kleinen Schranke liegt.

Der **Algorithmus** des Verfahrens der konjugierten Gradienten umfasst daher folgende Schritte:

1. Ausgehend vom Startvektor $\vec{x}^{(0)}$ werden aus dem Residuumsvektor $\vec{r}^{(0)} = \mathbf{A} \cdot \vec{x}^{(0)} - \vec{b}$ die Richtungsvektoren $\vec{d}^{(0)}$ und $\vec{g}^{(0)}$ gewonnen:

   $$\vec{d}^{(0)} = -\vec{r}^{(0)} \quad \text{und} \quad \vec{g}^{(0)} = \vec{r}^{(0)} \tag{7.27}$$

   Ist $\vec{g}^{(0)} = \vec{0}$, kann die Iteration abgebrochen werden, da $\vec{x}^{(0)}$ bereits Lösung ist.

2. Für $k = 0,1,\ldots,n-1$ werden berechnet:
   (a) Zuerst wird der Korrekturfaktor α_k berechnet:
   $$\alpha_k = -\frac{\vec{d}^{(k)\mathrm{T}} \cdot \vec{g}^{(k)}}{\vec{d}^{(k)\mathrm{T}} \cdot \mathbf{A} \cdot \vec{d}^{(k)}} = -\frac{\langle \vec{d}^{(k)}, \vec{g}^{(k)} \rangle}{\langle \vec{d}^{(k)}, \mathbf{A} \cdot \vec{d}^{(k)} \rangle} \tag{7.28}$$
   Für den mehrfach auftretenden Ausdruck $\mathbf{A} \cdot \vec{d}^{(k)}$ wird der Hilfsvektor $\vec{h}^{(k)} = \mathbf{A} \cdot \vec{d}^{(k)}$ eingeführt.
   (b) Damit wird die vorliegende Näherung $\vec{x}^{(k)}$ verbessert:
   $$\vec{x}^{(k+1)} = \vec{x}^{(k)} + \alpha_k \cdot \vec{d}^{(k)} \tag{7.29}$$
   (c) Nun wird ein neuer Richtungsvektor $\vec{g}^{(k+1)}$ bestimmt, der zu den Richtungsvektoren $\vec{d}^{(k)}$ A-orthogonal ist:
   $$\vec{g}^{(k+1)} = \vec{g}^{(k)} + \alpha_k \cdot \mathbf{A} \cdot \vec{d}^{(k)} \tag{7.30}$$
   Liegt dieser neue Richtungsvektor innerhalb einer vorgegebenen Genauigkeit $\varepsilon > 0$, so dass $\| \vec{g}^{(k+1)} \|_\infty < \varepsilon$ gilt, kann die Iteration mit $\vec{x}^{(k+1)}$ als Lösung beendet werden.
   (d) Anderenfalls wird ein Korrekturfaktor β_k für einen neuen Richtungsvektor $\vec{d}^{(k+1)}$ ermittelt.
   $$\beta_k = -\frac{\vec{g}^{(k+1)\mathrm{T}} \cdot \vec{d}^{(k)}}{\vec{d}^{(k)\mathrm{T}} \cdot \mathbf{A} \cdot \vec{d}^{(k)}} = -\frac{\langle \vec{g}^{(k+1)}, \vec{d}^{(k)} \rangle}{\langle \vec{d}^{(k)}, \mathbf{A} \cdot \vec{d}^{(k)} \rangle} \tag{7.31}$$
   (e) Es wird ein neuer Richtungsvektor ermittelt:
   $$\vec{d}^{(k+1)} = -\vec{g}^{(k+1)} + \beta_k \cdot \vec{d}^{(k)} \tag{7.32}$$
   (f) Mit den neuen Richtungsvektoren $\vec{d}^{(k+1)}$ und $\vec{g}^{(k+1)}$ folgt der Gewichtsfaktor α_{k+1} des nächsten Iterationsschritts.

Grundidee des Verfahrens der konjugierten Gradienten ist es, aus einer Näherungslösung $\vec{x}^{(k)}$ des linearen Gleichungssystems in einer Richtung $\vec{d}^{(k)}$ in der Weise eine verbesserte Näherung $\vec{x}^{(k+1)} = \vec{x}^{(k)} + \alpha_k \cdot \vec{d}^{(k)}$ zu finden, dass man die Richtungen $\vec{d}^{(k)}$ und den Gewichtsfaktor α_k „optimal" bestimmt.
Die Iteration wird dann mit einer neuen Richtung $\vec{d}^{(k+1)}$ und einem neuen Gewichtsfaktor α_{k+1} fortgesetzt, bis eine Lösung des LGS vorliegt.

Die Scilab-Funktion

```
conjgrad(A, b [, method [, tol [, maxIter [, M [, M2 [, x0 [, verbose]]]]]]])
```

löst ein lineares Gleichungssystem für `method="pcg"` mittels konjugierter Gradienten und gleichzeitiger Vorkonditionierung (preconditioning).

7.10 Nachiteration (Iterative Verbesserung)

Die **Nachiteration** dient dazu, den durch Fehlereinflüsse (Rundungsfehler) oder schlechte Kondition des LGS fehlerbehafteten Lösungsvektor **iterativ nachzuverbessern**, um eine genauere Lösung zu erhalten. Im folgenden bezeichnen $\vec{x}_t$ die wahre (aber unbekannte) Lösung des linearen Gleichungssystems $\mathbf{A} \cdot \vec{x} = \vec{b}$ und $\vec{x}_c$ die berechnete (aber fehlerbehaftete) Lösung des LGS.
Das **Residuum** der berechneten Lösung $\vec{x}_c$ beträgt:

$$\vec{r} = \mathbf{A} \cdot \vec{x}_c - \vec{b} \tag{7.33}$$

Der Fehler zwischen berechneter und wahrer Lösung ergibt sich aus:

$$\vec{e} = \vec{x}_c - \vec{x}_t \tag{7.34}$$

Multipliziert man den Fehlervektor $\vec{e}$ mit der Koeffizientenmatrix $\mathbf{A}$, folgt ein lineares Gleichungssystem für den Fehlervektor $\vec{e}$:

$$\begin{aligned} &\mathbf{A} \cdot \vec{e} = \mathbf{A} \cdot (\vec{x}_c - \vec{x}_t) = \mathbf{A} \cdot \vec{x}_c - \mathbf{A} \cdot \vec{x}_t = v \cdot \vec{x}_c - \vec{b} = \vec{r} \\ &v \cdot \vec{e} = \vec{r} \end{aligned} \tag{7.35}$$

Mithilfe des Fehlervektors $\vec{e}$ kann die berechnete Lösung $\vec{x}_c$ verbessert bzw. die wahre Lösung $\vec{x}_t$ ermittelt werden:

$$\vec{x}_t = \vec{x}_c - \vec{e} \tag{7.36}$$

7.11 Aufgaben zum Selbststudium

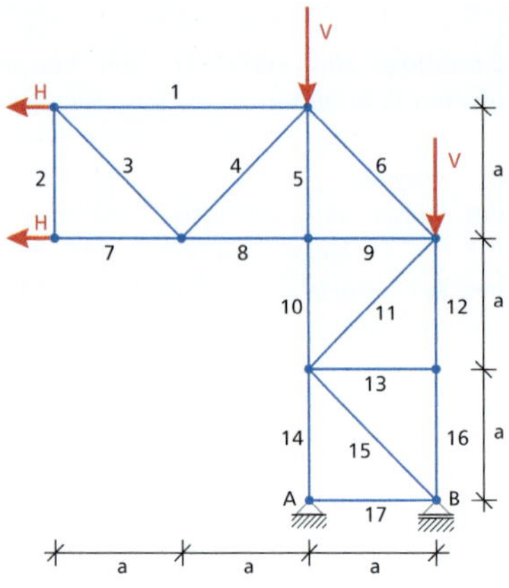

Bild 7.5: *Stabwerk aus Aufgabe 1.6.*

▶ Aufgabe 7.1:

Wir betrachten noch einmal das Stabwerk aus Aufgabe 1.6.

(a) Lösen Sie das dort aufgestellte lineare Gleichungssystem für die 17 Schnittkräfte und die 3 Auflagerreaktionen mittels einer in Scilab verfügbaren Methode.

(b) Vergleichen Sie die Ergebnisse mit denen, die Sie über eine Handrechnung erhalten (Ritter-Schnitt, Bestimmung von Nullstäben, s. z. B. [21]).

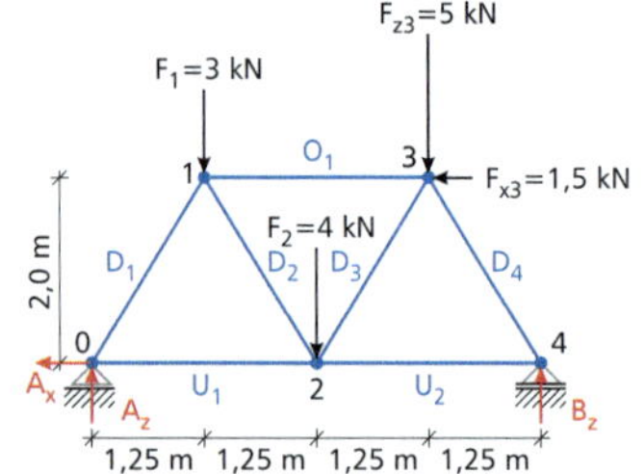

Bild 7.6: *Statisch bestimmtes Fachwerk aus [38].*

▶ Aufgabe 7.2:

Für das Fachwerk in Bild 7.6 sind die Auflagerkräfte und die Stabkräfte durch Lösung mittels linearem Gleichungssystem zu bestimmen. Erstellen Sie dazu einen geeigneten Scilab-Code.

▶ Aufgabe 7.3:

Sika N. Alles hat in Scilab die dünnbesiedelte Matrix `U` mit den unbekannten Dimensionen N und M eingelesen und möchte wissen, wie viele Matrixelemente Null sind.

(a) Zeichnen Sie das Nassi-Shneiderman-Diagramm eines geeigneten Prüf-Algorithmus `CheckMat(U)`.

(b) Erstellen Sie den kommentierten Scilab-Code der passenden Routine `CheckMat(U)`.

▶ Aufgabe 7.4:

Betrachtet wird das LGS $\mathbf{A}\cdot\vec{x}=\vec{b}$ gemäß Randspalte.

$$\mathbf{A}=\begin{pmatrix} 3 & 3 & 1{,}50001 \\ 5 & 4 & 2{,}00003 \\ 3 & 2 & 1{,}00004 \end{pmatrix};\quad \vec{b}=\begin{pmatrix} 15{,}00002 \\ 21{,}00006 \\ 11{,}00008 \end{pmatrix};$$

$$\vec{x}=\begin{pmatrix} x_1 \\ x_2 \\ x_3 \end{pmatrix}$$

(a) Prüfen Sie die Koeffizientenmatrix $\mathbf{A}$ auf Singularität.

(b) Treffen Sie anhand der Konditionszahl $\kappa(\mathbf{A})$ eine Aussage über die Kondition der Koeffizientenmatrix $\mathbf{A}$.

(c) Berechnen Sie die Lösung des LGS in Scilab.

(d) Wie ändert sich der Lösungsvektor $\vec{x^*}$ für $\vec{b^*}=\begin{pmatrix} 15 \\ 21 \\ 11 \end{pmatrix}$?

▶ Aufgabe 7.5:

Erstellen Sie für die Scilab-Funktion `GA(A,b)`, die ein LGS mit Koeffizientenmatrix `A` und rechter Seite `b` mit dem Gauß'schen Algorithmus ohne Pivotisierung löst, ein Nassi-Shneiderman-Diagramm.

▶ Aufgabe 7.6:

Für das LGS $\mathbf{A}\cdot\vec{x}=\vec{b}$ mit $\mathbf{A}=\begin{pmatrix} 5 & -2 \\ -2 & 10 \end{pmatrix}$, $\vec{b}=\begin{pmatrix} 2 \\ 2 \end{pmatrix}$ ist die Lösung $\vec{x}=\begin{pmatrix} x_1 \\ x_2 \end{pmatrix}$ mit der Methode der konjugierten Gradienten ausgehend vom Startvektor $\vec{x}^{(0)}=\begin{pmatrix} 1 \\ 1 \end{pmatrix}$ zu berechnen.

Aufgabe 7.7:

Für das LGS $\mathbf{A}\cdot\vec{x}=\vec{b}$ wurde mit dem Gauß'schen Algorithmus durch Runden die Näherungslösung

$\vec{x_0}=\begin{pmatrix}-21{,}33\\14{,}19\\1{,}026\end{pmatrix}$ gewonnen.

$$\mathbf{A}=\begin{pmatrix}1{,}145 & 1{,}735 & 1{,}345\\1{,}375 & 1{,}985 & 2{,}395\\2{,}105 & 3{,}125 & 2{,}975\end{pmatrix}$$

$$\vec{x}=\begin{pmatrix}x_1\\x_2\\x_3\end{pmatrix};\quad \vec{b}=\begin{pmatrix}1{,}59\\1{,}31\\2{,}52\end{pmatrix}$$

(a) Ermitteln Sie die Konditionszahl $\kappa(\mathbf{A})$ der Koeffizientenmatrix $\mathbf{A}$.

(b) Bestimmen Sie die 2-Norm des Residuenvektors $\vec{r_0}=\mathbf{A}\cdot\vec{x_0}-\vec{b}$ mittels Scilab.

(c) Verbessern Sie die Näherungslösung $\vec{x_0}$ mit einer Nachiteration und beurteilen Sie die Qualität der verbesserten Lösung $\vec{x_1}$ mithilfe des Residuenvektors $\vec{r_1}=\mathbf{A}\cdot\vec{x_1}-\vec{b}$.

Aufgabe 7.8:

Die Cramer'sche Regel ist gemäß [3] ein Verfahren zur Lösung eines LGS $\mathbf{A}\cdot\vec{x}=\vec{b}$, bei dem die Komponenten des Lösungsvektors x_k alleine durch Determinanten berechnet werden:

$$x_k=\frac{D_k}{\det\mathbf{A}}\qquad\text{für}\qquad k=1,2,\ldots n \tag{7.37}$$

Dabei folgt die Zählerdeterminante D_k durch sukzessives Ersetzen der k-ten Spalte von $\mathbf{A}$ durch den Lastvektor $\vec{b}$. Bei großen Werten von n ergibt sich ein sehr hoher Rechenaufwand, weshalb die Cramer'sche Regel nur bei kleinen LGS Anwendung findet.

Bild 7.7: *Gabriel Cramer (1704–1752).*

(a) Erstellen Sie die Scilab-Function `Cramer(A,b)`, die für ein 3×3-LGS die Lösungsvektorkomponenten x_k sukzessive nach Gl. (7.37) berechnet und als Vektor `x` retourniert.

(b) Testen Sie Ihren Code für $\mathbf{A}=\begin{pmatrix}1 & -1 & 2\\2 & -3 & 5\\3 & -2 & -1\end{pmatrix}$ und $\vec{b}=\begin{pmatrix}7\\17\\12\end{pmatrix}$.

☞ Verwenden Sie zur Berechnung der Determinanten die in Aufgabe 2.9 erstellte Scilab-Function `Sarrus(A)`.

Aufgabe 7.9:

Student Nolan Noček soll ein Scilab-Programm zur Prüfung, ob ein LGS mit Matrix `A` und rechter Seite `b` mittels Cholesky-Zerlegung lösbar ist, erstellen. Kollegin Walburga Woasois stellt ihm die aufruffertige Funktion `function [symmetrisch]=Symmetrie(A)` mit Boole'scher Variable `symmetrisch` zur Prüfung von `A` auf Symmetrie zur Verfügung.

(a) Welche weiteren Kriterien muss `A` neben der Symmetrie für die Anwendbarkeit des Cholesky-Verfahrens erfüllen?

(b) Kommentieren Sie den Code einer `function [ok]=CheckMatrix(A)` in Scilab, der nach der Symmetrie die weiteren Kriterien für die Anwendbarkeit des Lösungsverfahrens prüft und das Ergebnis als logische Variable `ok` zurückgibt.

(c) Welches Ergebnis erhält er damit für $\mathbf{A}=\begin{pmatrix}4 & 1 & -2\\1 & 4 & 1\\-2 & 1 & 4\end{pmatrix}$?

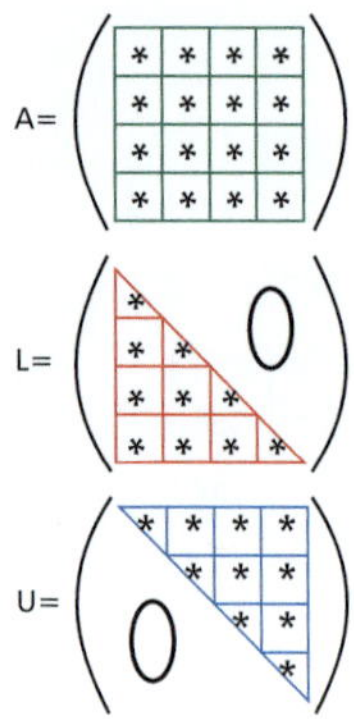

Bild 7.8: *Zerlegung der Matrix* $\mathbf{A}$ *in eine untere Dreiecksmatrix* $\mathbf{L}$ *und eine obere Dreiecksmatrix* $\mathbf{U}$ *am Beispiel einer 4×4-Matrix.*

► Aufgabe 7.10:

Bei der LU-Zerlegung aus Abschnitt 7.4 wird die Koeffizientenmatrix $\mathbf{A}$ eines linearen Gleichungssystems in eine untere Dreiecksmatrix $\mathbf{L}$ (lower) und eine obere Dreiecksmatrix $\mathbf{U}$ (upper) zerlegt (Bild 7.8). $\mathbf{U}\cdot\vec{x}=\vec{d}$ ist wegen der oberen Dreiecksgestalt von $\mathbf{U}$ rückwärts nach den einzelnen Elementen des Lösungsvektors $\vec{x}$ auflösbar:

$$\begin{pmatrix} u_{11} & u_{12} & \dots & u_{1n} \\ & u_{22} & \dots & u_{2n} \\ & \vdots & & \vdots \\ & & & u_{nn} \end{pmatrix} \cdot \begin{pmatrix} x_1 \\ x_2 \\ \vdots \\ x_n \end{pmatrix} = \begin{pmatrix} d_1 \\ d_2 \\ \vdots \\ d_n \end{pmatrix} \Rightarrow \begin{pmatrix} x_1 = \dots \\ x_2 = \dots \\ \uparrow \\ x_n = \dfrac{d_n}{u_{nn}} \end{pmatrix} \tag{7.38}$$

(a) Erstellen Sie den Scilab-Code `LUZerlegung(A,b)`, der die LU-Zerlegung der übergebenen Matrix $\mathbf{A}$ und des Lastvektors $\vec{b}$ nach dem Algorithmus aus Abschnitt 7.4 durchführt.

(b) Testen Sie Ihr Programm am folgenden LGS:

$$\begin{array}{lrrrrl} \text{(I)} & x_1 & & -2x_3 & x_4 = & 8 \\ \text{(II)} & 3x_1 & -x_2 & -x_3 & -2x_4 = & 2 \\ \text{(III)} & -3x_1 & +2x_2 & -3x_3 & -x_4 = & -13 \\ \text{(IV)} & 2x_1 & +x_2 & -3x_3 & -40x_4 = & -156 \end{array}$$

► Aufgabe 7.11:

Für die bereits bei schwacher Diagonaldominanz von $\mathbf{A}$ konvergierende Jacobi-Iteration gilt die Iterationsvorschrift (7.17). Der Abbruch erfolgt im Schritt k^* gemäß (7.18) bei Erreichen einer bestimmten Genauigkeit, z. B. wenn die maximale absolute oder relative Abweichung der Lösungsvektorkomponenten zweier aufeinanderfolgender Iterationsschritte $(k+1)$ und (k) kleiner als eine bestimmte Schranke ε_{abs} bzw. ε_{rel} ist. Im zu erstellenden Programm soll die Größe des Differenzvektors anhand seines Betrages beurteilt werden:

$$\left|\vec{x}^{(k+1)} - \vec{x}^{(k)}\right| \le \varepsilon_{abs} \tag{7.39}$$

(a) Erstellen Sie den Scilab-Code `Jacobi(A,b,x0,Eps)` für die Jacobi-Iteration mit Startvektor `x0` und Abbruchgenauigkeit `Eps` unter Prüfung der Diagonaldominanz der Koeffizientenmatrix.

(b) Testen Sie Ihren Code an einem geeigneten Beispiel.

► Aufgabe 7.12:

Erstellen Sie ein mathematiknahes Nassi-Shneiderman-Diagramm für einen Algorithmus mit folgenden Anforderungen:

- iterative Lösung des LGS $\mathbf{A}\cdot\vec{x}=\vec{b}$ mit bekanntem Startvektor $\vec{x}^0$
- Berechnung der verbesserten Lösung mit bekannter Funktion $\mathrm{iter}(\vec{x})$
- Zählen der Iterationsschritte
- Abbruchkriterium L_2-Norm ϱ des Residuenvektors $\vec{r}$ in Bezug auf die Genauigkeit ε
- nur Konstrukte der strukturierten Programmierung
- Verzicht auf Bildschirmausgaben und Kommentare
- keine Funktion oder Subroutine

8 Approximation

»Only errors exist.«

(Robert's Axiom[7])

»One man's error
is another man's data.«

(Berman's Corollary to Robert's Axiom [7])

Lernziele

Bei der Lösung von Ingenieurproblemen treten auch Integrale auf, die keine geschlossene Lösung in Form einer Stammfunktion besitzen, sondern eine numerische Behandlung erfordern. Neben den klassischen Integrationsmethoden wie Trapez- und Simpson-Regel lernen wir mit der Monte-Carlo-Methode ein Verfahren kennen, das Zufallszahlen nutzt. Schließlich beleuchten wir kurz auch die in Scilab zur Verfügung stehenden Funktionen zur numerischen Integration.
Praktisch von Bedeutung ist auch die Regression zur Gewinnung von Funktionen, die einen vorgegebenen Datensatz bestmöglich approximieren. Neben linearen Ansätzen, wie der Ausgleichsgerade, lernen wir mit dem Gauß-Newton-Verfahren eine Methode der nichtlinearen Regression kennen und beschäftigen uns kurz auch noch mit der Scilab-internen Ausgleichsfunktion sowie mit der multivariaten linearen Regression.

8.1 Numerische Integration (Quadratur)

8.1.1 Allgemeines

Ziel der numerischen Integration ist die Berechnung des bestimmten Integrals einer Funktion $y=f(x)$ in den Grenzen a und b:

$$I=\int_a^b f(x)\,\mathrm{d}x \tag{8.1}$$

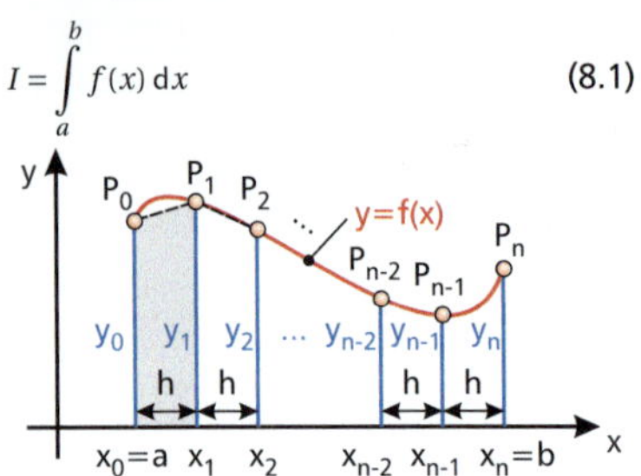

Bild 8.1: *Numerische Integration einer Funktion $f(x)$ mittels Trapezregel.*

Stützstellen x_i und Stützwerte y_i bilden zusammen die Stützpunkte $P_i(x_i;\,y_i)$.

Beispiel 8.1:
Wir wollen mittels Trapezregel die Fläche A unter dem ersten Halbbogen der Sinusfunktion $A=\int_0^{\pi}\sin(x)\,\mathrm{d}x$ mit der Streifenbreite $\Delta x=\frac{\pi}{3}$ ermitteln. Mit den Stützwerten $y_0=0$, $y_1=\sin\left(\frac{\pi}{3}\right)=\frac{\sqrt{3}}{2}$, $y_2=\sin\left(\frac{2\pi}{3}\right)=\frac{\sqrt{3}}{2}$ und $y_3=y_n=0$ erhalten wir $\sum_1=0$ und $\sum_2=\sqrt{3}$. Damit ergibt sich $A\approx\left(\frac{1}{2}\cdot 0+\sqrt{3}\right)\cdot\frac{\pi}{3}=\frac{\sqrt{3}\pi}{3}$. Die relative Abweichung zum exakten Wert 2 beträgt ca. $-9{,}3$ %.

Integrale treten bei der Längen-, Flächen- und Volumenberechnung sowie in zahlreichen technischen Anwendungen auf. Nicht immer existiert eine analytische Lösung (z. B. Umfang einer Ellipse, Gauß'sche Fehlerfunktion), oder die Integration ist schwierig auszuführen. In diesen Fällen bietet sich die numerische Integration an. Neben den vielfach in der Mathematik behandelten Verfahren

- Streifenmethode (Ober- und Untersumme)
- Trapezregel
- Simpson-Regel

existiert noch eine Vielzahl weiterer Integrationsmethoden (nach Newton-Cotes, Gauß, Romberg etc.), für die auf die Literatur (z. B. [3]) verwiesen wird.

8.1.2 Trapezregel

Das Integrationsintervall $[a,b]$ wird in eine endliche Anzahl n an Streifen der Breite $\Delta x=\frac{b-a}{n}=h$ unterteilt (Bild 8.1).

An den **Stützstellen** $x_i=a+i\cdot\Delta x$, $(i=0,1,\ldots,n)$ werden die **Stützwerte** $y_i=f(x_i)$ mittels Funktionsgleichung berechnet. Die Approximation der einzelnen Streifen mit Trapezen entspricht einer linearen Interpolation der Stützpunkte. Für das bestimmte Integral ergibt sich dann näherungsweise:

$$\int_a^b f(x)\,\mathrm{d}x\approx\left(\frac{1}{2}\cdot\sum_1+\sum_2\right)\cdot\Delta x \tag{8.2}$$

mit $\sum_1=y_0+y_n$ und $\sum_2=y_2+y_3+\ldots+y_{n-1}$

Es ist zu beachten, dass das bestimmte Integral nicht in jedem Fall den **Flächeninhalt** unter der Kurve $y=f(x)$ wiedergibt, da Teilfächen bzw. Funktionswerte unterhalb der x-Achse negativ in die Integration eingehen. Zur Ermittlung des Flächeninhalts ist die Integration deshalb von Nullstelle von Nullstelle durchzuführen, und von den einzelnen Teilintegralen ist der Betrag zu bilden.

8.1.3 Simpson-Regel

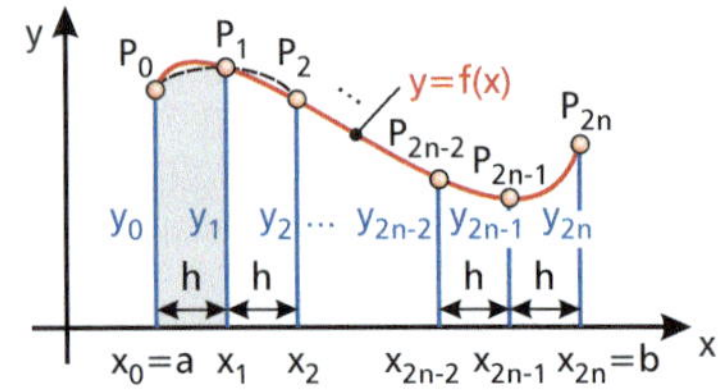

Bild 8.2: *Numerische Integration einer Funktion $f(x)$ mittels Simpson-Regel.*

Bei der Simpson-Regel wird das Integrationsintervall $[a,b]$ in Doppelstreifen eingeteilt (vgl. Bild 8.2), d. h. die Anzahl der Streifen $2n$ ist gerade. Die Stützpunkte werden stückweise mit quadratischen Polynomen interpoliert.

Für die Breite Δx des einfachen Streifens, d. h. des halben Doppelstreifens, gilt:

$$\Delta x=\frac{b-a}{2n}=h \tag{8.3}$$

Die Ermittlung der Stützpunkte $(x_i;\,y_i)$ erfolgt wie bei der Trapezregel:

$$x_i=a+i\cdot\Delta x,\ (i=0,1,\ldots,n) \qquad \text{und} \qquad y_i=f(x_i) \tag{8.4}$$

Das bestimmte Integral ergibt sich dabei näherungsweise als:

$$\int_a^b f(x)\,\mathrm{d}x \approx \left(\sum_0 + 4\cdot\sum_1 + 2\cdot\sum_2\right)\cdot\frac{\Delta x}{3} \tag{8.5}$$

mit $\sum_0 = y_0 + y_{2n}$ (Anfangs- und Endwert)

$\sum_1 = y_1 + y_3 + \ldots + y_{2n-1}$ (ungerade Indizes)

$\sum_2 = y_2 + y_4 + \ldots + y_{2n-2}$ (gerade Indizes)

8.1.4 Monte-Carlo-Methode

Das bestimmte Integral

$$I = \int_a^b f(x)\,\mathrm{d}x \tag{8.6}$$

kann auch mit der von Stanislaw Ulam und John von Neumann [80] entwickelten **Monte-Carlo-Methode** berechnet werden. Für den Mittelwert $\overline{f}$ von $f(x)$ im Intervall $[a;b]$ gilt mit der Äquivalenz der zwischen $f(x)$ und der x-Achse gelegenen Fläche (bestimmtes Integral) und eines flächengleichen Rechtecks:

Bild 8.3: *Stanislaw („Stan") Marcin Ulam (1909–1984, links) und John von Neumann (1903–1957, rechts).*

$$\overline{f} = \frac{1}{b-a}\cdot\int_a^b f(x)\,\mathrm{d}x = \frac{1}{b-a}\cdot I \tag{8.7}$$

Gelingt es, den Mittelwert $\overline{f}$ zu bestimmen, lässt sich das bestimmte Integral

$$I = (b-a)\cdot\overline{f} \tag{8.8}$$

leicht berechnen.

Zur Approximation des Mittelwerts $\overline{f}$ wählt man aus dem Intervall $[a;b]$ n Stellen $x_1, x_2, \ldots, x_n$ **zufällig** aus und mittelt die zugehörigen Funktionswerte:

$$\overline{f} \approx \frac{1}{n}\cdot\sum_{i=1}^{n} f(x_i) \tag{8.9}$$

Hilfreich ist hierbei die Scilab-Funktion

```
rand(m,n)
```

zur Erzeugung einer (m,n)-Matrix mit Zufallszahlen aus dem Intervall $[0;1]$.

Beispiel 8.2:

⌘ *Wir wollen mit* `rand(2,2)` *eine 2×2-Matrix mit Zufallszahlen erzeugen. Nach Eingabe des Befehls in der Konsole erhalten wir beispielsweise:*

```
ans  =
   0.2113269     0.0002211
   0.7560439     0.3303271
```

Nochmaliger Aufruf liefert z. B.:

```
ans  =
   0.6653811     0.8497452
   0.6283918     0.685731
```

⌘

8.1.5 Scilab-Funktion `inttrap`

Die Integration mittels Trapezregel kann auch mit der Scilab-Funktion `inttrap` durchgeführt werden:

```
integral = inttrap ([x,] y)
```

Dabei stellt `x` den Vektor mit den Stützstellen x_i dar, während `y` den Vektor mit den zugehörigen Stützwerten $y_i = f(x_i)$ bezeichnet. Der Wert des Integrals wird in der Variable `integral` zurückgegeben.

Beispiel 8.3:

⌘ *Wir wollen Beispiel 8.1 nun mithilfe Scilab-Funktion* `intsplin` *unter Verwendung der obigen Stützstellen und Stützwerte berechnen:*

Der Scilab-Code

```
x=0:%pi/3:%pi;
y=sin(x);
A=intsplin(x,y)
```

liefert die Konsolenausgabe:

```
A =
 2.0405243
```

⌘

Beispiel 8.4:

⌘ *Berechnen wir nun die Fläche* `A` *in Beispiel 8.1 mit der Scilab-Funktion* `intg`*:*

Der Scilab-Code

```
A=intg(0,%pi,sin)
```

liefert die Konsolenausgabe:

```
A =
 2.
```

⌘

Beispiel 8.5:

⌘ *Berechnen wir die Fläche* `A` *in Beispiel 8.1 schließlich auch mit der Scilab-Funktion* `integrate`*:*

Der Scilab-Code

```
A=intgegrate('sin(x)','x',0,%pi)
```

liefert die Konsolenausgabe:

```
A =
 2.
```

⌘

8.1.6 Scilab-Funktion intsplin

Die Scilab-Funktion `intsplin` benutzt bei der numerischen Integration eine Spline-Funktion (vgl. Abschnitt 9.4) zur Interpolation von Zwischenwerten. Der Aufruf erfolgt als:

```
integral = intsplin ([x,] y)
```

`x` bezeichnet den Vektor der Stützstellen x_i, während `y` den Vektor mit den zugehörigen Stützwerten $y_i = f(x_i)$ darstellt. Der Wert des Integrals wird wieder in der Variable `integral` übergeben.

8.1.7 Scilab-Funktion intg

Zur Berechnung bestimmter Integrale ist in Scilab auch die Funktion `intg` mit

```
[value, error] = intg(a, b, f [, err_abs [, err_rel]])
```

verfügbar. Dabei bezeichnen `a` und `b` die Integrationsgrenzen. Die Funktion `f` muss vorher mittels `function`-Deklaration oder `deff` definiert sein. `err_abs` stellt den zulässigen absoluten Fehler des Ergebnisses dar, der mit `1.d-14` voreingestellt ist. `err_rel` bezeichnet den relativen Fehler des Ergebnisses und ist mit `1.d-8` voreingestellt. Der Wert des bestimmten Integrals wird im Wert `value`, ein Schätzwert für den absoluten Fehler des Ergebnisses in der Variable `error` zurückgegeben.

8.1.8 Scilab-Funktion integrate

Die Scilab-Funktion `integrate` gestattet die Integration einer Funktion `func`, die als String übergeben wird (z. B. `'cos(x)'`) für verschiedene Obergrenzen `x1`:

```
value = integrate(func, s, x0, x1 [, err_abs [, err_rel]])
```

Der String `s` enthält die Integrationsvariable (z. B. `'x'`), während `x0` die feste Untergrenze darstellt. Der Vektor `x1` enthält die verschiedenen Obergrenzen, für die das bestimmte Integral berechnet werden soll. `err_abs` stellt den zulässigen absoluten Fehler des Ergebnisses dar mit `1.d-14` als Default-Wert. Der relative Fehler `err_rel` des Ergebnisses ist mit `1.d-8` voreingestellt.

8.2 Regression und Ausgleichsrechnung

8.2.1 Allgemeines

Während es bei der Interpolation darum geht, aus einer Menge von Stützpunkten $(x_i; y_i)$ $(i = 1,2,\ldots,n)$ geeignete Zwischenwerte zu berechnen (vgl. Abschnitt 9.1), zielt die Ausgleichsrechnung darauf ab, eine Menge von Stützpunkten $(x_i; y_i)$ $(i = 1,2,\ldots,n)$ mithilfe einer Funktion **bestmöglich** zu **approximieren**. Bei der Interpolation gilt stets $f(x_i) = y_i$ (Interpolationsbedingung). Dies ist für die Ausgleichskurve nur näherungsweise der Fall $f(x_i) \approx y_i$.

Mathematisch liegt bei der Regression ein überbestimmtes lineares Gleichungssystem mit mehr Gleichungen als Variablen vor. Ziel der Ausgleichsrechnung ist es, die Gleichungen im quadratischen Mittel möglichst gut zu erfüllen, was durch Minimierung der Gauß'schen Fehlerquadratsumme (least squares) erreicht wird [3].

8.2.2 Lineare Regression

Bei der **linearen Regression** geht man von einem linearen Zusammenhang der Stützpunkte aus und bestimmt Steigung a und Achsenabschnitt b der **Ausgleichsgeraden**:

$$y(x) = f(x) = a\,x + b \tag{8.10}$$

$$\text{mit} \quad a = \frac{n \cdot \sum_{i=1}^{n} x_i \cdot y_i - \left(\sum_{i=1}^{n} x_i\right) \cdot \left(\sum_{i=1}^{n} y_i\right)}{n \cdot \sum_{i=1}^{n} x_i^2 - \left(\sum_{i=1}^{n} x_i\right)^2}$$

$$\text{und} \quad b = \frac{\left(\sum_{i=1}^{n} x_i^2\right) \cdot \left(\sum_{i=1}^{n} y_i\right) - \left(\sum_{i=1}^{n} x_i\right) \cdot \left(\sum_{i=1}^{n} x_i \cdot y_i\right)}{n \cdot \sum_{i=1}^{n} x_i^2 - \left(\sum_{i=1}^{n} x_i\right)^2}$$

8.2.3 Scilab-Funktion `reglin`

Scilab stellt für die lineare Regression die Funktion `reglin` zur Verfügung:

```
[a, b, sigma] = reglin(x, y)
```

Dabei bezeichnet `x` den Vektor der Stützstellen x_i und `y` den Vektor mit den zugehörigen Stützwerten $y_i = f(x_i)$. Steigung `a` und y-Abschnitt `b` der Ausgleichsgeraden werden von `reglin` automatisch berechnet. `sigma` stellt die Standardabweichung des Residuums dar.

8.2.4 Quadratische Regression

Liegt ein quadratischer Zusammenhang

$$y = f(x) = a\,x^2 + b\,x + c \tag{8.11}$$

vor, sind für die Bestimmung der Parameter a, b und c der **Ausgleichsparabel** 3 Gleichungen nötig:

$$\left(\sum_{i=1}^{n} x_i^4\right) \cdot a + \left(\sum_{i=1}^{n} x_i^3\right) \cdot b + \left(\sum_{i=1}^{n} x_i^2\right) \cdot c = \sum_{i=1}^{n} x_i^2 \cdot y_i \tag{8.12}$$

$$\left(\sum_{i=1}^{n} x_i^3\right) \cdot a + \left(\sum_{i=1}^{n} x_i^2\right) \cdot b + \left(\sum_{i=1}^{n} x_i\right) \cdot c = \sum_{i=1}^{n} x_i \cdot y_i \tag{8.13}$$

$$\left(\sum_{i=1}^{n} x_i^2\right) \cdot a + \left(\sum_{i=1}^{n} x_i\right) \cdot b + n \cdot c = \sum_{i=1}^{n} y_i \tag{8.14}$$

Das LGS (8.12)–(8.14) ist mit dem Gauß'schen Algorithmus lösbar.

8.2.5 Polynom-Regression (Ausgleichspolynome)

Allgemein kann eine Regression mit einem Polynom der Ordnung n mit dem Ansatz

$$y(x) = a_0 + a_1\,x + a_2\,x^2 + a_3\,x^3 + \ldots a_n\,x^n \tag{8.15}$$

durchgeführt werden.

Beispiel 8.6:

⌘ *Erstellen Sie die kommentierte Scilab-Funktion* **PolyFit(x,y,n)** *mit Stützstellenvektor* **x**, *Stützwertevektor* **y** *und Polynomgrad* **n**, *die den Koeffizientenvektor* **a** *einer entsprechenden Polynom-Regression zurückgibt.*
Berechnen Sie damit für Datensatz

$$\vec{x} = \begin{pmatrix} 0 \\ 1 \\ 2 \\ 3 \\ 4 \\ 5 \\ 6 \\ 7 \\ 8 \end{pmatrix} \quad \text{und} \quad \vec{y} = \begin{pmatrix} 12{,}1 \\ 10{,}6 \\ 10{,}0 \\ 8{,}3 \\ 7{,}0 \\ 8{,}1 \\ 7{,}4 \\ 8{,}1 \\ 9{,}1 \end{pmatrix}$$

den Wert y^* *bei* $x^* = 6{,}25$ *geeignet.*

```
// Ausgleichspolynome bis Grad n
// y(x) = a0 + a1*x + a2*x^2 + a3*x^3 + ... + an*x^n
// Koeffizientenvektor a = (A^T*A)^(-1) * A^T * y
//
function [a] = PolyFit(x,y,n)
   // x und y müssen Spaltenvektoren sein
   [rowx,colx] = size(x);
   [rowy,coly] = size(y);
   if (colx <> 1) | (coly <> 1) // x und y dürfen nur 1 Spalte haben
     error('x bzw. y sind keine Spaltenvektoren!');
     break;
   end; // if
   if (rowx <> rowy) // x und y müssen die gleiche Länge haben
     error('x und y müssen dieselbe Länge haben!');
     break;
   end; // if
   N = rowx; // Anzahl der Werte
   A = ones(N, n+1); // Vorbelegung mit 1
   for j = 2:n+1 // Spaltenschleife
     for i = 1:N // Zeilenschleife
       A(i,j) = x(i,1)^(j-1) // Koeffizientenmatrix aufbauen
     end; // i-Schleife
   end; // j-Schleife
   AT = A'; // transponierte Koeffizientenmatrix
   H = AT*A; // Hilfsmatrix
   H = inv(H) // inverse Hilfsmatrix
   H = H*AT;
   a = H*y;
endfunction

x=[0 1 2 3 4 5 6 7 8]'; // Stützstellen
y=[12.1 10.6 10.0 8.3 7.0 8.1 7.4 8.1 9.1]'; // Stützwerte

a = PolyFit(x,y,2) // Polynomkoeffizienten berechnen
y = poly(a,'x','coeff') // Polynom zusammenbauen
xStern = 6.25; // Wert x*
yStern = horner(y,xStern) // Wert y* mit Hornerschema berechnen
```

Für n=1 erhält man die lineare Regression. ⌘

8.2.6 Nichtlineare Ausgleichsprobleme

Zahlreiche nichtlineare Ausgleichsprobleme lassen sich gemäß Tab. 8.1 durch geeignete Transformation auf ein lineares Regressionsproblem $y(x) = a\,x + b$, d. h. eine Ausgleichsgerade, zurückführen.

Mit den transformierten Wertepaaren $(u_i; v_i)$ ist die lineare Regression rechentechnisch leicht durchführbar, führt aber nicht auf die exakten Parameter für das nichtlineare Ausgleichsproblem. Minimiert man die Gauß'sche Fehlerquadratsumme des nichtlinearen Ausgleichsproblems direkt, sind zur Lösung des auftretenden überbestimmten nichtlinearen Gleichungssystems spezielle Verfahren (z. B. Gauß-Newton-Verfahren, Levenberg-Marquardt-Algorithmus) notwendig.

Tabelle 8.1: *Auf die lineare Regression reduzierbare nichtlineare Ausgleichsprobleme.*

Nichtlineare Ausgleichsfunktion	Transformation	Rücktransformation
$y = a \cdot x^b$	$u = \ln x;\ v = \ln y$	$a = e^d;\ b = c$
$y = a \cdot e^{bx}$	$u = x;\ v = \ln y$	$a = e^d;\ b = c$
$y = \frac{a}{x} + b$	$u = \frac{1}{x};\ v = y$	$a = c;\ b = d$
$y = \frac{a}{b+x}$	$u = x;\ v = \frac{1}{y}$	$a = \frac{1}{c};\ b = \frac{d}{c}$
$y = \frac{ax}{b+x}$	$u = \frac{1}{x};\ v = \frac{1}{y}$	$a = \frac{1}{d};\ b = \frac{c}{d}$

Beispiel 8.7:

⌘ *Logarithmieren des exponentiellen Zusammenhangs $y = a \cdot e^{bx}$ liefert:*

$$\ln y = \ln\left(a \cdot e^{bx}\right) = \ln a + \ln\left(e^{bx}\right)$$

$$= \ln y + b \cdot x \qquad (8.16)$$

(8.16) *stellt in einem $x, \ln y$-Koordinatensystem eine lineare Beziehung dar und kann daher als Regressionsgerade interpretiert werden.* ⌘

8.2.7 Gauß-Newton-Verfahren

Das bei einem nichtlinearen Ausgleichsproblem auftretende nichtlineare Gleichungssystem besitzt in der Regel keine exakte Lösung, da es überbestimmt ist (n Parameter p_j; m Datenpunkte $(x_i; y_i)$; $m > n$). Vielmehr führt die Minimierung der Summe der Quadrate der Residuen $r_i = y_i - f(x_i, p_1, \ldots, p_n)$ auf eine Approximation im quadratischen Mittel:

$$\sum_{i=1}^{m} r_i^2 = \sum_{i=1}^{m} \left[y_i - f(x_i, p_1, \ldots, p_n)\right]^2 \stackrel{!}{=} \min \qquad (8.17)$$

Zur iterativen Lösung des zugehörigen nichtlinearen Gleichungssystems wird f im Iterationsschritt k ($k = 0,1,2,\ldots$) an jedem Datenpunkt (x_i, y_i) durch eine Taylor-Reihenentwicklung [3] bis zur 1. Ableitung **linearisiert**:

$$f(x_i)^{(k+1)} = f(x_i)^{(k)} + \frac{\partial f(x_i)^{(k)}}{\partial p_1} \cdot \Delta p_1 + \frac{\partial f(x_i)^{(k)}}{\partial p_2} \cdot \Delta p_2 + \ldots + \frac{\partial f(x_i)^{(k)}}{\partial p_n} \cdot \Delta p_n$$

$$= f(x_i)^{(k)} + \sum_{j=1}^{n} \frac{\partial f(x_i)^{(k)}}{\partial p_j} \cdot \Delta p_j \qquad (8.18)$$

Darin treten die Korrekturterme der Parameter Δp_j sämtlich **linear** auf. Mit $f_i^{(k)} = f(x_i)^{(k)}$ lassen sich die Ableitungen der Funktion f in der Jacobi-Matrix $\mathbf{J}^{(k)}$ im Iterationsschritt k zusammenstellen:

$$\mathbf{J}(f, \vec{p})^{(k)} = \begin{pmatrix} \frac{\partial f_1^{(k)}}{\partial p_1} & \frac{\partial f_1^{(k)}}{\partial p_2} & \cdots & \frac{\partial f_1^{(k)}}{\partial p_n} \\ \frac{\partial f_2^{(k)}}{\partial p_1} & \frac{\partial f_2^{(k)}}{\partial p_2} & \cdots & \frac{\partial f_2^{(k)}}{\partial p_n} \\ \frac{\partial f_3^{(k)}}{\partial p_1} & \frac{\partial f_3^{(k)}}{\partial p_2} & \cdots & \frac{\partial f_3^{(k)}}{\partial p_n} \\ \vdots & \vdots & \cdots & \vdots \\ \frac{\partial f_{m-1}^{(k)}}{\partial p_1} & \frac{\partial f_{m-1}^{(k)}}{\partial p_2} & \cdots & \frac{\partial f_{m-1}^{(k)}}{\partial p_n} \\ \frac{\partial f_m^{(k)}}{\partial p_1} & \frac{\partial f_m^{(k)}}{\partial p_2} & \cdots & \frac{\partial f_m^{(k)}}{\partial p_n} \end{pmatrix} \qquad (8.19)$$

Mithilfe des Residuenvektors $\vec{r}\left(\vec{p}^{(k)}\right)$ und des Vektors der Korrekturen der Parameter $\overrightarrow{\Delta p}^{(k)}$

Beispiel 8.8:

⌘ *Für das nichtlineare Modell einer gedämpften Schwingung mit 4 Parametern* $p_j\ (j=1,\dots,4)$

$f(t,p_j) = p_1 \cdot e^{-p_2 t} \cdot \sin(p_3 t + p_4)$

wollen wir die Einträge der Jacobi-Matrix ermitteln. Die partiellen Ableitungen nach den Parametern p_j *lauten:*

$$\frac{\partial f_i}{\partial p_1} = e^{-p_2 t_i} \cdot \sin(p_3 t_i + p_4)$$

$$\frac{\partial f_i}{\partial p_2} = -p_1 \cdot t_i \cdot e^{-p_2 t_i} \cdot \sin(p_3 t_i + p_4)$$

$$\frac{\partial f_i}{\partial p_3} = p_1 \cdot e^{-p_2 t_i} \cdot t_i \cdot \cos(p_3 t_i + p_4)$$

$$\frac{\partial f_i}{\partial p_4} = p_1 \cdot e^{-p_2 t_i} \cdot \cos(p_3 t_i + p_4)$$ ⌘

Beispiel 8.9:

⌘ *Für die nichtlineare Anpassungsfunktion* $y(x) = a_1 + a_2 \cdot e^{a_3 x}$ *mit Daten*

$$\vec{X} = \begin{pmatrix} 0\\1\\2\\3\\4\\5 \end{pmatrix} \quad \text{und} \quad \vec{Y} = \begin{pmatrix} 12\\17\\28\\60\\147\\380 \end{pmatrix}$$

sind die Parameter $a_j\ (j = 1,2,3)$ *mittels Scilab-Funktion* **leastsq** *zu bestimmen.*

```
X=[0;1;2;3;4;5]; // x-Werte
Y=[12;17;28;60;147;380]; // y-Werte
function y=yexp(a,x) // Ausgleichsfkt.
  y=a(1)+a(2).*exp(a(3).*x);
endfunction
function e=f(a,x,y) // Abweichung
  e=yexp(a,x)-y
endfunction
a0=[1;1;1]; // Startvektor Koeffizienten
// Ausgleich mit leastsq
[nrm,a,gr]=leastsq(list(f,X,Y),a0);
clf; // Grafikfenster löschen
rect=[0 0 5 400]; // Ausschnitt
// Datenpunkte plotten
plot2d(X,Y,-1,'011',' ',rect);
x=[0:0.1:5]; // x-Werte
y=yexp(a,x); // y-Werte Ausgleichskurve
// Ausgleichskurve plotten
plot2d(x,y,2,'011',' ',rect);
```
⌘

$$\vec{r}\left(\vec{p}\right)^{(k)} = \begin{pmatrix} r_1\left(\vec{p}^{(k)}\right)\\ r_2\left(\vec{p}^{(k)}\right)\\ r_3\left(\vec{p}^{(k)}\right)\\ \vdots\\ r_{m-1}\left(\vec{p}^{(k)}\right)\\ r_m\left(\vec{p}^{(k)}\right) \end{pmatrix} = \begin{pmatrix} y_1 - f\left(x_1, \vec{p}^{(k)}\right)\\ y_2 - f\left(x_2, \vec{p}^{(k)}\right)\\ y_3 - f\left(x_3, \vec{p}^{(k)}\right)\\ \vdots\\ y_{m-1} - f\left(x_{m-1}, \vec{p}^{(k)}\right)\\ y_m - f\left(x_m, \vec{p}^{(k)}\right) \end{pmatrix}; \quad \overrightarrow{\Delta p}^{(k)} = \begin{pmatrix} \Delta p_1^{(k)}\\ \Delta p_2^{(k)}\\ \Delta p_3^{(k)}\\ \vdots\\ \Delta p_{m-1}^{(k)}\\ \Delta p_m^{(k)} \end{pmatrix} \tag{8.20}$$

folgt nach Umformung die **Normalgleichung** in Matrixnotation:

$$\left\{\mathbf{J}^T \cdot \mathbf{J}\right\}^{(k)} \cdot \overrightarrow{\Delta p}^{(k)} = \left\{\mathbf{J}^T \cdot \vec{r}\right\}^{(k)} \tag{8.21}$$

Die Korrekturwerte $\overrightarrow{\Delta p}^{(k)}$ im Iterationsschritt k lassen sich daraus durch Linksmultiplikation mit der inversen Matrix $\left[\left\{\mathbf{J}^T \cdot \mathbf{J}\right\}^{(k)}\right]^{-1}$ gewinnen:

$$\overrightarrow{\Delta p}^{(k)} = \left[\left\{\mathbf{J}^T \cdot \mathbf{J}\right\}^{(k)}\right]^{-1} \cdot \left\{\mathbf{J}^T \cdot \vec{r}\right\}^{(k)} \tag{8.22}$$

Damit folgt der verbesserte Vektor der Korrekturwerte:

$$\vec{p}^{(k+1)} = \vec{p}^{(k)} + \overrightarrow{\Delta p}^{(k)} \tag{8.23}$$

Die Iteration beginnt mit $\vec{p}^{(0)}$ als Startvektor, der Abbruch kann erfolgen, wenn die Änderung zweier aufeinanderfolgender Korrekturwertvektoren innerhalb einer bestimmten Schranke $\epsilon > 0$ liegt:

$$\left\| \overrightarrow{\Delta p}^{(k)} - \overrightarrow{\Delta p}^{(k-1)} \right\|_2 < \epsilon \tag{8.24}$$

8.2.8 Scilab-Funktion `leastsq`

Die Scilab-Funktion `leastsq` kann die Koeffizienten nichtlinearer Ausgleichsprobleme berechnen. Im einfachsten Fall lautet der Aufruf:

```
[norm, a, grad] = leastsq(list(f, X, Y), a0)
```

Dabei ist `f` die zu minimierende Funktion, d. h. die Differenz aus den über die Ausgleichsfunktion berechneten y-Werten und den Stützwerten Y_i. `f` wird zusammen mit den Stützpunkten `X` und `Y` als Liste an `leastsq` übergeben. In der Variablen `a0` wird der Startvektor für die Koeffizienten der Ausgleichsfunktion übergeben.

8.2.9 Multivariate lineare Regression

Ist für eine Funktion von zwei Variablen $y = y(x_1, x_2)$ eine Ausgleichsrechnung auszuführen, ist auch hier die Methode der Gauß'schen Fehlerquadratsumme anwendbar. Im linearen Fall erhält man anstelle einer Ausgleichsgeraden eine **Ausgleichsebene** mit der Gleichung:

$$y = a + b\,x_1 + c\,x_2 \tag{8.25}$$

Für die unbekannten Parameter a, b und c ergibt sich das LGS:

$$n \cdot a + \left(\sum_{i=1}^{n} x_{1,i}\right) \cdot b + \left(\sum_{i=1}^{n} x_{2,i}\right) \cdot c = \sum_{i=1}^{n} y_i \tag{8.26}$$

$$\left(\sum_{i=1}^{n} x_{1,i}\right) \cdot a + \left(\sum_{i=1}^{n} x_{1,i}^2\right) \cdot b + \left(\sum_{i=1}^{n} x_{1,i} \cdot x_{2,i}\right) \cdot c = \sum_{i=1}^{n} x_{1,i} \cdot y_i \tag{8.27}$$

$$\left(\sum_{i=1}^{n} x_{2,i}\right) \cdot a + \left(\sum_{i=1}^{n} x_{1,i} \cdot x_{2,i}\right) \cdot b + \left(\sum_{i=1}^{n} x_{2,i}^2\right) \cdot c = \sum_{i=1}^{n} x_{2,i} \cdot y_i \tag{8.28}$$

8.3 Aufgaben zum Selbststudium

► Aufgabe 8.1:

Die in Tab. 8.2 dargestellten Datenpunkte $(x_i; y_i)$ sind durch die nichtlineare Modellfunktion $f(x, \vec{a}) = a_1 \cdot e^{a_2 \cdot x}$ mit $\vec{a} = (a_1, a_2)^T$ bestmöglich zu approximieren.

(a) Stellen Sie die zugehörige Residuenfunktion $r(\vec{a})$ auf.

(b) Wie lautet die zugehörige Jacobi-Matrix $\mathbf{J}(\vec{a})$?

(c) Notieren Sie einen kommentierten Scilab-Code mit maximal 10 Iterationsschritten zur Bestimmung der Parameter a_1 und a_2 mittels Gauß-Newton-Verfahren, der als Abbruchkriterium die Euklid'sche Norm des Residuenvektors $r(\vec{a})$ verwendet.

(d) Interpretieren Sie diesbezüglich folgende Konsolen-Ausgabe:

Tabelle 8.2: *Datensatz zu Aufgabe 8.1.*

i	1	2	3	4
x_i	0	1	2	3
y_i	2,0	0,7	0,3	0,1

```
 a0 =
   1.
   0.
a =
   1.69
   - 0.61
a =
   1.9750704267155
   - 0.9305465853266
a =
   1.9940657584523
   - 1.0036068002938
a =
   1.9949549191833
   - 1.0093466226826
a =
   1.9950019030203
   - 1.0095198075862
a =
   1.9950032778963
   - 1.0095243601173
a =
   1.9950033140045
   - 1.0095244793048
a =
   1.9950033149499
   - 1.0095244824249
a =
   1.9950033149746
   - 1.0095244825066
a =
   1.9950033149752
   - 1.0095244825087
```

► Aufgabe 8.2:

Ingenieur Isidor Ideenreich hat in seinem Labor Messungen zwischen dem Kohlenstoffgehalt x und der Zugfestigkeit z der neuen Stahlsorte St 0815 durchgeführt (Tab. 8.3).

Tabelle 8.3: *Datensatz der neuen Stahlsorte.*

i	1	2	3	4	5	6	7	8	9	10	11	12
x_i (%)	0,2	0,2	0,3	0,3	0,4	0,4	0,4	0,5	0,5	0,6	0,7	0,7
z_i (N/mm^2)	443	435	532	559	612	625	645	718	732	824	926	921

Bestimmen Sie die Gleichung der Ausgleichsgerade mittels Gauß'scher Fehlerquadratsumme.

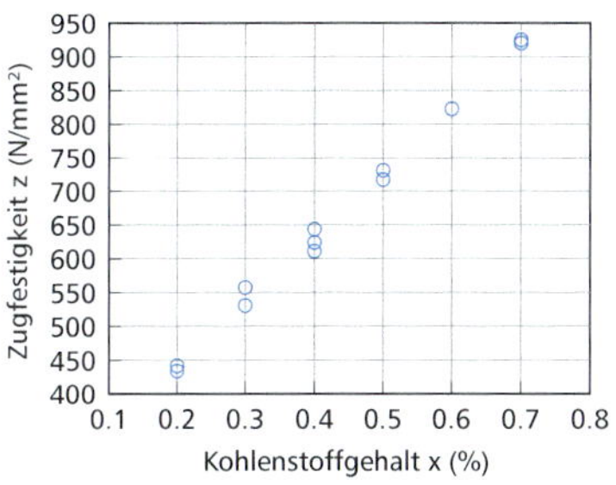

Bild 8.4: *Verlauf der Zugfestigkeit über dem Kohlenstoffgehalt der neuen Stahlsorte.*

▶ Aufgabe 8.3:

Für $f(x) = x \cdot \ln(x^2)$ ist die zwischen der Kurve und der x-Achse eingeschlossene Fläche A mit verschiedenen Methoden zu bestimmen.

(a) Bestimmen Sie den exakten Wert der Fläche A_{ex} mittels analytischer Integration.

(b) Erstellen Sie einen Scilab-Code, der die Fläche A_{Tr1} mithilfe der Trapezregel mit $n = 10$ Streifen ermittelt.

Hinweis: Der Fall $x = 0$ ist bei der Definition der benutzerdefinierten Funktion `f_von_x` wegen der Singularität des natürlichen Logarithmus geeignet abzufangen.

(c) Berechnen Sie die Fläche A_{Tr2} mit der in Scilab implementierten Funktion `inttrap` zur Anwendung der Trapezregel.

(d) Berechnen Sie die Fläche A_{Sp} mittels Spline-Interpolation mit der Scilab-internen Funktion `intsplin`.

(e) Berechnen Sie die Fläche A_{int} mittels der in Scilab implementierten Funktion `intg`.

(f) Vergleichen Sie die relativen Abweichungen der numerischen Berechnungen aus (b)–(e) zur analytischen Lösung aus (a).

▶ Aufgabe 8.4:

Zwischen Bremsweg s und Geschwindigkeit v gilt bekanntlich ein quadratischer Zusammenhang (Bild 8.5). Susi Sorglos hat für ihren Deborean bei den Geschwindigkeiten v_i die Bremswege s_i in Tab. 8.4 gemessen.

(a) Stellen Sie einen geeigneten Ansatz $S(v)$ für die Abhängigkeit des Bremswegs s von der Geschwindigkeit v auf.

(b) Berechnen Sie die unbekannten Koeffizienten a_j mit der Methode der kleinsten Fehlerquadrate.

Hinweis: Für n Messpunkte beträgt die Gauß'sche Fehlerquadratsumme $F = \sum_{i=1}^{n} [s_i - S(v_i)]^2$.

(c) Mit welchem Bremsweg s^* ist bei der Geschwindigkeit $v^* = 36$ km/h zu rechnen?

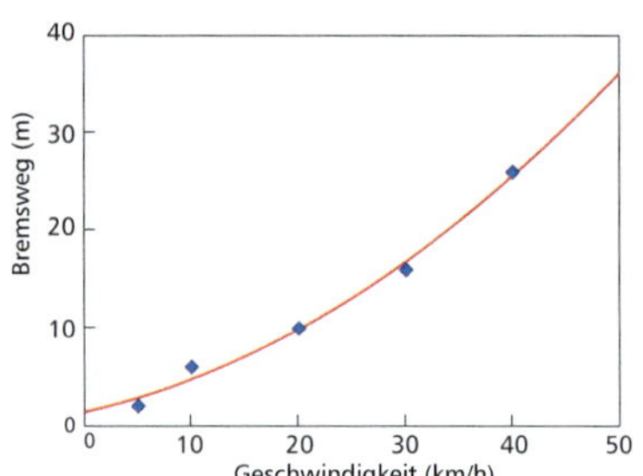

Bild 8.5: *Bremsweg und Geschwindigkeit des Deborean.*

Tabelle 8.4: *Werte von Geschwindigkeit v und Bremsweg s.*

v_i (km/h)	5	10	20	30	40
s_i (m)	2	6	10	16	26

▶ Aufgabe 8.5:

Dieter Durstig hat bei seinem Lieblings-Weißbier die mit der Zeit gemessenen Höhen der Schaumkrone in Tab. 8.5 zusammengestellt.

(a) Plotten Sie die Messwerte mit Scilab und schlagen Sie eine passende Form der Ausgleichskurve vor.

(b) Berechnen Sie die relevanten Parameter der Ausgleichskurve, wenn eine Transformation auf eine Regressionsgerade erfolgt.

(c) Berechnen Sie die relevanten Parameter der nichtlinearen Ausgleichskurve mittels Gauß-Newton-Verfahren.

(d) Welche Schaumhöhen sind nach $t_1 = 7$ min bzw. $t_2 = 10$ min nach den Modellen der Teilaufgaben (b) und (c) zu erwarten?

Tabelle 8.5: *Schaumhöhen über der Zeit.*

i	t_i (s)	h_i (mm)	i	t_i (s)	h_i (mm)
1	0	18,7	9	120	13,9
2	15	18,1	10	150	12,8
3	30	17,5	11	180	12,0
4	45	16,9	12	210	11,2
5	60	16,1	13	240	10,4
6	75	15,4	14	300	9,4
7	90	14,9	15	360	8,4
8	105	14,3	16	390	8,0

▶ Aufgabe 8.6:

Das Integral $I = \int_{0,6}^{1,4} \sqrt{\ln\left(x + \sqrt{x^2+1}\right)}\,\mathrm{d}x$ ist numerisch zu berechnen.

(a) Formen Sie den Integranden in eine einfachere Funktion um!
(b) Berechnen Sie I numerisch mithilfe der Methode von T. Simpson mit der Schrittweite $h=0{,}1$.
(c) Wie groß ist die relative Abweichung zur Trapezregel?

▶ Aufgabe 8.7:

Bestimmen Sie die von der Halbellipse $\mathscr{H}: \left(\frac{x}{a}\right)^2 + \left(\frac{y}{b}\right)^2 = 1;\ (a=2;\ b=4;\ y \geq 0)$ eingeschlossene Fläche A mithilfe des Monte-Carlo-Verfahrens und vergleichen Sie die erhaltene numerische Lösung mit dem analytischen Wert.

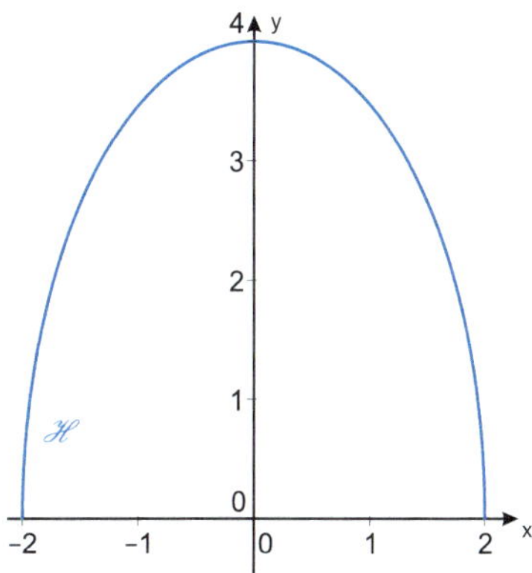

Bild 8.6: *Halbellipse $\mathscr{H}$ von Aufgabe 8.7.*

▶ Aufgabe 8.8:

Bierologin Zenzi Zapftgern hat die in Tab. 8.6 ausgewiesenen Zusammenhänge zwischen der Hefekonzentration h und der Reaktionsgeschwindigkeit r einer enzymgesteuerten Reaktion bei der Bierherstellung gemessen.

Tabelle 8.6: *Messwerte der enzymgesteuerten Reaktion.*

i	1	2	3	4	5	6	7
h	0,038	0,194	0,425	0,626	1,253	2,500	3,740
r	0,050	0,127	0,094	0,2122	0,2729	0,2665	0,3317

Aus theoretischen Erwägungen folgt der Zusammenhang:

$$r(h) = \alpha \cdot \frac{h}{\beta + h} \tag{8.29}$$

Bestimmen Sie die Parameter α und β durch nichtlineare Ausgleichsrechnung mittels Gauß-Newton-Verfahren ausgehend vom Startwert $\vec{a}^{(0)} = \begin{pmatrix} \alpha^{(0)} \\ \beta^{(0)} \end{pmatrix} = \begin{pmatrix} 0{,}9 \\ 0{,}2 \end{pmatrix}$.

▶ Aufgabe 8.9:

Das Gauß'sche Quadraturverfahren (s. z. B. [3]) ist eine Methode zur numerischen Integration, bei der ein bestimmtes Integral I durch eine endliche Summe S approximiert wird:

$$I = \int_a^b f(t)\,\mathrm{d}t = \frac{b-a}{2} \int_{-1}^{1} f\left(\frac{b-a}{2}x + \frac{a+b}{2}\right)\mathrm{d}x \approx S = \frac{b-a}{2} \cdot \sum_{\mathrm{k}=0}^{\mathrm{n}-1} w_\mathrm{k} \cdot f(t_\mathrm{k}) \tag{8.30}$$

mit $t_\mathrm{k} = \frac{b-a}{2} x_\mathrm{k} + \frac{a+b}{2}$

Bild 8.7: *Adrien-Marie Legendre (Karikatur, 1752–1833).*

Für $n=3$ und Legendre-Polynome betragen die Stützstellen x_k

$$x_0 = -\sqrt{\frac{3}{5}};\quad x_1 = 0;\quad x_2 = +\sqrt{\frac{3}{5}} \tag{8.31}$$

und die Gewichtsfaktoren w_k:

$$w_0 = \frac{5}{9};\quad w_1 = \frac{8}{9};\quad w_2 = \frac{5}{9} \tag{8.32}$$

(a) Erstellen Sie die Scilab-Funktion `GaussQuadratur(a, b)`, die das bestimmte Integral I nach dem dargestellten Algorithmus numerisch berechnet.

(b) Testen Sie Ihren Programmcode für das Integral $I = \int_\alpha^\beta e^{-x}\,\mathrm{d}x$ mit $\alpha=0$ und $\beta=100$ durch Aufteilung in 50 Schritte und ermitteln Sie die relative Abweichung `relAbw` gegenüber dem exakten Wert I_{ex}.

Klothoiden (Spinnkurven) $\kappa(L) = \dfrac{L}{A^2}$ finden u. a. als Übergangselemente beim Trassieren im Straßenbau Anwendung (s. z. B. [38]). Die Koordinaten X und Y eines Klothoidenpunkts P werden über die nicht analytisch lösbaren **Fresnel'schen Integrale** beschrieben:

$$X(L) = \int_0^L \cos\left(\frac{\xi^2}{2A^2}\right) \mathrm{d}\xi \tag{8.33}$$

$$Y(L) = \int_0^L \sin\left(\frac{\eta^2}{2A^2}\right) \mathrm{d}\eta \tag{8.34}$$

$T = \dfrac{L^2}{2A^2}$ ist der Tangentenschnittwinkel im Anfangs- und Endpunkt der Klothoide im Bogenmaß, L die Länge des Klothoidenabschnitts. Für $A=1$ ergibt sich die Einheits-Klothoide.

Bild 8.8: *Augustin Jean Fresnel*[61] *(1788–1827).*

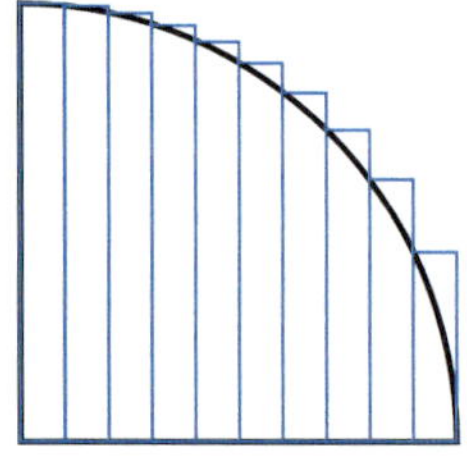

Bild 8.9: *Approximation des Viertel-Einheitskreises mit Rechteckstreifen (Obersumme).*

Aufgabe 8.10:

(a) Berechnen Sie die Koordinaten der Einheits-Klothoide für $0 \le L \le 2$ in 100 Schritten mithilfe der Taylor-Reihenentwicklung (s. z. B. [3]) mit jeweils 6 Reihengliedern in der Scilab-Routine `KlothoideTaylor()`. Erstellen Sie für die Fakultät die benutzerdefinierte Funktion `fak(x)`.

(b) Berechnen Sie die Koordinaten der Einheits-Klothoide für $0 \le L \le 2$ in 100 Schritten durch numerische Auswertung der Fresnel'schen Integrale (8.33) mithilfe der Gauß'schen Quadratur aus Aufgabe 8.9 in der Scilab-Routine `KlothoideGauss()`.

(c) Vergleichen Sie die Ergebnisse der Teilaufgaben (a) und (b) hinsichtlich ihrer Abweichungen.

Aufgabe 8.11:

Die Berechnung des Umfangs U einer Ellipse mit den Halbachsen $a > b$ und b führt auf ein analytisch nicht darstellbares **elliptisches Integral zweiter Art** mit der numerischen Exzentrizität $\epsilon < 1$:

$$U = 4\,a \int_0^{\pi/2} \sqrt{1-\epsilon^2 \sin^2 t}\,\mathrm{d}t \tag{8.35}$$

$$\epsilon = \frac{e}{a} = \frac{\sqrt{a^2-b^2}}{a} = \sqrt{1-\left(\frac{b}{a}\right)^2} \tag{8.36}$$

In [3] sind folgende Näherungen angegeben:

$$U \approx U_1 = \pi\left(\frac{3}{2}(a+b) - \sqrt{ab}\right) \tag{8.37}$$

$$U \approx U_2 = \frac{\pi}{2}\left(a+b+\sqrt{2\,(a^2+b^2)}\right) \tag{8.38}$$

Erstellen Sie einen Scilab-Code, der den Ellipsenumfang mittels Trapezregel numerisch berechnet und vergleichen Sie das Ergebnis der Berechnung mit dem der Näherungsgleichungen (8.37) und (8.38) für $a=2$ und $b=\sqrt{3}$.

Aufgabe 8.12:

Die Kreiszahl π soll mithilfe der Fläche des Viertel-Einheitskreises mittels Rechteckstreifen approximiert werden, indem als Streifenhöhe

(a) die rechte Ordinate (Untersumme)

(b) die linke Ordinate (Obersumme)

(c) die Ordinate in Streifenmitte (Mittelpunktsregel)

verwendet wird. Erstellen Sie dazu einen entsprechenden Scilab-Code, führen Sie damit die Berechnung für $n = 10$, 50, 100 und 500 Streifen durch und ermitteln Sie jeweils die relative Abweichung zum Scilab-internen Wert `%pi`.

[61] Der Name Fresnel wird „Fre'nel" gesprochen.

9 Interpolation

»Interim velim a sole mihi non obstes.«
(Im Moment würde ich mir nur wünschen,
dass du mir nicht vor der Sonne stehst.)

Antwort von Diogenes auf die Frage
Alexander des Großen, was er sich wünsche.
(Valerius Maximus, Facta et dicta memorabilia,
4.3, ext. 4)

Lernziele

In Naturwissenschaft und Technik finden in den verschiedensten Bereichen diskrete Daten in Form tabellierter Werte Anwendung. Zwischenwerte werden meist durch lineare Interpolation gewonnen, indem zwei Datenpunkte linear verbunden werden.
Mithilfe von Polynomen lassen sich mehrere Stützpunkte verbinden. Wir lernen dazu die Interpolation nach Lagrange, Aitken und Neville sowie Newton kennen.
Da Polynome höheren Grades instabil werden, verwendet man in der Praxis oft eine stückweise Interpolation mit kubischen Splines.
Betrachtungen zur Scilab-Funktion `splin` schließen das Kapitel ab.

9.1 Allgemeines

Ziel der Interpolation ist es, aus $n+1$ vorhandenen Stützpunkten $(x_i; y_i)$ $(i = 0, 1, 2, \ldots, n)$ mit einer geeigneten Interpolationsfunktion $\Phi(x)$ Zwischenwerte y an Punkten x im Intervall $[a; b]$ zu berechnen (vgl. Bild 9.1). Dabei gilt grundsätzlich die **Interpolationsbedingung** (9.1), dass die Interpolationsfunktion im Gegensatz zur Regression exakt durch die Stützpunkte (Interpolationsstellen) verläuft:

$$\Phi(x_i) = y_i \tag{9.1}$$

Liegt x im Intervall $[a; b]$, spricht man von **Interpolation**, liegt x außerhalb von $[a; b]$ handelt es sich um **Extrapolation**.

Tabelle 9.1: *Tabellarische Zusammenstellung von Stützpunkten.*

i	0	1	2	...	n
x_i	x_0	x_1	x_2	...	x_n
y_i	y_0	y_1	y_2	...	y_n

Bild 9.1: *Stützstellen, Stützwerte und Stützpunkte bei der Interpolation.*

9.2 Lineare Interpolation

Die einfachste Form ist die lineare Interpolation, bei der die beiden Stützpunkte durch ein Geradenstück verbunden werden. Es gilt für den an der Stelle x interpolierten Wert y:

$$y = P_1(x) = \frac{(x_1 - x) \cdot y_0 + (x - x_0) \cdot y_1}{x_1 - x_0} \tag{9.2}$$

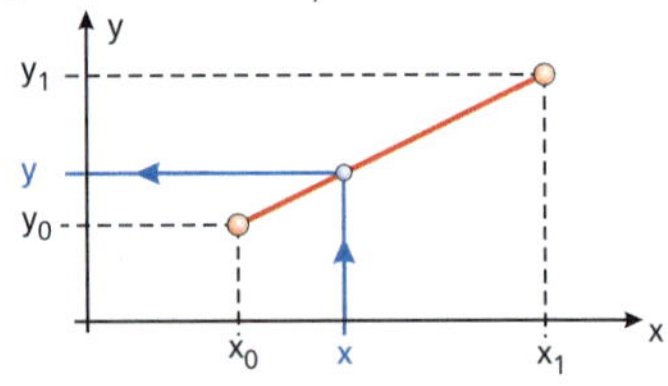

Bild 9.2: *Lineare Interpolation zwischen den Stützpunkten $(x_0; y_0)$ und $(x_1; y_1)$.*

9.3 Interpolation mit Polynomen

9.3.1 Festlegung des Interpolationspolynoms

Überträgt man den Grundgedanken der linearen Interpolation, dass sich durch zwei Stützpunkte genau eine Gerade legen lässt, auf das gesamte Interpolationsintervall $[a, b]$, dann lässt sich durch die $n+1$ Interpolationspunkte genau ein Polynom n-ter Ordnung legen, das als **Interpolationspolynom** bezeichnet wird:

$$\Phi(x_i) = P_n(x_i) = \sum_{k=0}^{n} c_k \cdot x_i^k = y_i \qquad i = 0, 1, 2, \ldots, n \tag{9.3}$$

Grundsätzlich stehen damit $n+1$ Gleichungen für $n+1$ unbekannte Polynomkoeffizienten c_k $(k = 0, 1, 2, \ldots, n)$ zur Verfügung. Allerdings sucht man in der Praxis nach einfacheren Berechnungsmöglichkeiten, als das entsprechende lineare Gleichungssystem zu lösen.

Interpolationspolynome sind mit dem **Schema von Horner** vorteilhaft berechenbar:

$$P_n(x_i) = \sum_{k=0}^{n} c_k \cdot x_i^k = \left[\ldots\left((x_i \cdot c_n + c_{n-1}) \cdot x_i + c_{n-2}\right) \cdot x_i + \ldots + c_1\right] \cdot x_i + c_0 \tag{9.4}$$

9.3.2 Interpolationsformeln von Lagrange

Das Interpolationspolynom $\Phi(x)$ lässt sich in der Lagrange-Form mit den **Lagrange-Polynomen** L_k schreiben als:

$$\Phi(x) = L(x) = \sum_{k=0}^{n} L_k(x) \cdot y_k \tag{9.5}$$

Wegen $\Phi(x_i) = y_i$ folgt $L(x_i) = y_i$.

Das k-te Lagrange-Polynom besitzt daher an der k-ten Stützstelle den Wert 1, an allen anderen Stützstellen den Wert 0.

Bild 9.3: *Joseph-Louis de Lagrange (Giuseppe Luigi Lagrangia, 1736–1813).*

$$L_k(x_i) = \begin{cases} 1 & \text{für } k = i \\ 0 & \text{für } k \neq i \end{cases} \tag{9.6}$$

Allgemein lautet das k-te Lagrange-Polynom [71]:

$$L_k(x) = \frac{(x-x_0)\cdot(x-x_1)\cdot\ldots\cdot(x-x_{k-1})\cdot(x-x_{k+1})\cdot\ldots\cdot(x-x_n)}{(x_k-x_0)\cdot(x_k-x_1)\cdot\ldots\cdot(x_k-x_{k-1})\cdot(x_k-x_{k+1})\cdot\ldots\cdot(x_k-x_n)} = \prod_{\substack{i=0\\i\neq k}} \frac{x-x_i}{x_k-x_i} \quad (9.7)$$

Für $n=1$ ergibt sich die lineare Interpolation:

$$L_0(x) = \frac{x-x_1}{x_0-x_1}; \qquad L_1(x) = \frac{x-x_0}{x_1-x_0} \quad (9.8)$$

$$L(x) = \sum_{k=0}^{1} L_k\cdot y_k = \frac{x-x_1}{x_0-x_1}\cdot y_0 + \frac{x-x_0}{x_1-x_0}\cdot y_1 = \frac{\begin{vmatrix} y_0 & x_0-x \\ y_1 & x_1-x \end{vmatrix}}{x_1-x_0} \quad (9.9)$$

9.3.3 Interpolationsschema von Aitken und Neville

Häufig ist nicht das Interpolationspolynom Φ, sondern nur sein Wert $\Phi(X)$ an einer Stelle X gefragt, so dass die Auswertung mit den Interpolationsformeln von Lagrange zu aufwändig ist. Den Wert des Interpolationspolynoms $\Phi(x)$ findet man durch fortwährende Anwendung der linearen Interpolation.

$$P_{01}(x) = \frac{1}{x_1-x_0}\cdot\begin{vmatrix} y_0 & x_0-x \\ y_1 & x_1-x \end{vmatrix} \quad (9.10)$$

ist das lineare Interpolationspolynom zwischen x_0 und x_1. Allgemein lautet das lineare Interpolationspolynom zwischen x_0 und x_i [71]:

$$P_{0i}(x) = P_{i0}(x) = \frac{1}{x_i-x_0}\cdot\begin{vmatrix} y_0 & x_0-x \\ y_i & x_i-x \end{vmatrix} \qquad i=1,2,\ldots,n \quad (9.11)$$

Ferner gilt die Interpolationsbedingung $P_{01}(x_0)=y_0$ und $P_{0i}(x_i)=y_i$. Für $i\geq 2$ verwenden wir die beiden linearen Polynome P_{01} und P_{0i}:

$$P_{01i}(x) = \frac{1}{x_i-x_1}\cdot\begin{vmatrix} P_{01}(x) & x_1-x \\ P_{0i}(x) & x_i-x \end{vmatrix} \qquad i=2,3,\ldots,n \quad (9.12)$$

Die Interpolationsbedingungen gelten wie folgt:

$$P_{01i}(x_0)=y_0, \qquad P_{01i}(x_1)=y_1 \quad \text{und} \quad P_{01i}(x_i)=y_i \quad (9.13)$$

Durch Verallgemeinerung für die Stelle k findet man:

$$P_{012\ldots(k-1)ki}(x) = \frac{1}{x_i-x_k}\cdot\begin{vmatrix} P_{012\ldots(k-1)k}(x) & x_k-x \\ P_{012\ldots(k-1)i}(x) & x_i-x \end{vmatrix} \qquad \begin{array}{l} k=0,1,\ldots,n-1; \\ i=k+1,k+2,\ldots,n \end{array} \quad (9.14)$$

$P_{012\ldots(k-1)ki}(x)$ löst die gestellte Interpolationsaufgabe an den Stellen $(x_0;y_0)$, $(x_1;y_1)$, ... $(x_k;y_k)$, ... $(x_i;y_i)$.

Die Berechnung der linearen Polynome an der zu interpolierenden Stelle X lässt sich übersichtlich im **Rechenschema von Aitken und Neville** ausführen (Tab. 9.2). Dabei löst das lineare Polynom $P_{0123\ldots n}(X)$ die Interpolationsaufgabe an den $n+1$ Interpolationspunkten $(x_i;y_i)$ $(i=0,1,2,\ldots,n)$ [71].

Beispiel 9.1:

⌘ *Wir suchen das Interpolationspolynom $\Phi(x)$ durch $(0;1)$, $(1;2)$, $(3;3)$, $(4;2)$.*

$$L_0(x) = \frac{(x-x_1)\cdot(x-x_2)\cdot(x-x_3)}{(x_0-x_1)\cdot(x_0-x_2)\cdot(x_0-x_3)} = \frac{(x-1)\cdot(x-3)\cdot(x-4)}{(0-1)\cdot(0-3)\cdot(0-4)} = -\frac{1}{12}\cdot(x-1)\cdot(x-3)\cdot(x-4)$$

$$L_1(x) = \frac{(x-x_0)\cdot(x-x_2)\cdot(x-x_3)}{(x_1-x_0)\cdot(x_1-x_2)\cdot(x_1-x_3)} = \frac{(x-0)\cdot(x-3)\cdot(x-4)}{(1-0)\cdot(1-3)\cdot(1-4)} = \frac{1}{6}\cdot x\cdot(x-3)\cdot(x-4)$$

$$L_2(x) = \frac{(x-x_0)\cdot(x-x_1)\cdot(x-x_3)}{(x_2-x_0)\cdot(x_2-x_1)\cdot(x_2-x_3)} = \frac{(x-0)\cdot(x-1)\cdot(x-4)}{(3-0)\cdot(3-1)\cdot(3-4)} = -\frac{1}{6}\cdot x\cdot(x-1)\cdot(x-4)$$

$$L_3(x) = \frac{(x-x_0)\cdot(x-x_1)\cdot(x-x_2)}{(x_3-x_0)\cdot(x_3-x_1)\cdot(x_3-x_2)} = \frac{(x-0)\cdot(x-1)\cdot(x-3)}{(4-0)\cdot(4-1)\cdot(4-3)} = \frac{1}{12}\cdot x\cdot(x-1)\cdot(x-3)$$

$$P(x) = \sum_{k=0}^{n} L_k(x)\cdot y_k = -\frac{1}{12}\cdot(x-1)\cdot(x-3)\cdot(x-4)\cdot 1 + \frac{1}{6}\cdot x\cdot(x-3)\cdot(x-4)\cdot 2 - \frac{1}{6}\cdot x\cdot(x-1)\cdot(x-4)\cdot 3 + \frac{1}{12}\cdot x\cdot(x-1)\cdot(x-3)\cdot 2$$

$$\Rightarrow P(x) = -\frac{1}{12}\cdot(x-1)\cdot(x-3)\cdot(x-4) + \frac{1}{3}\cdot x\cdot(x-3)\cdot(x-4) - \frac{1}{2}\cdot x\cdot(x-1)\cdot(x-4) + \frac{1}{6}\cdot x\cdot(x-1)\cdot(x-3)$$

⌘

Tabelle 9.2: *Rechenschema von Aitken und Neville.*

i	x_i	y_i	$P_{0i}(X)$	$P_{01i}(X)$	$P_{012i}(X)$	...	$P_{012\ldots n}(X)$	x_i-X
0	x_0	y_0	–	–	–	–	–	x_0-X
1	x_1	y_1	P_{01}	–	–	–	–	x_1-X
2	x_2	y_2	P_{02}	P_{012}	–	–	–	x_2-X
3	x_3	y_3	P_{03}	P_{013}	P_{0123}	–	–	x_3-X
⋮	⋮	⋮	⋮	⋮	⋮	–	–	⋮
k	x_k	y_k	P_{0k}	P_{01k}	P_{012k}	–	–	x_k-X
⋮	⋮	⋮	⋮	⋮	⋮	⋱	–	⋮
n	x_n	y_n	P_{0n}	P_{01n}	P_{012n}	...	$P_{012\ldots n}$	x_n-X

Beispiel 9.2:

⌘ *Wir suchen den Wert des Interpolationspolynoms* $Y = \Phi(X = 2)$ *durch die Stützpunkte* $(0;1)$, $(1;2)$, $(3;3)$ *und* $(4;2)$.

Mithilfe des Schemas von Aitken und Neville erhalten wir:

i	x_i	y_i	$P_{0i}(X)$	$P_{01i}(X)$	$P_{012i}(X)$	$x_i - X$
0	0	1	–	–	–	$0-2=-2$
1	1	2	3	–	–	$1-2=-1$
2	3	3	$\frac{7}{3}$	$\frac{8}{3}$	–	$3-2=1$
3	4	2	$\frac{3}{2}$	$\frac{5}{2}$	$\frac{17}{6}$	$4-2=2$

Für die linearen Polynome gilt:

$$P_{01}(2) = \frac{1}{1-0} \cdot \begin{vmatrix} 1 & -2 \\ 2 & -1 \end{vmatrix} = \frac{1}{1} \cdot \left[1 \cdot (-1) - 2 \cdot (-2)\right] = \frac{3}{1} = 3$$

$$P_{02}(2) = \frac{1}{3-0} \cdot \begin{vmatrix} 1 & -2 \\ 3 & 1 \end{vmatrix} = \frac{1}{3} \cdot \left[1 \cdot 1 - 3 \cdot (-2)\right] = \frac{7}{3}$$

$$P_{03}(2) = \frac{1}{4-0} \cdot \begin{vmatrix} 1 & -2 \\ 2 & 2 \end{vmatrix} = \frac{1}{4} \cdot \left[1 \cdot 2 - 2 \cdot (-2)\right] = \frac{6}{4} = \frac{3}{2}$$

$$P_{012}(2) = \frac{1}{3-1} \cdot \begin{vmatrix} 3 & -1 \\ \frac{7}{3} & 1 \end{vmatrix} = \frac{1}{2} \cdot \left[3 \cdot 1 - \frac{7}{3} \cdot (-1)\right] = \frac{1}{2} \cdot \frac{16}{3} = \frac{8}{3}$$

$$P_{013}(2) = \frac{1}{4-1} \cdot \begin{vmatrix} 3 & -1 \\ \frac{3}{2} & 2 \end{vmatrix} = \frac{1}{3} \cdot \left[3 \cdot 2 - \frac{3}{2} \cdot (-1)\right] = \frac{1}{3} \cdot \frac{15}{2} = \frac{5}{2}$$

$$P_{0123}(2) = \frac{1}{4-3} \cdot \begin{vmatrix} \frac{8}{3} & 1 \\ \frac{5}{2} & 2 \end{vmatrix} = \frac{1}{1} \cdot \left[\frac{8}{3} \cdot 2 - \frac{5}{2} \cdot 1\right] = \frac{16}{3} - \frac{5}{2} = \frac{17}{6}$$

Übereinstimmend folgt mit den Lagrange-Polynomen aus Beispiel 9.1:

$$P(2) = -\frac{1}{12} \cdot (2-1) \cdot (2-3) \cdot (2-4) + \frac{1}{3} \cdot 2 \cdot (2-3) \cdot (2-4) - \frac{1}{2} \cdot 2 \cdot (2-1) \cdot (2-4) + \frac{1}{6} \cdot 2 \cdot (2-1) \cdot (2-3) = -\frac{1}{6} + \frac{4}{3} + 2 - \frac{1}{3} = \frac{-1+8+12-2}{6} = \frac{17}{6}$$ ⌘

9.3.4 Interpolationsformeln nach Newton

Die Interpolationsfunktion $\Phi(x)$ ist auch durch das **Newton'sche Interpolationspolynom** $N(x)$ darstellbar:

$$\Phi(x) = N(x) = b_0 + b_1 \cdot (x - x_0) + b_2 \cdot (x - x_0) \cdot (x - x_1) + \ldots + b_n \cdot (x - x_0) \cdot (x - x_1) \cdot (x - x_2) \cdot \ldots \cdot (x - x_{n-1}) \qquad (9.15)$$

Mit der Interpolationsbedingung $\Phi(x_i) = N(x_i) = y_i$ $(i = 0, 1, \ldots, n)$ folgt ein lineares Gleichungssystem mit $n+1$ Gleichungen für $n+1$ unbekannte Koeffizienten b_i. Einfacher als dessen Lösung ist die Berechnung der Koeffizienten b_i mittels **dividierter Differenzen**:

$$[\![x_i\, x_k]\!] = \frac{y_i - y_k}{x_i - x_k} \qquad (9.16)$$

$$[\![x_i\, x_k\, x_h]\!] = \frac{[\![x_i\, x_k]\!] - [\![x_k\, x_h]\!]}{x_i - x_h} \qquad (9.17)$$

$$[\![x_i\, x_k\, x_h\, x_m]\!] = \frac{[\![x_i\, x_k\, x_h]\!] - [\![x_k\, x_h\, x_m]\!]}{x_i - x_m} \quad \ldots \quad \text{etc.} \qquad (9.18)$$

Damit erhält man für die Koeffizienten:

$$b_0 = y_0 \qquad (9.19)$$

$$b_1 = [\![x_1\, x_0]\!] = \frac{y_1 - y_0}{x_1 - x_0} \qquad (9.20)$$

$$b_2 = [\![x_2\, x_1\, x_0]\!] = \frac{[\![x_2\, x_1]\!] - [\![x_1\, x_0]\!]}{x_2 - x_0} \qquad (9.21)$$

$$b_3 = [\![x_3\, x_2\, x_1\, x_0]\!] = \frac{[\![x_3\, x_2\, x_1]\!] - [\![x_2\, x_1\, x_0]\!]}{x_3 - x_0} \qquad (9.22)$$

$$\vdots \qquad \vdots$$

$$b_n = [\![x_n\, x_{n-1} \ldots x_2\, x_1\, x_0]\!] = \frac{[\![x_n\, x_{n-1} \ldots x_2\, x_1]\!] - [\![x_{n-1} \ldots x_2\, x_1\, x_0]\!]}{x_n - x_0} \qquad (9.23)$$

Insgesamt resultiert folgendes Rechenschema:

i	x_i	y_i			
0	x_0	$y_0 = b_0$			
			$[\![x_1\, x_0]\!] = b_1$		
1	x_1	y_1		$[\![x_2\, x_1\, x_0]\!] = b_2$	
			$[\![x_2\, x_1]\!]$		$[\![x_3\, x_2\, x_1\, x_0]\!] = b_3$
2	x_2	y_2		$[\![x_3\, x_2\, x_1]\!]$	
			$[\![x_3\, x_2]\!]$		
⋮	⋮	⋮	⋮	⋮	⋮

9.4 Stückweise Interpolation mit Splines

9.4.1 Allgemeines

Mit zunehmender Zahl an Stützstellen sind besonders an den Intervallrändern zu Instabilität und Schwingungen neigende Polynome immer höheren Grades nötig (Bild 9.4). Um dies zu vermeiden, setzt man die Interpolationskurve stückweise aus glatten Teilkurven (Splines) zusammen. An den „Nahtstellen" wird die Gleichheit der Funktionswerte, der Steigungen und der Krümmungen gefordert.

9.4.2 Kubische Splines

Kubische Splines (spline = biegsames Kurvenlineal im Schiffsbau) liefern glatte Kurvenverläufe zwischen den Stützstellen. Dazu wird eine Splinefunktion $S(x)$ **stückweise** aus n kubischen Polynomen $P_k(x)$ und $P_{k-1}(x)$ zwischen zwei Stützstellen x_k und x_{k+1} $(k = 0, 1, \ldots, n-1)$ zusammengesetzt, wobei die gleiche Krümmung von $P_k(x)$ und $P_{k-1}(x)$ am Übergangspunkt den glatten Verlauf sichert. Die Splines besitzen 4 unbekannte Parameter a_k, b_k, c_k und d_k [71]:

$$S(x) = P_k(x) = a_k + b_k \cdot (x - x_k) + c_k \cdot (x - x_k)^2 + d_k \cdot (x - x_k)^3 \quad (9.24)$$

$$\text{mit} \quad x \in [x_k, x_{k+1}] \quad \text{und} \quad k = 0, 1, \ldots, n-1$$

Die kubischen Polynome $P_k(x)$ müssen an den Stützstellen x_k die Funktionswerte y_k liefern (Interpolationsbedingung):

$$P_k(x_k) = y_k \qquad k = 0, 1, \ldots, n \quad (9.25)$$

An den Stützstellen x_k müssen das linke und das rechte kubische Polynom aus Stetigkeitsgründen übereinstimmen:

$$P_k(x_k) = P_{k-1}(x_k) \qquad k = 1, 2, \ldots, n \quad (9.26)$$

Die Kurven dürfen an den Stützstellen keinen Knick aufweisen, was die Gleichheit der ersten Ableitungen der beiden Polynome bedingt:

$$P'_k(x_k) = P'_{k-1}(x_k) \qquad k = 1, 2, \ldots, n-1 \quad (9.27)$$

Um glatte Kurven zu erhalten, müssen zudem die Krümmungen der beiden Polynome an den Stützstellen übereinstimmen, was durch die Gleichheit der zweiten Ableitungen gewährleistet wird:

$$P''_k(x_k) = P''_{k-1}(x_k) \qquad k = 1, 2, \ldots, n \quad (9.28)$$

Schließlich sind an den Rändern x_0 und x_n noch Angaben zur die Splinefunktion $S(x)$ nötig. Man unterscheidet dabei [71]:

1. Natürliche kubische Splinefunktion:
   $S''(x_0) = S''(x_n) = 0$
2. Periodische kubische Splinefunktion (Periode $x_n - x_0$):
   $S(x_0) = S(x_n)$; $S'(x_0) = S'(x_n)$; $S''(x_0) = S''(x_n)$
3. Kubische Splinefunktion mit not-a-node/not-a-knot-Randbedingung (Stetigkeit der dritten Ableitungen an den „unechten" Knoten x_1 und x_{n-1}):
   $S_0(x_1) = S_1(x_1)$; $S_{n-2}(x_{n-1}) = S_{n-1}(x_{n-1})$
4. Kubische Splinefunktion mit gegebener erster Randableitung (clamped):
   $S'(x_0) = \alpha$; $S'(x_n) = \beta$
5. Verallgemeinerte natürliche kubische Splinefunktion (kubische Splinefunktion mit gegebener zweiter Randableitung):
   $S''(x_0) = \alpha$; $S''(x_n) = \beta$
6. Kubische Splinefunktion mit gegebener dritter Randableitung:
   $S'''(x_0) = \alpha$; $S'''(x_n) = \beta$

Beispiel 9.3:

⌘ *Wir wollen Beispiel 9.2 nun mit dividierten Differenzen lösen.*

$$[\![x_1\, x_0]\!] = \frac{y_1 - y_0}{x_1 - x_0} = \frac{2-1}{1-0} = \frac{1}{1} = 1$$

$$[\![x_2\, x_1]\!] = \frac{y_2 - y_1}{x_2 - x_1} = \frac{3-2}{3-1} = \frac{1}{2}$$

$$[\![x_3\, x_2]\!] = \frac{y_3 - y_2}{x_3 - x_2} = \frac{2-3}{4-3} = \frac{-1}{1} = -1$$

$$[\![x_2\, x_1\, x_0]\!] = \frac{[\![x_2\, x_1]\!] - [\![x_1\, x_0]\!]}{x_2 - x_0} = \frac{\frac{1}{2} - 1}{3-0} = \frac{-\frac{1}{2}}{3} = -\frac{1}{6}$$

$$[\![x_3\, x_2\, x_1]\!] = \frac{[\![x_3\, x_2]\!] - [\![x_2\, x_1]\!]}{x_3 - x_1} = \frac{-1 - \frac{1}{2}}{4-1} = \frac{-\frac{3}{2}}{3} = -\frac{1}{2}$$

$$[\![x_3\, x_2\, x_1\, x_0]\!] = \frac{[\![x_3\, x_2\, x_1]\!] - [\![x_2\, x_1\, x_0]\!]}{x_3 - x_0} = \frac{-\frac{1}{2} - \left(-\frac{1}{6}\right)}{4-0} = \frac{-\frac{1}{2} + \frac{1}{6}}{4} = \frac{-\frac{3}{6} + \frac{1}{6}}{4} = \frac{-\frac{2}{6}}{4} = -\frac{1}{12}$$

$$b_0 = y_0 = 1$$

$$b_1 = [\![x_1\, x_0]\!] = 1$$

$$b_2 = [\![x_2\, x_1\, x_0]\!] = -\frac{1}{6}$$

$$b_3 = [\![x_3\, x_2\, x_1\, x_0]\!] = -\frac{1}{12}$$

$$\Rightarrow N(x) = 1 + 1 \cdot (x-0) - \frac{1}{6} \cdot (x-0) \cdot (x-1) - \frac{1}{12} \cdot (x-0) \cdot (x-1) \cdot (x-3) = 1 + x - \frac{1}{6} x \cdot (x-1) - \frac{1}{12} x \cdot (x-1) \cdot (x-3)$$

$$N(2) = \frac{17}{6}$$ ⌘

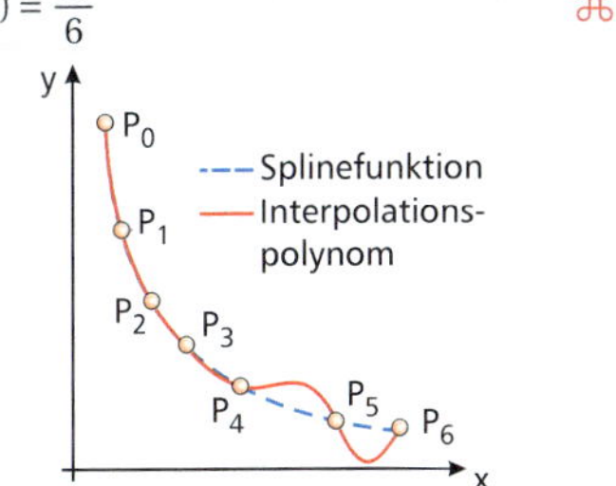

Bild 9.4: *Schwingungsneigung von Interpolationspolynomen gegenüber Splinefunktionen.*

Während sich die Koeffizienten a_k direkt aus den Stützwerten ergeben, resultiert ein lineares Gleichungssystem für die Koeffizienten c_k, aus denen dann b_k und d_k berechnet werden können.

Für die **natürliche kubische Splinefunktion** gilt:

$$a_k = y_k \qquad k=0,1,\dots,n \tag{9.29}$$

$$h_k = x_{k+1} - x_k \qquad k=0,1,\dots,n-1 \tag{9.30}$$

$$c_0 = c_n = 0 \tag{9.31}$$

$$2\,(h_0+h_1)\cdot c_1 + h_1\cdot c_2 = 3\,\frac{a_2-a_1}{h_1} - 3\,\frac{a_1-a_0}{h_0} \qquad k=1 \tag{9.32}$$

$$h_{k-1}\cdot c_{k-1} + 2\,(h_{k-1}+h_k)\cdot c_k + h_k\cdot c_{k+1} = 3\,\frac{a_{k+1}-a_k}{h_k} - 3\,\frac{a_k-a_{k-1}}{h_{k-1}} \qquad k=2,3,\dots,n-2 \quad (n\ge 4) \tag{9.33}$$

$$h_{n-2}\cdot c_{n-2} + 2\,(h_{n-2}+h_{n-1})\cdot c_{n-1} = 3\,\frac{a_n-a_{n-1}}{h_{n-1}} - 3\,\frac{a_{n-1}-a_{n-2}}{h_{n-2}} \qquad k=n-1 \tag{9.34}$$

$$b_k = \frac{a_{k+1}-a_k}{h_k} - \frac{h_k}{3}\cdot(c_{k+1}+2\,c_k) \qquad k=0,1,\dots,n-1 \tag{9.35}$$

$$d_k = \frac{c_{k+1}-c_k}{3\,h_k} \qquad k=0,1,\dots,n-1 \tag{9.36}$$

Das resultierende LGS $\mathbf{A}\cdot\vec{c}=\vec{g}$ für die Koeffizienten c_i mit tridiagonaler Koeffizientenmatrix $\mathbf{A}$ ist grundsätzlich mit dem Gauß'schen Algorithmus aus Abschnitt 7.3 bzw. einfacher mit einem speziellen **Tridiagonal-Solver** (Thomas-Algorithmus [82], TDMA) lösbar (vgl. Aufgabe 9.11).

Bei **kubischer Splinefunktion mit gegebenen ersten Randableitungen** gelten die Gln. (9.29), (9.35) und (9.36) unverändert weiter. Statt der Gln. (9.31)–(9.34) sind die Gln. (9.37)–(9.40) zu verwenden [71]:

$$c_0 = \frac{1}{2\,h_0}\cdot\left(\frac{3\,(a_1-a_0)}{h_0} - 3\,\alpha - h_0\cdot c_1\right) \qquad k=0 \tag{9.37}$$

$$c_n = -\frac{1}{2\,h_{n-1}}\cdot\left(\frac{3\,(a_n-a_{n-1})}{h_{n-1}} - 3\,\beta + c_{n-1}\cdot h_{n-1}\right) \qquad k=n \tag{9.38}$$

$$\left(\frac{3\,h_0}{2} + 2\,h_1\right)\cdot c_1 + h_1\cdot c_2 = 3\cdot\left(\frac{a_2-a_1}{h_1} - \frac{3\,(a_1-a_0)}{2\,h_0} + \frac{3\,\alpha}{2}\right) \qquad k=1 \tag{9.39}$$

$$\left(2\,h_{n-2} + \frac{3\,h_{n-1}}{2}\right)\cdot c_{n-1} + h_{n-2}\cdot c_{n-2} = 3\cdot\left(\frac{3\,(a_n-a_{n-1})}{2\,h_{n-1}} - \frac{\beta}{2} - \frac{a_{n-1}-a_{n-2}}{h_{n-2}}\right) \qquad k=n-1 \tag{9.40}$$

9.4.3 Scilab-Funktion `splin`

Die Funktion `splin` gestattet die Berechnung der Steigungen `slope` einer kubischen Splinefunktion für gegebene Stützpunkte `x` und `y`:

```
slope = splin(x, y [, spline_type [, deriv]])
```

Im String `spline_type` ist der Typ der Splinefunktion (`"not_a_knot"` (voreingestellt), `"clamped"`, `"natural"`, `"periodic"`, `"monotone"`, `"fast"`, `"fast_periodic"`) festgelegt. `deriv` ist ein Vektor, der beim Typ `"clamped"`, die Werte der Randableitungen angibt. Der Vektor `slope` enthält die Ableitungen der Splinefunktion an den Stützstellen x_i. Das Tripel (`x, y, slope`) definiert damit die Splinefunktion vollständig.

Um die kubische Spline-Interpolation durchzuführen, ist anschließend die Scilab-Funktion `interp` aufzurufen:

```
[yp [, yp1 [, yp2 [, yp3]]]]=interp(xp, x, y, slope [, out_mode])
```

Der Vektor `xp` enthält die Stützstellen der Interpolation, die Stützwerte werden im Vektor `yp` zurückgegeben. Die Vektoren `yp1`, `yp2` und `yp3` enthalten ggf. die Ableitungen der Splinefunktion. `x` und `y` sind die Punktkoordinaten, an denen die kubische Splinefunktion zuvor mit `splin` berechnet wurde, während `slope` die berechneten Steigungen beinhaltet. Im optionalen String `out_mode` kann angegeben werden, wie die Extrapolation der Splinefunktion außerhalb des Intervalls $[a;b]$ erfolgen soll.

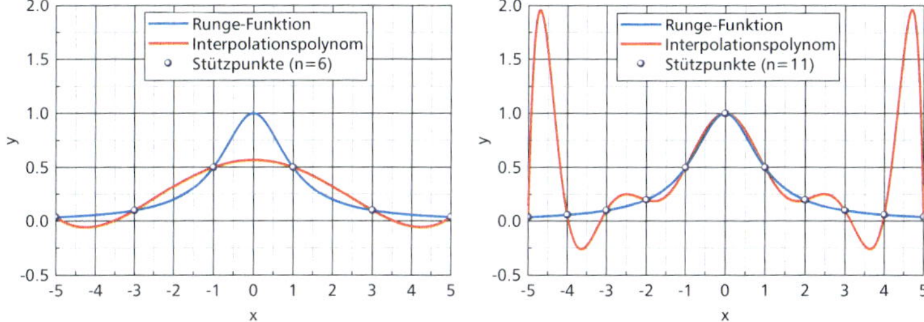

Bild 9.5: *Klassische Interpolation der Runge-Funktion mit 6 bzw. 11 Stützpunkten.*

Wie Bild 9.5 ausweist, ist die Runge-Funktion ein gutes Beispiel, das die Nachteile von Interpolationspolynomen verdeutlicht. Die durchgeführte Spline-Interpolation (Bild 9.6) liefert wesentlich bessere Ergebnisse.

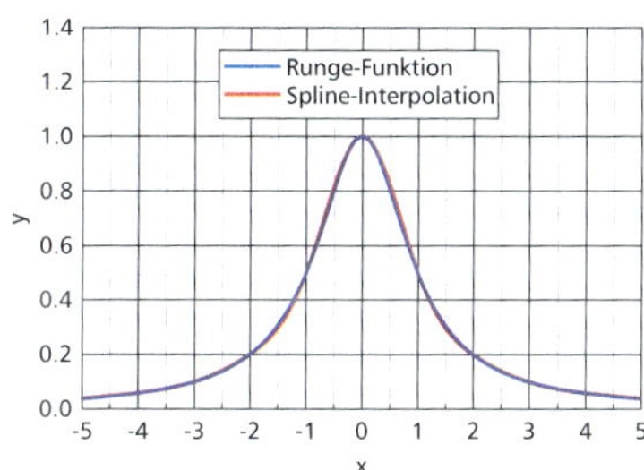

Bild 9.6: *Interpolation der Runge-Funktion mit kubischen Splines.*

Beispiel 9.4:

⌘ *Mit Unterstützung von Scilab wollen wir die nach C. Runge [81] benannte Funktion* $f(x)=\dfrac{1}{1+x^2}$ *im Intervall* $[-5;5]$ *mit kubischen Splines interpolieren.*

```
deff('y=Runge(x)','y=1./(1+x.^2)')
  // Runge-Funktion
a=-5; b=5; // Intervallgrenzen
n=11; // Anzahl Stützpunkte
x=linspace(a,b,n)'; // x-Werte
  // (Spaltenvektor!)
y=Runge(x); // y-Werte
d=splin(x,y); // Steigungen der Splines
m=400; // Punkteanzahl für Plot
xs=linspace(a,b,m)'; // Stützstellen
yint=interp(xs,x,y,d);
  // Spline-Interpolation
yex=Runge(xs); // y-Werte Funktion
plot2d(x,[yint yex],style=[2 5],..
  leg='Spline@Exakte Funktion');
  // interpolierte Kurve
plot2d(x,y,-9); // Stützpunkte
xtitle('Interpolation der '+ ..
  'Runge-Funktion');
  // Diagrammtitel
```
⌘

9.5 Aufgaben zum Selbststudium

▶ Aufgabe 9.1:

Ermitteln Sie die quadratische Funktion $p(x) = ax^2 + bx + c$, die die Funktion $y = f(x) = x^4$ bei $x = -1$, $x = 0$ und $x = 1$ interpoliert.

▶ Aufgabe 9.2:

Gegeben sind die Stützpunkte $(-2;-23)$, $(0;-1)$, $(2;5)$ und $(3;17)$.

(a) Bestimmen Sie das zugehörige Newton'sche Interpolationspolynom mithilfe dividierter Differenzen.

(b) Welcher Wert wird bei $x=1$ erreicht?

▶ Aufgabe 9.3:

Zwischen den Punkten $P_0\,(1{,}792;336{,}87)$ und $P_1\,(1{,}822;346{,}80)$ soll der Wert für $X = 1{,}799$ mittels Lagrange-Polynom $\Phi(X) = L(X)$ bestimmt werden.

▶ Aufgabe 9.4:

Die Stützpunkte $P_0(3;2{,}5)$, $P_1(4{,}5;1)$ und $P_2(7;2{,}5)$ sollen durch natürliche kubische Spline-Funktionen interpoliert werden. Berechnen Sie dazu die entsprechenden Koeffizienten.

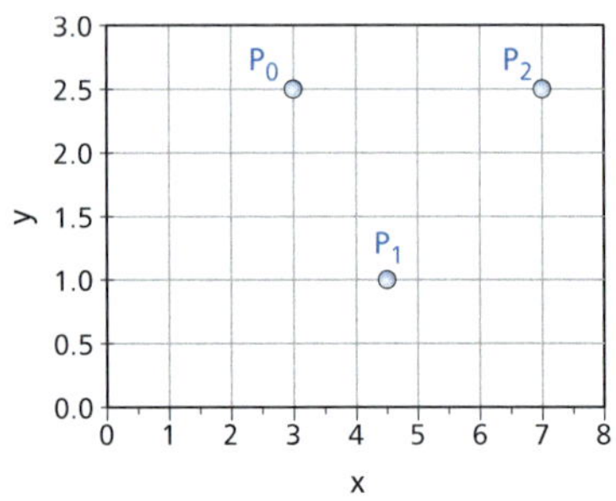

Bild 9.7: *Stützpunkte von Aufgabe 9.4.*

▶ Aufgabe 9.5:

Die Stützpunkte $S_0(0;1)$, $S_1(1;2)$ und $S_2(3;1)$ sind durch natürliche kubische Spline-Funktionen zu interpolieren. Berechnen Sie in nachvollziehbarer Weise deren Koeffizienten.

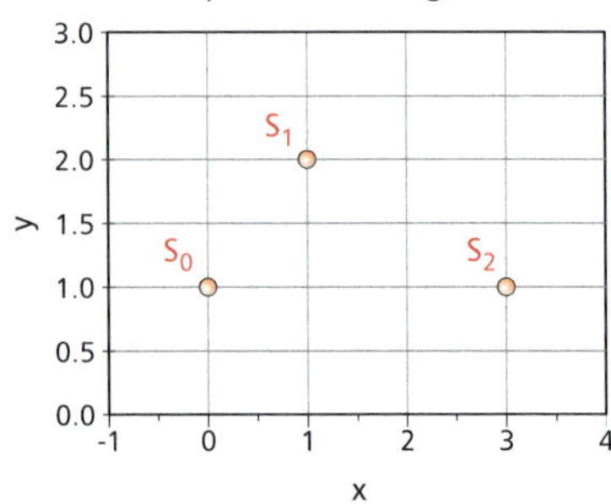

Bild 9.8: *Stützpunkte von Aufgabe 9.5.*

▶ Aufgabe 9.6:

(a) Erstellen Sie auf Basis eines programmnahen Struktogramms den kommentierten Code der Scilab-Funktion `Horner1(c,xi)`, die ein Polynom mit den Koeffizienten c_k gemäß Gl. (9.4) an der Stelle `xi` auswertet.

(b) Erstellen Sie den kommentierten Code der Scilab-Funktion `Horner2(c,x)`, die ein Polynom mit den Koeffizienten c_k gemäß Gl. (9.4) an allen Stellen des Vektors `x` auswertet.

(c) Erstellen Sie den kommentierten Code der Scilab-Funktion `DrawPoly(c,a,b,n)`, die das Polynom mit den Koeffizienten c_k im Intervall $[a;b]$ an n Punkten mittels Horner-Schema aus Teilaufgabe (b) auswertet und anschließend plottet. Testen Sie den Code für `c=[-4,5,-3,-3,1]; a=-3; b=4; n=101.`

▶ Aufgabe 9.7:

Erstellen Sie den Code der Scilab-Funktion `AitkenNeville(x,y,X)`, die zu einem übergebenen Datensatz `(x,y)` und der Interpolationsstelle `X` die linearen Interpolationspolynome P_{ij}`(X)` berechnet und in der Matrix `P` zurückgibt. Beachten Sie dabei, dass Felder in Scilab mit dem Index 1 beginnen, nicht mit 0.

► Aufgabe 9.8:

Erstellen Sie den Code der Scilab-Funktion `Lagrange(x,y,X)`, die zu übergebenen Datensatzvektoren `x` und `y` und der Interpolationsstelle `X` den interpolierten Wert `Y` mithilfe entsprechender Lagrange-Polynome berechnet und zurückgibt. Prüfen Sie dabei auch, ob die Datensatzvektoren dieselbe Länge besitzen. Testen Sie den Programmcode mithilfe von Beispiel 9.1.

► Aufgabe 9.9:

Erstellen Sie den Code der Scilab-Funktion `NewtonIntpol(x,y,X)`, die zu einem übergebenen Datensatz `(x,y)` und der Interpolationsstelle `X` den interpolierten Wert `Y` mithilfe dividierter Differenzen nach Newton berechnet und zurückgibt. Testen Sie den Programmcode an Beispiel 9.2.

► Aufgabe 9.10:

(a) Erstellen Sie einen strukturierten Scilab-Code, der in den als Matrix `Data` abgespeicherten Daten `x=Data(:,1); y=Data(:,2)` zur übergebenen Interpolationsstelle `X` zwei benachbarte Werte `x1` und `x2` findet und eine lineare Interpolation ausführt.

(b) Testen Sie den Code mit dem Datensatz der spezifischen Enthalpie h von Wasser aus Tabelle 9.3, indem Sie mit der Zufallsfunktion `rand()` eine beliebige Temperatur $0\,°\mathrm{C} \le \vartheta \le 99{,}606\,°\mathrm{C}$ auswählen.

Tabelle 9.3: *Spezifische Enthalpie von Wasser bei* $p = 1$ bar *[83].*

ϑ (°C)	h (kJ/kg)	ϑ (°C)	h (kJ/kg)
0	0,05966	26	109,11
1	4,2774	28	117,47
2	8,4918	30	125,83
3	12,703	32	134,19
4	16,912	34	142,55
5	21,118	36	150,91
6	25,322	38	159,27
7	29,524	40	167,62
8	33,723	42	175,98
9	37,921	44	184,34
10	42,117	46	192,70
11	46,312	48	201,05
12	50,505	50	209,41
13	54,697	55	230,31
14	58,888	60	251,22
15	63,078	65	272,14
16	67,266	70	293,07
17	71,454	75	314,02
18	75,641	80	334,99
19	79,827	85	355,98
20	84,012	90	376,99
22	92,380	95	398,03
24	100,75	99,606	417,44
25	104,93		

► Aufgabe 9.11:

Implementieren Sie mit dem in der Randspalte angegebenen Pseudocode den **Thomas-Algorithmus** [82] zur Lösung tridiagonaler linearer Gleichungssysteme:

$$\mathbf{A}\cdot\vec{x} = \vec{b} \qquad \text{mit} \quad \mathbf{A} = \begin{pmatrix} d_1 & c_1 & & & \\ e_2 & d_2 & c_2 & & \\ & \ddots & \ddots & \ddots & \\ & & e_{n-1} & d_{n-1} & c_{n-1} \\ & & & e_n & d_n \end{pmatrix} \tag{9.41}$$

Pseudocode des Thomas-Algorithmus zur Lösung eines linearen Gleichungssystems mit tridiagonaler Koeffizientenmatrix $\mathbf{A}$ [71]:

1. Zerlegung $\mathbf{A} = \mathbf{L}\cdot\mathbf{U}$:

$\alpha_1 = d_1; \qquad \gamma_1 = \dfrac{c_1}{\alpha_1}$

Für $i = 2,\ldots,n-1$

$\quad \alpha_i = d_i - e_i\cdot\gamma_{i-1}$

$\quad \gamma_i = \dfrac{c_i}{\alpha_i}$

2. Vorwärtselimination: $\vec{b} = \mathbf{L}\cdot\vec{r}$

$r_1 = \dfrac{b_1}{d_1}$

Für $i = 2,\ldots,n$

$\quad r_i = \dfrac{b_i - e_i\cdot r_{i-1}}{\alpha_i}$

3. Rückwärtseinsetzen: $\mathbf{U}\cdot\vec{x} = \vec{r}$

$x_n = r_n$

Für $i = n-1, n-2, \ldots, 1$

$\quad x_i = r_i - \gamma_i\cdot x_{i+1}$

► Aufgabe 9.12:

Leiten Sie zur Berechnung der Koeffizienten c_k ($k = 0,1,\ldots,n$) der natürlichen kubischen Splines $S_k(x)$ mit $n+1$ Knoten $K_k\,(x_k; y_k)$ die Matrix $\mathbf{A}$ und die rechte Seite $\vec{g}$ ab.

► Aufgabe 9.13:

Ein Datensatz $w_{i,j} = w(x_i, y_j)$ liegt an diskreten Punkten x_i ($0 \le i \le n$) und y_j ($0 \le j \le m$) vor. Durch zweidimensionale lineare Interpolation erhält man den Zwischenwert W zu X und Y als:

$$W = (1-\xi)(1-\eta)\cdot w_{i,j} + \eta\,(1-\xi)\cdot w_{i,j+1} + \xi\,(1-\eta)\cdot w_{i+1,j} + \xi\,\eta\cdot w_{i+1,j+1} \tag{9.42}$$

$$\text{mit} \quad \xi = \frac{X - x_i}{x_{i+1} - x_i} \quad \text{und} \quad \eta = \frac{Y - y_i}{y_{i+1} - y_i}$$

Kommentieren Sie den Code der Scilab-Funktion `LinIntpol2D(w,X,Y)`, die die Interpolation gemäß Gl. (9.42) erledigt.

10 Differenzialgleichungen

»Science is a differential equation.
Religion is a boundary condition.«

(Alan Turing)

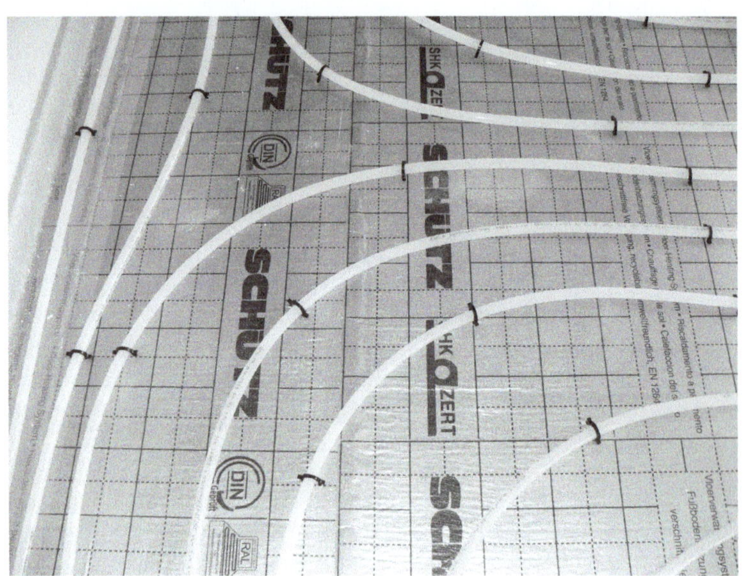

Lernziele

Viele ingenieur- und naturwissenschaftliche Modelle führen auf Differenzialgleichungen, für die wir mangels analytischer Lösungen auf numerische Lösungen zurückgreifen müssen.

Für Anfangswertprobleme gewöhnlicher Differenzialgleichungen lernen wir die Verfahren von Euler-Cauchy, Heun, Runge-Kutta und Adams-Moulton sowie die Scilab-Funktion `ode` kennen und übertragen diese Methoden auf Differenzialgleichungen höherer Ordnung.

Wir beschäftigen uns auch mit den wichtigsten Wachstumsmodellen zur quantitativen Beschreibung der Populationsdynamik.

Am Beispiel der ein- und mehrdimensionalen Wärmeleitung lernen wir das Verfahren der Finiten Differenzen zur Lösung von Randwertproblemen partieller Differenzialgleichungen kennen und setzen es auch bei Fragestellungen aus anderen Gebieten erfolgreich ein.

10.1 Anfangswertprobleme

Anfangswertprobleme (AWP, initial value problems, IVP) stellen zeitliche Probleme mit einer oder mehreren Anfangsbedingungen (AB) dar, die den anfänglichen Zustand des betrachteten Systems beschreiben. Anfangswertprobleme sind von den Abschnitt 10.3 behandelten Randwertproblemen zu unterscheiden.

10.1.1 Richtungsfeld und Isoklinen

Meist kommt in Bilanzen die Zeitableitung[62] in der ersten Ordnung derart vor, dass wir die zugehörige Differenzialgleichung (Dgl.) explizit danach auflösen können:

$$y'(x) = f\left(x, y(x)\right) = f(x,y) \tag{10.1}$$

Damit liegt für jeden Punkt $(x;y)$ der noch unbekannten Funktion $y(x)$ die Steigung fest. Nähern wir die Kurve punktweise durch ein infinitesimales Linienelement (kurzes Geradenstück mit jeweiliger Steigung) an, lässt sich damit die Richtung der gesuchten Lösungsfunktion $y(x)$ grafisch visualisieren. Von einem bekannten Anfangspunkt aus werden die Linienelemente aneinandergereiht, so dass wir das **Richtungsfeld** der Differenzialgleichung erhalten. Die in den jeweiligen Punkten der x,y-Ebene gezeichneten Richtungspfeile der Steigung $f(x,y)$ geben dabei die Richtung der Lösungskurve an. Die Lösungskurven der Differenzialgleichung verlaufen dann stets tangential zu den Richtungen der Pfeile im Richtungsfeld. Ohne Berücksichtigung einer Anfangsbedingung repräsentiert das Richtungsfeld stets eine Kurvenschar, wie es der allgemeinen Lösung der Differenzialgleichung entspricht.

Isoklinen verbinden als Kurven gleicher Neigung alle Punkte mit gleicher Linienelementrichtung. Wir erhalten sie aus der Differenzialgleichung, indem wir $y' = c = \text{const.}$ als Parameter einführen. Damit gelingt die Visualisierung von $f(x,y)$ durch Zeichnen eines Vektorpfeils $\vec{v} = \begin{pmatrix} 1 \\ f(x,y) \end{pmatrix}$ am Punkt $(x;y)$. Die Pfeile geben die Richtung $\begin{pmatrix} 1 \\ y'(x) \end{pmatrix}$ der Tangente und damit die Steigung der Lösungskurve im betrachteten Punkt an.

Der in Beispiel 10.1 gelistete Scilab-Code der Funktion `VectorPlot` ermöglicht die Darstellung des **Richtungsfelds** einer Differenzialgleichung als Vektorplot. Die Punkte `(x1, y1)` und `(x2, y2)` legen dabei den zu zeichnenden Ausschnitt der x,y-Ebene fest. `nx, ny` gibt die Anzahl der Unterteilungen in x- bzw. y-Richtung an. Die Funktion `f` beschreibt die Steigung der Lösungskurve entsprechend der Differenzialgleichung.

Beispiel 10.1:

⌘ *Die Funktion* `VectorPlot` *gestattet die Darstellung des Richtungsfelds einer Dgl.*

```
function VectorPlot(f,x1,x2,y1, ..
                    y2,nx,ny)
  x=linspace(x1,x2,nx);
  y=linspace(y1,y2,ny);
  fx=ones(nx,ny);
  fy=zeros(nx,ny);
  for i=1:ny
    for j=1:nx
      fy(i,j)=f(x(i),y(j));
    end
  end
  champ(x,y,fx,fy,1.0, ..
        [x1,y1,x2,y2])
  // Vektorfeld zeichnen
endfunction
```

⌘

10.1.2 Euler-Cauchy-Verfahren

Wir betrachten das AWP 1. Ordnung:

$$y'(x) = f\left(x, y(x)\right) \qquad \text{mit der Anfangsbedingung} \qquad y(a) = \alpha \tag{10.2}$$

[62] Im folgenden wird o.B.d.A. die Zeit t mit der Variable x bezeichnet.

Bild 10.1: *Leonhard Euler (1707–1783, links) und Augustin-Louis Cauchy (1789–1857, rechts).*

Gl. (10.4) erinnert an die Definition des Differenzialquotienten [3]:

$$y'(x) = \lim_{h\to 0} \frac{y(x+h)-y(x)}{(x+h)-x} = \lim_{h\to 0} \frac{y(x+h)-y(x)}{h} \quad (10.5)$$

Während beim Differenzialquotient der Grenzübergang $h \to 0$ vollzogen wird, bleibt die Schrittweite beim Differenzenquotienten endlich ($h > 0$).

Das nach Leonhard Euler und Augustin-Louis Cauchy benannte Verfahren (Euler'sches Polygonzugverfahren, explizites Euler-Verfahren, Einzelschrittverfahren) unterteilt das betrachtete Zeitintervall $[a;b]$ in Abschnitte der konstanten **Schrittweite** h (äquidistantes = gleichabständiges Gitter)

$$h = \frac{b-a}{n} \quad (10.3)$$

und diskretisiert die im AWP vorkommende erste Ableitung $y'(x)$ an der Stelle x_k mit einer **Vorwärts-Differenz** (Differenzenquotient):

$$y'(x_k) \approx \frac{y(x_k+h)-y(x_k)}{h} = \frac{y_{k+1}-y_k}{h} \quad (10.4)$$

Einsetzen dieses Differenzenquotienten in die Differenzialgleichung (10.2) liefert:

$$\frac{y(x_k+h)-y(x_k)}{h} \approx f\left(x_k, y(x_k)\right) \quad (10.6)$$

Durch Auflösen nach dem unbekannten Funktionswert $y(x_k+h)$ erhalten wir:

$$y(x_k+h) \approx y(x_k) + h\cdot f\left(x_k, y(x_k)\right) \quad \text{bzw.} \quad y_{k+1} \approx y_k + h\cdot f\left(x_k, y_k\right) \quad (10.7)$$

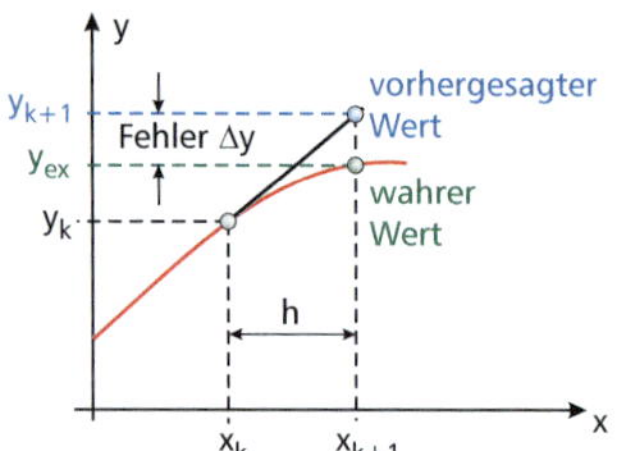

Bild 10.2: *Euler-Cauchy-Verfahren zur Berechnung des rechtsseitigen Funktionswerts.*

Mit Gl. (10.7) kann der unbekannte rechtsseitige Funktionswert y_{k+1} aus dem bekannten linksseitigen Funktionswert y_k näherungsweise berechnet werden. Gemäß Bild 10.2 bewegen wir uns bei dieser Approximation nicht auf der (unbekannten) Lösungskurve (rote Kurve), sondern auf der Tangente (schwarze Linie) um ein endliches Stück h in x-Richtung weiter.

Dabei entsteht ein umso größerer Fehler Δy, je stärker die Krümmung der exakten Lösung $y(x)$ und je größer die Schrittweite h ist. Da der neue Funktionswert y_{k+1} direkt aus dem alten Funktionswert y_k berechnet werden kann, sprechen wir von einem **expliziten** Verfahren.

Dem Vorteil des Euler-Cauchy-Verfahrens, schnell und einfach programmierbar zu sein, steht der Nachteil gegenüber, dass in der Regel kleine Schrittweiten erforderlich sind, um den Fehler zwischen vorhergesagter und tatsächlicher Lösung nicht zu groß werden zu lassen (vgl. Bild 10.3). Das Euler-Cauchy-Verfahren besitzt die Konvergenzordnung $p=1$.

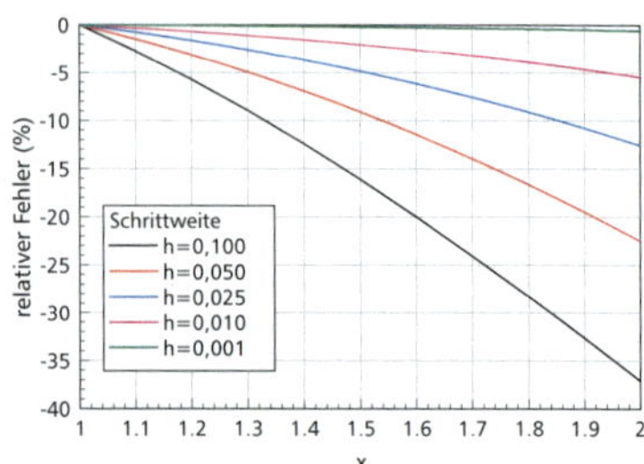

Bild 10.3: *Relativer Fehler des Euler-Cauchy-Verfahrens bei der Lösung der Differenzialgleichung $y' - 2xy = 0$.*

Nehmen wir die Stelle x_{k+1} wieder als Ausgangspunkt einer Tangente, können wir daraus den Funktionswert y_{k+2} an der Stelle x_{k+2} berechnen:

$$y(x_{k+1}+h) \approx y(x_{k+1}) + h\cdot f\left(x_{k+1}, y(x_{k+1})\right) \quad \text{bzw.} \quad y_{k+2} \approx y_{k+1} + h\cdot f\left(x_{k+1}, y_{k+1}\right) \quad (10.8)$$

Programmtechnisch ist es daher einfach, die Berechnung in eine bei $x=a$ beginnende und bis $x=b$ laufende Schleife zu fassen. Die Lösungskurve ergibt sich dann als Polygonzug, weshalb das Euler-Cauchy-Verfahren auch den Namen „Polygonzugverfahren" trägt.

10.1.3 Verfahren von Heun

Das nach Karl Heun benannte Verfahren der Konvergenzordnung $p=2$ verwendet demgegenüber einen Mittelwert des Differenzenquotienten (mittlere Steigung):

$$y'(x_k) \approx \frac{\overline{y}_{k+1} - y_k}{h} \quad \text{mit} \quad \overline{y}_{k+1} = \frac{y_{k+1}^{EC} + y_{k+1}^{*}}{2} \tag{10.9}$$

Der mit dem Euler-Cauchy-Verfahren berechnete Wert (Index EC)

$$y_{k+1}^{EC} = y_k + h \cdot f(x_k, y_k) \tag{10.10}$$

dient als Schätzwert für die Berechnung des Funktionswerts:

$$y_{k+1}^{*} = y_k + h \cdot f(x_{k+1}, y_{k+1}^{EC}) \tag{10.11}$$

Der gesuchte unbekannte Funktionswert $y_{k+1} = y(x_k + h)$ ergibt sich als Mittelwert:

$$\overline{y}_{k+1} = \frac{y_{k+1}^{EC} + y_{k+1}^{*}}{2} = y_k + h \cdot \frac{f(x_k, y_k) + f(x_{k+1}, y_{k+1}^{EC})}{2} \tag{10.12}$$

Mit den Steigungen $k_1 = f(x_k, y_k)$ und $k_2 = f(x_k + h, y_k + h \cdot k_1)$ erhalten wir in alternativer Notation:

$$\overline{y}_{k+1} = y_k + h \cdot \frac{k_1 + k_2}{2} \tag{10.13}$$

Der Schätzwert y_{k+1}^{*} wird im **Prädiktor-Schritt** (10.11) berechnet, $\overline{y}_{k+1}$ im **Korrektur-Schritt** (10.12), weshalb das Heun-Verfahren zu den **Prädiktor-Korrektor-Verfahren** zählt. Wie der Vergleich der Bilder 10.3–10.5 zeigt, ist das Heun-Verfahren genauer als das Euler-Cauchy-Verfahren, aber weniger genau als das Runge-Kutta-Verfahren.

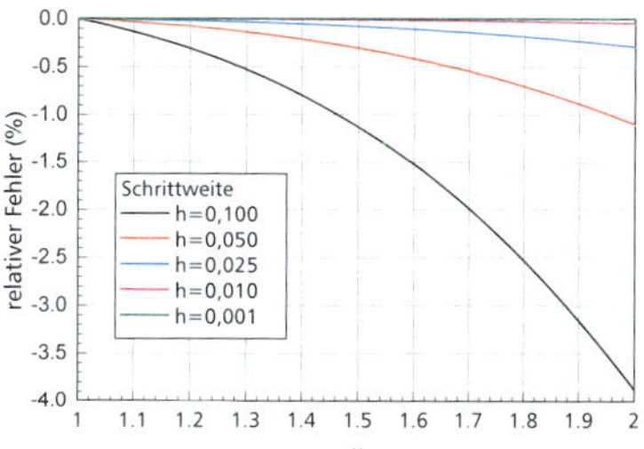

Bild 10.4: *Relativer Fehler des Heun-Verfahrens bei der Lösung der Differenzialgleichung $y' - 2xy = 0$.*

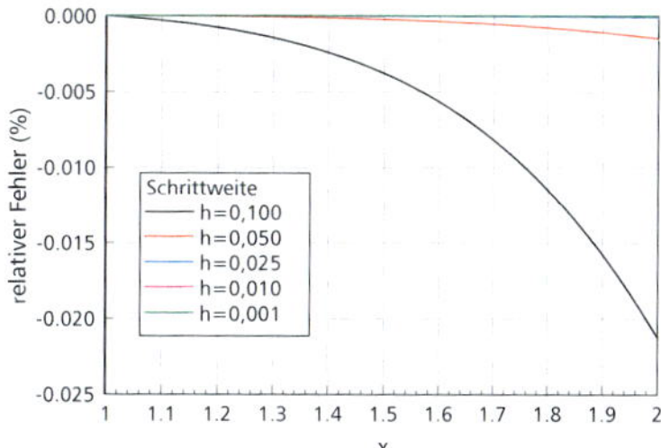

Bild 10.5: *Relativer Fehler des Runge-Kutta-Verfahrens bei der Lösung der Differenzialgleichung $y' - 2xy = 0$.*

10.1.4 Runge-Kutta-Verfahren 4. Ordnung

Während andere Einschrittverfahren, wie die Mittelpunktsregel oder das Heun-Verfahren, die Steigung im Richtungsfeld an Zwischenpunkten auswerten, steht mit dem **Runge-Kutta-Verfahren** 4. Ordnung [84] ein Verfahren der Konvergenzordnung $p=4$ zur Verfügung. Es gilt als bester Kompromiss zwischen Programmieraufwand, Rechenzeit und numerischer Genauigkeit.

Wie das Euler-Cauchy-Verfahren schließt auch das Runge-Kutta-Verfahren von einem bekannten Punkt $(x; y(x))$ des AWPs auf einen neuen Punkt $(x+h; y(x+h))$. Allerdings wird eine repräsentative Steigung durch Mittelung der Steigung an verschiedenen extrapolierten Punkten gewonnen (Bild 10.7), während das Euler-Cauchy-Verfahren nur die Steigung am Anfangspunkt verwendet (Bild 10.2):

$$k_1 = f(x_k, y_k) \tag{10.14}$$

$$k_2 = f\left(x_k + \frac{h}{2}, y_k + \frac{k_1}{2}\right) \tag{10.15}$$

$$k_3 = f\left(x_k + \frac{h}{2}, y_k + \frac{k_2}{2}\right) \tag{10.16}$$

$$k_4 = f(x_k + h, y_k + k_3) \tag{10.17}$$

$$y_{k+1} \approx y_k + h \cdot \frac{k_1 + 2k_2 + 2k_3 + k_4}{6} \tag{10.18}$$

Bild 10.6: *Karl Heun (1859–1929, links), Carl David Tolmé Runge (1856–1927, Mitte) und Martin Wilhelm Kutta (1867–1944, rechts).*

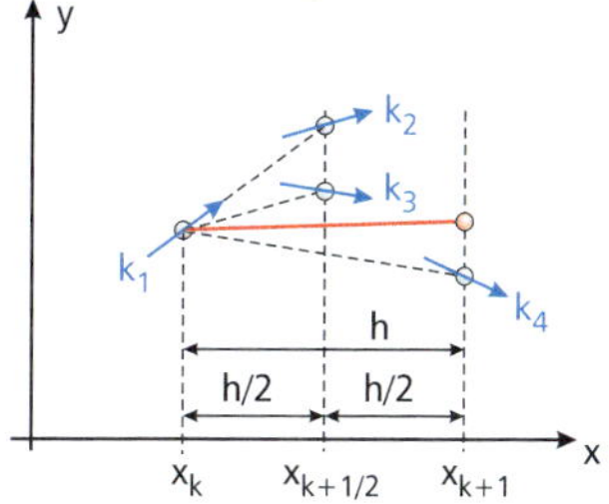

Bild 10.7: *Gemittelte Steigungen beim Runge-Kutta-Verfahren 4. Ordnung.*

Bild 10.8: *John Cough Adams (1819–1892, links) und Forest Ray Moulton (1872–1952, rechts).*

10.1.5 Mehrschrittverfahren von Adams-Moulton

Im Unterschied zu den Einschrittverfahren von Euler-Cauchy, Heun sowie Runge-Kutta nutzen **Mehrschrittverfahren** die Informationen aus den zuvor bereits errechneten Stützpunkten. Sie besitzen deshalb in Bezug auf Kosten und Konvergenz Vorteile.

Das im folgenden vorgestellte Verfahren von Adams-Moulton [71] arbeitet in zwei Schritten. Im **Prädiktor-Schritt** (Index P, nach Adams-Bashforth) wird ein Schätzwert ermittelt. Im nachfolgenden **Korrektor-Schritt** (Index K, nach Adams-Moulton) wird die Anfangsapproximation mithilfe anderer Mittelwerte für die Steigung verfeinert. Die Schrittweite beträgt wieder h.

1. Prädiktor-Schritt (Adams-Bashforth):

$$y_{\mathrm{k}+1}^{(\mathrm{P})} = y_{\mathrm{k}} + \frac{h}{24} \cdot \left[55\, f_{\mathrm{k}} - 59\, f_{\mathrm{k}-1} + 37\, f_{\mathrm{k}-2} - 9\, f_{\mathrm{k}-3}\right] \tag{10.19}$$

Dabei bezeichnet f_{k} den Funktionswert von f an der Stelle $(x_{\mathrm{k}}, y_{\mathrm{k}})$, $f_{\mathrm{k}-1}$ an der Stelle $(x_{\mathrm{k}-1}, y_{\mathrm{k}-1})$ etc.

2. Korrektor-Schritt (Adams-Moulton):

$$y_{\mathrm{k}+1} = y_{\mathrm{k}} + \frac{h}{24} \cdot \left[9\, f_{\mathrm{k}+1}^{(\mathrm{P})} + 19\, f_{\mathrm{k}} - 5\, f_{\mathrm{k}-1} + f_{\mathrm{k}-2}\right] \tag{10.20}$$

Dabei stellt $f_{\mathrm{k}+1}^{(\mathrm{P})} = f(x_{\mathrm{k}+1}, y_{\mathrm{k}+1}^{(\mathrm{P})})$ den Wert aus dem Prädiktor-Schritt dar.

Für weitere Adams-Moulton-Verfahren wird auf die Literatur verwiesen (z. B. [71], [85]).

10.1.6 Scilab-Funktion `ode`

Mit der Funktion `ode` (ordinary differential equation) sind Anfangswertprobleme bei gewöhnlichen Differenzialgleichungen $\frac{\mathrm{d}y}{\mathrm{d}x} = f(x,y)$ sowie bei Systemen gewöhnlicher Differenzialgleichungen $\frac{\mathrm{d}\vec{y}}{\mathrm{d}x} = f(x,\vec{y})$ lösbar.

```
y = ode([type,] y0, x0, x, f)
```

Dabei ist `y0=y(x0)` die Anfangsbedingung, `x` der Vektor der x-Werte ($x \mathrel{\widehat{=}} t$) und `f` die Funktion aus der zugehörigen Differenzialgleichung. Über den optionalen Parameter `type` kann das Berechnungsverfahren `"adams"` (Adams-Verfahren für nichtsteife Probleme), `"stiff"` (Backward Differentiation Formula für steife Probleme[63]), `"rk"` (adaptives Runge-Kutta-Verfahren 4. Ordnung), `"rkf"` (Kombination von Runge-Kutta-Verfahren 4. und 5. Ordnung nach Fehlberg), `"fix"` (wie `"rkf"`, aber mit einfacher Oberfläche), `"discrete"` (diskrete Zeitsimulation) oder `"root"` (Solver mit eingebauter Nullstellensuche) aus dem Paket `ODEPACK` ausgewählt werden. Weitere Aufrufparameter sind u. a. `rtol` (relative Toleranz), `atol` (absolute Toleranz), `jac` (Jacobi-Matrix). Details hierzu enthält die Scilab-Hilfe [28].

Beispiel 10.2:

⌘ *Die gewöhnliche nichtlineare Differenzialgleichung $y' = y^2 - 2\,y \cdot \sin x$ mit der AB $y(x=0) = 0$ kann mit folgendem Scilab-Code gelöst werden:*

```
function yp=f(x,y)
  yp=y^2-2*y*sin(x);
endfunction

y0=0;
x0=0;
x=x0:0.1:10;
y=ode(y0,x0,x,f);
```
⌘

[63] Bei steifen Differenzialgleichungssystemen zeigen die Lösungsfunktionen ein stark unterschiedliches Wachstumsverhalten, so dass Stabilitätsanforderungen die Schrittweite bestimmen. Implizite Verfahren (z. B. BDF) sind bei steifen Anfangswertproblemen effizienter als explizite.

10.1.7 Differenzialgleichungen höherer Ordnung

Die in den vorangegangenen Abschnitten vorgestellten Verfahren gelten für gewöhnliche Differenzialgleichungen 1. Ordnung, sind aber auch auf Differenzialgleichungen höherer Ordnung anwendbar, wenn diese auf eine entsprechende Anzahl von Differenzialgleichungen 1. Ordnung **transformiert** werden.

Die Vorgehensweise ist nachfolgend für die in der Praxis häufig vorkommende gewöhnliche Differenzialgleichung 2. Ordnung erläutert. Sie ist sinngemäß aber auch auf Dgln. höherer Ordnung anwendbar.

$$y'' = f(x,y,y') \quad \text{mit ABn} \quad y(x_0) = y_0 \quad \text{und} \quad y'(x_0) = u_0 \tag{10.22}$$

Mithilfe der Substitutionen

$$y'(x) := u(x) \tag{10.23}$$
$$y''(x) := u'(x) \tag{10.24}$$

transformiert sich die Ausgangsdifferenzialgleichung (10.22) auf die gewöhnliche Differenzialgleichung 1. Ordnung:

$$u'(x) = f(x,y,u) \tag{10.25}$$

Damit haben wir eine Differenzialgleichung 2. Ordnung in ein **System von 2 Differenzialgleichungen 1. Ordnung** übergeführt, auf welche die oben genannten Verfahren anwendbar sind.
Für das **Euler-Cauchy-Verfahren** gilt dann:

$$y_{k+1} = y_k + h \cdot u_k \tag{10.26}$$
$$u_{k+1} = u_k + h \cdot f\left(x_k, y_k, u_k\right) \tag{10.27}$$

Das **Runge-Kutta-Verfahren** liefert hingegen:

$$y_{k+1} = y_k + \frac{h}{6} \cdot (m_1 + 2\,m_2 + 2\,m_3 + m_4) \tag{10.28}$$

$$u_{k+1} = u_k + \frac{h}{6} \cdot (k_1 + 2\,k_2 + 2\,k_3 + k_4) \tag{10.29}$$

$$\text{mit} \quad \begin{aligned} m_1 &= u_k \\ m_2 &= u_k + \frac{1}{2}\,h \cdot k_1 \\ m_3 &= u_k + \frac{h}{2} \cdot k_2 \\ m_4 &= u_k + h \cdot k_3 \end{aligned} \tag{10.30}$$

$$\text{und} \quad \begin{aligned} k_1 &= f\left(x_k, y(x_k, u_k)\right) \\ k_2 &= f\left(x_k + \frac{h}{2}, y(x_k) + \frac{h}{2} \cdot m_1, u_k + \frac{h}{2} \cdot k_1\right) \\ k_3 &= f\left(x_k + \frac{h}{2}, y(x_k) + \frac{h}{2} \cdot m_2, u_k + \frac{h}{2} \cdot k_2\right) \\ k_4 &= f\left(x_k + h, y(x_k) + h \cdot m_3, u_k + h \cdot k_3\right) \end{aligned} \tag{10.31}$$

Beispiel 10.3:
⌘ *Stellvertretend für die Differenzialgleichungen 2. Ordnung betrachten wir die Dgl. einer gedämpften erzwungenen Schwingung mit Auslenkung $y(t)$, Dämpfungskonstante δ, Eigenkreisfrequenz ω, Anregungsamplitude A und Anregungskreisfrequenz Ω:*

$$\ddot{y}(t) + 2\delta \cdot \dot{y}(t) + \omega^2 \cdot y(t) = A \cdot \sin(\Omega\, t) \tag{10.21}$$

⌘

10.2 Wachstum und Populationsdynamik

Zur Beschreibung des Wachstumsverhaltens von Populationen existieren verschiedene Modelle, von denen wir im folgenden die wichtigsten kennenlernen.

10.2.1 Unbegrenztes Wachstum einer Population

Die Bilanzierung des unbegrenzten Wachstums $K(t)$ einer Population führt auf die Differenzialgleichung:

Nettorate der Änderung der Population	=	Geburten-rate	–	Sterbe-rate	
$\frac{\mathrm{d}K}{\mathrm{d}t}$	=	$\beta \cdot K(t)$	–	$\alpha \cdot K(t)$	(10.32)

Die Konstante β bezeichnet die Änderung der Population infolge Geburten, α bezeichnet die Sterblichkeit der Population. Fasst man beide Konstanten zu einer neuen Konstante $k := \beta - \alpha$ zusammen, lässt sich die Differenzialgleichung für das **unbegrenzte Wachstum einer Population** schreiben als:

$$\frac{\mathrm{d}K}{\mathrm{d}t} = k \cdot K(t) \tag{10.33}$$

Die analytische Lösung gewinnen wir leicht durch Trennung der Variablen oder Exponential-Funktionsansatz [3]:

$$K(t) = C \cdot \exp(k \cdot t) \tag{10.34}$$

Die Konstante C ergibt sich aus der AB $K(t=0) = K_0$ zu $C = K_0$.

10.2.2 Begrenztes Wachstum einer Population

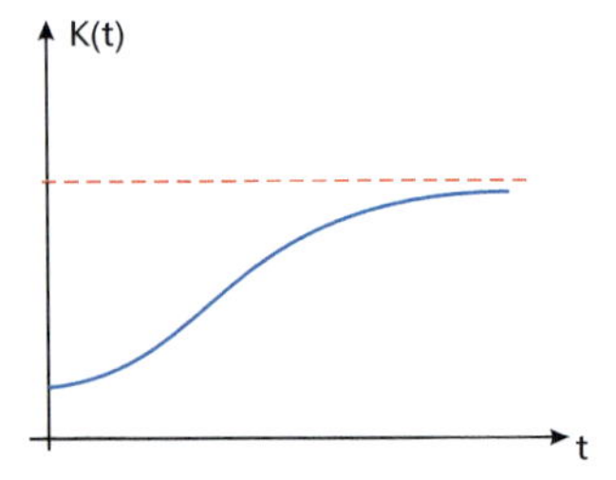

Bild 10.9: *Typischer S-förmiger Verlauf des begrenzten Wachstums einer Population.*

Das limitierte Nahrungsangebot einer Population begrenzt das Wachstum, so dass sich ein S-förmiger Wachstumsverlauf ergibt (Bild 10.9).

Die Geburtenrate beträgt $\beta \cdot K(t)$. Da in einer größeren Population die spezifische Sterberate höher ist als in einer kleinen Population, resultiert eine spezifische Sterberate von $\alpha + \gamma \cdot K(t)$. Die Sterberate ergibt sich aus der spezifischen Sterberate multipliziert mit der Populationsstärke $K(t)$, sie beträgt also $[\alpha + \gamma \cdot K(t)] \cdot K(t)$.

Damit erhalten wir aus der Bilanz der Population:

$$\frac{\mathrm{d}K}{\mathrm{d}t} = \beta \cdot K(t) - [\alpha + \gamma \cdot K(t)] \cdot K(t) = (\beta - \alpha) \cdot K(t) - \gamma \cdot K^2(t) \tag{10.35}$$

Damit lautet die Differenzialgleichung für das **begrenzte Wachstum einer Population** mit der Wachstumsrate $k := \beta - \alpha$:

$$\frac{\mathrm{d}K}{\mathrm{d}t} = k \cdot K(t) - \gamma \cdot [K(t)]^2 \tag{10.36}$$

Im Gleichgewicht der Population ist $\frac{\mathrm{d}K}{\mathrm{d}t} = 0$. Daraus folgt:

$$k \cdot K(t) - \gamma \cdot K^2(t) = 0 \quad \Rightarrow \quad K(t) \cdot [k - \gamma \cdot K(t)] = 0 \tag{10.37}$$

Diese Gleichung besitzt die triviale Lösung $K(t) = 0$ (keine Population) und die stationäre Gleichgewichtslösung:

$$K(t) = \frac{k}{\gamma} := K_\infty \tag{10.38}$$

Bild 10.10: *Pierre François Verhulst (1804–1849).*

Durch Einsetzen in die Ausgangsdifferenzialgleichung erhält man die **logistische Differenzialgleichung** nach P.F. Verhulst [86] für das begrenzte Wachstum einer Population:

$$\frac{\mathrm{d}K}{\mathrm{d}t} = k \cdot K(t) \cdot \left[1 - \frac{K(t)}{K_\infty}\right] \tag{10.39}$$

Die logistische Differenzialgleichung besitzt die Lösung:

$$K(t) = \frac{K_\infty}{1 + \delta \cdot \exp(-k \cdot t)} \quad \text{mit} \quad \delta = \frac{K_\infty}{K_0} - 1 \tag{10.40}$$

10.2.3 Räuber-Beute-Systeme (Predator-Prey)

Bisher haben wir nur das Nahrungsangebot als limitierender Faktor einer Population berücksichtigt. In der Natur existieren allerdings viele Ökosysteme, die aus Räubern (R, predator, Konsumenten) und Beute (B, prey, Produzenten) bestehen, wobei sich die Räuberpopulation von der Beutepopulation ernährt. Im folgenden wird das Räuber-Beute-Modell von A. J. Lotka (1926) und V. Volterra (1925) betrachtet. Beispielsweise sind Kanadischer Luchs und Schneeschuhhase ein typisches Räuber-Beute-System (Bild 10.12).

Bild 10.11: *Vito Volterra (1860–1940).*

Dadurch, dass sich die Räuber von der Beute ernähren, kommt es zur **Koppelung beider Populationen**, was mathematisch auf ein **Differenzialgleichungssystem** führt, das mangels analytischer Lösung eine numerische Behandlung erfordert. Es lassen sich folgende Bilanzen an den Populationen aufstellen:

Nettorate der Änderung der Beutepopulation	=	Geburtenrate der Beutepopulation	−	Sterberate der Beutepopulation durch Räubereinfluss
$\frac{\mathrm{d}B}{\mathrm{d}t}$	=	$\beta_1 \cdot B(t)$	−	$C_1 \cdot B(t) \cdot R(t)$

(10.41)

Bild 10.12: *Beispiel für ein Räuber-Beute-System: Kanadischer Luchs (links) und Schneeschuhhase (rechts).*

Nettorate der Änderung der Räuberpopulation	=	Geburtenrate der Räuberpopulation durch Beuteeinfluss	−	Sterberate der Räuberpopulation
$\frac{\mathrm{d}R}{\mathrm{d}t}$	=	$C_2 \cdot R(t) \cdot B(t)$	−	$\alpha_2 \cdot R(t)$

(10.42)

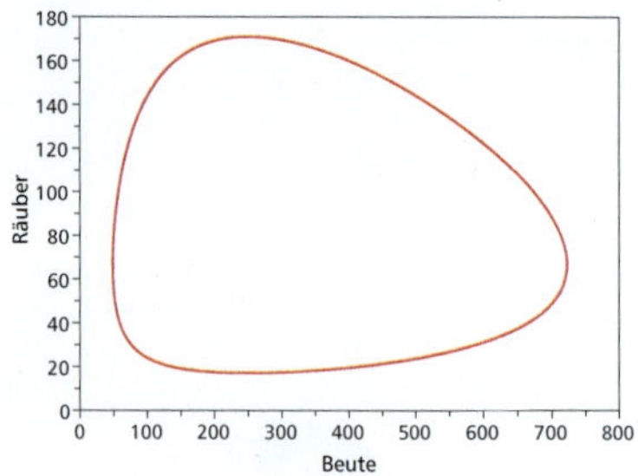

Bild 10.13: *Phasendiagramm eines Räuber-Beute-Systems.*

Bild 10.13 zeigt das Phasenraumportrait eines Räuber-Beute-Systems, das den Zusammenhang zwischen beiden Populationen illustriert.

Nullklinen stellen Isoklinen dar, auf denen das Wachstum Null ist. Für das betrachtete Räuber-Beute-System sind dies:

$$\frac{dB}{dt} = 0 \tag{10.43}$$

$$\frac{dR}{dt} = 0 \tag{10.44}$$

Bedingung (10.43) liefert:

$$\frac{dB}{dt} = 0 \quad \Rightarrow \quad \beta_1 \cdot B(t) - C_1 \cdot B(t) \cdot R(t) = 0$$

$$\Rightarrow \quad B(t) \cdot \left(\beta_1 - C_1 \cdot R(t)\right) = 0 \quad \Rightarrow \quad R = \frac{\beta_1}{C_1} \tag{10.45}$$

Aus Beziehung (10.44) folgt:

$$\frac{dR}{dt} = 0 \quad \Rightarrow \quad C_1 \cdot B(t) \cdot R(t) - \alpha_2 \cdot R(t) = 0$$

$$\Rightarrow \quad R(t) \cdot (C_2 \cdot B(t) - \alpha_2) = 0 \quad \Rightarrow \quad B = \frac{\alpha_2}{C_2} \tag{10.46}$$

$B=0$ und $R=0$ ergeben mit $(0;0)$ und $\left(\frac{\alpha_2}{C_2}; \frac{\beta_1}{C_1}\right)$ weitere Gleichgewichtspunkte. Bild 10.14 verdeutlicht die möglichen Zusammenhänge zwischen den Populationen anhand eines Phasendiagramms.

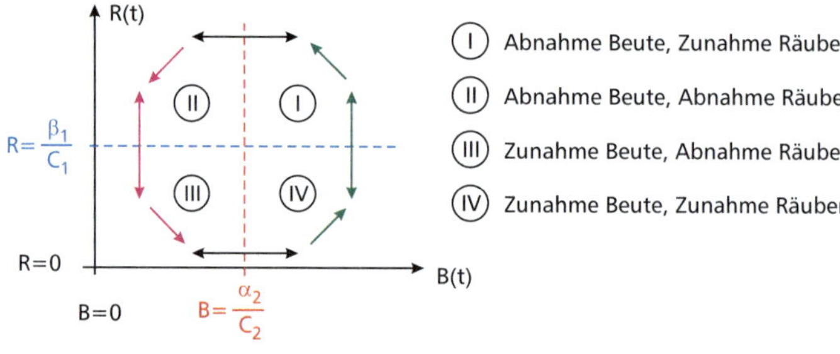

Bild 10.14: *Zusammenhänge zwischen Räuber und Beute im Phasendiagramm.*

10.3 Randwertprobleme

Bei Randwertproblemen (RWP, boundary value problems, BVP) von Differenzialgleichungen suchen wir eine Lösungsfunktion, die auf dem Rand des Definitionsbereiches vorgegebene Werte (Randwerte) annimmt. Wir unterscheiden 3 Arten von Randbedingungen (RB).

Ein Beispiel für ein Randwertproblem bei einer gewöhnlichen Differenzialgleichung ist die elastische Linie eines Bernoulli-Balkens der Biegesteifigkeit EI und der variablen Streckenlast $q(x)$ (Bild 10.15):

$$w^{(4)} = \frac{q(x)}{EI} \tag{10.47}$$

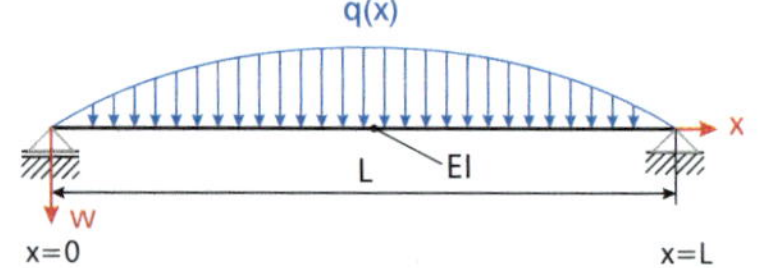

Bild 10.15: *Mit Streckenlast beaufschlagter statisch bestimmt gelagerter Balken.*

Randbedingungsarten:

- 1. Art (Dirichlet'sche RB) mit Vorgabe des Funktionswerts
- 2. Art (Neumann'sche RB) mit Vorgabe der Steigung
- 3. Art (Newton'sche oder Robin'sche RB) mit Koppelung von Funktionswert und Steigung

Ein Beispiel für ein Randwertproblem bei einer partiellen Differenzialgleichung ist das stationäre zweidimensionale Temperaturprofil $\vartheta(x,y)$ in einer Platte (Bild 10.16), das der Laplace'schen Differenzialgleichung genügt:

$$\Delta\vartheta = \frac{\partial^2\vartheta}{\partial x^2} + \frac{\partial^2\vartheta}{\partial y^2} = 0 \tag{10.48}$$

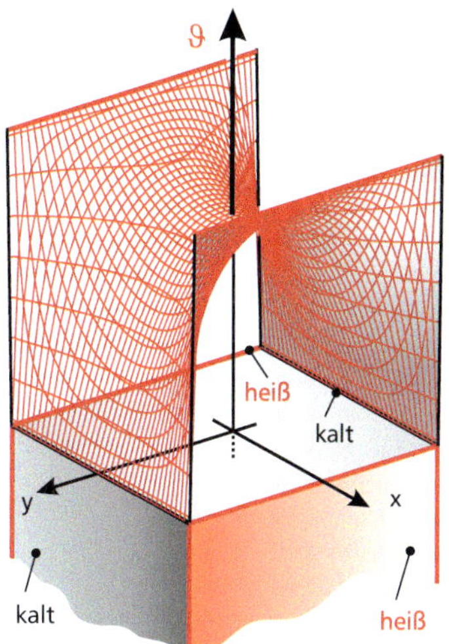

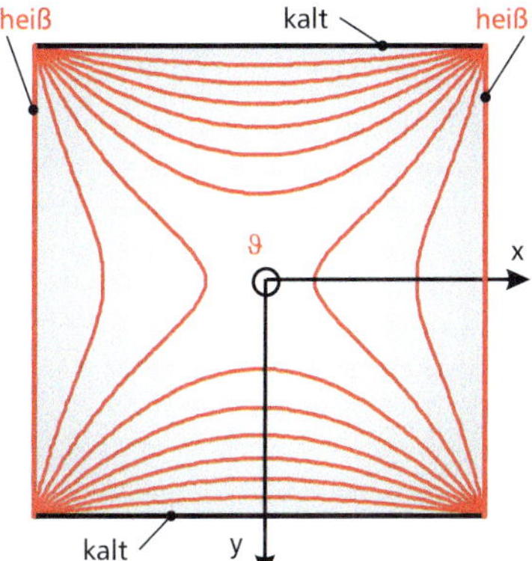

Bild 10.16: *Zweidimensionale stationäre Temperaturverteilung $\vartheta(x,y)$ in einer Platte mit „heißen" und „kalten" Rändern [8].*

10.3.1 Diskretisierung

Im Unterschied zu einer analytischen Lösung $f(x,y)$, die uns an allen Punkten $(x;y)$ eines zweidimensionalen Rechengebiets zur Verfügung steht, berechnen wir die numerische Lösung $f_{i,j}$ nur an ausgewählten (diskreten) Punkten $(x_i;y_j)$, $i=1\ldots M; j=1\ldots N$, den **Knoten** oder **Gitterpunkten**. Die Erzeugung des Rechengitters einer bestimmten Gitterweite (z. B. Δx, Δy), die heute meist automatisch von Gittergeneratoren im Rahmen des Preprocessings erfolgt, bezeichnet man als **Diskretisierung**. Zwischenwerte müssen aus den Knotenpunktswerten durch geeignete Interpolation gewonnen werden. Bei der Methode der Finiten Differenzen wird eine gewöhnliche oder partielle Differenzialgleichung in ein System linearer Gleichungen für die Knotenpunktswerte übergeführt, das mit den Methoden aus Abschnitt 7 lösbar ist.

Die numerische Lösung $f_{i,j}$ stellt eine Näherung der exakten Lösung $f(x,y)$ dar. Je feiner das Rechengitter gewählt wird, desto höher ist auch die Genauigkeit der numerisch berechneten Lösung. Im Grenzübergang würde ein unendlich feines Rechengitter idealerweise die exakte Lösung liefern. Allerdings steigen mit der Gitterverfeinerung auch der numerische Aufwand, der Speicherplatzbedarf und die Rechenzeit. Praktisch kann ein Rechengitter als genügend fein betrachtet werden, wenn eine weitere Verfeinerung im Rahmen der angestrebten Genauigkeit keine Veränderungen mehr in der Lösung bewirkt (gitterunabhängige Lösung). Vielfach kommen Mehrgitterverfahren (Multigrid-Verfahren) zum Einsatz, bei den die Berechnung mit einem groben Rechengitter beginnt, das dann lokal zunehmend verfeinert wird [87].

10.3.2 Finite Differenzen

Prinzip der Finiten Differenzen ist es, Differenziale in Differenzen umzuformen, wobei unterschiedliche Approximationen zur Verfügung stehen.

Die Verwendung von **Vorwärts-Differenzen** (vorderer Differenzen) entspricht der Entwicklung der Lösung in eine Taylor-Reihe mit Abbruch nach der ersten Ableitung[64]:

$$f(x+\Delta x) \approx f(x) + \frac{\partial f}{\partial x}\cdot\Delta x \tag{10.49}$$

Umstellen von Gl. (10.49) liefert für die erste partielle Ableitung:

$$\frac{\partial f}{\partial x} \approx \frac{f(x+\Delta x) - f(x)}{\Delta x} \tag{10.50}$$

[64] Im folgenden wird die Ortskoordinate x als unabhängige Variable gewählt. Die Ausführungen gelten sinngemäß auch für andere Koordinaten, z. B. die Zeit t.

Aus der Beziehung

$$f(x-\Delta x) \approx f(x) - \frac{\partial f}{\partial x} \cdot \Delta x \tag{10.51}$$

gewinnt man die Approximation mittels **Rückwärts-Differenzen** (hintere Differenzen):

$$\frac{\partial f}{\partial x} \approx \frac{f(x) - f(x-\Delta x)}{\Delta x} \tag{10.52}$$

Subtraktion der Gln. (10.49) und (10.51) liefert die **zentrale Differenzenapproximation** [88]:

$$\frac{\partial f}{\partial x} \approx \frac{f(x+\Delta x) - f(x-\Delta x)}{2\Delta x} \tag{10.53}$$

Für die Approximation der **Differenzialquotienten 2. Ordnung** entwickelt man die Taylor-Reihen bis zur zweiten Ableitung:

$$f(x+\Delta x) \approx f(x) + \frac{\partial f}{\partial x} \cdot \Delta x + \frac{\partial^2 f}{\partial x^2} \cdot \frac{\Delta x^2}{2} \tag{10.54}$$

$$f(x-\Delta x) \approx f(x) - \frac{\partial f}{\partial x} \cdot \Delta x + \frac{\partial^2 f}{\partial x^2} \cdot \frac{\Delta x^2}{2} \tag{10.55}$$

Addition der Gln. (10.54) und (10.55) liefert die **zentrale Differenzenapproximation**:

$$\frac{\partial^2 f}{\partial x^2} = \frac{f(x+\Delta x) - 2f(x) + f(x-\Delta x)}{\Delta x^2} \tag{10.56}$$

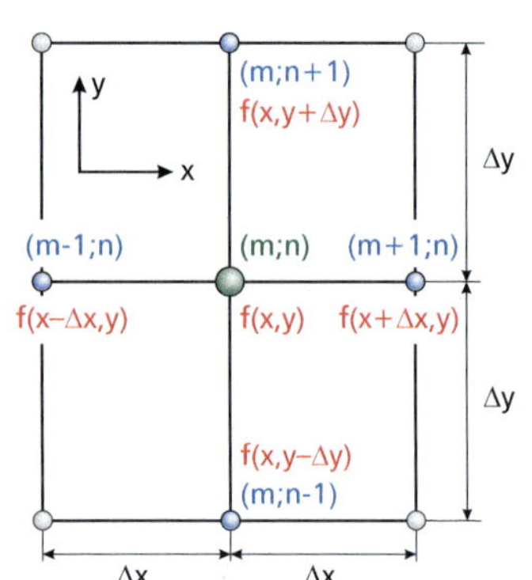

Bild 10.17: *Zentralknoten $(m;n)$ in einem zweidimensionalen Rechengitter.*

Führen wir die in Bild 10.17 dargestellten Bezeichnungen für den Zentralknoten $(m;n)$ (in der Mitte) und die Nachbarknoten $(m-1;n)$ (westlich), $(m+1;n)$ (östlich), $(m;n+1)$ (nördlich) und $(m;n-1)$ (südlich) ein, können wir die Laplace'sche Differenzialgleichung (10.48) mithilfe von Gl. (10.56) bereits diskretisieren, indem wir für f die Temperatur ϑ einsetzen:

$$\begin{aligned}\Delta\vartheta = \frac{\partial^2 \vartheta}{\partial x^2} + \frac{\partial^2 \vartheta}{\partial y^2} &\approx \frac{\vartheta(x+\Delta x,y) - 2\vartheta(x,y) + \vartheta(x-\Delta x,y)}{\Delta x^2} \\ &+ \frac{\vartheta(x,y+\Delta y) - 2\vartheta(x,y) + \vartheta(x,y-\Delta y)}{\Delta y^2} = 0 \\ &= \frac{\vartheta_{\mathrm{m+1,n}} - 2\vartheta_{\mathrm{m,n}} + \vartheta_{\mathrm{m-1,n}}}{\Delta x^2} + \frac{\vartheta_{\mathrm{m,n+1}} - 2\vartheta_{\mathrm{m,n}} + \vartheta_{\mathrm{m,n-1}}}{\Delta y^2} = 0\end{aligned} \tag{10.57}$$

Auf einem äquidistanten (gleichabständigen) Gitter vereinfacht sich Gl. (10.57) wegen $\Delta x = \Delta y$:

$$\Delta\vartheta \approx \frac{\vartheta_{\mathrm{m+1,n}} + \vartheta_{\mathrm{m,n+1}} - 4\vartheta_{\mathrm{m,n}} + \vartheta_{\mathrm{m-1,n}} + \vartheta_{\mathrm{m,n-1}}}{\Delta x^2} = 0 \tag{10.58}$$

Kürzen des Quadrats der Gitterweite Δx^2 in (10.58) liefert uns die Differenzengleichung für den Zentralknoten:

$$\vartheta_{\mathrm{m+1,n}} + \vartheta_{\mathrm{m,n+1}} - 4\vartheta_{\mathrm{m,n}} + \vartheta_{\mathrm{m-1,n}} + \vartheta_{\mathrm{m,n-1}} = 0 \tag{10.59}$$

Gl. (10.59) stellt eine lineare Gleichung für die Temperaturen der Zentralknoten dar. Zu ihrer Lösung benötigen wir weitere Informationen an den Rändern des Berechnungsgebiets in Form von Randbedingungen.

⌘ Zunächst stellen wir mithilfe von Gl. (10.59) entsprechende Beziehungen für die Knotenpunktstemperaturen auf, wobei wir nach einer Multiplikation der Gleichungen mit (-1) bekannte Temperaturen auf die rechte Gleichungsseite schreiben.

$$\begin{aligned}
&-4\vartheta_1+\vartheta_2+\vartheta_4+\vartheta_K+\vartheta_H=0 &&\Rightarrow\; 4\vartheta_1-\vartheta_2-\vartheta_4=\vartheta_K+\vartheta_H\\
&-4\vartheta_2+\vartheta_1+\vartheta_3+\vartheta_5+\vartheta_K=0 &&\Rightarrow\; -\vartheta_1+4\vartheta_2-\vartheta_3-\vartheta_5=\vartheta_K\\
&-4\vartheta_3+\vartheta_2+\vartheta_6+\vartheta_K+\vartheta_H=0 &&\Rightarrow\; -\vartheta_2+4\vartheta_3-\vartheta_6=\vartheta_K+\vartheta_H\\
&-4\vartheta_4+\vartheta_1+\vartheta_5+\vartheta_7+\vartheta_H=0 &&\Rightarrow\; -\vartheta_1+4\vartheta_4-\vartheta_5-\vartheta_7=\vartheta_H\\
&-4\vartheta_5+\vartheta_4+\vartheta_6+\vartheta_2+\vartheta_7=0 &&\Rightarrow\; -\vartheta_2-\vartheta_4+4\vartheta_5-\vartheta_6-\vartheta_7=0\\
&-4\vartheta_6+\vartheta_5+\vartheta_3+\vartheta_9+\vartheta_H=0 &&\Rightarrow\; -\vartheta_3-\vartheta_5+4\vartheta_6-\vartheta_9=\vartheta_H\\
&-4\vartheta_7+\vartheta_4+\vartheta_8+\vartheta_{10}+\vartheta_H=0 &&\Rightarrow\; -\vartheta_4+4\vartheta_7-\vartheta_8-\vartheta_{10}=\vartheta_H\\
&-4\vartheta_8+\vartheta_5+\vartheta_7+\vartheta_9+\vartheta_{11}=0 &&\Rightarrow\; -\vartheta_5-\vartheta_7+4\vartheta_8-\vartheta_9-\vartheta_{11}=0\\
&-4\vartheta_9+\vartheta_8+\vartheta_6+\vartheta_{12}+\vartheta_H=0 &&\Rightarrow\; -\vartheta_6-\vartheta_8+4\vartheta_9-\vartheta_{12}=\vartheta_H\\
&-4\vartheta_{10}+\vartheta_7+\vartheta_{11}+\vartheta_H+\vartheta_K=0 &&\Rightarrow\; -\vartheta_7+4\vartheta_{10}-\vartheta_{11}=\vartheta_K+\vartheta_H\\
&-4\vartheta_{11}+\vartheta_8+\vartheta_{10}+\vartheta_{12}+\vartheta_K=0 &&\Rightarrow\; -\vartheta_8-\vartheta_{10}+4\vartheta_{11}-\vartheta_{12}=\vartheta_K\\
&-4\vartheta_{12}+\vartheta_9+\vartheta_{11}+\vartheta_H+\vartheta_K=0 &&\Rightarrow\; -\vartheta_9-\vartheta_{11}+4\vartheta_{12}=\vartheta_K+\vartheta_H
\end{aligned}\tag{10.60}$$

Bringen wir das LGS (10.60) auf die Matrixform

$$\mathbf{A}\cdot\vec{\vartheta}=\vec{b}, \tag{10.61}$$

finden wir für die Koeffizientenmatrix $\mathbf{A}$ und den Lastvektor $\vec{b}$:

$$\mathbf{A}=\begin{pmatrix}
4&-1&0&-1&0&0&0&0&0&0&0&0\\
-1&4&-1&0&-1&0&0&0&0&0&0&0\\
0&-1&4&0&0&-1&0&0&0&0&0&0\\
-1&0&0&4&-1&0&-1&0&0&0&0&0\\
0&-1&0&-1&4&-1&0&-1&0&0&0&0\\
0&0&-1&0&-1&4&0&0&-1&0&0&0\\
0&0&0&-1&0&0&4&-1&0&-1&0&0\\
0&0&0&0&-1&0&-1&4&-1&0&-1&0\\
0&0&0&0&0&-1&0&-1&4&0&0&-1\\
0&0&0&0&0&0&-1&0&0&4&-1&0\\
0&0&0&0&0&0&0&-1&0&-1&4&-1\\
0&0&0&0&0&0&0&0&-1&0&-1&4
\end{pmatrix};\;
\vec{b}=\begin{pmatrix}\vartheta_K+\vartheta_H\\ \vartheta_K\\ \vartheta_K+\vartheta_H\\ \vartheta_H\\ 0\\ \vartheta_H\\ \vartheta_H\\ 0\\ \vartheta_H\\ \vartheta_K+\vartheta_H\\ \vartheta_K\\ \vartheta_K+\vartheta_H\end{pmatrix}=\begin{pmatrix}150\\25\\150\\125\\0\\125\\125\\0\\125\\150\\25\\150\end{pmatrix}\,^\circ\mathrm{C} \tag{10.62}$$

Beispiel 10.4:

Wir wollen die Knotenpunktstemperaturen $\vartheta_1\ldots\vartheta_{12}$ für das in Bild 10.18 skizzierte äquidistante Rechengitter ($\Delta x=\Delta y$) für $\vartheta_K=25$ °C und $\vartheta_H=125$ °C berechnen. Die Knoten mit den unbekannten Temperaturen werden fortlaufend nummeriert, während die Randknoten wegen der bekannten Randtemperaturen ϑ_K und ϑ_H ohne Nummerierung bleiben.

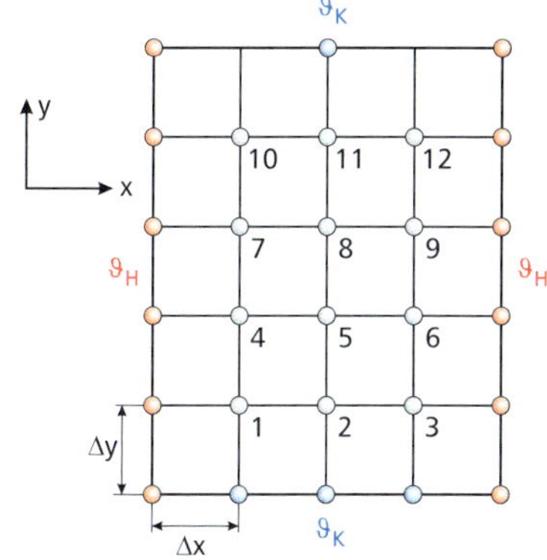

Bild 10.18: *Äquidistantes Rechengitter mit 12 unbekannten Knotentemperaturen.*

Die Lösung des LGS (10.61) in Scilab (z. B. mittels Links-Division) liefert bei Rundung auf 3 Nachkommastellen die in Gl. (10.63) angegebenen Knotentemperaturen.

$$\vec{\vartheta} = \begin{pmatrix} 78{,}521 \\ 67{,}254 \\ 78{,}521 \\ 96{,}831 \\ 86{,}972 \\ 96{,}831 \\ 96{,}831 \\ 86{,}972 \\ 96{,}831 \\ 78{,}521 \\ 67{,}254 \\ 78{,}521 \end{pmatrix} \,^{\circ}\mathrm{C} \qquad (10.63)$$

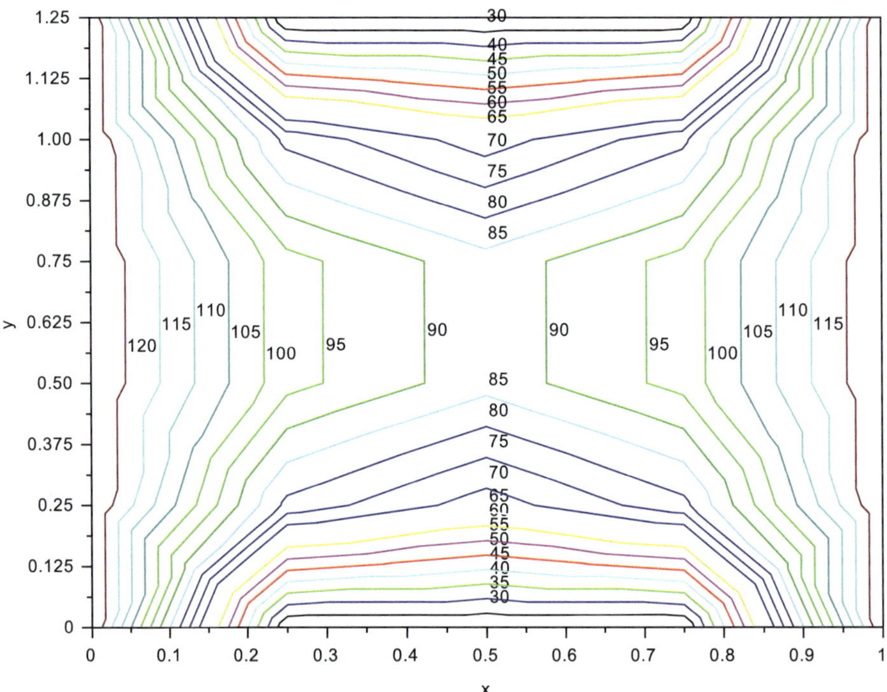

Bild 10.19: *Höhenliniendiagramm der Temperaturen von Beispiel 10.4.*

Mit einem feineren Rechengitter hätten wir eine genauere Lösung erhalten (Bild 10.19). Das prinzipielle Vorgehen bei der Diskretisierung und der Aufstellung der Gleichungen für die Knotenpunktsvariablen ist aber bereits an diesem einfachen Beispiel gut erkennbar. ⌘

Im Gegensatz zur stationären Wärmeleitung tritt bei der **instationären Wärmeleitung** auch eine zeitliche Änderung der Temperatur auf. Die Temperaturleitfähigkeit

$$a = \frac{\lambda}{\varrho \cdot c_\mathrm{p}} \tag{10.64}$$

berücksichtigt neben dem Wärmeleitvermögen λ auch die Speicherung im Festkörper durch die volumetrische Wärmekapazität $\varrho \cdot c_\mathrm{p}$. Für das Temperaturfeld $\vartheta(t, \vec{x})$ gilt mit dem Laplace-Operator Δ:

$$\frac{\partial \vartheta}{\partial t} = a \cdot \Delta \vartheta \tag{10.65}$$

Neben der Orts- ist nun auch eine Zeitdiskretisierung vorzunehmen. Mit der Approximation über Vorwärts-Differenzen gemäß Gl. (10.50) erhält man für die zeitliche Ableitung der Temperatur am Knoten $(m; n)$, wenn man den alten Zeitschritt mit ^{0} und den neuen Zeitschritt mit ^{1} notiert[65]:

$$\frac{\partial \vartheta}{\partial t} \approx \frac{\vartheta(t + \Delta t, \vec{x}) - \vartheta(t, \vec{x})}{\Delta t} = \frac{\vartheta^1_\mathrm{m,n} - \vartheta^0_\mathrm{m,n}}{\Delta t} \tag{10.66}$$

Je nachdem, ob wir die Temperaturen in den Ortsableitungen beim neuen oder beim alten Zeitschritt entwickeln, unterscheiden wir verschiedene Differenzenverfahren:

- explizit: Temperaturen beim alten Zeitschritt
- implizit: Temperaturen beim neuen Zeitschritt
- semi-implizit: Temperaturen beim alten und neuen Zeitschritt (gewichteter Mittelwert)

Für ein äquidistantes Gitter ($\Delta x = \Delta y$) erhalten wir beispielsweise für die zweidimensionale instationäre Wärmeleitung mit dem **expliziten Differenzenverfahren**:

$$\frac{\vartheta^1_\mathrm{m,n} - \vartheta^0_\mathrm{m,n}}{\Delta t} = a \cdot \frac{\vartheta^0_\mathrm{m+1,n} + \vartheta^0_\mathrm{m,n+1} - 4\,\vartheta^0_\mathrm{m,n} + \vartheta^0_\mathrm{m-1,n} + \vartheta^0_\mathrm{m,n-1}}{\Delta x^2} \tag{10.67}$$

Zur Vereinfachung führt man als dimensionslose Zeit die Gitter-Fourier-Zahl Fo_x ein [88]:

$$Fo_\mathrm{x} = \frac{a \cdot \Delta t}{\Delta x^2} = \frac{\lambda \cdot \Delta t}{\varrho \cdot c_\mathrm{p} \cdot \Delta x^2} \tag{10.68}$$

Auflösen nach der Knotentemperatur $\vartheta^1_\mathrm{m,n}$ des neuen Zeitschritts liefert die explizite Beziehung:

$$\vartheta^1_\mathrm{m,n} = Fo_\mathrm{x} \cdot \left(\vartheta^0_\mathrm{m+1,n} + \vartheta^0_\mathrm{m,n+1} + \vartheta^0_\mathrm{m-1,n} + \vartheta^0_\mathrm{m,n-1}\right) - (4\,Fo_\mathrm{x} - 1) \cdot \vartheta^0_\mathrm{m,n} \tag{10.69}$$

Bei eindimensionaler Wärmeleitung entfallen der Index n und die Temperaturen $\vartheta_\mathrm{m,n+1}$ sowie $\vartheta_\mathrm{m,n-1}$:

$$\vartheta^1_\mathrm{m} = Fo_\mathrm{x} \cdot \left(\vartheta^0_\mathrm{m+1} + \vartheta^0_\mathrm{m-1}\right) - (2\,Fo_\mathrm{x} - 1) \cdot \vartheta^0_\mathrm{m} \tag{10.70}$$

Beim **impliziten Differenzenverfahren** besteht bei zweidimensionaler instationärer Wärmeleitung im Unterschied zu (10.69) eine Kopplung mit den Temperaturen der Nachbarknoten zum neuen Zeitschritt:

$$-Fo_\mathrm{x} \cdot \left(\vartheta^1_\mathrm{m+1,n} + \vartheta^1_\mathrm{m,n+1} + \vartheta^1_\mathrm{m-1,n} + \vartheta^1_\mathrm{m,n-1}\right) + (4\,Fo_\mathrm{x} + 1) \cdot \vartheta^1_\mathrm{m,n} = \vartheta^0_\mathrm{m,n} \tag{10.71}$$

Im eindimensionalen Fall vereinfacht sich Gl. (10.71) zu:

$$-Fo_\mathrm{x} \cdot \left(\vartheta^1_\mathrm{m+1} + \vartheta^1_\mathrm{m-1}\right) + (2\,Fo_\mathrm{x} + 1) \cdot \vartheta^1_\mathrm{m} = \vartheta^0_\mathrm{m} \tag{10.72}$$

[65] Eine Verwechslung der hochgestellten Indizes mit Exponenten ist im Kontext mit Finiten Differenzen nicht zu erwarten. Alternative Indizes wären „alt" und „neu".

Für die dreidimensionale instationäre Wärmeleitung können analoge Beziehungen [88] gewonnen werden, die hier nicht wiedergegeben werden.

Mit dem **Gewichtsfaktor** f $(0 \le f \le 1)$ erhalten wir die **allgemeine Differenzenapproximation** [88]:

$$\vartheta^{\text{allg}} = f \cdot \vartheta^1 + (1-f) \cdot \vartheta^0 \tag{10.73}$$

Für $f=1$ folgt das **explizite Verfahren** (Binder-Schmidt-Verfahren [89]–[92]), für $f=1$ das **implizite Verfahren** und für $f=0{,}5$ das **semi-implizite Verfahren** (Crank-Nicolson-Verfahren [93]). Das **verallgemeinerte Exponentialschema** von Patankar und Baliga [94] besitzt den Wichtungsparameter:

$$f = \frac{1}{1-\exp(-2\,Fo_{\text{X}})} - \frac{1}{2\,Fo_{\text{X}}} \tag{10.74}$$

Mit dem **Power-law-Schema** existiert eine Potenzapproximation für das Exponentialschema [94]:

$$\begin{aligned} f &= 1 - \frac{1}{1-2\,Fo_{\text{X}}} \cdot \left[1-(1-0{,}1\,Fo_{\text{X}})^5\right] \qquad && 0 \le 2\,Fo_{\text{X}} < 10 \\ f &= 1 - \frac{1}{1-2\,Fo_{\text{X}}} && 2\,Fo_{\text{X}} \ge 10 \end{aligned} \tag{10.75}$$

Der Vorteil des expliziten Verfahrens besteht darin, dass die Temperaturen zum neuen Zeitschritt **direkt** aus den bekannten Temperaturen zum alten Zeitschritt berechnet werden können. Beim impliziten und beim semi-impliziten Verfahren sind hingegen **lineare Gleichungssysteme** zu lösen.

Allerdings kann der **Zeitschritt beim expliziten Verfahren** nicht beliebig gewählt werden. Vielmehr ist das nach Courant, Friedrichs und Lewy [95] benannte **Stabilitätskriterium** (CFL-Kriterium) einzuhalten (vgl. [88]):

$$Fo_{\text{X}} \le \frac{1}{2} \qquad \text{eindimensional} \tag{10.76}$$

$$Fo_{\text{X}} \le \frac{1}{4} \qquad \text{zweidimensional} \tag{10.77}$$

$$Fo_{\text{X}} \le \frac{1}{6} \qquad \text{dreidimensional} \tag{10.78}$$

Hingegen sind das implizite und das semi-implizite Differenzenschema bedingungslos stabil.

Für die oben beschriebene Diskretisierung in der Zeit mit Vorwärts-Differenzen und im Ort mit zentralen Differenzen hat J. P. Roache [96] die Bezeichnung „**FTCS-Schema**" (Forward Time Central Space) eingeführt.

10.4 Aufgaben zum Selbststudium

► Aufgabe 10.1:

Betrachtet wird die lineare gewöhnliche Differenzialgleichung 1. Ordnung

$$y' = f(x,y) = \frac{1}{2} \cdot (x - y) \quad \text{mit der AB} \quad y(x=0) = 10 \tag{10.79}$$

(a) Bestimmen Sie die analytische Lösung $y_{\mathrm{ex}}(x)$ von (10.79).

(b) Erstellen Sie mittels Scilab eine Funktion `Euler_explizit()`, die mit dem expliziten Euler-Verfahren die numerische Lösung y_{num} von (10.79) in $n=10$ Schritten mit den Parametern `f, xanf, xend, yanf, n` im Intervall $0 \le x \le 10$ berechnet.

(c) Plotten Sie die Lösung aus (b) und verwenden Sie zur grafischen Darstellung des Richtungsfelds von (10.79) die Funktion `VectorPlot` aus Beispiel 10.1.

► Aufgabe 10.2:

Berechnen Sie mithilfe des Verfahrens von Heun die numerische Lösung der Differenzialgleichung (10.79). Erstellen Sie dazu die Scilab-Funktion `Heun()`.

► Aufgabe 10.3:

Berechnen Sie mithilfe eines Runge-Kutta-Verfahrens 4. Ordnung die numerische Lösung der Differenzialgleichung (10.79). Erstellen Sie dazu die Scilab-Funktion `Runge_Kutta4()`.

► Aufgabe 10.4:

Berechnen Sie mittels Prädiktor-Korrektor-Verfahren 4. Ordnung nach Adams-Moulton die numerische Lösung der Differenzialgleichung (10.79) und erstellen Sie dazu die Scilab-Funktion `Adams_Moulton()`.

► Aufgabe 10.5:

Berechnen Sie mithilfe der Scilab-internen Funktion `ode` die numerische Lösung der Differenzialgleichung (10.79).

► Aufgabe 10.6:

Gegeben ist das AWP

$$y' + y = 2\,e^x \tag{10.80}$$

mit der AB $y(0) = 2$.

(a) Berechnen Sie mit dem Verfahren von Euler-Cauchy einen Näherungswert für $y(0{,}2)$ unter Verwendung von $h=0{,}1$.

(b) Wie groß ist dabei der relative Fehler $\delta y(0{,}2)$ im Vergleich zur exakten Lösung?

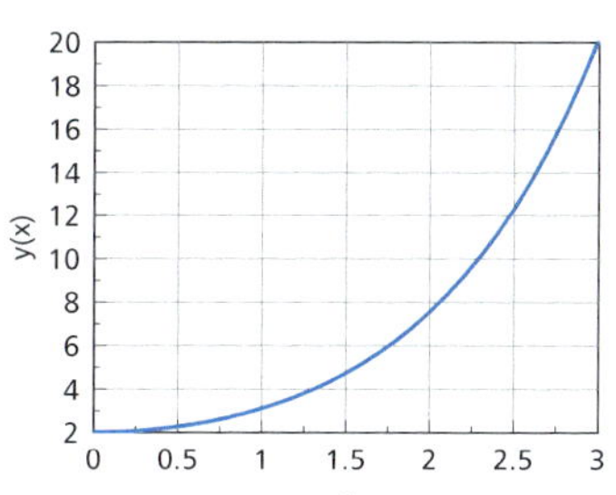

Bild 10.20: *Exakte Lösung zu Aufgabe 10.6.*

Tabelle 10.1: *Monatlich erhobene Kaninchenpopulationen.*

Monat	Monatsnummer	Population
Apr	0	400
Mai	1	440
Juni	2	486
Juli	3	534
Aug	4	590
Sep	5	648
Okt	6	712
Nov	7	786
Dez	8	864
Jan	9	954
Feb	10	1 048
Mrz	11	1 154
Apr	12	1 272

► Aufgabe 10.7:

Hansi Hoppel hat auf der Osterinsel monatlich Populationsstärken von Kaninchen gemäß Tab. 10.1 erhoben:

(a) Ermitteln Sie in den einzelnen Monaten die absoluten und die relativen Zuwächse. Stellen Sie die Messdaten in einem geeigneten Diagramm mithilfe von Scilab dar.

(b) Leiten Sie mithilfe des (annähernd) konstanten prozentualen Zuwachs eine Differenzialgleichung ab, die das Wachstum der Kaninchenpopulation beschreibt.

(c) Ermitteln Sie eine analytische Lösung der Differenzialgleichung aus Teilaufgabe (c) und plotten Sie diese ebenfalls.

(d) Lösen Sie die Differenzialgleichung aus Teilaufgabe (c) numerisch mit der Scilab-Funktion `ode` und zeichnen Sie ein entsprechendes Diagramm.

► Aufgabe 10.8:

Für ein Räuber-Beute-System nach Lotka-Volterra sind die Parameter $\beta_1 = 1$; $\alpha_2 = 0{,}5$; $c_1 = 0{,}01$; $c_2 = 0{,}005$ bekannt. Die anfängliche Zahl der Räuber beträgt $R_0 = 160$, die der Beutetiere $B_0 = 400$.

(a) Lösen Sie das zugehörige Lotka-Volterra-Differenzialgleichungssystem in Scilab mithilfe der Funktion `ode` und stellen Sie den Verlauf im Zeitfenster $10^{-5} \leq t \leq 60$ grafisch dar.

(b) Erstellen Sie ein zugehöriges Phasendiagramm, das den Verlauf der Räuberpopulation über der Beutepopulation zeigt.

► Aufgabe 10.9:

Wir betrachten noch einmal Bungee-Springer Bertram Bodenlos aus Aufgabe 1.2.

(a) Notieren Sie den Programmcode einer Scilab-Funktion `v_ex(t)`, die Bertrams Geschwindigkeit in Abhängigkeit der Zeit t berechnet, wenn `m`, `cw` und `g` globale Variablen sind.

(b) Schreiben Sie eine Scilab-Funktion `acc(v)`, die Bertrams Beschleunigung in Abhängigkeit seiner Geschwindigkeit v für die lokal definierten Größen `m`, `cw` und `g` berechnet.

(c) Mittels Euler-Verfahrens soll nun eine numerische Lösung der Bewegungsgleichung (1) aus Aufgabe 1.2 berechnet werden. Notieren Sie einen kommentierten Scilab-Code `Euler(acc, Delta_t,n)` mit unterdrücktem Bildschirmecho, der die Zeit t und die Geschwindigkeit v in Abhängigkeit des Zeitinkrements `Delta_t` und der Schrittanzahl `n` für die lokal definierte Anfangsbedingung retourniert.

(d) Nennen Sie eine Scilab-Funktion, mithilfe derer Sie die Abweichung der mit dem Euler-Verfahren gemäß Teilaufgabe (c) berechneten numerischen Lösung $v_{\text{num}}(t)$ von der exakten Lösung $v_{\text{ex}}(t)$ grafisch darstellen können.

(e) Welchen Nachteil besitzt das Euler-Verfahren?

► Aufgabe 10.10:

Die Kettenlinie $y=y(x)$ in Bild 10.21 mit $y(x=-L)=y(x=L)=0$ gehorcht der Differenzialgleichung 2. Ordnung:

$$y''=\frac{d^2y}{dx^2}=\frac{1}{a}\sqrt{1+y'^2} \tag{10.81}$$

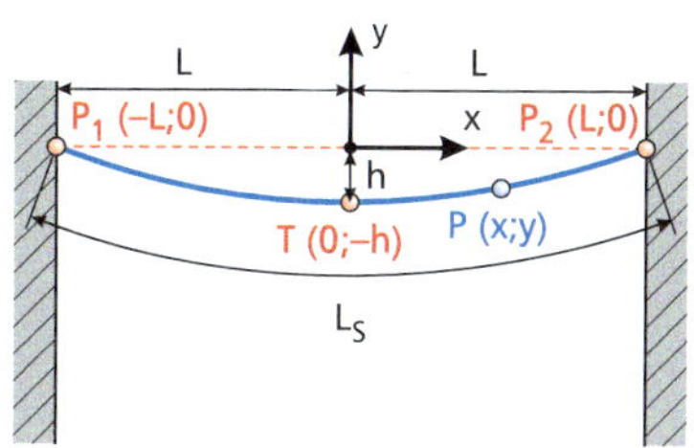

Bild 10.21: *Geometrie und Randbedingungen der Kettenlinie.*

Mithilfe der Steigung der Kettenlinie $u=y'=\frac{dy}{dx}$ lässt sich aus (10.81) eine Differenzialgleichung 1. Ordnung gewinnen:

$$u'=\frac{1}{a}\sqrt{1+u^2} \tag{10.82}$$

Durch Integration folgt unter Berücksichtigung der Randbedingungen die Gleichung der Kettenlinie:

$$y(x)=a\cdot\left[\cosh\left(\frac{x}{a}\right)-\cosh\left(\frac{L}{a}\right)\right] \tag{10.83}$$

(a) Leiten Sie aus den Gln. (10.81) und (10.82) ein Differenzialgleichungssystem 1. Ordnung ab.

(b) Erstellen Sie einen kommentierten Scilab-Code `EulerCauchy`, der eine Näherung $y^*(x)$ der Kettenlinie mittels Euler-Cauchy-Verfahrens berechnet.

(c) Berechnen Sie für $L=50$ m und $a=400$ m den Durchhang $h=y(x=0)$ und vergleichen Sie ihn mit der numerischen Lösung $h^*=y^*(x=0)$.

► Aufgabe 10.11:

Für die Schwingungsdauer T des anfänglich um den Winkel α_0 aus der Ruhe ausgelenkten mathematischen Pendels der Länge ℓ gilt:

$$T=\frac{4}{\omega}\cdot\int_0^{\pi/2}\frac{du}{\sqrt{1-k^2\sin^2 u}} \tag{10.84}$$

mit $k=\sin\left(\frac{\alpha_0}{2}\right)$ und $\omega=\sqrt{\frac{\ell}{g}}$

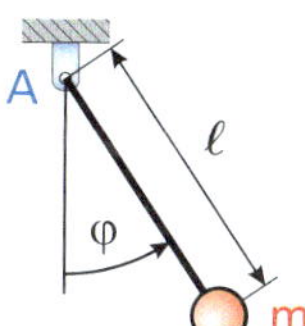

Bild 10.22: *Fadenpendel mit Länge ℓ und Auslenkung φ als mathematisches Pendel.*

(a) Ermitteln Sie für $\alpha_0=0°(10°)90°$ das Verhältnis der Schwingungsdauer T zur Schwingungsdauer $T_0=\frac{2\pi}{\omega}$ der linearisierten Schwingung für $\omega=2\ \text{s}^{-1}$ durch numerische Lösung des auftretenden elliptischen Integrals und stellen Sie den Verlauf grafisch dar.

(b) Welches Ergebnis erhalten Sie, wenn Sie die Näherungsgleichung (10.85) verwenden?

$$T=T_0\cdot\left\{1+\sum_{n=1}^{\infty}\left(\frac{1\cdot3\cdot\ldots\cdot(2n-1)}{2\cdot4\cdot\ldots\cdot2n}\right)^2\cdot k^{2n}\right\} \tag{10.85}$$

► Aufgabe 10.12:

Betrachtet wird noch einmal das Space Shuttle aus Aufgabe 1.5.

(a) Notieren Sie den Scilab-Code der On-line-Funktion `v_ex(t)`, die die Geschwindigkeit der Raketen in Abhängigkeit der Zeit t berechnet, wenn `m0`, `g`, `alpha` und `FS` globale Variablen sind.

(b) Schreiben Sie eine Scilab-Funktion `a(t)`, die die Beschleunigung der Raketen in Abhängigkeit der Zeit t für die lokal definierten Größen `m0`, `g`, `alpha` und `FS` berechnet.

(c) Mittels Euler-Cauchy-Verfahren soll nun eine numerische Lösung der Bewegungsgleichung (1) aus Aufgabe 1.5 berechnet werden. Notieren Sie dazu den Scilab-Code `Euler(a, Delta_t,n)` mit unterdrücktem Bildschirmecho, der die Zeit t und die Geschwindigkeit v in Abhängigkeit des Zeitinkrements `Delta_t` und der Schrittanzahl `n` für die lokal definierte Anfangsbedingung zurückgibt.

► Aufgabe 10.13:

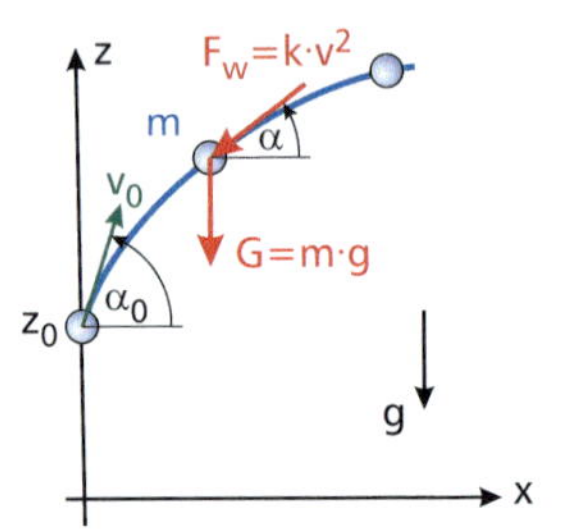

Bild 10.23: *Schräger Wurf eines Körpers im Schwerefeld mit Luftwiderstand.*

Gemäß [98] lässt sich das für einen schrägen Wurf mit Luftwiderstand (Bild 10.23; Abwurfpunkt $x_0 = 0$; $z_0 = 4{,}44$ m, Abwurfwinkel $\alpha_0 = 48{,}36°$; Anfangsgeschwindigkeit $v_0 = 12{,}5$ m/s; Masse $m = 1{,}25$ kg; Widerstandsbeiwert $k = 0{,}042$ kg/m) resultierende lineare Differenzialgleichungssystem 2. Ordnung für die Bahnkoordinaten $x(t)$ und $z(t)$ durch

$$u(t) = \dot{x}(t) \quad \text{und} \quad w(t) = \dot{z}(t) \tag{10.86}$$

in 4 Differenzialgleichungen 1. Ordnung umwandeln:

$$\begin{aligned} \dot{x} &= u \\ \dot{u} &= -\frac{k}{m} \cdot u \cdot \sqrt{u^2 + w^2} \\ \dot{z} &= w \\ \dot{w} &= -g - \frac{k}{m} \cdot w \cdot \sqrt{u^2 + w^2} \end{aligned} \tag{10.87}$$

(a) Entwickeln Sie daraus mittels Euler'schem Polygonzugverfahren 4 rekursive Gleichungen für x, u, z und w.

(b) Erstellen Sie einen strukturierten und kommentierten Scilab-Code `Euler`, der die Flugbahn des Körpers bis zum Auftreffen auf dem Boden ($z_B = 0$ m) mit dem Zeitschritt $\Delta t = 0{,}01$ s berechnet.

(c) Erstellen Sie einen weiteren Scilab-Code zur Darstellung der Flugbahn des Körpers in einem geeigneten Diagramm.

► Aufgabe 10.14:

Gustl Gschmiard hat für die Geschwindigkeit v zweier über die Federkonstante c gekoppelter Massen m_1 und m_2 die Integro-Differenzialgleichung (10.88) abgeleitet:

$$\left(\frac{1}{2} \cdot m_1 + m_2\right) \cdot \dot{v} + c \int v \, \mathrm{d}t = 0 \tag{10.88}$$

(a) Formen Sie (10.88) in eine Differenzialgleichung für den Weg s um und lösen Sie diese für $v(t=0) = v_0$ und $a(t=0) = 0$.

(b) Welche Kreisfrequenz ω besitzt die resultierende Schwingung für $m_1 = 7{,}5$ kg, $m_2 = 5$ kg und $c = 3{,}5$ kN/m?

Aufgabe 10.15:

Nach [97] gilt für die Flugbahn eines Skispringers mit den Bahnkoordinaten $x = x(t)$, $y = y(t)$ und der Bahngeschwindigkeit $v = v(t) = \sqrt{v_x^2 + v_y^2}$ das gekoppelte Differenzialgleichungssystem:

$$\begin{aligned} &\ddot{x} + k_W(t) \cdot v(t) \cdot \dot{x} - k_A(t) \cdot v(t) \cdot \dot{y} = 0 \\ &\ddot{y} + k_W(t) \cdot v(t) \cdot \dot{y} + k_A(t) \cdot v(t) \cdot \dot{x} - g = 0 \end{aligned} \tag{10.89}$$

Mit den Beschleunigungen $\ddot{x} = a_x$ und $\ddot{y} = a_y$ sowie den Geschwindigkeiten $\dot{x} = v_x$ und $\dot{y} = v_y$ folgt aus Gl. (10.89):

$$\begin{aligned} a_x &= -k_W(t) \cdot \sqrt{v_x^2 + v_y^2} \cdot v_x + k_A(t) \cdot \sqrt{v_x^2 + v_y^2} \cdot v_y \\ a_y &= -k_W(t) \cdot \sqrt{v_x^2 + v_y^2} \cdot v_y - k_A(t) \cdot \sqrt{v_x^2 + v_y^2} \cdot v_x + g \end{aligned} \tag{10.90}$$

Bei bekannter Absprunggeschwindigkeit v_0 und bekanntem Absprungwinkel zur Horizontalen φ_0 betragen die Komponenten der Anfangsgeschwindigkeit $v_{x0} = v_0 \cdot \cos\varphi_0$ und $v_{y0} = v_0 \cdot \sin\varphi_0$. Damit sind die Anfangsbeschleunigungen a_{x0} und a_{y0} aus Gl. (10.90) berechenbar. Aus den elementaren Zusammenhängen $v = \frac{ds}{dt} \approx \frac{\Delta s}{\Delta t}$ und $a = \frac{dv}{dt} \approx \frac{\Delta v}{\Delta t}$ lässt sich das Euler-Cauchy-Verfahren mit dem Zeitschritt Δt (Zeitschrittverfahren) gewinnen:

$$\begin{aligned} &t_1 = t_0 + \Delta t \\ &v_{x1} = v_{x0} + a_{x0} \cdot \Delta t \quad \text{und} \quad v_{y1} = v_{y0} + a_{y0} \cdot \Delta t \\ &x_1 = x_0 + v_{x0} \cdot \Delta t \quad \text{und} \quad y_1 = y_0 + v_{y0} \cdot \Delta t \end{aligned} \tag{10.91}$$

Betrachtet man die zur Zeit $t_1 = t_0 + \Delta t$ ermittelten Werte als Anfangswerte für den nächsten Zeitpunkt $t_2 = t_1 + \Delta t$ kann man gemäß Gl. (10.91) die Geschwindigkeiten v_{x2} und v_{y2} sowie die Bahnkoordinaten x_2 und y_2 berechnen.

(a) Erstellen Sie einen Scilab-Code, der auf Basis der Gln. (10.92) und (10.93) die Funktionen `kW(t)` und `kA(t)` zur Berechnung des Luftwiderstandsbeiwerts $k_W(t)$ und des Auftriebsbeiwerts $k_A(t)$ bereitstellt.

(b) Erstellen Sie auf Basis des Algorithmus des Zeitschrittverfahrens aus Gl. (10.91) den Scilab-Code `Bahnkurve(Delta_t)`, der die Bahnkurve des Springers ausgehend von $v_0 = 30$ m/s, $\varphi_0 = 10°$, $\Delta t = 0{,}2$ s und dem Schanzentischende bei $x_0 = 0$ und $y_0 = 0$ bis $t = 5$ s berechnet.

(c) Wiederholen Sie die Berechnung aus Teilaufgabe (b) mit veränderten Zeitschritten $\Delta t^* = 0{,}02$ s und $\Delta t^{**} = 0{,}002$ s.

(d) Stellen Sie die Flugbahn des Skispringers aus den Werten der Bahnkoordinaten $x(t)$ und $y(t)$ in einem Diagramm dar (x-Achse nach rechts; y-Achse nach unten).

(e) Tragen Sie als Referenz die Flugparabel $\pi: x(t) = x_0 + v_0 \cdot \cos\varphi_0 \cdot t$; $y(t) = y_0 + v_0 \cdot \sin\varphi_0 \cdot t + g \cdot t^2/2$ in das Diagramm ein, wie sie sich aus einem reibungs- und auftriebsfreien schrägen Wurf ergeben würde.

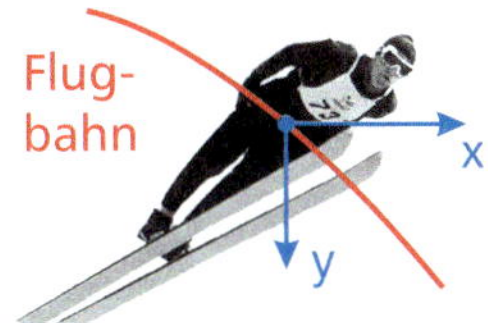

Bild 10.24: *Flugbahn eines Skispringers mit Bahnkoordinaten $x = x(t)$ und $y = y(t)$.*

Tabelle 10.2: *Luftwiderstandsbeiwert $k_W(t)$ und Auftriebsbeiwert $k_A(t)$ des Skispringers in Abhängigkeit der Zeit [97].*

t (s)	0	1	2	3	4
k_W (10^{-4})	44,4	34,6	41,5	58,5	86,0
k_A (10^{-4})	34,5	49,5	46,9	44,6	45,0

Zur Anpassung des zeitlichen Verlaufs von $k_W(t)$ und $k_A(t)$ mit dem Polynom

$$p(t) = p_0 + p_1 \cdot t + p_2 \cdot t^2 + p_3 \cdot t^3 + p_4 \cdot t^4 \tag{10.92}$$

findet man für die Polynomkoeffizienten p_j ($j = 0,1,\ldots,4$) mit den Funktionswerten $f_j = k_{W,j}$ bzw. $f_j = k_{A,j}$ in [97]:

$$\begin{aligned} p_0 &= f_0 \\ p_1 &= \frac{-50\,f_0 + 96\,f_1 - 72\,f_2 + 32\,f_3 - 6\,f_4}{24} \\ p_2 &= \frac{35\,f_0 - 104\,f_1 + 114\,f_2 - 56\,f_3 + 11\,f_4}{24} \\ p_3 &= \frac{-10\,f_0 + 36\,f_1 - 48\,f_2 + 28\,f_3 - 6\,f_4}{24} \\ p_4 &= \frac{f_0 - 4\,f_1 + 6\,f_2 - 4\,f_3 + f_4}{24} \end{aligned} \tag{10.93}$$

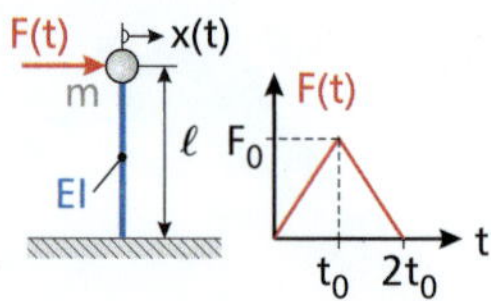

Bild 10.25: *Balken mit fester Einspannung und Endmasse (nach [98]).*

Aufgabe 10.16:

Der in Bild 10.25 dargestellte Balken (Biegesteifigkeit $EI = 128$ kN m^2; Länge $\ell = 4{,}25$ m; punktförmige Endmasse $m = 900$ kg; Kraft $F_0 = 800$ N; Zeit $t_0 = 0{,}6$ s) lässt sich nach [98] mit der Federkonstante $c = 3\,EI/\ell^3$ auf einen Einmassenschwinger mit der Differenzialgleichung $m\ddot{x} + c\,x = F(t)$ für die Auslenkung $x(t)$ der Endmasse zurückführen. Mit den Hilfsvariablen $z_1 = x$ und $z_2 = \dot{x}$ resultieren zwei Differenzialgleichungen 1. Ordnung:

$$\begin{aligned} \dot{z}_1(t) &= z_2(t) \\ \dot{z}_2(t) &= \frac{1}{m} \cdot \left[F(t) - c \cdot z_1(t)\right] \end{aligned} \tag{10.94}$$

Das Differenzialgleichungssystem

$$\begin{aligned} \dot{z}_1(t) &= z_2(t) \\ \dot{z}_2(t) &= f\left(t, z_1(t)\right) \end{aligned} \tag{10.95}$$

lässt sich mit dem Euler-Cauchy-Verfahren rekursiv darstellen:

$$\begin{aligned} z_{1,\mathrm{k}+1} &= z_{1,\mathrm{k}} + z_{2,\mathrm{k}} \cdot \Delta t \\ z_{2,\mathrm{k}+1} &= z_{2,\mathrm{k}} + f\left(t_\mathrm{k}, z_{1,\mathrm{k}}\right) \cdot \Delta t \end{aligned} \tag{10.96}$$

Die in der Ordnung $\mathcal{O}(\Delta t)$ liegende Genauigkeit des Verfahrens bedingt entsprechend kleine Zeitschritte Δt. Das Runge-Kutta-Verfahren besitzt demgegenüber die Ordnung $\mathcal{O}\left(\Delta t^4\right)$:

$$\begin{aligned} z_{1,\mathrm{k}+1} &= z_{1,\mathrm{k}} + \frac{1}{6}\left(k_{11} + 2\,k_{12} + 2\,k_{13} + k_{14}\right) \cdot \Delta t \\ z_{2,\mathrm{k}+1} &= z_{2,\mathrm{k}} + \frac{1}{6}\left(k_{21} + 2\,k_{22} + 2\,k_{23} + k_{24}\right) \cdot \Delta t \end{aligned} \tag{10.97}$$

mit

$$\begin{aligned} k_{11} &= z_{2,\mathrm{k}} & &\text{und} & k_{21} &= f(t_\mathrm{k}, z_{1\mathrm{k}}) \\ k_{12} &= z_{2,\mathrm{k}} + \frac{1}{2}\,k_{21} \cdot \Delta t & &\text{und} & k_{22} &= f\left(t_\mathrm{k} + \frac{\Delta t}{2}, z_{1\mathrm{k}} + \frac{1}{2}\,k_{11} \cdot \Delta t\right) \\ k_{13} &= z_{2,\mathrm{k}} + \frac{1}{2}\,k_{22} \cdot \Delta t & &\text{und} & k_{23} &= f\left(t_\mathrm{k} + \frac{\Delta t}{2}, z_{1\mathrm{k}} + \frac{1}{2}\,k_{12} \cdot \Delta t\right) \\ k_{14} &= z_{2,\mathrm{k}} + k_{23} \cdot \Delta t & &\text{und} & k_{24} &= f\left(t_\mathrm{k} + \Delta t, z_{1\mathrm{k}} + k_{13} \cdot \Delta t\right) \end{aligned}$$

Der mögliche größere Zeitschritt wiegt den Nachteil von 4 Funktionsauswertungen auf.

(a) Erstellen Sie den kommentierten Scilab-Code `RungeKutta`, der die Auslenkung $z_1(t) = x(t)$ mithilfe des Runge-Kutta-Verfahrens mit dem Zeitschritt $\Delta t = 0{,}1$ s im Bereich $0\ \mathrm{s} \le t \le 10\ \mathrm{s}$ für die Anfangsbedingungen $z_1(t=0) = 0$ und $z_2(t=0) = 0$ berechnet und grafisch darstellt.

(b) Wiederholen Sie Teilaufgabe (a) mit dem Zeitschritt $\Delta t^* = 0{,}5$ s.

(c) Lösen Sie Teilaufgabe (a) nun mit dem Verfahren von Euler und Cauchy und diskutieren Sie eventuell auftretende Unterschiede.

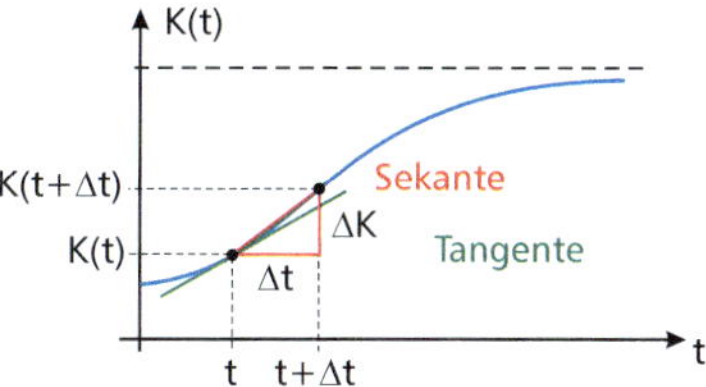

Bild 10.26: *Approximation der Kurvensteigung durch die Sekantensteigung mittels Vorwärts-Differenzen.*

► Aufgabe 10.17:

(a) Leiten Sie aus der Differenzialgleichung für das begrenzte Wachstum (10.36) durch Diskretisierung der Zeitableitung (Bild 10.26)

$$\frac{dK}{dt} \approx \frac{K_{i+1} - K_i}{\Delta t} \tag{10.98}$$

eine Differenzengleichung (♡) ab.

(b) Im folgenden gilt $\Delta t = 1$ (einer Fortpflanzungsperiode entsprechend) sowie $K_0 = 100$ und $K_\infty = 1000$ Individuen. Berechnen Sie für $0 \leq t \leq 40$ und $k = (0{,}2\ \ 0{,}4\ \ 0{,}8\ \ 1{,}6\ \ 1{,}9\ \ 2{,}1\ \ 2{,}4\ \ 2{,}6\ \ 2{,}7\ \ 3)^T$ mit Gl. (♡) die zeitliche Entwicklung der Population $K_i = K(t_i)$ in diskreten Schritten und stellen Sie den Verlauf grafisch dar. Wie sind die Bereiche ①: $0 \leq k \leq 2$, ②: $2 < k < 2{,}57$ und ③: $2{,}57 < k < 3$ hinsichtlich des zeitlichen Verlaufs der Population einzustufen?

(c) Ermitteln Sie die zu den in Teilaufgabe (b) genannten Wachstumsraten k die analytischen Populationsverläufe und plotten Sie diese in einem separaten Diagramm.

► Aufgabe 10.18:

In [85] wird das AWP

$$y' = -\lambda \cdot y \qquad \text{mit} \qquad y(x=0) = y_0 \tag{10.99}$$

mit $\lambda > 0$ betrachtet.

(a) Ermitteln Sie die exakte Lösung y_{ex} von Gl. (10.99) und interpretieren Sie den Verlauf $y(x)$ in Bezug auf $\text{sgn}(\lambda)$.

(b) Diskretisieren Sie von Gl. (10.99) mithilfe des Euler-Cauchy-Verfahrens mit der Schrittweite $\Delta x = h$ und stellen Sie damit y_{i+1} als Funktion des vorhergehenden Werts y_i dar.

(c) Stellen Sie unter Verwendung des Ergebnisses von Teilaufgabe (b) einen Zusammenhang zwischen y_{i+1} und y_0 her.

(d) Leiten Sie aus den Ergebnissen der Teilaufgaben (a) und (b) ein „Stabilitätskriterium" für die Schrittweite h ab.

(e) Im folgenden ist $\lambda = 25$ und $y_0 = 2$. Erstellen Sie den Scilab-Code einer Funktion `Euler(h,yi)`, die den Verlauf $y(x)$ entsprechend der Gleichung aus Teilaufgabe (b) mit der Schrittweite `h` und dem Wert `yi` des vorgehenden Schritts berechnet.

(f) Ermitteln Sie mit der Funktion aus (e) numerisch den Verlauf von $y(x)$ für die Schrittweiten $h = (0{,}02\ \ 0{,}04\ \ 0{,}08\ \ 0{,}096\ \ 0{,}12)^T$ im Bereich $0 \leq x \leq 0{,}48$ und stellen Sie die Ergebnisse grafisch in einem gemeinsamen Diagramm dar. Was ist bezüglich des Kriteriums aus Teilaufgabe (d) zu erkennen?

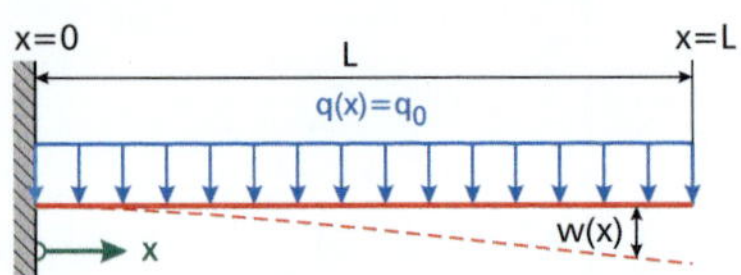

Bild 10.27: *Kragträger mit Gleichlast q_0.*

► Aufgabe 10.19:

Für den Kragträger in Bild 10.27 der Länge $L = 5$ m und der Biegesteifigkeit $EI = 1200$ kN m^2 mit der Gleichlast $q(x) = q_0 = 3$ kN/m soll die Durchbiegung w mit Finiten Differenzen ermittelt werden.

Bei Verwendung zentraler Finiter Differenzen erhält man aus der Differenzialgleichung der elastischen Linie

$$EI \cdot w^{IV}(x) = q(x) \tag{10.100}$$

für einen Zentralknoten i bei Unterteilung in n Abschnitte der Schrittweite $h = \frac{L}{n}$ die Differenzengleichung [99]:

$$w_{i-2} - 4\,w_{i-1} + 6\,w_i - 4\,w_{i+1} + w_{i+2} = \frac{q_i \cdot h^4}{EI} := \alpha \tag{10.101}$$

Für das Biegemoment M_i im Knoten i gilt:

$$M_i = -EI \cdot w_i'' = -\frac{EI}{h^2} \cdot (w_{i-1} - 2\,w_i + w_{i+1}) \tag{10.102}$$

Die Querkraft Q_i im Knoten i beträgt:

$$Q_i = -EI \cdot w_i''' = -\frac{EI}{2\,h^3} \cdot (-w_{i-2} + 2\,w_{i-1} - 2\,w_{i+1} + w_{i+2}) \tag{10.103}$$

Die Neigung der Biegelinie w_i' im Knoten i ergibt sich aus:

$$w_i' = \frac{1}{2\,h} \cdot (-w_{i-1} + w_{i+1}) \tag{10.104}$$

Die Randbedingungen lauten:

$$w(x=0) = 0 \tag{10.105}$$
keine Durchsenkung

$$w'(x=0) = 0 \tag{10.106}$$
keine Verdrehung

$$M(x=L) = 0 \tag{10.107}$$
momentenfreies Ende

$$Q(x=L) = 0 \tag{10.108}$$
querkraftfreies Ende

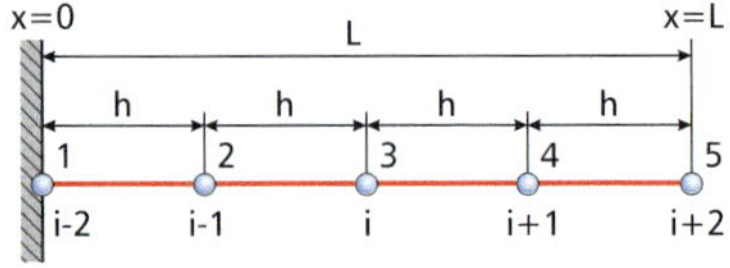

Bild 10.28: *Diskretisierung des Kragträgers mit $n+1=5$ Knoten.*

(a) Berechnen Sie durch Integration der Biegelinie (10.100) unter Beachtung der Randbedingungen (10.105)–(10.108) den exakten Verlauf der Biegelinie $w_{ex}(x)$.

(b) Leiten Sie für den diskretisierten Träger in Bild 10.28 ($n = n_1 = 4$) mithilfe der Differenzengleichungen (10.101)–(10.104) ein lineares Gleichungssystem $\mathbf{A} \cdot \vec{w} = \vec{b}$ (♠) für die Knotendurchsenkungen $w_1 \ldots w_5$ ab. Führen Sie dabei zunächst die fiktiven Knoten $-1, 0, 6, 7$ ein und eliminieren Sie deren Durchsenkungen geschickt mithilfe der Randbedingungen (10.105)–(10.108).

(c) Lösen Sie (♠) in Scilab mit einer geeigneten Methode.

(d) Ermitteln Sie an den Knoten $1 \ldots 5$ mithilfe des Ergebnisses aus Teilaufgabe (a) die relativen Abweichungen δw der numerischen Lösung zur exakten Lösung.

(e) Wiederholen Sie die Teilaufgaben (b)–(d) für feinere Gitter mit $n_2 = 16$ und $n_3 = 100$. Die Randknoten besitzen stets die Nummern $i = 1$ bzw. $i = n+1$, die randnahen Knoten die Nummern $i = 2$ bzw. $i = n$. Die Matrixkoeffizienten der dazwischenliegenden zentralen Knoten können leicht automatisch generiert werden.

(f) Stellen Sie die jeweiligen Knotendurchsenkungen und die exakte Lösung in einem geeigneten Diagramm dar.

► Aufgabe 10.20:

Der Kragträger aus Bild 10.27 wird nun am freien Ende durch ein Loslager gestützt, so dass das in Bild 10.29 skizzierte statisch unbestimmte System resultiert. Gegenüber einem statisch bestimmten System ist die analytische Ermittlung der Biegelinie wesentlich aufwändiger (z. B. Kraftgrößenverfahren [38]). Für die Durchsenkung erhält man:

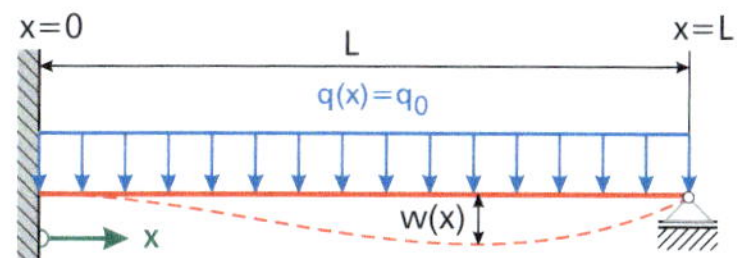

Bild 10.29: *Statisch unbestimmt gelagerter Träger mit Gleichlast q_0.*

$$w_{\text{ex}}(x) = \frac{q_0 \cdot L^4}{24\,EI} \cdot \left[\left(\frac{x}{L}\right)^4 - \frac{5}{2}\left(\frac{x}{L}\right)^3 + \frac{3}{2}\left(\frac{x}{L}\right)^2 \right] \tag{10.109}$$

Die Berechnung mittels Finiter Differenzen kann hingegen viel einfacher durchgeführt werden, da lediglich bei $x = L$ die Durchsenkung $w_{n+1} = 0$ anstelle der Randbedingung (10.108) zu setzen ist.

(a) Modifizieren Sie den Scilab-Code aus Aufgabe 10.19 (e) dahingehend, dass das System aus Bild 10.29 berechnet werden kann.

(b) Implementieren Sie die exakte Lösung des unbestimmten Systems gemäß Gl. (10.109) und stellen Sie diese mit den jeweiligen Knotendurchsenkungen für $n_1 = 4$, $n_2 = 16$ und $n_3 = 100$ in einem geeigneten Diagramm dar.

► Aufgabe 10.21:

In [100] ist das 1957 publizierte Verfahren von Kalinin und Miljukov [101] zur Simulation des Wasserrückhalts in Gewässern beschrieben. Für den Speicherinhalt $S(t)$ des Gewässers, den Wasserzufluss $Q_Z(t)$ und den Wasserabfluss $Q_A(t)$ gilt die universelle Bilanzgleichung (1.18):

$$\frac{dS}{dt} = Q_Z - Q_A \tag{10.110}$$

Im Kalinin-Miljukov-Verfahren [101] sind Speicherinhalt und Abfluss über die gewässerabhängige Retentionskonstante K verknüpft:

$$S = K \cdot Q_A \tag{10.111}$$

In [100] wird die in Tab. 10.3 dargestellte Zuflussganglinie bei den diskreten Zeitpunkten t_k bei einem Zeitschritt $\Delta t = 1$ h sowie einer Retentionskonstante $K = 4320$ s und einem Anfangsabfluss $Q_{A,0} = 2$ m³/s betrachtet.

Tabelle 10.3: *Zuflussganglinie aus [100].*

t (h)	Q_Z (m³/s)
0	2,0
1	8,2
2	16,0
3	11,2
4	7,0
5	5,0
6	3,0
7	2,0
8	2,0

(a) Leiten Sie aus den Gln. (10.110) und (10.111) eine Differenzialgleichung (♣) für den Wasserabfluss Q_A her.

(b) Diskretisieren Sie die Dgl. (♣) mit dem Euler-Cauchy-Verfahren.

(c) Erstellen Sie einen strukturierten und kommentierten Scilab-Code, der zu den in Tabelle 10.3 genannten Zeitpunkten t_k die Abflussganglinie $Q_{A,k} = Q_A(t_k)$ und die Speicherganglinie $S_k = S(t_k)$ berechnet und $Q_{Z,k}$ sowie $Q_{A,k}$ in einem geeigneten Diagramm ausgibt.

(d) Lösen Sie (♣) nun mithilfe des Verfahrens von Heun und vergleichen Sie die Ergebnisse.

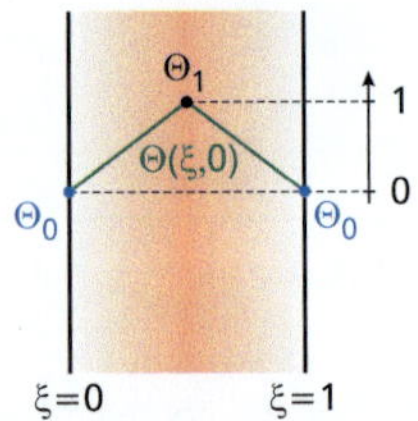

Bild 10.30: *Homogene Platte mit dreiecksförmiger Anfangstemperaturverteilung.*

► Aufgabe 10.22:

Für die instationäre eindimensionale Wärmeleitung in einer Platte der Dicke L und der Temperaturleitfähigkeit a gilt die Fourier'sche Differenzialgleichung für das Temperaturfeld $\vartheta(x,t)$ [8]:

$$\frac{\partial \vartheta}{\partial t} = a \cdot \frac{\partial^2 \vartheta}{\partial x^2} \tag{10.112}$$

Mit der Fourier-Zahl $Fo = \frac{a \cdot t}{L^2}$ (dimensionslose Zeit), der dimensionslosen Ortskoordinate $\xi = \frac{x}{L}$ und der normierten Temperatur $\Theta = \frac{\vartheta - \vartheta_\infty}{\vartheta_0 - \vartheta_\infty}$ können wir Gl. (10.112) in eine normierte Differenzialgleichung überführen:

$$\frac{\partial \Theta}{\partial Fo} = \frac{\partial^2 \Theta}{\partial \xi^2} \tag{10.113}$$

Diskretisieren der Geometrie mit der Schrittweite $\Delta x = \frac{L}{N}$ und Einführen der Gitter-Fourier-Zahl $Fo_\mathrm{x} = \frac{a \cdot \Delta t}{\Delta x^2}$ liefert mit dem Zeitschritt Δt und zentralen Differenzen im Ort sowie Vorwärts-Differenzen in der Zeit (Index 0=alter Zeitschritt t; Index 1=neuer Zeitschritt $t + \Delta t$) eine explizite Gleichung für die normierte Temperatur des Knotens i [88]:

$$\Theta_\mathrm{i}^1 = Fo_\mathrm{x} \cdot \Theta_{\mathrm{i}-1}^0 + (1 - 2\,Fo_\mathrm{x}) \cdot \Theta_\mathrm{i}^0 + Fo_\mathrm{x} \cdot \Theta_{\mathrm{i}+1}^0 \tag{10.114}$$

Betrachtet wird ein in $N = 20$ Elemente diskretisierter Stab der Länge $L = 2$ m. Die Ränder $\xi = 0$ und $\xi = 1$ befinden sich auf der konstanten Temperatur $\Theta_0 = 0$. Für eine dreiecksförmige Anfangstemperaturverteilung mit $\theta(\xi = 0{,}5) = \Theta_1 = 1$ gilt die analytische Lösung in Form einer Fourier-Reihe [102]:

$$\Theta(\xi, Fo) = \frac{2\,L^2}{\pi^2} \sum_{\mathrm{j}=1,3,5,\ldots}^{\infty} \frac{\sin(j\,\pi \cdot \xi)}{j^2} \cdot (-1)^{\frac{j+3}{2}} \cdot \exp\left(\frac{-j^2 \pi^2 \cdot Fo}{N^2}\right) \tag{10.115}$$

(a) Führen Sie die Normierung von Gl. (10.112) auf Gl. (10.113) durch.

(b) Erstellen Sie einen strukturierten Scilab-Code, der die Anfangstemperaturverteilung `Theta0(x)` über dem diskretisierten Ort `x` berechnet und grafisch darstellt. Berechnen Sie dabei auch die normierten Ortskoordinaten `xi` der Gitterpunkte.

(c) Erweitern Sie den Code dahingehend, dass für $Fo_\mathrm{x} = \frac{2}{5}$ die Knotentemperaturen `Theta1(x)` für $Fo_1 = 6, Fo_2 = 12$ und $Fo_3 = 18$ mit $Fo = k \cdot Fo_\mathrm{x}$ gemäß der expliziten Differenzenapproximation in Gl. (10.114) berechnet und mit der exakten Lösung `ThetaEx(x)` nach Gl. (10.115) verglichen und grafisch ausgegeben werden.

(d) Wiederholen Sie die Berechnung für $Fo_\mathrm{x} = \frac{3}{5}$. Wie lässt sich der Unterschied erklären?

▶ Aufgabe 10.23:

Die Zwischenwand eines Industrieofens (Dicke $d = 12$ cm, Dichte $\varrho = 1600$ kg/m^3, Wärmeleitfähigkeit $\lambda = 1{,}2$ W/(m K), spezifische isobare Wärmekapazität $c_p = 850$ J/(kg K)) besitzt die gleichmäßige Anfangstemperatur $\vartheta_0 = 370$ °C. Zur Abkühlung wird Luft mit $\vartheta_\infty = 20$ °C in den Ofen eingeblasen. Der Wärmeübergangskoeffizient beider Wandseiten zur Luft beträgt $\alpha = 15$ W/(m^2 K). Mittels einer wärmetechnischen Modellierung über Finite Differenzen soll geklärt werden, welche kalorische Mitteltemperatur $\overline{\vartheta}$ und welche Oberflächentemperatur ϑ_W die Wand nach $t = 3$ h Auskühlung erreicht.

Wegen der vorhandenen Symmetrie ist es vorteilhaft, nur die rechte Hälfte $0 \le x \le \frac{d}{2}$ der Ofenwand zu betrachten. Es erfolgt eine Diskretisierung mit dem Ortsschritt $\Delta x = 0{,}5$ cm und dem Zeitschritt $\Delta t = 10$ s.

Tab. 10.4 enthält die Differenzengleichungen der vorkommenden Knotentypen bei expliziter Approximation. Die Gitter-Fourier-Zahl Fo_x beträgt:

$$Fo_x = \frac{a \cdot t}{\Delta x^2} = \frac{\lambda \cdot t}{\varrho \cdot c_p \cdot \Delta x^2} \qquad (10.116)$$

Der Wärmeübergang an der Wandoberfläche wird durch die Gitter-Biot-Zahl beschrieben:

$$Bi_x = \frac{\alpha \cdot \Delta x}{\lambda} \qquad (10.117)$$

ϑ_n^1 (Index 1) bezeichnet die Temperatur am Knoten n beim neuen Zeitschritt zur Zeit $t + \Delta t$, während ϑ_n^0 (Index 0) die Temperatur am alten Zeitschritt zur Zeit t angibt.

Bei der allgemeinen Finiten Differenzenapproximation werden die Ortsableitungen mit dem Gewicht f beim alten Zeitschritt und mit dem Gewicht $1 - f$ beim neuen Zeitschritt entwickelt, wobei in der Regel zentrale Differenzen Verwendung finden, z. B. [88]:

$$\left.\frac{\partial^2 \vartheta}{\partial x^2}\right|_n \approx f \cdot \frac{\vartheta_{n+1}^0 - 2\,\vartheta_n^0 + \vartheta_{n-1}^0}{\Delta x^2} + (1-f) \cdot \frac{\vartheta_{n+1}^1 - 2\,\vartheta_n^1 + \vartheta_{n-1}^1}{\Delta x^2} \qquad (10.118)$$

Für $f = 1$ ergibt sich die explizite Approximation, für $f = 0{,}5$ das Crank-Nicolson-Verfahren [93] und für $f = 0$ das implizite Differenzenschema.

(a) Erstellen Sie einen strukturierten Scilab-Code zur Berechnung der Temperaturverteilung $\vartheta_{EX}(x,t)$ in der Ofenwand mithilfe einer expliziten Finiten Differenzenapproximation.

(b) Berechnen Sie die Temperaturverteilung $\vartheta_{CN}(x,t)$ in der Ofenwand mithilfe einer semi-impliziten Finiten Differenzenapproximation (Crank-Nicolson-Verfahren). Zur Lösung der auftretenden linearen Knotentemperaturgleichungen kann der Gauß'sche Algorithmus aus Abschnitt 7.3 genutzt werden.

(c) Berechnen Sie die Temperaturverteilung $\vartheta_{IM}(x,t)$ in der Ofenwand nun mithilfe einer impliziten Finiten Differenzenapproximation.

Tabelle 10.4: *Knotenpunktsgleichungen des expliziten Differenzenverfahrens bei eindimensionaler Geometrie [88].*

Randknoten mit adiabatem Rand links

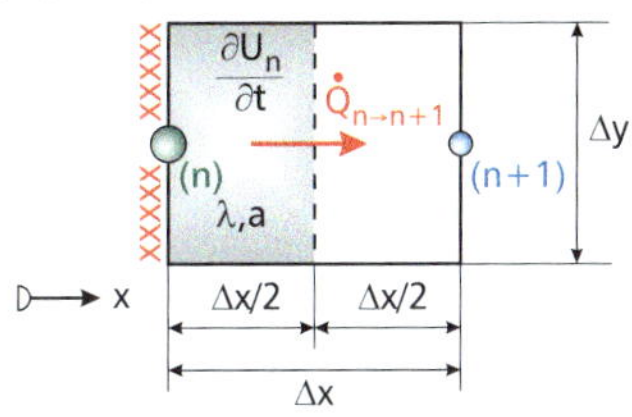

$$\vartheta_n^1 = \vartheta_n^0 + 2\,Fo_x \cdot \left(\vartheta_{n+1}^0 - \vartheta_n^0\right)$$

Zentralknoten

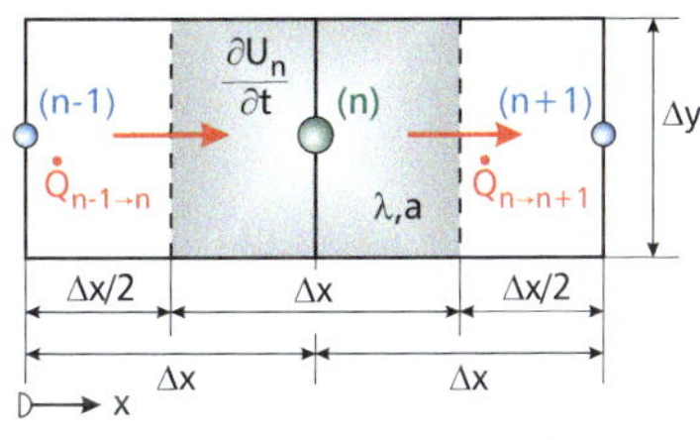

$$\vartheta_n^1 = \vartheta_n^0 + Fo_x \cdot \left(\vartheta_{n-1}^0 - 2\,\vartheta_n^0 + \vartheta_{n+1}^0\right)$$

Randknoten mit Wärmeübergang rechts

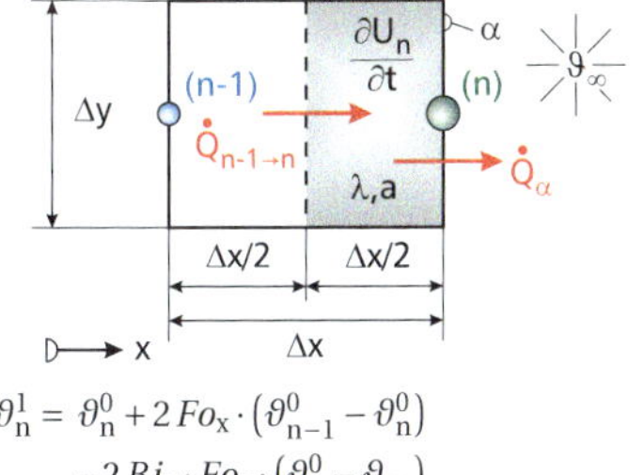

$$\vartheta_n^1 = \vartheta_n^0 + 2\,Fo_x \cdot \left(\vartheta_{n-1}^0 - \vartheta_n^0\right) - 2\,Bi_x \cdot Fo_x \cdot \left(\vartheta_n^0 - \vartheta_\infty\right)$$

Tabelle 10.5: *Gleichungen für die Knotenpunktstypen I–IV [88].*

Randknoten mit adiabatem Rand links und Wärmeübergang oben

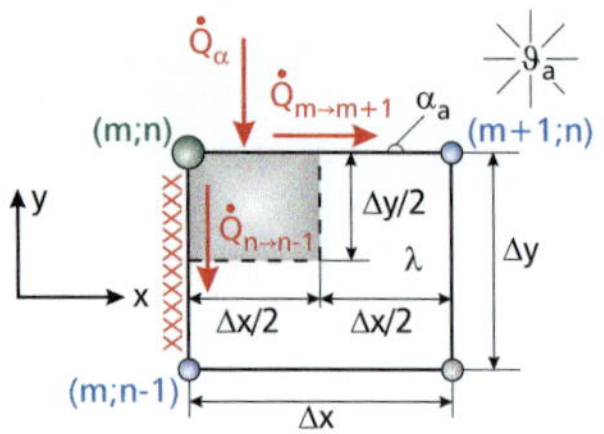

$-\vartheta_{m+1,n}-\vartheta_{m,n-1}+(2+Bi_a)\cdot\vartheta_{m,n}=Bi_a\cdot\vartheta_a$

Randknoten mit Wärmeübergang oben

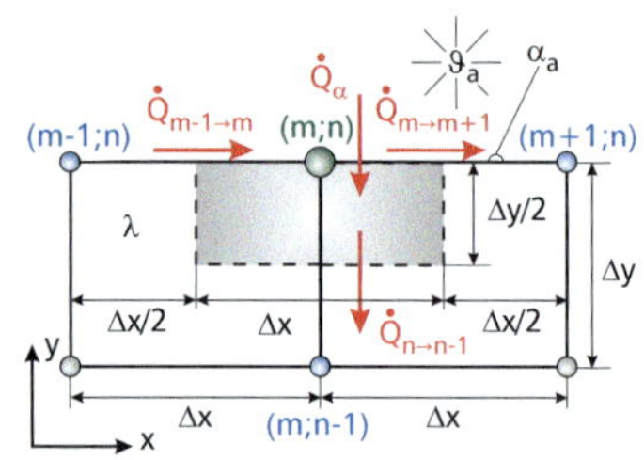

$-\vartheta_{m-1,n}-2\,\vartheta_{m,n-1}-\vartheta_{m+1,n}+2\,(2+Bi_a)\cdot\vartheta_{m,n}$
$=2\,Bi_a\cdot\vartheta_a$

Randknoten mit adiabatem Rand rechts und Wärmeübergang oben

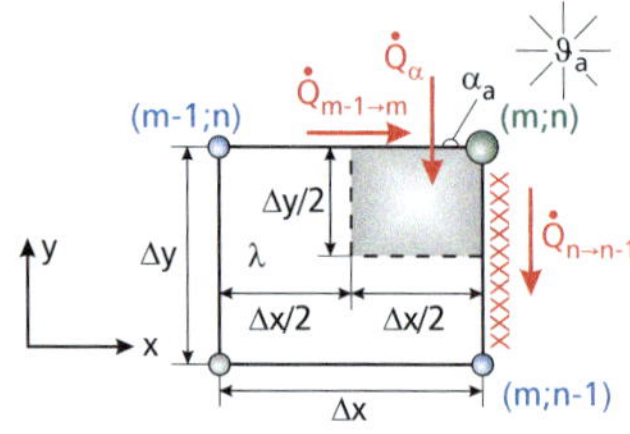

$-\vartheta_{m-1,n}-\vartheta_{m,n-1}+(2+Bi_a)\cdot\vartheta_{m,n}=Bi_a\cdot\vartheta_a$

Randknoten mit adiabatem Rand links

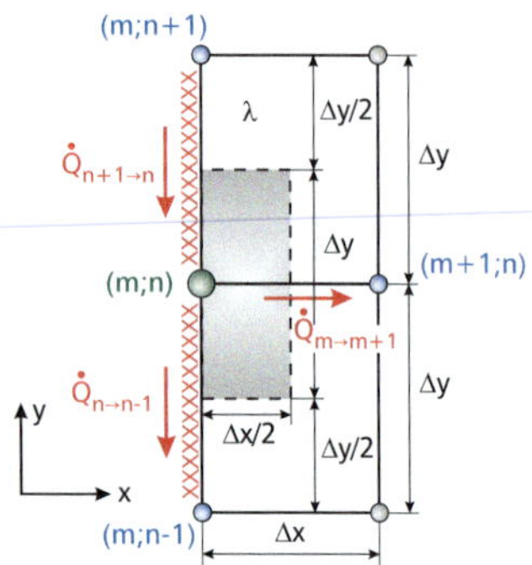

$-\vartheta_{m,n+1}-2\,\vartheta_{m+1,n}-\vartheta_{m,n-1}+4\,\vartheta_{m,n}=0$

► Aufgabe 10.24:

Um Gasturbinen bei höheren Temperaturen betreiben zu können, werden Schaufeln mit luftdurchströmten Kühlkanälen eingesetzt. Zur Berechnung der stationären Temperaturverteilung $\vartheta(x,y)$ in den Schaufeln ist die Laplace'schen Differenzialgleichung

$$\frac{\partial^2\vartheta}{\partial x^2}+\frac{\partial^2\vartheta}{\partial y^2}=0 \tag{10.119}$$

mit der Methode der Finiten Differenzen numerisch zu lösen. Die in Bild 10.31 im Schnitt dargestellte Geometrie der Schaufeln ist dazu bereits mit 21 Knoten diskretisiert. Aus Symmetriegründen sowie zur Begrenzung des Rechenaufwands ist es vorteilhaft, die Berechnung nur auf ein Teilgebiet der Schaufeln zu erstrecken.

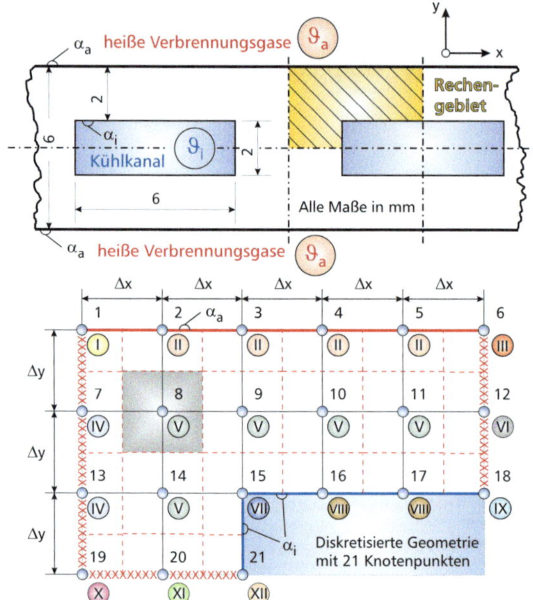

Bild 10.31: *Schnitt durch die Turbinenschaufeln (oben) und Diskretisierung des Rechengebiets mit 21 Knoten (unten).*

Bei der Diskretisierung der Schaufelgeometrie treten 12 verschiedene Knotenpunktstypen I–XII (Tabellen 10.5 und 10.6) auf, wobei die Knotenpunkte zweifach indiziert werden (jeweils in x- und y-Richtung). Der Zentralpunkt des Kontrollvolumens wird mit (m,n) bezeichnet, der nördlich gelegene Knoten mit $(m,n+1)$, der östliche mit $(m+1,n)$, der südliche mit $(m,n-1)$ und der westliche mit $(m-1,n)$. Im Programmcode werden die Knoten später fortlaufend nummeriert.

Der Wärmeübergangskoeffizient an der Schaufeloberfläche zur Verbrennungsgastemperatur $\vartheta_a=1400$ °C beträgt $\alpha_a=1000$ W/(m² K). Im Innern des Kühlkanals herrscht die Temperatur $\vartheta_i=100$ °C. Der Wärmeübergangskoeffizient im Kühlkanal beträgt $\alpha_i=200$ W/(m² K). Die Schaufeln besitzen die Wärmeleitfähigkeit $\lambda=15$ W/(m K).

Formulieren Sie ein lineares Gleichungssystem für die Knotentemperaturen und erstellen Sie einen Scilab-Code, der diese berechnet.

Tabelle 10.6: *Gleichungen für die Knotenpunktstypen V–XII [88].*

Zentralknoten

$-\vartheta_{m-1,n}-\vartheta_{m,n+1}-\vartheta_{m+1,n}-\vartheta_{m,n-1}+4\,\vartheta_{m,n}=0$

Randknoten mit adiabatem Rand rechts

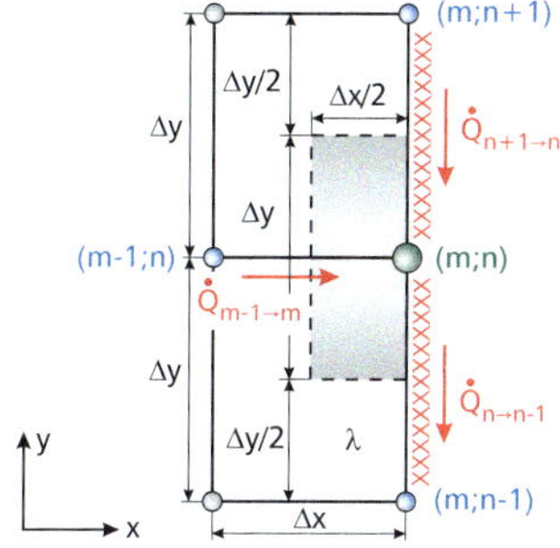

$-2\,\vartheta_{m-1,n}-\vartheta_{m,n+1}-\vartheta_{m,n-1}+4\,\vartheta_{m,n}=0$

Eckknoten innen mit Wärmeübergang unten und rechts

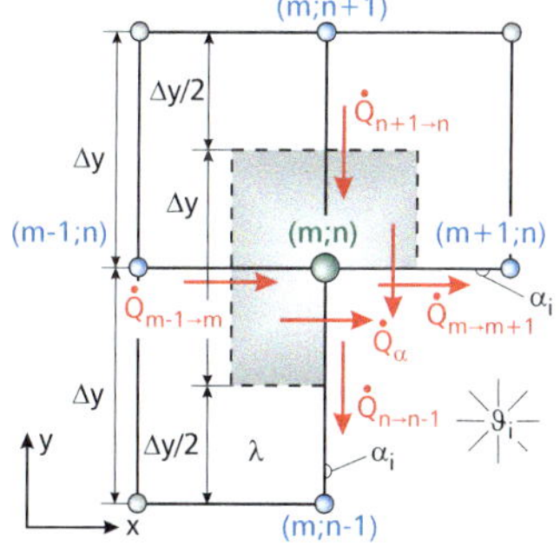

$-2\,\vartheta_{m-1,n}-2\,\vartheta_{m,n+1}-\vartheta_{m+1,n}-\vartheta_{m,n-1}+2\,(3+Bi_i)\cdot\vartheta_{m,n}=2\,Bi_i\cdot\vartheta_i$

Randknoten mit Wärmeübergang unten

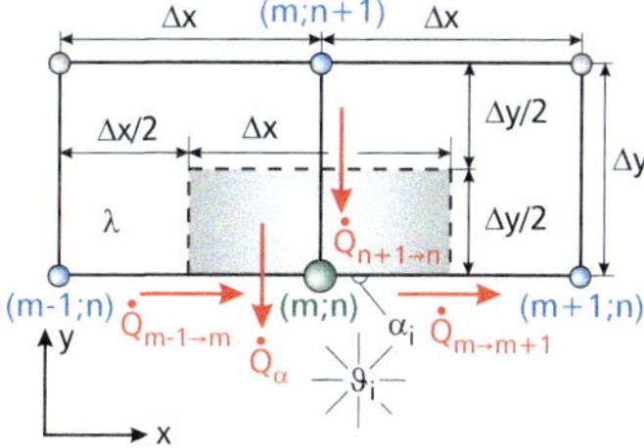

$-\vartheta_{m-1,n}-2\,\vartheta_{m,n+1}-\vartheta_{m,n-1}+2\,(2+Bi_i)\cdot\vartheta_{m,n}=2\,Bi_i\cdot\vartheta_i$

Randknoten mit adiabatem Rand rechts und Wärmeübergang unten

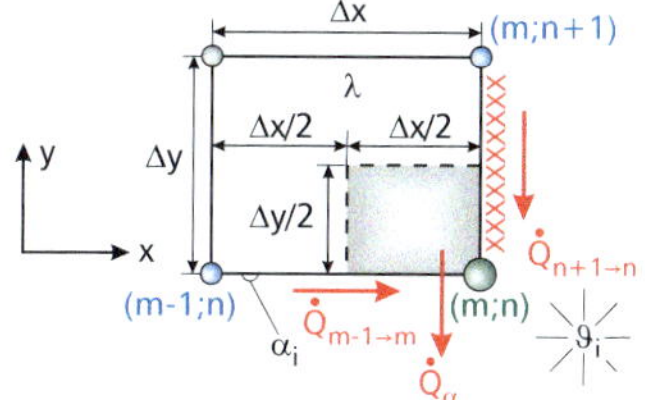

$-\vartheta_{m-1,n}-\vartheta_{m,n+1}+(2+Bi_i)\cdot\vartheta_{m,n}=Bi_i\cdot\vartheta_i$

Randknoten mit adiabatem Rand links und adiabatem Rand unten

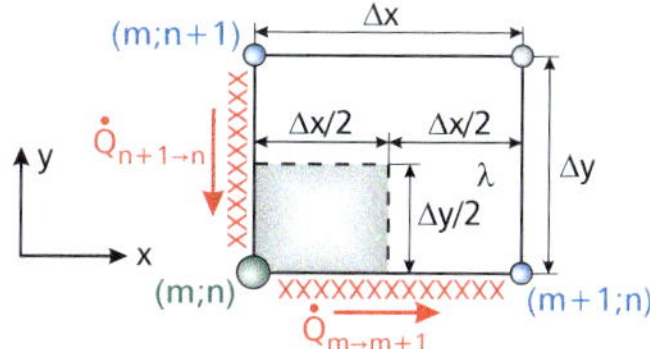

$-\vartheta_{m,n+1}-\vartheta_{m+1,n}+2\,\vartheta_{m,n}=0$

Randknoten mit adiabatem Rand unten

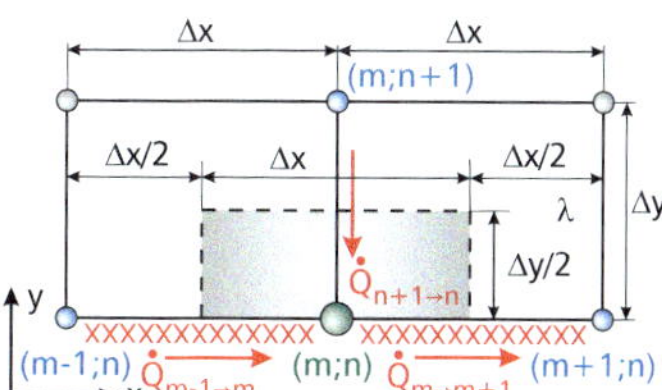

$-\vartheta_{m-1,n}-2\,\vartheta_{m,n+1}-\vartheta_{m+1,n}+4\,\vartheta_{m,n}=0$

Randknoten mit adiabatem Rand unten und Wärmeübergang rechts

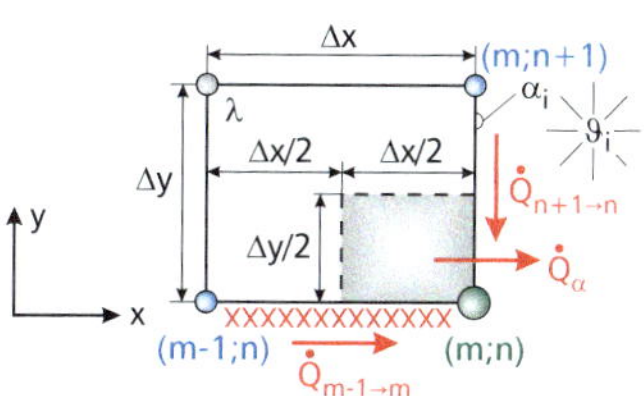

$-\vartheta_{m-1,n}-\vartheta_{m,n+1}+(2+Bi_i)\cdot\vartheta_{m,n}=Bi_i\cdot\vartheta_i$

11 Simulationen mit Xcos

»You can fool some of the people
all of the time,
and all of the people
some of the time,
but you cannot fool all of the people
all of the time.«

(Abraham Lincoln zugeschrieben[66])

Lernziele

Zunächst lernen wir das grundlegende Konzept von Xcos als blockorientiertes grafisches Simulationstool für dynamische Systeme sowie dessen Bedienoberfläche kennen.
Zunächst erstellen wir ein einfaches Diagramm eines Signals mit Xcos, das wir im nächsten Schritt um das differenzierte und das integrierte Signal erweitern.
Anschließend simulieren wir mehrere Systeme aus verschiedenen Disziplinen. Die erworbenen Kenntnisse können wir abschließend im Aufgabenteil vertiefen.

[66] »The question has been widely discussed and still remains unsettled, as to whether Lincoln originated the memorable epigram: 'You can fool all the people some of the time and some of the people all of the time, but you cannot fool all the people all the time.'« [103]

11.1 Grundlegende Aspekte

11.1.1 Programmkonzept und Programmstart

Mit der blockorientierten Bedienoberfläche Xcos erfährt Scilab eine Erweiterung in Richtung einer grafischen Programmiersprache zur Modellierung und Simulation dynamischer Systeme. Dabei werden diskrete und kontinuierliche Simulationsblöcke, die als Grundvorrat aus Programmbibliotheken („Paletten") stammen bzw. selbst definiert werden können, entsprechend einem Signalflussplan mit Verbindungen untereinander zu Modellen verschaltet (vgl. Bild 2.3). Die jeweiligen Blöcke sind mit Parametern hinterlegt, die variiert werden können. Desweiteren ist es möglich, Scilab-Anweisungen als `Kontext` einzubinden und damit Konstanten und Variablen zu definieren und Berechnungen auszuführen.

Der Start von Xcos erfolgt über das Konsolenmenü `Anwendungen - Xcos` bzw. durch direkte Eingabe des Befehls `xcos` am Prompt der Konsole. Durch die visuelle intuitive Benutzerführung und das Aneinanderfügen der Simulationsblöcke in den Blockschaltbildern mittels Plug & Play resultiert eine vergleichsweise geringe Einarbeitungszeit.

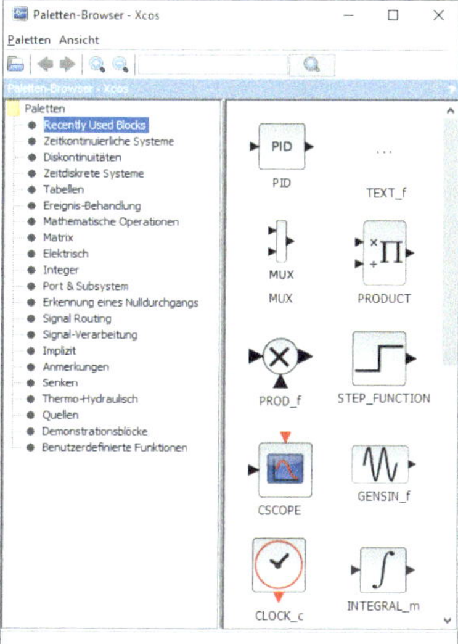

Bild 11.2: *Paletten-Browser von Xcos mit Palettenstruktur und Blocksymbolen.*

11.1.2 Elemente von Xcos

Die Oberfläche von Xcos gliedert sich in folgende Elemente:

- Arbeitsoberfläche mit integriertem Editor (Desktop, Bild 11.1)
- Paletten-Browser (Bild 11.2)
- Simulator (Bild 11.10)

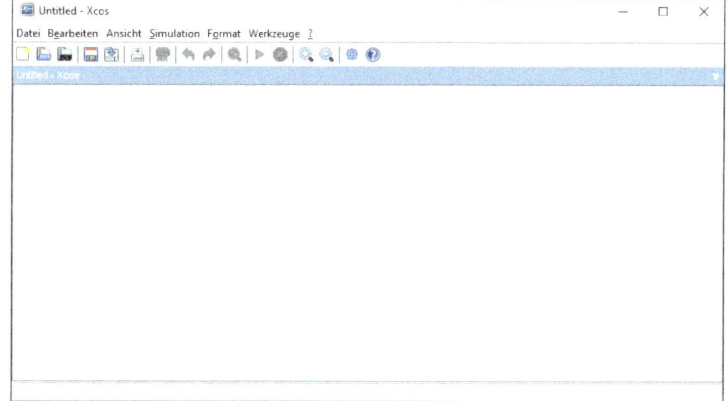

Bild 11.1: *Arbeitsoberfläche von Xcos zur Erstellung von Blockschaltbildern.*

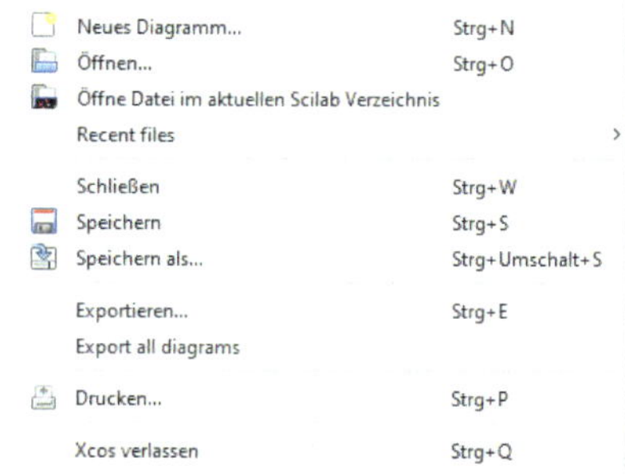

Bild 11.3: *Ausgeklapptes Menü* `Datei` *von Xcos.*

11.1.3 Arbeitsoberfläche

Die **Arbeitsoberfläche** dient der Darstellung des Modells eines dynamischen Systems in Form eines Blockschaltbilds, das von Xcos als `Diagramm` bezeichnet wird. Die Menüs der Arbeitsoberfläche enthalten neben den üblichen Funktionalitäten fensterbasierter Programme einige programmspezifische Einträge. Zahlreiche Elemente sind selbsterklärend, detaillierte Hinweise und Erläuterungen bietet die Hilfe in Xcos (Menü `?` bzw. F1).

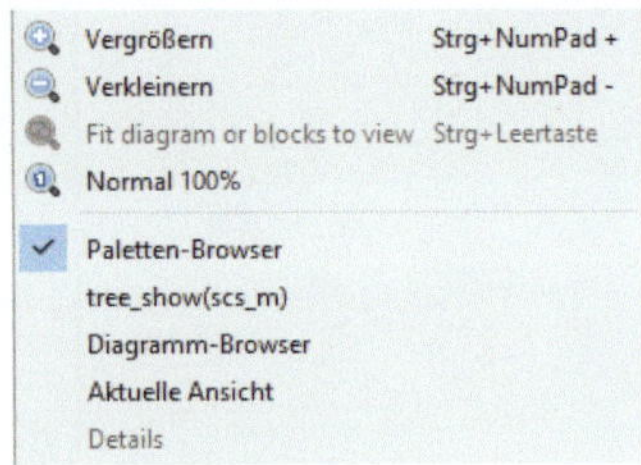

Bild 11.4: *Menü* `Ansicht` *von Xcos.*

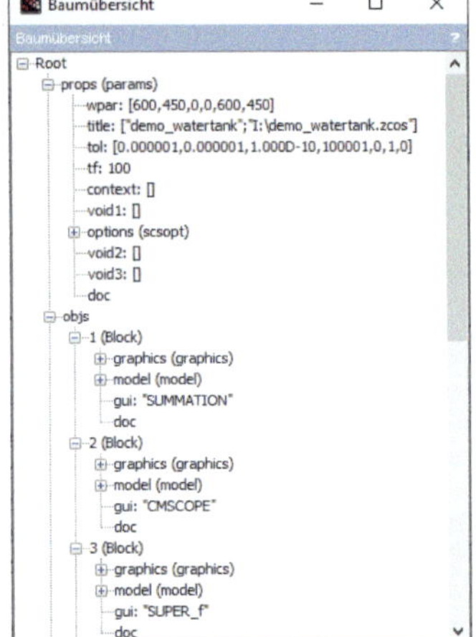

Bild 11.5: *Diagramm des Wassertankmodells aus Bild 2.3 in der Baumansicht.*

⑥.❶ `tree_shows(scs_m)` funktioniert in Version 6.1.0 nicht.

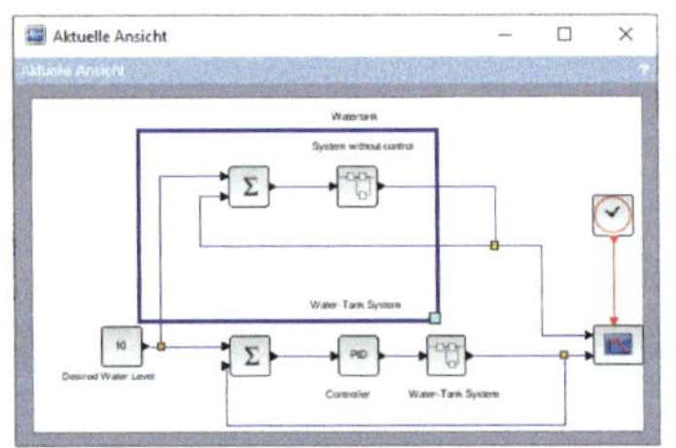

Bild 11.6: *Schnelle Navigation durch die Arbeitsfläche mittels Aktueller Ansicht.*

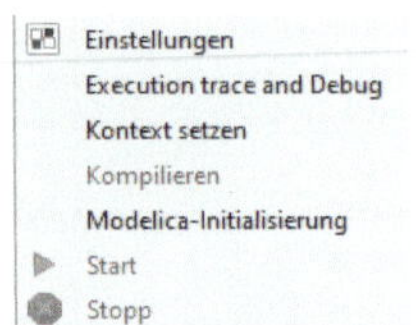

Bild 11.7: *Menü* `Simulation` *von Xcos.*

Das Menü `Datei` (Bild 11.3) beinhaltet die notwendigen Funktionen für den Datenaustausch. `Neues Diagramm` erstellt ein leeres Blockschaltbild in einem neuen Fenster. `Öffnen` und `Öffne Datei im aktuellen Scilab Verzeichnis` dient dem Öffnen von Xcos-Dateien mittels Dialogfenster (z. B. der im Scilab-Unterverzeichnis `modules\xcos\demos` enthaltenen Xcos-Demo-Dateien). Die unter `Recent files` aufgelisteten zuletzt geöffneten Dateien ermöglichen einen schnellen Zugriff auf frühere Bearbeitungen.

Mit `Schließen` kann die aktuelle Datei (inkl. Hilfsfenstern) geschlossen werden. Ist nur die aktuelle Datei geöffnet, wird Xcos gleichzeitig beendet. `Speichern` und `Speichern als...` ermöglicht ein Speichern der aktuellen Datei als `*.xcos` (Xcos-Datei im XML-Format[67]), `*.zcos` (binäre Xcos-Zip-Datei) oder `*.xmi` (Eclipse Modeling Framework-Datei). Voreinstellung ist `*.xcos`. Mit `Exportieren` und `Export all diagrams` kann ein Blockschaltbild in den Grafikformaten `*.bmp` (Windows Bitmap), `*.wbmp` (Wireless Bitmap Image File), `*.gif` (Graphics Interchange Format), `*.jpeg` bzw. `*.jpg` (Joint Photographic Experts Group-Format), `*.png` (Portable Network Graphics) oder `*.svg` (Scalable Vector Graphics) sowie als `*.html` (Hypertext Markup Language) oder `*.vml` (Vector Markup Language) gespeichert werden. Mit `Drucken` kann das aktuelle Blockschaltbild gedruckt werden. `Xcos verlassen` beendet Xcos.

Das Menü `Ansicht` (Bild 11.4) enthält Funktionen zur Veränderung der Ansichtsgröße des Inhalts des Arbeitsfensters und zur Navigation sowie zur Anzeige der Eigenschaften der dargestellten Objekte. `Vergrößern` und `Verkleinern` dienen dem Vergrößern und dem Verkleinern des Fensterinhalts in Stufen von jeweils 10 %. `Fit diagram or blocks to view` gestattet eine Anpassung des aktuellen Diagramms auf die jeweilige Fenstergröße. Mit `Normal 100 %` kann die normale Ansichtsgröße wieder hergestellt werden.

`Paletten-Browser` öffnet den Paletten-Browser in einem eigenen Fenster. `tree_shows(scs_m)` stellt die Struktur des aktuellen Blockschaltbilds in einem Baumdiagramm dar (Bild 11.5). `Aktuelle Ansicht` gestattet mithilfe einer Vorschau eine schnelle Navigation durch das aktuelle Blockschaltbild anhand eines angezeigten blauen Rahmens (Bild 11.6). `Details` zeigt detaillierte Informationen zu einem zuvor ausgewählten Simulationsblock in einer Baumansicht (ähnlich zu Bild 11.5). Werden mehrere Blöcke ausgewählt, erscheint die Baumansicht zu jedem Block in einem separaten Fenster. Eigenschaften der Blöcke können in der Baumansicht nicht geändert werden.

Im Menü `Simulation` (Bild 11.7) kann eine Simulation über `Start` gestartet und über `Stopp` beendet werden. Mit `Einstellungen` lassen sich wichtige Simulationsparameter setzen (vgl. Abschnitt 11.1.5).

[67] Extensible Markup Language

11.1.4 Paletten-Browser

Die Standardblöcke sind im **Paletten-Browser** in Kategorien eingeteilt (Bilder 11.8 und 11.9).

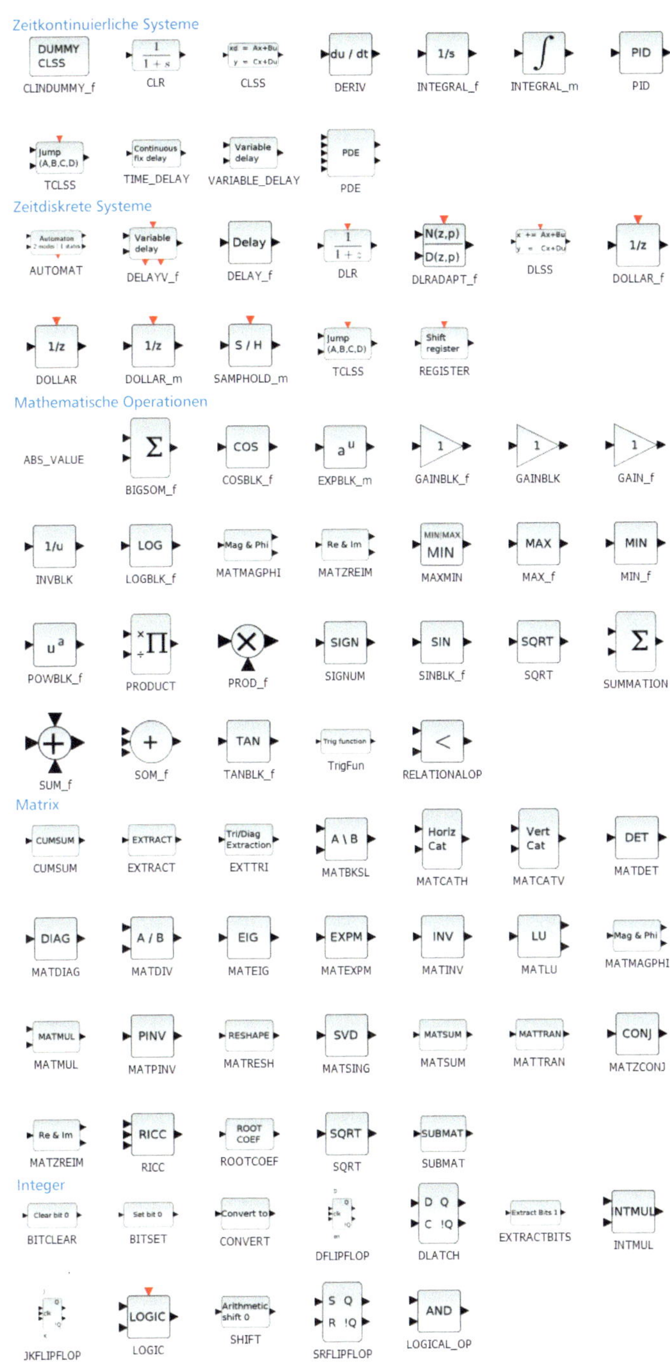

Bild 11.8: *Ausgewählte Paletteninhalte von Xcos (1).*

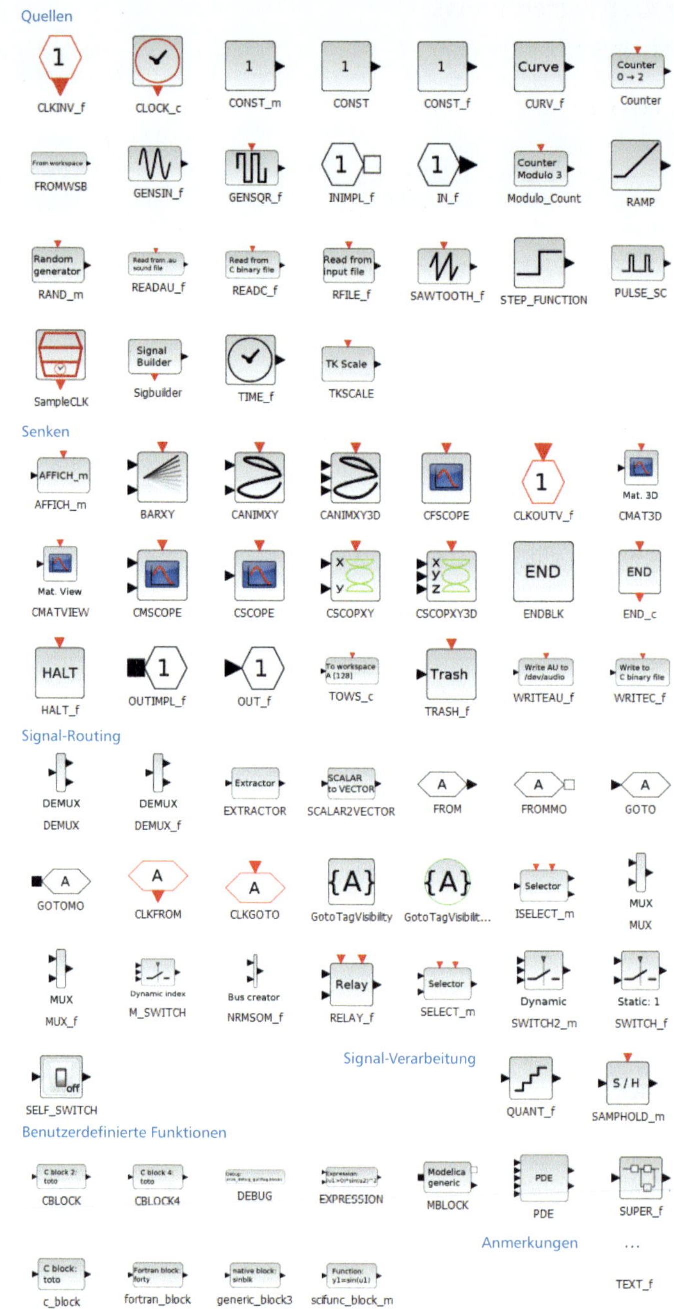

Bild 11.9: *Ausgewählte Paletteninhalte von Xcos (2).*

Die in den Paletten vorhandenen Simulationsblöcke können hinsichtlich ihrer Parameter angepasst werden, ebenso ist die nutzerseitige Definition neuer Blöcke möglich (s. Online-Hilfe).

Die Anwendung ausgewählter Blöcke und ihre Parameter lernen wir später noch anhand von Beispielen kennen. Details dazu liefert die Hilfe von Xcos.

11.1.5 Simulator

In dem in Bild 11.7 dargestellten Menü des Simulators lassen sich unter `Einstellungen` die wesentlichen Parameter der Simulation gemäß Bild 11.11 einstellen.

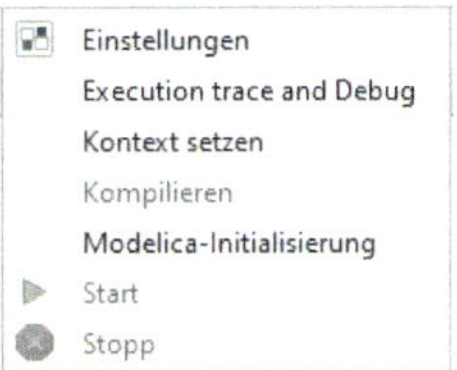

Bild 11.10: *Ausgeklapptes Menü* `Simulation` *in Xcos.*

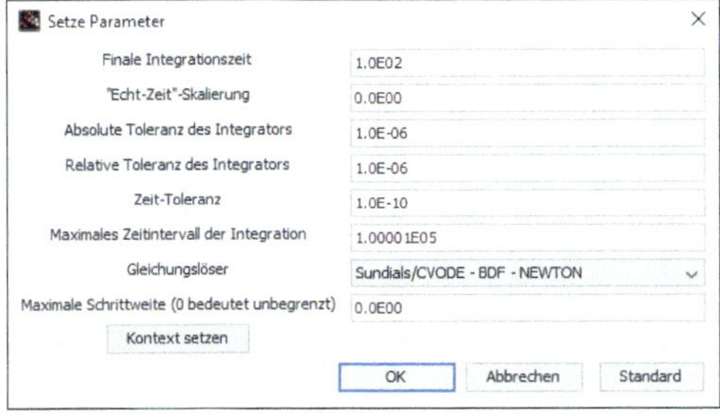

Bild 11.11: *Menü zum Setzen der Simulationsparameter in Xcos.*

Die numerische Integration und damit die Simulation endet bei dem unter `Finale Integrationszeit` eingestellten Wert. Die unter `"Echt-Zeit"-Skalierung` eingetragene Voreinstellung 0 bedeutet, dass keine Echtzeit-Simulation durchgeführt wird und die für die Simulation benötigte Zeit nur von der Geschwindigkeit des Gleichungslösers abhängt. Der Wert 1 bedeutet, dass 1 s als Einheit für die Echtzeit-Simulation verwendet wird, d. h. die Dauer der Simulation entspricht der gewählten finalen Integrationszeit[68]. Die Parameter `Absolute Toleranz des Integrators` und `Relative Toleranz des Integrators` beziehen sich auf Abbruchgenauigkeit des unter `Gleichungslöser` gewählten Solvers. Neben klassischen Methoden, wie Runge-Kutta und Crank-Nicolson, können verschiedene Sundials-Verfahren (Suite of Nonlinear and Differential/Algebraic Equation Solvers) [104] gewählt werden. Die `Zeit-Toleranz` stellt das kleinste Zeitintervall dar, das der Solver zum Update kontinuierlicher Zustände verwendet. Mit `Maximales Zeitintervall der Integration` kann das maximale Zeitintervall für jeden Aufruf des Gleichungslösers vermindert werden, wenn die Fehlermeldung `Zu viele Aufrufe (Too many Calls)` erscheint. Die Voreinstellung `0` des Parameters `Maximale Schrittweite` bedeutet, dass der Solver den Zeitschritt automatisch erhöhen kann, um die Simulationszeit zu verringern.

Bild 11.12: *Fenster zur Auswahl der Fehlersuchstufe in Xcos.*

Mit `Execution trace and Debug` wird Xcos in den Debug-Modus gesetzt. Gemäß Bild 11.12 kann zwischen 4 Fehlersuchstufen 0–3 ausgewählt werden. Dabei wird der Befehl `scicos_debug(level)` der gewählte Stufe `level` ausgeführt.

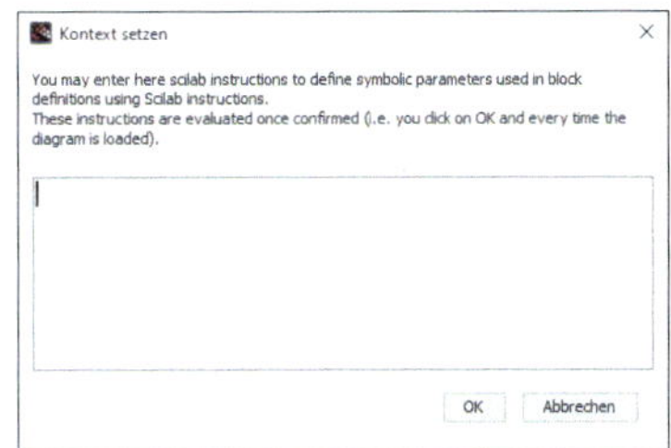

Bild 11.13: *Eingabefenster zum* `Setzen des Kontexts` *in Xcos.*

Das Kontextfenster in Bild 11.13 ermöglicht den Eintrag von Scilab-Anweisungen, um Berechnungen durchzuführen oder symbolische Blockparameter in Form von Konstanten, Variablen oder Funktionen zu definieren. Gegenüber lokalen Definitionen in den einzelnen Blöcken sind Parameteränderungen zentral im `Kontext` durchführbar, was Parametervariationen erleichtert. Die Anweisungen im `Kontext` werden beim Laden des Diagramms automatisch ausgeführt.

[68] Die Voreinstellung `1.0E05` entspricht 27,78 h!

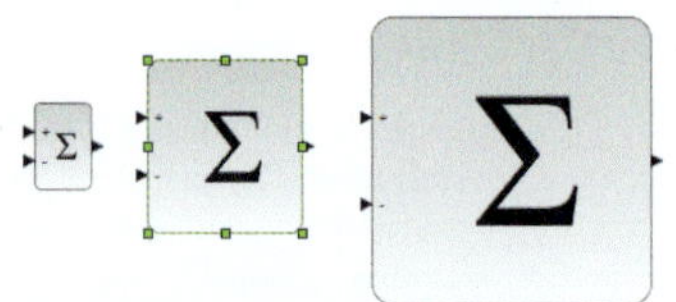

Bild 11.14: *Blocksymbole variabler Größe.*

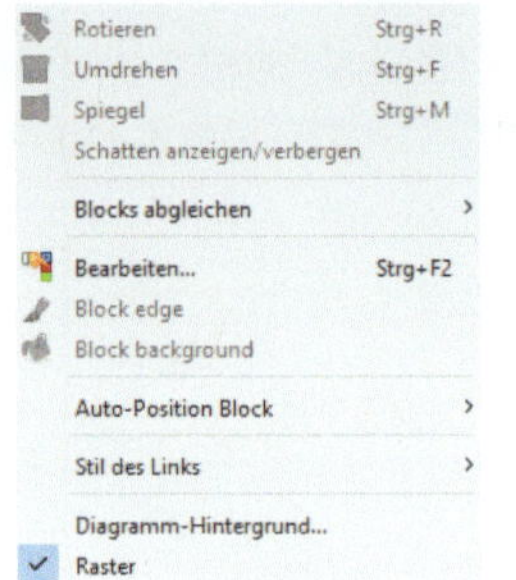

Bild 11.15: *Ausgeklapptes Menü* `Format`.

6.1 In der Version 6.1.0 (und auch in den früheren Versionen) lässt sich die Schattendarstellung nicht aktivieren.

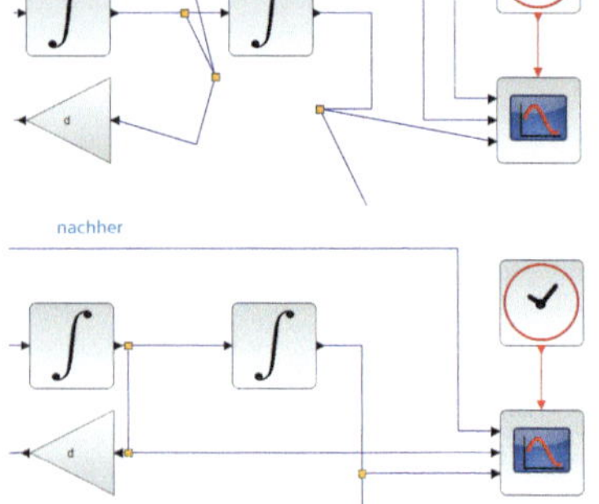

Bild 11.16: *Optimierung von Blockverbindungen mit* `Auto-Position Block`.

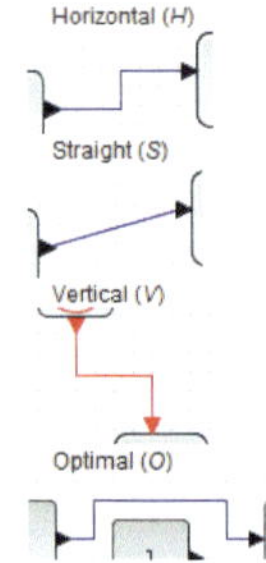

Bild 11.17: *Verbindungsarten in Xcos.*

Der Menüpunkt `Kompilieren` wird gemäß Xcos-Hilfe nur in den Fällen benötigt, in denen Parameter- und Zustandsmodifikationen von Xcos nicht korrekt upgedatet werden, ansonsten erfolgt die Kompilierung automatisch. Mit `Modelica-Initialisierung` kann ein Dialogfenster zum Modelica-Compiler geöffnet werden, wenn im Modell Modelica-Elemente vorkommen[69].

Mit `Start` kann die Simulation gestartet und mit `Stop` abgebrochen werden, um beispielsweise Blockparameter anzupassen.

11.1.6 Format-Menü

Die in Xcos vorhandenen Simulationsblöcke können in ihrer **Größe angepasst** werden (Bild 11.14). Dazu bewegt man nach Anklicken des Blocks den Mauscursor auf eines der 8 am Rand des Blocksymbols angezeigten grünen Quadrate und zieht diese mit gedrückter Maustaste in eine bestimmte Richtung, bis die gewünschte Größe erreicht ist.

Über das Menü `Format` in Bild 11.15 lassen sich verschiedene Änderungen an den Simulationsblöcken erreichen. Die ansonsten ausgegrauten Punkte `Rotieren`, `Umdrehen`, `Spiegel`, `Rahmenfarbe` und `Füllfarbe` setzen die Auswahl eines Blocks oder mehrerer Blöcke voraus. `Rotieren` ermöglicht die Linksdrehung eines Blocks bzw. einer Mehrfachselektion um $90°$. Mit `Umdrehen` wird eine vertikale Spiegelung eines Blocks bzw. einer Mehrfachselektion erreicht, mit `Spiegel` eine horizontale. Mit `Schatten anzeigen/verbergen` lässt sich die 3D-Darstellung ein- und ausschalten.

Bei einer Mehrfachselektion lassen sich die Symbole mit `Blocks abgleichen` horizontal `Links`, `Zentriert` und `Rechts` sowie vertikal `Oben`, `Mittig` und `Unten` ausrichten. Mit `Block edge` und `Block background` lassen sich die Farbe der Umrandung und der Füllung eines Blocks oder einer Mehrfachauswahl ändern.

Mit `Auto-Position Block - Split Block` lassen sich Verbindungen mit Knoten zwischen den Blöcken im Hinblick auf eine möglichst kurze Distanz optimieren (vgl. Bild 11.16). Dazu werden die betreffenden Knoten mit gedrückt gehaltener STRG-Taste ausgewählt, wodurch die vorher ausgegraute Option `Split Block` aktiviert wird. Die Optimierung der Knoten kann durch die Auswahl der Option `Split Block` oder einfacher durch Drücken der Taste P ausgelöst werden.

Mit `Stil des Links` können Verbindungen zwischen Knoten mit den Optionen `Horizontal`, `Gerade`, `Vertikal` und `Optimal` in der in Bild 11.17 dargestellten Weise neu ausgerichtet werden.

`Diagramm-Hintergrund...` gestattet die Wahl der Hintergrundfarbe eines Diagramms aus einem verschiedenen Musterfarben (Swatches) oder den Farbräumen HSV (Hue – Saturation – Value), HSL (Hue – Saturation – Lightness), RGB (Rot – Grün – Blau), CMYK (Cyan – Magenta – Yellow – Key).

Mit `Raster` kann ein Raster ein- und ausgeschaltet werden, das die Ausrichtung von Blöcken und Verbindungen erleichtert und zu ansprechenderen Blockschaltbildern führt.

[69] Modelica ist eine freie, plattformunabhängige objektorientierte deklarative Modellierungssprache für physikalische Modelle.

11.2 Erste Schritte in Xcos

11.2.1 Einfaches Sinusdiagramm

⌘ Grundsätzlich gehen wir in Xcos folgendermaßen vor:

1. Absetzen der benötigten Blöcke auf der Arbeitsfläche
2. Erstellen des Blockschaltbilds durch Ziehen von Verbindungen
3. Einstellen der Block- und Simulations-Parameter
4. Durchführen der Simulation

Wir starten Xcos wie in Abschnitt 11.1.1 beschrieben und ziehen mit gedrückter linker Maustaste vom Paletten-Browser aus der Kategorie `Quellen` die Blöcke `CLOCK_c` und `GENSIN_f` und aus der Kategorie `Senken` den Block `CSCOPE` per Drag and Drop an beliebige Stellen der Arbeitsfläche (Absetzen der Symbole durch Loslassen der Maustaste, Bild 11.18). Als nächstes richten wir die Symbole durch Verschieben mit der Maus am Raster aus (Bild 11.19). Zum Verlinken der Blöcke bewegen wir den Mauscursor auf einen Ein- bzw. Ausgang eines Blocks, so dass dieser grün umrahmt wird (Bild 11.19). Nun ziehen wir bei gedrückter linker Maustaste eine Verbindung zu einem anderen Aus- bzw. Eingang. Sobald dieser erreicht ist, wird dieser ebenfalls grün umrahmt. Beim Loslassen der Maustaste wird die Verlinkung als Linie mit 2 roten Quadraten angezeigt (Bild 11.20). Klicken wir beim Ziehen der Verbindung einmal mit der linken Maustaste, wird ein Knoten gesetzt und wird können die Richtung wechseln (Bild 11.21). Wählen wir die Verbindung in Bild 11.21 durch Klicken an, können wir über `Format - Stil des Links - Vertikal` eine Glättung zu einer vertikalen Verbindung (Bild 11.20) erreichen. So können wir weniger gut gelungene Verlinkungen nachbearbeiten. Alternativ können wir die Verbindung nach ihrer Anwahl auch mit der rechten Maustaste und der Option `Löschen` entfernen und eine neue anbringen.

Als nächstes legen wir im `Kontext` die Variablen `A=4;` und `omega=5;` an. Mit einem Rechtsklick auf den Sinus-Block und Auswahl von `Block Parameter...` bzw. alternativem Doppelklick können wir die Parameter dieses Blocks setzen. Wir tragen bei `Amplitude` die zuvor definierte Konstante `A` und bei `Frequency (rad/s)` die Konstante `omega` ein. Dabei haben wir nur Zugriff auf die im `Kontext` definierten Konstanten und Variablen, d. h. eine Zuweisung als Blockparameter funktioniert nur nach vorheriger Definition im `Kontext`. Durch Anklicken des Zeitgeber-Blocks setzen wir den Zeitschritt `Period` auf `0.01` und `Initialisation Time` auf `0`, um eine glatte Kurve sowie einen Beginn bei $t = 0$ zu erreichen. Beim Scope-Block (Oszilloskop) setzen wir `YMin` auf `-1.5*A` und `YMax` auf `1.5*A`, um eine $1\,^1\!/_2$-fache Amplitude darstellen zu können. Als `Refresh period` tragen wir `20` ein, wie es $4 \cdot \omega$ entspricht. Im Menü `Simulation` tragen wir unter `Einstellungen` bei `Finale Integrationszeit` den Wert `20` ein, der von Xcos in `2.0E01` umgewandelt wird. Nun können wir die Simulation mit dem Dreieckssymbol in der Menüleiste bzw. mit `Simulation - Start` starten und erhalten als Ergebnis die gewünschte Sinusfunktion in einem Grafikfenster[70] (Bild 11.22). ⌘

[70] Tatsächlich erfolgt die Simulation nur bis `Finale Integrationszeit-Period`, was bei den meist kleinen Zeitschritten in der Regel akzeptabel ist. Ggf. ist die `Finale Integrationszeit` wertmäßig um `Period` zu erhöhen (Eingabe von `20.01` im Beispiel). Zu beachten ist, dass Konstanten und Variablen bzw. deren Kombinationen als `Finale Integrationszeit` nicht akzeptiert werden.

Beispiel 11.1:

Zunächst wollen wir mit Xcos eine Sinuskurve $f(t) = A \cdot \sin \omega t$ mit $A = 4$ und $\omega = 5$ im Intervall $[0; 4\omega]$ darstellen.

Blöcke verfügen in der Regel über einen oder mehrere Ein- und Ausgänge sowie einen oder mehrere Blockparameter, entsprechen von außen also der Black-Box-Darstellung aus Abschnitt 3.2.2.

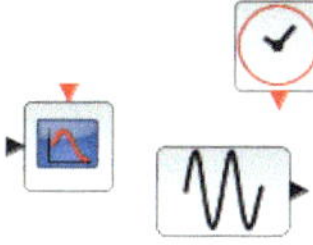

Bild 11.18: *Abgesetzte Blöcke.*

Bild 11.19: *Ausgerichtete Blöcke.*

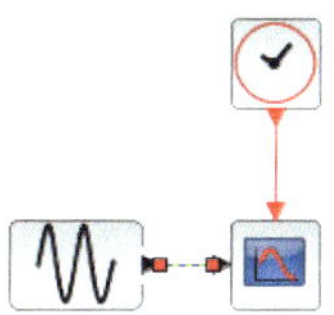

Bild 11.20: *Verlinkte Blöcke.*

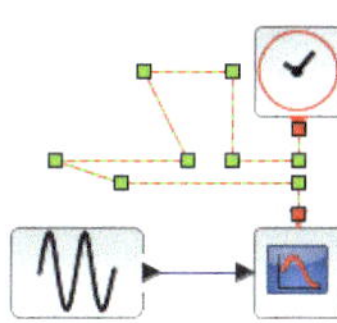

Bild 11.21: *Verbindung mit mehreren Umlenkungen und Knoten.*

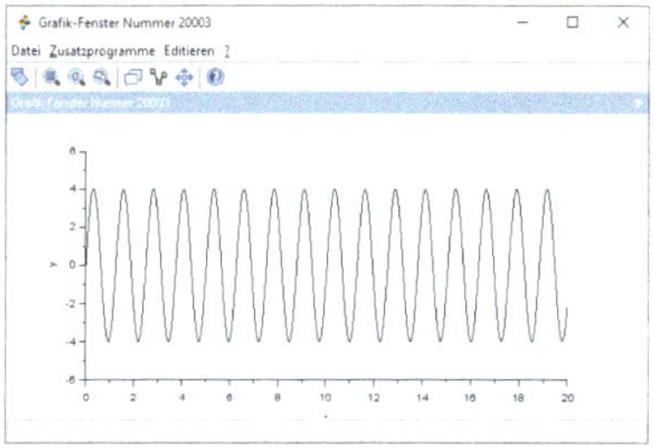

Bild 11.22: *Ausgabe der Sinusfunktion.*

Beispiel 11.2:
Wir wollen das Blockschaltbild aus Beispiel 11.1 dahingehend erweitern, dass neben der Sinusfunktion auch deren 1. Ableitung dargestellt wird.

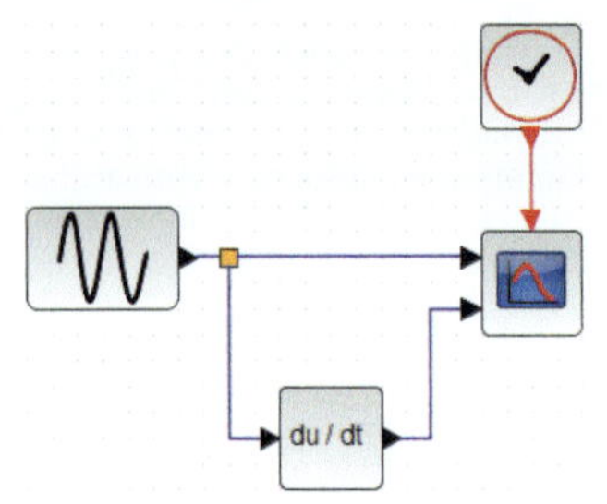

Bild 11.23: *Schaltbild zu Beispiel 11.2.*

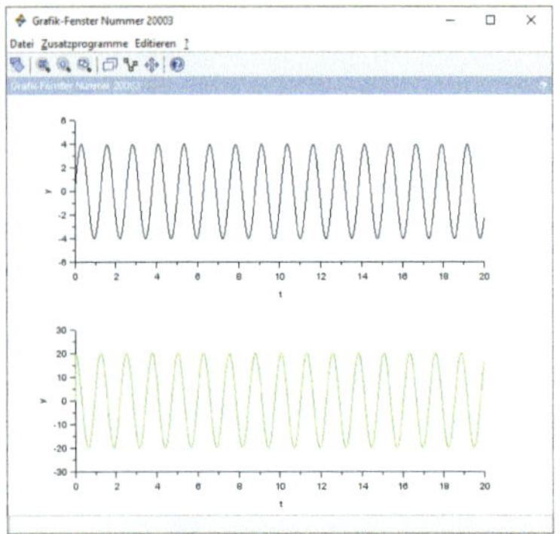

Bild 11.24: *Ausgaben zu Beispiel 11.2.*

Beispiel 11.3:
Nun wollen wir das Blockschaltbild von Beispiel 11.2 nun so erweitern, dass neben der Sinusfunktion auch deren 1. Ableitung und deren Stammfunktion dargestellt werden.

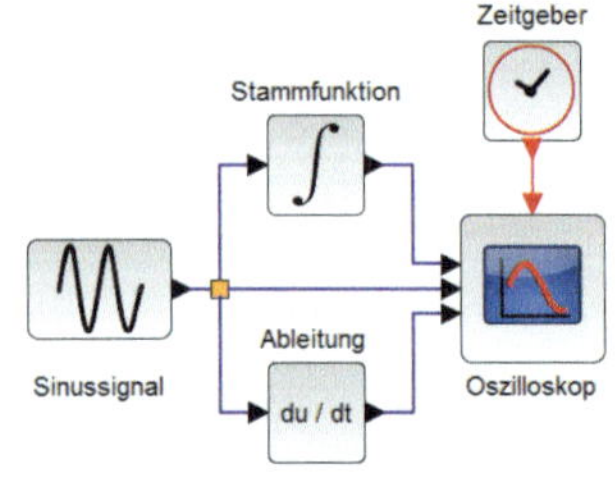

Bild 11.25: *Schaltbild zu Beispiel 11.3.*

11.2.2 Erweiterungen des Diagramms

⌘ Wir ziehen aus der Kategorie `Zeitkontinuierliche Systeme` den Block `DERIV` und aus der Kategorie `Senken` den Block `CMSCOPE` (Oszilloskop mit 2 Eingängen) auf die Arbeitsfläche. Das bisherige Oszilloskop kann nur 1 Signal ausgeben und wird daher gelöscht (Auswahl und Rechtsklick mit Option `Löschen`). Der Zeitgeber wird mit dem roten Eingang des Blocks `CMSCOPE` verbunden, der Sinus-Block mit dem oberen linken Eingang. Den anderen Eingang des Oszilloskops verbinden wir mit dem Ausgang des Blocks `DERIV`. Dessen Eingang verbinden wir mittels Knoten mit der vom Ausgang des Sinus-Block wegführenden Leitung. Wir erhalten das in Bild 11.23 dargestellte Blockschaltbild.

Bei den Parametern von `CMSCOPE` nehmen wir folgende Einstellungen vor: Bei `Ymin vector` geben wir `-1.5*A -1.5*A*omega` ein, da wegen des Nachdifferenzierens bei der 1. Ableitung mit `omega` ein vergrößerter Wertebereich auftritt. Analog tragen wir bei `Ymax vector` die positiven Werte `1.5*A 1.5*A*omega` ein. Für die `Refresh periods` wählen wir `20 20`. Nach Starten der Simulation werden die Diagramme in Bild 11.23 angezeigt. Die numerische Differenziation von Xcos hat tatsächlich zu einer Cosinusfunktion geführt. ⌘

⌘ In Beispiel 11.3 ziehen wir aus `Zeitkontinuierliche Systeme` den Block `INTEGRAL_m` auf die Arbeitsfläche. Um eine weitere Kurve darstellen zu können, müssen wir `CMSCOPE` um einen Eingang erweitern, was durch Doppelklick auf dieses Symbol und Eingabe einer weiteren `1` bei `Input port sizes` geschieht. Wir wollen die Stammfunktion als erste Kurve, den Sinus als zweite und seine Ableitung als dritte Kurve darstellen, was neben einer Neuverdrahtung der Eingänge auch eine Änderung des Vektors `Ymin vector` auf `-0.5*A/omega -1.5*A -1.5*A*omega` und des Vektors `Ymax vector` auf `3*A/omega 1.5*A 1.5*A*omega` erfordert. Um die erste Kurve in roter Farbe zu erhalten, ändern wir den Anfang `1 3 5` von `Curves Styles: Colors>0 | marks <0` auf `5 1 3`. Um einzelne Diagrammelemente zu beschriften, führen wir in der Nähe des Elements einen Doppelklick in der Arbeitsfläche aus und erhalten den Standardtext `Text`, den wir abändern und nach Auswahl durch Verschieben mit der Maus positionieren können (Bild 11.25).

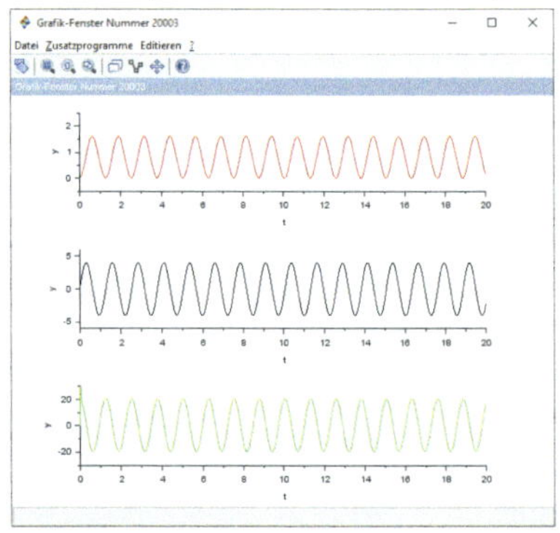

Bild 11.26: *Ausgaben zu Beispiel 11.3.*

Bild 11.25 zeigt das Blockschaltbild, Bild 11.26 die Stammfunktion (oben), die Funktion (Mitte) und die 1. Ableitung (unten). ⌘

11.2.3 Modell des ideal gerührten Behälters

⌘ Um die Differenzialgleichung (11.1) in Xcos abzubilden, definieren wir zunächst die Zeitkonstante `tau0=100`, die Umgebungstemperatur `thetaU=20` und die Anfangstemperatur `theta0=100` im `Kontext`.

Um in der Differenzialgleichung (11.1) die Ableitung $\frac{\mathrm{d}\vartheta}{\mathrm{d}t}$ zu erhalten, müssen wir vom integrierten Signal $\vartheta(t)$ die Umgebungstemperatur subtrahieren und diese Differenz durch $-\tau_0$ dividieren. Wir ziehen daher aus der Kategorie `Mathematische Operationen` einen Summationsblock `SUMMATION` und einen Verstärkungsblock `GAIN_f`, aus der Kategorie `Zeitkontinuierliche Systeme` einen Integrationsblock `INTEGRAL_m`, aus der Kategorie `Quellen` einen Zeitgeber `CLOCK_c` sowie einen Konstantwertgeberblock `CONST` und aus der Kategorie `Senken` einen Oszilloskopblock `CSCOPE` auf die Arbeitsoberfläche.

Wir modifizieren die Voreinstellung `1` des Konstantwertgeberblocks und geben `thetaU` ein. Wir verbinden den Konstantwertgeberblock, der die Umgebungstemperatur ϑ_∞ erzeugt, mit dem negativen Eingang des Summationsblocks. Wenn wir später auf den positiven Eingang das Signal ϑ rückgeführt haben, liefert der Ausgang des Summationsblocks die Differenz $\vartheta - \vartheta_\infty$. Beim Parameter des Verstärkungsblocks ändern wir die Voreinstellung `1` auf `-1/tau0`, womit wir am Verstärkerausgang das Signal $-\frac{1}{\tau_0} \cdot (\vartheta - \vartheta_\infty)$ erhalten, wie es der Zeitableitung der Temperatur $\frac{\mathrm{d}\vartheta}{\mathrm{d}t}$ entspricht. Damit ist die rechte Seite von Gl. (11.1) modelliert. Um das Signal ϑ zu erhalten, müssen wir $\frac{\mathrm{d}\vartheta}{\mathrm{d}t}$ integrieren. Wir schalten daher dem Verstärker den Integrationsblock nach, dem wir als Anfangsbedingung `Initial Condition` den Wert `theta0` aufprägen. Das integrierte Signal ϑ legen wir auf den schwarzen Eingang des Oszilloskops, dessen Parameter `Ymin` und `Ymax` wir auf `0` und `100` setzen. Als `Refresh period` stellen wir `1000` ein, d. h. 10 Zeitkonstanten. Dies setzen wir gleichzeitig bei `Simulation - Einstellungen` als `Finale Integrationszeit`. Den roten Eingang des Oszilloskops verbinden wir mit dem Zeitgeber, bei dem wir `Period` mit `1` und `Initialisation Time` mit `0` einstellen. Abschließend können wir noch den positiven Summationseingang mit dem Ausgang des Integrationsblocks verbinden. Dazu ziehen wir eine mehrfach abknickende Linie vom Eingang des Summationsblocks auf die Verbindung zwischen Integrationsblock und Oszilloskop. Insgesamt erhalten wir das in Bild 11.27 dargestellte Blockschaltbild.

Bild 11.28 zeigt die typische exponentielle Abkühlung des ideal gerührten Behälters von $\vartheta_0 = 100$ °C auf $\vartheta_\infty = 20$ °C, wie sie der Lösung $\vartheta(t) = \vartheta_\infty + (\vartheta_0 - \vartheta_\infty) \cdot \exp\left(-\frac{t}{\tau_0}\right)$ [8] entspricht[71]. Vorteil der Parametrisierung ist, dass wir Änderungen zentral an einer Stelle durchführen können. Ändern wir im `Kontext` die Umgebungstemperatur auf `thetaU=100` und die Anfangstemperatur `theta0=20`, können wir das Aufheizen von $\vartheta_0 = 20$ °C auf $\vartheta_\infty = 100$ °C simulieren (Bild 11.29). ⌘

Beispiel 11.4:

An die Umgebung thermisch angekoppelte Systeme ohne Temperaturunterschiede können mit dem Modell des ideal gerührten Behälters beschrieben werden. Für die zeitliche Temperaturentwicklung $\vartheta(t)$ gilt mit der Zeitkonstante τ_0 und der Umgebungstemperatur ϑ_∞ die Differenzialgleichung [8]

$$\frac{\mathrm{d}\vartheta}{\mathrm{d}t} = -\frac{1}{\tau_0} \cdot (\vartheta - \vartheta_\infty) \qquad (11.1)$$

mit der Anfangsbedingung

$$\vartheta(t=0) = \vartheta_0 . \qquad (11.2)$$

Wir betrachten die Parameter $\tau_0 = 100$ s, $\vartheta_\infty = 20$ °C und $\vartheta_0 = 100$ °C.

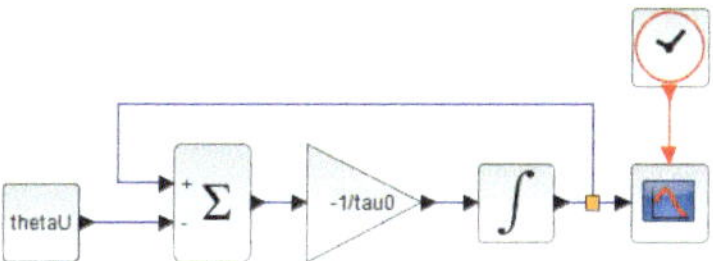

Bild 11.27: Schaltbild zu Beispiel 11.4.

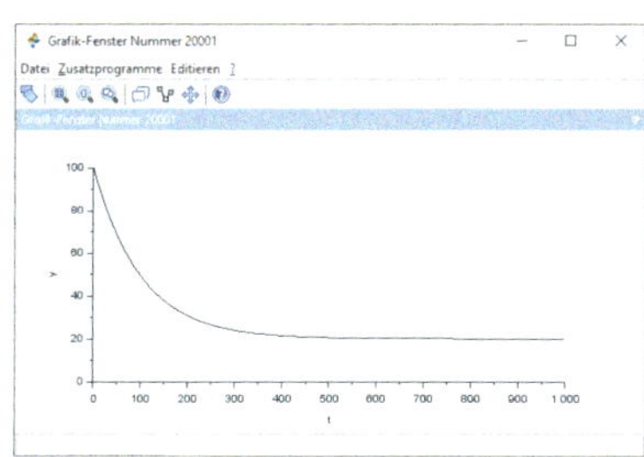

Bild 11.28: *Temperaturverlauf $\vartheta(t)$ zu Beispiel 11.4.*

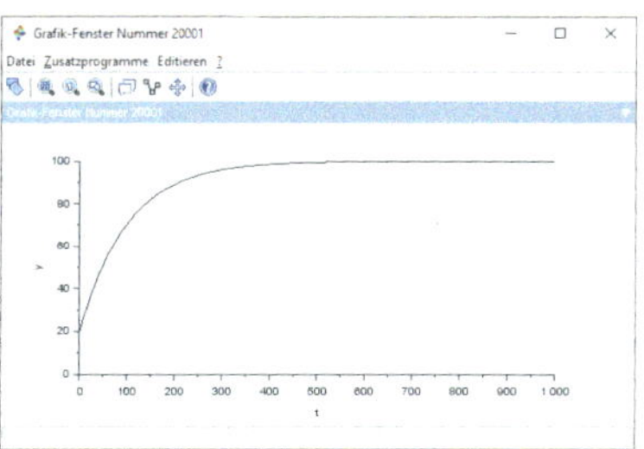

Bild 11.29: *Temperaturverlauf $\vartheta(t)$ zu Beispiel 11.4 mit veränderten Bedingungen.*

[71] Der exponentielle Verlauf ist auch für andere Vorgänge charakteristisch, z. B. das Entladen eines Kondensators über einen Widerstand.

Beispiel 11.5:

Wir betrachten nun ein Beispiel aus der Regelungstechnik. Für je einen aus einem R-C-Glied mit der Zeitkonstante $\tau = R \cdot C$ mit $R = 100\ \Omega$ und $C = 10\ \mu\text{F}$ bestehenden Hochpass 1. Ordnung mit der Übertragungsfunktion [105]–[107] $G_{\text{HP}} = \frac{\tau s}{1+\tau s}$ und einen Tiefpass 1. Ordnung mit der Übertragungsfunktion $G_{\text{TP}} = \frac{1}{1+\tau s}$ soll die Sprungantwort mit Xcos grafisch dargestellt werden.

11.2.4 Sprungantwort von Hoch- und Tiefpass

⌘ Zunächst legen wir die Parameter `R=100`, `C=10E-6` und `tau=R*C` im `Kontext` an. Zur Beschreibung des Übertragungsverhaltens der betrachteten Filter benötigen wir den Block `CLR` aus der Kategorie `Zeitkontinuierliche Systeme`, der eine Übertragungsfunktion $G(s) = \frac{Z(s)}{N(s)}$ beinhaltet. Aus der Kategorie `Quellen` benötigen wir neben dem Zeitgeber `CLOCK_c` auch den Block `STEP_FUNCTION` des Einheitssprungs. Um mit dem Oszilloskopblock `CSCOPE` aus der Kategorie `Senken` mehrere Signale verarbeiten zu können, verwenden wir den Multiplexerblock `MUX` aus der Kategorie `Signal Routing`. Wir ziehen die entsprechenden Symbole als ersten Schritt mit der Maus auf die Arbeitsfläche, den Übertragungsfunktionsblock zweimal.

Im zweiten Schritt setzen wir die Parameter der Simulationsblöcke. Zunächst passen wir die Übertragungsfunktionsblöcke an, indem wir beim `Denominator(s)` im Block des Tiefpasses und im Block des Hochpasses `1+tau*s` eintragen. Beim Hochpass müssen wir auch `Numerator(s)` in `tau*s` ändern. Beim Block des Einheitssprungs stellen wir für `Step Time` den Wert `1E-3` ein, d. h. der Sprung erfolgt bei $t_0 = 10^{-3}$ s. Beim Zeitgeber ändern wir `Period` in `1E-6`. Im Oszilloskopblock `CSCOPE` setzen wir `Ymin` auf `0`, `Ymax` auf `1.2`, `Refresh period` auf `1E-2` und `Buffer size` auf `100`. Bei `Simulation - Einstellungen` setzen wir die `Finale Integrationszeit` passend zu `Refresh period` ebenfalls auf den Wert `1E-2`. Da der Multiplexer mit der Sprungfunktion als Eingangssignal sowie mit den beiden Sprungantworten als Ausgangssignalen insgesamt 3 Signale aufnehmen soll, ändern wir seine Einstellung `Number of input ports or vector of sizes` von der Voreinstellung `2` auf den Wert `3`.

Im nächsten Schritt ordnen wir die Blöcke geeignet an und ziehen die jeweiligen Signalflusslinien. Wir ordnen den Zeitgeber über dem Oszilloskop an und verbinden beide. Den Multiplexer positionieren wir links vom Oszilloskop und verbinden seinen Ausgang mit dem Eingang des Oszilloskops. Auf den ersten Eingang des Multiplexers wollen wir das Eingangssignal legen, wenn wir die Übertragungsfunktionsblöcke der beiden Filter eingebaut haben. Den mittleren Eingang des Multiplexers verbinden wir mit dem Übertragungsfunktionsblock des Hochpasses, den unteren (dritten) Eingang mit dem Übertragungsfunktionsblock des Tiefpasses. Abschließend positionieren wir den Block des Einheitssprungs vor dem Hochpass-Block und verbinden beide. Nun können wir den Übertragungsfunktionsblock des Tiefpasses und den ersten Eingang des Multiplexers über einen entsprechenden Knoten mit dieser Verbindung koppeln. Gegebenenfalls können wir die Verbindungen mit `Format - Stil des Links - Optimal` etwas ansprechender gestalten. Als Ergebnis erhalten wir das in Bild 11.30 dargestellte Blockschaltbild.

Die Verläufe des Einheitssprungs (schwarz) und der Sprungantworten des Hochpasses (grün) und des Tiefpasses (rot) sind in Bild 11.31 über der Zeit dargestellt. Beim Tiefpass ist das typische P-T_1-Verhalten erkennbar, beim Hochpass ein entsprechendes Abklingverhalten. ⌘

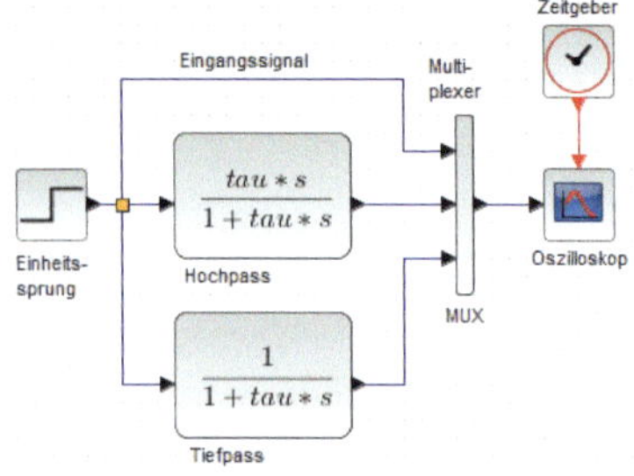

Bild 11.30: *Schaltbild zu Beispiel 11.5.*

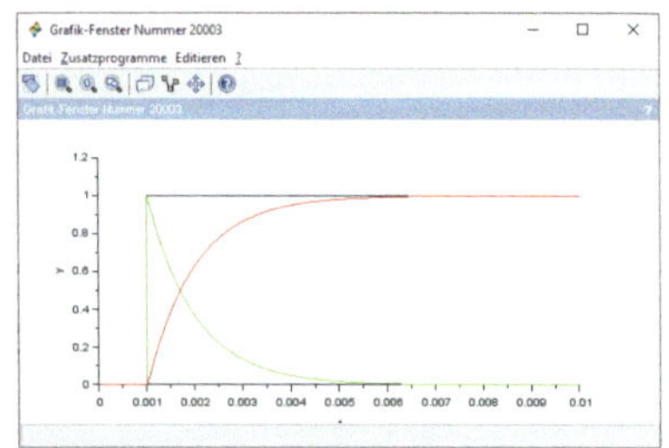

Bild 11.31: *Signalverläufe zu Beispiel 11.5.*

11.2.5 Schwingung mit Gleitreibung

⌘ (11.3) stellt eine gewöhnliche lineare homogene Differenzialgleichung 2. Ordnung mit konstanten Koeffizienten dar. Um sie in Xcos zu modellieren, lösen wir sie nach der Beschleunigung $\ddot{y}$ auf und führen die Parameter k_1 und k_2 ein:

$$\ddot{y} = \frac{1}{m} \cdot \Big[-\mu_G \cdot m \cdot g \cdot \operatorname{sgn}(\dot{y}) - c \cdot y \Big] = -k_1 \cdot \operatorname{sgn}(\dot{y}) - k_2 \cdot y \qquad (11.6)$$

$$\text{mit} \quad k_1 = \mu_G \cdot g \quad \text{und} \quad k_2 = \frac{c}{m}$$

Die Differenz in Gl. (11.6) können wir durch einen Summationsblock mit zwei negativen Eingängen realisieren, die wir durch Modifikation der Eigenschaft `Number of inputs or sign vector (of +1, -1)` auf `[-1;-1]` erhalten. Dessen Ausgangssignal $\ddot{y}$ legen wir auf den Eingang eines Integrators, dessen Ausgang die Geschwindigkeit $\dot{y}$ der Masse liefert und aus der wir mit einem weiteren Integrator die Auslenkung y gewinnen können. Zweigen wir $\dot{y}$ und y entsprechend ab und multiplizieren wir diese in entsprechenden Verstärkerblöcken mit k_1 und k_2, erhalten wir genau die Signale, die wir auf die negativen Eingänge des Summationsblocks schalten müssen. Vor den k_1-Verstärkerblock fügen wir aus der Kategorie `Mathematische Operationen` den Block `SIGNUM` ein, der die Signumfunktion aus Gl. (11.4) beinhaltet. Schließlich wollen wir den zeitlichen Verlauf der Beschleunigung $\ddot{y}$, der Geschwindigkeit $\dot{y}$ und des Weges y grafisch darstellen, was wir mithilfe eines Zeitgebers `CLOCK_c` und eines Oszilloskops `CMSCOPE` mit 3 Eingängen bewerkstelligen. An diesem Beispiel soll auch gezeigt werden, wie man in Xcos erzeugte Daten mit Scilab verknüpfen kann. Wir fügen aus der Kategorie `Senken` den Block `TOWS_C` dreimal ein und verbinden gemäß Bild 11.32, um die Signale t, $\ddot{y}$, $\dot{y}$ und y zur Weiterbearbeitung in Scilab auszugeben. Bei deren Blockparametern setzen wir `Size of buffer` auf die zuvor im `Kontext` zugewiesene Variable `n` (Anzahl der Datenpunkte) und `Scilab variable name` auf `a` für die Beschleunigung $\ddot{y}$, `v` für die Geschwindigkeit $\dot{y}$ und `s` für den Weg y. Nach Durchführen der Simulation in Xcos stehen uns die Variablen t als `a.time`, `v.time` und `s.time` sowie $\ddot{y}$ in `a.values`, $\dot{y}$ in `v.values` und y in `s.values` in entsprechenden Strukturen zur Verfügung.

Konkret wollen wir ein System mit $m = 1$ kg, $c = 400$ N/m, $\mu_G = 0{,}2$ und $g = 9{,}81$ m/s^2 ausgehend von $y_0 = 0{,}1$ m und $\dot{y}_0 = 0$ m/s über 2 s beobachten. Wegen des Sprungs der Reibungskraft an den Umkehrpunkten verwenden wir einen kleinen Zeitschritt `Dt=0.0005`. Die Anzahl der Werte ergibt sich einschließlich der Anfangsbedingungen als `n=t/Dt+1`. Bild 11.33 zeigt die im `Kontext` gesetzten Konstanten und Variablen. Für `Period` bei `CLOCK_c` stellen wir `Dt` ein. Um die Ausgabe von `n` Werten zu erreichen, müssen wir in `Simulation - Einstellungen` die `Finale Integrationszeit` auf `2.0005` setzen, d.h. `t+Dt`. Starten wir damit die Simulation, erhalten wir die Signalverläufe in Bild 11.34, bei denen die `Finale Integrationszeit` nicht erreicht wird. Vielmehr kommt die Berechnung bei $t^* = 0{,}15705$ s nicht mehr voran und muss mittels Stopp-Button abgebrochen werden. Gemäß Gl. (11.4) ist $\operatorname{sgn}(0) = 0$, d.h. am Umkehrpunkt ist die Reibungskraft null, kurz danach ($y \neq 0$) aber wieder in voller Stärke vorhanden. Ist die Federkraft zu gering, um die Reibungskraft zu überwinden, kommt die Bewegung zum Erliegen.

Beispiel 11.6:

Wir wollen die Auslenkung $y(t)$, die Geschwindigkeit $\dot{y}(t)$ und die Beschleunigung $\ddot{y}(t)$ eines sich auf ebener Unterlage mit Gleitreibungskoeffizient μ_G [2] bewegenden Feder-Massesystems (Federkonstante c, Masse m) simulieren:

$$m \cdot \ddot{y} + F_R(\dot{y}) + c \cdot y = 0 \qquad (11.3)$$

Mit der Signum-Funktion $\operatorname{sgn}(x)$ [3]

$$\operatorname{sgn}(x) = \begin{cases} +1 & x > 0 \\ 0 & x = 0 \\ -1 & x < 0 \end{cases} \qquad (11.4)$$

und der Normalkraft F_N gilt für die der Bewegung entgegengerichtete Reibungskraft $F_R(\dot{y})$ in Abhängigkeit des Vorzeichens der Geschwindigkeit $\dot{y}$ [108]:

$$\begin{aligned} F_R(\dot{y}) &= -\mu_G \cdot F_N \cdot \operatorname{sgn}(\dot{y}) \\ &= -\mu_G \cdot m \cdot g \cdot \operatorname{sgn}(\dot{y}) \end{aligned} \qquad (11.5)$$

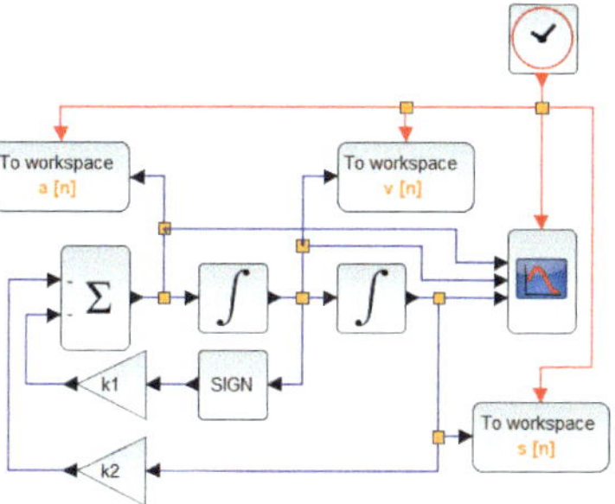

Bild 11.32: *Schaltbild zu Beispiel 11.6.*

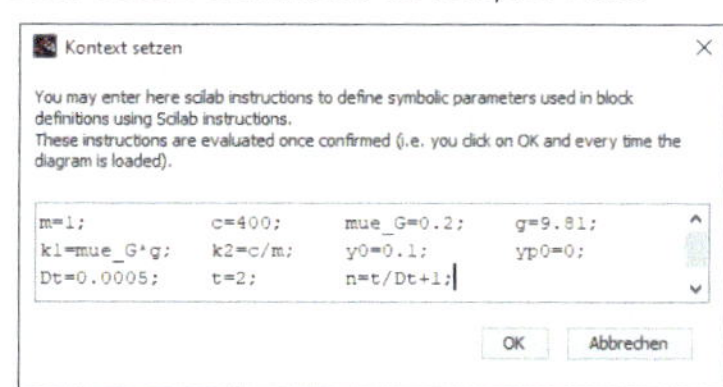

Bild 11.33: `Kontext` *zu Beispiel 11.6.*

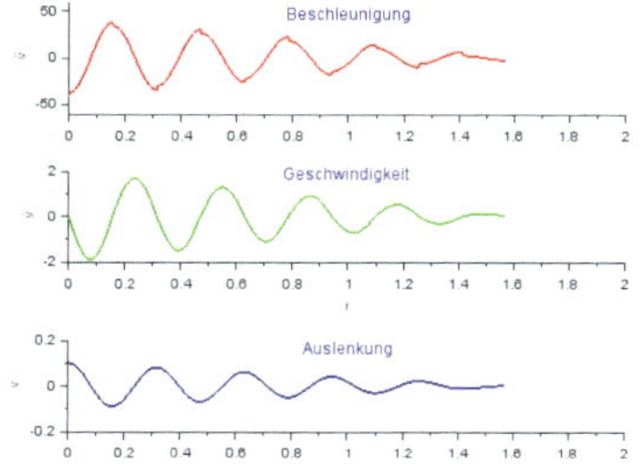

Bild 11.34: *Signalverläufe zu Beispiel 11.6 (1).*

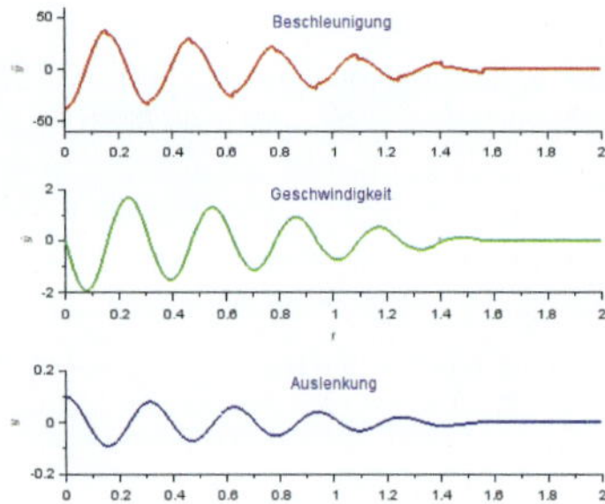

Bild 11.35: *Signalverläufe zu Beispiel 11.6 (2).*

Beispiel 11.7:
Wir wollen einen Scilab-Code erstellen, der die in Beispiel 11.6 in den Workspace von Scilab übertragenen Variablen übernimmt und die in Bild 11.36 dargestellten Diagramme mit `plot2d` *erstellt.*

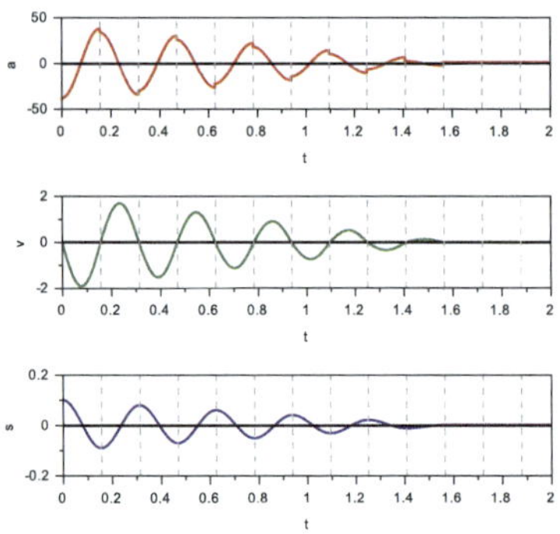

Bild 11.36: *Mit Scilab erstellte Signalverläufe zu Beispiel 11.7.*

Dies führt beim voreingestellten Solver `SUNDIALS/CVODE - BDF - NEWTON`[72] zum „Festfressen" infolge immer kleinerer Zeitschritte [108]. Dieses Problem kann durch Wahl eines anderen Solvers behoben werden. Mit `RK45 - Runge-Kutta 4(5)` mit fester Schrittweite wird die `Finale Integrationszeit` problemlos erreicht (Bild 11.35). ⌘

⌘

```
addcolor([204 204 204]/255); // grau 20 % als Farbe Nr. 33
Null=zeros(1:length(a.time))'; // Nulllinie
subplot(3,1,1); // Diagramm Beschleunigung
plot2d(a.time,[a.values Null], style=[21 1], rect=[0 -50 2 50]);
h=get('current_entity');
h.parent.x_label.text='t'; h.parent.y_label.text='a';
h.parent.box="on"; h.children.thickness=2;
y=[-50 50];
for i=1:12 // vertikale Linien grau gestrichelt
    x=[i*0.1565 i*0.1565]; plot2d(x,y,style=33);
    gcf().children.children(1).children.line_style = 3;
    gcf().children.children(1).children.thickness=1;
end
subplot(3,1,2); // Diagramm Geschwindigkeit
plot2d(v.time, [v.values Null],style=[13 1]);
h=get('current_entity');
h.parent.x_label.text='t'; h.parent.y_label.text='v';
h.parent.box="on"; h.children.thickness=2;
y=[-2 2];
for i=1:12 // vertikale Linien grau gestrichelt
    x=[i*0.1565 i*0.1565]; plot2d(x,y,style=33);
    gcf().children.children(1).children.line_style = 3;
    gcf().children.children(1).children.thickness=1;
end
subplot(3,1,3); // Diagramm Auslenkung
plot2d(s.time,[s.values Null],style=[11 1]);
h=get('current_entity');
h.parent.x_label.text='t'; h.parent.y_label.text='s';
h.parent.box="on"; h.children.thickness=2;
y=[-0.2 0.2];
for i=1:12 // vertikale Linien grau gestrichelt
    x=[i*0.1565 i*0.1565]; plot2d(x,y,style=33);
    gcf().children.children(1).children.line_style = 3;
    gcf().children.children(1).children.thickness=1;
end
```

Die gestrichelten vertikalen Linien in Bild 11.36 geben die Stellen an, an denen die Geschwindigkeit null und die Auslenkung extremal ist. Wie das Beschleunigungsdiagramm zeigt, treten an diesen Stellen Sprünge in der Beschleunigung auf, die durch den Vorzeichenwechsel der Reibungskraft gemäß Gl. (11.5) bedingt sind. ⌘

[72] Der Sundials C-language Variable-coefficients ODE solver mit BDF (Backward Differentiation Formula) mit Newton-Iteration wird in der Xcos-Hilfe als effizient und stabil beschrieben.

11.2.6 Bernoulli-Balken mit Streckenlast

Bisher haben wir zeitabhängige Systeme simuliert. Xcos ist aber keineswegs auf dynamische Systeme beschränkt, wie uns Beispiel 11.8 für einen Kragträger mit variabler Streckenlast zeigt.

⌘ Die gesuchten Funktionen $Q(x)$ und $M(x)$ hängen vom Ort x und nicht von der Zeit t ab. Wir können die bisherige Methodik auf das vorliegende Beispiel übertragen, indem wir im Sinne einer Koordinatentransformation t durch x ersetzen, d. h. der Taktgeber `CLOCK_c` liefert anstelle von Zeitschritten Δt nun Ortsschritte Δx und die `Finale Integrationszeit` stellt die Balkenlänge L dar.

Die lineare Streckenlast lässt sich mit dem Block `RAMP` aus der Palette `Quellen` modellieren, indem beim Blockparameter `Slope` die Steigung `q0/L` mit den zuvor im `Kontext` definierten Konstanten `q0` und `L` eingestellt wird. Bei `Start Time` und `Initial Value` belassen wir die Voreinstellungen `0`.

Die Multiplikation von Gl. (11.7) mit der Biegesteifigkeit EI liefert $EI \cdot w^{(IV)}(x)$, was zu $EI \cdot w'''(x)$ integriert gemäß Gl. (11.8) die negative Querkraft ergibt. Um die positive Querkraft zu erhalten, schalten wir dem ersten Integrator einen Verstärker mit dem Faktor -1 nach (Bild 11.38). Die Randbedingung (11.10) wird in der `Initial Condition` des Integrators mit `0` hinterlegt. Die so gewonnene Querkraft wird als Signal auf den ersten Eingang des Blocks `CMSCOPE` geführt.

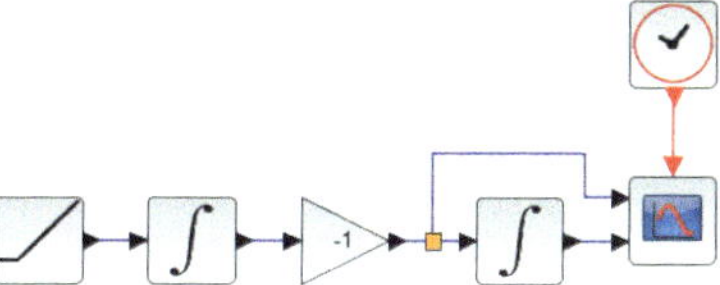

Bild 11.38: *Blockschaltbild zu Beispiel 11.7.*

Die weitere Integration von $-EI \cdot w'''(x)$ ergibt $-EI \cdot w''(x)$, was nach Gl. (11.9) genau dem Biegemoment $M(x)$ entspricht. Die Randbedingung (11.11) wird mit dem Wert `0` in der `Initial Condition` des zweiten Integrators abgebildet. Das integrierte Signal wird auf den zweiten Eingang des Blocks `CMSCOPE` gelegt.

Im folgenden wollen wir einen Balken mit $L = 5$ m und $q_0 = 300$ N/m betrachten und definieren dazu die Konstanten `L=5;` und `q0=300;` im `Kontext`. Aus Gl. (11.12) erhalten wir eine minimale Querkraft von $Q_{\text{min}} = -750$ N. Gl. (11.13) liefert uns für das minimale Biegemoment $M_{\text{min}} = -1250$ Nm. Diese Werte tragen wir in `CMSCOPE` bei `Ymin vector` ein. Als `Ymax vector` geben wir die Werte der Randbedingungen `0 0` ein. Als `Refresh periods` wählen wir `L L`.

Im Block `CLOCK_c` setzen wir den Ortsschritt Δx in `Period` auf `0.1` und die `Initialisation Time` auf `0`. Im Menü `Simulation - Einstellungen` stellen wir die `Finale Integrationszeit` im Hinblick auf Fußnote 70, S. 221 mit $L + \Delta x$ auf `5.1` ein, um die Integration über die gesamte Balkenlänge L auszuführen.

Im Ergebnis erhalten wir die in Bild 11.39 dargestellten Verläufe der Querkraft $Q(x)$ und des Biegemoments $M(x)$, die mit den analytischen Lösungen aus den Gln. (11.12) und (11.13) übereinstimmen. ⌘

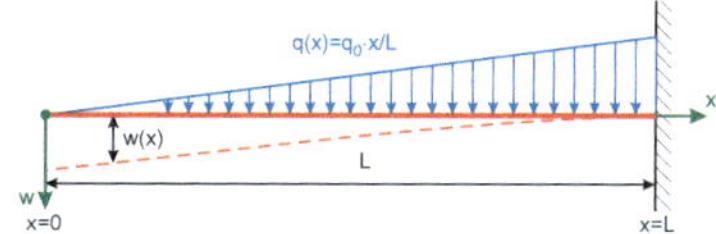

Bild 11.37: *Auskragender Bernoulli-Balken mit dreiecksförmiger Streckenlast.*

Beispiel 11.8:

Für den in Bild 11.37 skizzierten Kragträger mit Biegesteifigkeit EI, Länge L und linearer Streckenlast $q(x) = q_0 \cdot \frac{x}{L}$ wollen wir mit Xcos die Querkraft $Q(x)$ und das Biegemoment $M(x)$ ermitteln und mit der analytischen Lösung vergleichen. Für die vierte Ableitung der Durchsenkung $w(x)$ gilt [109]:

$$w^{(IV)}(x) = \frac{q(x)}{EI} \tag{11.7}$$

Die Querkraft folgt mit der dritten Ableitung $w'''(x)$ [109]:

$$Q(x) = -EI \cdot w'''(x) \tag{11.8}$$

Das Biegemoment ist zur zweiten Ableitung $w''(x)$ proportional [109]:

$$M(x) = -EI \cdot w''(x) \tag{11.9}$$

Der freie Rand ist querkraft- und momentenfrei:

$$Q(x=0) = 0 \tag{11.10}$$

$$M(x=0) = 0 \tag{11.11}$$

Integration von Gl. (11.7) liefert unter Beachtung der Gln. (11.10) und (11.11) die analytische Lösung:

$$Q(x) = -\frac{q_0}{2L}\,x^2 \tag{11.12}$$

$$M(x) = -\frac{q_0}{6L}\,x^3 \tag{11.13}$$

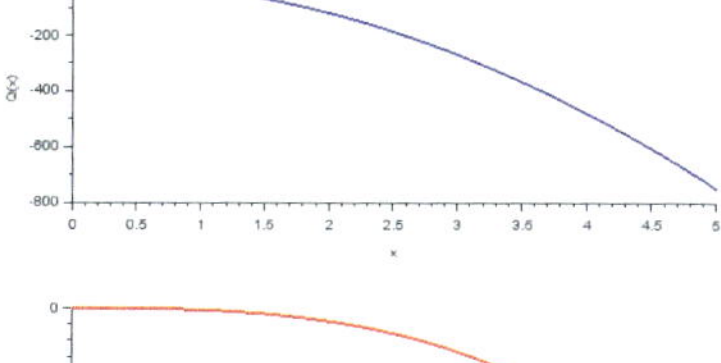

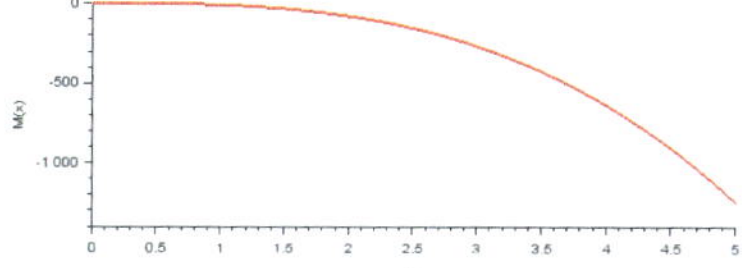

Bild 11.39: *Mit Xcos berechnete Verläufe der Querkraft und des Biegemoments.*

11.3 Aufgaben zum Selbststudium

▶ Aufgabe 11.1:

Modellieren Sie eine ungedämpfte Schwingung mit periodischer Anregung $A \cdot \sin(\Omega t + \varphi)$ in Xcos für einen Zeitschritt von $0{,}05$ s und

(a) die Parameter $\omega = 2$ 1/s, $A = 2$ m/s^2, $\Omega = 3$ 1/s, $\varphi = \frac{\pi}{2}$, die Anfangsbedingungen $y(0) = 4$ m, $\dot{y}(0) = 1$ m/s im Bereich $0 \le t \le 80$ s

(b) die Parameter $\omega = 11$ 1/s, $A = 15$ m/s^2, $\Omega = 10$ 1/s, $\varphi = \frac{\pi}{2}$, die Anfangsbedingungen $y(0) = 0$, $\dot{y}(0) = 0$ im Bereich $0 \le t \le 20$ s

und stellen Sie den Weg $y(t)$, die Geschwindigkeit $\dot{y}(t)$ und die Beschleunigung $\ddot{y}(t)$ in geeigneten Diagrammen grafisch dar.

▶ Aufgabe 11.2:

Modellieren Sie ein gedämpftes schwingungsfähiges System

$$m \cdot \ddot{y} + k \cdot \dot{y} + c \cdot y = F(t) \tag{11.14}$$

mit $m = 10$ kg, $k = 2$ kg/s, $c = 5$ N/m mit Sprunganregung auf $F_0 = 5$ N mit den Anfangsbedingungen $\dot{y}(0) = 0$ und $y(0) = 0$ in Xcos (Zeitschritt $0{,}01$ s, finale Integrationszeit 50 s).
Stellen Sie die Verläufe des Weges $y(t)$, der Geschwindigkeit $\dot{y}(t)$ und der Beschleunigung $\ddot{y}(t)$ über der Zeit t grafisch dar.

▶ Aufgabe 11.3:

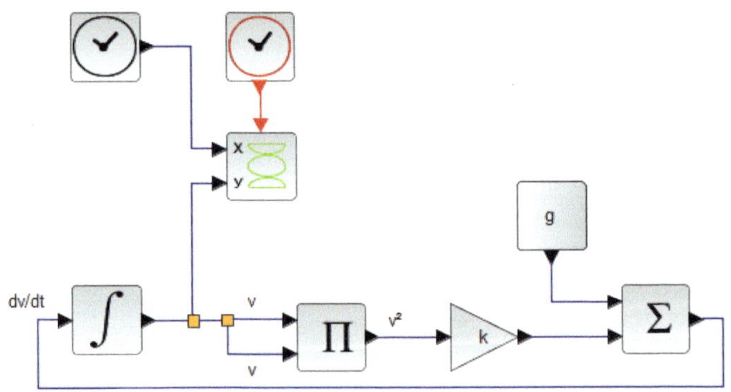

Bild 11.40: *Xcos-Blockdiagramm einer Simulation.*

(a) Beschreiben Sie die einzelnen Komponenten in dem in Bild 11.40 dargestellten Xcos-Schaltbild und geben Sie eine entsprechende Gleichung des simulierten Vorgangs an.

(b) Welche Ausgabe erzeugt das abgebildete Schaltbild?

▶ Aufgabe 11.4:

Lösen Sie in Xcos die Differenzialgleichung

$$z'(x) = 2x + 4\sin x - 2 \tag{11.15}$$

für die Bedingung $z(0) = 1$ und veranschaulichen Sie das Ergebnis in einem Diagramm im Bereich $0 \le x \le 5$.

▶ Aufgabe 11.5:

Betrachtet wird noch einmal die Differenzialgleichung aus Aufgabe 11.4. Erweitern Sie das Blockschaltbild dahingehend, dass neben der numerischen Lösung $z_{\text{num}}(x)$ auch die analytische Lösung $z_{\text{ana}}(x)$ von Gl. (11.15) von Xcos berechnet wird. Stellen Sie die Verläufe von $z_{\text{num}}(x)$, $z_{\text{ana}}(x)$ und $z_{\text{num}}(x) - z_{\text{ana}}(x)$ in einem Diagramm mit Xcos dar.

▶ Aufgabe 11.6:

(a) Die Diagramme A und B zeigen die Phasenkurven der Räuber-Beute-Systeme A und B. Interpretieren Sie die Diagramme in Bezug auf das Systemverhalten.

(b) Geben Sie geeignete Gleichungen an, die das Verhalten von System A beschreiben und klassifizieren Sie diese.

(c) Ergänzen Sie im Xcos-Auszug in Bild 11.43 zu den Ziffern 1–3 die Funktionen, zu den Ziffern 4–7 die Systemparameter und zu den Ziffern 8–20 die Signale.

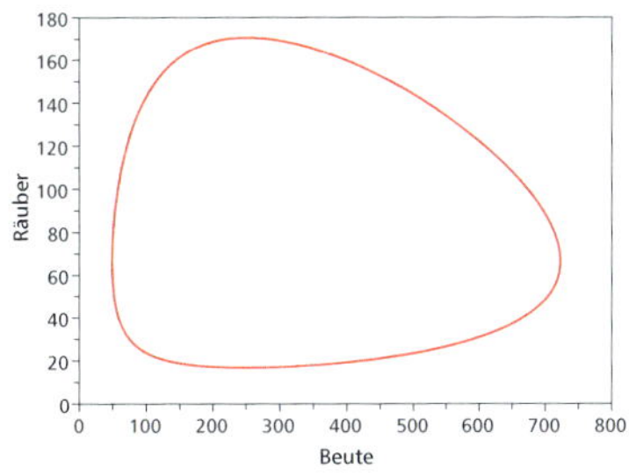

Bild 11.41: *Diagramm A.*

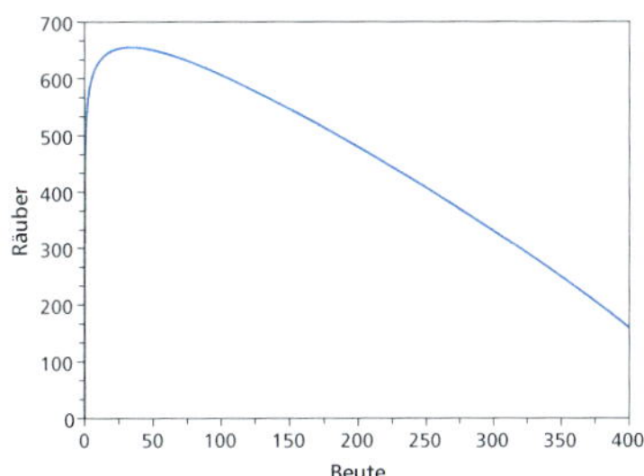

Bild 11.42: *Diagramm B.*

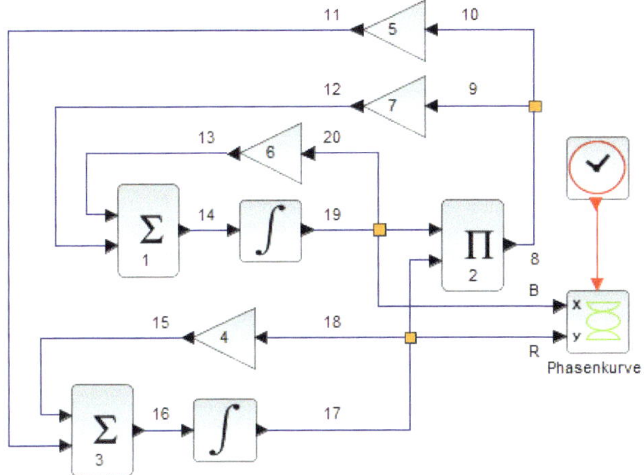

Bild 11.43: *Xcos-Blockdiagramm zur Simulation der Phasenkurve von System A.*

▶ Aufgabe 11.7:

Auf einem Teich ist anfangs eine Fläche von $A_0 = 25$ F.E.[73] mit Seerosen bewachsen, die ihre Fläche innerhalb einer Woche verdoppeln.

(a) Ermitteln Sie die Wachstumskonstante k der Seerosen.

(b) Modellieren Sie das System Teich in Xcos. Geben Sie den Verlauf der Seerosenfläche $A(t)$ grafisch aus.

▶ Aufgabe 11.8:

Modellieren Sie das System Teich aus Aufgabe 11.7 in Xcos, wenn die anfänglich mit Seerosen bewachsene Teichfläche A_0 genau $5\ \%$ der Teichfläche ausmacht. Stellen Sie den zeitlichen Verlauf der Seerosenfläche $A(t)$ in einem Diagramm dar.

[73] F.E. = Flächeneinheiten.

▶ Aufgabe 11.9:

Für eine Räuber-Beute-Population von Füchsen und Hasen auf der Gute-Nacht-Insel sind die Parameter nach Lotka-Volterra bekannt:
$\beta_1 = 1; \quad \alpha_2 = 0{,}75; \quad c_1 = 0{,}5; \quad c_2 = 0{,}25$
Die anfängliche Zahl der Füchse beträgt $R_0 = 3$, die der Hasen $B_0 = 5$.

Modellieren Sie das Fuchs-Hase-System in Xcos geeignet, stellen Sie die Verläufe $B(t)$ und $R(t)$ im Zeitfenster $0 \le t \le 60$ Z.E.[74] dar und visualisieren Sie die Phasenkurve $R(B)$. Ist das System stabil?

▶ Aufgabe 11.10:

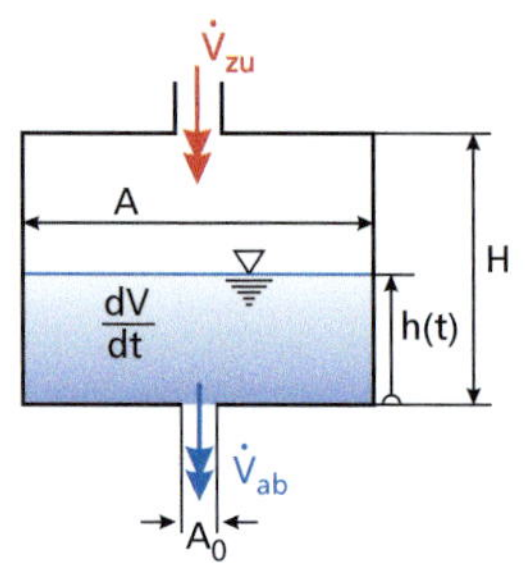

Bild 11.44: *Zylindrischer Wassertank mit Zu- und Abfluss.*

Ein zylindrischer Wassertank (Höhe $H = 10$ dm $= 1$ m; konstanter Querschnitt $A = 0{,}2$ m^2 = 20 dm^2) besitzt einen von der Füllhöhe $h(t)$ linear abhängigen Zufluss $\dot{V}_{zu} = \dot{V}_0 \cdot (H - h)$ mit $\dot{V}_0 = 5$ dm^2/s. Am Boden befindet sich eine Auslauföffnung A_0 mit dem Ausflussbeiwert μ. Nach Torricelli gilt für den zeitabhängigen Abfluss $\dot{V}_{ab} = \mu \cdot \sqrt{2g \cdot h(t)} \cdot A_0 = \beta \cdot \sqrt{h}$ mit $\beta = 2$ dm$^{5/2}$/s.

(a) Leiten Sie aus einer Volumenbilanz am Wassertank eine Differenzialgleichung für die Füllhöhe $h(t)$ ab. Welche Füllhöhe h_∞ stellt sich nach sehr langer Zeit ein?

(b) Modellieren Sie den Wassertank in Xcos und geben Sie den zeitlichen Verlauf der Füllhöhe $h_u(t)$ im ungeregelten Tank aus. Vergleichen Sie den stationären Füllstand mit dem Ergebnis von Teilaufgabe (a).

(c) Die Differenz $(H-h)$ ist die Abweichung zwischen Soll- und Istwert des Füllstands. Fügen Sie zur Modellierung eines geregelten Tanks in Xcos vor der Verstärkung des Signals $(H-h)$ einen PID-Regler (Proportional-Integral-Differenzial-Regler, s. z. B. [105]–[107]) ein.

(d) Simulieren Sie einen Proportional-Regler (P-Regler) mit $K_P = 2$. Wird der Sollwert H erreicht?

 Hinweis: Zur Simulation des P-Reglers werden beim PID-Regler nur die Parameter des P-Reglers unter `Proportional` gesetzt, während die Parameter der anderen Regler ungesetzt bleiben.

(e) Simulieren Sie nun einen Integral-Regler (I-Regler) mit $K_I = 2$ s^{-1}. Was stellen Sie fest?

(f) Erweitern Sie den I-Regler zu einem PI-Regler mit $K_P = 4$ sowie $K_I = 2$ s^{-1}. Was ändert sich?

(g) Simulieren Sie einen Differenzial-Regler (D-Regler) mit $K_D = 0{,}2$ s. Was stellen Sie fest?

(h) Simulieren Sie jetzt einen PID-Regler mit $K_P = 4$, $K_I = 2$ s^{-1} und $K_D = 0{,}2$ s und beurteilen Sie das Regelverhalten.

(i) Abschließend betrachten wir einen PID-Regler mit den Parametern $K_P = 10$, $K_I = 0{,}5$ s^{-1} und $K_D = 0{,}2$ s. Wie ist das Zeitverhalten nun zu beurteilen?

---
[74] Z.E. = Zeiteinheiten.

12 Aufgaben zu verschiedenen Themengebieten

»Learn from yesterday,
live for today,
hope for tomorrow.
The important thing is
not to stop questioning.«

(Albert Einstein)

Lernziele

Die folgenden Aufgaben umfassen teils mehrere Themengebiete oder sind teils umfangreicher und anspruchsvoller. Sie können zur Nachbereitung und Vertiefung der in den vorangegangenen Kapiteln behandelten Inhalte genutzt werden, z. B. im Rahmen einer Prüfungsvorbereitung.

Den im Bereich des wissenschaftlichen Rechnens, der Simulation und der Ingenieuranalyse praktisch Tätigen sollen sie Hinweise und Anregungen für die eigene Arbeit liefern.

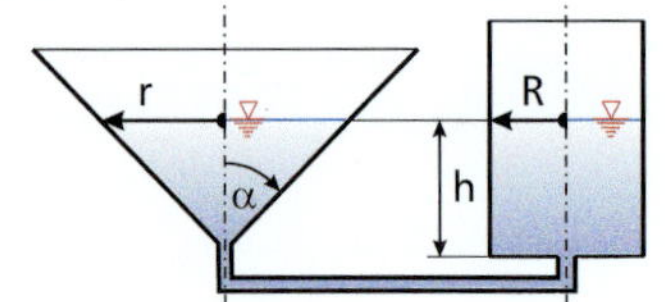

Bild 12.1: Hydrostatischer Computer von Demanet [110].

► Aufgabe 12.1:

Der Belgische Ingenieur M. Demanet [110] hat 1898 den skizzierten Aufbau eines kommunizierenden trichterförmigen Gefäßes (halber Öffnungswinkel α) und eines zylindrischen Gefäßes vorgeschlagen, um kubische Gleichungen anschaulich zu lösen. Aus der Hydrostatik ist bekannt [25], dass sich in verbundenen Gefäßen ein gleich hoher Flüssigkeitsstand h einstellt. Die skizzierten Gefäße werden mit einer Flüssigkeit bekannten Volumens V befüllt.

(a) Geben Sie das im Trichter und im Zylinder befindliche Volumen V als Funktion der Füllhöhe h, des Radius R und des halben Kegelöffnungswinkels α an, wenn das Volumen in der Verbindungsleitung vernachlässigbar ist.

(b) Vereinfachen Sie die in Teilaufgabe (a) abgeleitete Gleichung für den Fall $R = \frac{1}{\sqrt{\pi}}$ und $\tan\alpha = \sqrt{\frac{3}{\pi}}$.

(c) Legen Sie dar, inwiefern der Demanet'sche Apparat als hydrostatischer Computer interpretiert werden kann.

► Aufgabe 12.2:

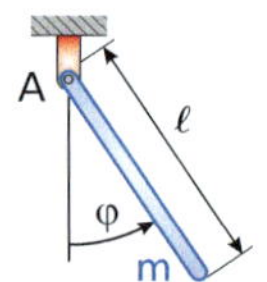

Bild 12.2: Physikalisches Pendel.

Der im Punkt A drehbar gelagerte dünne Stab (Länge ℓ, Masse m) in Bild 12.2 stellt ein physikalisches Pendel dar. Für die Rotation um den Schwerpunkt des Stabes beträgt das Trägheitsmoment [2]:

$$\Theta^S = \frac{1}{12} \cdot m \cdot \ell^2 \tag{12.1}$$

(a) Leiten Sie die Bewegungsgleichung des Stabes als Funktion des Drehwinkels φ ab.

(b) Welches besondere Merkmal besitzt diese Bewegungsgleichung? Wie wirkt es sich auf die Lösung der Differenzialgleichung aus?

(c) Führen Sie eine Vereinfachung für kleine Winkel zur Lösung der Differenzialgleichung durch.

► Aufgabe 12.3:

Bei laminarer Strömung ($Re < 10^5$) gilt für die Nußelt-Zahl der längs angeströmten ebenen Platte in Abhängigkeit der Reynolds-Zahl Re und der Prandtl-Zahl Pr [8]:

$$Nu = 0{,}664 \cdot Re^{\frac{1}{2}} \cdot Pr^{\frac{1}{3}} \tag{12.2}$$

Für den Wärmeübergangskoeffizienten α gilt mit der Wärmeleitfähigkeit des Fluids λ und der Plattenlänge L:

$$\alpha = \frac{Nu \cdot \lambda}{L} \tag{12.3}$$

(a) Erstellen Sie mithilfe der Gln. (12.2) und (12.3) eine strukturierte Scilab-Routine `alphaLaminarPlatte(lambda,L,Re,Pr)` zur Berechnung des Wärmeübergangskoeffizienten bei laminarer Plattenüberströmung.

(b) Welcher Wärmeübergangskoeffizient α tritt für die Parameter $Re = 25000$, $Pr = 0{,}7148$, $\lambda = 25{,}69 \cdot 10^{-3}$ W/(m K) und $L = 1{,}89$ m auf?

▶ Aufgabe 12.4:

Hauptbrandmeister Zacharias Zündler schießt eine Feuerwerksrakete mit linearer Beschleunigung am Silvesterabend vom Boden aus senkrecht nach oben. Nach $t_1 = 5$ s ist der Treibsatz abgebrannt, die Geschwindigkeit der Rakete beträgt dann $v_1 = 90$ km/h.

(a) Bestimmen Sie ausgehend von einem linearen Ansatz für die Beschleunigung $a(t)$ den Verlauf der Geschwindigkeit $v(t)$ und des Weges $s(t)$ der Rakete für $0 \leq t \leq t_1$.

(b) Welche maximale Höhe h_{max} erreicht die Rakete?

(c) Nach welcher Zeit t_2 erreicht die Rakete wieder den Boden?

▶ Aufgabe 12.5:

Ein zylindrischer Behälter (Höhe $H = 2$ m, Radius $R = 1$ m) ist anfänglich mit der Flüssigkeit Вода (Dichte ϱ) vollständig gefüllt. Zur Zeit $t = 0$ wird in der Bodenfläche eine kreisrunde Klappe (Ausflussbeiwert $\mu = 0{,}6$, Radius $r = 5$ cm) geöffnet. Die Flüssigkeit tritt unter dem Einfluss der Schwerkraft ($g = 9{,}81$ m/s^2) nach dem Gesetz von Torricelli mit der Geschwindigkeit $w = \sqrt{2g \cdot h(t)}$ aus, wobei $h(t)$ den momentanen Füllstand im Behälter kennzeichnet. Für den abfließenden Volumenstrom gilt $\dot{V}_{\text{ab}} = \mu \cdot w \cdot A_{\text{ab}}$.

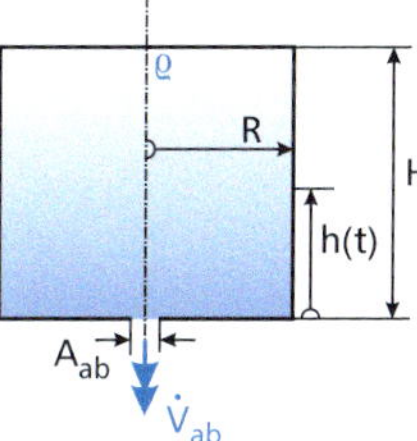

Bild 12.3: *Abfluss $\dot{V}_{\text{ab}}$ am Tankboden durch kreisrunde Öffnung.*

(a) Leiten Sie aus einer Massenbilanz eine Gl. (1) für die zeitliche Änderung des Füllstands $\dfrac{\mathrm{d}h(t)}{\mathrm{d}t}$ ab.

(b) Berechnen Sie aus Gl. (1) den zeitlichen Verlauf des Füllstands $h(t)$.

(c) Bestimmen Sie den Zeitpunkt t_a, nach dem der Behälter vollständig entleert ist, allgemein und zahlenmäßig.

(d) Notieren Sie einen unkommentierten Scilab-Code, mit dem der zeitliche Verlauf des Füllstands am Bildschirm grafisch dargestellt werden kann.

▶ Aufgabe 12.6:

Eine Stahlkugel (Durchmesser $D = 5$ mm; Dichte $\varrho_K = 7800$ kg/m^3) wird in Glyzerin (dynamische Viskosität $\eta = 1{,}48$ Pa·s; Dichte $\varrho_F = 1260$ kg/m^3) unter dem Einfluss der Schwerkraft ($g = 9{,}81$ m/s^2) aus der Ruhelage losgelassen. Neben der Gewichtskraft $F_G = m_K \cdot g$ wirken die Auftriebskraft $F_A = m_F \cdot g$, die Trägheitskraft nach d'Alembert $F_T = -m_K \cdot a$ und die von der Geschwindigkeit w abhängige Stokes'sche Widerstandskraft $F_W = 6 \cdot \pi \cdot \eta \cdot R \cdot w$ auf die sinkende Kugel.

(a) Leiten Sie mithilfe einer Bilanz eine Gleichung für die Geschwindigkeit $w(t)$ der Kugel ab.

(b) Berechnen Sie daraus den zeitlichen Verlauf der Sinkgeschwindigkeit $w(t)$.

(c) Erstellen Sie mit den Ergebnissen der Teilaufgaben (a) und (b) einen kommentierten Scilab-Code, der die Kugelgeschwindigkeit $w(t)$ berechnet und im Intervall $[0; 10\text{ s}]$ grafisch darstellt.

(d) Wie lange benötigt die Kugel für eine Strecke von $h = 50$ cm?

▸ Aufgabe 12.7:

Hauptbrandmeister Zacharias Zündler schießt am Fuß eines ebenen Hangs mit Neigungswinkel α eine Feuerwerksrakete mit der Geschwindigkeit v_0 unter dem Winkel β (gegen die Horizontale gemessen) hangaufwärts.

(a) Berechnen Sie die Strecke s, die die Rakete vom Hangfußpunkt bis zum Zielpunkt zurücklegt.

(b) Ermitteln Sie bei gegebener Hangneigung α den Abschusswinkel β so, dass der von der Rakete zurückgelegte Weg maximal wird.

(c) Stellen Sie den Verlauf des Abschusswinkels β grafisch im Bereich $0 \leq \alpha < 90°$ dar.

▸ Aufgabe 12.8:

Bestimmen Sie mithilfe eines geeigneten Scilab-Codes den Wert der geometrischen Partialsumme

$$\sum_{k=0}^{n} x^k = 1 + x + x^2 + x^3 + \ldots + x^n \tag{12.4}$$

für $x = \frac{1}{2}$ und $n = 50$ und vergleichen Sie das Ergebnis mit der analytischen Lösung aus z. B. [3].

▸ Aufgabe 12.9:

Für die Zuschläge K_n eines sich in n Perioden mit dem Zinssatz $i = \frac{p}{100}$ und dem Zinsfuß p (in %) verzinsenden Anfangskapitals K_0 gilt die Leibniz'sche Zinseszinsformel (s. z. B. [3]):

$$K_\mathrm{n} = K_0 \cdot (1 + i)^n \tag{12.5}$$

(a) Erstellen Sie einen Scilab-Code, der zu gegebenen Werten von K_0, n und p den Zuschlag K_n berechnet.

(b) Erstellen Sie mithilfe des Codes aus Teilaufgabe (a) ein Diagramm, das den Verlauf $K_\mathrm{n}(n)$ für $K_0 = 1000$ € und die Zinsfüße $p_1 = 1$ %, $p_2 = 5$ % und $p_3 = 8$ % im Zeitraum $0 \leq n \leq 10$ a zeigt.

▸ Aufgabe 12.10:

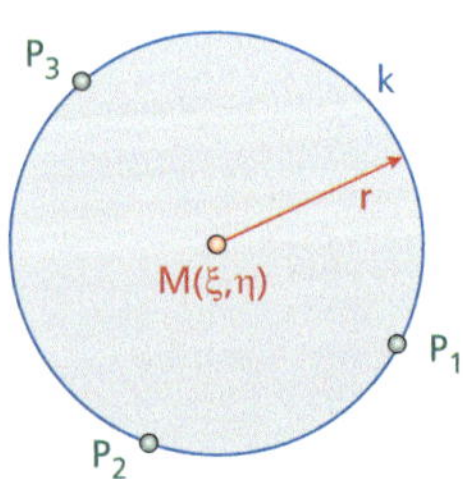

Bild 12.4: *Kreis k durch 3 Punkte P_1, P_2 und P_3.*

Susi Sorglos hat sich folgenden Algorithmus zur Bestimmung des Mittelpunkts $M(\xi;\eta)$ und des Radius r eines durch die Punkte $P_1(x_1;y_1)$, $P_2(x_2;y_2)$ und $P_3(x_3;y_3)$ verlaufenden Kreises k überlegt:

1. Bestimmung der Streckenmittelpunkte M_1 von $[P_1P_2]$ und M_2 von $[P_2P_3]$
2. Normalen n_1 zu $[P_1P_2]$ durch M_1 und n_2 zu $[P_2P_3]$ durch M_2
3. Schnitt der Normalen n_1 und n_2 in M
4. Radius als Länge von $[P_1M]$

Setzen Sie den Algorithmus in einen Scilab-Code um und testen Sie diesen mit den Punkten $P_1(1;4)$, $P_2(3;8)$ und $P_3(10;7)$.

► Aufgabe 12.11:

Susi Sorglos stellt Ihnen eine $n \times m$-Matrix `A` mit unbekannten Dimensionen n und m zur Verfügung und möchte wissen, wieviele der Matrixelemente positiv sind.

(a) Zeichnen Sie das Nassi-Shneiderman-Diagramm eines passenden Prüf-Algorithmus `CheckMatrix(A)`.

(b) Erstellen Sie ferner einen unkommentierten Scilab-Code der Routine `CheckMatrix(A)`, die diese Aufgabe erledigt.

► Aufgabe 12.12:

Greifen in einem Punkt P mehrere Kräfte mit bekanntem Betrag F_j (j = 1...n) an, deren Wirkungslinie den Winkel β_j zur positiven x-Achse einschließt, gilt für die Kraftkomponenten (s. z. B. [111]):

$$F_{x,j} = F_j \cdot \cos\beta_j \quad \text{und} \quad F_{y,j} = F_j \cdot \sin\beta_j \tag{12.6}$$

Für die Komponenten der Resultierenden $R = \sqrt{R_x^2 + R_y^2}$ erhält man:

$$R_x = \sum_{j=1}^{n} F_{x,j} \quad \text{und} \quad R_y = \sum_{j=1}^{n} F_{y,j} \tag{12.7}$$

Der Richtungswinkel β der Resultierenden zur x-Achse beträgt:

$$\beta = \arccos\left(\frac{R_x}{R}\right) \tag{12.8}$$

Erstellen Sie einen Scilab-Code `ZKS2D`, der zu den gegebenen Kräften F_j und deren Richtungswinkeln β_j die Komponenten $F_{x,j}$ und $F_{y,j}$, die Komponenten R_x und R_y, den Betrag der Resultierenden R und den deren Richtungswinkel β ermittelt und ausgibt.

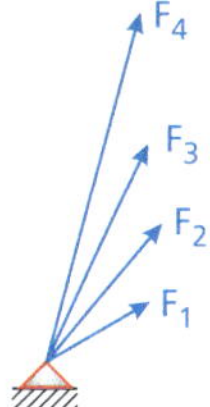

Bild 12.5: *Im Lager der Mastabspannung angreifende Kräfte.*

Im Lager einer Mastabspannung greifen die Seilkräfte $F_1 = 20$ kN, $F_2 = 30$ kN, $F_3 = 40$ kN und $F_4 = 60$ kN mit den Richtungswinkeln $\beta_1 = 30°$, $\beta_2 = 50°$, $\beta_3 = 65°$ und $\beta_4 = 75°$ an. Testen Sie damit den Code `ZKS2D` und vergleichen Sie Ihr Ergebnis mit einer Handrechnung.

► Aufgabe 12.13:

Für ein räumliches zentrales Kräftesystem sind die Gleichungen aus Aufgabe 12.12 geeignet zu erweitern, wenn die Richtungswinkel β_x, β_y und β_z zu den Koordinatenachsen die jeweilige Kraftrichtung angeben (s. z. B. [111]):

$$F_{x,j} = F_j \cdot \cos\beta_{x,j}, \quad F_{y,j} = F_j \cdot \cos\beta_{y,j} \quad \text{und} \quad F_{z,j} = F_j \cdot \cos\beta_{z,j} \tag{12.9}$$

Für die Komponenten der Resultierenden $R = \sqrt{R_x^2 + R_y^2 + R_z^2}$ gilt:

$$R_x = \sum_{j=1}^{n} F_{x,j}, \quad R_y = \sum_{j=1}^{n} F_{y,j} \quad \text{und} \quad R_z = \sum_{j=1}^{n} F_{z,j} \tag{12.10}$$

Die Richtungswinkel β_x, β_y und β_z der Resultierenden zur x-, y- und z-Achse betragen:

$$\beta_x = \arccos\left(\frac{R_x}{R}\right), \quad \beta_y = \arccos\left(\frac{R_y}{R}\right) \quad \text{und} \quad \beta_z = \arccos\left(\frac{R_z}{R}\right) \tag{12.11}$$

Modifizieren Sie den Scilab-Code `ZKS2D` aus Aufgabe 12.12 so, dass im Code `ZKS3D` die bekannten Kräfte F_j und deren Richtungswinkel $\beta_{x,j}$, $\beta_{y,j}$ und $\beta_{z,j}$ lokal definiert werden und die Komponenten R_x, R_y und R_z, der Betrag der Resultierenden R und die Richtungswinkel β_x, β_y und β_z auf dem Bildschirm ausgegeben werden.

Testen Sie den erstellten Code `ZKS3D` für die Kräfte $F_1 = 20$ kN, $F_2 = 30$ kN, $F_3 = 40$ kN und $F_4 = 60$ kN mit den Richtungswinkeln $\beta_{x,1} = 30°$, $\beta_{y,1} = 70°$, $\beta_{x,2} = 50°$, $\beta_{y,2} = 45°$, $\beta_{x,3} = 65°$, $\beta_{y,3} = 65°$, $\beta_{x,4} = 75°$ sowie $\beta_{y,4} = 60°$.

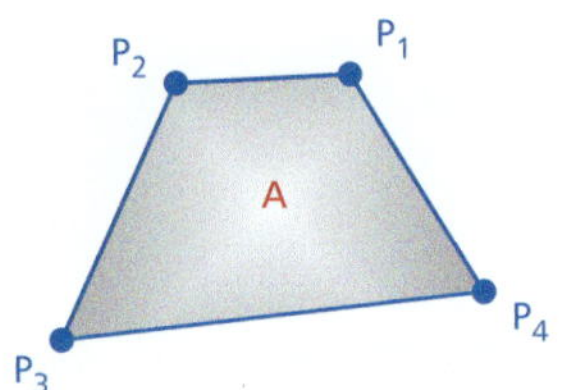

Bild 12.6: *Durch 4 Punkte definierte Grundstücksfläche A.*

► Aufgabe 12.14:

Geodät Sepp Schautinsgebirg soll aus den bekannten Koordinaten der Punkte P_1, P_2, P_3 und P_4 die Fläche des Grundstücks von Hansi Hodvui berechnen. Kollege Kurt Sichtig empfiehlt ihm dazu die Anwendung der Gauß'schen Trapezformel, die für n aufeinanderfolgend nummerierte Eckpunkte $P_j(x_j; y_j)$ der zu ermittelnden Fläche A gilt:

$$2\,A = \sum_{j=1}^{n} \left(x_j - x_{j+1}\right) \cdot \left(y_j + y_{j+1}\right) \tag{12.12}$$

Als Nachfolger des letzten Punktes ist dabei wieder der erste zu setzen:

$$P_{n+1} = P_1 \tag{12.13}$$

(a) Erstellen Sie für Sepp den kommentierten Code der Scilab-Funktion `GaussTrapez(X,Y)`, die aus den als Vektoren übergebenen x- und y-Koordinaten `X` und `Y` die Fläche in der Variable `A` mithilfe der Gauß'schen Trapezformel (12.12) berechnet. Dabei ist zunächst zu prüfen, ob die Vektoren `X` und `Y` dieselbe Länge besitzen, anderenfalls soll die Berechnung mit der Fehlermeldung `Die Vektorlängen von X und Y sind verschieden!` abgebrochen und `NaN` für die Fläche zurückgegeben werden.

(b) Welche Fläche liefert der Code für $P_1(0;0)$, $P_2(85;-20)$, $P_3(120;30)$ und $P_4(30;60)$?

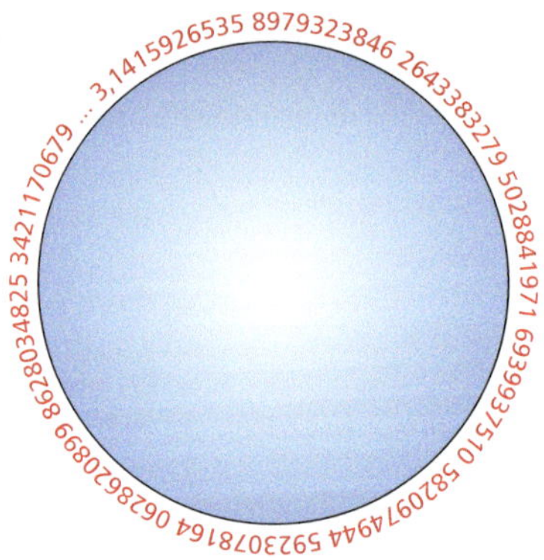

Bild 12.7: *Die ersten 100 Stellen der Kreiszahl π.*

► Aufgabe 12.15:

Der Englische Astronom John Machin berechnete 1706 mit der Identität (12.14) die Kreiszahl π auf 100 Stellen genau.

$$\frac{\pi}{4} = 4 \arctan\left(\frac{1}{15}\right) - \arctan\left(\frac{1}{239}\right) \tag{12.14}$$

(a) Erstellen Sie eine Scilab-Function `arctan(x,n)`, die den Arcustangens des Arguments `x` mit `n` Reihengliedern berechnet.

(b) Berechnen Sie damit den Wert der Kreiszahl π und ermitteln Sie die relative Abweichung zum Scilab-internen Wert `%pi`.

(c) Vergleichen Sie das Ergebnis von (b) mit dem, das Sie mit der Leibniz-Reihe (12.15) mit ebenfalls `n` Reihengliedern erhalten.

$$\frac{\pi}{4} = \arctan(1) = \sum_{k=0}^{\infty} \frac{(-1)^k}{2\,k+1} \tag{12.15}$$

► Aufgabe 12.16:

(a) Plotten Sie die Funktion $r(\varphi) = 3 \cdot \left[1 - \cos(5\varphi)\right]$ für $\varphi \in [0; 2\pi]$.

(b) Zeichnen Sie die Funktion aus Teilaufgabe (a) in ein Diagramm mit kartesischen Koordinaten.

► Aufgabe 12.17:

In [3] findet man für die Berechnung der Fläche A des Dreiecks $P_1P_2P_3$ mit $P_k(x_k; y_k; z_k)$ $(k = 1{,}2{,}3)$ im Raum:

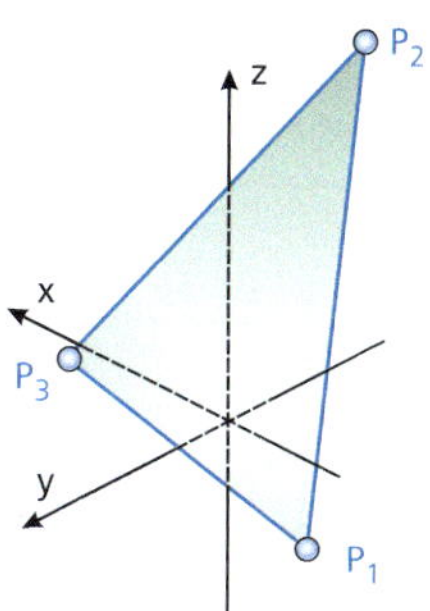

Bild 12.8: *Räumliches Dreieck $P_1P_2P_3$.*

$$A = \sqrt{A_1^2 + A_2^2 + A_3^2} \quad \text{mit} \tag{12.16}$$

$$A_1 = \frac{1}{2}\begin{vmatrix} y_1 & z_1 & 1 \\ y_2 & z_2 & 1 \\ y_3 & z_3 & 1 \end{vmatrix}; \quad A_2 = \frac{1}{2}\begin{vmatrix} z_1 & x_1 & 1 \\ z_2 & x_2 & 1 \\ z_3 & x_3 & 1 \end{vmatrix}; \quad A_3 = \frac{1}{2}\begin{vmatrix} x_1 & y_1 & 1 \\ x_2 & y_2 & 1 \\ x_3 & y_3 & 1 \end{vmatrix} \tag{12.17}$$

Zur Berechnung der in Gl. (12.17) auftretenden Determinanten soll die in Aufgabe 2.9 erstellte Scilab-Function `Sarrus(A)` verwendet werden. Der Fall, dass die 3 Punkte des Dreiecks auf einer Geraden liegen ($A_1 = A_2 = A_3 = 0$) soll mittels einer geeigneten Bildschirmmeldung angezeigt werden.

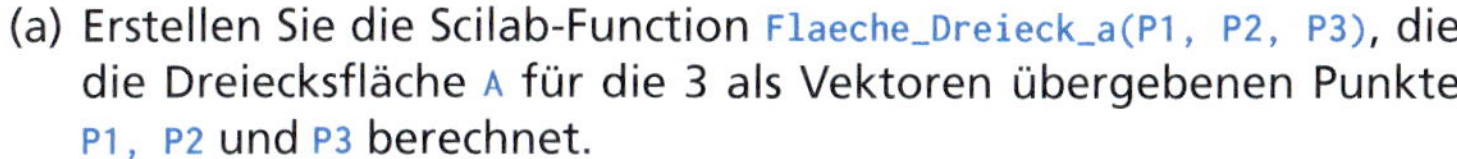

(a) Erstellen Sie die Scilab-Function `Flaeche_Dreieck_a(P1, P2, P3)`, die die Dreiecksfläche `A` für die 3 als Vektoren übergebenen Punkte `P1, P2` und `P3` berechnet.

(b) Erstellen Sie die Scilab-Function `Flaeche_Dreieck_b(P)`, die die Dreiecksfläche `A` für die in der Matrix `P` übergebenen Punkte `P1, P2` und `P3` berechnet.

(c) Erstellen Sie den Code der Scilab-Function `Flaeche_Dreieck_c(P1, P2, P3)`, die die Dreiecksfläche `A` als $A = \frac{1}{2}\left|(\vec{p}_2 - \vec{p}_1) \times (\vec{p}_3 - \vec{p}_1)\right|$ mithilfe der Scilab-Function `KreuzProdukt(a,b)` aus Aufgabe 3.18 berechnet und prüfen Sie mit ausgewählten Punkten, ob Sie dasselbe Ergebnis wie mit den Gln. (12.16) und (12.17) erhalten.

► Aufgabe 12.18:

Gemäß Hinweis in [3] kann die Gleichung des durch die 3 Punkte $P_1(x_1; y_1)$, $P_2(x_2; y_2)$ und $P_3(x_3; y_3)$ verlaufenden Kreises

$$\mathcal{K}\colon a(x^2 + y^2) + bx + cy + d = 0 \tag{12.18}$$

durch Entwickeln der Determinante D nach der ersten Zeile ermittelt werden:

$$D = \begin{vmatrix} x^2 + y^2 & x & y & 1 \\ x_1^2 + y_1^2 & x_1 & y_1 & 1 \\ x_2^2 + y_2^2 & x_2 & y_2 & 1 \\ x_3^2 + y_3^2 & x_3 & y_3 & 1 \end{vmatrix} = 0 \tag{12.19}$$

(a) Erstellen Sie einen geeigneten Scilab-Code, der aus den gegebenen Punktvektoren `P1`, `P2` und `P3` die Koeffizienten `a`, `b`, `c` und `d` mithilfe der in Aufgabe 2.9 erstellten Scilab-Function `Sarrus(A)` und entsprechender Unterdeterminanten berechnet.

(b) Überprüfen Sie die Richtigkeit Ihres Programmcodes für die Punkte $P_1(-1; 3)$, $P_2(-9; 7)$ und $P_3(-2; 6)$, die auf dem Kreis $\mathcal{K}$ mit $M(-6; 3)$ und $r = 5$ liegen.

$$V^2 = \frac{1}{288} \cdot \begin{vmatrix} 0 & 1 & 1 & 1 & 1 \\ 1 & 0 & d_{12}^2 & d_{13}^2 & d_{14}^2 \\ 1 & d_{21}^2 & 0 & d_{23}^2 & d_{24}^2 \\ 1 & d_{31}^2 & d_{32}^2 & 0 & d_{34}^2 \\ 1 & d_{41}^2 & d_{42}^2 & d_{43}^2 & 0 \end{vmatrix} \qquad (12.20)$$

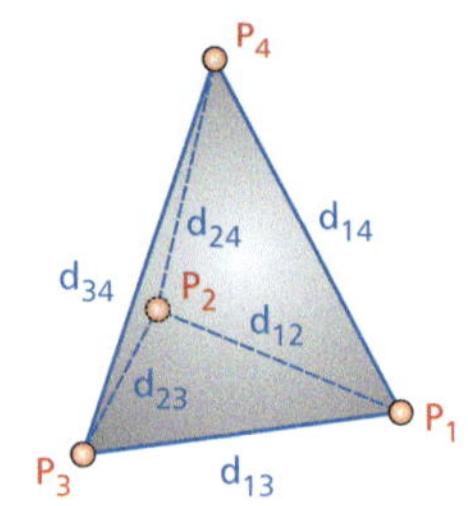

Bild 12.9: *Tetraeder mit Kantenlängen* d_{ij}.

▶ Aufgabe 12.19:

Für das Volumen V eines Tetraeders (Vierflächners) mit den Kantenlängen $d_{ij} = d_{ji} = \overline{P_i P_j}$, (i,j = $1\ldots4$) gilt nach A. Cayley [60] Gl. (12.20):

(a) Erstellen Sie zur Berechnung des Tetraedervolumens `V` den Code einer kommentierten Scilab-Funktion `V_Cayley(P)`, der die Koordinaten der Eckpunkte $P_1 \ldots P_4$ als Matrix `P` übergeben werden.

(b) Testen Sie den Programmcode mit 4 Punkten, die nicht in einer Ebene liegen.

(c) Buchholz [112] gibt 1991 für das Tetraedervolumen V mit den Eckpunkten A,B,C und D mit $a = \overline{BC}, b = \overline{AC}, c = \overline{AB}, d = \overline{AD}, e = \overline{BD}$ und $f = \overline{CD}$ an:

$$V = \vec{x}^T \cdot \mathbf{M} \cdot \vec{x} \qquad (12.21)$$

mit $\vec{x} = \left(a^2\ b^2\ c^2\ d^2\ e^2\ f^2\right)^T$

und $$\mathbf{M} = \begin{pmatrix} -d^2 & d^2 & d^2+b^2 & 0 & 0 & 0 \\ e^2-c^2 & -e^2 & e^2 & 0 & 0 & 0 \\ f^2 & f^2-a^2 & -f^2 & 0 & 0 & 0 \\ 0 & 0 & 0 & -a^2 & a^2 & a^2-b^2 \\ 0 & 0 & 0 & b^2-c^2 & -b^2 & b^2 \\ 0 & 0 & 0 & c^2 & c^2-a^2 & -c^2 \end{pmatrix}$$

Erstellen Sie den kommentierten Code der Scilab-Funktion `V_Buchholz(P)`, die das Volumen `V` nach Gl. (12.21) berechnet und testen sie diese mit dem Datensatz aus Teilaufgabe (b).

▶ Aufgabe 12.20:

Für die Zustandsgrößen idealer Gase gilt mit dem Druck p (in Pa), dem molaren Volumen (Molvolumen) V_m (m³/kmol), der universellen Gaskonstante $\mathfrak{R} = 8{,}31451$ kJ/(kmol K) und der absoluten Temperatur (thermodynamische Temperatur) T die Zustandsgleichung:

$$p \cdot V_m = \mathfrak{R} \cdot T \qquad (12.22)$$

(a) Zeichnen Sie in Scilab die 3D-Zustandsfläche des idealen Gases für $0 \le p \le 12$ MPa, $250 \le T \le 400$ K und $0 \le V_m \le 25$ m³/kmol. Beachten Sie dabei die Dimensionen!

Für reale Gase existieren dagegen verschiedene Zustandsgleichungen, z. B. die von J. D. van der Waals (vgl. Aufgabe 6.21):

$$\left(p + \frac{a}{V_m^2}\right) \cdot (V_m - b) = \mathfrak{R} \cdot T \qquad (12.23)$$

CO_2 (Kohlendioxid) besitzt den Kohäsionsdruck $a = 3{,}656 \cdot 10^5$ N m⁴/kmol² und das Kovolumen $b = 4{,}282 \cdot 10^{-2}$ m³/kmol.

(b) Zeichnen Sie in Scilab die 3D-Zustandsfläche des realen Gases CO_2 für $0 \le p \le 8$ MPa, $250 \le T \le 400$ K und $0 \le V_m \le 25$ m³/kmol.

▶ Aufgabe 12.21:

Die Berechnung des Sättigungsdampfdruckes von Wasser p_S erfolgt in Abhängigkeit der thermodynamischen Sättigungstemperatur T_S im Gültigkeitsbereich $273{,}15\ \mathrm{K} \leq T_S \leq 647{,}096\ \mathrm{K}$ gemäß IAPWS-IF97 [113] mit den Bezugswerten $T^* = 1\ \mathrm{K}$ und $p^* = 1\ \mathrm{MPa}$ folgendermaßen:

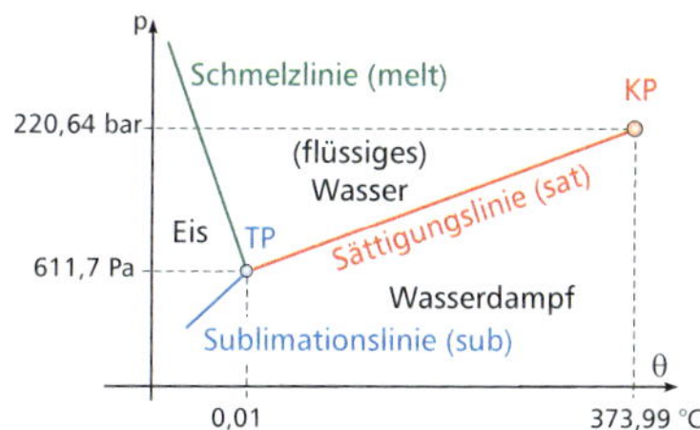

Bild 12.10: *Druck-Temperatur-Diagramm von Wasser.*

$$\vartheta = \frac{T_S}{T^*} + \frac{n_9}{\dfrac{T_S}{T^*} - n_{10}} \tag{12.24}$$

$$\frac{p_S}{p^*} = \left[\frac{2C}{-B + (B^2 - 4AC)^{1/2}}\right]^4 \tag{12.25}$$

$$A = \vartheta^2 + n_1 \cdot \vartheta + n_2 \tag{12.26}$$

$$B = n_3 \cdot \vartheta^2 + n_4 \cdot \vartheta + n_5 \tag{12.27}$$

$$C = n_6 \cdot \vartheta^2 + n_7 \cdot \vartheta + n_8 \tag{12.28}$$

Die Koeffizienten n_i

```
n = [ 0.11670521452767E4; -0.72421316703206E6;
     -0.17073846940092E2;  0.12020824702470E5;
     -0.32325550322333E7;  0.14915108613530E2;
     -0.48232657361591E4;  0.40511340542057E6;
     -0.23855557567849E0;  0.65017534844798E3 ];
```

sind ebenso wie die Konstanten

```
TStern = 1; // in K
pStern = 1E6; // in Pa
```

bereits einsatzbereit in einem übergeordneten Programmteil definiert.

(a) Erstellen Sie die kommentierte Scilab-Funktion `p_sat(TC)`, die den Sättigungsdampfdruck von Wasser in Pa als Funktion der Celsius-Temperatur `TC` berechnet. Liegt T nicht im angegebenen Gültigkeitsbereich, soll die Bildschirmmeldung `Die eingegebene Temperatur liegt außerhalb des Gültigkeitsbereiches!` ausgegeben und „not a number" als Funktionswert zurückgegeben werden.

(b) Notieren Sie einen Scilab-Code, der die Sättigungsdampfdrücke p_s (in MPa) bei den Temperaturen $T = 300$ K, $T = 500$ K und $T = 600$ K mithilfe der Funktion aus Teilaufgabe (a) berechnet.

▶ Aufgabe 12.22:

In der Konsole von Scilab hat Nena Neugierig die folgenden Eingaben getätigt:

```
x=100
 x =
   100.
cosh(x)^2 - sinh(x)^2
 ans =
   -5.521D+70
```

Warum wird der hyperbolische Pythagoras nicht erfüllt?

☞ Hyperbolischer Pythagoras:

$$\cosh^2 x - \sinh^2 x = 1 \tag{12.29}$$

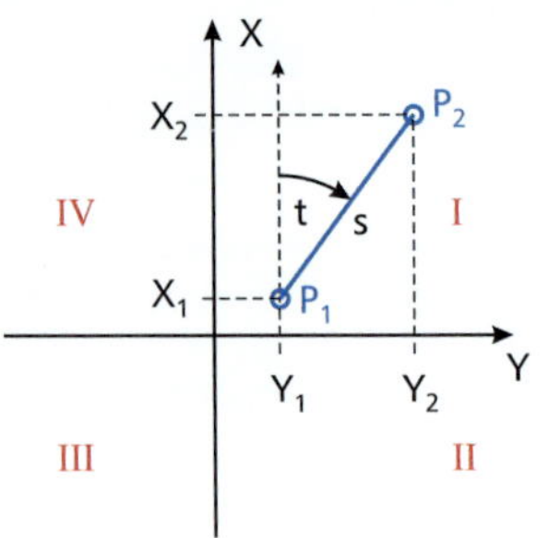

Bild 12.11: *Richtungswinkel in der Vermessung.*

Tabelle 12.1: *Richtungswinkel in Abhängigkeit des Quadranten.*

Quadrant	Richtungswinkel t	ΔY	ΔX
I	0...100 gon	+	+
II	100...200 gon	+	−
III	200...300 gon	−	−
IV	300...400 gon	−	+

► Aufgabe 12.23:

Abweichend vom mathematisch positiven Drehsinn werden in der Vermessung Winkel im geodätischen System in Übereinstimmung mit der Teilung der Winkelmeßinstrumente im Uhrzeigersinn positiv gezählt. Dies entspricht einer Vertauschung der Achsen, die daher mit Großbuchstaben notiert werden (s. z. B. [38], S. 1.41). Auch die Quadranten besitzen andere Bezeichnungen (Bild 12.11).

Zwei über ihre kartesischen Koordinaten erfasste Punkte $P_1(Y_1;X_1)$ und $P_2(Y_2;X_2)$ lassen sich auch über ihren Richtungswinkel t und ihre Entfernung s (Strecke) beschreiben. Für die Entfernung gilt:

$$s = \sqrt{(Y_2 - Y_1)^2 + (X_2 - X_1)^2} \tag{12.30}$$

(a) Erstellen Sie einen Scilab-Code, der aus den Punktkoordinaten Y_1, X_1, Y_2 und X_2 in den Zeilen 1–4 der im Arbeitsverzeichnis vorhandenen Datei `Koordinaten.dat` die Entfernung `s` und den Richtungswinkel `t` berechnet und diese als Zeilen 1 und 2 in die Datei `Richtungswinkel.dat` schreibt.

(b) Testen Sie Ihren Code für die Punkte $P_1(31151{,}81;8359{,}65)$ und $P_2(30792{,}27;7833{,}09)$ aus [38], S. 1.41.

► Aufgabe 12.24:

Geben Sie die 9 Fehler an, die der folgende Scilab-Code von Erkan S. Noned enthält und verbessern Sie sie entsprechend!

```
format(13); z=100;
y=fix[13,6689];
for (Z>2%eps)
  z=acosh(y**2+2**2);
  k=pmodulo(5,2)-floor(z*.5);
  YY=sinh(ŷ2+ẑ2);
  x=x-abs(y);
  kenn='42"
  kenn=kenn+string(1);
end for;
if (z<0) & (y<0)
  Positief=Isnum(kenn)
end;
```

► Aufgabe 12.25:

Erstellen Sie mittels eines programmnahen Struktogramms die Scilab-Funktion `[W,H,T]=function SchraegerWurf(alpha,v0,t)`, die für den Abwurfwinkel `alpha` und die Abwurfgeschwindigkeit `v0` die Wurfweite $W = \frac{v_0^2 \cdot \sin 2\alpha}{g}$, die Wurfhöhe $H = \frac{v_0^2 \cdot \sin^2 \alpha}{2g}$ und die Wurfzeit $T = \frac{2v_0 \cdot \sin\alpha}{g}$ berechnet und in den Variablen `W`, `H` und `T` retourniert.

▶ Aufgabe 12.26:

Isidor Ideenreich hat sich den nebenstehenden Algorithmus zur Berechnung von Quadratwurzeln $\sqrt{a}, (a > 0)$ ausgedacht. Der vom wahren Wert $\sqrt{a}$ abweichende Startwert x_0 wird er durch den Korrekturwert δ_0 verbessert:

$$\sqrt{a} = x_0 + \delta_0 \,\Big|^2 \;\Rightarrow\; a = x_0^2 + 2\,\delta_0 \cdot x_0 + \delta_0^2 \;\Rightarrow\; \delta_0 = \frac{a - x_0^2 - \delta_0^2}{2\,x_0} \tag{12.31}$$

Da der Korrekturwert δ_0 klein ist, kann δ_0^2 vernachlässigt werden:

$$\delta_0 \approx \frac{a - x_0^2}{2\,x_0} \tag{12.32}$$

Damit folgt als verbesserter Näherungswert:

$$x_1 = x_0 + \delta_0 \tag{12.33}$$

Im nächsten Schritt erhält man:

$$\delta_1 \approx \frac{a - x_1^2}{2\,x_1} \qquad \text{und} \qquad x_2 = x_1 + \delta_1 \tag{12.34}$$

(a) Erstellen Sie zu dem dargestellten Algorithmus ein Struktogramm der Funktion `IsisRoot(a, x0, tol)`, die die Quadratwurzel von `a` ausgehend vom Startwert `x0` mit der Genauigkeit `tol` berechnet.

(b) Entwickeln Sie die kommentierte Scilab-Function `IsisRoot(a, x0, tol)`, die das Ergebnis in der Variablen `root` zurückgibt.

▶ Aufgabe 12.27:

Bei der Kleinpunktberechnung (s. z. B. [38], S. 1.42) sind die Koordinaten eines auf bzw. neben einer Messungslinie AE (Anfangspunkt $A(Y_A; X_A)$; Endpunkt $E(Y_E; X_E)$ gelegenen Neupunkts N bzw. S zu ermitteln. Dazu werden die Strecken s_{AE} und s_{AN} bzw. die Höhe h_S gemessen. Aus den Koordinaten von Anfangs- und Endpunkt folgen zunächst die Ordinatenkonstante o und die Abszissenkonstante a:

$$o = \frac{Y_E - Y_A}{s_{AE}}; \qquad a = \frac{X_E - X_A}{s_{AE}} \tag{12.35}$$

Für Punkte $N(Y_N; X_N)$ auf der Messungslinie AE gilt:

$$Y_N = Y_A + o \cdot s_{AN}; \qquad X_N = X_A + a \cdot s_{AN} \tag{12.36}$$

Für seitwärts der Messungslinie AE gelegene Punkte $S(Y_S; X_S)$ (für Punkte S links neben der Messungslinie AE ist h_S mit negativem Vorzeichen einzusetzen) gilt mit dem Lotfußpunkt $N(Y_N; X_N)$ auf AE:

$$Y_S = Y_A + o \cdot s_{AN} + a \cdot h_S = Y_N + a \cdot h_S \tag{12.37}$$

$$X_S = X_A + a \cdot s_{AN} - o \cdot h_S = X_N - o \cdot h_S \tag{12.38}$$

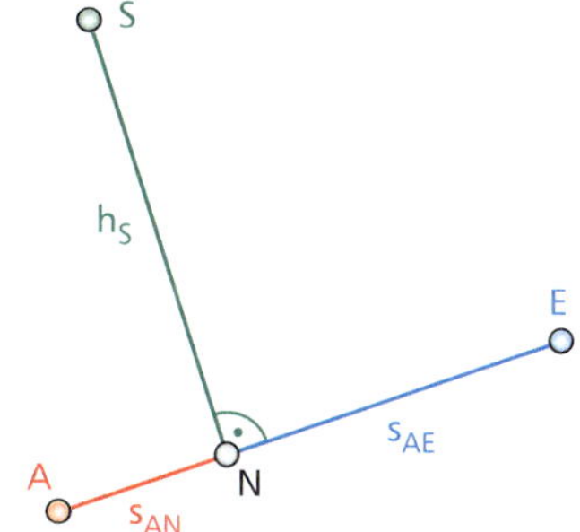

Bild 12.12: *Punkte und Strecken bei der Kleinpunktberechnung.*

Erstellen Sie zur Berechnung der Koordinaten von N bzw. S die Scilab-Routine `Kleinpunktberechnung()` mit den Prozeduren `DatenEinlesen(A, E, sAN, hS)` und `DatenAusgeben(N, S)`. Die Punkte sind als Felder `A(0)=`Y_A, `A(1)=`X_A zu speichern. Testen Sie Ihren Code an einem geeigneten Datensatz (z. B. [38], S. 1.42).

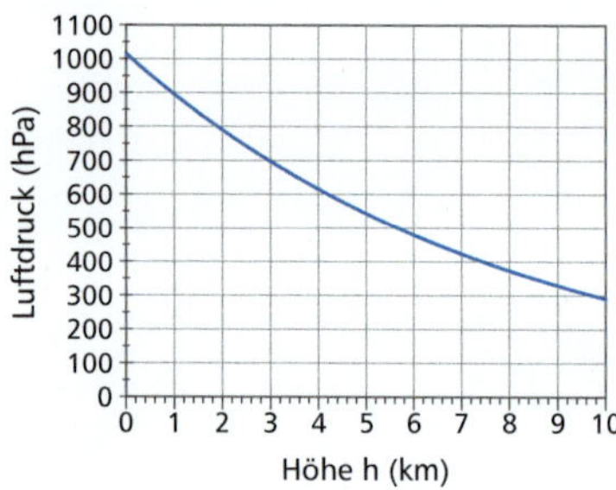

Bild 12.13: *Verlauf des Luftdrucks über der Höhe.*

▶ Aufgabe 12.28:

Die barometrische Höhenformel (12.39) geht von einer isothermen Atmosphäre ($T = T_0 = 273{,}15$ K; $p_0 = 1013{,}25$ hPa; $g = 9{,}80665$ m/s²) aus:

$$p(h) = p_0 \cdot \exp\left(-\frac{g \cdot h}{R \cdot T_0}\right) \tag{12.39}$$

Demgegenüber berücksichtigt die ICAO[75]-Standardatmosphäre [114] eine höhenabhängige Temperatur:

$$T(h) = T_0 + \beta \cdot h \tag{12.40}$$

Mit der Temperatur $T_{00} = 288{,}15$ K in Meereshöhe, der spezifischen Gaskonstante der Luft $R = 287{,}05287$ J/(kg K) und dem vertikalen Temperaturgradienten $\beta = -6{,}5$ K/km folgt für den Luftdruck $p(h)$ somit:

$$p(h) = p_0 \cdot \left(1 + \frac{\beta \cdot h}{T_{00}}\right)^{-\frac{g}{\beta \cdot R}} \tag{12.41}$$

Luft kann dabei als ideales Gas mit $\varrho = p \cdot R \cdot T$ betrachtet werden.

(a) Erstellen Sie die Scilab-Routinen `baromet()` und `ICAO()`, die den Luftdruck $p(h)$ und die Luftdichte $\varrho(h)$ in Stufen von $\Delta h = 50$ m bis zur Tropopause ($H = 11$ km) nach den Gln. (12.39) und (12.41) berechnen und h, p und ϱ in die Dateien `BarHoeFor.dat` bzw. `ICAO.dat` schreiben.

(b) Erstellen Sie unter Einlesen der Daten aus (a) jeweils ein Diagramm, das die Drücke bzw. die Dichten über der Höhe vergleicht.

▶ Aufgabe 12.29:

Nach C. F. Gauß [118] berechnet sich der Wochentag w des 1. Januars eines beliebigen Jahres A zu:

$$w = \left(1 + 5\left[A^* \bmod 4\right] + 4\left[A^* \bmod 100\right] + 6\left[A^* \bmod 400\right]\right) \bmod 7 \tag{12.42}$$

mit $A^* = A - 1$

Dabei wird Sonntag als $w = 0$ und Samstag als $w = 6$ gezählt. Der Modulo-Operator mod bezeichnet die Division mit Rest:

$$n \bmod m := n - \left\lfloor \frac{n}{m} \right\rfloor \cdot m \tag{12.43}$$

$\lfloor \ldots \rfloor$ ist die Gauß-Klammer gemäß Gl. (12.45).

(a) Erstellen Sie eine kommentierte Scilab-Funktion `GaussWochenTag(A)`, die den Wochentag des 1. Januars im Jahr `A` berechnet.

(b) Testen Sie die Funktion für die Jahre 2000 und 2020.

▶ Aufgabe 12.30:

Ermitteln Sie die Schnittpunkte $S_i(x_{S,i}; y_{S,i})$ des Kreises $k:\ x^2 + y^2 - 4 = 0$ mit der Geraden $g:\ x - 2y = 2$ mit mehrdimensionalem Newton-Verfahren unter Wahl geeigneter Startwerte.

[75] International Civil Aviation Organization

► Aufgabe 12.31:

Der Mathematiker und Theologe Christian Zeller veröffentlichte als Rektor in Markgröningen 1882 [115]–[117] einen Algorithmus, der es gestattet, den Wochentag aus dem Datum zu berechnen:

> »*J sei die Jahrhundertezahl, k der übrige Theil der Jahreszahl, e der Rest welcher bleibt, wenn J mit 4 dividirt wird, m die Zahl des Monats, q der Monatstag. Bruch- oder Divisionsausdrücke wie $\frac{k}{4}$ etc. sollen hier nicht gebrochene Zahlen bedeuten, sondern diejenige ganze Zahl, welche man bei Ausführung der angezeigten Division als Quotienten erhält.*
>
> ...
>
> *Regel: Man bilde die Summe*
>
> *a. für den neuen Kalender*[76]*:*
>
> $q+\frac{(m+1)26}{10}+k+\frac{k}{4}-2e \quad (od. +5e)$
>
> ...
>
> *dividire mit 7, der Rest gibt die gesuchte Wochentagszahl.*
>
> *Januar und Februar sind als 13. und 14. Monat des vorhergehenden Jahres anzusehen und in Rechnung zu nehmen.*« [115]

In der Veröffentlichung von 1886 [117] wurde $-2e$ durch $+\frac{J}{4}-2J$ ersetzt:

$$q+\frac{(m+1)26}{10}+k+\frac{k}{4}+\frac{J}{4}-2J \tag{12.44}$$

Die von Zeller angesprochene Verwendung ganzer Zahlen anstatt der Bruch- und Divisionsausdrücke lässt sich mithilfe der Abrundungsfunktion (Gauß-Klammer) [3] elegant fassen:

$$\lfloor x \rfloor = \max(k \in \mathbb{Z} \mid k \leq x) \tag{12.45}$$

Für die mit w bezeichnete Wochentagszahl folgt also:

$$w = q+\left\lfloor\frac{(m+1)26}{10}\right\rfloor+k+\left\lfloor\frac{k}{4}\right\rfloor+\left\lfloor\frac{J}{4}\right\rfloor-2J \tag{12.46}$$

In der von Zeller verwendeten Zählweise stellt Sonntag den ersten Tag der Woche ($w=1$) und Freitag den sechsten Tag der Woche ($w=6$) dar, während Samstag $w=0$ entspricht.

(a) Erstellen Sie die kommentierte Scilab-Funktion `Zeller(q,m,J,k)`, die den `Wochentag` als Kurzstring `So, Mo,. . . , Sa` gemäß obiger Notation berechnet.

(b) Testen Sie den Code mit dem Milleniumstag 01.01.2000, dem Tag des Mauerfalls 09.11.1989, dem Tag des Wunders von Bern 04.07.1954 und dem Tag der Verkündigung des Grundgesetzes 23.05.1949.

(c) Modifizieren Sie den Code nun dahingehend, dass der Funktion `DayOfWeek(d,m,y)` nur der Tag `d`, der Monat `m` und die 4stellige Jahreszahl `y` übergeben werden muss.

Bild 12.14: *Sondermarke der Deutschen Bundespost: 400 Jahre Gregorianischer Kalender.*

[76] Gemeint ist der ab 15.10.1582 gültige Gregorianische Kalender.

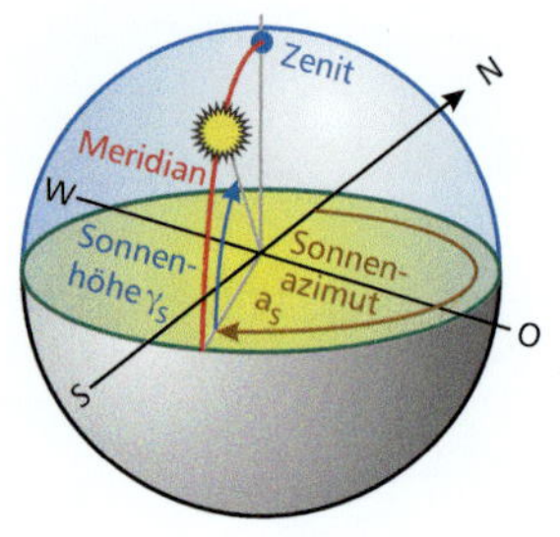

Bild 12.15: *Festlegung der Sonnenposition über Sonnenhöhe γ_S und Sonnenazimut a_S.*

Tabelle 12.2: *Monatsabhängiger Offset $o(m)$ für normale Jahre und Schaltjahre (in Klammer).*

Monat m	1	2	3	4
Tage d	31	28 (29)	31	30
Offset $o(m)$	0	31	59 (60)	90 (91)
Monat m	5	6	7	8
Tage d	31	30	31	31
Offset $o(m)$	120 (121)	151 (152)	181 (182)	212 (213)
Monat m	9	10	11	12
Tage d	30	31	30	31
Offset $o(m)$	243 (244)	273 (274)	304 (305)	334 (335)

▶ Aufgabe 12.32:

Die Position der Sonne lässt sich nach VDI 6007-3 [119] in Abhängigkeit von Tages- und Jahreszeit durch den Höhenwinkel γ_S über dem Horizont und den Azimutwinkel a_S (N = 0°, O = 90°, S = 180°, W = 270°) beschreiben (Bild 12.15). Der Tag des Jahres J folgt aus dem Tag des Monats m und dem monatsabhängigen Offset $o(m)$ aus Tab. 12.2:

$$J = m + o(m) \tag{12.47}$$

Für den Jahreswinkel J' gilt:

$$J' = 360° \cdot \frac{J}{365} \quad \text{(normales Jahr)}$$
$$J' = 360° \cdot \frac{J}{366} \quad \text{(Schaltjahr)} \tag{12.48}$$

Die Zeitgleichung Zgl beträgt in min:

$$Zgl(J') = 0{,}0066 + 7{,}3525 \cdot \cos\left(J' + 85{,}9°\right) + 9{,}9359 \cdot \cos\left(2\,J' + 108{,}9°\right) + 0{,}3387 \cdot \cos\left(3\,J' + 105{,}2°\right) \tag{12.49}$$

Die Deklination δ (in °) beschreibt den Winkel zwischen Himmelsäquator und Sonnenmittelpunkt:

$$\delta(J') = 0{,}3948° - 23{,}2559° \cdot \cos\left(J' + 9{,}1°\right) - 0{,}3915° \cdot \cos\left(2\,J' + 5{,}4°\right) - 0{,}1764° \cdot \cos\left(3\,J' + 26{,}0°\right) \tag{12.50}$$

Die wahre Ortszeit WOZ (in h bzw. Uhr) folgt mit der mitteleuropäischen Zeit MEZ bzw. der mitteleuropäischen Sommerzeit $MESZ$ aus:

$$WOZ = MEZ - \left(15° - \lambda\right) \cdot \frac{24\text{ h}}{360°} + Zgl = MESZ - 1\text{ h} - \left(15° - \lambda\right) \cdot \frac{24\text{ h}}{360°} + Zgl \tag{12.51}$$

Der Stundenwinkel ω (in h bzw. Uhr) beträgt:

$$\omega = (12\text{ h} - WOZ) \cdot \frac{360°}{24\text{ h}} = (12\text{ h} - WOZ) \cdot 15°/\text{h} \tag{12.52}$$

Für die Sonnenhöhe γ_S gilt:

$$\sin\gamma_S = \cos\omega \cdot \cos\delta \cdot \cos\varphi + \sin\varphi \cdot \sin\delta \tag{12.53}$$

Der Azimutwinkel α_S der Sonne folgt aus:

$$\alpha_S = 180° \pm \arccos\left(\frac{\sin\gamma_S \cdot \sin\varphi - \sin\delta}{\cos\gamma_S \cdot \cos\varphi}\right) \tag{12.54}$$

(„−“ : $WOZ \le 12$ h; „+“ : $WOZ > 12$ h)

(a) Erstellen Sie den kommentierten Code der Scilab-Routine `SunPos (MEZ, day, month, leapyear)`, die den Sonnenstand in den Variablen `gamma_S` und `alpha_S` zurückgibt. Die Bool'sche Variable `leapyear` gibt an, ob es sich um ein Schaltjahr handelt.

(b) Erstellen Sie eine modifizierte Routine `SunPos2(MEZ, date)`, der nur das Datum `date` im Format `dd.mm.yyyy` als Zeichenkette übergeben wird. Die Prüfung, ob das Jahr `yyyy` ein Schaltjahr ist, soll dabei mit der Scilab-Function aus Aufgabe 3.23 erfolgen.

► Aufgabe 12.33:

Im vereinfachten Eindiodenmodell [120] gilt für den als Stromdichte $i = \frac{I}{A_c}$ auf die Zellfläche A_c normierten Strom I von Solarzellen mit der auf die Anzahl N_s der seriellen Zellen bezogenen Spannung $u = \frac{U}{N_s}$ und der Temperaturspannung $U_T = \frac{k \cdot T}{e}$ die implizite Beziehung:

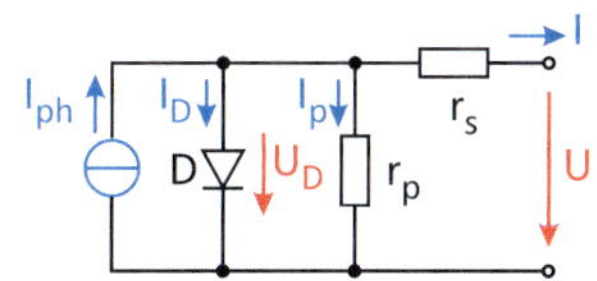

Bild 12.16: *Vereinfachtes Eindiodenmodell einer Solarzelle.*

$$i = i_{ph} - \frac{u + i \cdot r_s}{r_p} - i_s \cdot \left[\exp\left(\frac{u + i \cdot r_s}{n_s \cdot U_T} \right) - 1 \right] \quad (12.55)$$

Die Dichte des Fotostroms $i_{ph} = (c_{ph} + c_t \cdot T) \cdot G$ hängt von der spezifischen solaren Einstrahlung G und der absoluten Temperatur T ab.

Bei Vernachlässigung des Serienwiderstandes r_s ist die Fotostromdichte $i_{ph,STC}$ bei Standardtestbedingungen näherungsweise gleich der Dichte des Kurzschlussstroms $I_{sc,STC}$. N_p ist die Anzahl der in der Fläche A_c parallel liegenden Solarzellen.

Gemäß [121] gilt:

- Elementarladung $e = 1{,}6021766208 \cdot 10^{-19}$ C
- Boltzmann-Konstante $k = 1{,}38064852 \cdot 10^{-23}$ J/K

$$i_{ph} \approx \frac{I_{sc,STC}}{N_p \cdot A_c} = (c_{ph} + c_t \cdot T) \cdot G_{STC} \quad (12.56)$$

Die Sättigungsstromdichte der Shockley-Diode i_s folgt aus:

$$i_s = c_s \cdot T^3 \cdot \exp\left(-\frac{E_g}{U_T \cdot e} \right) \quad (12.57)$$

Der Temperaturkoeffizient c_t beträgt mit dem Temperaturkoeffizienten α_I des Stroms:

$$c_t = \frac{\alpha_I}{N_p \cdot A_c \cdot G_{STC}} \quad (12.58)$$

Für den Einstrahlungskoeffizienten des Fotostroms c_{ph} gilt:

$$c_{ph} = \frac{I_{sc,STC} - \alpha_I \cdot T_{STC}}{N_p \cdot A_c \cdot G_{STC}} \quad (12.59)$$

Den Kurzschlussstrom $I_{sc,STC}$ unter Standardtestbedingungen (Temperatur $T_{STC} = 298{,}15$ K; solare Einstrahlung $G_{STC} = 1000$ W/m^2) kann üblicherweise dem Datenblatt der Solarzelle entnommen werden.

Mit dem Temperaturkoeffizienten α_U der Spannung und der bezogenen Leerlaufspannung $u_{oc,STC} = \frac{U_{oc,STC}}{N_s}$ unter Standardtestbedingungen folgt der Shockley-Diodenfaktor n_s aus:

$$n_s = \frac{\frac{\alpha_U \cdot T}{N_s} - u_{oc,STC}}{U_T \cdot \left(\frac{T \cdot c_t \cdot G}{i_{ph}} - 3 - \frac{E_g(T)}{U_T \cdot e} \right)} \quad (12.60)$$

Für die Temperaturabhängigkeit der Energie der Bandlücke $E_g(T)$ gilt nach Varshni [122]:

$$E_g(T) = E_{g0} - \frac{\alpha \cdot T^2}{\beta + T} \quad (12.61)$$

Nach [123] sind für kristallines Silizium $E_{g0} = 1{,}170$ eV, $\alpha = 4{,}73 \cdot 10^{-4}$ eV/K und $\beta = 636$ K anzusetzen, wobei für $1\ \text{eV} = 1{,}6021766208 \cdot 10^{-19}$ J gilt [121].

Der Koeffizient des Sättigungsstroms c_s folgt aus:

$$c_s = \frac{\frac{i_{ph}}{N_p} - \frac{u_{oc,STC}}{r_p}}{T^3 \cdot \exp\left(-\frac{E_g}{U_T \cdot e}\right) \cdot \left[\exp\left(-\frac{u_{oc,STC}}{n_s \cdot U_T}\right) - 1\right]} \tag{12.62}$$

Der noch unbekannte Parallelwiderstand r_p wird zur Iteration von c_s mit $r_{p0} = 0{,}1\ \Omega/\mathrm{m}^2$ angenommen.

Mit der Stromdichte i_{mpp} und der Spannung u_{mpp} am MPP-Punkt (Maximum-Power-Point, Maximum der Leistungskurve) gilt für den Serienwiderstand r_s:

$$r_s = \frac{n_s \cdot U_T}{i_{mpp}} \cdot \ln\left[1 + \frac{n_s \cdot U_T}{i_s \cdot u_{mpp}} \cdot \left(i_{mpp} - \frac{u_{mpp}}{r_p}\right)\right] - \frac{u_{mpp}}{i_{mpp}} \tag{12.63}$$

Die MPP-Spannung u_{mpp} pro Zelle folgt dabei durch Bezug auf die serielle Zellenzahl N_s:

$$u_{mpp} = \frac{U_{mpp}}{N_s} \tag{12.64}$$

Der Parallelwiderstand r_p beträgt:

$$r_p = \frac{u_{mpp} + i_{mpp} \cdot r_s}{\frac{i_{ph}}{N_p} - i_s \cdot \left[\exp\left(\frac{(u_{mpp} + i_{mpp} \cdot r_s)}{n_s \cdot U_T}\right) - 1\right] - i_{mpp}} \tag{12.65}$$

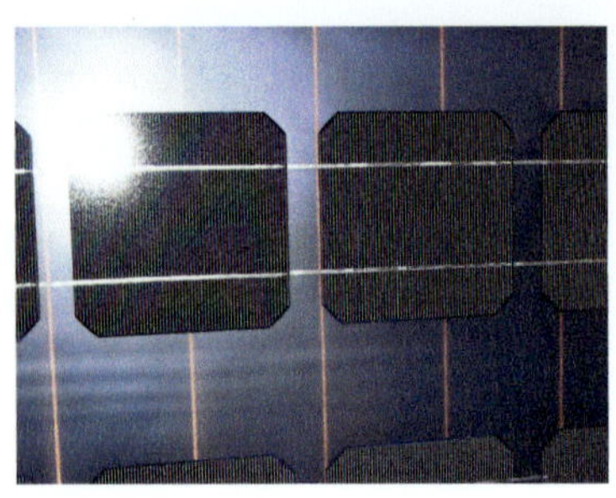

Bild 12.17: *Solarzellen in einem Solarmodul.*

Tabelle 12.3: *Kennwerte für das Modul BP 485[120].*

MPP-Strom I_{mpp}	4,9 A
MPP-Spannung U_{mpp}	17,4 V
Kurzschlussstrom I_{sc}	5,48 A
Leerlaufspannung U_{oc}	22,0 V
Temperaturkoeffizient des Stroms α_I	$3{,}51 \cdot 10^{-3}$ A/K
Temperaturkoeffizient der Spannung α_U	$-80 \cdot 10^{-3}$ V/K
Zellfläche A_c	$0{,}015625\ \mathrm{m}^2$
Zahl der Zellen in Reihe N_s	36
Zahl der parallelen Zellen N_p	1

(a) Erstellen Sie einen kommentierten Scilab-Code zur Berechnung der Parameter c_t, c_{ph}, n_s, c_s und der Widerstände r_p und r_s für das Modul BP 485 bei Standardtestbedingungen unter Bestimmung des Parallelwiderstands r_p mit der Genauigkeit $\epsilon = 10^{-9}\ \Omega/\mathrm{m}^2$.

(b) Erstellen Sie für $G = 200, 400, 600, 800$ und $1\,000$ W/m² ein Diagramm der Strom-Spannungs-Kennlinien des Moduls BP 485.

(c) Erstellen Sie für $G = 200, 400, 600, 800$ und $1\,000$ W/m² ein Diagramm der Strom-Leistungs-Kennlinien des Moduls BP 485.

▶ Aufgabe 12.34:

Für die Umrechnung der Celsius-Temperatur ϑ (°C) in die absolute (thermodynamische) Temperatur T (K), die empirische Temperatur ϑ_F auf der Fahrenheit-Skala (°F) und die Temperatur auf ϑ_R der Réaumur-Skala (°Ré) gelten die Beziehungen:

$$T = \left(\frac{\vartheta}{°\mathrm{C}} + 273{,}15\right) \cdot \mathrm{K} \tag{12.66}$$

$$\vartheta_F = \left(\frac{9}{5} \cdot \frac{\vartheta}{°\mathrm{C}} + 32\right) \cdot °\mathrm{F} \tag{12.67}$$

$$\vartheta_R = \frac{4}{5} \cdot \frac{\vartheta}{°\mathrm{C}} \cdot °\mathrm{Ré} \tag{12.68}$$

Erstellen Sie den kommentierten Code einer Scilab-Funktion `ConvTemp(theta_C)`, der die Celsius-Temperatur `theta_C` in die Kelvin-Temperatur `T`, die Fahrenheit-Temperatur `theta_F` und die Réaumur-Temperatur `theta_R` umrechnet und als Vektor `Temp` zurückgibt.

► Aufgabe 12.35:

Nach Sharp und Ginther [124] gilt für die mittlere spezifische Wärmekapazität c_m (in cal/g K) von Glas im Bereich $0\ °C \le \vartheta \le 1300\ °C$ die Zahlenwertgleichung:

$1\ \text{cal/g K} = 4186{,}8\ \text{kJ/kg K}$

$$c_m = \frac{a \cdot \vartheta + b}{1 + 0{,}00146 \cdot \vartheta} \qquad (12.69)$$

In Abhängigkeit der Zusammensetzung p_j der jeweiligen Oxidkomponente j betragen die Parameter a und b:

$$a = \sum_j p_j \cdot a_j \qquad \text{und} \qquad b = \sum_j p_j \cdot b_j \qquad (12.70)$$

Erstellen Sie einen kommentierten Scilab-Code `SpecificHeat(p, theta)`, der die mittlere Wärmekapazität `cm` (in kJ/kg K) für die Glaszusammensetzung `p` und die Temperatur `theta` berechnet, und testen Sie ihn für $\vartheta = 20\ °C$ für Natron-Kalk-Glas (Normalglas; $p_1 = 0{,}755$; $p_3 = 0{,}116$; $p_6 = 0{,}129$) und Borosilikatglas (Pyrex; $p_1 = 0{,}801$; $p_2 = 0{,}0222$; $p_5 = 0{,}0015$; $p_6 = 0{,}0417$; $p_7 = 0{,}126$).

Tabelle 12.4: *Koeffizienten a_j und b_j von Gl. (12.70).*

j	Oxid	a_j	b_j
1	SiO_2	0,000468	0,1657
2	Al_2O_3	0,000453	0,1765
3	CaO	0,000410	0,1709
4	MgO	0,000514	0,2142
5	K_2O	0,000335	0,2019
6	Na_2O	0,000829	0,2229
7	B_2O_3	0,000635	0,1980
8	SO_3	0,000830	0,1890
9	PbO	0,000013	0,0490

► Aufgabe 12.36:

(a) Erstellen Sie ein Nassi-Shneiderman-Diagramm für die Regula falsi zur Berechnung der Nullstelle der Funktion $y = f(x)$.

(b) Setzen Sie das Diagramm in einen geeigneten Scilab-Code um und testen Sie diesen an einem entsprechenden Beispiel.

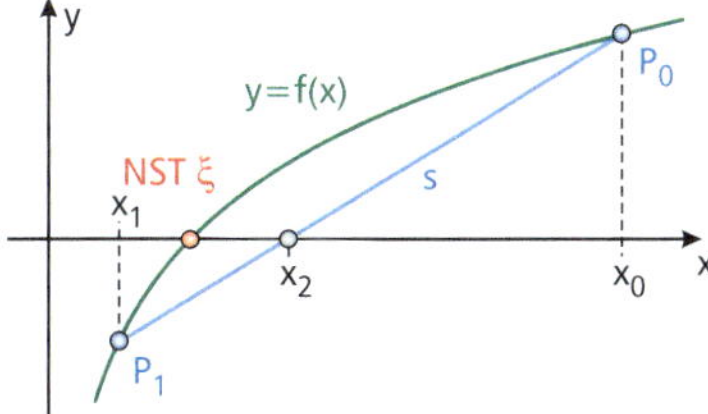

Bild 12.18: *Prinzip der Regula falsi.*

► Aufgabe 12.37:

Die Verkehrslärmschutzverordnung [68] erfasst zur Berechnung des Beurteilungspegels L_r von Straßenverkehrslärm von der Bezugsgeschwindigkeit $v_0 = 100$ km/h abweichende, höchstzulässige Fahrgeschwindigkeiten v_{LKW} und v_{PKW} (in km/h) in Abhängigkeit vom maßgeblichen Lkw-Anteil p (in %) durch den Korrekturterm D_V (in dB(A)):

$$D_V = L_{PKW} - 37{,}3 + 10\lg\left[\frac{100 + \left(10^{0,1 \cdot D} - 1\right) \cdot p}{100 + 8{,}23 \cdot p}\right] \qquad (12.71)$$

$$L_{PKW} = 27{,}7 + 10\lg\left[1 + \left(0{,}02 \cdot v_{PKW} \cdot \frac{\text{h}}{\text{km}}\right)^3\right] \qquad (12.72)$$

$$L_{LKW} = 23{,}1 + 12{,}5 \cdot \lg\left(v_{LKW} \cdot \frac{\text{h}}{\text{km}}\right) \qquad (12.73)$$

$$D = L_{LKW} - L_{PKW} \qquad (12.74)$$

Dabei gilt $30\ \text{km/h} \le v_{PKW} \le 130\ \text{km/h}$ und $30\ \text{km/h} \le v_{LKW} \le 80\ \text{km/h}$.

Notieren Sie zur grafischen Erstellung des Verlaufs der Geschwindigkeitskorrektur D_V im Bereich $30 \ldots 130$ km/h in Stufungen von 10 km/h über dem Lkw-Anteil p ($0\% \le p \le 100\%$) einen kommentierten Scilab-Code.

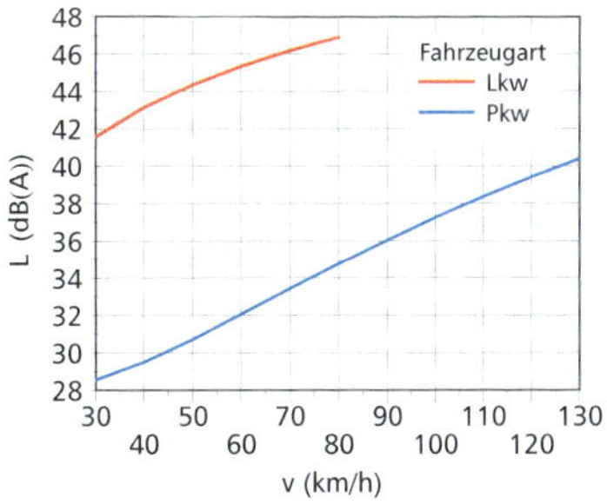

Bild 12.19: *Schallpegel von Personen- und Lastkraftwagen in Abhängigkeit der Fahrgeschwindigkeit.*

Tabelle 12.5: *Bezugswerte $R_{\text{Bezug,i}}$ im Luftschallschutz für Terzbänder [125].*

f (Hz)	$R_{\text{Bezug,i}}$ (dB)	f (Hz)	$R_{\text{Bezug,i}}$ (dB)
100	33	630	53
125	36	800	54
160	39	1000	55
200	42	1250	56
250	45	1600	56
315	48	2000	56
400	51	2500	56
500	52	3150	56

Tabelle 12.6: *Schallpegelspektren $L_{\text{i,j}}$ für die Spektrum-Anpassungswerte C und C_{Tor} für Terzbänder [125].*

	Schallpegel $L_{\text{i,j}}$ (dB)	
f (Hz)	für C (j = 1)	für C_{Tor} (j = 2)
100	−29	−20
125	−26	−20
160	−23	−18
200	−21	−16
250	−19	−15
315	−17	−14
400	−15	−13
500	−13	−12
630	−12	−11
800	−11	−9
1000	−10	−8
1250	−9	−9
1600	−9	−10
2000	−9	−11
2500	−9	−13
3150	−9	−15

► Aufgabe 12.38:

Das bewertete Schalldämmmaß R_{w} eines Bauteils kennzeichnet nach DIN EN ISO 717-1 [125] als Einzahlangabe die Luftschalldämmung im bauakustisch relevanten Frequenzbereich. Es wird aus den frequenzabhängigen Schalldämmmaßen R (16 Werte von 100 Hz bis 3150 Hz) ermittelt, indem eine frequenzabhängige Bezugskurve R_{Bezug} um ganze dB nach oben (günstig) oder nach unten (ungünstig) verschoben wird, bis die mittlere Unterschreitung der Bezugskurve durch die Messkurve $\overline{\delta R}$ so groß wie möglich, aber nicht größer als 2 dB ist.

$$\overline{\delta R} = \frac{1}{16} \cdot \sum_{i=1}^{16} \delta R_{\text{i}} = \frac{1}{16} \cdot \sum_{i=1}^{16} \max\left(R_{\text{Bezug,i}} - R_{\text{i}}, 0\right) \leq 2\ \text{dB} \tag{12.75}$$

Die Funktion $\max\left(R_{\text{Bezug,i}} - R_{\text{i}}, 0\right)$ berücksichtigt nur die Bereiche, in denen die Bezugswerte $R_{\text{Bezug,i}}$ über den Messwerten R_{i} liegen. Das bewertete Schalldämmmaß ist der Wert der verschobenen Bezugskurve bei 500 Hz.

Von der Bezugskurve abweichende Geräuschspektren werden durch die Spektrum-Anpassungsfaktoren C (j = 1) für hoch- bis mittelfrequente Geräusche (z. B. Wohnen) und C_{Tor} (j = 2) für mittel- bis tieffrequente Geräusche (z. B. Verkehrslärm) berücksichtigt [125]:

$$C_{\text{j}} = -10 \lg \sum_{i=1}^{16} 10^{(L_{\text{i,j}} - R_{\text{i}})/10} - R_{\text{w}} \tag{12.76}$$

$L_{\text{i,j}}$ ist der Schallpegel bei der Frequenz i für das Spektrum j (j = 1,2). R_{i} kennzeichnet die einzelnen Messwerte des Schalldämmmaßes.

(a) Erstellen Sie den kommentierten Scilab-Code `Schalldaemmung(f, R)`, der das bewertete Schalldämmmaß `Rw` und die SpektrumAnpassungsfaktoren `C` und `Ctr` zu den als Vektoren `f` und `R` übergebenen Frequenzen und Schalldämmmaßen berechnet.

(b) Testen Sie den Programmcode mit den Daten:

i	1	2	3	4	5	6	7	8	9	10	11	12	13	14	15	16
$f_{\text{m,i}}$ (Hz)	100	125	160	200	250	315	400	500	630	800	1000	1250	1600	2000	2500	3150
R_{i} (dB)	32	33	34	35	36	36	35	38	44	46	47	48	53	55	54	57

(c) Erstellen Sie mittels Scilab ein Diagramm der Messwerte R_{i}, der Bezugskurve und der verschobenen Bezugskurve im halblogarithmischen Maßstab.

► Aufgabe 12.39:

Erstellen Sie mit den Gleichungen aus Tabelle 1.6 einen Scilab-Code für ein Moody-Diagramm (vgl. z. B. [38]), das die Rohrreibungszahl λ der Rohr- und Kanalströmung für $0{,}005 \leq \lambda \leq 0{,}10$ als Funktion der Reynolds-Zahl $600 \leq Re \leq 10^8$ und der relativen Rauheit k/d als Parameter in den Stufen $5 \cdot 10^{-6}$, $1 \cdot 10^{-5}$, $2 \cdot 10^{-5}$, $5 \cdot 10^{-5}$, $1 \cdot 10^{-4}$, $2 \cdot 10^{-4}$, $5 \cdot 10^{-4}$, $1 \cdot 10^{-3}$, $2 \cdot 10^{-3}$, $5 \cdot 10^{-3}$, $1 \cdot 10^{-2}$, $2 \cdot 10^{-2}$ und $5 \cdot 10^{-2}$ ausweist.

► Aufgabe 12.40:

Betrachtet werden im $\mathbb{R}^2$ die Geraden:

$$\begin{aligned} g&: y = 0{,}5\,x - 1 \\ h&: y = 25\,x - 5 \\ k&: y = 0{,}55\,x - 1{,}05 \end{aligned} \tag{12.77}$$

(a) Stellen Sie die Geraden in einem x,y-Diagramm dar und beurteilen Sie augenscheinlich die Kondition der Schnitte $g \cap h$ und $g \cap k$.

(b) Stellen Sie die zu den Schnittpunktproblemen gehörenden linearen Gleichungssysteme auf und notieren Sie diese in Matrixform $\mathbf{A} \cdot \vec{x} = \vec{b}$.

(c) Ermitteln Sie die jeweils inversen Koeffizientenmatrizen $\mathbf{A}^{-1}$.

(d) Beurteilen Sie die Kondition der Schnittpunktprobleme anhand geeigneter Konditionszahlen mittels Euklid'scher Norm.

(e) Beschreiben Sie verbal das entsprechende Schnittproblem im $\mathbb{R}^3$.

► Aufgabe 12.41:

Die quadratische Gleichung $f(x) = x^2 - 2\,x - 3 = 0$ soll mithilfe der Iterationsfunktion $F(x) = \dfrac{3}{x} + 2$ im Intervall $I = [2;4]$ durch Fixpunktiteration gelöst werden.

(a) Zeigen Sie, dass in I tatsächlich eine Nullstelle von $f(x)$ liegt und geben Sie deren exakten Wert ξ an.

(b) Schätzen Sie die Lipschitz-Konstante L geeignet ab.

(c) Führen Sie ausgehend vom Startwert $x_0 = 2$ mit einem geeigneten Scilab-Code eine Fixpunktiteration mit $n = 30$ Schritten durch und geben Sie für jeden Iterationsschritt i die Werte x_i, $F(x_\mathrm{i})$, $|x_\mathrm{i} - x_{\mathrm{i}-1}|$ sowie $|x_\mathrm{i} - \xi|$ aus.

(d) Schätzen Sie den Fehler ϵ_1 a priori ab!

(e) Schätzen Sie den Fehler ϵ_2 nach 16 Iterationen ab und vergleichen Sie ihn mit dem tatsächlichen Fehler.

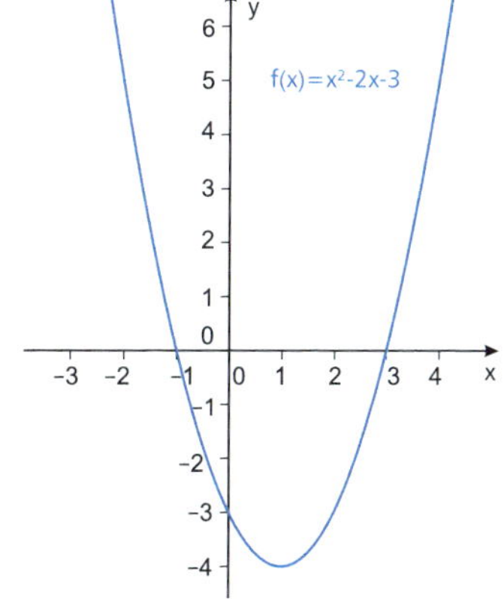

Bild 12.20: *Nach oben geöffnete Parabel* $y = x^2 - 2\,x - 3$.

► Aufgabe 12.42:

Ruth S. Quer hat sich für $x_0 = 16$ folgenden Berechnungsalgorithmus zur Berechnung von x ausgedacht:

$$x = \sqrt[5]{x_0 \sqrt[5]{x_0 \sqrt[5]{x_0 \sqrt[5]{x_0 \sqrt[5]{x_0 \sqrt[5]{x_0 \sqrt[5]{x_0 \sqrt[5]{x_0 \ldots}}}}}}}} \tag{12.78}$$

(a) Formen Sie Gl. (12.78) in eine Reihe um und ermitteln Sie den Grenzwert der zugehörigen Partialsummenfolge des Exponenten.

(b) Erstellen Sie einen Scilab-Code zur Berechnung von x und terminieren Sie die Berechnung, wenn $|x_0 - x^4| < \epsilon = 10^{-12}$.

(c) Welches Ergebnis erhalten Sie? Wie viele Schritte sind nötig?

Aufgabe 12.43:

Udo Unwissend tätigt zur Berechnung von $\sqrt{3}$ die Überlegungen:

$$x^2 = 3 \quad | : (x \neq 0) \qquad \Rightarrow \qquad x = \frac{3}{x} \tag{12.79}$$

(a) Was passiert, wenn er damit $\sqrt{3}$ ausgehend vom Startwert $x_0 = 1$ berechnet?

(b) Begründen Sie das Verhalten des Algorithmus und schlagen Sie eine Abhilfe vor!

Aufgabe 12.44:

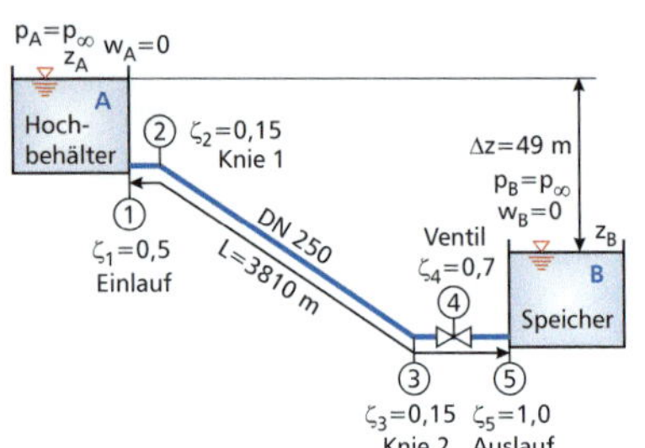

Bild 12.21: *Skizze der beiden Hochbehälter (nach [25]).*

Durch die zwischen Hochbehälter A und Speicher B [25] (Höhendifferenz $\Delta z = z_A - z_B = 49$ m) verlaufende Rohrleitung ($L = 3810$ m; $D = 250$ mm; $k_S = 0{,}75$ mm) mit Widerständen $\zeta_1 \ldots \zeta_5$ fließt unter Schwerkrafteinfluss ($g = 9{,}81$ m/s^2) Wasser ($\nu = 1{,}25 \cdot 10^{-6}$ m^2/s) von A nach B (Bild 12.21). Für die Rohrreibungszahl λ gilt bei turbulenter Strömung im Übergangsbereich $Re \cdot k_S / D \cdot \sqrt{\lambda} < 200$ die Colebrook-White-Gleichung aus Tab. 1.6. Der Widerstandsbeiwert ζ_L infolge Rohrreibung beträgt:

$$\zeta_L = \lambda \cdot \frac{L}{D} \tag{12.80}$$

Für die Reynolds-Zahl Re gilt mit der Strömungsgeschwindigkeit w:

$$Re = \frac{w \cdot D}{\nu} \tag{12.81}$$

Der Abfluss Q in der Rohrleitung beträgt:

$$Q = w \cdot A = w \cdot \frac{D^2 \cdot \pi}{4} \tag{12.82}$$

(a) Leiten Sie aus der Gleichung von Bernoulli (1.85) über die Verlusthöhe h_V eine Gleichung (∗) für die Strömungsgeschwindigkeit w in Abhängigkeit der Rohrreibungszahl λ ab.

(b) Erstellen Sie den kommentierten Code der Scilab-Funktion `Colebrook(w, kS, D, lambda0)`, die die Rohrreibungszahl λ ausgehend vom Startwert `lambda0` mittels Fixpunktiteration berechnet, wobei die iterative Berechnung durch Aufruf der Funktion extern erfolgen soll.

(c) Erstellen Sie unter Verwendung der Ergebnisse der Teilaufgaben (a) und (b) einen kommentierten Scilab-Code, der ausgehend vom Startwert `lambda0=0.02` die Rohrreibungszahl `lambda` mit der Genauigkeit `tol=1e-6` in maximal 100 Iterationsschritten berechnet und anschließend die Strömungsgeschwindigkeit w in m/s und den Abfluss Q in m^3/h im Rohr ermittelt und ausgibt.

(d) Identifizieren Sie eine für die Fixpunktiteration geeignete Funktion $F(\lambda)$ und prüfen Sie, ob diese für $w = 1{,}769$ m/s = const. und den Startwert $\lambda_0 = 0{,}02$ kontrahierend ist.

Aufgabe 12.45:

Betrachtet wird die Matrix $\mathbf{A} = \begin{pmatrix} 10^{-6} & 10^6 \\ 10^6 & 10^6 \end{pmatrix}$.

(a) Bestimmen Sie die Konditionszahl $\kappa(\mathbf{A})$ mittels Eigenwerten.

(b) Bestimmen Sie $\kappa(\mathbf{A})$ mittels Spaltensummennorm.

► Aufgabe 12.46:

Für die Rohrreibungszahl λ gilt bei turbulenter Strömung in glatten Rohren:

$$\lambda = \frac{1}{\left[2\lg(Re\cdot\sqrt{\lambda}) - 0{,}8\right]^2} \qquad (12.83)$$

(a) Geben Sie für die Berechnung von λ durch **Fixpunktiteration** für $Re = 10^5$ eine Fixpunktdarstellung $F(\lambda, Re)$ von (12.83) an und notieren Sie einen entsprechenden Scilab-Code.
(b) Prüfen Sie, ob $F(x)$ im Intervall $[0{,}01; 0{,}02]$ kontrahierend ist.
(c) Erstellen Sie ein programmnahes Nassi-Shneiderman-Diagramm der Funktion `Fixpunktiteration(F,lambda0,Re,delta)`, die in Abhängigkeit der Funktion `F` aus Teilaufgabe (a), dem Startwert `lambda0`, der Reynolds-Zahl `Re` und der Abbruchgenauigkeit `delta` die Rohrreibungszahl `lambda` und die Iterationsanzahl `n` zurückgibt.
(d) Erstellen Sie einen kommentierten Code der Scilab-Funktion `Fixpunktiteration(F,lambda0,Re,delta)`.

► Aufgabe 12.47:

Die Bisektion ist ein Verfahren zur sukzessiven Eingrenzung der unbekannten Nullstelle ξ einer Funktion $f(x)$ im Intervall $I = [a_0; b_0]$ durch fortwährende Intervallhalbierung (Bild 12.22). Im Intervall I liegt mindestens eine Nullstelle, wenn das Produkt der Funktionswerte an den Intervallrändern negativ ist ($f(a_0)\cdot f(b_0) < 0$). Der Algorithmus lässt sich stichpunktartig wie folgt beschreiben:

Gegeben $a_0 < b_0$ **mit** $f(a_0)\cdot f(b_0) \le 0$.

Für $k = 0,1,2,\ldots$ **berechne** $x_k = \dfrac{a_k + b_k}{2}$.

Setze $a_{k+1} = a_k$ **und** $b_{k+1} = x_k$ **falls** $f(x_k)\cdot f(a_k) \le 0$,
$a_{k+1} = x_k$ **und** $b_{k+1} = b_k$ **anderenfalls.**

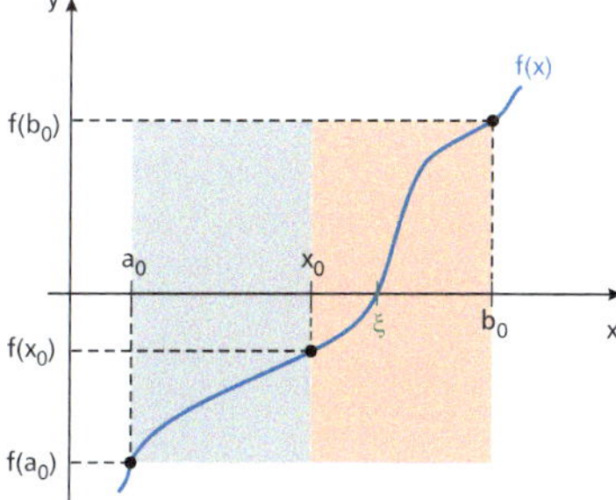

Bild 12.22: *Schema der Bisektion (Intervallhalbierung).*

(a) Nennen Sie 3 grundsätzliche Möglichkeiten, um eine Variable an eine Funktion zu übergeben.
(b) Schreiben Sie ausgehend vom dargestellten Algorithmus unter Berücksichtigung der Startbedingung die Scilab-Funktion `Bisektion(a0,b0,f,epsilon)`, die bei gegebener benutzerdefinierter Funktion `f(x)` die Nullstelle ξ im Intervall `[a0; b0]` mit der relativen Genauigkeit `epsilon` berechnet.

► Aufgabe 12.48:

Der Wissensstand W von Studenten entwickelt sich mit zunehmender Studienzeit t nach dem Exponentialgesetz:

$$W(t) = W_0\cdot\exp(\lambda\cdot t) \qquad (12.84)$$

Aus einer in verschiedenen Jahren zu unterschiedlichen Zeitpunkten an der Ois-Easy University durchgeführten Erhebung liegen die Daten aus Tab. 12.7 vor.
Führen Sie die Funktionsgleichung (12.84) durch Logarithmieren in eine Geradengleichung (∗) über und bestimmen Sie die Steigung und den Achsenabschnitt der Ausgleichsgeraden. Stellen Sie die Ausgangsdaten und die Ausgleichsgerade in einem Diagramm dar.

Tabelle 12.7: *Datenerhebung zum Wissensstand der Studenten.*

i	t	W	i	t	W
1	1,336	23,042	4	0,217	3,413
2	0,630	8,020	5	1,702	37,837
3	0,612	8,406	6	0,310	6,552

Für die Rohrreibungszahl λ gilt bei turbulenter Rohrströmung im Übergangsbereich in Abhängigkeit der relativen Rauigkeit $\epsilon = \frac{k_s}{D}$ und der Reynolds-Zahl Re die Gleichung von Colebrook (1939) [126]:

$$\frac{1}{\sqrt{\lambda}} = -2\lg\left(\frac{2{,}51}{Re\cdot\sqrt{\lambda}} + \frac{\epsilon}{3{,}71}\right) \qquad (12.85)$$

Sie erfordert aufgrund ihres impliziten Charakters eine iterative Berechnung (z. B. mit Newton-Raphson-Verfahren), weshalb zahlreiche explizite Gleichungen entwickelt wurden.

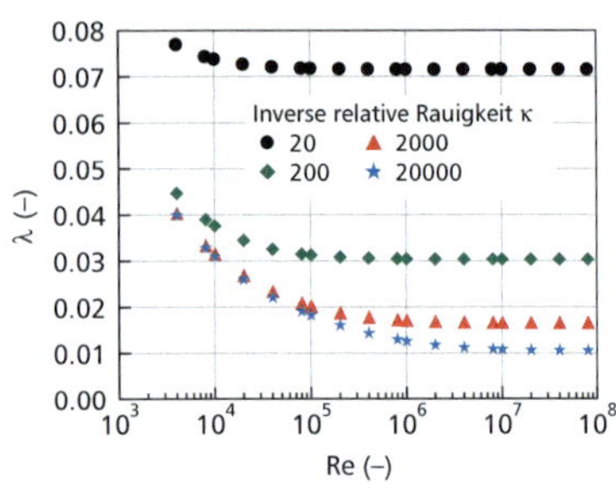

Bild 12.23: *Rohrreibungszahl λ nach Buzelli [128]).*

► Aufgabe 12.49:

Zigrang und Sylvester[127] teilten 1982 folgende Beziehung mit:

$$\frac{1}{\sqrt{\lambda}} = -2\lg\left\{\frac{\epsilon}{3{,}7} - \frac{5{,}02}{Re}\cdot\lg\left[\frac{\epsilon}{3{,}7} - \frac{5{,}02}{Re}\cdot\lg\left(\frac{\epsilon}{3{,}7} + \frac{13}{Re}\right)\right]\right\} \qquad (12.86)$$

Eine von Buzelli [128] 2008 publizierte explizite Gleichung lautet:

$$\frac{1}{\sqrt{\lambda}} = B_1 - \frac{B_1 + 2\lg\left(\frac{B_2}{Re}\right)}{1 + \frac{2{,}18}{B_2}} \qquad (12.87)$$

$$\text{mit} \quad B_1 = \frac{0{,}774\cdot\ln Re - 1{,}41}{1 + 1{,}32\cdot\sqrt{\epsilon}} \quad \text{und} \quad B_2 = \frac{\epsilon}{3{,}7}\cdot Re + 2{,}51\cdot B_1$$

Eine neuere Gleichung stammt von Offor und Alabi (2016) [130]:

$$\frac{1}{\sqrt{\lambda}} = -2\lg\left[\frac{\epsilon}{3{,}71} - \frac{1{,}975}{Re}\cdot\ln\left(\frac{\epsilon}{3{,}93}\right)^{1{,}092} + \frac{7{,}627}{Re + 395{,}9}\right] \qquad (12.88)$$

Für die inversen relativen Rauigkeiten $\kappa = \frac{1}{\epsilon} = \frac{D}{k_s} = 20,\ 100,\ 200,\ 1000,\ 2000,\ 10000,\ 20000$ und 100000 sowie die Reynolds-Zahlen $Re = 4000$, 8000, 10000, 20000, 40000, 80000, 100000, 200000, 400000, 800000, $1\cdot 10^6$, $2\cdot 10^6$, $4\cdot 10^6$, $8\cdot 10^6$, $1\cdot 10^7$, $2\cdot 10^7$, $4\cdot 10^7$, $8\cdot 10^7$ und $1\cdot 10^8$ sollen mit einem geeigneten Scilab-Code die prozentualen relativen Abweichungen der Gln. (12.86)–(12.88) gegenüber Gl. (12.85) berechnet und grafisch dargestellt werden. Die Colebrook-Gleichung soll dabei ausgehend vom Startwert $\lambda^{(0)} = 0{,}02$ mit einer Genauigkeit $|\lambda^{(k)} - \lambda^{(k-1)}| < 10^{-14}$ mittels Fixpunktiteration gelöst werden.

► Aufgabe 12.50:

In der Thermodynamik findet u. a. die Zustandsgleichung von Redlich-Kwong (1949) [131] als Weiterentwicklung der van der Waals'schen Zustandsgleichung Anwendung:

$$p = p(T,v) = \frac{R\cdot T}{v - b} - \frac{a}{(T/T_c)^{0{,}5}\cdot v\cdot(v+b)} \qquad (12.89)$$

$$\text{mit} \quad a = 0{,}42748\cdot\frac{(R\cdot T_c)^2}{p_c} \quad \text{und} \quad b = 0{,}08664\cdot\frac{R\cdot T_c}{p_c}$$

R bezeichnet die spezielle Gaskonstante, p den Druck, T die (thermodynamische) Temperatur, v das spezifische Volumen, T_c die kritische (thermodynamische) Temperatur und p_c den kritischen Druck.

(a) Formen Sie Gl. (12.89) so um, dass sie für eine Iteration des spezifischen Volumens v bei bekannter Temperatur T und bekanntem Druck p geeignet ist.

(b) Für Propan ($R = 188{,}54$ J/(kg K); $T_c = 369{,}83$ K; $p_c = 42{,}477$ bar) soll bei $p = 9{,}9742$ bar und $T = 300$ K das spezifische Volumen ausgehend vom Startwert $v_0 = 0{,}05$ m^3/kg iterativ berechnet werden. Erstellen Sie dazu das Nassi-Shneiderman-Diagramm der Scilab-Funktion `RedlichKwong(p,T,v0,pc,Tc)`, wobei `fixpunktiter(f,p,T,v0,pc,Tc,tol)` als bekannte Funktion vorausgesetzt werden darf.

► Aufgabe 12.51:

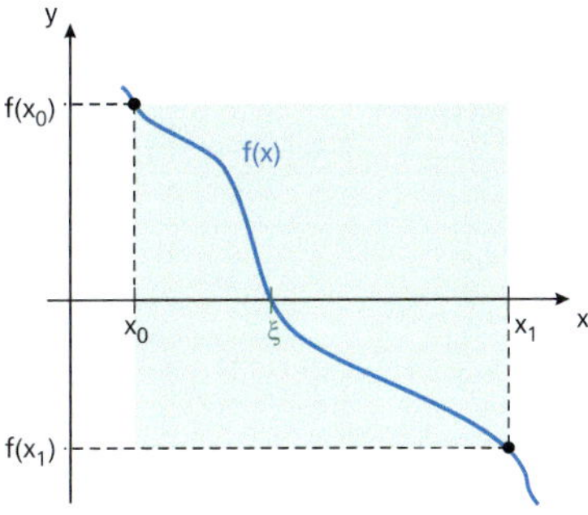

Bild 12.24: *Funktion* $f(x)$ *mit Vorzeichenwechsel im Intervall* $[x_0;x_1]$.

Zur Bestimmung der Nullstelle ξ einer Funktion $f(x)$ hat Theodorus J. Dekker (∗1927) im Jahr 1967 [132] einen Algorithmus vorgeschlagen, der sich sowohl des Sekantenverfahrens als auch der Bisektion bedient und somit die Vorteile beider Verfahren nutzt. Gegeben ist dabei eine explizite Funktion $f(x)$ im Intervall $[x_0;x_1]$ mit $f(x_0)\cdot f(x_1)<0$, d. h. im Intervall liegt mindestens eine Nullstelle.

Der Algorithmus von Dekker umfasst 3 Schritte:

1. Initialisierung:

Setze $b_1 = x_1;\quad a_1 = x_0;\quad c_1 = a_1$ **falls** $|f(x_1)| \le |f(x_0)|$

$b_1 = x_0;\quad a_1 = x_1;\quad c_1 = a_1$ **sonst**

$x_k = x_0$

2. Iteration:

$s = b_1 - f(b_1)\cdot(b_1-a_1)/\left[f(b_1)-f(a_1)\right]$ **Wert der Sekantenmethode**

$m = (b_1+c_1)/2$ **Wert der Bisektion**

Setze $x_i = s$ **falls** $s > b_1$ **und** $s < m$

$x_i = m$ **sonst**

Setze $x_k = x_0$ **falls** $f(x_0)\cdot f(x_i) \le 0$

$x_k = x_1$ **sonst**

Setze $a_1 = b_1;\quad b_1 = x_i;\quad c_1 = x_k$ **falls** $|f(x_i)| \le |f(x_k)|$

$b_1 = x_k;\quad a_1 = x_i;\quad c_1 = a_1$ **sonst**

$x_0 = x_k;\quad x_1 = x_i$

3. Abbruchkriterium:

Abbruch, falls $|b_1 - c_1| \le \epsilon$

(a) Erstellen Sie daraus die kommentierte Scilab-Funktion `Dekker(x0, x1,f,eps)`, die die Nullstelle `xi` der Funktion `f` im Intervall `[x0;x1]` mit der Genauigkeit `eps` bestimmt. Wird die Voraussetzung nicht erfüllt, soll die Meldung `Im Intervall [x0;x1] liegt keine Nullstelle!` am Bildschirm ausgegeben werden. Als Nullstelle soll der Wert b_1 zurückgegeben werden.

(b) Durch welche zusätzliche Bedingung kann das Abbruchkriterium sinnvoll ergänzt werden? Wie müsste Ihr Code dazu modifiziert werden?

► Aufgabe 12.52:

Inge N. Jeur hat sich zur iterativen Berechnung von $w = \sqrt[n]{r}$ folgenden Algorithmus ausgedacht:

Ausgehend vom Näherungswert `w` soll die n-te Wurzel aus `r` berechnet werden, indem `w` um die Stellenzahl `s` vermindert wird, solange `w`^{n}`>r` ist bzw. um `s` erhöht wird, solange `w`^{n}`<r` ist. Ist eine vorgegebene Genauigkeit `eps` noch nicht erreicht, wird der nächste Schritt mit verschobener Stellenzahl `s/10` durchgeführt.

Erstellen Sie einen kommentierten Scilab-Code für die genannte Berechnung und testen Sie ihn mit $w=10$, $r=2$, $s=1$, $n=8$ und $\epsilon=10^{-12}$.

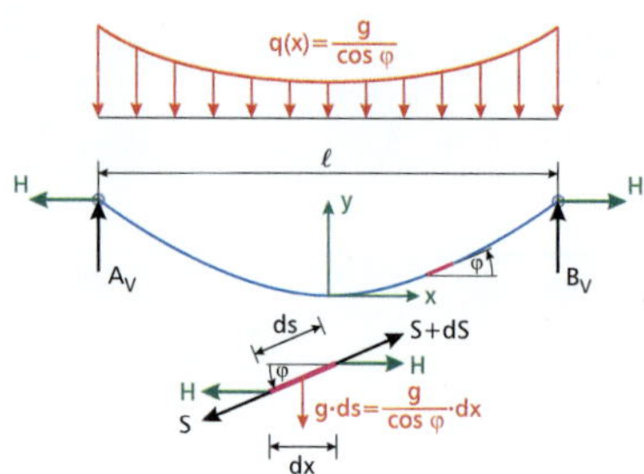

Bild 12.25: *Komponenten der Seilkraft (nach [134]).*

► Aufgabe 12.53:

Ein unter dem spezifischen Eigengewicht g stehendes Seil soll unter Verwendung der exakten Seilgleichung (12.90) und der Näherungslösung (12.91) untersucht werden.

Die horizontale Kraft H eines Seils der Länge s und der Spannweite ℓ folgt mit der Dehnsteifigkeit EA aus der exakten Seilgleichung [134]:

$$\frac{2H}{g}\sinh\left(\frac{\ell g}{2H}\right) = s + \frac{H^2}{EAg}\cdot\left[\frac{\ell g}{2H} + \frac{1}{4}\sinh\left(\frac{2\ell g}{H}\right)\right] \tag{12.90}$$

In der Praxis findet folgende Näherungsgleichung Anwendung:

$$H + EA\cdot\left(1 - \frac{\ell}{s}\right) = \frac{EAg^2\ell^3}{24\,s\,H^2} \tag{12.91}$$

(a) Schreiben Sie einen Scilab-Code, der die Horizontalkraft H_1 durch Newton-Raphson-Verfahren mit $\epsilon = 10^{-6}$ und geeigneten Startwert aus Gl. (12.90) so bestimmt, dass mit einem $s = 500$ m langen Seil der Dehnsteifigkeit $EA = 40000$ kN und dem Eigengewicht $g = 200$ N/m die Distanz $\ell = 480$ m überspannt werden kann.

(b) Bestimmen Sie mit einem geeigneten Scilab-Code, der Gl. (12.91) mit dem Newton-Raphson-Verfahren iterativ löst, die Horizontalkraft H_2 nach der Näherungslösung für dasselbe Seil.

(c) Wie groß ist die relative Abweichung $\delta H = \dfrac{H_2 - H_1}{H_1}$ der Näherungslösung H_2 von der exakten Lösung H_1?

► Aufgabe 12.54:

Gegenüber der Theorie I. Ordnung wird bei der Theorie II. Ordnung das Gleichgewicht am verformten System aufgestellt.

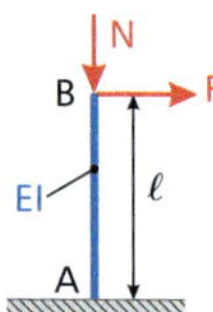

Bild 12.26: *Mit Längs- und Querkraft beaufschlagte Stütze mit fester Einspannung (nach [133]).*

Die in Bild 12.26 dargestellte Stütze ($E = 2{,}1\cdot 10^5$ N/mm²; $I = 600$ cm⁴, $\ell = 5$ m) ist mit der Längskraft $N = 35$ kN und der Querkraft $F = 3{,}9$ kN belastet [133]. Nach Theorie I. Ordnung betragen das Biegemoment am Einspannpunkt A und die Verschiebung am Stützenende B:

$$M_A^I = -F\cdot\ell \quad\text{und}\quad w_B^I = \frac{F\cdot\ell^3}{3EI} \tag{12.92}$$

Die exakten Werte nach Theorie II. Ordnung betragen mit der Stabkennzahl $\epsilon = \ell\cdot\sqrt{\dfrac{N}{EI}}$ nach [133]:

$$M_A^{II} = -F\cdot\ell\cdot\frac{\tan\epsilon}{\epsilon} \quad\text{und}\quad w_B^{II} = \frac{F\cdot\ell^3}{3EI\cdot\epsilon^3}\cdot(\tan\epsilon - \epsilon) \tag{12.93}$$

Die in [133] beschriebene einfache Iteration für die Verschiebung w_B verwendet w_B^I als Startwert:

$$w_{B,k+1} = w_B^I\cdot\left(1 + \frac{\Delta M_{A,k}}{M_A^I}\right) = w_B^I\cdot\left(1 - \frac{N\cdot w_{B,k}}{M_A^I}\right) \tag{12.94}$$

Das korrigierte Einspannmoment der Stütze folgt dann aus:

$$M_A = M_A^I + \Delta M_{A,k+1} \tag{12.95}$$

(a) Erstellen Sie einen Scilab-Code zur Berechnung der Verschiebung des Stützenendes w_B mit der relativen Genauigkeit $\delta w_B = 10^{-6}$.

(b) Berechnen Sie die relativen Abweichungen der iterierten Lösungen δM und δw zu den exakten Werten nach Theorie II. Ordnung.

▶ Aufgabe 12.55:

Das von Hardy Cross [135] 1936 vorgeschlagene iterative Verfahren wird auch heute noch verwendet, um Rohrleitungssysteme in der Siedlungswasserwirtschaft und der Sanitärtechnik zu berechnen. Analog zu elektrischen Netzwerken gilt als Knotenbedingung, dass die Summe der Zu- und Abflüsse an einem Knoten null ist:

$$\sum_{\mathrm{i}} Q_{\mathrm{i}} = 0 \tag{12.96}$$

Die Maschenbedingung besagt, dass die Summe der Verlusthöhen (Druckhöhenverluste) in einer Masche null sein muss:

$$\sum_{\mathrm{i}} \Delta h_{\mathrm{v,i}} = 0 \tag{12.97}$$

Die Durchflüsse und die Verlusthöhen werden dabei bei Durchfluss im Umlaufsinn der Masche positiv und bei Durchfluss entgegen dem Umlaufsinn negativ gezählt. Mit der Strangkonstante B_{i}, der Rohrreibungszahl λ_{i}, der Stranglänge L_{i}, dem Rohrleitungsdurchmesser d_{i} gilt der Zusammenhang [25]:

$$\Delta h_{\mathrm{v,i}} = \lambda_{\mathrm{i}} \cdot \frac{L_{\mathrm{i}}}{d_{\mathrm{i}}} \cdot \frac{\cdot Q_{\mathrm{i}} \cdot |Q_{\mathrm{i}}|}{A_{\mathrm{i}}^2 \cdot g} = \frac{8\lambda_{\mathrm{i}} \cdot L_{\mathrm{i}}}{g \cdot \pi^2 \cdot d_{\mathrm{i}}^5} \cdot Q_{\mathrm{i}} \cdot |Q_{\mathrm{i}}| = B_{\mathrm{i}} \cdot Q_{\mathrm{i}} \cdot |Q_{\mathrm{i}}| \tag{12.98}$$

Die Betragsstriche berücksichtigen die Vorzeichenregel. Zunächst werden unter Beachtung von Gl. (12.96) die Strangdurchflüsse Q_{i} in den Strängen i als Startwerte für die Iteration abgeschätzt. Die Schätzwerte werden mit

$$\Delta Q = -\frac{\sum_{\mathrm{i}} \Delta h_{\mathrm{v,i}}}{2 \cdot \sum_{\mathrm{i}} B_{\mathrm{i}} \cdot |Q_{\mathrm{i}}|} \tag{12.99}$$

bestimmt. Die Iteration kann terminiert werden, wenn Gl. (12.97) mit einer bestimmten Genauigkeit ϵ erfüllt ist:

$$\left| \sum_{\mathrm{i}} \Delta h_{\mathrm{v,i}} \right| < \epsilon \tag{12.100}$$

Die Rohrnetzmasche in Bild 12.27 besitzt den Systemzufluss $Q_{\mathrm{A}} = 100\ \ell/\mathrm{s}$ sowie die Abflüsse $Q_{\mathrm{B}} = 20\ \ell/\mathrm{s}$, $Q_{\mathrm{C}} = 50\ \ell/\mathrm{s}$ und $Q_{\mathrm{AD}} = 30\ \ell/\mathrm{s}$. Der Leitungsdurchmesser beträgt einheitlich $d = 200$ mm, die Rohrreibungszahl kann vereinfacht mit $\lambda = 0{,}03$ angesetzt werden. Die Stranglängen betragen $L_{\mathrm{AB}} = 300$ m, $L_{\mathrm{BC}} = 200$ m, $L_{\mathrm{CD}} = 200$ m und $L_{\mathrm{DA}} = 400$ m.

Erstellen Sie einen Scilab-Code, der ausgehend von $Q_{\mathrm{AB}} = 50\ \ell/\mathrm{s}$ die Strangdurchflüsse solange iteriert, bis Gl. (12.100) mit der Genauigkeit $\epsilon = 10^{-3}$ m erfüllt wird.

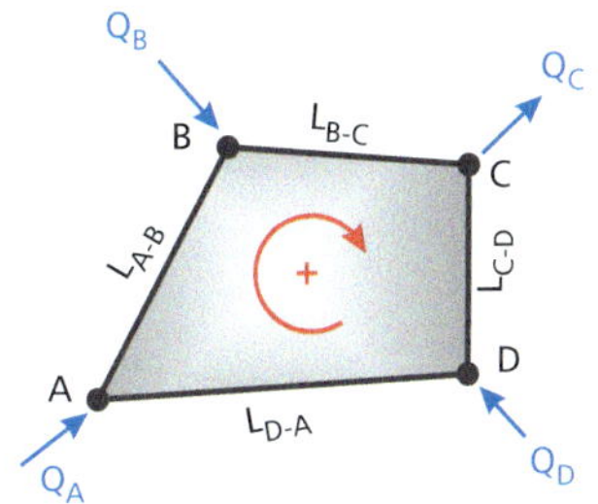

Bild 12.27: *Rohrnetzmasche mit den Knoten A–D (nach [25]).*

▶ Aufgabe 12.56:

In reibungsfreien Strömungen bleibt nach Bernoulli die Energiehöhe H, die sich als Summe von geodätischer Höhe z, Druckhöhe $\frac{p}{\varrho \cdot g}$ und Geschwindigkeitshöhe $\frac{v^2}{2g}$ darstellt, konstant [25]:

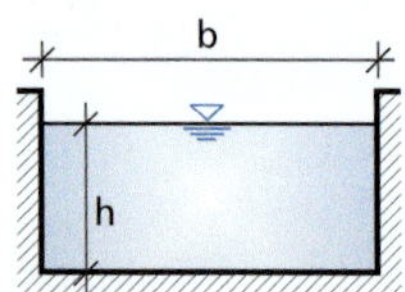

Bild 12.28: *Fließtiefe h in einem Rechteckgerinne der Breite b.*

$$H = z + \frac{p}{\varrho \cdot g} + \frac{v^2}{2g} = \text{const.} \tag{12.101}$$

Mit der Gerinnebreite b und der Fließtiefe h gilt für den Abfluss in einem Rechteckgerinne die Kontinuitätsgleichung [25]:

$$Q = v \cdot A = v \cdot b \cdot h \tag{12.102}$$

Bei parallelen Strombahnen herrscht an der Gerinnesohle ($z = 0$) eine hydrostatische Druckverteilung:

$$p = \varrho \cdot g \cdot h \tag{12.103}$$

(a) Leiten Sie mithilfe der Gln. (12.101)–(12.103) eine Beziehung (♣) ab, aus der die Fließtiefe h bei gegebenem Abfluss Q berechnet werden kann, und charakterisieren Sie diese.

(b) Bestimmen Sie für ein waagrechtes Gerinne ($z = \text{const.}$) die Grenztiefe h_{gr}, für die sich eine minimale Energiehöhe H ergibt.

(c) Wie groß ist die zugehörige Grenzgeschwindigkeit v_{gr}?

▶ Aufgabe 12.57:

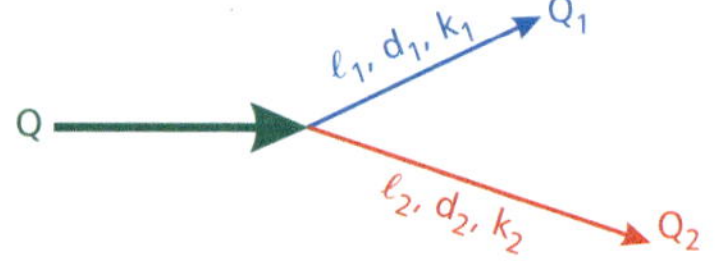

Bild 12.29: *Verzweigung eines Rohrleitungsstranges.*

Ein Rohrleitungsstrang mit dem Wasserdurchfluss $Q = 0{,}5\ \text{m}^3/\text{s}$ verzweigt sich in zwei Teilstränge ① ($\ell_1 = 877$ m; $d_1 = 300$ mm; $k_1 = 1$ mm) und ② ($\ell_2 = 978$ m; $d_2 = 350$ mm; $k_2 = 0{,}75$ mm). Die kinematische Viskosität des Wassers beträgt $\nu = 1{,}3 \cdot 10^{-6}\ \text{m}^2/\text{s}$. Die örtlichen Verluste sind in den Rauigkeiten berücksichtigt.

(a) Leiten Sie über die Verlusthöhe Δh_V unter der Annahme, dass die Abflüsse Q_1 und Q_2 in den beiden Teilsträngen im hydraulisch rauen Bereich ($Re \cdot \sqrt{\lambda} \cdot k/d > 200$) erfolgen (Tab. 1.6), eine Beziehung (♡) ab, aus der der Abfluss Q_1 analytisch berechnet werden kann und berechnen Sie diesen.

(b) Berechnen Sie den Abfluss Q_2 und verifizieren Sie die Annahme, dass die Teilstrangabflüsse im hydraulisch rauen Bereich liegen.

(c) Erstellen Sie einen Scilab-Code, der die Abflüsse Q_1 und Q_2 iterativ berechnet und vergleichen Sie die Ergebnisse.

(d) Infolge eines Rohrbruchs an einer anderen Stelle des Netzwerks sinkt der Durchfluss in der Zuleitung auf $Q^* = 0{,}25\ \text{m}^3/\text{s}$. Modifizieren Sie den Code aus Teilaufgabe (c) dahingehend, dass auch der Übergangsbereich ($10 \le Re \cdot \sqrt{\lambda} \cdot k/d \le 200$) gemäß Tab. 1.6 erfasst wird und berechnen Sie unter Verwendung geeigneter Startwerte die sich einstellenden Abflüsse Q_1^* und Q_2^* in den Teilsträngen ① und ②.

► Aufgabe 12.58:

Zur Berechnung der unbekannten Ströme $I_1 \ldots I_8$ des in Bild 12.30 dargestellten Netzwerks stehen Knotenpunktsgleichungen (i =Index, n = Anzahl der Ströme im Knoten) $\sum_{i=1}^{i=n} I_i = 0$ und Maschengleichungen (j =Index, m = Anzahl der Spannungen in der Masche) $\sum_{j=1}^{j=m} U_j = 0$ sowie das Ohm'sche Gesetz $U = R \cdot I$ zur Verfügung.

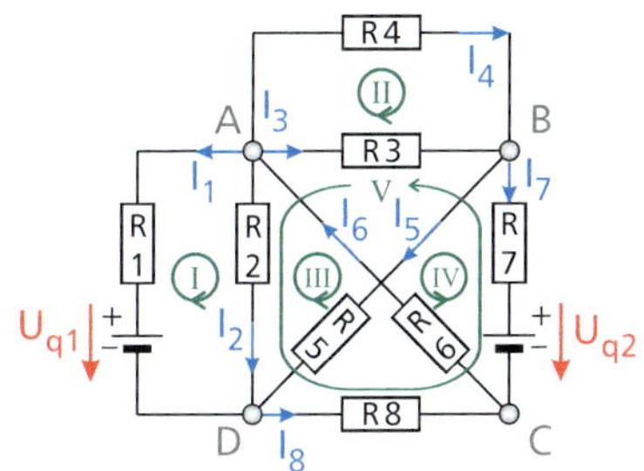

Bild 12.30: *Elektrisches Netzwerk aus 8 Widerständen.*

(a) Stellen Sie an den Knoten A, B und D 3 Knotenpunktsgleichungen für die entsprechenden Ströme auf (Dem Knoten zufließende Ströme zählen positiv, vom Knoten wegfließende Ströme negativ).

(b) Stellen Sie unter Beachtung des Ohm'schen Gesetzes in den Maschen I, II, III, IV und V 5 Maschengleichungen für die entsprechenden Spannungen auf (Spannungen in Umlaufrichtung der Masche zählen positiv, Spannungen entgegen der Umlaufrichtung negativ).

(c) Stellen Sie mithilfe der in (a) und (b) ermittelten Gleichungen ein lineares Gleichungssystem für die unbekannten Ströme $I_1 \ldots I_8$ in Matrizenschreibweise $\mathbf{A} \cdot \vec{I} = \vec{b}$ auf. Die 8×8-Matrix $\mathbf{A}$ enthält die Koeffizienten des Gleichungssystems. Der Vektor $\vec{b}$ der rechten Seite umfasst die bekannten Quellspannungen oder Quellströme.

$$\mathbf{A} = \begin{pmatrix} a_{11} & a_{12} & a_{13} & a_{14} & a_{15} & a_{16} & a_{17} & a_{18} \\ a_{21} & a_{22} & a_{23} & a_{24} & a_{25} & a_{26} & a_{27} & a_{28} \\ a_{31} & a_{32} & a_{33} & a_{34} & a_{35} & a_{36} & a_{37} & a_{38} \\ a_{41} & a_{42} & a_{43} & a_{44} & a_{45} & a_{46} & a_{47} & a_{48} \\ a_{51} & a_{52} & a_{53} & a_{54} & a_{55} & a_{56} & a_{57} & a_{58} \\ a_{61} & a_{62} & a_{63} & a_{64} & a_{65} & a_{66} & a_{67} & a_{68} \\ a_{71} & a_{72} & a_{73} & a_{74} & a_{75} & a_{76} & a_{77} & a_{78} \\ a_{81} & a_{82} & a_{83} & a_{84} & a_{85} & a_{86} & a_{87} & a_{88} \end{pmatrix}; \quad \vec{I} = \begin{pmatrix} I_1 \\ I_2 \\ I_3 \\ I_4 \\ I_5 \\ I_6 \\ I_7 \\ I_8 \end{pmatrix}; \quad \vec{b} = \begin{pmatrix} b_1 \\ b_2 \\ b_3 \\ b_4 \\ b_5 \\ b_6 \\ b_7 \\ b_8 \end{pmatrix}$$

(d) Lösen Sie das lineare Gleichungssystem mit dem Gauß'schen Algorithmus für $R_1 = 1\,\Omega$, $R_2 = 8\,\Omega$, $R_3 = 8\,\Omega$, $R_4 = 8\,\Omega$, $R_5 = 10\,\Omega$, $R_6 = 20\,\Omega$, $R_7 = 2\,\Omega$, $R_8 = 2\,\Omega$, $U_{q1} = 12$ V, $U_{q2} = 10$ V und überprüfen Sie das Ergebnis unter Zuhilfenahme des Scilab-internen Gleichungslösers.

► Aufgabe 12.59:

Repetieren Sie die Trapez-Regel und die Simpson-Regel (s. z. B. [3]) und erstellen Sie zur Berechnung des bestimmten Integrals $\int_a^b f(x)\,dx$ nach der Trapez- bzw. Simpson-Regel mit der Schrittweite `h` die kommentierten Scilab-Codes `Trapezregel(a,b,f)` sowie `Simpsonregel(a,b,f)`. Testen Sie den jeweiligen Code unter Vergleich mit dem exakten Ergebnis $\int_1^2 \frac{1}{x}\,dx = \ln 2$.

► Aufgabe 12.60:

Das spezifische Volumen v von gesättigtem Wasserdampf lässt sich für $10\ °\text{C} \le \vartheta \le 60\ °\text{C}$ durch ein Polynom fünfter Ordnung mit der Bezugstemperatur $\vartheta_0 = 10\ °\text{C}$ beschreiben:

$$v(\vartheta) = c_1 + c_2\cdot\left(\frac{\vartheta}{\vartheta_0}\right) + c_3\cdot\left(\frac{\vartheta}{\vartheta_0}v\right)^2 + c_4\cdot\left(\frac{\vartheta}{\vartheta_0}\right)^3 + c_5\cdot\left(\frac{\vartheta}{\vartheta_0}\right)^4 + c_6\cdot\left(\frac{\vartheta}{\vartheta_0}\right)^5 \qquad (12.104)$$

Bei den Temperaturen $\vartheta_1 \ldots \vartheta_6$ sind die spezifischen Volumina $v_1 \ldots v_6$ bekannt:

$$\vec{\vartheta} = \begin{pmatrix} 10 \\ 20 \\ 30 \\ 40 \\ 50 \\ 60 \end{pmatrix} °\text{C}; \qquad \vec{v} = \begin{pmatrix} 106{,}4 \\ 57{,}79 \\ 32{,}90 \\ 19{,}52 \\ 12{,}03 \\ 7{,}67 \end{pmatrix} \frac{\text{m}^3}{\text{kg}}$$

(a) Stellen Sie mittels (12.104) ein lineares Gleichungssystem in Matrixform $\mathbf{A}\cdot\vec{c} = \vec{v}$ zur Berechnung der Koeffizienten $c_1 \ldots c_6$ auf.

(b) Lösen Sie das Gleichungssystem mit dem Gauß'schen Algorithmus und überprüfen Sie das Ergebnis unter Zuhilfenahme der in Scilab implementierten Links-Division.

► Aufgabe 12.61:

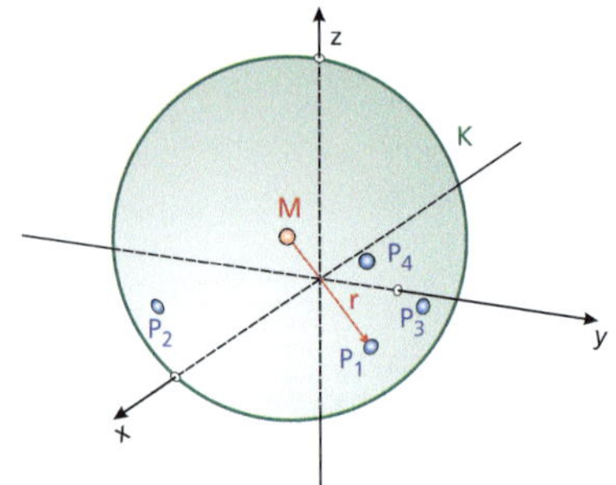

Bild 12.31: *Kugel $\mathcal{K}$ durch 4 Punkte P_1, P_2, P_3 und P_4.*

Für eine Kugel $\mathcal{K}$ in allgemeiner Lage mit Mittelpunkt $M(x_M; y_M; z_M)$ und Radius r gilt die Gleichung (s. z. B. [3]):

$$(x - x_M)^2 + (y - y_M)^2 + (z - z_M)^2 = r^2 \qquad (12.105)$$

Sika N. Alles hat durch Umformen von Gl. (12.105) die Beziehung

$$x_M^2 + y_M^2 + z_M^2 - r^2 - 2\,x_M\,x - 2\,y_M\,y - 2\,z_M\,z = -(x^2 + y^2 + z^2) \qquad (12.106)$$

für jeden auf $\mathcal{K}$ liegenden Punkt P_i gefunden. Mit den Hilfsgrößen

$$\alpha = x_M^2 + y_M^2 + z_M^2 - r^2; \quad \beta = 2\,x_M; \quad \gamma = 2\,y_M \quad \text{und} \quad \delta = 2\,z_M \qquad (12.107)$$

lässt sich Gl. (12.106) auf die Form bringen:

$$\alpha - \beta\,x - \gamma\,y - \delta\,z = -(x^2 + y^2 + z^2) \qquad (12.108)$$

Mit 4 bekannten auf $\mathcal{K}$ liegenden Punkten P_1, P_2, P_3 und P_4 lässt sich aus Gl. (12.108) ein LGS für die Hilfsgrößen α, β, γ und δ gewinnen, aus dessen Lösung die Mittelpunktskoordinaten und der Radius mittels Gl. (12.107) berechnet werden können.

(a) Erstellen Sie einen Scilab-Code, der aus den als Vektoren übergebenen Punkten `P1`, `P2`, `P3` und `P4` die Koeffizientenmatrix $\mathbf{A}$ und den Lastvektor $\vec{b}$ des LGS erstellt, die Lösungen α, β, γ und δ berechnet und daraus den Kugelmittelpunkt `M` und den Kugelradius `r` ermittelt.

(b) Testen Sie Ihren Code für die Punkte $P_1(1;7;-7)$, $P_2(9;-17;-3)$, $P_3(-5;11;-3)$ und $P_4(3;7;5)$, die auf der Kugel mit $M(-10;-9;1)$ mit $r = 21$ liegen.

Aufgabe 12.62:

Der Weg $y(t)$ eines Körpers gehorcht einem Polynom 3. Ordnung in der Zeit t. Es liegen dazu Messwerte $(t_i; y_i)$ gemäß Tab. 12.8 vor.

(a) Stellen Sie einen geeigneten Ansatz $Y(t)$ für die Abhängigkeit des Weges y von der Zeit t auf und berechnen Sie die unbekannten Koeffizienten a_j mit der Methode der kleinsten Fehlerquadrate.

(b) Welcher Weg y_0 ergibt sich am Anfang bei $t_0 = 0$?

(c) Wählen Sie einen modifizierten Ansatz $Y^*(t)$, der gewährleistet, dass die Bewegung bei $y_0^* = 0$ beginnt und berechnen Sie die Koeffizienten a_j^* mit der Methode der kleinsten Fehlerquadrate.

Tabelle 12.8: *Messwerte der Zeit der t und des Weges y in Zeit- und Längeneinheiten.*

t_i	0	1	2	3	4	5
y_i	0	39	73	104	130	155
t_i	6	7	8	9	10	
y_i	172	183	192	197	200	

Aufgabe 12.63:

Der Mittelpunkt M eines Rades mit Radius R befindet sich anfangs an der Position $(0; R)$. Das Rad rollt mit der Geschwindigkeit v_0 nach rechts, ohne zu gleiten. Im Abstand a zu M befindet sich der Punkt P.

(a) Leiten Sie aus geometrischen Überlegungen Gleichungen für die Koordinaten $x_P(t)$ und $y_P(t)$ für die Bahnkurve von P ab.

(b) Stellen Sie die Bewegung von P für $0 \leq t \leq 100$ s, $R = 0{,}4$ m sowie $v_0 = 0{,}1$ m/s in einem geeigneten Diagramm für die Fälle $\frac{a}{R} = 0$, $\frac{a}{R} = 0{,}5$, $\frac{a}{R} = 1$ und $\frac{a}{R} = 1{,}5$ dar. Um welche Art von Kurve handelt es sich?

(c) Ermitteln Sie den Verlauf der Bahngeschwindigkeit $v_B(t)$ und stellen Sie diese ebenfalls grafisch für die genannten Fälle dar.

(d) Welchen Weg s_P hat der Punkt P in den genannten Fällen bei einer Radumdrehung zurückgelegt? Lösen Sie dabei auftretende Integrale mit einer geeigneten numerischen Methode.

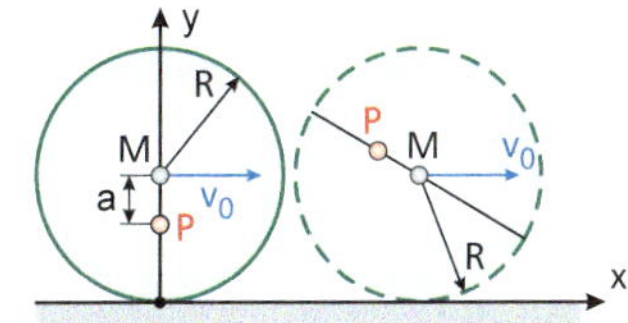

Bild 12.32: *Bewegung des Punktes P auf einem rollenden Rad.*

Aufgabe 12.64:

Das Volumen V einer Pyramide mit quadratischem Grundriss der Kantenlänge $a = 4$ L.E.[77] und der Höhe $h = 9$ L.E. soll dadurch approximiert werden, dass $n - 1$ Quaderelemente der Höhe $h_Q = h/n$ einbeschrieben und volumenmäßig zu V_Q addiert werden.

(a) Leiten Sie eine Gleichung für das Volumen $V_{Q,i}$ des Quaderelements i in Abhängigkeit von n her und bilden Sie damit das Volumen V_Q.

(b) Notieren die den kommentierten Scilab-Code `PyraVol(a,h,n)`, der das Pyramidenvolumen V exakt und die Näherung V_Q durch Summation berechnet.

(c) Erstellen Sie einen modifizierten Code, der die Summation unter Verwendung der Gauß'schen Summenformel (s. z. B. [3] sowie Aufgabe 2.3) vermeidet und vergleichen Sie die Ergebnisse.

(d) Erstellen Sie mithilfe von Scilab ein Diagramm des relativen Fehlers $\delta V = \frac{V - V_Q}{V}$ im Bereich $1 \leq n \leq 500$.

[77] L.E.=Längeneinheiten.

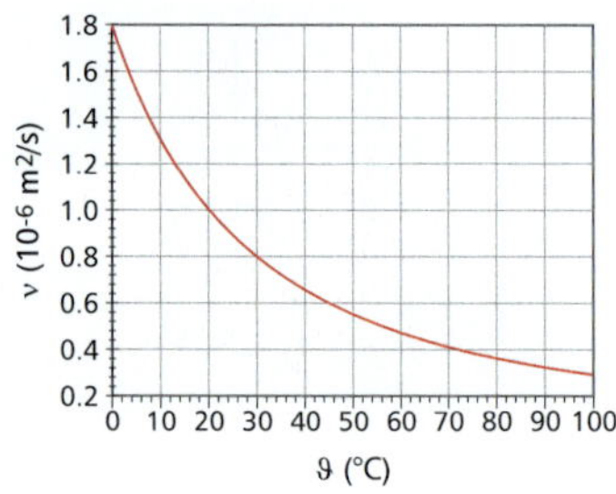

Bild 12.33: *Verlauf der kinematischen Zähigkeit von Wasser über der Temperatur.*

► Aufgabe 12.65:

Im VDI-Wärmeatlas [83] findet man für Wasser bei $p = 1$ bar Werte der kinematischen Viskosität ν als Funktion der Temperatur ϑ gemäß Tab. 12.9.

Tabelle 12.9: *Kinematische Viskosität von Wasser als Funktion der Temperatur [83].*

ϑ (°C)	ν (10^{-6} m^2/s)	ϑ (°C)	ν (10^{-6} m^2/s)	ϑ (°C)	ν (10^{-6} m^2/s)	ϑ (°C)	ν (10^{-6} m^2/s)
0	1,792	12	1,235	26	0,8729	50	0,5531
1	1,731	13	1,201	28	0,8355	55	0,5109
2	1,674	14	1,169	30	0,8007	60	0,4740
3	1,619	15	1,139	32	0,7682	65	0,4415
4	1,567	16	1,109	34	0,7379	70	0,4127
5	1,518	17	1,081	36	0,7095	75	0,3872
6	1,472	18	1,054	38	0,6828	80	0,3643
7	1,427	19	1,028	40	0,6578	85	0,3439
8	1,385	20	1,003	42	0,6343	90	0,3255
9	1,345	22	0,9565	44	0,6122	95	0,3089
10	1,306	24	0,9131	46	0,5914	99,606	0,2950
11	1,270	25	0,8927	48	0,5717		

Der Kehrwert $\frac{1}{\nu}$ soll durch ein kubisches Polynom angepasst werden:

$$p(\vartheta) = a\vartheta^3 + b\vartheta^2 + c\vartheta + d \tag{12.109}$$

(a) Leiten Sie aus der Minimierung der Gauß'schen Fehlerquadratsumme (s. z. B. [3]) ein lineares Gleichungssystem $\mathbf{A} \cdot \vec{x} = \vec{b}$ für die Koeffizienten a, b, c und d ab.

(b) Erstellen Sie einen kommentierten Scilab-Code, der die Koeffizienten der Matrix $\mathbf{A}$ und des rechten Seite $\vec{b}$ ermittelt und die Koeffizienten der Anpassung $p(\vartheta)$ geeignet berechnet.

(c) Berechnen Sie den prozentualen relativen Fehler $\delta\nu(i)$ $(i = 1,2,\ldots n)$ zwischen den Tabellenwerten und den mit Gl. (12.109) berechneten Werten und stellen Sie diesen in einem geeigneten Diagramm über der Temperatur ϑ dar.

► Aufgabe 12.66:

Nena Neugierig erhält von Vera Vergeßlich folgenden Scilab-Code:

```
function [y]=MyFunc(x)
   if (x>=0) then
      if (x<=1) then
         y=1;
      else
         y=MyFunc(x-1)*x;
      end;
   else
      mprintf('x ist negativ!');
      y=%nan;
   end;
endfunction
```

(a) Beschreiben Sie stichpunktartig, was der Code berechnet!

(b) Welche Ausgabe erhält Nena für `x=1` und `x=5`?

► Aufgabe 12.67:

J. L. Weisbach [136], [137] entwickelte 1840 bei geodätischen Arbeiten im Bergbau die Methode der **Orthogonalen Regression** (Total Least Squares, TLS), bei der zu einer Wolke $(x_i; y_i)$ aus n Datenpunkten eine Ausgleichsgerade (Regressionsgerade) $y(x) = f(x) = a\,x + b$ so bestimmt wird, dass deren orthogonale Abstände $d_{\perp,i} = \sqrt{[y_i - f(x_i)]^2 + (x_i - x_i^*)^2}$ zu den Lotfußpunkten $(x_i^*; y_i^*) = \left(x_i + \frac{a \cdot (y_i - a\,x_i - b)}{a^2+1}; f(x_i^*)\right)$ mithilfe der Gauß'schen Fehlerquadratsumme minimiert werden. Aus den Mittelwerten

$$\overline{x} = \frac{1}{n}\sum_{i=1}^{n} x_i \quad \text{und} \quad \overline{y} = \frac{1}{n}\sum_{i=1}^{n} y_i \tag{12.111}$$

sind zunächst die Varianzen des Datensatzes

$$s_x^2 = \frac{1}{n-1}\sum_{i=1}^{n}(x_i - \overline{x})^2, \quad s_y^2 = \frac{1}{n-1}\sum_{i=1}^{n}(y_i - \overline{y})^2 \quad \text{und}$$
$$s_{xy} = \frac{1}{n-1}\sum_{i=1}^{n}(x_i - \overline{x}) \cdot (y_i - \overline{y}) \tag{12.112}$$

zu ermitteln, mithilfe derer dann die Steigung a und der Achsenabschnitt b der Regressionsgerade bestimmt werden:

$$a = \frac{s_y^2 - s_x^2 + \sqrt{(s_y^2 - s_x^2)^2 + 4\,s_{xy}^2}}{2\,s_{xy}} \quad \text{und} \quad b = \overline{y} - a\,\overline{x} \tag{12.113}$$

(a) Erstellen Sie die kommentierte Scilab-Funktion `TLS(x,y)`, die die Koeffizienten der Ausgleichsgerade nach (12.111)–(12.113) ermittelt und im Vektor `Koeff` zurückgibt. Die Länge `n` des übergebenen Datensatzes soll dabei automatisch bestimmt werden.

(b) Erstellen Sie die kommentierte Scilab-Funktion `LS(x,y)` zur Berechnung der Koeffizienten $\tilde{a}$ und $\tilde{b}$ der „klassischen" Ausgleichsgerade $\tilde{y}(x) = \tilde{f}(x) = \tilde{a}\,x + \tilde{b}$ mit $\tilde{a} = \frac{s_{xy}}{s_x^2}$ und $\tilde{b} = \overline{y} - \tilde{a}\,\overline{x}$ (s. z. B. [3]).

(c) Testen Sie beide Programmcodes mit dem Datensatz aus Tab. 12.10 und stellen Sie die Ausgleichsgeraden und die Datenpunkte in einem geeigneten Diagramm dar.

Bild 12.34: *Julius Ludwig Weisbach (1806–1871).*

☞ Bei der „klassischen" Regression werden dagegen die Abstände in y-Richtung minimiert:

$$d_i = \left| |y_i - f(x_i)| \right| \tag{12.110}$$

Tabelle 12.10: *Originaldaten von J. L. Weisbach [136] zu Aufgabe 12.67.*

i	x_i	y_i
1	0	2
2	4	1
3	6	5
4	9	7
5	9	9
6	12	12
7	13	16
8	16	17
9	21	21

► Aufgabe 12.68:

Geben Sie die 7 Fehler an, die der folgende Scilab-Code von Heinrich Heißsporn enthält und verbessern Sie sie!

```
y=ceil(2,4436);   format(15);   x=100;
while (x>%Eps) do
   z=arsinh(x^2+2**2);
   y=modulo(9,3)-sqrt(Z);  Z=tanhd(y^2+x^2)
endwhile;
with (y>0) | (y==0)
   Negatief=%f
end;
```

Bild 12.35: *Friedrich Wilhelm Bessel (1784–1846).*

Tabelle 12.11: *Polynomkoeffizienten zu Gl. (12.115).*

i	1	2
a_i	−2,249 999 70	1,265 620 80
b_i	−0,562 499 85	0,210 935 73
i	3	4
a_i	−0,316 386 60	0,044 447 9
b_i	−0,039 542 89	0,004 433 19
i	5	6
a_i	−0,003 944 40	0,000 210 00
b_i	−0,000 317 61	0,000 011 09

mit $|\varrho_0| < 5 \cdot 10^{-8}$ $|\varrho_1| < 1{,}3 \cdot 10^{-8}$

Tabelle 12.12: *Polynomkoeffizienten zu Gl. (12.116).*

i	0	1
c_i	0,797 884 56	−0,000 000 77
d_i	−0,785 398 16	−0,041 663 97
e_i	0,797 884 56	0,000 001 56
f_i	−2,356 194 49	0,124 996 12
i	2	3
c_i	−0,005 527 40	−0,000 095 12
d_i	−0,000 039 54	0,002 625 73
e_i	0,016 596 67	0,000 171 05
f_i	0,000 056 50	−0,006 378 79
i	4	5
c_i	0,001 372 37	−0,000 728 05
d_i	−0,000 541 25	−0,000 293 33
e_i	−0,002 495 11	0,001 136 53
f_i	0,000 743 48	0,000 798 24
i	6	
c_i	0,000 144 76	
d_i	0,000 135 58	
e_i	−0,000 200 33	
f_i	−0,000 291 66	

mit $|\phi_0| < 1.6 \cdot 10^{-8}$ $|\delta_0| < 7 \cdot 10^{-8}$
$|\phi_1| < 4 \cdot 10^{-8}$ $|\delta_1| < 9 \cdot 10^{-8}$

Aufgabe 12.69:

Die Bessel-Funktionen 1. Art n-ter Ordnung J_n sind Lösung der Bessel'schen Differenzialgleichung (s. z. B. [3]) und können durch Reihenentwicklung berechnet werden:

$$J_n(x) = \sum_{k=0}^{\infty} \frac{(-1)^k \cdot \left(\frac{x}{2}\right)^{2k+n}}{k! \cdot (k+n)!} \tag{12.114}$$

In [138] findet man für $-3 \le x \le 3$ die Polynomapproximation:

$$\begin{aligned} J_0(x) &= 1 + a_1\left(\frac{x}{3}\right)^2 + a_2\left(\frac{x}{3}\right)^4 + a_3\left(\frac{x}{3}\right)^6 + a_4\left(\frac{x}{3}\right)^8 + a_5\left(\frac{x}{3}\right)^{10} + a_6\left(\frac{x}{3}\right)^{12} + \varrho_0 \\ x^{-1}\, J_1(x) &= \frac{1}{2} + b_1\left(\frac{x}{3}\right)^2 + b_2\left(\frac{x}{3}\right)^4 + b_3\left(\frac{x}{3}\right)^6 + b_4\left(\frac{x}{3}\right)^8 + b_5\left(\frac{x}{3}\right)^{10} + b_6\left(\frac{x}{3}\right)^{12} + \varrho_1 \end{aligned} \tag{12.115}$$

Für das Intervall $3 \le x < \infty$ gilt:

$$\begin{aligned} J_0(x) &= x^{-\frac{1}{2}} \cdot \xi_0 \cdot \cos\theta_0 \\ \xi_0 &= c_0 + c_1\left(\frac{3}{x}\right) + c_2\left(\frac{x}{3}\right)^2 + c_3\left(\frac{3}{x}\right)^3 + c_4\left(\frac{3}{x}\right)^4 + c_5 \cdot \left(\frac{3}{x}\right)^5 + c_6\left(\frac{3}{x}\right)^6 + \varphi_0 \\ \theta_0 &= x + d_0 + d_1\left(\frac{3}{x}\right) + d_2\left(\frac{x}{3}\right)^2 + d_3\left(\frac{3}{x}\right)^3 + d_4\left(\frac{3}{x}\right)^4 + d_5\left(\frac{3}{x}\right)^5 + d_6\left(\frac{3}{x}\right)^6 + \delta_0 \\ J_1(x) &= x^{-\frac{1}{2}} \cdot \xi_1 \cdot \cos\theta_1 \\ \xi_1 &= e_0 + e_1\left(\frac{3}{x}\right) + e_2\left(\frac{x}{3}\right)^2 + e_3\left(\frac{3}{x}\right)^3 + e_4\left(\frac{3}{x}\right)^4 + e_5\left(\frac{3}{x}\right)^5 + e_6\left(\frac{3}{x}\right)^6 + \varphi_1 \\ \theta_1 &= x + f_0 + f_1\left(\frac{3}{x}\right) + f_2\left(\frac{x}{3}\right)^2 + f_3\left(\frac{3}{x}\right)^3 + f_4\left(\frac{3}{x}\right)^4 + f_5\left(\frac{3}{x}\right)^5 + f_6\left(\frac{3}{x}\right)^6 + \delta_1 \end{aligned} \tag{12.116}$$

(a) Erstellen Sie die kommentierten Scilab-Funktionen `SeriesJ0(x)` und `SeriesJ1(x)`, die die Werte der Bessel-Funktionen $J_0(x)$ und $J_1(x)$ mit der Reihenentwicklung (12.114) berechnen.

(b) Erstellen Sie die kommentierten Scilab-Funktionen `ApproxJ0(x)` und `ApproxJ1(x)`, die die Werte der Bessel-Funktionen $J_0(x)$ und $J_1(x)$ nach den Näherungsgleichungen (12.115) und (12.116) berechnen.

(c) Berechnen Sie im Intervall $0 \le x \le 20$ jeweils die relativen Abweichungen der Funktionen aus (a) und (b) zu den in Scilab implementierten Funktionen `besselj(n,x)` und erstellen Sie je ein Diagramm für den Funktionsverlauf und für die relativen Abweichungen.

▶ Aufgabe 12.70:

Die zur Stückzahl s_i gehörenden Kosten K_i aus Tab. 12.13 sollen mit einem Polynom dritten Grades $p(x) = a_0 \cdot x^0 + a_1 \cdot x^1 + a_2 \cdot x^2 + a_3 \cdot x^3$ ausgeglichen (gefittet) werden.

Berechnen Sie die Koeffizienten a_0, a_1, a_2 und a_3 der Anpassungsfunktion $f(x)$ und stellen Sie die Daten und die Anpassungsfunktion in einem gemeinsamen Diagramm dar.

Tabelle 12.13: *Datensatz aus Stückzahl und zugehörigen Kosten.*

i	s	K	i	s	K
1	0	10,00	17	16	35,60
2	1	11,00	18	17	38,90
3	2	11,90	19	18	42,30
4	3	12,85	20	19	46,00
5	4	14,00	21	20	50,00
6	5	15,10	22	21	54,40
7	6	16,30	23	22	59,00
8	7	17,50	24	23	64,20
9	8	18,90	25	24	69,70
10	9	20,30	26	25	75,50
11	10	22,00	27	26	82,00
12	11	23,80	28	27	88,80
13	12	25,70	29	28	96,00
14	13	28,00	30	29	103,80
15	14	30,40	31	30	112,00
16	15	32,90	32	31	120,70

▶ Aufgabe 12.71:

Das Drahtmodell einer Pyramide (Kantenlänge `l`, Höhe `h`) soll in Scilab mit der Funktion `plot3d` gezeichnet werden. Die Koordinaten der 5 Eckpunkte $P_1(0;0;0)$, $P_2(l;0;0)$, $P_3(l;l;0)$, $P_4(0;l;0)$ und $P_5(l/2;l/2;h)$ sind dabei im `struct`-Array `Pkt` mit den Komponenten `x`, `y` und `z` abzulegen. Die Kanten der Pyramide sollen als Verbindungslinien von je zwei Punkten gezeichnet werden, wozu im `struct`-Array `k` die Nummern der jeweiligen Punkte abgelegt werden.

(a) Informieren Sie sich über den Scilab-Befehl `plot3d` in der Online-Hilfe.

(b) Erstellen Sie das Scilab-nahe Nassi-Shneiderman-Diagramm der Funktion `Pyramide(l,h)`, die ihrerseits durch Aufruf der Funktion `ZeichneKanten(k,Pkt)` das Drahtmodell der Pyramide in ein Grafikfenster zeichnet.

(c) Erstellen Sie auf Basis des Nassi-Shneiderman-Diagramms aus (b) die Funktionen `Pyramide(l,h)` und `ZeichneKanten(k,Pkt)` und zeichnen Sie damit die Pyramide.

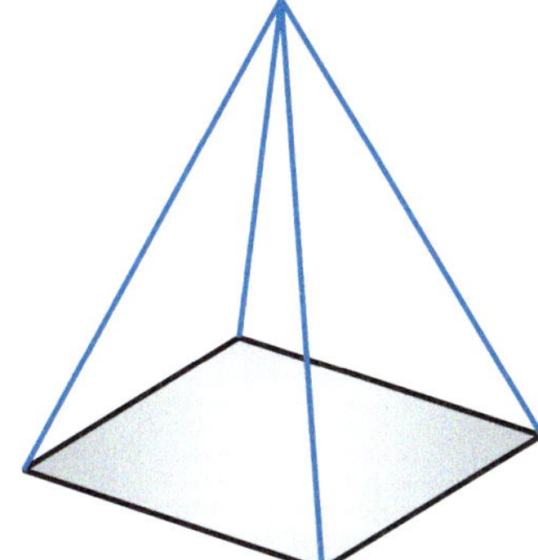

Bild 12.36: *Drahtmodell einer Pyramide.*

▶ Aufgabe 12.72:

Zur Bestimmung der Größe eines Ohm'schen Widerstands R hat Sara Schlurzkuss bei verschiedenen Strömen I die daran auftretenden Spannungsabfälle U gemäß Tab. 12.14 gemessen. Der Widerstand R ist durch Ausgleichsrechnung so zu bestimmen, dass die Abweichungen zu den Messwerten im Mittel am geringsten sind. Die Summe der Quadrate der Abweichungen $f(R)$ zwischen den gemessenen Spannungswerten U_k und den aus dem Ohm'schen Gesetz berechneten Spannungen $U_{b,k} = R \cdot I_k$ muss dazu ein Minimum annehmen:

$$f(R) = \sum_{k=1}^{n=5} (U_k - R \cdot I_k)^2 \tag{12.117}$$

Damit muss gelten:

$$f'(R) = 0 \tag{12.118}$$

Berechnen Sie den gesuchten Widerstand durch Auflösen von (12.118) nach R und stellen Sie die Messwerte und die Ausgleichsgerade in einem Strom-Spannungs-Diagramm dar.

Tabelle 12.14: *Messwerte von Spannung und Strom.*

i	U (V)	I (mA)
1	5,2	23
2	6,0	27
3	6,7	30
4	8,1	40
5	10,4	53

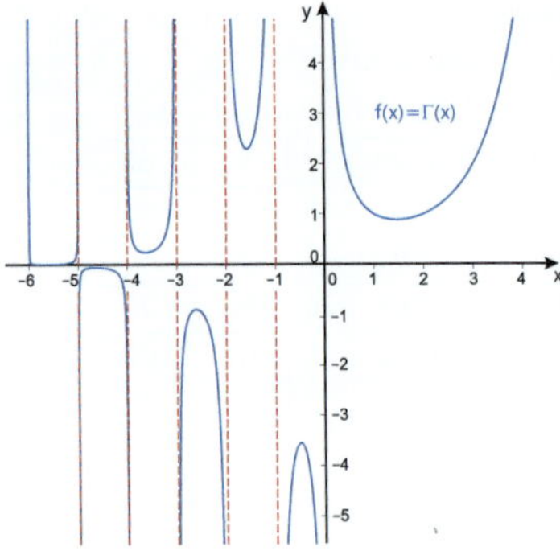

Bild 12.37: *Verlauf der Gammafunktion.*

Tabelle 12.15: *Polynomkoeffizienten zu Gl. (12.121).*

i	1	2
a_i	−0.577 191 652	0.988 205 891
i	3	4
a_i	−0.897 056 937	0.918 206 857
i	5	6
a_i	−0.756 704 078	0.482 199 394
i	7	8
a_i	−0.193 527 818	0.035 868 343

► Aufgabe 12.73:

Die als uneigentliches Integral definierte Gammafunktion (s. z. B. [3])

$$\Gamma(x) := \int_0^\infty e^{-t} \cdot t^{x-1}\, dt \tag{12.119}$$

besitzt nur für Argumente $x \in \mathbb{N}$ eine analytische Darstellung als verallgemeinerte Fakultät. Für Argumente $x \in \mathbb{R}^+$ gilt die Rekursion:

$$\Gamma(x+1) = x \cdot \Gamma(x) \tag{12.120}$$

In [138] findet man für $0 \le x \le 1$ mit $|R(x)| \le 3 \cdot 10^{-7}$ die Polynomapproximation:

$$\Gamma(x+1) = 1 + \sum_{i=1}^{8} a_i \cdot x^i + R(x) \tag{12.121}$$

Zur Anwendung von Gl. (12.121) sind die Funktionswerte durch Anwenden der Rekursion (12.120) auf das Intervall $[1;2]$ zu transformieren. Dies kann dadurch erfolgen, dass für $x > 2$ das Argument x fortlaufend um 1 vermindert und ein Faktor `fak` ausgehend von 1 mit x multipliziert und für $x < 1$ das Argument x um 1 erhöht und `fak` durch x dividiert wird.
Erstellen Sie ein Nassi-Shneiderman-Diagramm und einen kommentierten Scilab-Code der Funktion `Gamma(x)`, die die Berechnung der Gammafunktion wie beschrieben durchführt. Testen Sie diese für ausgewählte Werte x mittels der Scilab-internen Funktion `gamma(x)`.

► Aufgabe 12.74:

Die komplexe Zahl z lässt sich mit dem Realteil $\mathrm{Re}(z) = \alpha$ und dem Imaginärteil $\mathrm{Im}(z) = \omega$ in kartesischer Form $z = \alpha + i \cdot \omega$ notieren. Die alternative Darstellung mit Polarkoordinaten (Polarform) verwendet den Betrag $r = |z| = \sqrt{\alpha^2 + \omega^2}$ und das Argument $\varphi = \arg(z)$:

$$\arg(z) = \begin{cases} \arctan\left(\frac{\omega}{\alpha}\right) & \text{für } \alpha > 0, \omega \ge 0 \\ \arctan\left(\frac{\omega}{\alpha}\right) + 2\pi & \text{für } \alpha > 0, \omega < 0 \\ \arctan\left(\frac{\omega}{\alpha}\right) + \pi & \text{für } \alpha < 0, \omega \text{ beliebig} \\ \frac{\pi}{2} & \text{für } \alpha = 0, \omega > 0 \\ \frac{3\pi}{2} & \text{für } \alpha = 0, \omega < 0 \\ \text{unbestimmt} & \text{für } \alpha = 0, \omega = 0 \end{cases} \tag{12.122}$$

(a) Notieren Sie den kommentierten Scilab-Code der Funktion `arg(z)`, die das Argument der in Vektorform dargestellten komplexen Zahl `z=[alpha;omega]` im Bogenmaß berechnet.

(b) Erstellen Sie ein Scilab-nahes Nassi-Shneiderman-Diagramm (ohne Kommentare) der Funktion `Polarform(z)`, die die in Vektorform dargestellte komplexe Zahl `z=[alpha;omega]` unter Verwendung der Funktion `arg(z)` von kartesischer in Polarform umrechnet und den Betrag r sowie den Polarwinkel φ im Gradmaß ausgibt.

(c) Welchen Betrag $|z|$ und welches Argument (im Gradmaß) $\arg(z)$ hat $z = -2 + 5\,i$?

► Aufgabe 12.75:

Ernst Schmidt verwendet in der 1963 von ihm verfassten Dampftafel [129] die thermische Zustandsgleichung (12.123) für das spezifische Volumen $v = \frac{1}{\varrho}$ (in m³/kg) von Wasserdampf in Abhängigkeit des reduzierten Drucks $\sigma = \frac{p}{p_\text{k}}$ und der reduzierten Temperatur $\tau = \frac{T}{T_\text{k}}$:

$$v = v(\sigma,\tau) = \frac{\overline{R}\tau}{\sigma} - \frac{A - E(c-\sigma)\tau^{5,64}}{\tau^{2,82}} - \left[\frac{B-(d\sigma-\tau^2)D\sigma}{\tau^{14}} + \frac{C}{\tau^{32}}\right]\sigma^2 - (1-e\sigma)F\tau \quad (12.123)$$

$\overline{R}$ stellt mit der universellen Gaskonstante $\mathfrak{R} = 8{,}31415 \cdot 10^{-3}$ MJ/(kmol K) und der molaren Masse $M = 18{,}0160$ kg/kmol des Wassers eine normierte Gaskonstante dar:

$$\overline{R} = \frac{\mathfrak{R}\,T_\text{k}}{M\,p_\text{k}} \quad (12.124)$$

Die kritischen Parameter betragen $p_\text{k} = 221{,}287$ bar und $T_\text{k} = 647{,}3$ K. Für die Konstanten $A \ldots F$ und $c \ldots e$ gelten die Werte in Tabelle 12.16.

(a) Erstellen Sie die kommentierte Scilab-Funktion `rho(p,theta)`, die die Dichte `rho` von Wasserdampf zum Druck `p` (in MPa) und zur Celsius-Temperatur `theta` (in °C) unter ausschließlicher Verwendung lokaler Variablen berechnet.

(b) Welcher Aufruf ist notwendig, um das spezifische Volumen v für $p = 1{,}01325$ bar und $\vartheta = 100$ °C zu berechnen?

Tabelle 12.16: *Koeffizienten der Zustandsgleichung* (12.123).

A	$4{,}733\,10 \cdot 10^{-3}$
B	$2{,}939\,45 \cdot 10^{-3}$
C	$4{,}355\,07 \cdot 10^{-6}$
D	$6{,}701\,26 \cdot 10^{-4}$
E	$3{,}173\,62 \cdot 10^{-5}$
F	$8{,}068\,67 \cdot 10^{-5}$
c	$1{,}551\,08$
d	$1{,}265\,91$
e	$1{,}327\,35$

► Aufgabe 12.76:

In [3] findet man die summierte Tangententrapezformel[78] zur numerischen Berechnung des bestimmten Integrals $\int_a^b f(x)\,\mathrm{d}x$ bei äquidistanter Zerlegung h.

(a) Berechnen Sie mit dem Algorithmus von Gl. (12.125) das Integral $I = \int_2^6 \ln x\,\mathrm{d}x$ mit $m = 4$ Stufen.

(b) Wie groß ist der relative Fehler δI zum exakten Wert I_ex?

Hinweis: $\int \ln x\,\mathrm{d}x = x \cdot (\ln x - 1) + C$

$$\int_a^b f(x)\,\mathrm{d}x \approx h \cdot \sum_{k=0}^{m-1} f\left(a + (2k+1)\cdot\frac{h}{2}\right)$$

$$= \frac{b-a}{m} \cdot (y_1 + y_3 + \ldots + y_{2\text{m}-1})$$

$h = \frac{b-a}{m}$ Schrittweite

m gerade Anzahl an Stufen (12.125)

► Aufgabe 12.77:

Die von P. L. Tschebyschow 1859 gefundenen orthogonalen Polynome $T_\text{n}(x)$ ($n = 0,1,2,3,\ldots$) sind u.a. bei der Interpolation, der Approximation und der Lösung von Differenzialgleichungen von Bedeutung. Sie folgen für $n \geq 2$ rekursiv aus den Grundpolynomen $T_0(x) = 1$ und $T_1(x) = x$:

$$T_{\text{n}+1}(x) = 2x \cdot T_\text{n}(x) - T_{\text{n}-1}(x) \quad (12.126)$$

(a) Berechnen Sie die Polynome $T_2(x) \ldots T_6(x)$.

(b) Schreiben Sie einen kommentierten Scilab-Code, der $T_0(x) \ldots T_6(x)$ verschiedenfarbig im Intervall $[-1;1]$ in einem Diagramm darstellt.

Bild 12.38: *Pafnuti Lwowitsch Tschebyschow (1821–1894).*

[78] In [3] liegt mit $\frac{2(b-a)}{m}$ statt $\frac{b-a}{m}$ ein Schreibfehler vor.

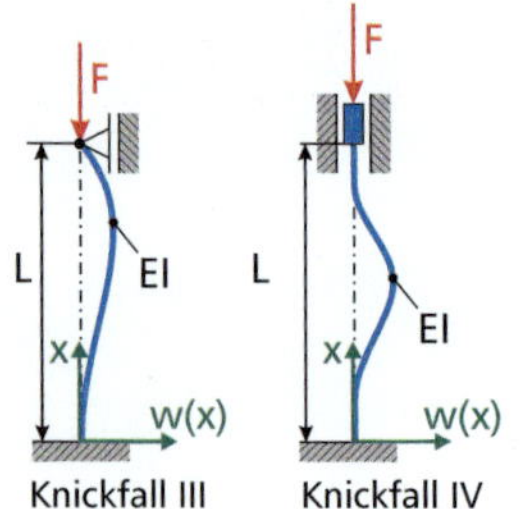

Bild 12.39: *Euler'sche Knickfälle III und IV.*

▸ Aufgabe 12.78:

Das Stabilitätsproblem des Knickens schlanker Stäbe der Biegesteifigkeit EI infolge von Druckkräften F wird durch eine homogene lineare Differenzialgleichung 4. Ordnung beschrieben (s. z. B. [139]):

$$w^{(4)}(x) + \frac{F}{EI} \cdot w''(x) = w^{(4)}(x) + k^2 \cdot w''(x) = 0 \tag{12.127}$$

(a) Ermitteln Sie mithilfe des Exponentialfunktionsansatzes (s. z. B. [3] die allgemeine Lösung von (12.127) mit den Konstanten $C_1 \ldots C_4$.

(b) Ermitteln Sie die Konstanten $C_1 \ldots C_4$, die Eigenwerte $k_n\,(n \in \mathbb{N})$ sowie die kritische Knicklast $F_{\text{krit,III}} = F(k_1)$ für den in Bild 12.39 links skizzierten Stab mit fester Einspannung und gelenkiger Lagerung (Euler'scher Knickfall III) mit den Randbedingungen:

$w(x=0)=0$ und $w(x=L)=0$

$w'(x=0)=0$ und $M(x=L)=-EI \cdot w''(x=L)=0$

(c) Ermitteln Sie die Konstanten $C_1 \ldots C_4$, die Eigenwerte $k_n\,(n \in \mathbb{N})$ sowie die kritische Knicklast $F_{\text{krit,IV}} = F(k_1)$ für den in Bild 12.39 rechts skizzierten Stab mit beidseitiger fester Einspannung (Euler'scher Knickfall IV) mit den Randbedingungen:

$w(x=0)=0$ und $w(x=L)=0$

$w'(x=0)=0$ und $w'(x=L)=0$

▸ Aufgabe 12.79:

Der Strahlungswärmefluss zwischen den Flächen eines Raumes (①: Boden; ②: Fassade; ③: restliche Umschließungsflächen) soll mittels Helligkeitsverfahrens (s. z. B. [8]) analysiert werden.
Die Einstrahlzahlen der Flächen liegen als Einstrahlzahlenmatrix Φ vor:

$$\Phi = (\varphi_{i,j}) = \begin{pmatrix} 0 & 0{,}169 & 0{,}831 \\ 0{,}282 & 0 & 0{,}718 \\ 0{,}320 & 0{,}166 & 0{,}514 \end{pmatrix} \tag{12.128}$$

Tabelle 12.17: *Daten der Raumumschließungsflächen.*

Index i	A_i (m²)	ϑ_i (°C)	ϵ_i (–)
1	30	27	0,9
2	18	15	0,9
3	78	20	0,9

Vom Oberflächenwiderstand $R_i = \frac{1-\epsilon_i}{\epsilon_i \cdot A_i}$ zweigen $j = 1 \ldots N$ Raumwiderstände $R_{i,j} = \frac{1}{\varphi_{i,j} \cdot A_i}$ ab. Die Energiebilanz am Verzweigungspunkt liefert für die Helligkeit J_i der Fläche A_i:

$$\frac{E_{S,i} - J_i}{R_i} = \sum_{j=1}^{N=3} \frac{J_i - J_j}{R_{i,j}} \tag{12.129}$$

Für die Emission des schwarzen Körpers gilt ($\sigma = 5{,}67 \cdot 10^{-8}$ W/(m²K⁴), $T_0 = 273{,}15$ K):

$$E_{S,i} = \sigma \cdot T_i^4 = \sigma \cdot (\vartheta_i + T_0)^4 \tag{12.130}$$

(a) Stellen Sie unter Berücksichtigung der Emissionen $E_i = \epsilon_i \cdot E_{S,i}$ aus den Energiebilanzen an den einzelnen Verzweigungspunkten ein LGS $\mathbf{A} \cdot \vec{J} = \vec{E}$ für die Helligkeiten J_i der einzelnen Flächen A_i auf und lösen Sie dieses mit einem geeigneten Verfahren in Scilab.

(b) Wie groß ist der spezifische Netto-Strahlungswärmestrom $\dot{q}_1$ des Fußbodens?

▶ Aufgabe 12.80:

Bewegen sich Kreise k_i mit variablem Radius r_i mit ihren Mittelpunkten M_i auf einem festen Führungskreis k_F, ergibt ihre Einhüllende (Enveloppe) eine Kardioide. Im folgenden ist k_F ein Ursprungskreis mit Radius $R = 2$. Die Bewegung der Mittelpunkte M_i soll in Winkelschritten $\Delta\varphi = 7{,}5°$ erfolgen, d. h. $\varphi_i = i \cdot \Delta\varphi$ mit $i = 0 \ldots 48$. Der variable Radius r_i beträgt:

$$r_i = \sqrt{4 \cdot (1 - R \cdot \sin\varphi_i) + R^2} \qquad (12.131)$$

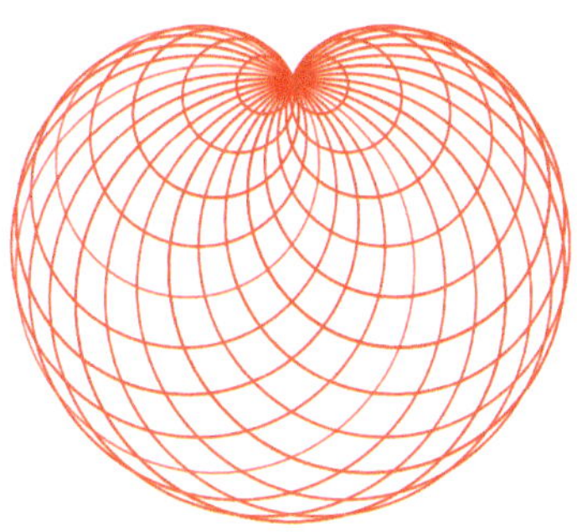

Bild 12.40: *Kardioide als Einhüllende von Kreisen.*

Kreise können leicht in Parameterdarstellung notiert werden:

$$\begin{aligned} x(t) &= r \cdot \cos t + x_M \\ y(t) &= r \cdot \sin t + y_M \end{aligned} \qquad (12.132)$$

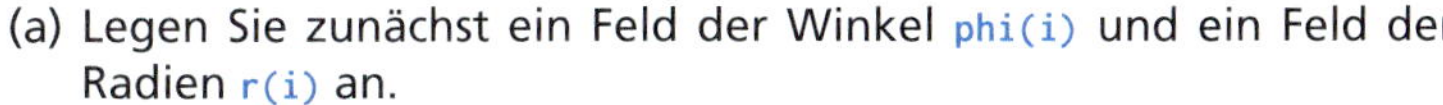

(a) Legen Sie zunächst ein Feld der Winkel `phi(i)` und ein Feld der Radien `r(i)` an.

(b) Definieren Sie die Kreise gemäß Gl. (12.132) in Parameterdarstellung als Funktionen `x(phi,t)` und `y(phi,t)`.

(c) Zeichnen Sie die Kreisschar mittels `plot` in roter Farbe (gleiche Achsenskalierung).

▶ Aufgabe 12.81:

Zur Kühlung elektronischer Bauelemente soll ein Aluminium-Kühlkörper mit Rechteckrippen (Breite B, Länge L, Dicke 2δ, adiabates Ende, vgl. Bild 12.41) untersucht werden.

Die halbe Rippendicke δ_0 soll so bestimmt werden, dass die auf die Rippenbreite B bezogene Wärmestromdichte $\dot{q}_0 = \frac{\dot{Q}_0}{B} = 100\ \frac{\text{W}}{\text{cm}}$ von der Rippe übertragen werden kann.

Der Rippenparameter μ kennzeichnet als längenbezogener Parameter das Verhältnis des Wärmetransports infolge Wärmeübergangs an der Rippenoberfläche $A_O = U \cdot L = 2 \cdot (2\delta + B) \cdot L$ zur Wärmeleitung im Rippenquerschnitt $A = 2\delta \cdot B$ [8]:

$$\mu = \sqrt{\frac{\alpha \cdot U}{\lambda \cdot A}} \qquad (12.133)$$

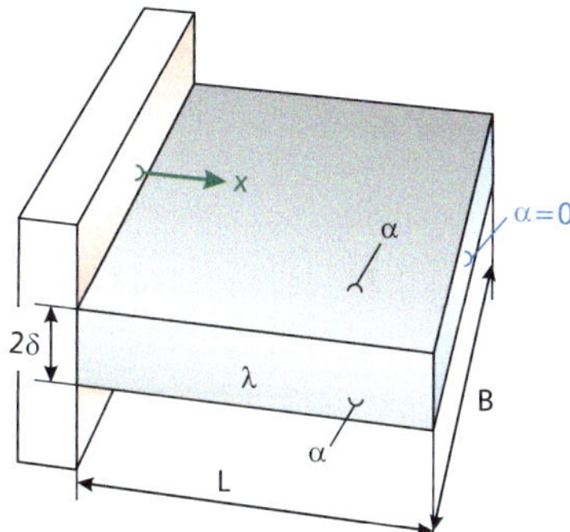

Bild 12.41: *Geometrie und Randbedingungen der betrachteten Rechteckrippen.*

Der von der Rippe übertragene Wärmestrom $\dot{Q}_0$ folgt zu [8]:

$$\dot{Q}_0 = \frac{\tanh(\mu L)}{\mu L} \cdot \alpha \cdot A_O \cdot (\vartheta_0 - \vartheta_\infty) \qquad (12.134)$$

(a) Stellen Sie eine Gleichung auf, in der die halbe Rippendicke δ_0 als Unbekannte vorkommt.

(b) Berechnen Sie mittels eines strukturierten Scilab-Codes die halbe Rippendicke δ_0 für $\alpha = 12{,}5$ W/(m^{2}K), $\lambda = 164$ W/(mK), $\vartheta_0 = 85$ °C (Rippenfußtemperatur), $\vartheta_\infty = 25$ °C (Umgebungstemperatur) und $L = 42$ mm.

► Aufgabe 12.82:

Für die in Bild 12.42 dargestellte Dreifach-Wärmeschutzisolierverglasung sind die Oberflächentemperaturen $\vartheta_{1a}, \vartheta_{1i}, \vartheta_{2a}, \vartheta_{2i}, \vartheta_{3a}, \vartheta_{3i}$ zu berechnen.

Die Wärmestromdichte $\dot{q}$ zwischen innen (Index i) und außen (Index a) berechnet sich mit dem Wärmedurchgangskoeffizienten der Verglasung (U-Wert) U_g und der Temperaturdifferenz zwischen innen und außen $\vartheta_i - \vartheta_a$:

$$\dot{q} = U_g \cdot (\vartheta_i - \vartheta_a) \tag{12.135}$$

Der U-Wert U_g einer Dreifachverglasung ist gleich dem Kehrwert der Summe aus den Wärmeübergangswiderständen innen und außen R_{si} und R_{se} und den einzelnen Wärmedurchlasswiderständen R_k:

$$\frac{1}{U_g} = R_{se} + R_1 + R_{12} + R_2 + R_{23} + R_3 + R_{si} \tag{12.136}$$

In den Scheiben 1, 2 und 3 liegt nur Wärmeleitung vor, während in den Scheibenzwischenräumen 12 und 23 auch Konvektion und Strahlung auftritt. Die Wärmedurchlasswiderstände der Scheiben R_k betragen mit der Schichtdicke d_k und der Wärmeleitfähigkeit λ_k:

$$R_k = \frac{d_k}{\lambda_k} \qquad (k = 1,2,3) \tag{12.137}$$

Die Wärmeübergangswiderstände an der Innen- und Außenseite der Verglasung ergeben sich als Kehrwerte der jeweiligen Wärmeübergangskoeffizienten α_i und α_a:

$$R_{si} = \frac{1}{\alpha_i} \qquad \text{und} \qquad R_{se} = \frac{1}{\alpha_a} \tag{12.138}$$

Bei symmetrischem Scheibenaufbau sind die Wärmedurchlasswiderstände der beiden Scheibenzwischenräume gleich groß:

$$R_{12} = R_{23} \tag{12.139}$$

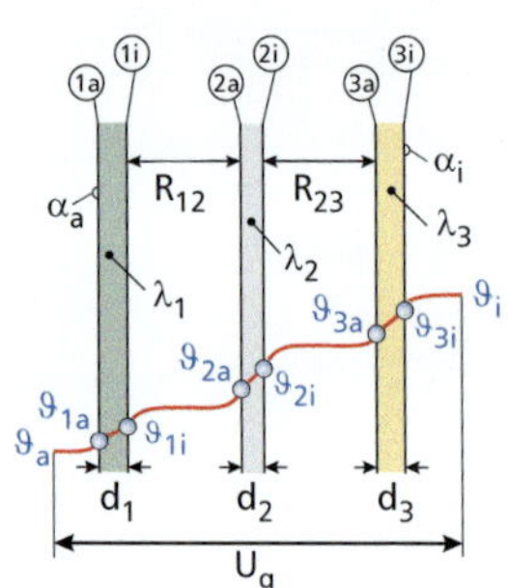

Bild 12.42: *Schnitt durch die Dreifach-Wärmeschutzisolierverglasung.*

Im stationären Zustand ist die Wärmestromdichte $\dot{q}_k$ an jeder Stelle der Verglasung gleich:

$$\begin{aligned}
\dot{q}_a &= \dot{q} = \alpha_a \cdot (\vartheta_{1a} - \vartheta_a) \\
\dot{q}_1 &= \dot{q} = \frac{1}{R_1} \cdot (\vartheta_{1i} - \vartheta_{1a}) \\
\dot{q}_{12} &= \dot{q} = \frac{1}{R_{12}} \cdot (\vartheta_{2a} - \vartheta_{1i}) \\
\dot{q}_2 &= \dot{q} = \frac{1}{R_2} \cdot (\vartheta_{2i} - \vartheta_{2a}) \\
\dot{q}_{23} &= \dot{q} = \frac{1}{R_{23}} \cdot (\vartheta_{3a} - \vartheta_{2i}) \\
\dot{q}_3 &= \dot{q} = \frac{1}{R_3} \cdot (\vartheta_{3i} - \vartheta_{3a}) \\
\dot{q}_i &= \dot{q} = \alpha_i \cdot (\vartheta_i - \vartheta_{3i})
\end{aligned} \tag{12.140}$$

Folgende Daten sind bekannt:

$\vartheta_i = 20\ °\text{C}$; $\vartheta_a = -15\ °\text{C}$; $U_g = 0{,}5\ \text{W/(m}^2\text{K)}$;

$\alpha_i = \frac{1}{0{,}13}\ \text{W/(m}^2\text{K)}$; $\alpha_a = \frac{1}{0{,}04}\ \text{W/(m}^2\text{K)}$;

$\lambda_1 = \lambda_2 = \lambda_3 = 0{,}8\ \text{W/(mK)}$;

$d_1 = d_3 = 6\ \text{mm}$; $d_2 = 4\ \text{mm}$

(a) Ermitteln Sie zunächst die Wärmedurchlasswiderstände der Scheiben 1, 2 und 3 sowie die Wärmeübergangswiderstände an der Innen- und Außenseite der Verglasung mithilfe der Gln. (12.137) und (12.138).

(b) Berechnen Sie mit den Ergebnissen aus (a) und den Gln. (12.136) und (12.139) die Wärmedurchlasswiderstände der Scheibenzwischenräume 12 und 23.

(c) Stellen Sie an den Scheibenoberflächen 1a, 1i, 2a, 2i, 3a und 3i mithilfe des Gleichungssystems (12.140) jeweils eine Gleichung auf, in der die jeweilige Oberflächentemperatur und die beiden Nachbartemperaturen vorkommen.

(d) Stellen Sie das Gleichungssystem für die Oberflächentemperaturen in Matrixschreibweise $\mathbf{A} \cdot \vec{\vartheta} = \vec{b}$ dar.

(e) Lösen Sie das Gleichungssystem mit dem Gauß'schen Algorithmus und überprüfen Sie das Ergebnis unter Zuhilfenahme des in Scilab enthaltenen Gleichungslösers.

▶ Aufgabe 12.83:

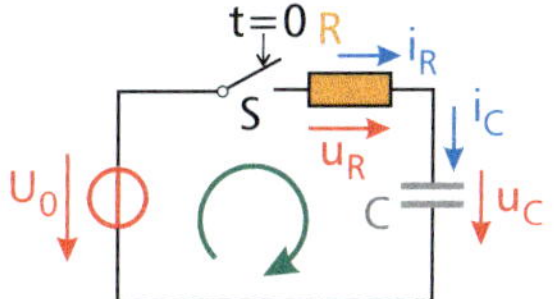

Bild 12.43: *Laden der Kapazität C über einen Vorwiderstand R.*

Der in Bild 12.43 skizzierte Kondensator der Kapazität $C = 100\ \mu\text{F}$ wird durch Schließen des Schalters S zur Zeit $t = 0$ über den Ohm'schen Vorwiderstand R an der konstanten Quellenspannung $U_0 = 12$ V aufgeladen. Wegen des offenen Schalters ist die Spannung am Kondensator anfangs Null:

$$u_C(t=0) = 0 \tag{12.141}$$

Der Ladestrom $i_C(t)$ ist der zeitlichen Änderung der Spannung am Kondensator proportional:

$$i_C(t) = C \cdot \frac{\mathrm{d}u_C(t)}{\mathrm{d}t} \tag{12.142}$$

(a) Leiten Sie aus einer Maschengleichung eine Differenzialgleichung (♡) für die Spannung $u_C(t)$ am Kondensator ab und lösen Sie diese (z. B. durch Trennung der Variablen).

(b) Bestimmen Sie die auftretende Integrationskonstante aus der Anfangsbedingung (12.141).

(c) Leiten Sie anhand von (12.142) eine Gleichung für den Ladestrom $i_C(t)$ ab.

(d) Bestimmen Sie den Vorwiderstand R in Scilab so, dass der Ladestrom nach $t_1 = 0{,}5$ s auf $i_1 = 0{,}05$ mA abgesunken ist.

(e) Auf welche Spannung U_1 ist der Kondensator zur Zeit t_1 dann aufgeladen?

▶ Aufgabe 12.84:

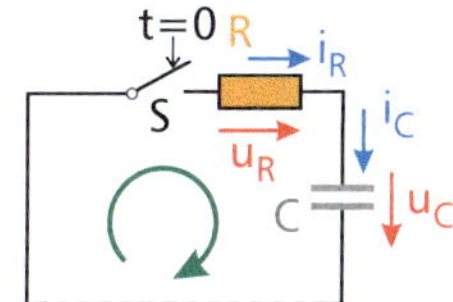

Bild 12.44: *Entladen der Kapazität C über einen Ohm'schen Widerstand R.*

Der in Bild 12.44 dargestellte Kondensator der Kapazität $C = 330\ \mu\text{F}$ ist vollständig auf die Anfangsspannung $U_0 = 20$ V aufgeladen.

$$u_C(t=0) = U_0 \tag{12.143}$$

Zur Zeit $t = 0$ wird der Schalter S geschlossen, wodurch der zur zeitlichen Änderung der Spannung am Kondensator proportionale Entladestrom i_C durch den Ohm'schen Widerstand R fließt:

$$i_C(t) = C \cdot \frac{\mathrm{d}u_C(t)}{\mathrm{d}t} \tag{12.144}$$

(a) Leiten Sie aus einer Maschengleichung eine Differenzialgleichung (♠) für die Spannung $u_C(t)$ am Kondensator ab und lösen Sie diese mit einer geeigneten Methode analytisch.

(b) Bestimmen Sie die auftretende Integrationskonstante aus der Anfangsbedingung (12.143).

(c) Leiten Sie anhand von (12.144) eine Gleichung für den Entladestrom $i_C(t)$ ab.

(d) Bestimmen Sie den Widerstand R in Scilab so, dass der Entladestrom nach $t_1 = 15$ s auf $i_1 = -20\ \mu$A abgesunken ist.

(e) Wie groß ist die verbliebene Spannung U_1 am Kondensator zur Zeit t_1?

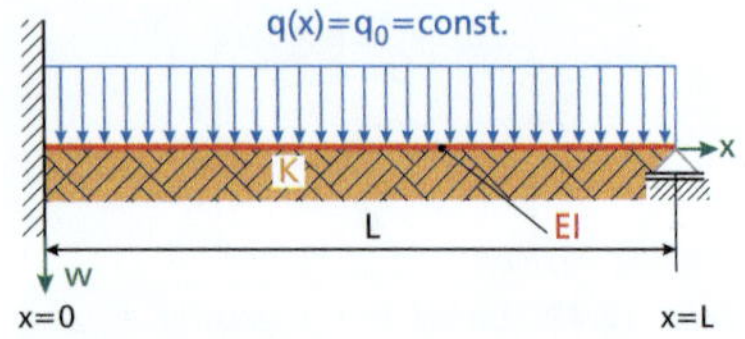

Bild 12.45: *Auf elastischem Untergrund statisch unbestimmt gelagerter Träger (nach [99]).*

▶ Aufgabe 12.85:

Für den in Bild 12.45 skizzierten elastisch gebetteten Träger (konstante Bettungszahl K, konstante Biegesteifigkeit EI, Gleichlast q_0) aus [99] sind die Durchsenkung $w(x)$ und der Biegemomentenverlauf $M(x)$ gesucht. Gemäß [139] gilt für die Biegelinie die inhomogene Differenzialgleichung 4. Ordnung:

$$w^{(4)}(x) + \frac{K}{EI} \cdot w(x) = \frac{q(x)}{EI} \tag{12.145}$$

Für die statisch unbestimmte Lagerung gelten die Randbedingungen:

$$\begin{aligned} w(x=0) &= 0 \quad \text{und} \quad w'(x=0) = 0 \\ w(x=L) &= 0 \quad \text{und} \quad w''(x=L) = 0 \end{aligned} \tag{12.146}$$

$$w(x) = \frac{q_0}{K} + \exp\left(\frac{x}{\beta}\right) \cdot \left\{C_1 \cdot \cos\left(\frac{x}{\beta}\right) + C_2 \cdot \sin\left(\frac{x}{\beta}\right)\right\} + \exp\left(-\frac{x}{\beta}\right) \cdot \left\{C_3 \cdot \cos\left(\frac{x}{\beta}\right) + C_4 \cdot \sin\left(\frac{x}{\beta}\right)\right\} \tag{12.147}$$

mit $\beta = \sqrt[4]{\frac{4EI}{K}}$

(a) Zeigen Sie, dass Gl. (12.147) die allgemeine Lösung von (12.145) darstellt.

(b) Ermitteln Sie allgemein die Neigung der Biegelinie $w'(x)$ und das Biegemoment $M(x) = -EI\,w''(x)$.

(c) Stellen Sie mit den Randbedingungen (12.146) ein Gleichungssystem für die Konstanten $C_1 \dots C_4$ in der Form $\mathbf{A} \cdot \vec{C} = \vec{b}$ auf.

(d) Ermitteln Sie die Konstanten $C_1 \dots C_4$ durch Lösen des Gleichungssystems in Scilab mit dem Gauß'schen Algorithmus für den Fall $\frac{q_0}{K} = 0{,}10$ m, $\frac{L}{\beta} = 4$, $\frac{KL^4}{EI} = 1024$ und überprüfen Sie das Ergebnis unter Zuhilfenahme der in Scilab implementierten Links-Division.

▶ Aufgabe 12.86:

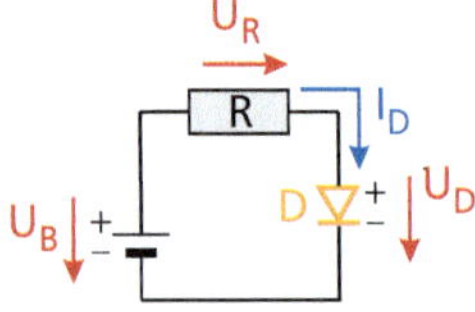

Bild 12.46: *Halbleiterdiode D mit Vorwiderstand R.*

Der durch die Diode in Bild 12.46 fließende Strom I_D hängt nach der Shockley-Gleichung exponentiell von der Diodenspannung U_D ab:

$$I_D(U_D) = I_S(T) \cdot \left[\exp\left(\frac{U_D\, e_0}{k\,T}\right) - 1\right] \tag{12.148}$$

Der temperaturabhängige Sperrstrom $I_S(T)$ folgt aus:

$$I_S(T) = \frac{I_0}{\exp\left(\frac{U_0\, e_0}{k\,T}\right) - 1} \tag{12.149}$$

(a) Stellen Sie eine Gleichung (♡) für den Diodenstrom I_D in Abhängigkeit der Diodenspannung U_D auf.

(b) Berechnen Sie mithilfe von (12.149) den Sperrstrom $I_S(T)$ der Diode für $U_0 = 0{,}7$ V, $I_0 = 1$ mA und $(k\,T)/e_0 = 43$ mV.

(c) Leiten Sie aus (12.148) und (♡) eine Beziehung für die Diodenspannung U_D ab und berechnen Sie diese mit Scilab für $U_B = 4{,}5$ V und $R = 1{,}2\ \text{k}\Omega$.

(d) Berechnen Sie den fließenden Diodenstrom I_D mit (♡).

▶ Aufgabe 12.87:

Eine Siliziumdiode mit dem Sättigungsstrom $I_S = 10$ pA ist mit dem Widerstand $R = 100\ \Omega$ gemäß Bild 12.47 in Serie geschaltet. An der Schaltung liegt die Batteriespannung $U_B = 1$ V an. Die nichtlineare Diodenkennlinie beschreibt den Zusammenhang zwischen Diodenstrom I_D und Diodenspannung U_D nach Gl. (12.148). $(k\,T)/e_0$ beträgt 25,875 mV.

(a) Stellen Sie eine Gleichung (♡) für den Diodenstrom I_D in Abhängigkeit der Diodenspannung U_D und des Widerstands R auf.

(b) Ermitteln Sie aus Gl. (12.148) eine Beziehung (♡♡), in der die Diodenspannung U_D explizit als Funktion des Diodenstroms I_D vorkommt und eliminieren Sie damit die Diodenspannung in Gl. (12.148).

(c) Stellen Sie die Diodenkennlinie mit Scilab in einem Diagramm dar und tragen Sie die Arbeitsgerade mithilfe der Grenzfälle $U_D = 0$ und $I_D = 0$ ein.

(d) Berechnen Sie den Strom I_{AP} am Arbeitspunkt der Diode, indem Sie die Bestimmungsgleichung mit einem Verfahren zur Nullstellensuche in Scilab lösen.

(e) Berechnen Sie die im Arbeitspunkt anliegende Diodenspannung U_{AP} mithilfe von Gl. (♡♡).

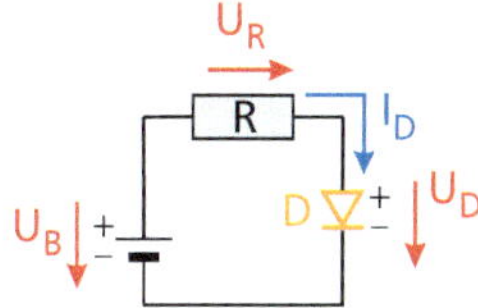

Bild 12.47: *Siliziumdiode D mit Vorwiderstand R.*

▶ Aufgabe 12.88:

Die Temperatur eines stromdurchflossenen Leiters mit Querschnitt A und Länge L soll für stationäre Bedingungen berechnet werden. Aufgrund der Ohm'schen Verluste beträgt seine Verlustleistung:

$$P_V = I^2 \cdot R = I^2 \cdot \varrho \cdot \frac{L}{A} \tag{12.152}$$

Der stromdurchflossene Leiter mit der mittleren Temperatur $\overline{\vartheta}$ gibt an seiner Oberfläche A_O Wärme über freie Konvektion mit dem Wärmeübergangskoeffizienten α_K an die Raumluft der Temperatur ϑ_L ab:

$$\dot{Q}_K = \alpha_K \cdot A_O \cdot (\overline{\vartheta} - \vartheta_L) \tag{12.153}$$

Der Draht strahlt ferner über seine Oberfläche A_O Wärme in die Umgebung der Temperatur ϑ_∞ ab:

$$\dot{Q}_S = \epsilon \cdot \sigma \cdot A_O \cdot \left[(\overline{\vartheta} + T_0)^4 - (\vartheta_\infty + T_0)^4 \right] \tag{12.154}$$

Die stationäre Energiebilanz am Draht liefert:

$$P_V = \dot{Q}_K + \dot{Q}_S \tag{12.155}$$

Die wärmeabgebende Drahtoberfläche A_O folgt mit dem Drahtdurchmesser D und der Drahtlänge L aus:

$$A_O = D \cdot \pi \cdot L \tag{12.156}$$

(a) Ermitteln Sie den Durchmesser D und mit Gl. (12.156) die Oberfläche A_O des Drahtes.

(b) Berechnen Sie mit Scilab die mittlere Temperatur des Drahtes $\overline{\vartheta}$ mithilfe von (12.152)–(12.155).

Folgende Daten sind bekannt:

Leiterquerschnitt	$A = 2{,}5$ mm²
Leiterlänge	$L = 15$ m
Stefan-Boltzmann-Konstante	$\sigma = 5{,}67 \cdot 10^{-8}$ W/(m² K⁴)
Emissionsgrad Draht	$\epsilon = 0{,}92$
Stromfluss	$I = 120$ A
spezifischer Widerstand (Kupfer)	$\varrho = 0{,}0178\ \Omega$mm²/m
konvektiver Wärmeübergangskoeffizient	$\alpha_K = 12$ W/(m² K)
Lufttemperatur	$\vartheta_L = 22$ °C
Umgebungstemperatur	$\vartheta_\infty = 22$ °C
absolute Temperatur	$T_0 = 273{,}15$ K

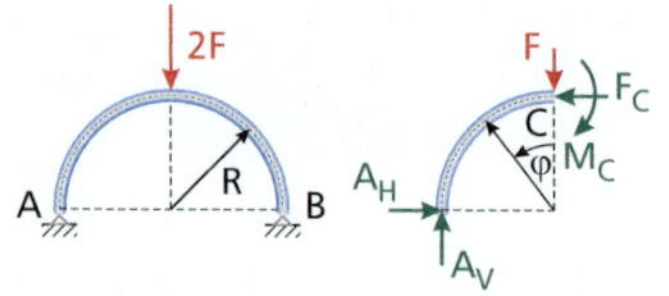

Bild 12.48: *Statisch unbestimmt gelagerter Kreisbogenträger (nach [99]).*

Wegen der vorhandenen Symmetrie wird nur ein halber Kreisbogenträger mit der halben Last F betrachtet.

▸ Aufgabe 12.89:

Für den statisch unbestimmt gelagerten Kreisbogenträger (Kreisquerschnitt mit Radius r) in Bild 12.48 sind die Radialverschiebung $w(\varphi)$ und die Tangentialverschiebung $u(\varphi)$ gesucht. Als Schnittgrößen treten im Freischnitt die Lagerkraft F_C und das Moment M_C auf. Nach [99] gilt mit $\epsilon = r/R$ und dem dimensionslosen Parameter

$$\kappa = \frac{2-\epsilon^2}{\epsilon^2} - \frac{4}{\pi\epsilon^2}\cdot\sqrt{1-\epsilon^2}\cdot\left[\arctan\left(\frac{1+\epsilon}{\sqrt{1-\epsilon^2}}\right)+\arctan\left(\frac{1-\epsilon}{\sqrt{1-\epsilon^2}}\right)\right] \tag{12.157}$$

für die Radialverschiebung $w(\varphi)$:

$$w(\varphi) = C_1\cos\varphi + C_2\sin\varphi + \frac{FR}{\kappa EA}\cdot\left(1+\frac{\varphi}{2}\cos\varphi - \frac{F_C}{2F}\varphi\sin\varphi\right) \tag{12.158}$$

Die Tangentialverschiebung $u(\varphi)$ folgt aus:

$$u(\varphi) = -\frac{FR}{EA}\varphi - C_1\sin\varphi + C_2\cos\varphi + C_3 - \frac{FR}{\kappa EA}\left\{\varphi + \left(\frac{\varphi}{2}-\frac{F_C}{2F}\right)\sin\varphi + \left(\frac{1}{2}+\frac{F_C}{2F}\varphi\right)\cos\varphi\right\} \tag{12.159}$$

Für die Bestimmung der unbekannten Konstanten $C_1 \ldots C_3$ und der unbekannten Lagerkraft F_C stehen als Randbedingungen zur Verfügung:

$$w(\varphi) = 0$$
$$w'(\varphi = 0) = 0$$
$$u(\varphi = 0) = 0 \tag{12.160}$$
$$u\left(\varphi = \frac{\pi}{2}\right) = 0$$

(a) Notieren Sie mittels (12.160) ein Gleichungssystem für die gesuchten Konstanten $C_1 \ldots C_3$ und die Lagerkraft F_C der Form $\mathbf{A}\cdot\vec{C} = \vec{b}$.

(b) Ermitteln Sie die Konstanten $C_1 \ldots C_3$ und die Lagerkraft F_C durch Lösen des Gleichungssystems mit dem Gauß'schen Algorithmus für $EA = 95000$ kN, $\epsilon = r/R = 0{,}05$, $R = 24$ cm und $F = 6$ kN. Überprüfen Sie das Ergebnis mit einem in Scilab enthaltenen Solver.

▸ Aufgabe 12.90:

Als Student hat P. L. Tschebyschow 1838 ein Iterationsverfahren der Konvergenzordnung 3 zur Nullstellenbestimmung einer Funktion $f(x)$ mit der Vorschrift

$$x_{i+1} = x_i - \frac{f(x_i)}{f'(x_i)}\cdot\left[1+\frac{f(x_i)\cdot f''(x_i)}{2f'(x_i)^2}\right] \quad \text{mit} \quad i = 0,1,2,\ldots \tag{12.161}$$

entwickelt, das erst posthum 1951 veröffentlicht wurde [140].
Alternativ wird als Iterationsvorschrift angegeben:

$$x_{i+1} = x_i + \frac{-f'(x_i)+\sqrt{f'(x_i)^2 - 2f(x_i)\cdot f''(x_i)}}{f''(x_i)} \quad \text{mit} \quad i = 0,1,2,\ldots \tag{12.162}$$

(a) Zeigen Sie durch geeignete Reihenentwicklung der Wurzel, dass Gl. (12.162) in Gl. (12.161) übergeführt werden kann.

(b) Erstellen Sie die kommentierten Scilab-Funktionen `Cheby1(f, df, x0, tol, imax)` und `Cheby2(f, df, d2f, x0, tol, imax)`, die zur Funktion `f(x)` mit erster Ableitung `df(x)` und zweiter Ableitung `d2f(x)` die Nullstelle `x1` ausgehend vom Startwert `x0` mit der Genauigkeit `tol` zweier aufeinanderfolgender Iterationen `abs(x1-x0)` in maximal `imax` Schritten berechnen.

(c) Testen Sie die beiden Funktionen für $f(x) = x^4 - 6x^3 + 6x^2 + 9x + 2$ mit dem Startwert $x_0 = 3$. Erklären Sie das unterschiedliche Verhalten und geben Sie eine Möglichkeit zur Abhilfe an.

▸ Aufgabe 12.91:

Wegen der sehr komplexen Zustandsgleichungen realer Fluide verwendet man in der Thermodynamik häufig tabellierte Werte. Für die Temperaturen ϑ und die spezifischen Enthalpien h von Wasserdampf bei $p = 1$ bar [141] gemäß Tab. 12.18 soll die spezifische isobare Wärmekapazität c_p durch numerische Differenziation berechnet werden:

$$c_p = \left(\frac{\partial h}{\partial \vartheta}\right)_p \tag{12.163}$$

Für die Anfangs- und Endwerte empfehlen sich Vorwärts- und Rückwärts-Differenzen 2. Ordnung, für die Werte dazwischen zentrale Differenzen:

$$f'(x) \approx \frac{-3\,f(x) + 4\,f(x+\Delta x) - f(x+2\,\Delta x)}{2\,\Delta x} \quad \text{Vorwärts-Differenz} \tag{12.164}$$

$$f'(x) \approx \frac{3\,f(x) - 4\,f(x-\Delta x) + f(x-2\,\Delta x)}{2\,\Delta x} \quad \text{Rückwärts-Differenz} \tag{12.165}$$

$$f'(x) \approx \frac{f(x+\Delta x) - f(x-\Delta x)}{2\,\Delta x} \quad \text{Zentrale Differenz} \tag{12.166}$$

Erstellen Sie einen kommentierten Scilab-Code, der die spezifische Wärmekapazität `cp` aus den Temperaturen `theta` und den spezifischen Enthalpien `h` gemäß der Gln. (12.163)–(12.166) berechnet und die prozentuale Abweichung zu den Tabellenwerten `cp_ex` am Bildschirm formatiert ausgibt.

Tabelle 12.18: *Thermodynamische Daten von Wasserdampf [141].*

i	ϑ (°C)	h (kJ/kg)	c_p (kJ/(kg K))
1	100	2 675	2,042
2	125	2 726	1,999
3	150	2 776	1,980
4	175	2 825	1,974
5	200	2 874	1,975
6	225	2 924	1,981
7	250	2 973	1,990
8	275	3 023	2,001
9	300	3 073	2,013

▸ Aufgabe 12.92:

Die Kovarianz zweier Datenvektoren $\vec{x}$ und $\vec{y}$ der Länge n ist über das Skalarprodukt definiert:

$$\mathrm{Cov}(\vec{x},\vec{y}) = \frac{1}{n-1}\cdot\left(\vec{x}-\vec{\overline{x}}\right)\cdot\left(\vec{y}-\vec{\overline{y}}\right) = \frac{1}{n-1}\cdot\left(\vec{x}\cdot\vec{y} - n\cdot\overline{x}\cdot\overline{y}\right) \tag{12.167}$$

Dabei sind $\overline{x}$ und $\overline{y}$ die Mittelwerte der Datenvektoren:

$$\overline{x} = \frac{1}{n}\cdot\sum_{i=1}^{n} x_i \quad \text{und} \quad \overline{y} = \frac{1}{n}\cdot\sum_{i=1}^{n} y_i \tag{12.168}$$

Erstellen Sie die kommentierte Scilab-Funktion `Kovarianz(x,y)`, die die Kovarianz `Covar` der in Tab. 12.19 dargestellten Vektoren `x` und `y` berechnet und retourniert.

Tabelle 12.19: *Datenvektoren zu Aufgabe 12.92.*

i	x_i	y_i
1	0,2	44,3
2	0,2	43,5
3	0,3	53,2
4	0,3	55,9
5	0,4	61,2
6	0,4	62,5
7	0,4	64,5
8	0,5	71,8
9	0,5	73,2
10	0,6	82,4
11	0,7	92,6
12	0,7	92,1

▸ Aufgabe 12.93:

Erstellen Sie die kommentierte Scilab-Funktion `Korrelationskoeffizient(x,y)`, die den Korrelationskoeffizient r

$$r(\vec{x},\vec{y}) = \frac{\mathrm{Cov}(\vec{x},\vec{y})}{\mathrm{Var}(\vec{x})\cdot\mathrm{Var}(\vec{y})} \tag{12.169}$$

$$\mathrm{Var}(\vec{x}) = \frac{1}{n-1}\sum_{i=1}^{n}(x_i-\overline{x})^2 \quad \text{und} \quad \mathrm{Var}(\vec{y}) = \frac{1}{n-1}\sum_{i=1}^{n}(y_i-\overline{y})^2 \tag{12.170}$$

für den Datensatz aus Aufgabe 12.92 berechnet.

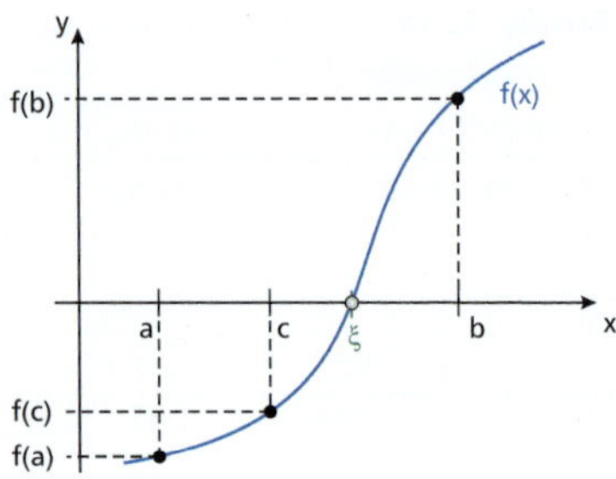

Bild 12.49: *Nullstellensuche mit dem 3 Punkte-Algorithmus.*

Aufgabe 12.94:

Kosmol [142] teilt einen Algorithmus mit 3 Punkten zur Bestimmung der Nullstelle einer nichtlinearen Funktion $f(x)$ mit, dessen Schritte sich mit dem Differenzenquotienten

$$f[\alpha,\beta] := \frac{f(\alpha)-f(\beta)}{\alpha-\beta} \tag{12.171}$$

folgendermaßen beschreiben lassen:

1. **Wähle** $a,b \in \mathbb{R}$ **mit** $f(a)\cdot f(b) < 0$.
2. **Berechne** $c = b - \frac{f(b)}{f[a,b]}$.
3. **Berechne** $Q = \frac{(c-a)\cdot f[c,b] + (b-c)\cdot f[c,a]}{b-a}$.
4. **Berechne** $y = c - \frac{f(c)}{Q}$.
5. **Prüfe Abbruchkriterium bezüglich** y **und** $f(y)$.
6. **Falls nicht erfüllt, setze** $a=b$, $b=c$, $c=y$ **und gehe zu Schritt 3.**
7. **Anderenfalls, Nullstelle gefunden.**

Schreiben Sie einen kommentierten Scilab-Code, der die Nullstelle `xi` einer Funktion `fun` für die Intervallgrenzen `a` und `b` mit der Genauigkeit `eps` in maximal `imax` Schritten berechnet. Falls die Voraussetzung nicht erfüllt ist, soll eine Bildschirmmeldung ausgegeben und die Berechnung terminiert werden. Testen Sie den Programmcode an der Funktion $f(x) = x^3 - 2x - 5$ und $a = 1$.

Aufgabe 12.95:

Bei mehrfachen Nullstellen ist das Newton-Raphson-Verfahren nur noch linear konvergent. Schröder [143] hat 1870 eine bei mehrfachen Nullstellen quadratisch konvergierende Iterationsvorschrift mitgeteilt:

$$x_{i+1} = x_i - \frac{f(x_i)\cdot f'(x_i)}{f'(x_i)^2 - f(x_i)\cdot f''(x_i)} \tag{12.172}$$

(a) Erstellen Sie die kommentierte Scilab-Funktion `Schroeder(f,df,d2f,x0,eps,imax)`, die gemäß Gl. (12.172) die Nullstelle `xi` einer Funktion `f` mit den Ableitungen `df` und `d2f` für den Startwert `x0` mit der Genauigkeit `|f(xi)|<eps` in maximal `imax` Schritten berechnet.

(b) Testen Sie den Code an der Funktion $f(x) = 1 - \cos\left(\frac{\pi}{4}\right)$ mit $x_0 = 2$ und $\epsilon = 10^{-15}$ und vergleichen Sie die Iterationsanzahl mit der des Newton-Raphson-Verfahrens.

(c) Für Nullstellen der bekannten Vielfachheit m lässt sich die Iterationsvorschrift analog zum Newton-Raphson-Verfahren schreiben [143]:

$$x_{i+1} = x_i - m\cdot\frac{f(x_i)}{f'(x_i)} \tag{12.173}$$

Formen Sie $f(x)$ im Hinblick auf die Vielfachheit m geeignet um und modifizieren Sie den Programmcode entsprechend. Wieviele Iterationen werden nun für die Bedingungen gemäß Teilaufgabe (b) benötigt?

▶ Aufgabe 12.96:

Die Gauß-Quadratur ist ein Verfahren mit minimierter Fehlerordnung zur numerischen Integration einer Funktion $f(x)$, bei dem mit dem Gewichtsfaktor w_i versehene Funktionswerte $\Phi(x_i)$ aufsummiert werden. P. L. Tschebyschow [144] teilt 1874 ein Verfahren mit der konstanten Gewichtsfunktion $w_i = 1$ mit:

$$\int_{-1}^{1} f(x)\,dx \approx \frac{2}{n}\sum_{i=1}^{n} f(x_i) \qquad (12.174)$$

Die n Stützstellen (Knoten) x_i sind gemäß Tab. 12.20 nicht äquidistant über das Intervall $[-1;1]$ verteilt und nur für $n \le 7$ und $n=9$ reell.

Das allgemeine Integral $\int_a^b f(x)\,dx$ ist dabei mithilfe der Variablensubstitution $x = \frac{1}{2}\left[(b-a)\cdot u + (b+a)\right]$ zu transformieren:

$$\int_a^b f(x)\,dx = \frac{b-a}{2}\int_{-1}^{1} f\left(\frac{b-a}{2}u + \frac{b+a}{2}\right)du \qquad (12.175)$$

Im folgenden soll das Integral $I = \int_2^8 \frac{1}{x}\,dx$ berechnet werden.

(a) Ermitteln Sie die exakte Lösung I_{ex}.

(b) Prüfen Sie mit einem geeigneten Nullstellenverfahren in Scilab, ob die in Tab. 12.20 ausgewiesenen Stützstellen x_i für $n = 6, 7, 9$ stimmen.

(c) Erstellen Sie einen kommentierten Scilab-Code, der I mit der Knotenzahl n und den Stützstellen x_i aus der Tabelle berechnet und neben dem Integralwert auch die relative Abweichung zur exakten Lösung am Bildschirm formatiert ausgibt. Was stellen Sie fest?

Tabelle 12.20: *Stützstellen der Tschebyschow-Quadratur.*

n	x_i
1	0
2	$\pm\frac{1}{3}\sqrt{3}$
3	$0,\ \pm\frac{1}{2}\sqrt{2}$
4	$\pm\sqrt{\frac{\sqrt{5}-2}{3\sqrt{5}}},\ \pm\sqrt{\frac{\sqrt{5}+2}{3\sqrt{5}}}$
5	$\pm\frac{1}{2}\sqrt{5-\frac{\sqrt{11}}{3}},\ \pm\frac{1}{2}\sqrt{5+\frac{\sqrt{11}}{3}}$
6	Lösung von $x^6 - x^4 + \frac{1}{5}x^2 - \frac{1}{105} = 0$ $\pm 0{,}866246818108,\ \pm 0{,}422518653761$ $\pm 0{,}266635401517$
7	Lösung von $x^7 - \frac{7}{6}x^5 + \frac{119}{360}x^3 - \frac{149}{6480}x = 0$ $0,\ \pm 0{,}883861700758,\ \pm 0{,}529656775285$ $\pm 0{,}323911810520$
9	Lösung von $x^9 - \frac{3}{2}x^7 + \frac{27}{40}x^5 - \frac{57}{560}x^3 + \frac{53}{22400}x = 0$ $0,\ \pm 0{,}911589307728,\ \pm 0{,}60101865538$ $\pm 0{,}528761783058,\ \pm 0{,}167906184215$

▶ Aufgabe 12.97:

Der Nachteil der Tschebyschow-Quadratur aus Aufgabe 12.96 einer auf maximal $n=9$ beschränkten Knotenanzahl wird durch die Gauß-Tschebyschow-Quadratur mit stützstellenabhängiger Gewichtsfunktion $w(x_i) = \frac{1}{\sqrt{1-x_i^2}}$ vermieden. Mit den Nullstellen der Tschebyschow-Polynome (vgl. Aufgabe 12.77)

$$x_i = \cos\left(\frac{(2i-1)\cdot\pi}{2n}\right) \quad \text{für} \quad i = 1,2\ldots,n \qquad (12.176)$$

als Stützstellen x_i gilt die Näherung [138]:

$$\int_a^b f(x)\,dx \approx \frac{b-a}{2}\cdot\frac{\pi}{n}\sum_{i=1}^{n} f\left(\frac{b-a}{2}x_i + \frac{b+a}{2}\right)\cdot\sqrt{1-x_i^2} \qquad (12.177)$$

Erstellen Sie einen kommentierten Scilab-Code, der das Integral aus Aufgabe 12.96 gemäß Gl. (12.177) und die relative Abweichung zum exakten Wert mit $n = 2, 10, 20, 50, 100, 1000, 10000$ Stützstellen berechnet.

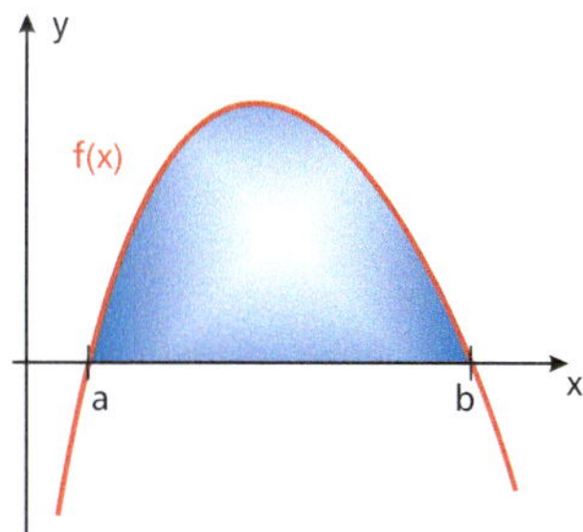

Bild 12.50: *Bestimmtes Integral als Flächeninhalt unter einer Kurve.*

► Aufgabe 12.98:

Für die Funktion $f(x) = \cos x$ sollen die Werte nicht direkt, sondern durch Auswertung eines für das Intervall $[a;b] = \left[0; \frac{\pi}{2}\right]$ ermittelten Interpolationspolynoms $p(x)$ mit der Scilab-Funktion `MyCos(x)` berechnet werden. Dazu sollen $n = 12$ Tschebyschow-Knoten

$$x_i = \frac{b+a}{2} + \frac{b-a}{2}\cos\left(\frac{(2i-1)\cdot\pi}{2n}\right) \tag{12.178}$$

mit Funktionswerten $y_i = f(x_i)$ verwendet und die Koeffizienten `coef` des zugehörigen Interpolationspolynoms mit dividierten Differenzen nach Newton ermittelt werden. Der interpolierte Funktionswert `yintp` soll mittels Hornerschema berechnet werden. Außerhalb der Hauptperiode $[0;2\pi]$ liegende x-Werte werden mittels `modulo` auf das Hauptintervall abgebildet. Werte `x` aus $\left]\frac{\pi}{2}; 2\pi\right]$ sind geeignet auf Werte `xHP` aus dem Interpolationsintervall $[a;b]$ zurückzuführen.

(a) Schreiben Sie zunächst die Scilab-Funktionen `NewtonDiDi(xi,yi)` und `Horner(coef,xHP,xi)`.

(b) Erstellen Sie darauf aufbauend die Scilab-Funktion `MyCos(x)` und testen Sie deren Genauigkeit mittels prozentualer Abweichungen zu den exakten Werten für $x = 1,2,4,6$.

► Aufgabe 12.99:

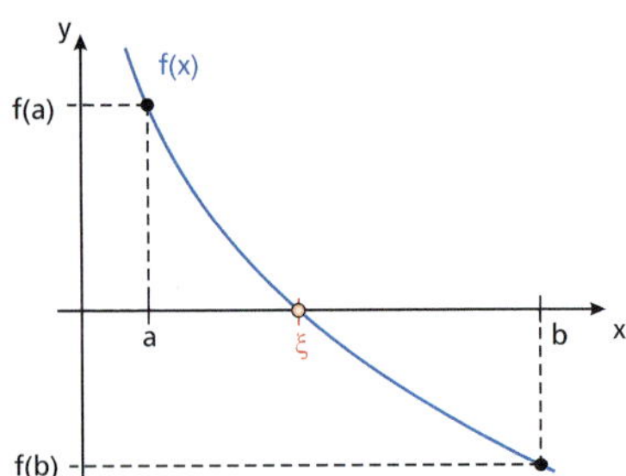

Bild 12.51: *Funktion $f(x)$ mit Vorzeichenwechsel im Intervall $[a;b]$.*

Das von N. Anderson und Å. Björck [145] 1973 entwickelte Verfahren zur Bestimmung der Nullstelle ξ einer Funktion $f(x)$ lässt sich wie folgt beschreiben:

Gegeben $f(x)$ mit $a<b$ und $f(a)\cdot f(b)<0$ sowie Abbruchschranke ε

1. **Berechne $f_1=f(x^{(1)})$ und $f_2=f(x^{(2)})$ zu Startwerten $x^{(1)}=a$ und $x^{(2)}=b$.**
2. **Berechne Sekantensteigung $\beta_{12}=[\![x^{(2)},x^{(1)}]\!]=\dfrac{f_2-f_1}{x^{(2)}-x^{(1)}}$ als dividierte Differenz.**
3. **Berechne Sekantenschnittpunkt mit x-Achse $x^{(3)}=x^{(2)}-\dfrac{f_2}{\beta_{12}}$.**
4. **Berechne $f_3=f(x^{(3)})$. Falls $f_3=0$, dann terminiere mit $\xi=x^{(3)}$.**
5. **Für $f_2\cdot f_3<0$ gilt $x^{(2)}<\xi<x^{(3)}$. Bestimme neues Einschlussintervall mit $x^{(1)}=x^{(2)}$, $x^{(2)}=x^{(3)}$, $f_1=f_2$ und $f_2=f_3$, anderenfalls setze $x^{(2)}=x^{(3)}$, $\gamma_{23}=1-\dfrac{f_3}{f_2}$ bzw. $\gamma_{23}=\dfrac{1}{2}$, falls $\gamma_{23}\le 0$, sowie $f_1=\gamma_{23}\cdot f_1$ und $f_2=f_3$.**
6. **Falls $|x^{(2)}-x^{(1)}|\le\varepsilon$, setze $\xi=x^{(2)}$ für $|f_2|\le|f_1|$, anderenfalls $\xi=x^{(1)}$. Falls $|x^{(2)}-x^{(1)}|>\varepsilon$, berechne neue Sekantensteigung in Schritt 2.**

(a) Erstellen und kommentieren Sie den Programmcode der Scilab-Funktion `AndersonBjoerck(a,b,f,eps,imax)`, die die Nullstelle `xi` der Funktion `f` im Intervall `[a; b]` mit der Genauigkeit `eps` in maximal `imax` Schritten berechnet und `xi` und die Anzahl der Schritte `i` retourniert.

(b) Testen Sie Ihren Programmcode mit $a=1$, $b=2$, $f(x)=x^3+2x-6$, $\varepsilon=10^{-9}$ und $i_{\max}=200$.

► Aufgabe 12.100:

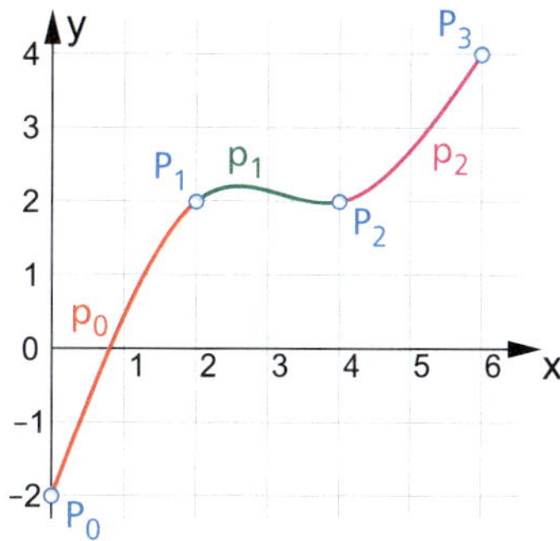

Bild 12.52: *Mit natürlichen kubischen Splines verbundene Punkte $P_0 \dots P_3$.*

Willi Woasois hat die in Bild 12.52 dargestelltem Punkte $P_0\,(0;-2)$, $P_1\,(2;2)$, $P_2\,(4;2)$ und $P_3\,(4;6)$ mit natürlichen kubischen Splines verbunden und folgende Gleichungen erhalten:

$$\begin{aligned}
p_0(x) &= -2 + \frac{13}{5}x - \frac{3}{20}x^3 \\
p_1(x) &= -\frac{26}{5} + \frac{37}{5}x - \frac{12}{5}x^2 + \frac{1}{4}x^3 \\
p_2(x) &= \frac{86}{5} - \frac{47}{5}x + \frac{9}{5}x^2 - \frac{1}{10}x^3
\end{aligned} \tag{12.179}$$

(a) Prüfen Sie rechnerisch, ob die in Gl. (12.179) definierten Polynome $p_0(x) \dots p_2(x)$ natürliche kubische Splines darstellen und korrigieren Sie falsche bzw. ergänzen Sie fehlende Koeffizienten.

(b) Berechnen Sie anhand der Datenpunkte $P_0 \dots P_2$ den Wert y^* für $x^* = -1$ mittels dividierter Differenzen.

► Aufgabe 12.101:

Die Datenpunkte $P_1\,(-2;-10)$, $P_2\,(0;1)$, $P_3\,(2;4)$ und $P_4\,(4;10)$ sollen durch natürliche kubische Splines interpoliert werden.

(a) Erstellen Sie die kommentierte Scilab-Funktion `NatKubSpline(x,y)`, die zu den Datenvektoren `x` und `y` die Koeffizienten a, b, c und d als gleichnamige Vektoren zurückgibt.

(b) Stellen Sie die resultierenden Splinefunktionen $s_1(x)$, $s_2(x)$. $s_3(x)$ und $s_4(x)$ in möglichst einfacher Form dar.

► Aufgabe 12.102:

In Analogie zu einem vom Belgischen Ingenieur M. Demanet 1898 [110] vorgeschlagenen System zweier kommunizierender Gefäße zur anschaulichen Lösung einer kubischen Gleichung hat Anna Nass den in Bild 12.53 skizzierten Aufbau eines Zylinders (Radius R) und einer Kugelschale (Radius r) entwickelt. Aus der Hydrostatik [25] weiß sie, dass in verbundenen Gefäßen ein gleich hoher Flüssigkeitsstand h auftritt. Die Gefäße werden mit einer Flüssigkeit bekannten Volumens V befüllt.

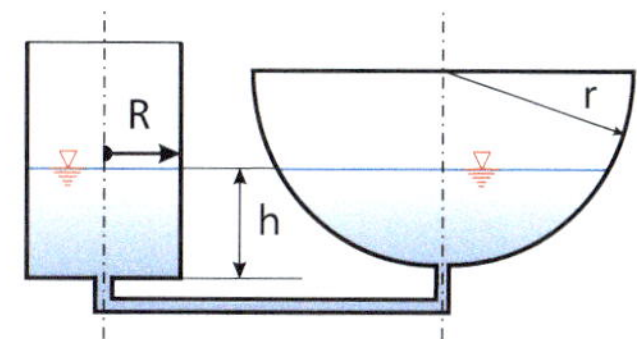

Bild 12.53: *Hydrostatischer Computer nach Demanet.*

(a) Geben Sie das im Zylinder und in der Kugelschale befindliche Volumen V_Z und V_K als Funktion der Füllhöhe h und der Radien R und r an, wenn das Volumen in der Verbindungsleitung vernachlässigt wird.

(b) Vereinfachen Sie die in Teilaufgabe (a) abgeleitete Gleichung für den Fall $R = r = \frac{1}{\pi}$.

(c) Legen Sie dar, inwiefern der Demanet'sche Apparat als hydrostatischer Computer interpretiert werden kann.

Literatur

[1] *Hamming R. W.:* Numerical Methods for Engineers and Scientists, New York: McGraw-Hill Book Company, 1962.

[2] *Kuchling H.:* Taschenbuch der Physik, 19., aktualis. Aufl., München: Hanser, 2007.

[3] *Bartsch H.-J.:* Taschenbuch mathematischer Formeln für Ingenieure und Naturwissenschaftler, 24., überarb. Aufl., München: Hanser, 2018.

[4] *Shannon R. E.:* Systems simulation – The art and science, Englewood Cliffs, N.J.: Prentice-Hall, 1975.

[5] *VDI 3633:* Simulation von Logistik-, Materialfluss- und Produktionssystemen, Blatt 1: Grundlagen, Berlin: Beuth, Dezember 2014 mit Berichtigung März 2016.

[6] *Golomb S. W.:* Mathematical Models – Uses and Limitations, Astronautics & Aeronautics – A publication of the American Institute of Aeronautics and Astronautics, vol. 6, Jan. 1968, pp. 57–59.

[7] *Bloch A.:* The Complete Murphy's Law – A Definitive Collection, Los Angeles: Price Stern Sloan Inc., 1990.

[8] *Marek R., Nitsche K.:* Praxis der Wärmeübertragung, 5., überarbeitete Aufl., München: Hanser, 2019.

[9] *Hsu H. P.:* Signals and Systems, 2nd ed., Schaum's Outline Series, New York: The McGraw-Hill Companies, 2011.

[10] *DIN IEC 60050:* Internationales Elektrotechnisches Wörterbuch, Teil 351: Leittechnik, Berlin: Beuth, Ausgabe September 2014.

[11] *Kahlert J.:* Simulation technischer Systeme – Eine beispielorientierte Einführung, Wiesbaden: Vieweg+Teubner, 2004.

[12] *Bruns M.:* Systemtechnik – Ingenieurwissenschaftliche Methodik zur interdisziplinären Systementwicklung, Berlin: Springer-Verlag, 1991.

[13] *Roddeck W.:* Grundprinzipien der Mechatronik – Modellbildung und Simulation mit Bondgraphen, 3., überarb. u. erw. Aufl., Wiesbaden: Springer Vieweg, 2019.

[14] *Paynter H. M.:* Analysis and Design of Engineering Systems, Cambridge, MA: M.I.T. Press, 1961.

[15] *Das S.:* Mechatronic modeling and simulation using bond graphs, Boca Raton, FL: CRC Press, 2009.

[16] *Karnopp D., Margolis D. L., Rosenberg R. C.:* System Dynamics – Modeling, Simulation, and Control of Mechatronic Systems, 5th ed., Hoboken, NJ: John Wiley & Sons Inc., 2012.

[17] *Schmitt T. L., Andres M.:* Methoden zur Modellbildung und Simulation mechatronischer Systeme – Bondgraphen, objektorientierte Modellierungstechniken und numerische Integrationsverfahren, Wiesbaden: Springer Vieweg, 2019.

[18] *Frohne H., Löcherer K.-H., Müller H., Harriehausen T., Schwarzenau D.:* Moeller Grundlagen der Elektrotechnik, 24., durchgesehene und korrigierte Auflage, Vieweg+Teubner, Wiesbaden, 2020.

[19] *Robertson J. C. (ed.):* Mechanic's Magazine, vol. 2, London: Knight & Lacey, 1824.

[20] *Hultsch F.:* Pappi Alexandrini collectionis quae supersunt, voluminis III, tomus I, Berlin: Weidmann, 1878.

[21] *Gross D., Hauger W., Schröder J., Wall W. A.:* Technische Mechanik, Band 1: Statik, 14., aktualis. Aufl., Berlin: Springer, 2019.

[22] *Gross D., Hauger W., Schröder J., Wall W. A.:* Technische Mechanik, Band 3: Kinetik, 14. Aufl., Berlin: Springer Vieweg, 2019.

[23] *Mahnken R.:* Lehrbuch der Technischen Mechanik – Dynamik, 2., bearb. Aufl., Berlin: Springer, 2012.

[24] *Assmann B., Selke P.:* Technische Mechanik 3 – Kinematik und Kinetik, 15., überarb. Aufl., München: Oldenbourg, 2011.

[25] *Freimann R.:* Hydraulik für Bauingenieure – Grundlagen und Anwendungen, 3., aktualis. u. erw. Aufl., München: Hanser, 2014.

[26] *Bschorer S.:* Technische Strömungslehre – Lehr- und Übungsbuch, 11., überarb. u. erw. Aufl., Wiesbaden: Springer Fachmedien, 2018.

[27] *Truckenbrodt E.:* Fluidmechanik. Band 1: Grundlagen und elementare Strömungsvorgänge dichtebeständiger Fluide, 4. Aufl., Berlin: Springer, 1996.

[28] `https://help.scilab.org/docs/6.1.0/en_US/index.html`, Juli 2020.

[29] *Baudin M.:* Introduction to Scilab, November 2010, verfügbar unter `http://forge.scilab.org/index.php/p/docintrotoscilab/downloads/get/introscilab_v1.7.pdf`, abgerufen Juli 2020.

[30] *Gomez C.:* Scilab for very beginners, Februar 2013, verfügbar unter `https://www.scilab.org/sites/default/files/Scilab_beginners_0.pdf`, abgerufen Juli 2020.

[31] *Baudin M.:* Scilab is not naive, December 2010, verfügbar unter `https://www.scilab.org/sites/default/files/scilabisnotnaive.pdf`, abgerufen Juli 2020.

[32] *Scilab Enterprises:* Xcos for very beginners, August 2013, verfügbar unter `https://www.scilab.org/sites/default/files/Xcos_beginners_0.pdf`, abgerufen Juli 2020.

[33] *Fischer P., Hofer P.:* Lexikon der Informatik, 15., überarb. Aufl., Berlin: Springer, 2011.

[34] *Wolfgang Sartorius von Waltershausen:* Gauss zum Gedächtniss, Leipzig: Verlag von S. Hirzel, 1856.

[35] *Grimm J., Grimm W.:* Deutsches Wörterbuch, Fünfter Band, K., Spalte 206, Leipzig: Verlag von S. Hirzel, 1873.

[36] *Cerbe G., Wilhelms G.:* Technische Thermodynamik, 18., überarb. Aufl., München: Hanser, 2017.

[37] *Vismann U. (Hrsg.):* Wendehorst Bautechnische Zahlentafeln, 35. Aufl., Wiesbaden: Springer Vieweg, 2015.

[38] *Albert A. (Hrsg.):* Bautabellen für Ingenieure – mit Berechnungshinweisen und Beispielen, 24. Aufl., Köln: Reguvis Fachmedien, 2020.

[39] *DIN 4108:* Wärmeschutz und Energie-Einsparung in Gebäuden, Teil 2: Mindestanforderungen an den Wärmeschutz, Berlin: Beuth, Ausgabe Februar 2013.

[40] „More About Real Programmers", https://web.archive.org/web/20080419225755/http://www.suslik.org/Humour/Computer/Langs/real_prog2.html, abgerufen August 2020.

[41] http://www.opera-platonis.de/euklid/Buch7.pdf, abgerufen Juli 2020.

[42] *ISO/IEC 14977:* Information technology – Syntactic metalanguage – Extended BNF, Genf: ISO/IEC, Ausgabe Dezember 1996.

[43] https://www.duden.de/rechtschreibung, abgerufen Mai 2020.

[44] *Küveler G., Schwoch D.:* Informatik für Ingenieure und Naturwissenschaftler 1, 6. Aufl., Wiesbaden: Vieweg+Teubner, 2009.

[45] *Clark J. D.:* Ignition! An Informal History of Liquid Rocket Propellants, New Jersey: Rutgers University Press, 1972.

[46] *Parnas D. L.:* On the Criteria To Be Used in Decomposing Systems into Modules, Communications of the ACM, vol. 15, no. 12, December, pp. 1053–1058, 1972.

[47] *Huckle T., Neckel T.:* Bits and Bugs – A Scientific and Historical Review of Software Failures in Computational Science, Philadelphia, PA: Society for Industrial and Applied Mathematics, 2019.

[48] https://www5.in.tum.de/persons/huckle/bugse.html, abgerufen August 2020.

[49] http://www-users.math.umn.edu/~arnold/disasters/, abgerufen August 2020.

[50] https://de.wikipedia.org/wiki/Jahr-2000-Problem, abgerufen August 2020.

[51] http://www.theregister.co.uk/2007/09/26/excel_2007_bug/, abgerufen August 2020.

[52] https://www.joelonsoftware.com/2007/09/26/explaining-the-excel-bug/, abgerufen August 2020.

[53] http://www.spiegel.de/netzwelt/netzpolitik/geldautomatenproblem-2010-bug-laesst-bankkunden-verzweifeln-a-670062.html, abgerufen August 2020.

[54] https://rp-online.de/wirtschaft/unternehmen/banker-verwechseln-plus-und-minus_aid-13078807, abgerufen August 2020.

[55] *Dijkstra E. W.:* Go to Statement Considered Harmful, Communications of the ACM, vol. 11, no. 3, March, pp. 147–148, 1968.

[56] *Böhm C., Jacopini G.:* Flow Diagrams, Turing Machines and Languages with Only Two Formation Rules, Communications of the ACM, vol. 9, no. 5, May, pp. 366–371, 1966.

[57] *Nassi I., Shneiderman B.:* Flowchart techniques for structured programming, ACM SIGPLAN Notices, vol. 8, no. 8, pp. 12–26, 1973.

[58] *DIN 66261:* Informationsverarbeitung; Sinnbilder für Struktogramme nach Nassi-Shneiderman, Berlin: Beuth, Ausgabe November 1985.

[59] *DIN 66001:* Informationsverarbeitung; Sinnbilder und ihre Anwendung, Berlin: Beuth, Ausgabe Dezember 1983.

[60] *Cayley A.:* A theorem in the geometry of position, Cambridge Mathematical Journal, vol. 2, pp. 267–271, 1841.

[61] *The Institute of Electrical and Electronics Engineers:* IEEE Standard for Binary Floating-Point Arithmetic, New York, 23 p., 1985.

[62] *Bettin H., Spieweck F.:* Die Dichte des Wassers als Funktion der Temperatur nach Einführung der Internationalen Temperaturskala von 1990, PTB Mitteilungen, Bd. 100, S. 195–196, 1990.

[63] *DIN 4108:* Wärmeschutz und Energie-Einsparung in Gebäuden, Teil 3: Klimabedingter Feuchteschutz – Anforderungen, Berechnungsverfahren und Hinweise für Planung und Ausführung, Berlin: Beuth, Ausgabe Oktober 2018.

[64] *VDI 4670:* Thermodynamische Stoffwerte von feuchter Luft und Verbrennungsgasen, Blatt 1, Düsseldorf: Verein Deutscher Ingenieure, Ausgabe Februar 2003.

[65] *DIN EN ISO 6946:* Bauteile – Wärmedurchlasswiderstand und Wärmedurchgangskoeffizient – Berechnungsverfahren, Berlin: Beuth, Ausgabe März 2018.

[66] *Bretschneider C. A.:* Untersuchung der geometrischen Relationen des geradlinigen Viereckes, Archiv der Mathematik und Physik, Bd. 2, S. 225–261, 1842.

[67] *Strehlke F.:* Zwei neue Sätze vom ebenen und sphärischen Viereck und Umkehrung des Ptolemäischen Lehrsatzes, Archiv der Mathematik und Physik, Bd. 2, S. 323–326, 1842.

[68] Sechzehnte Verordnung zur Durchführung des Bundesimmissionsschutzgesetzes (Verkehrslärmschutzverordnung – 16. BImSchV) vom 12. Juni 1990, Bundesgesetzblatt, Teil I, Nr. 27, S. 1036–1052, 20. Juni 1990, zuletzt geändert durch Artikel 1 der Verordnung vom 4. November 2020, Bundesgesetzblatt, Teil I, Nr. 50, S. 2334–2335, 9. November 2020.

[69] *Sueton:* De vita Caesarum – Divius Iulius, 56, 6.

[70] *Stahr A.:* Sueton's Kaiserbiografien, 2. Aufl., Stuttgart: Verlag von Wilhelm Rübling, 1900.

[71] *Engeln-Müllges G., Niederdrenk K., Wodicka R.:* Numerik-Algorithmen – Verfahren, Beispiele, Anwendungen, 10., überarb. u. erw. Aufl., Berlin: Springer, 2011.

[72] https://earltcampbell.com/2014/12/29/the-setun-computer/, abgerufen August 2020.

[73] http://de.wikipedia.org/wiki/Cardanische_Formeln, abgerufen August 2020.

[74] *Ries A.:* Rechenung auff der Linien vnd Federn, Erfurt: Mathes Maler, 1522.

[75] *Alefeld G.:* On the convergence of Halley's method, American Mathematical Monthly, vol. 88, no. 7, pp. 530–536, 1981.

[76] *Halley E.:* Methodus Nova Accurata & facilis inveniendi Radices Aequationum quarumcumque generaliter, sine praevia Reductione, Philosophical Transactions of the Royal Society of London, vol. 18, pp. 136–148, 1694.

[77] *Halley E.:* A New, Exact, and Easy Method, of finding the Roots of Any Æquations Generally, an that without any previous Reduction, *in: Raphson J.:* Universal Arithmetick: or, A treatise of arithmetical composition and resolution, London: J. Senex, pp. 259–272, 1720.

[78] *Aitken A. C.:* On Bernoulli's numerical solution of algebraic equations, Proceedings of the Royal Society of Edinburgh, vol. 46, pp. 289–305, 1927.

[79] *Hestenes M. R., Stiefel E.:* Methods of Conjugate Gradients for Solving Linear Systems, Journal of Research of the National Bureau of Standards, vol. 49, no. 6, December, pp. 409–436, 1952.

[80] *Eckhardt R.:* Stan Ulam, John von Neumann, and the Monte Carlo Method, Los Alamos Science, Special Issue, 1987.

[81] *Runge C.:* Über empirische Funktionen und die Interpolation zwischen äquidistanten Ordinaten, Zeitschrift für Mathematik und Physik, Bd. 46, S. 224–243, 1901.

[82] *Thomas L. H.:* Elliptic Problems in Linear Differential Equations over a Network, Watson Sci. Comput. Lab Report, New York: Columbia University, 1949.

[83] *Stephan P., Kabelac S., Kind M., Mewes D., Schaber K., Wetzel T. (Hrsg.):* VDI-Wärmeatlas, 12., Aufl., Berlin: Springer Vieweg, 2019.

[84] *Runge C.:* Ueber die numerische Auflösung von Differentialgleichungen, Mathematische Annalen, Bd. 46, H. 2, S. 167–178, 1895.

[85] *Preuß W., Wenisch G.:* Lehr- und Übungsbuch Numerische Mathematik, München: Hanser, 2001.

[86] *Verhulst P.-F.:* Notice sur la loi que la population suit dans son accroissement, Correspondance Mathématique et Physique, t. 10, p. 113–121, 1838.

[87] *Hackbusch W.:* Multi-Grid Methods and Applications, Berlin: Springer, 1985.

[88] *Marek R., Götz W.:* Numerische Lösung von partiellen Differentialgleichungen mit Finiten Differenzen, Buchloe: Moreno, 1995.

[89] *Binder L.:* Über äußere Wärmeleitung und Erwärmung elektrischer Maschinen, Dissertation, Technische Hochschule München 1910, Halle (Saale): W. Knapp, 1911.

[90] *Binder L.:* Über Wärmeübergang auf ruhige oder bewegte Luft sowie Lüftung und Kühlung elektrischer Maschinen, Halle (Saale): W. Knapp, 1912.

[91] *Schmidt E.:* Über die Anwendung der Differenzenrechnung auf technische Anheiz- und Abkühlungsprobleme, Beiträge zur technischen Mechanik und technischen Physik (August-Föppl-Festschrift), S. 179–189, 1924.

[92] *Schmidt E.:* Das Differenzenverfahren zur Lösung von Differentialgleichungen der nichtstationären Wärmeleitung, Diffusion und Impulsausbreitung, Forschung auf dem Gebiete des Ingenieurwesens, Bd. 13, Nr. 5, S. 177–185, 1942.

[93] *Crank J., Nicolson P.:* A Practical Method for the Numerical Evaluation of Solutions of Partial Differential Equations of the Heat Conduction Type, Proceedings of the Cambridge Philosophical Society, vol. 23, no. 17, pp. 50–67, 1947.

[94] *Patankar S. V., Baliga R. B.:* A New Finite Difference Scheme for Parabolic Differential Equations, Numerical Heat Transfer. vol. 1, pp. 27–37, 1978.

[95] *Courant R., Friedrichs K., Lewy H.:* Über die partiellen Differenzialgleichungen der mathematischen Physik, Mathematische Annalen. Bd. 100, S. 32–74, 1928.

[96] *Roache P. J.:* Computational Fluid Dynamics, Revised Printing, Albuquerque: Hermosa Publishers, 1976.

[97] *Petersen C.:* Dynamik der Baukonstruktionen, 1. Aufl., Braunschweig: Vieweg, 1996.

[98] *Gross D., Hauger W., Wriggers P.:* Technische Mechanik, Band 4: Hydromechanik, Elemente der Höheren Mechanik, Numerische Methoden, 10., verbesserte und ergänzte Aufl., Berlin: Springer Vieweg, 2018.

[99] *Dankert J., Dankert H.:* Technische Mechanik – Statik, Festigkeitslehre, Kinematik/Kinetik, 7. ergänzte Aufl., Wiesbaden: Springer Fachmedien, 2013.

[100] *Rjasanowa K.:* Mathematische Modelle im Bauingenieurwesen – Mit Fallstudien und numerischen Lösungen, 2., aktualis. u. erw. Aufl., München: Hanser, 2015.

[101] Калинин Г. П., Милюков П. И.: О расчете неустановившегося движения воды в откритих руслах (Über die Berechnung der instationären Wasserbewegung in offenen Kanälen), Метеорология и гидрология, T. 10, Str. 10–18, 1957 (in Russisch).

[102] *Carslaw H. S., Jaeger J. C.:* Conduction of Heat in Solids, 2nd ed., Oxford: At the Clarendon Press, 1959.

[103] *Nicolay J. G., Hay J. (eds.):* Complete Works of Abraham Lincoln, vol. III, New York: The Tandy-Thomas Company, 1905, p. 349.

[104] *Hindmarsh A. C., Brown P. N., Grant K. E. et al.:* SUNDIALS: Suite of Nonlinear and Differential/Algebraic Equation Solvers, ACM Transactions on Mathematical Software, vol. 31, no. 3, September, pp. 363–396, 2005.

[105] *Unbehauen H.:* Regelungstechnik I – Klassische Verfahren zur Analyse und Synthese linearer kontinuierlicher Regelsysteme, Fuzzy-Regelsysteme, 15., überarb. u. erw. Aufl., Wiesbaden: Vieweg+Teubner, 2008.

[106] *Schneider W., Heinrich B.:* Praktische Regelungstechnik – Effektiv lernen durch Beispiele, 4., überarb. Aufl., Wiesbaden: Springer Fachmedien, 2017.

[107] *Beier T., Wurl P.:* Regelungstechnik – Basiswissen, Grundlagen, Beispiele, 2., neu bearb. Aufl., München: Hanser, 2015.

[108] *Junglas P.:* Praxis der Simulationstechnik – Eine Einführung in signal- und objektorientierte Methoden, 1. Aufl., Haan-Gruiten: Europa-Lehrmittel, 2014.

[109] *Gross D., Hauger W., Schröder J., Wall W. A.:* Technische Mechanik, Band 2: Elastostatik, 13., aktualisierte Aufl., Berlin: Springer Vieweg, 2017.

[110] *Demanet M.:* Résolution hydrostatique de l'équation du troisième degré, Mathesis, t. 18, p. 81–83, 1898.

[111] *Wetzell O., Krings W.:* Statisch bestimmte Stabwerke – Technische Mechanik für Bauingenieure 1, 4. Aufl., Wiesbaden: Springer Vieweg, 2015.

[112] *Buchholz R. H.:* Perfect Pyramids, Bulletin of the Australian Mathematical Society, vol. 45, pp. 353–368, 1991.

[113] *The International Association for the Properties of Water and Steam:* Revised Release on the IAPWS Industrial Formulation 1997 for the Thermodynamic Properties of Water and Steam, Meeting in Lucerne, Switzerland August 2007, www.iapws.org/relguide/IF97-Rev.pdf.

[114] *International Civil Aviation Organization:* MANUAL OF THE ICAO STANDARD ATMOSPHERE extended to 80 kilometres (262 500 feet), Doc. 7488/3, 3rd ed., Montreal, Quebec: 1993.

[115] *Zeller Chr.:* Die Grundaufgaben der Kalenderrechnung auf neue und vereinfachte Weise gelöst, Württembergische Vierteljahreshefte für Landesgeschichte, Stuttgart: W. Kohlhammer, Jg. 5, S. 313–314, 1882.

[116] *Zeller Chr.:* Kalender-Formeln, Mathematisch-naturwissenschaftliche Mitteilungen des mathematisch-naturwissenschaftlichen Vereins in Württemberg, Jg. 1, H. 2, S. 54–58, 1885.

[117] *Zeller Chr.:* Kalender-Formeln, Acta Mathematica, Bd. 9, Nr. 1, S. 131–136 (20. Nov. 1886), 1887.

[118] *Gauss C. F.:* Den Wochentag des 1. Januar eines Jahres zu finden – Güldene Zahl, Epakte, Ostergrenze, Werke, Band XI, Abteilung i, Gesellschaft der Wissenschaften zu Göttingen (Hrsg.), Berlin: Julius Springer Verlag, 1927.

[119] *VDI 6007:* Berechnung des instationären thermischen Verhaltens von Räumen und Gebäuden, Blatt 3: Modell der solaren Einstrahlung, Düsseldorf: Verein Deutscher Ingenieure, Ausgabe Juni 2015.

[120] *Eicker U.:* Solare Technologien für Gebäude – Grundlagen und Praxisbeispiele, 2., vollständig überarbeitete Aufl., Wiesbaden: Springer Fachmedien, 2012.

[121] *Mohr P. J., Newell D. B., Taylor B. N.:* CODATA Recommended Values of the Fundamental Physical Constants: 2014, J. Phys. Chem. Ref. Data, vol. 45, no. 4, 043102, 74 pp., 2016.

[122] *Varshni Y. P.:* Temperature Dependence of the Energy Gap in Semiconductors, Physica, vol. 34, no. 1, pp. 149–154, 1967.

[123] *Wagemann H.-G., Eschrich H.:* Photovoltaik – Solarstrahlung und Halbleitereigenschaften, Solarzellenkonzepte und Aufgaben, 2., überarb. Aufl., Wiesbaden: Vieweg + Teubner, 2010.

[124] *Sharp D. E., Ginther L. B.:* Effect of Composition and Temperature on the Specific Heat of Glass, Journal of the American Ceramic Society, vol. 34, no. 9, September, pp. 260–271, 1951.

[125] *DIN EN ISO 717:* Akustik – Bewertung der Schalldämmung in Gebäuden und von Bauteilen, Teil 1: Luftschalldämmung, Berlin: Beuth, Ausgabe Juni 2013.

[126] *Colebrook C. F.:* Turbulent Flow in Pipes, with particular reference to the Transition Region between the Smooth and Rough Pipe Laws, Journal of the Institution of Civil Engineers, vol. 11, no. 4, pp. 133–156, 1939.

[127] *Zigrang D. J., Sylvester N. D.:* Explicit Approximations to the Solution of Colebrook's Friction Factor Equation, AIChE Journal, vol. 28, no. 3, pp. 514–515, 1982.

[128] *Buzelli D.:* Calculating friction in one step, Machine Design, vol. 80, June, pp. 54–55, 2008.

[129] *Schmidt E.:* VDI-Wasserdampftafeln – Mit einem Mollier (h,s)-Diagramm bis 800 °C und einem T,s-Diagramm, Sechste überarb. u. erw. Aufl., Ausgabe B (Joule, bar), Berlin: Springer, 1963.

[130] *Offor U. H., Alabi S. B.:* An Accurate and Computationally Efficient Explicit Friction Factor Model, Advances in Chemical Engineering and Science, vol. 6, July, pp. 237–245, 2016.

[131] *Redlich O., Kwong J. N. S.:* On the Thermodynamics of Solutions. V. An Equation of State. Fugacities of Gaseous Solutions. Chemical Reviews. vol 44, no. 1, pp. 233–244, 1949.

[132] *Dekker T. J.:* Finding a zero by means of successive linear interpolation, *in: Dejon B., Henrici P. (eds.):* Constructive aspects of the fundamental theorem of algebra, Proceedings of a symposium conducted at the IBM Research Laboratory, Zürich-Rüschlikon, Switzerland, June 5-7, 1967, London: Wiley-Interscience, pp. 37–48, 1969.

[133] *Kindmann R.:* Stahlbau – Teil 2: Stabilität und Theorie II. Ordnung, Berlin: Ernst & Sohn, 2008.

[134] *Pałkowski S.:* Statik der Seilkonstruktionen – Theorie und Zahlenbeispiele, Berlin: Springer, 1990.

[135] *Cross H.:* Analysis of flow in networks of conduits or conductors, Engineering Experiment Station, Bulletin No. 286; University of Illinois Bulletin, vol. 34, no. 22, November 13, pp. 1–29, 1936.

[136] *Weisbach J. L.:* Bestimmung des Hauptstreichens und Hauptfallens von Lagerstätten, Archiv für Mineralogie, Geognosie, Bergbau und Hüttenkunde, Bd. 14, S. 159–174, 1840.

[137] *Stoyan D., Morel T.:* Julius Weisbach's pioneering contribution to orthogonal linear regression, Historia Mathematica, Bd. 45, Nr. 1, Februar, S. 75–84, 2018.

[138] *Abramowitz M., Stegun I. A.:* Handbook of Mathematical Functions, New York: Dover Publications Inc., 1968.

[139] *Szabó I.:* Einführung in die Technische Mechanik, Dritte verb. u. erw. Aufl., Berlin: Springer, 1958.

[140] *Академия Наук Союза ССР:* Полное Собрание Сочинений П.Л. Чебышева, Том 5: Прочие Сочинения – Биографические Материалы, Издательство Академии Наук СССР. Москва – Ленинград, Стр. 7–25, 173–176, 1951 (in Russisch).

[141] *Grigull U., Straub J., Schiebener P.:* Steam Tables in SI-Units – Wasserdampftafeln, 3rd enlarged ed., Berlin: Springer, 1990.

[142] *Kosmol P.:* Methoden zur numerischen Behandlung nichtlinearer Gleichungen und Optimierungsaufgaben, 2., überarb. Aufl., Wiesbaden: Springer Fachmedien, 1993.

[143] *Schröder E.:* Ueber unendlich viele Algorithmen zur Auflösung der Gleichungen, Mathematische Annalen, Bd. 2, H. 2, S. 317–365, 1870.

[144] *Tschebyschow P. L.:* Sur les quadratures, Journal de mathématiques pures et appliquées, 2e, t. 19, p. 19-34, 1874.

[145] *Anderson N., Björck Å.:* A new high order method of regula falsi type for computing a root of an equation, BIT, vol. 13, pp. 253–264, 1973.

Bildquellen

Das Symbol ↲ dient zur Kennzeichnung des Zeilenumbruchs und ist nicht Bestandteil der URLs.

Bild 1.1: „Original bayerische Knödel während der Zubereitung", Afrank99, https://de.wikipedia.org/wiki/Kloß#/media/File:Knoedeltopf.jpg, lizensiert unter: https://creativecommons.org/licenses/by-sa/2.5

Bild 1.5: „Nebel über dem Oulujoki an der Vaalankurkku-Eisenbahnbrücke bei Vaala in Nordost-Finnland", Teemu Vehkaoja, https://commons.↲ wikimedia.org/wiki/File:Vaalankurkku_railway_bridge.jpg, lizensiert unter: https://creativecommons.org/licenses/by-sa/3.0/deed.en

Bild 1.14: „Isaac Newton, based on a painting by Kneller", https://commons.wikimedia.org/wiki/File:SS-newton.jpg, public domain

Bild 1.15: „Portrait of Jean Le Rond d'Alembert (1717-1783) von Maurice Quentin de La Tour", https://commons.wikimedia.org/wiki/File:Jean↲ _d'Alembert.jpeg, public domain

Bild 1.17: „Engraved portrait of French mathematician Jean Baptiste Joseph Fourier (1768-1830), early 19th century.", Julien Léopold Boilly (1761-1845), https://commons.wikimedia.org/wiki/File:Fourier2.jpg, public domain

Bild 1.18 links: „Jožef Stefan (1835-1893), Slovene physicist", 1893, K. Schönbauer, https://commons.wikimedia.org/wiki/File:Jozef_Stefan.jpg, public domain

Bild 1.18 rechts: „Ludwig Eduard Boltzmann (∗ 20. Februar 1844 in Wien; † 5. September 1906 in Duino bei Triest)", 1902, bearbeitet, https://↲ commons.wikimedia.org/wiki/File:Boltzmann-Ludwig.jpg, public domain

Bild 1.22: „Dies stellt für mich Gleichgewicht dar.", Sarah Jeanmonod, bearbeitet, https://commons.wikimedia.org/wiki/File:Aufgestellte_Steine↲ _im_Gleichgewicht.jpg, lizensiert unter: https://creativecommons.org/licenses/by-sa/4.0

Bild 1.33: „Bernoulli, Daniel (1700-1782), ca. 1750", Urheber unbekannt, bearbeitet, https://commons.wikimedia.org/wiki/File:ETH-BIB-Bernoulli,↲ _Daniel_(1700-1782)-Portrait-Portr_10971.tif_(cropped).jpg, public domain

Bild 1.42: „Low-angle view of Discovery's liftoff from Launch Pad 39B at 6:49:42 a.m. on May 27, 1999", NASA, https://commons.wikimedia.org/wiki↲ /File:Space-Shuttle-Discovery-Lanceering.jpg, lizensiert unter: https://www.jsc.nasa.gov/policies.html#Guidelines

Bild S. 37: „Casio fx-85 GT PLUS Taschenrechner", NobbiP, https://commons.wikimedia.org/wiki/File:Casio_fx-85GT_PLUS_5127.jpg, lizensiert unter: https://creativecommons.org/licenses/by-sa/3.0/deed.de

Bild 2.11: „Signature of 17-year-old Gauß of about 1794", https://commons.wikimedia.org/wiki/File:Carl_Friedrich_Gauß,_Namenszug_von_1794.jpg, public domain

Bild 3.1: „al-Chwarizmi auf einer sowjetischen Briefmarke anlässlich seines 1200. Geburtstags", Autor unbekannt, https://commons.wikimedia.org/↲ wiki/File:1983_CPA_5426_%281%29.png, gemeinfrei

Bild 3.3: „Euklid von Alexandria", Urheber unbekannt, https://commons.wikimedia.org/wiki/File:Euklid-von-Alexandria_1.jpg, gemeinfrei

Bild 3.5: „Mikrorechnergesteuerter Fahrkartenautomat (MFA) der Deutschen Reichsbahn", Felix O., https://commons.wikimedia.org/wiki/File:DR_↲ Fahrkartenautomat._Deutsche_Reichsbahn_ticket_issuing_machine,_July_1993_Leipzig.jpg, lizensiert unter: https://creativecommons.org/licenses↲ /by-sa/2.0/deed.en

Bild 3.6: „Münchhausen zieht sich am eigenen Schopf aus dem Sumpf", Theodor Hosemann, https://commons.wikimedia.org/wiki/File:Münchhausen↲ -Sumpf-Hosemann.png, gemeinfrei

Bild 3.7: „Photo # NH 96566-KB First Computer "Bug", 1945", Courtesy of the Naval Surface Warfare Center, Dahlgren, VA, https://commons.wiki↲ media.org/wiki/File:H96566k.jpg, public domain

Bild 3.8: „Artist's rendering of the Mars Climate Orbiter", NASA, https://commons.wikimedia.org/wiki/Category:Mars_Climate_Orbiter#/media/File:↲ Mars_Climate_Orbiter_2.jpg, lizensiert unter: https://www.jsc.nasa.gov/policies.html#Guidelines

Bild 3.9 links: „Niklaus Wirth giving a lecture (photo taken on his visit to Ural State University)", Tyomitch, https://commons.wikimedia.org/wiki↲ /File:Niklaus_Wirth,_UrGU.jpg, gemeinfrei

Bild 3.9 rechts: „Edsger Dijkstra", Hamilton Richards, https://commons.wikimedia.org/wiki/File:EdsgerDijkstra.jpg, lizenziert unter: https://↲ creativecommons.org/licenses/by-sa/3.0/deed.de

Bild 3.10: „Spaghetti.jpg", Tim 'Avatar' Bartel, https://commons.wikimedia.org/wiki/File:Spaghetti.jpg, lizenziert unter: https://creativecommons.↲ org/licenses/by-sa/2.0/deed.de

Bild 3.11: „Ben Shneiderman at IBM Research, Almaden 2011", Marc Smith, https://commons.wikimedia.org/wiki/File:Ben_Shneiderman_at_IBM_↲ Research,_Almaden_2011.jpg, lizensiert unter: https://creativecommons.org/licenses/by/2.0/deed.en

Bild S. 125: „Replica of the Zuse Z3 in the Deutsches Museum in Munich, Germany", Venusianer, https://commons.wikimedia.org/wiki/File:Z3_↲ Deutsches_Museum.JPG, lizensiert unter: https://creativecommons.org/licenses/by-sa/3.0/deed.en

Bild 6.4: „Der italienische Renaissance-Gelehrte de:Gerolamo Cardano (1501-1576)", Urheber unbekannt, bearbeitet, https://commons.wikimedia.↲ org/wiki/File:GirolamoCardano.jpeg, public domain

Bild 6.9: „Edmond Halley (1656-1742)" von Richard Phillips (1681-1741), National Portrait Gallery: NPG 4393, bearbeitet, https://commons.wikimedia.↲ org/wiki/File:Edmond_Halley_072.jpg, public domain

Bild 6.13: „Johannes Diderik van der Waals", bearbeitet, https://commons.wikimedia.org/wiki/File:Johannes_Diderik_van_der_Waals.jpg, gemeinfrei

Bild 6.16: „Portrait, taken long time ago", Roleren, bearbeitet, https://commons.wikimedia.org/wiki/File:Alexander_Aitken.gif, lizensiert unter: https://creativecommons.org/licenses/by-sa/4.0/deed.en

Bild 7.1: „Lithograph showing a portrait of the German mathematician Carl Friedrich Gauss at the age of 50", Siegfried Detlev Bendixen, Astronomische Nachrichten, 1828, bearbeitet,] https://commons.wikimedia.org/wiki/File:Bendixen_-_Carl_Friedrich_Gauß,_1828.jpg, gemeinfrei

Bild 7.2: „André-Louis Cholesky (1875-1918). matemàtic i militar francès", ca. 1900, Urheber unbekannt, bearbeitet, https://commons.wikimedia.org/wiki/File:Andre_Cholesky.jpg, gemeinfrei

Bild 7.3: „Portrait des Mathematikers C. G. J. Jacobi", Leo Koenigsberger: Carl Gustav Jacob Jacobi: Festschrift zur Feier der 100. Wiederkehr seines Geburtstages, Leipzig, 1904, bearbeitet, https://commons.wikimedia.org/wiki/File:Carl_Gustav_Jacob_Jacobi_portrait_1843.jpg, gemeinfrei

Bild 7.4: „Philipp Ludwig von Seidel ca. 1875-1880", Urheber unbekannt, bearbeitet, https://commons.wikimedia.org/wiki/File:Philipp_Ludwig_von_Seidel.jpg, gemeinfrei

Bild 7.7: „Gabriel Cramer (31 July 1704 – 4 January 1752) was a Swiss mathematician", before 1752, Urheber unbekannt, https://commons.wikimedia.org/wiki/File:Gabriel_Cramer_bw1.jpg, public domain

Bild 8.3 links: „Stanislaw Ulam", Los Alamos National Laboratory, bearbeitet, https://commons.wikimedia.org/wiki/File:Stanislaw_Ulam.tif, public domain

Bild 8.3 rechts: „John von Neumann", Los Alamos Scientific Laboratory, bearbeitet, https://commons.wikimedia.org/wiki/File:JohnvonNeumann-LosAlamos.jpg, public domain

Bild 8.7: „Adrien-Marie Legendre (1752-1833), French mathematician", Julien-Léopold Boilly, 1820, https://commons.wikimedia.org/wiki/File:Legendre.jpg, public domain

Bild 8.8: „Augustin-Jean Fresnel (1788-1827)", Urheber unbekannt, bearbeitet, https://commons.wikimedia.org/wiki/File:Augustin_Fresnel.jpg, public domain

Bild 9.3: „Joseph-Louis_Lagrange", Urheber unbekannt, bearbeitet, https://commons.wikimedia.org/wiki/File:Joseph-Louis_Lagrange.jpeg, public domain

Bild 10.1 links: „Portrait of Leonhard Euler (1707-1783)", Jakob Emanuel Handmann, bearbeitet, https://commons.wikimedia.org/wiki/File:Leonhard_Euler_by_Handmann.png, gemeinfrei

Bild 10.1 rechts: „Photo of Augustin Louis Cauchy taken by Charles Reutlinger (1816-1881)", Charles Reutlinger, bearbeitet, https://commons.wikimedia.org/wiki/File:Augustin_Louis_Cauchy.jpg, gemeinfrei

Bild 10.6 links: „Retrat de Karl Heun (1859-1929), matemàtic alemany", Urheber unbekannt, bearbeitet, https://commons.wikimedia.org/wiki/File:Karl_Heun.jpg, public domain

Bild 10.6 Mitte: „Karl Runge (1856-1927), deutscher Mathematiker", Peter Matzen, bearbeitet, https://commons.wikimedia.org/wiki/File:Voit_202_Karl_Runge.jpg, gemeinfrei

Bild 10.6 rechts: „Der Mathematiker Martin Wilhelm Kutta (1867-1944)", Urheber unbekannt, bearbeitet, https://commons.wikimedia.org/wiki/File:Martin_Wilhelm_Kutta.jpg, gemeinfrei

Bild 10.8 links: „John Couch Adams (1819-1892)", Urheber unbekannt, bearbeitet, https://commons.wikimedia.org/wiki/File:John_Couch_Adams_2.jpeg, public domain

Bild 10.8 rechts: „Photo of officers and senior officials of the American Association for the Advancement of Science (AAAS) in 1947", Smithsonian Institution, bearbeitet, https://commons.wikimedia.org/wiki/File:Officials_of_the_AAS_in_1947.jpg, public domain

Bild 10.10: „Pierre François Verhulst (1804-1849)", Urheber unbekannt, bearbeitet, https://commons.wikimedia.org/wiki/File:Pierre_Francois_Verhulst.jpg, gemeinfrei

Bild 10.11: „Vito Volterra (3 May 1860 – 11 October 1940)", Urheber unbekannt, bearbeitet, https://commons.wikimedia.org/wiki/File:Vito_Volterra.jpg, gemeinfrei

Bild 10.12 links: „Lynx (Lynx canadensis)", Erwin and Peggy Bauer, U.S. Fish and Wildlife Service, https://commons.wikimedia.org/wiki/File:Lynx-canadensis.jpg, public domain

Bild 10.12 rechts: „Snowshoe Hare from National Park Service", National Park Service, https://commons.wikimedia.org/wiki/File:Lepus_americanus.jpg, public domain

Bild 10.24: „Oberhof, Olympiaqualifikation, Wolfgang Stöhr", Dieter Demme, bearbeitet, https://commons.wikimedia.org/wiki/File:Bundesarchiv_Bild_183-G0114-0031-001,_Oberhof,_Olympiaqualifikation,_Wolfgang_Stöhr.jpg, lizensiert unter: https://creativecommons.org/licenses/by-sa/3.0/de/deed.en

Bild 12.14: „400 Jahre Gregorianischer Kalender", NobbiP, https://commons.wikimedia.org/wiki/File:DBP_1982_1155_400_Jahre_Gregorianischer_Kalender.jpg, public domain

Bild 12.17: „Solarzellen erzeugen Strom aus Sonnenlicht.)" JoergSutter, 2008, https://commons.wikimedia.org/wiki/File:Solarzellen_in_Solarmodul.jpg, lizensiert unter: https://creativecommons.org/licenses/by-sa/4.0

Bild 12.34: „portrait of Julius Weisbach, old german scientist", Urheber unbekannt, bearbeitet, https://commons.wikimedia.org/wiki/File:weisbach.jpg, gemeinfrei

Bild 12.35: „Friedrich Wilhelm Bessel", Emil Eugen Sachse, https://commons.wikimedia.org/wiki/File:Friedrich_Wilhelm_Bessel_-_EESachse.jpg, public domain

Bild 12.38: „Pafnuti L. Tschebyschow", Urheber unbekannt, bearbeitet, https://commons.wikimedia.org/wiki/File:chebyshev.jpg, gemeinfrei

Index

Zahlen in rot: Beispiele und Aufgaben

L

M

N

O

P

Q

R

S

T

U

V

W

X

Z